普通高等教育机电类系列教材

理论力学

第2版

主　编　朱炳麒
副主编　赵　晴　王振波
参　编　顾　乡　佘　斌　张迅炜
陈家骏　陈启东　诸伟新
黄海燕
主　审　董正筑

机械工业出版社

本书是为适应21世纪普通工科院校机电类专业理论力学（50～76学时）的教学需要而编写的教材。

全书除绪论外分为两部分内容，共15章。第一部分为基本部分，其中第一篇为静力学，内容包括静力学基本概念和物体的受力分析、平面力系、空间力系；第二篇为运动学，内容包括点的运动学、刚体的基本运动、点的合成运动、刚体的平面运动；第三篇为动力学，内容包括质点动力学、动量定理、动量矩定理、动能定理、达朗贝尔原理、虚位移原理。第二部分为专题部分，内容包括拉格朗日方程及机械振动基础。

本书可作为工科院校机电类各专业的理论力学课程教材，也可作为近机类专业和非机电类专业（如航空航天、材料、土木、水利、能源动力等）的教材，同时可供有关工程技术人员参考。

图书在版编目(CIP)数据

理论力学/朱炳麒主编．—2版．—北京：机械工业出版社，2014.3（2024.1重印）

普通高等教育机电类系列教材

ISBN 978-7-111-45628-5

Ⅰ.①理… Ⅱ.①朱… Ⅲ.①理论力学－高等学校－教材 Ⅳ.①O31

中国版本图书馆CIP数据核字(2014)第018074号

机械工业出版社(北京市百万庄大街22号 邮政编码100037)

策划编辑：姜 凤 责任编辑：姜 凤 李 乐

版式设计：常天培 责任校对：张晓蓉 肖 琳

封面设计：张 静 责任印制：郜 敏

中煤（北京）印务有限公司印刷

2024年1月第2版第10次印刷

169mm×239mm・21印张・422千字

标准书号：ISBN 978-7-111-45628-5

定价：49.00元

电话服务

客服电话：010-88361066

010-88379833

010-68326294

网络服务

机 工 官 网：www.cmpbook.com

机 工 官 博：weibo.com/cmp1952

金 书 网：www.golden-book.com

机工教育服务网：www.cmpedu.com

普通高等教育机电类系列教材编审委员会

第2版序

20世纪末、21世纪初，在社会主义经济建设、社会进步和科技飞速发展的推动下，在经济全球化、科技创新国际化、人才争夺白炽化的挑战下，我国高等教育迅猛发展，胜利跨入了高等教育大众化阶段，使高等教育理念、定位、目标和思路等发生了革命性变化，正在逐步形成以科学发展观和终身教育思想为指导的新的高等教育体系和人才培养工作体系。在这个过程中，一大批应用型本科院校和高等职业技术院校异军突起，超常发展，1999年已见端倪。当时我们敏锐地感到，这批应用型本科院校的崛起，必须有相应的应用型本科教材来满足她的教学需求，否则就有可能使她回到老本科院校所走过的学术型办学路子。2000年下半年，我们就和机械工业出版社、扬州大学工学院、南京工程学院、河海大学常州校区、淮海工学院、南通工学院、盐城工学院、淮阴工学院、常州工学院、江南大学等12所高校在南京工程学院开会，讨论策划编写出版机电类应用型本科系列教材问题，规划出版38种，并进行了分工，提出了明确的规范要求，得到江苏省各方面的支持和配合。2001年5月开始出书，到2004年7月已出齐38种，还增加了3种急需的教材，总册数已达45万册。每种至少有2次以上印刷，最多的印刷了5次、发行量达2.5万册。据调查，用户反映良好，并反映这个系列教材基本上体现了我在序言中提出的四个特点，符合地方应用型工科本科院校的教学实际，较好地满足了一般应用型工科本科院校的教学需要。用户的评价使我们很高兴，但更是对我们的鞭策和鼓励，实际上这一轮机电类教材存在的问题还不少，需要改进的地方还很多。我们应当为过去取得的进步和成绩而高兴，同样，我们更应当为今后这些进步和成绩的进一步发展而正视自己，我们并不需要刻意去忧患，但确实存在值得忧患的现实而不去忧患，就很难有更美好的明天。今后怎么办？这是大家最关注的问题，也是我们亟待研讨和解决的问题。我们应该以对国家对人民对社会对受教育者高度负责的精神重新审视这一问题，以寻求更好的解决方案。我们认为，必须在总结前一阶段经验教训的新起点上，坚持以国家新时期教育方针和科学发展观为指导，坚持高标准、严要求，坚持“质量第一、多样发展、打造精品、服务教学”的方针，坚持高标准、严要求，把下一轮机电类教材修订、编写、出版工作做大、做优、做精、做强，为建设有中国特色的高水平的地方工科应用型本科院校做出新的更大贡献。

一、坚持用科学发展观指导教材修订、编写和出版工作

应用型本科院校是我国高等教育在推进大众化过程中崛起的一种新的办学类型，它除应恪守大学教育的一般办学基准外，还应有自己的个性和特色，就是要在培养具有创新精神、创业意识和创造能力的工程、生产、管理、服务一线需要的高级技术应用型人才方面办出自己的特色和水平。应用型本科人才的培养既不能简单“克隆”现有的本科院校，也不能是原有专科培养体系的相似放大。应用型人才的培养，重点仍要思考如何与社会需求的对接。既要从学生的角度考虑，以人为本，以素质教育的思想贯穿教育教学的每一个环节，实现人的全面发展；又要从经济建设的实际需求考虑，多类型、多样化地培养人才，但最根本的一条还是坚持面向工程实际，面向岗位实务，按照“本科学历+岗位技术”的双重标准，有针对性地进行人才培养。根据这样的要求，“强化理论基础，提升实践能力，突出创新精神，优化综合素质”应当是工作在一线的本科应用人才的基本特征，也是本科应用型人才的总体质量要求。

培养应用型人才的关键在于建立应用型人才的培养模式。而培养模式的核心是课程体系与教学内容。应用型的人才培养必须依靠应用型的课程和内容，用学科型的教材难以保证培养目标的实现。课程体系与教学内容要与应用型的人才的知识、能力、素质结构相适应。在知识结构上，科学文化基础知识、专业基础知识、专业知识、相关学科知识等四类知识在纵向上应向应用前沿拓展，在横向上应注重知识的交叉、联系和衔接。在能力结构上，要强化学生运用专业理论解决实际问题的实践能力、组织管理能力和社会活动能力，还要注重思维能力和创造能力的培养，使学生思路清晰、条理分明，有条不紊地处理头绪纷繁的各项工作，创造性地工作。能力培养要贯彻到教学的整个过程之中。如何引导学生去发现问题、分析问题和解决问题应成为我们应用型本科教学的根本。

探讨课程体系、教学内容和培养方法，还必须服从和服务于大学生全面素质的培养。要通过形成新的知识体系和能力延伸以促进学生思想道德素质、文化素质、专业素质和身体心理素质的全面提高。因此，要在素质教育的思想指导下，对原有的教学计划和课程设置进行新的调整和组合，使学生能够适应社会主义现代化建设的需要。我们强调培养“三创”人才，就应当用“三创教育”、人文教育与科学教育的融合等适应时代的教育理念，选择一些新的课程内容和新的教学形式来实现。

研究课程体系，必须看到经济全球化与我国加入世界贸易组织以及高等教育的国际化对人才培养的影响。如果我们的课程内容缺乏国际性，那么我们所培养的人才就不可能具备参与国际事务、国际交流和国际竞争的能力。应当研究课程的国际性问题，增设具有国际意义的课程，加快与国外同类院校的课程接轨。要努力借鉴国外同类应用型本科院校的办学理念和培养模式、做法来优化我们的教学。

在教材编、修、审全过程中，必须始终坚持以人的全面发展为本，紧紧围绕培养目标和基本规格进行活生生的“人”的教育。一所大学使得师生获得自由的范围和程度，往往是这所大学成功和水平的标志。同样，我们修订和编写教材，提供教学用书，最终是为了把知识转化为能力和智慧，使学生获得谋生的手段和发展的能力。因此，在修订、编写教材过程中，必须始终把师生的需要和追求放在首位，努力提供教的方便和学的便捷，努力为教师和学生留下充分展示自己教和学的风格和特色的发展空间，使他们游刃有余，得心应手，还能激发他们的科学精神和创造热情，为教和学的持续发展服务。教师是课堂教学的组织者、合作者、引导者、参与者，而不应是教学的权威。教学过程是教师引导学生，和学生共同学习、共同发展的双向互促过程。因此，修订、编写教材对于主编和参加编写的教师来说，也是一个重新学习和思想水平、学术水平不断提高的过程，决不能丢失自我，决不能将“枷锁”移嫁别人，这里“关键在自己战胜自己”，关键在自己的理念、学识、经验和水平。

二、坚持质量第一，努力打造精品教材

教材是教学之本。大学教材不同于学术专著，它既是学术专著，又是教学经验之理性总结，必须经得起实践和时间的考验。学术专著的错误充其量只会贻笑大方，而教材之错误则会遗害一代青年学子。有人说：“时间是真理之母”。时间是对我们所编写教材的最严厉的考官。目前，我们的教材才使用了几年，还很难说就是好教材，因为前一阶段主要是解决有无问题，用户还没有来得及去总结和反思，所以有的问题可能还没有来得及暴露。我们必须清醒地看到这一点。今后，更要坚持高标准、严要求，用航天人员“一丝不苟”、“一秒不差”的精神严格要求我们自己，确保教材质量和特色。为此，必须采取以下措施：第一、高等教育的核心资源是一支优秀的教师队伍，必须重新明确主编和参加编写教师的标准和要求，实行主编招标和负责制，把好质量第一关；第二、教材要从一般工科本科应用型院校实际出发，强调实际、实用、实践，加强技能培养，突出工程实践，内容适度简练，跟踪科技前沿，合理反映时代要求，这就要求我们必须严格把好教材编写或修订计划的评审关，择优而用；第三、加强教材编写或修订的规范管理，确保参编、主编、主审以及交付出版社等各个环节的质量和要求，实行环节负责制和责任追究制；第四、确保出版质量；第五、建立教材评价制度，奖优罚劣。对经过实践使用，用户反映好的教材要进行修订再版，切实培育一批名师编写的精品教材。出版的精品教材必须和多媒体课件配套，并逐步建立在线学习网站。

三、坚持“立足江苏、面向全国、服务教学”的原则，努力扩大教材使用范围，不断提高社会效益

下一轮教材编写和修订工作，必须加快吸收有条件有积极性的外省市同类院校、民办本科院校、独立学院和有关企业参加，以集中更多的力量，建设好应用型本科教材。同时，要相应调整编审委员会的人员组成，特别要注意充实省内外的优秀的“双师型”教师和有关企业专家。

四、建立健全用户评价制度

要在使用这套教材的省市有关高校建立教材使用质量跟踪调查，并建立网站，以便快速、便捷、实时地听取各方面的意见，不断修改、充实和完善我们的教材编写和出版工作，实实在在地为教师和学生提供精品服务，实实在在地为培养高质量的应用型本科人才服务。同时也努力为造就一批工科应用型本科院校高素质高水平的教师提供优良服务。

本套教材的编审和出版一直得到机械工业出版社、江苏省教育厅和各主编、主审和参加编写高校的大力支持和配合，在此，一并表示衷心感谢。今后，我们应一如既往地更加紧密地合作，共同为工科应用型本科院校教材建设作出新的贡献，为培养高质量的应用型本科人才作出新的贡献，为建设有中国特色社会主义的应用型本科教育作出新的努力。

普通高等教育机械工程及自动化专业

机电类系列教材编审委员会

主任　教授　邱坤荣

第2版前言

本书为普通高等教育机电类系列教材，是为适应21世纪普通高等工科院校培养应用型人才的需要，按工科机电类专业理论力学（50~76学时）的教学要求而编写的教材。

本书除绪论外分为两部分内容。第一部分为基本部分，其中第一篇为静力学，主要研究物体的平衡规律，同时也研究力的一般性质及其合成法则，内容包括静力学基本概念和物体的受力分析、平面力系、空间力系；第二篇为运动学，研究物体运动的几何性质，而不考虑物体运动的原因，内容包括点的运动学、刚体的基本运动、点的合成运动、刚体的平面运动；第三篇为动力学，研究物体的运动变化与其所受的力之间的关系，内容包括质点动力学、动量定理、动量矩定理、动能定理、达朗贝尔原理、虚位移原理。第二部分为专题部分，内容包括拉格朗日方程及机械振动基础。

本书在编排上将约束与约束方程、广义坐标与自由度等内容作为运动学的基本概念，有利于在运动学和动力学中应用这些概念说明问题。根据教育部力学基础课程教学指导分委员会最新制定的《理论力学课程基本要求》，为兼顾不同专业的需要，将虚位移原理安排在第十三章，A类专业作为基本部分，B类专业可作为专题部分，有利于教学计划的安排。

编者根据多年来在理论力学教学实践中积累的基本经验，注重内容的取材与合理组织、基本理论的阐述，突出了“浅、宽、精、新、用”的特色。在基本概念和基本理论的阐述上，力求既严谨、透彻，又简明、扼要；在内容的选定上，紧密结合工程实践，便于培养学生的工程概念，使读者通过本书的学习能解决一些工程实际中的力学问题，并为学习其他相关课程打下基础。

本书中的例题绝大多数为精选的典型题目，有较广泛的代表性，有些例题还给出了多种解法，以利于读者开阔思路、融会贯通所学的内容；有些例题让读者自行分析另外的解题方法，以留有思考的余地。每章后均附有思考题和习题，对于深入领会与理解基本概念、基本理论，更好地掌握解题方法和技巧，提高分析问题和解决问题的能力有所帮助。

本书采用国际单位制（SI），有关量、符号和单位均执行国家技术监督局发布的国家标准《量和单位》（GB3100~3102—1993）中的规定。

本书也可供近机类专业和非机电类专业（如航空航天、材料、土木、水利、能源动力等）使用。由于各专业的要求和学时数相差较大，故在使用本书时，教师可根据实际情况对书中内容进行必要的取舍。

参加本书编写工作的有朱炳麒、赵晴、王振波、顾乡、佘斌、张迅炜、陈家骏、陈启东、诸伟新、黄海燕。全部习题由张迅炜、朱炳麒验算核对。全书由朱炳麒担任主编，赵晴、王振波任副主编，并由朱炳麒负责统稿。

承蒙中国矿业大学董正筑教授担任本书的主审，董教授认真、细致地审阅了全书，并在本书编写的整个过程中，提出了许多宝贵的意见和建议，在此表示衷心的感谢。

本书得到了江苏省教育厅、机械工业出版社的大力支持，在编写过程中，还得到了周建方教授、黄鹤汀教授和其他教师的热情帮助，在此一并致谢。

由于编者水平有限，书中缺点和不妥之处在所难免，敬请广大教师和读者批评指正。

编　者

2014年3月

目　录

第三篇 动力学

Ⅱ 专题部分

绪 论

一、理论力学的研究内容

理论力学是研究物体机械运动一般规律的科学。

在客观世界中，存在着各种各样的物质运动，例如发声、发光等物理现象，化合和分解等化学变化，以及动、植物的生长和人的思维活动等。**物体在空间的位置随时间的改变，称为机械运动**。在所有的运动形式中，机械运动是最简单的一种。例如，车辆的行驶、机器的运转、水的流动、建筑物的振动及人造卫星的运行等，都是机械运动。平衡是机械运动的特例，例如物体相对于地球处于静止的状态。物质的各种运动形式在一定的条件下可以互相转化，而且在高级和复杂的运动中，往往存在着简单的机械运动。

理论力学研究的内容是速度远小于光速的宏观物体的机械运动，它以伽利略和牛顿总结的基本定律为基础，属于经典力学的范畴。至于速度接近于光速的物体的运动，必须用相对论的理论进行研究；而基本粒子的运动，则用量子力学的观点才能予以完善的描述。宏观物体远小于光速的运动是日常生活及一般工程中最常见的，因此说，在现代科学技术中，经典力学仍然起着重大作用。

理论力学通常分为静力学、运动学、动力学三部分。

静力学 研究物体的平衡规律，同时也研究力的一般性质及其合成法则。

运动学 研究物体运动的几何性质，而不考虑物体运动的原因。

动力学 研究物体的运动变化与其所受的力之间的关系。

在理论力学中，力是一个很重要的概念。**力是物体间的相互作用，这种作用使物体的机械运动状态或形状发生改变**。力使物体机械运动状态发生变化的效应称为力的**运动效应**（也称外效应）；力使物体发生变形的效应称为力的**变形效应**（也称内效应）。在理论力学中只讨论力的运动效应。**力是矢量。一般情况下，它有大小、方向、作用点三个要素。**

二、理论力学的研究方法

实践，认识，再实践，再认识，这是任何科学技术发展的正确途径。理论力学的发展也遵循这一规律。具体地说，是从实际出发，经过抽象化、综合、归纳，建立公理，再应用数学演绎和逻辑推理而得到定理和结论，形成理论体系，然后再通过实践来验证理论的正确性。

理论力学普遍采用抽象化和数学演绎的方法来研究物体的机械运动。

抽象化的方法是根据所研究的问题的性质，抓住主要的、起决定作用的因素，撇开次要的、偶然的因素，深入事物的本质，了解其内部联系。理论力学中，在研究物体的机械运动规律时，抓住影响物体运动的主要因素，忽略影响较小的次要因素，可把实际物体抽象为力学模型作为研究对象。理论力学中的力学模型有质点、质点系和刚体。

质点 只有质量而无大小的几何点。如果物体的尺寸和形状与所研究的问题关系不大时，就可以把此物体抽象为质点。

质点系 由有限个或无限个质点组成的系统。质点系是最一般的力学模型。

刚体 在力的作用下，其内部任意两点之间的距离始终保持不变的物体，即刚体在力的作用下不发生变形。刚体是质点系的一个特例，是对一般固体的理想化。当物体大小、形状的改变很小，对问题的研究影响不大时，可视其为刚体。

要强调的是，抽象应当以所研究的问题为前提条件。例如，对同一个物体，研究其机械运动规律时可视其为刚体，若研究其材料的内力分布与所受外力的关系等问题，必须视其为可变形固体。

数学演绎是建立理论力学体系的重要方法。经过抽象化，将长期实践和实验所积累的感性材料加以分析、综合、归纳，得到一些基本的概念、定律和原理之后，再以此为基础，经过严密的数学推演，得到一些定理和公式，构成了系统的理论力学理论。这些理论揭示了力学中一些物理量之间的内在联系，并经实践证明是正确的。在学习理论力学的过程中，注意到这门学科理论的系统性、严密性，对于理解、掌握这门课程很有帮助。

近代计算机的发展和普及，为解决复杂的力学问题提供了数值计算的方法。计算机已成为学习理论力学知识的有效工具，并在逻辑推演、公式推导、力学理论的发展中发挥重大作用。

三、学习理论力学的目的

理论力学研究的是力学中最一般、最基本的规律，它是机械、土木类专业的技术基础课。许多后继课程，例如材料力学、机械原理、机械设计、结构力学、振动理论等，都要以理论力学的理论为基础。理论力学分析问题、解决问题的思路和方法，对学好后继课程也很有帮助。

一些日常生活中的现象和工程技术问题，可直接运用理论力学的基本理论去分析研究。比较复杂的问题，则需要用理论力学知识结合其他专业知识进行研究。所以，学习理论力学知识，可为解决工程实际问题打下一定基础。

理论力学的理论既抽象而又紧密结合实际，研究的问题涉及面广，而且系统性和逻辑性很强。理论力学问题既灵活又有一定的规律可循。这些特点，对于培养辩证唯物主义世界观，培养逻辑思维和分析问题的能力，也起着重要作用。

随着科学技术的日益发展和我国现代化进程的加快，会不断提出新的力学问题。在机械行业，机械结构小型化、轻量化设计，复合材料的研制，机器人、机械手的研究和应用等，给力学知识的发展和应用提供了新的机遇和天地。学好理论力学知识，将有利于我们去解决和理论力学有关的新问题，从而促进科学技术的进步，同时也会推动理论力学向前发展。

四、力学的发展简史

力学本身的发展有着悠久的历史。它的发展是分析和综合相结合的过程，也是人类认识由简单到复杂逐步深化的过程。

牛顿运动定律的建立是力学发展史上的一个里程碑。牛顿定律建立以前，力学研究的历史大致可分为两个时期：古代，从远古到公元5世纪，对平衡和运动有了初步的了解；中世纪，从6世纪到16世纪，这个时期对力、运动的认识已有进展，为牛顿定律的建立做了准备。牛顿定律的建立和从此以后力学研究的历史大致可分为四个时期：从17世纪初到18世纪末，经典力学的建立和完善化；19世纪，力学各主要分支的建立；从1900年到1960年，近代力学，它和工程技术特别是航空、航天技术密切联系；1960年以后，现代力学，力学同计算技术和自然科学的其他学科广泛结合。

理论力学属于经典力学的范畴，于1835年正式分为静力学、运动学、动力学三个部分。

静力学 静力学发端于远古时期，人类在生产劳动和对自然现象观察的基础上积累了力学知识，逐渐形成一些概念，然后对一些现象的规律进行描述。这种描述先是定性的，而后是定量的。阿基米德（约公元前287—前212）是几何静力学（简称为静力学）的奠基人。阿基米德在研究杠杆平衡、平面图形的重心位置时，先建立一些公设，而后用数学论证的方法导出一些定理。阿基米德和力学有关的著作有《平面图形的平衡或其重心》、《力学（机械学）方法论》。伐里农（1654—1722）发展了古希腊静力学的几何学观点，提出了力矩的概念和计算方法，并用以研究刚体平衡问题。潘索（1777—1859）首次提出了力偶的概念，还提出了任意力系的简化和平衡理论，约束的定义以及解除约束原理。他的《静力学原理》一书建立了静力学的体系。亚里士多德（公元前384—前322）是静力平衡条件的运动学方法的创始人。经过一千多年的发展，斯蒂文（1548—1620）在前人用运动学观点解释平衡条件的基础上，得出了虚位移原理的初步形式，为分析静力学提供了依据。

运动学 伽利略（1564—1642）对速度、加速度作了详尽研究并给出了严格的数学表达式。在此基础上，惠更斯（1629—1695）考虑了点在曲线运动中的加速度。刚体运动学的研究成果属于欧拉（1707—1783）和潘索。夏莱（1793—1880）给出了刚体一般运动可分解为平移和转动这一定理。科里奥利（1792—1843）指出了旋转坐标系中存在附加加速度。物理学家安培提出了“运动学”一词，并于1834年建议把运动学作为力学的独立部分。

动力学 伽利略采用科学试验和理论分析相结合的方法，指出了传统的亚里士多德的运动观点的错误，研究了地面上自由落体、斜面运动、抛射体等运动，建立了加速度的概念并发现了匀加速运动的规律。他在1638年出版的《关于两门新科学的谈话和数学证明》是动力学的第一本著作。惠更斯在动力学研究中提出了离心力、向心力、转动惯量、复摆的摆动中心等重要概念。开普勒（1571—1630）根据第谷的30年天文观察资料总结出行星运动的三定律。牛顿继承和发展了这些成果，提出了物体运动定律和万有引力定律。在《自然哲学的数学原理》一书中，他给出了牛顿运动三定律。牛顿运动定律是就单个自由质点而言的，达朗伯（1717—1785）把它推广到受约束质点系的运动，并提出了著名的达朗伯原理。欧拉于1758年建立了刚体的动力学运动方程。至此，以质点系和刚体的运动规律为主要研究对象的经典力学臻于完善。

由上述可见，理论力学学科建立时间早，理论性强，系统严密，是一门较为成熟的学科。

五、我国在力学方面的研究和成就

我国是世界上最古老的文明国家之一，生产和科学技术都发展得比较早。远在新石器时代，木架建筑已初具规模。中国西安半坡村遗址出土的汲水壶采取尖底的形式，利用重心，空壶在水面上会倾倒，壶满时会自动恢复竖直位置。世界上第一辆车子出现于我国的夏代。春秋战国时期，在墨翟及其弟子的著作《墨经》中，有涉及力的概念、杠杆平衡、重心、浮力、强度、刚度的叙述。春秋末期成书的《考工记》中有不少与力学有关的技术问题的记述。《庄子·逍遥游》中把风的举力和水的浮力作了类比。王充在《论衡·变虚》中描述了水波振荡随距离的衰减。

我国在力学方面也有很多发明创造。例如：西汉时期的指南车和记道车、东汉张衡制造的“地动仪”以及隋朝李春主持建造的赵州桥等。

力学学科在中国的发展经历了一个特殊的过程，与古希腊几乎同时，中国古代对平衡和简单的运动形式就已具有相当水平的力学知识，所不同的是未建立起阿基米德那样的理论系统。在文艺复兴前的约一千年时间内，整个欧洲的科学技术进展缓慢，而中国科学技术的综合性成果堪称卓著，其中有些在当时居于世界领先地位。这些成果反映出丰富的力学知识，但终未形成系统的力学理论。到明末清初，中国科学技术已显著落后于欧洲。经过曲折的进程，到19世纪中叶，牛顿力学才由欧洲传入中国，此后，中国力学的发展便随同世界潮流前进，新中国成立后，尤其是改革开放以来，我国的科学技术和力学研究已发展到一个新的水平。㊀

㊀ 摘自《中国大百科全书：力学》第307～308页。——编者注

I 基本部分

第一篇　静　力　学

第一章　静力学基本概念和物体的受力分析

静力学的基本概念、公理及物体的受力分析是研究静力学的基础。本章将介绍力系的概念与静力学公理，并阐述工程中几种常见的典型约束和约束力的分析，最后介绍物体受力分析的基本方法及受力图，它是解决力学问题的重要环节，必须予以充分重视。

第一节　静力学基本概念

一、力系的概念

静力学是研究刚体在力系作用下的平衡规律，同时也研究力的一般性质及其合成法则。

刚体是静力学的研究对象，是人们将各种各样的实际物体抽象化为便于计算的理想模型。力是物体间的相互作用，作用在同一物体上的一群力，称为**力系**。

力系按作用线分布情况的不同可分为下列几种：当所有力的作用线在同一平面内时，称为**平面力系**；否则，称为**空间力系**。当所有力的作用线汇交于同一点时，称为**汇交力系**；而所有力的作用线都相互平行时，称为**平行力系**；否则，称为**一般力系**。

二、平衡的概念

平衡是指物体相对于惯性参考系（如地面）保持静止或匀速直线运动状态。例如，桥梁、机床的床身、作匀速直线飞行的飞机等，都处于平衡状态。平衡是物体运动的一种特殊形式。

三、平衡力系的概念

若力系中各力对于物体的作用效应彼此抵消而使物体保持平衡或运动状态不变时，则这种力系称为**平衡力系**。平衡力系中的任一力对于其余的力来说都称为平衡力，即与其余的力相平衡的力。

四、等效力系的概念

若两力系分别作用于同一物体而效应相同时，则这两力系称为**等效力系**。若力系与一力等效，则此力就称为该力系的**合力**，而力系中的各力，则称为此合力的**分力**。

五、力系简化的概念

为了便于寻求各种力系对于物体作用的总效应和力系的平衡条件，需要将力系进行简化，使其变换为另一个与其作用效应相同的简单力系。这种等效简化力系的方法称为**力系的简化**。

研究力系等效并不限于分析静力学问题。例如：飞行中的飞机，受到升力、牵引力、重力、空气阻力等作用，这群力错综复杂地分布在飞机的各部分，每个力都影响飞机的运动。要想确定飞机的运动规律，必须了解这群力总的作用效果，为此，可以用一个简单的等效力系来代替这群复杂的力，然后再进行运动的分析。所以研究力系的简化不仅是为了导出力系的平衡条件，同时也是为动力学提供基础。所以，在静力学中，我们将研究以下三个问题：

1. 物体的受力分析

分析某个物体共受几个力，以及每个力的作用位置和方向。

2. 力系的简化

研究如何把一个复杂的力系简化为一个简单的力系。

3. 建立各种力系的平衡条件

研究物体平衡时，作用在物体上的各种力系所需满足的条件。

力系的平衡条件在工程中有着十分重要的意义，是设计结构、构件和机械零件时静力计算的基础。因此，静力学在工程中有着最广泛的应用。

第二节　静力学基本公理

公理是人类经过长期的观察和经验积累而得到的结论，它可以在实践中得到验证而为大家所公认。静力学公理是人们关于力的基本性质的概括和总结，它们是静力学全部理论的基础。

公理一　二力平衡公理

作用于刚体上的两个力，使刚体保持平衡的充要条件是：该两力的大小相等、方向相反且作用于同一直线上。

公理一说明了作用于物体上最简单的力系平衡时所必须满足的条件。对于刚体来说，这个条件是充分与必要的。图 1-1 表示了满足公理一的两种情况。这个公理是今后推证平衡条件的基础，工程上常遇到只受两个力作用而平衡的构件，称为**二力构件**或**二力杆**。根据公理一，该两力必沿作用点的连线。

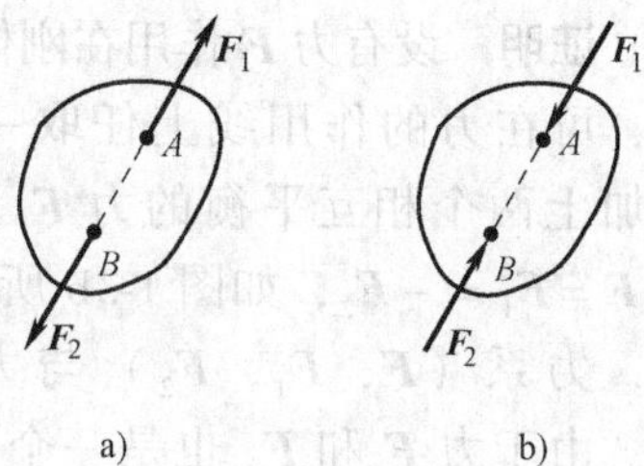

图　1-1

公理二　力的平行四边形法则

作用于物体某一点的两个力的合力，亦作用于同一点上，其大小及方向可由这

两个力所构成的平行四边形的对角线来表示。

设在物体的 A 点作用有力 $\boldsymbol{F}_1$ 和 $\boldsymbol{F}_2$，如图 1-2a 所示，若以 $\boldsymbol{F}_R$ 表示它们的合力，则可以写成矢量表达式

$$\boldsymbol{F}_R = \boldsymbol{F}_1 + \boldsymbol{F}_2$$

即合力 $\boldsymbol{F}_R$ 等于两分力 $\boldsymbol{F}_1$ 与 $\boldsymbol{F}_2$ 的矢量和。

公理二反映了力的方向性的特征。矢量相加与数量相加不同，必须用平行四边形的关系确定，它是力系简化的重要基础。

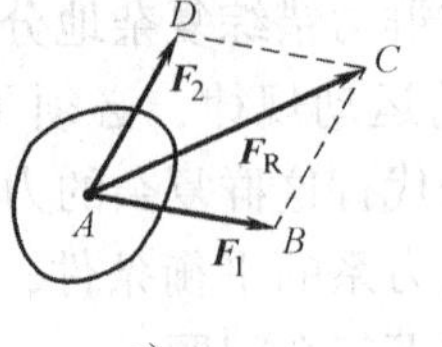

a)

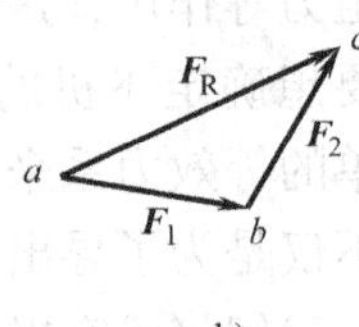

b)

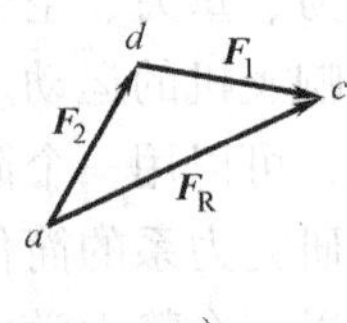

c)

图 1-2

因为合力 $\boldsymbol{F}_R$ 的作用点亦为 A 点，求合力的大小及方向实际上无需作出整个平行四边形，可用下述简单的方法来代替：从任选点 a 作 $\overrightarrow{ab}$ 表示力矢 $\boldsymbol{F}_1$，在其末端 b 作 $\overrightarrow{bc}$ 表示力矢 $\boldsymbol{F}_2$，则 $\overrightarrow{ac}$ 即表示合力矢 $\boldsymbol{F}_R$，如图 1-2b 所示。由只表示力的大小及方向的分力矢和合力矢所构成的 $\triangle abc$ 称为**力三角形**，这种求合力矢的作图规则称为**力的三角形法则**。力三角形图只表示各力的矢，并不表示其作用位置。若先作 $\overrightarrow{ad}$ 表示 $\boldsymbol{F}_2$，再作 $\overrightarrow{dc}$ 表示 $\boldsymbol{F}_1$，同样可得表示 $\boldsymbol{F}_R$ 的 $\overrightarrow{ac}$，如图 1-2c 所示，这说明合力矢与分力矢的作图先后次序无关。

公理三　加减平衡力系公理

在作用于刚体的力系上加上或减去任意的平衡力系，并不改变原力系对刚体的作用效应。

公理三是研究力系等效变换的重要依据。注意此公理只适用于刚体，而不适用于变形体。

根据上述公理可以导出下列推论：

推论1　力的可传性原理

作用于刚体上某点的力，可以沿着它的作用线移到刚体内的任一点，并不改变该力对刚体的作用效应。

证明　设有力 $\boldsymbol{F}$ 作用在刚体上的 A 点，如图 1-3a 所示。根据加减平衡力系公理，可在力的作用线上任取一点 B，并加上两个相互平衡的力 $\boldsymbol{F}_1$ 和 $\boldsymbol{F}_2$，使 $\boldsymbol{F}=\boldsymbol{F}_1=-\boldsymbol{F}_2$，如图 1-3b 所示。于是，力系（$\boldsymbol{F}$，$\boldsymbol{F}_1$，$\boldsymbol{F}_2$）与力 $\boldsymbol{F}$ 等效。由于力 $\boldsymbol{F}$ 和 $\boldsymbol{F}_2$ 也是一个平衡力系，故可减去，这样只剩下一个力 $\boldsymbol{F}_1$，如图 1-3c 所示。故力 $\boldsymbol{F}_1$ 与力 $\boldsymbol{F}$ 等效，即原来的力 $\boldsymbol{F}$ 沿其作用线移到

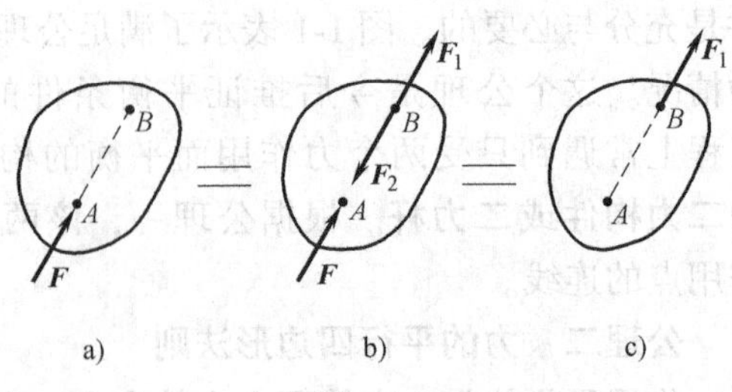

a)　b)　c)

图 1-3

了 B 点。

由此可见，对于刚体来说，力的作用点已不是决定力的作用效应的要素，它已被作用线代替。作用于刚体上的力可以沿着作用线移动，这种矢量称为**滑动矢量**。

推论 2　三力平衡汇交定理

作用于刚体上三个相互平衡的力，若其中两个力的作用线汇交于一点，则此三力必在同一平面内，且第三个力的作用线通过汇交点。

证明　如图 1-4 所示，在刚体的 A、B、C 三点上，分别作用三个相互平衡的力 $\boldsymbol{F}_1$、$\boldsymbol{F}_2$、$\boldsymbol{F}_3$。根据力的可传性原理，将力 $\boldsymbol{F}_1$ 和 $\boldsymbol{F}_2$ 移到汇交点 O，然后根据力的平行四边形法则，得合力 $\boldsymbol{F}_{12}$。则力 $\boldsymbol{F}_3$ 应与 $\boldsymbol{F}_{12}$ 平衡。由于两个力平衡必须共线，所以力 $\boldsymbol{F}_3$ 必定与力 $\boldsymbol{F}_1$ 和 $\boldsymbol{F}_2$ 共面，且通过力 $\boldsymbol{F}_1$ 与 $\boldsymbol{F}_2$ 的交点 O。

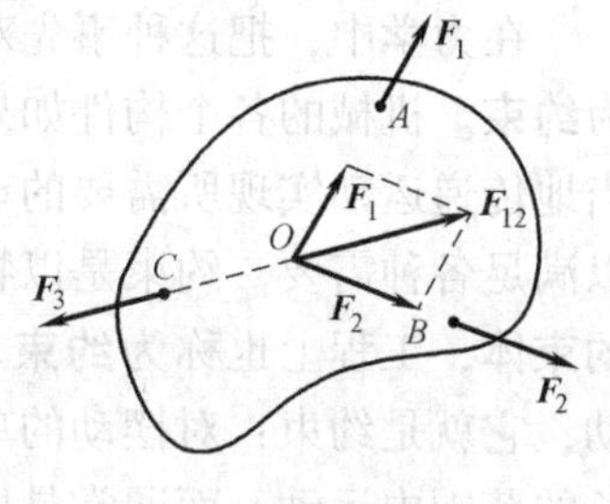

图　1-4

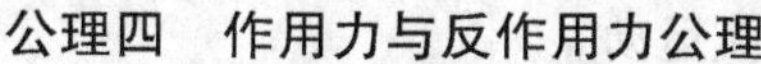

公理四　作用力与反作用力公理

两物体间相互作用的力总是同时存在，且大小相等、方向相反、沿同一直线，分别作用在两个物体上。

如果将相互作用力之一视为作用力，而另一力视为反作用力，则公理四还可叙述为：对应于每个作用力，必有一个与其大小相等、方向相反且在同一直线上的反作用力。一般用 $\boldsymbol{F}'$表示力 $\boldsymbol{F}$ 的反作用力。

公理四概括了自然界中物体间相互作用的关系，表明作用力与反作用力总是同时存在同时消失，没有作用力也就没有反作用力。根据这个公理，已知作用力则可知反作用力，它是分析物体受力时必须遵循的原则，为研究由一个物体过渡到多个物体组成的物体系统提供了基础。

必须注意，作用力与反作用力是分别作用在两个物体上的，不能错误地与二力平衡公理混同起来。

公理五　刚化公理

变形体在某一力系作用下处于平衡，如果将此变形体刚化为刚体，其平衡状态保持不变。

公理五提供了把变形体看作刚体模型的条件。如图 1-5 所示，绳索在等值、反向、共线的两个拉力作用下处于平衡，如果将绳索刚化成刚体，其平衡状态保持不变。若绳索在两个等值、反向、共线的压力作用下并不能平衡，这时绳索就不能刚化为刚体。但刚体在上述两种力系的作用下都是平衡的。

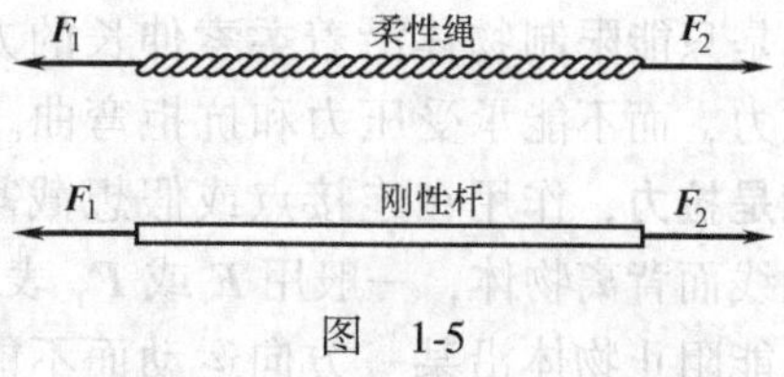

图　1-5

由此可见，刚体的平衡条件是变形体平衡的必要条件，而非充分条件。在刚体静力学的基础上，考虑变形体的特性，可进一步研究变形体的平衡问题。

第三节 约束与约束力

如果一个物体不受任何限制，可以在空间自由运动（如在空中自由飞行的飞机），则此物体称为**自由体**；反之，如果一个物体受到一定的限制，使其在空间沿某些方向的运动成为不可能（例如绳子悬挂的物体），则此物体称为**非自由体**。

在力学中，把这种事先对于物体的运动（位置和速度）所施加的限制条件称为**约束**。机械的各个构件如果不按照适当的方式相互联系从而受到限制，就不能恰当地传递运动实现所需要的动作；工程结构如果不受到某种限制，便不能承受载荷以满足各种需要。约束是以物体相互接触的方式构成的，构成约束的周围物体称为**约束体**，工程上也称为**约束**。例如，沿轨道行驶的车辆，轨道事先限制车辆的运动，它就是约束；对摆动的单摆，绳子就是约束，它事先限制摆锤只能在不大于绳长的范围内运动，而通常是以绳长为半径的圆弧运动。

约束阻碍物体的自由运动，改变了物体的运动状态，因此约束必须承受物体的作用力，同时给予物体以等值、反向的反作用力，这种力称为**约束力**，也称为**反力**，属于被动力。除约束力外，物体上受到的各种力如重力、风力、切削力、顶板压力等，它们是促使物体运动或有运动趋势的力，属于主动力，工程上常称为**载荷**。在设计工作中，载荷可根据设计指标决定，进行分析研究确定或用实验测定。

约束力取决于约束本身的性质、主动力和物体的运动状态。约束力阻止物体运动的作用是通过约束与物体间相互接触来实现的，因此它的作用点应在相互接触处，**约束力的方向总是与约束所能阻止的运动方向相反**，这是我们**确定约束力方向的准则**。至于它的大小，在静力学中将由平衡条件求出。

我们将工程中常见的约束理想化，归纳为几种基本类型，并根据各种约束的特性分别说明其约束力的表示方法。

1. 柔索

属于这类约束的有绳索、带、链条等。这类约束的特点是只能限制物体沿着柔索伸长的方向运动，它只能承受拉力，而不能承受压力和抗拒弯曲。所以**柔索的约束力只能是拉力**，作用在连接点或假想截割处，方向沿着柔索的轴线而背离物体，一般用 $\boldsymbol{F}$ 或 $\boldsymbol{F}_{\mathrm{T}}$ 表示，如图 1-6 所示。凡只能阻止物体沿某一方向运动而不能阻止物体沿相反方向运动的约束称为**单面约束**；否则，称为**双面约束**。柔索为单面约束。单面约束的约束力指向是确定的；而双面约束的约束力指向还决定于物体的运动趋势。

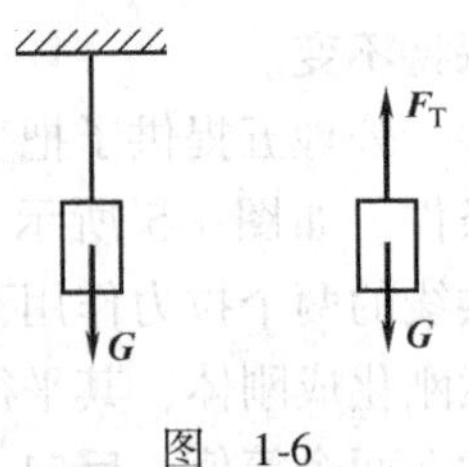

图 1-6

2. 光滑接触面

对这类约束，我们忽略接触面间的摩擦，视为理想光滑。这类约束的特点是只能限制物体沿两接触表面在接触处的公法线而趋向支承接触面的运动，不论支承接触表面的形状如何，它只能承受压力，而不能承受拉力。所以**光滑接触面的约束力只能是压力**，作用在接触处，方向沿着接触表面在接触处的公法线而指向物体。因约束力沿法线方向，故又称为**法向约束力**，一般用 $\boldsymbol{F}_{\mathrm{N}}$ 表示，如图 1-7a、b 所示。这类约束也是单面约束。

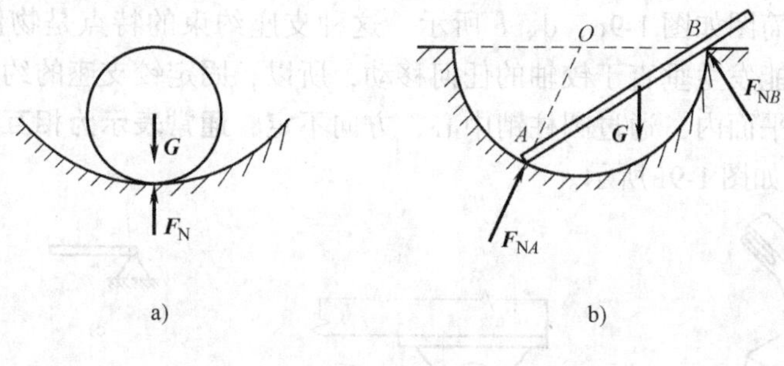

图 1-7

3. 光滑圆柱铰链

圆柱形铰链简称圆柱铰，是连接两个构件的圆柱形零件，通常称为销钉。例如机器上的轴承等。对这类约束我们忽略摩擦和圆柱销钉与构件上圆柱孔的余隙，如图 1-8a、b 所示，其计算简图如图 1-8c 所示。这类约束的特点是只能限制物体的任意径向移动，不能限制物体绕圆柱销钉轴线的转动和沿圆柱销钉轴线的移动，由于圆柱销钉与圆柱孔是光滑曲面接触，则约束力应是沿接触线上的一点到圆柱销钉中心的连线且垂直于轴线，如图 1-8d 所示。因为接触线的位置不能预先确定，所以约束力的方向也不能预先确定。光滑圆柱形铰链的约束力只能是压力，在垂直于圆柱销钉轴线的平面内，通过圆柱销钉中心，方向不定。在进行计算时，为了方便起见，**通常表示为沿坐标轴方向且作用于圆柱孔中心的两个分力 $\boldsymbol{F}_{Cx}$ 与 $\boldsymbol{F}_{Cy}$**，如图 1-8e 所示。

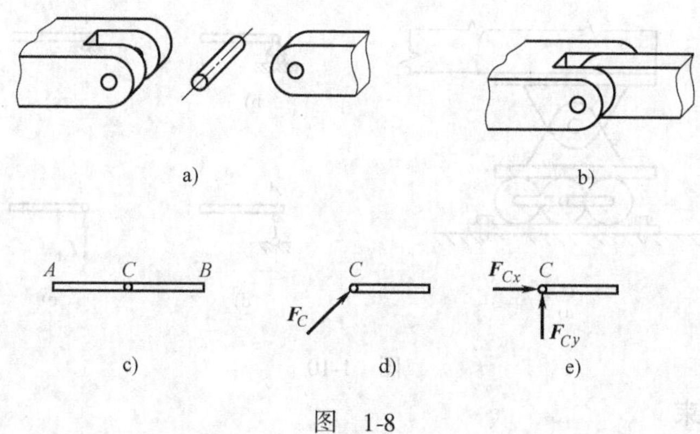

图 1-8

4. 支座

支座是把结构物或构件支承在墙、柱、机身等固定支承物上面的装置，它的作用是把结构物或构件固定于支承物上，同时把所受的载荷通过支座传给支承物。平面问题中常用的支座有三种，即固定铰支座、辊轴支座和固定支座，前两种是以圆柱铰链构成的，第三种将在第二章平面力系中介绍。

（1）**固定铰支座** 用光滑圆柱销钉把结构物或构件与底座连接，并把底座固定在支承物上而构成的支座称为**固定铰链支座**或**固定铰支座**，如图1-9a、b所示，计算时所用的简图如图1-9c、d、e所示。这种支座约束的特点是物体只能绕铰链轴线转动而不能发生垂直于铰轴的任何移动，所以，固定铰支座的约束力在垂直于圆柱销轴线的平面内，通过圆柱销中心，方向不定，**通常表示为相互垂直的两个分力 $\boldsymbol{F}_{Ax}$ 与 $\boldsymbol{F}_{Ay}$**，如图1-9f所示。

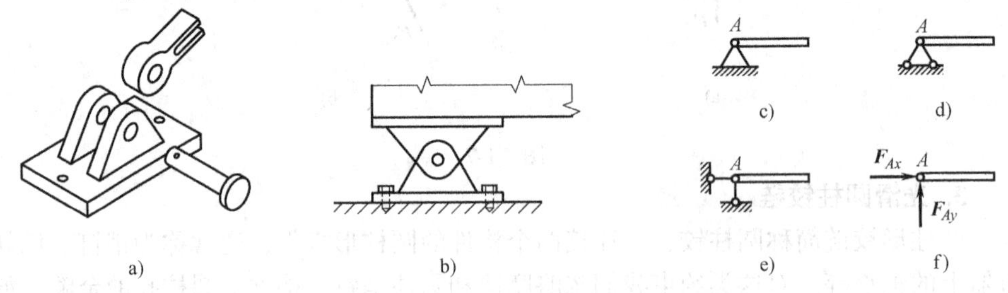

图 1-9

（2）**可动铰支座** 为了保证构件变形时既能发生微小的转动又能发生微小的移动，可将结构物或构件的支座用几个辊轴（滚柱）支承在光滑的支座面上，就成为**辊轴支座**，亦称为**可动铰链支座**或**可动铰支座**，如图1-10a所示，计算时所用的简图如图1-10b、c、d所示。这种支座约束的特点是只能限制物体与圆柱铰连接处沿垂直于支承面的方向运动，而不能阻止物体沿光滑支承面切向的运动，所以**可动铰支座的约束力垂直于支承面，通过圆柱销中心**，一般用 $\boldsymbol{F}_{\mathrm{N}}$ 或 $\boldsymbol{F}$ 表示，如图1-10e所示。

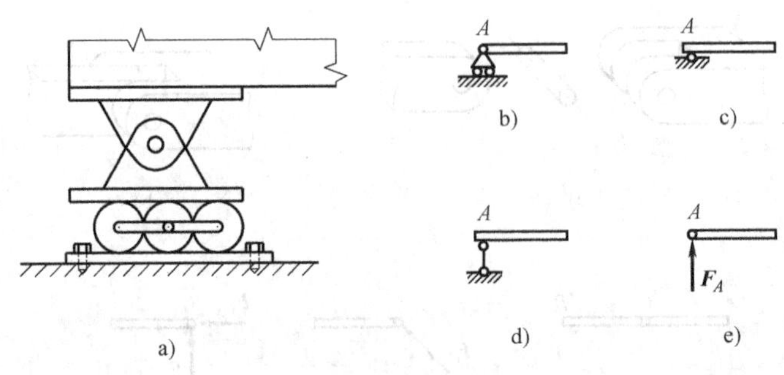

图 1-10

5. 链杆约束

两端用光滑铰链与其他构件连接且不考虑自重的刚杆称为**链杆**，常被用来作为拉杆或撑杆而形成链杆约束，如图1-11a所示的 CD 杆。根据光滑铰链的特性，杆

在铰链 C、D 处受有两个约束力 $\boldsymbol{F}_C$ 和 $\boldsymbol{F}_D$，这两个约束力必定分别通过铰链 C、D 的中心，方向暂不确定。考虑到杆 CD 只在 $\boldsymbol{F}_C$、$\boldsymbol{F}_D$ 二力作用下平衡，根据二力平衡公理，这两个力必定沿同一直线，且等值、反向。由此可确定 $\boldsymbol{F}_C$ 和 $\boldsymbol{F}_D$ 的作用线应沿铰链中心 C 与 D 的连线，可能为拉力，如图 1-11b 所示，也可能为压力，如图 1-11c 所示。故链杆约束也是双面约束。

由此可见，**链杆为二力杆，链杆的约束力沿链杆两端铰链的连线**，指向不能预先确定，通常假设链杆受拉，如图 1-11b 所示。

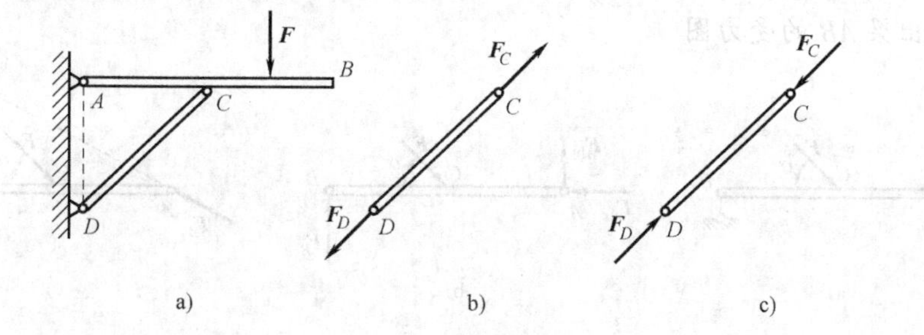

图　1-11

因此，固定铰支座也可以用两根不相平行的链杆来代替，如图 1-9d、e 所示，而可动铰支座可用垂直于支承面的一根链杆来代替，如图 1-10d 所示。

除了以上介绍的几种约束外，还有一些其他形式的约束。在实际问题中所遇到的约束有些并不一定与上面所介绍的形式完全一样，这时就需要对实际约束的构造及其性质进行分析，分清主次，略去一些次要因素，就可以将实际约束简化为属于上述约束形式之一。

第四节　物体的受力分析

当受约束的物体在某些主动力作用下处于平衡，若将其部分或全部的约束除去，代之以相应的约束力，则物体的平衡不受影响。这一原理称为**解除约束原理**。

在解决力学问题时，首先要选定需要进行研究的物体，即**确定研究对象**，然后分析它的受力情况，这个过程称为**进行受力分析**。根据解除约束原理，将作用于研究对象的所有约束力和主动力在计算简图上画出来，这种计算简图称为研究对象的**受力图**。受力图形象地说明了研究对象的受力情况。

正确地画出受力图，是求解静力学问题的关键。画受力图时，应按下述步骤进行：

1）根据题意选取研究对象。

2）画作用于研究对象上的主动力。

3）画约束力。凡在去掉约束处，根据约束的类型逐一画上约束力。应特别注意二力杆的判断。有些情况也可应用三力平衡汇交定理判断出铰链处约束力的方向。

在画受力图时要注意：①受力图中只画研究对象的简图和所受的全部作用力；②每画一力要有依据，既不要多画，也不要漏画，研究对象内各部分间相互作用的力（即内力）和研究对象施予周围物体的力不画。所画约束力要与除去的约束性质相符合，而物体间的相互约束力要符合作用力与反作用力公理；③同一约束的约束力在同一题目中画法应保持一致。

例1-1 水平简支梁 AB 如图1-12a所示，在 C 处作用一集中载荷 $\boldsymbol{F}$，梁自重不计，画出梁 AB 的受力图。

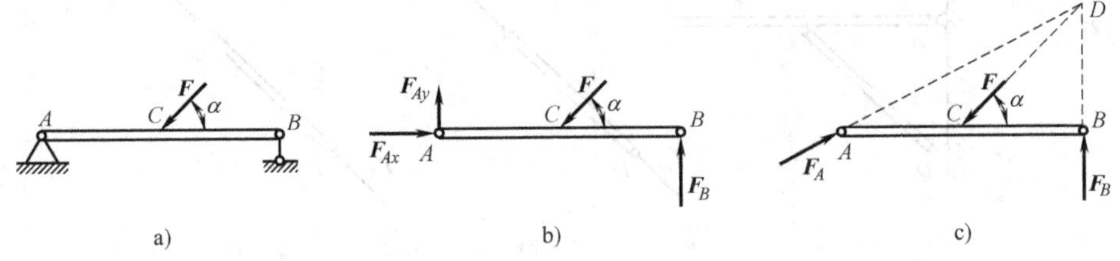

图 1-12

解 取梁 AB 为研究对象。作用于梁上的力有集中载荷 $\boldsymbol{F}$，B 端可动铰支座的约束力 $\boldsymbol{F}_B$ 垂直于支承面铅垂向上，A 端固定铰支座的约束力用通过 A 点的相互垂直的两个分力 $\boldsymbol{F}_{Ax}$ 与 $\boldsymbol{F}_{Ay}$ 表示。其受力图如图1-12b所示。

进一步讨论，固定铰支座 A 处的约束力也可用一力 $\boldsymbol{F}_A$ 表示，现已知力 $\boldsymbol{F}$ 与 $\boldsymbol{F}_B$ 相交于 D 点，根据三力平衡条件，则第三个力 $\boldsymbol{F}_A$ 亦必交于 D 点，从而确定约束力 $\boldsymbol{F}_A$ 沿 A、D 两点连线。故梁 AB 的受力图亦可画成图1-12c。

例1-2 如图1-13a所示，水平梁 AB 用斜杆 CD 支撑，A、C、D 三处均为光滑铰链连接。均质梁重 $\boldsymbol{G}_1$，其上放置一重为 $\boldsymbol{G}_2$ 的电动机。不计杆 CD 的自重，试分别画出杆 CD 和梁 AB（包括电动机）的受力图。

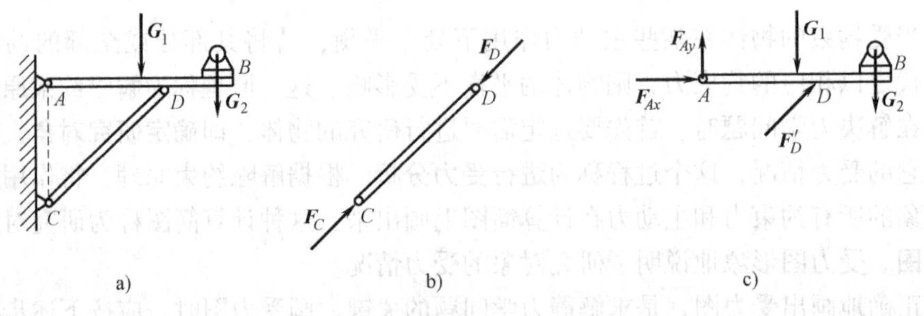

图 1-13

解 (1) 取杆 CD 为研究对象 由于斜杆 CD 的两端为光滑铰链，自重不计，因此杆 CD 为二力杆，由经验判断，此处杆 CD 受压力，杆 CD 的受力图如图1-13b所示。

(2) 取梁 AB（包括电动机）为研究对象 它受有 $\boldsymbol{G}_1$、$\boldsymbol{G}_2$ 两个主动力的作用。

梁在铰链 D 处受有二力杆 CD 给它的约束力 $\boldsymbol{F}'_D$ 的作用。根据作用力和反作用力公理，$\boldsymbol{F}'_D$ 与 $\boldsymbol{F}_D$ 方向相反。梁受固定铰支座给它的约束力的作用，由于方向未知，可用两个大小未定的正交分量 $\boldsymbol{F}_{Ax}$ 和 $\boldsymbol{F}_{Ay}$ 表示。梁 AB 的受力图如图 1-13c 所示。

例 1-3　如图 1-14a 所示，梯子的两部分 AB 和 AC 在 A 点铰接，又在 D、E 两点用水平绳连接。梯子放在光滑水平面上，自重不计，在 AB 的中点 H 处作用一竖向载荷 $\boldsymbol{F}$。试分别画出绳子 DE 和梯子 AB、AC 部分以及整个系统的受力图。

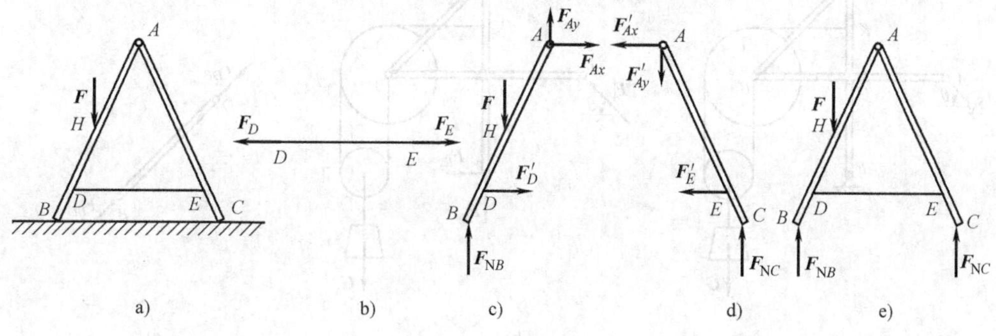

图　1-14

解　(1) 取绳 DE 为研究对象　绳子两端 D、E 分别受到梯子对它的拉力 $\boldsymbol{F}_D$、$\boldsymbol{F}_E$ 的作用，绳 DE 的受力图如图 1-14b 所示。

(2) 取梯子的 AB 部分为研究对象　它在 H 处受载荷 $\boldsymbol{F}$ 的作用，在铰链 A 处受 AC 部分给它的约束力 $\boldsymbol{F}_{Ax}$ 和 $\boldsymbol{F}_{Ay}$ 的作用。在 D 点受绳子对它的拉力 $\boldsymbol{F}'_D$（与 $\boldsymbol{F}_D$ 互为作用力和反作用力）。在 B 点受光滑地面对它的法向约束力 $\boldsymbol{F}_{NB}$ 的作用，梯子 AB 部分的受力图如图 1-14c 所示。

(3) 取梯子的 AC 部分为研究对象　在铰链 A 处受 AB 部分对它的作用力 $\boldsymbol{F}'_{Ax}$ 和 $\boldsymbol{F}'_{Ay}$（分别与 $\boldsymbol{F}_{Ax}$ 和 $\boldsymbol{F}_{Ay}$ 互为作用力和反作用力）。在 E 点受绳子对它的拉力 $\boldsymbol{F}'_E$（与 $\boldsymbol{F}_E$ 互为作用力和反作用力）。在 C 处受光滑地面对它的法向约束力 $\boldsymbol{F}_{NC}$，梯子 AC 部分的受力图如图 1-14d 所示。

(4) 取整个系统为研究对象　由于铰链 A 处所受的力互为作用力与反作用力关系，即 $\boldsymbol{F}_{Ax}=-\boldsymbol{F}'_{Ax}$，$\boldsymbol{F}_{Ay}=-\boldsymbol{F}'_{Ay}$；绳子与梯子连接点 D 和 E 所受的力也分别互为作用力与反作用力关系，即 $\boldsymbol{F}_D=-\boldsymbol{F}'_D$，$\boldsymbol{F}_E=-\boldsymbol{F}'_E$，这些力都是系统内各物体之间相互作用的力，称为物体系统的**内力**，内力成对地作用在整个系统内，它们对系统的作用效应相互抵消，因此可以除去，并不影响整个系统的平衡。故内力在受力图中不必画出。在受力图中只需画出系统以外的物体给系统的作用力，这种力称为**外力**。这里，载荷 $\boldsymbol{F}$ 和约束力 $\boldsymbol{F}_{NB}$、$\boldsymbol{F}_{NC}$ 都是作用于整个系统的外力。整个系统的受力图如图 1-14e 所示。

注意：内力与外力的区分并不是绝对的。例如，当我们把梯子的 AC 部分作为研究对象时，$\boldsymbol{F}'_{Ax}$、$\boldsymbol{F}'_{Ay}$ 和 $\boldsymbol{F}'_E$ 均属外力，但取整体为研究对象时，$\boldsymbol{F}'_{Ax}$、$\boldsymbol{F}'_{Ay}$ 和 $\boldsymbol{F}'_E$ 又成为内力。可见，内力与外力的区分，只有相对于某一确定的研究对象才有意义。

例1-4 如图1-15a所示的平面构架，由杆AB、DE及DB铰接而成。A为可动铰链支座，E为固定铰链支座。钢绳一端拴在K处，另一端绕过定滑轮Ⅰ和动滑轮Ⅱ后拴在销钉B上。物重为$\boldsymbol{G}$，各杆及滑轮的自重不计。试分别画出以下物体或系统的受力图：(1) 整体；(2) 杆BD；(3) 杆DE；(4) 杆AB、定滑轮Ⅰ、动滑轮Ⅱ、钢绳和重物组成的系统。

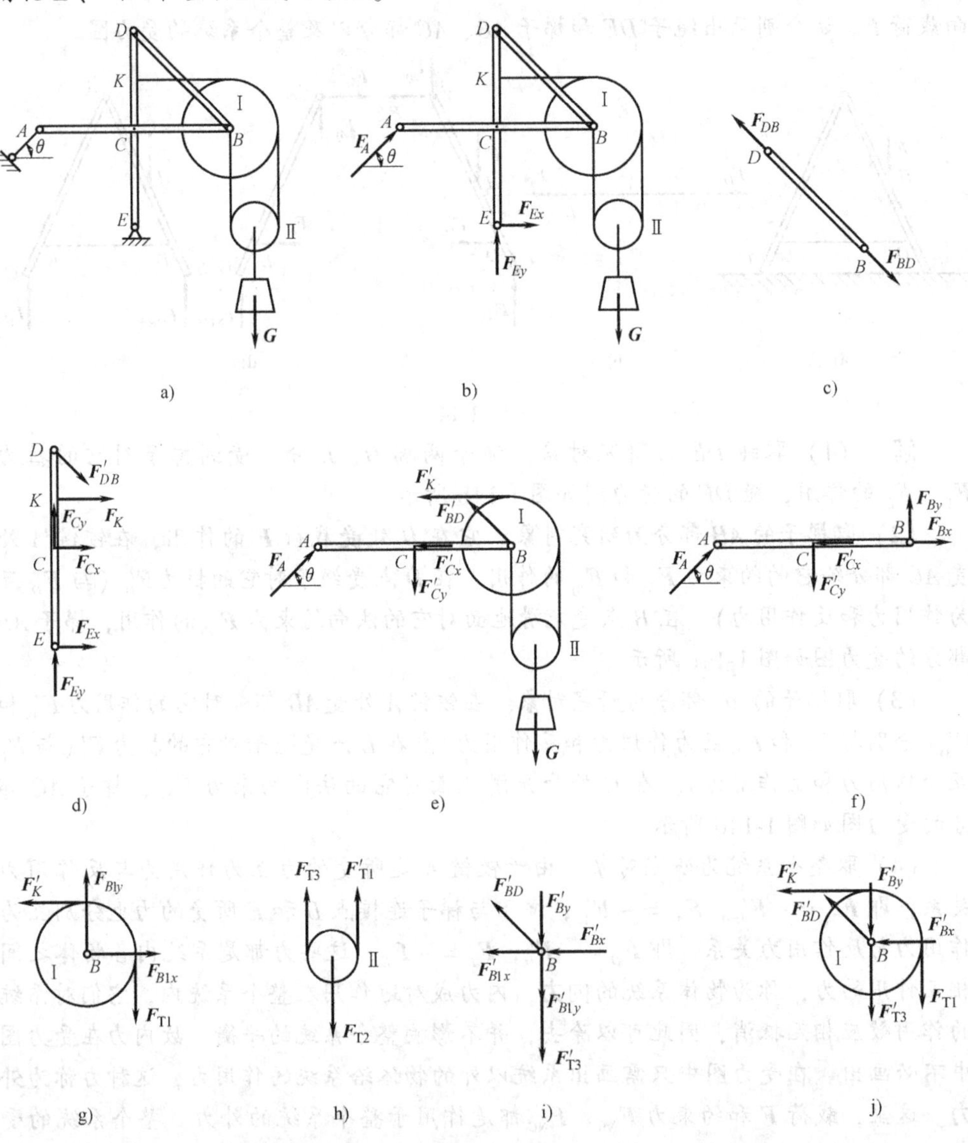

图 1-15

解 (1) 取整体为研究对象 系统各处的内力均可不画，只需画出系统所受的外力。除了主动力$\boldsymbol{G}$外，还有A处受有可动铰支座的约束力$\boldsymbol{F}_A$；E处为固定铰链支座，其约束力用两个正交分量$\boldsymbol{F}_{Ex}$与$\boldsymbol{F}_{Ey}$表示。整体的受力图如图 1-15b 所示。

(2) 取杆 BD 为研究对象　由于杆 BD 为二力杆，故在铰链中心 D、B 处分别受$\boldsymbol{F}_{DB}$、$\boldsymbol{F}_{BD}$两力的作用，杆 BD 的受力图如图 1-15c 所示。

(3) 取杆 DE 为研究对象　D 处受二力杆 BD 给它的约束力$\boldsymbol{F}'_{DB}$；K 处受钢绳的拉力$\boldsymbol{F}_K$，铰链 C 处的约束力用两个正交分量$\boldsymbol{F}_{Cx}$、$\boldsymbol{F}_{Cy}$表示；E 处有$\boldsymbol{F}_{Ex}$与$\boldsymbol{F}_{Ey}$(此处与整体图上一致)。杆 DE 的受力图如图 1-15d 所示。

(4) 取杆 AB、定滑轮Ⅰ、动滑轮Ⅱ、钢绳和重物组成的系统为研究对象　只需画出该系统所受的外力。主动力有 $\boldsymbol{G}$，A 处有约束力$\boldsymbol{F}_A$（此处与整体图上一致），B 处有杆 BD 的约束力$\boldsymbol{F}'_{BD}$，C 处有杆 DE 的约束力$\boldsymbol{F}'_{Cx}$与$\boldsymbol{F}'_{Cy}$，还有 K 处的钢绳拉力$\boldsymbol{F}'_K$。其受力图如图 1-15e 所示。

进一步分析其他单个物体的受力情况。

画杆 AB 的受力图　取杆 AB 为研究对象，如图 1-15f 所示。与图 1-15e 对应，A 处有约束力$\boldsymbol{F}_A$；C 处有约束力$\boldsymbol{F}'_{Cx}$与$\boldsymbol{F}'_{Cy}$；B 处受有销钉给杆 AB 的约束力，亦可用两个正交分力$\boldsymbol{F}_{Bx}$、$\boldsymbol{F}_{By}$表示。杆 AB 的受力图如图 1-15f 所示。

画轮Ⅰ的受力图　取轮Ⅰ为研究对象，如图 1-15g 所示。其上受有两段钢绳的拉力$\boldsymbol{F}_{T1}$、$\boldsymbol{F}'_K$和销钉 B 对轮Ⅰ的约束力$\boldsymbol{F}_{B1x}$及$\boldsymbol{F}_{B1y}$，轮Ⅰ的受力图如图 1-15g 所示。

画轮Ⅱ的受力图　取轮Ⅱ为研究对象，如图 1-15h 所示。其上受三段钢绳拉力$\boldsymbol{F}'_{T1}$、$\boldsymbol{F}_{T2}$、$\boldsymbol{F}_{T3}$，轮Ⅱ的受力图如图 1-15h 所示。

画销钉 B 的受力图　取销钉 B 为研究对象，如图 1-15i 所示。它与杆 DB、AB、轮Ⅰ及钢绳等四个物体连接，因此这四个物体对销钉都有力的作用。二力杆 DB 对它的约束力为$\boldsymbol{F}'_{BD}$；杆 AB 对它的约束力为$\boldsymbol{F}'_{Bx}$、$\boldsymbol{F}'_{By}$；轮Ⅰ给销钉 B 的约束力为$\boldsymbol{F}'_{B1x}$与$\boldsymbol{F}'_{B1y}$；另外还受到钢绳对销钉 B 的拉力$\boldsymbol{F}'_{T3}$。销钉 B 的受力图如图 1-15i 所示。

画销钉 B 与定滑轮Ⅰ一起的受力图　取销钉 B 与定滑轮Ⅰ一起为研究对象，如图 1-15j 所示。销钉 B 与定滑轮Ⅰ之间的内力不画。三根绳子的拉力分别为$\boldsymbol{F}'_{T3}$、$\boldsymbol{F}_{T1}$及$\boldsymbol{F}'_K$，二力杆 BD 对它的约束力为$\boldsymbol{F}'_{BD}$，杆 AB 对它的约束力为$\boldsymbol{F}'_{Bx}$、$\boldsymbol{F}'_{By}$。销钉 B 与定滑轮Ⅰ的受力图如图 1-15j 所示。

本题较难，是由于销钉 B 与四个物体连接，销钉 B 与每个连接物体之间都有作用力与反作用力关系，故销钉 B 上受的力较多，因此必须明确其上每一个力的施力物体。必须注意：当分析各物体在 B 处的受力时，应根据求解需要，将销钉 B 单独画出或将它属于某一个物体。因为各研究对象在 B 处是否包括销钉的受力图是不同的，如图 1-15g、j 所示。以后凡遇到销钉与三个以上物体连接时，都应注意上述问题。

思　考　题

1-1　为什么说二力平衡公理、加减平衡力系公理和力的可传性原理只适用于刚体？

1-2 以下说法对吗？为什么？

（1）凡处于平衡状态的物体都可视为刚体。（2）凡变形微小的物体都可视为刚体。（3）在研究物体机械运动问题时，物体的变形对所研究的问题没有影响或影响甚微，此时物体可视为刚体。

1-3 两杆连接如图1-16所示，能否根据力的可传性原理，将作用于杆 AC 的力 $\boldsymbol{F}$ 沿其作用线移至 BC 上面而成为 $\boldsymbol{F}'$？

1-4 作用于刚体上的平衡力系，如果作用到变形体上，这变形体是否也一定平衡？

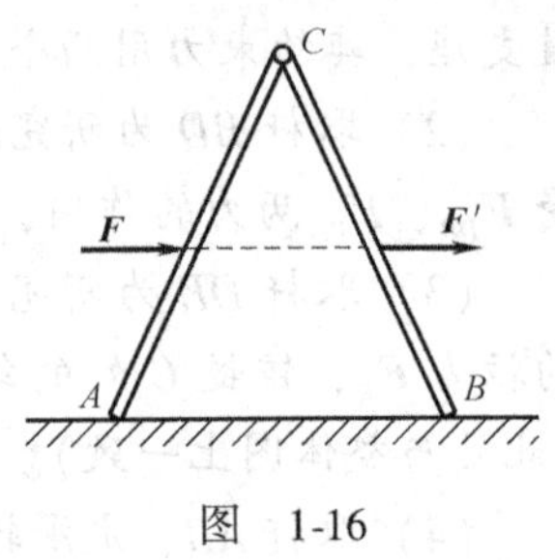

图 1-16

习 题

1-1 试画出图1-17中物体 A 或各构件的受力图。未画重力的物体的重量均不计，所有接触

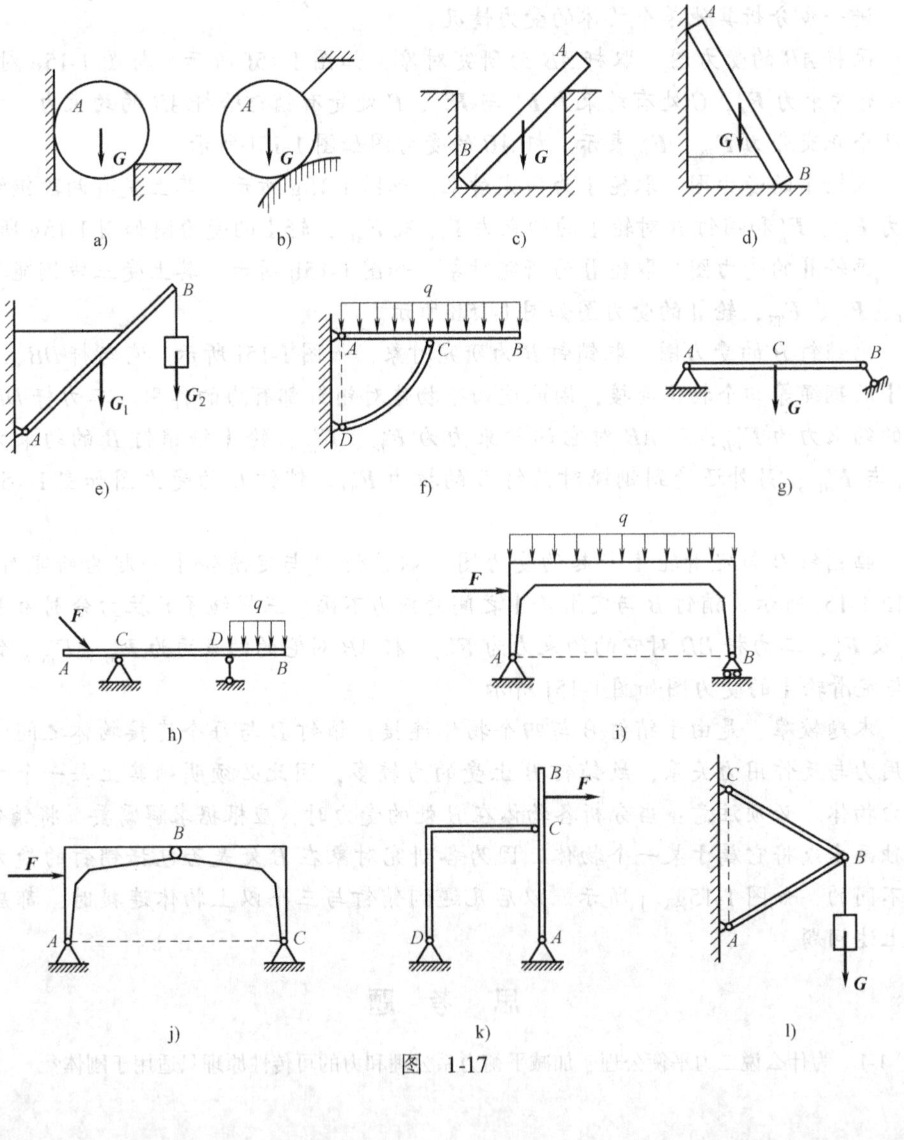

a) b) c) d)

e) f) g)

h) i)

j) k) l)

图 1-17

处均为光滑接触。

1-2　试画出图 1-18 中各物体及整体的受力图。未画重力的物体的重量均不计，所有接触处均为光滑接触。

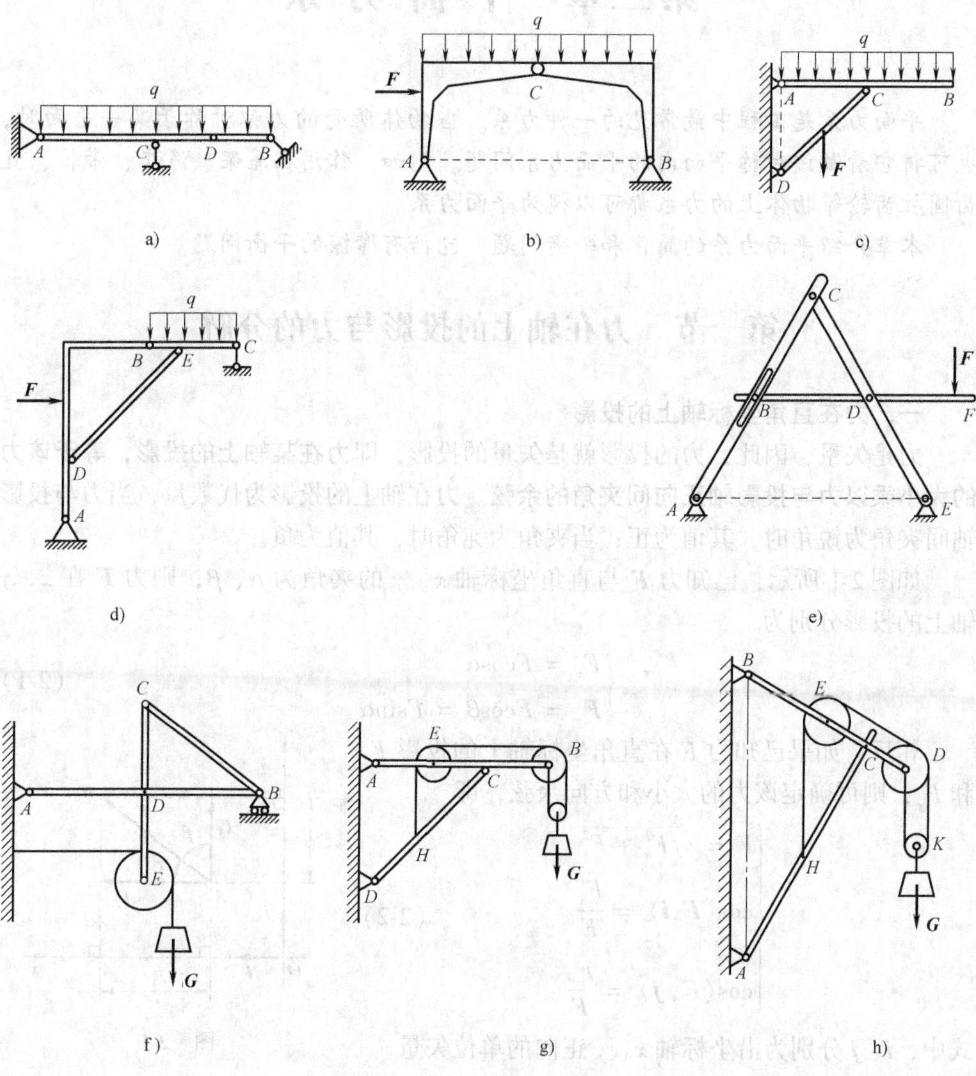

图　1-18

第二章　平面力系

平面力系是工程中最常见的一种力系。当物体所受的力都对称于某一平面时，也可将它看做该对称平面内的平面力系问题。例如，作用在屋架、汽车、带轮、直齿圆柱齿轮等物体上的力系都可以视为平面力系。

本章介绍平面力系的简化和平衡问题，包括有摩擦的平衡问题。

第一节　力在轴上的投影与力的分解

一、力在直角坐标轴上的投影

力是矢量，因此，力的投影就是矢量的投影，即**力在某轴上的投影，等于该力的大小乘以力与投影轴正向间夹角的余弦**。力在轴上的投影为代数量，当力与投影轴间夹角为锐角时，其值为正；当夹角为钝角时，其值为负。

如图 2-1 所示，已知力 $\boldsymbol{F}$ 与直角坐标轴 x、y 的夹角为 α、β，则力 $\boldsymbol{F}$ 在 x、y 轴上的投影分别为

$$\begin{cases} F_x = F\cos\alpha \\ F_y = F\cos\beta = F\sin\alpha \end{cases} \tag{2-1}$$

相反，如果已知力 $\boldsymbol{F}$ 在直角坐标轴上的投影 F_x 和 F_y，则可确定该力的大小和方向余弦，即

$$\begin{cases} F = \sqrt{F_x^2 + F_y^2} \\ \cos\langle \boldsymbol{F}, \boldsymbol{i} \rangle = \dfrac{F_x}{F} \\ \cos\langle \boldsymbol{F}, \boldsymbol{j} \rangle = \dfrac{F_y}{F} \end{cases} \tag{2-2}$$

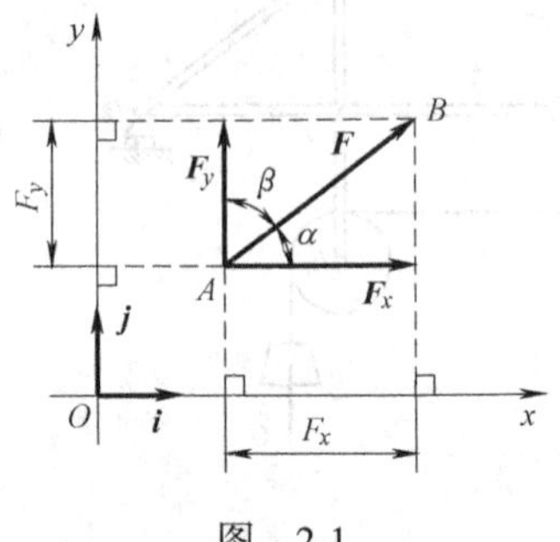

图　2-1

式中，$\boldsymbol{i}$、$\boldsymbol{j}$ 分别为沿坐标轴 x、y 正向的单位矢量。

二、力沿坐标轴分解

力沿坐标轴分解时，分力由力的平行四边形法则确定，如图 2-1 所示，力 $\boldsymbol{F}$ 沿直角坐标轴 Ox、Oy 可分解为两个分力 $\boldsymbol{F}_x$ 和 $\boldsymbol{F}_y$，其分力与力的投影之间有下列关系：

$$\begin{cases} \boldsymbol{F}_x = F_x \boldsymbol{i} \\ \boldsymbol{F}_y = F_y \boldsymbol{j} \end{cases}$$

因此，力的解析表达式可写为

$$\boldsymbol{F} = F_x \boldsymbol{i} + F_y \boldsymbol{j} \tag{2-3}$$

必须注意，力的投影与力的分解是两个不同的概念，两者不可混淆。力在坐标轴上的投影 F_x 和 F_y 为代数量，而力沿坐标轴的分量 $\boldsymbol{F}_x$ 和 $\boldsymbol{F}_y$ 为矢量。当 Ox、Oy 两轴不相互垂直时，分力 $\boldsymbol{F}_x$、$\boldsymbol{F}_y$ 和力在轴上的投影 F_x、F_y 在数值上也不相等，如图 2-2 所示。

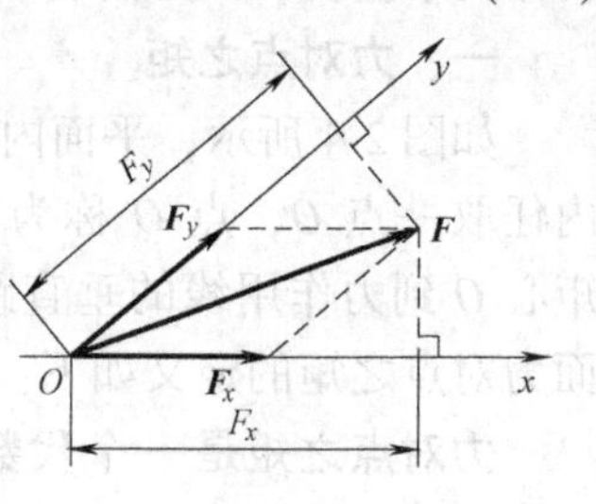

图 2-2

三、合力投影定理

设由 n 个力组成的平面汇交力系，其汇交点为 O，如图 2-3a 所示。连续应用力的平行四边形法则或力多边形法则，容易得到此汇交力系的合力 $\boldsymbol{F}_{\mathrm{R}}$，如图 2-3b 所示，有

$$\boldsymbol{F}_{\mathrm{R}} = \boldsymbol{F}_1 + \boldsymbol{F}_2 + \cdots + \boldsymbol{F}_n = \sum_{i=1}^{n} \boldsymbol{F}_i$$

简写为

$$\boldsymbol{F}_{\mathrm{R}} = \sum \boldsymbol{F} \tag{2-4}$$

上式表明：**平面汇交力系可合成为通过汇交点的合力，合力矢等于各分力的矢量和。**

根据合矢量投影定理——合矢量在某一轴上的投影等于各分矢量在同一轴上投影的代数和，将式 (2-4) 向 x、y 轴投影，可得

$$\begin{cases} F_{\mathrm{R}x} = F_{1x} + F_{2x} + \cdots + F_{nx} = \sum F_x \\ F_{\mathrm{R}y} = F_{1y} + F_{2y} + \cdots + F_{ny} = \sum F_y \end{cases} \tag{2-5}$$

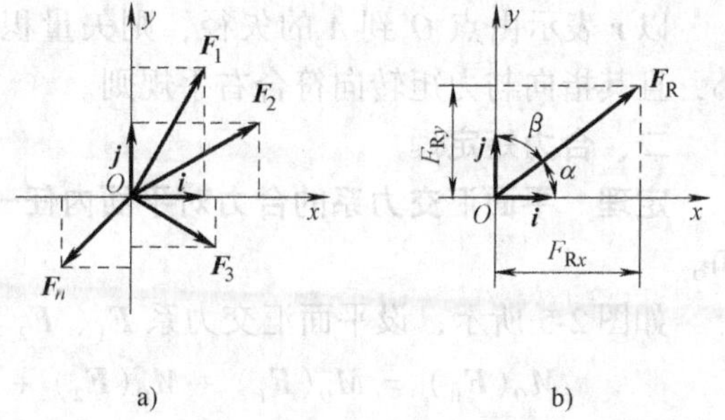

图 2-3

上式表明：**合力在某一轴上的投影，等于各分力在同一轴上投影的代数和**，这就是**合力投影定理**。式中，F_{1x}、F_{2x}、…、F_{nx} 和 F_{1y}、F_{2y}、…、F_{ny} 分别为各分力在 x 和 y 轴上的投影。

计算出合力的投影后，可由式（2-2）求得合力的大小和方向余弦，即

$$\begin{cases} F_{\mathrm{R}} = \sqrt{F_{\mathrm{R}x}^2 + F_{\mathrm{R}y}^2} \\ \cos\langle \boldsymbol{F}_{\mathrm{R}}, \boldsymbol{i} \rangle = \dfrac{F_{\mathrm{R}x}}{F_{\mathrm{R}}} \\ \cos\langle \boldsymbol{F}_{\mathrm{R}}, \boldsymbol{j} \rangle = \dfrac{F_{\mathrm{R}y}}{F_{\mathrm{R}}} \end{cases} \tag{2-6}$$

第二节 力对点之矩

力对刚体作用的效应有移动与转动两种。其中，力的移动效应由力矢量的大小

和方向来量度，而力的转动效应则由力对点之矩（简称力矩）来量度。

一、力对点之矩

如图2-4所示，平面内作用一力$\boldsymbol{F}$，在该平面内任取一点O，点O称为力矩中心，简称**矩心**，矩心O到力作用线的垂直距离d称为**力臂**，则平面力对点之矩的定义如下：

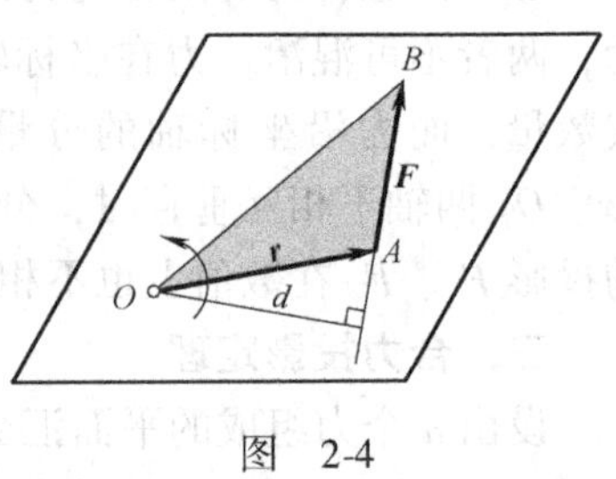

图 2-4

力对点之矩是一个代数量，其大小等于力与力臂的乘积，正负号规定如下：力使物体绕矩心逆时针转向转动时为正，反之为负。

以$M_O(\boldsymbol{F})$表示力$\boldsymbol{F}$对点O之矩，则

$$M_O(\boldsymbol{F}) = \pm Fd = \pm 2A_{\triangle OAB} \tag{2-7}$$

式中，$A_{\triangle OAB}$表示$\triangle OAB$的面积。

力矩的单位常用N·m或kN·m。当力的作用线通过矩心时，力臂$d=0$，则$M_O(\boldsymbol{F})=0$。

以$\boldsymbol{r}$表示由点O到A的矢径，则矢量积$\boldsymbol{r}\times\boldsymbol{F}$的模$|\boldsymbol{r}\times\boldsymbol{F}|$等于该力矩的大小，且其指向与力矩转向符合右手规则。

二、合力矩定理

定理　平面汇交力系的合力对平面内任一点之矩等于各分力对该点之矩的代数和。

如图2-5所示，设平面汇交力系$\boldsymbol{F}_1$、$\boldsymbol{F}_2$、…、$\boldsymbol{F}_n$有合力$\boldsymbol{F}_{\mathrm{R}}$，则

$$M_O(\boldsymbol{F}_{\mathrm{R}}) = M_O(\boldsymbol{F}_1) + M_O(\boldsymbol{F}_2) + \cdots + M_O(\boldsymbol{F}_n) = \sum M_O(\boldsymbol{F}) \tag{2-8}$$

证明　$\boldsymbol{F}_{\mathrm{R}} = \boldsymbol{F}_1 + \boldsymbol{F}_2 + \cdots + \boldsymbol{F}_n$

用矢径$\boldsymbol{r}$左乘上式等号两端（作矢量积），有

$$\boldsymbol{r}\times\boldsymbol{F}_{\mathrm{R}} = \boldsymbol{r}\times(\boldsymbol{F}_1 + \boldsymbol{F}_2 + \cdots + \boldsymbol{F}_n)$$

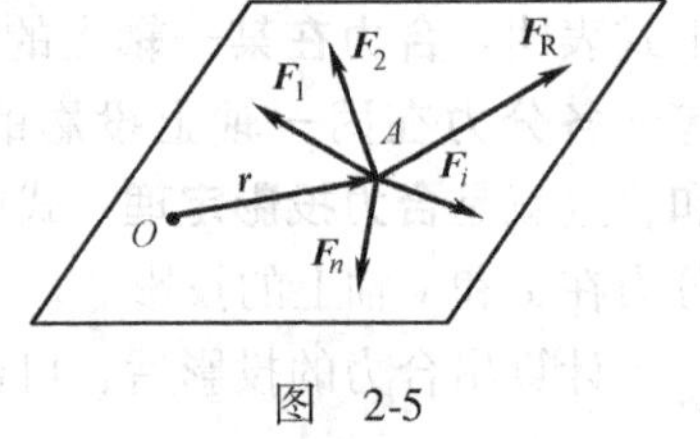

图 2-5

由于各力与矩心O共面，因此上式中各矢量积相互平行，矢量和可按代数和进行计算，而各矢量积的大小也就是力对点O之矩，故得

$$M_O(\boldsymbol{F}_{\mathrm{R}}) = M_O(\boldsymbol{F}_1) + M_O(\boldsymbol{F}_2) + \cdots + M_O(\boldsymbol{F}_n) = \sum M_O(\boldsymbol{F})$$

定理得证。

必须指出，合力矩定理不仅对平面汇交力系成立，而且对于有合力的其他任何力系都成立。

由合力矩定理可得到力矩的解析表达式，如图2-6所示，将力$\boldsymbol{F}$分解为两分力$\boldsymbol{F}_x$和$\boldsymbol{F}_y$，则力$\boldsymbol{F}$对坐标原点O之矩为

$$M_O(\boldsymbol{F}) = M_O(\boldsymbol{F}_x) + M_O(\boldsymbol{F}_y) = xF\sin\alpha - yF\cos\alpha$$

或

$$M_O(\boldsymbol{F}) = xF_y - yF_x \tag{2-9}$$

上式即为平面力矩的解析表达式。其中 x、y 为力 $\boldsymbol{F}$ 作用点的坐标；F_x、F_y 为力 $\boldsymbol{F}$ 在 x、y 轴上的投影，它们都是代数量，计算时必须注意各量的正负号。

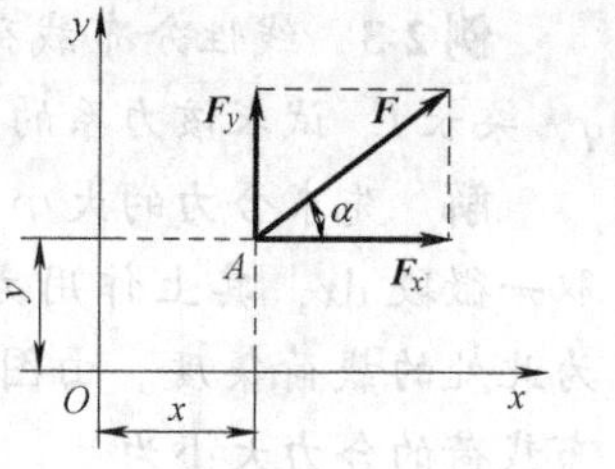

将式（2-9）代入式（2-8），容易得到合力矩的解析表达式

$$M_O(\boldsymbol{F}_R) = \sum(xF_y - yF_x)$$

图 2-6

三、力矩的计算

可用力矩的定义式（2-7）或力矩的解析表达式（2-9）计算平面力对某一点之矩，当力臂计算比较困难时，应用合力矩定理，往往可以简化力矩的计算，一般将力分解为两个适当的分力，先求出两分力对此点之矩，然后求其代数和，即得该力对点之矩。

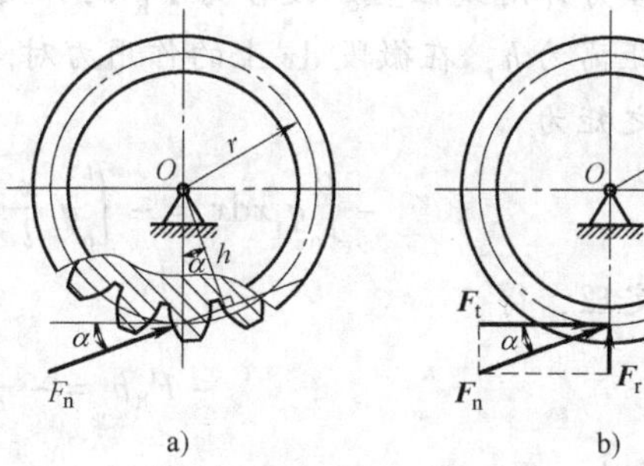

图 2-7

例 2-1 如图 2-7a 所示，直齿圆柱齿轮受啮合力 $\boldsymbol{F}_n$ 的作用。设 $F_n = 1\text{kN}$。压力角 $\alpha = 20°$，齿轮的节圆（啮合圆）半径 $r = 60\text{mm}$，试计算力 $\boldsymbol{F}_n$ 对轴 O 的力矩。

解 **方法一** 按力矩的定义计算。

由图 2-7a 有

$$M_O(\boldsymbol{F}_n) = F_n h = F_n r\cos\alpha = (1000 \times 0.06\cos20°)\text{N} \cdot \text{m} = 56.38\text{N} \cdot \text{m}$$

方法二 用合力矩定理计算。

将力 $\boldsymbol{F}_n$ 分解为圆周力（或切向力）$\boldsymbol{F}_t$ 和径向力 $\boldsymbol{F}_r$，如图 2-7b 所示，则

$$\begin{aligned} M_O(\boldsymbol{F}_n) &= M_O(\boldsymbol{F}_t) + M_O(\boldsymbol{F}_r) = M_O(\boldsymbol{F}_t) = F_n\cos\alpha \cdot r \\ &= (1000\cos20° \times 0.06)\text{N} \cdot \text{m} = 56.38\text{N} \cdot \text{m} \end{aligned}$$

例 2-2 如图 2-8a 所示，曲杆上作用一力 $\boldsymbol{F}$，已知 $OA = a$，$AB = b$，试分别计算力 $\boldsymbol{F}$ 对点 O 和点 A 之矩。

解 应用合力矩定理，将力 $\boldsymbol{F}$ 分解为 $\boldsymbol{F}_x$ 和 $\boldsymbol{F}_y$，如图 2-8b 所示，则力 $\boldsymbol{F}$ 对点 O 之矩为

$$\begin{aligned} M_O(\boldsymbol{F}) &= M_O(\boldsymbol{F}_x) + M_O(\boldsymbol{F}_y) \\ &= F_x b + F_y a \\ &= Fb\sin\alpha + Fa\cos\alpha \end{aligned}$$

力 $\boldsymbol{F}$ 对点 A 之矩为

$$\begin{aligned} M_A(\boldsymbol{F}) &= M_A(\boldsymbol{F}_x) + M_A(\boldsymbol{F}_y) \\ &= F_x b = Fb\sin\alpha \end{aligned}$$

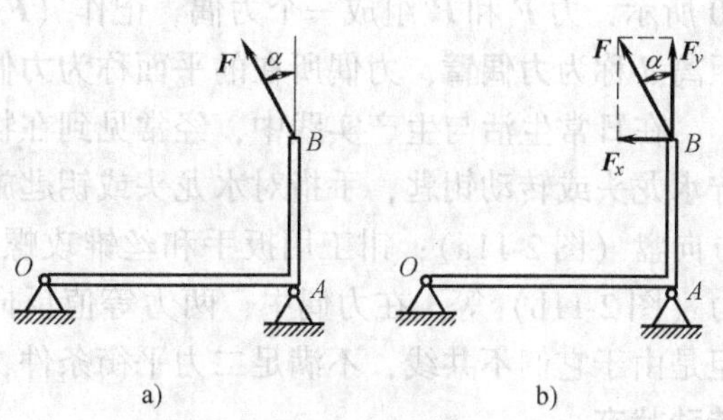

图 2-8

例 2-3 线性分布载荷作用在水平梁 AB 上，如图 2-9 所示。最大载荷集度为 q，梁长 l。试求该力系的合力。

解 先求合力的大小。在梁上距 A 端为 x 处取一微段 $\mathrm{d}x$，其上作用力大小为 $q_x\mathrm{d}x$，其中 q_x 为此处的载荷集度。由图可知，$q_x = qx/l$，故分布载荷的合力大小为

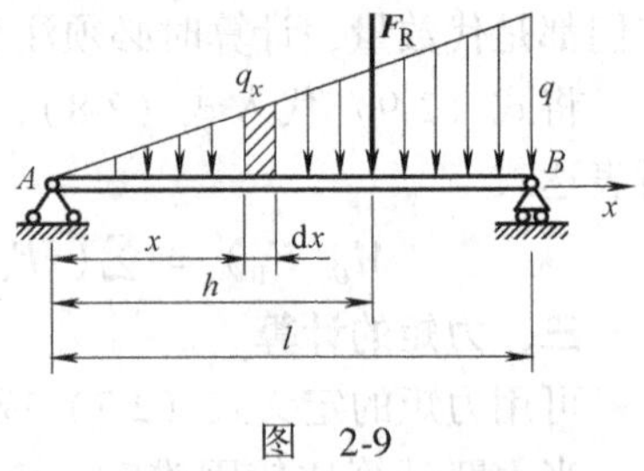

图 2-9

$$F_R = \int_0^l q_x \mathrm{d}x = \int_0^l q\frac{x}{l}\mathrm{d}x = \frac{1}{2}ql$$

再求合力作用线位置。设合力 $\boldsymbol{F}_R$ 的作用线距 A 端的距离为 h，在微段 $\mathrm{d}x$ 上的作用力对点 A 之矩为 $-(q_x\mathrm{d}x)x$，全部分布载荷对点 A 之矩为

$$-\int_0^l q_x x\mathrm{d}x = -\int_0^l q\frac{x}{l}x\mathrm{d}x = -\frac{1}{3}ql^2$$

由合力矩定理，得

$$-F_R h = -\frac{1}{3}ql^2$$

代入 $\boldsymbol{F}_R$ 的值，得

$$h = \frac{2}{3}l$$

即合力大小等于分布载荷三角形的面积，合力作用线通过三角形的几何中心。

这一结论同样适用于其他形式的分布载荷（如均布载荷、抛物线分布载荷等），即合力大小等于分布载荷图形的面积，合力作用线通过分布载荷图形的几何中心。

第三节 力 偶

一、力偶

大小相等、方向相反但不共线的两个平行力组成的力系，称为**力偶**。如图 2-10 所示，力 $\boldsymbol{F}$ 和 $\boldsymbol{F}'$组成一个力偶，记作（$\boldsymbol{F}$，$\boldsymbol{F}'$）。力偶中两力作用线之间的垂直距离 d 称为**力偶臂**，力偶所在的平面称为**力偶作用面**。

在日常生活与生产实践中，经常见到在物体上作用力偶的情况，如用两个手指拧水龙头或转动钥匙，手指对水龙头或钥匙施加的两个力；汽车驾驶人用双手转动方向盘（图 2-11a）；钳工用扳手和丝锥攻螺纹时，两手作用于丝锥扳手上的两个力（图 2-11b）等。在力偶中，两力等值反向且相互平行，其矢量和显然等于零，但是由于它们不共线，不满足二力平衡条件，不能相互平衡，所以只能**改变物体的转动状态**。

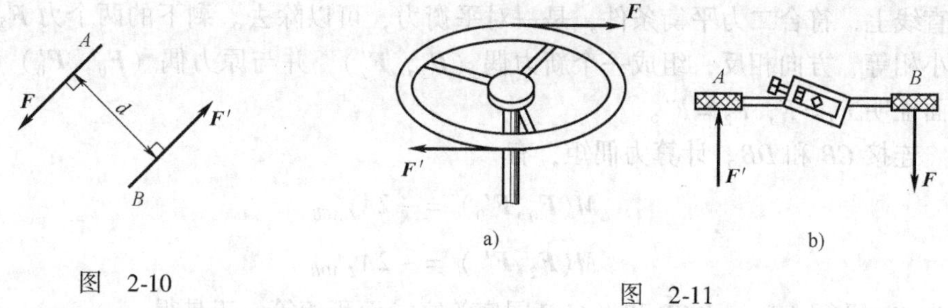

图 2-10　　　　图 2-11

二、力偶矩

力偶矩是一个代数量，其绝对值等于力的大小与力偶臂的乘积，正负号表示力偶的转向：逆时针转向为正，反之则为负。力偶矩以 $M(\boldsymbol{F},\boldsymbol{F}')$ 表示，一般简记为 M，如图 2-12 所示，设力偶 $(\boldsymbol{F},\boldsymbol{F}')$ 的力偶臂为 d，则

$$M = M(\boldsymbol{F},\boldsymbol{F}') = \pm Fd = \pm 2A_{\triangle ABC}$$

式中，$A_{\triangle ABC}$ 表示△ABC 的面积。

力偶矩的单位与力矩的单位相同，也是 N · m 或 kN · m。

力偶对其作用面内任一点之矩恒等于力偶矩。如图 2-12 所示，在力偶作用面内任取一点 O（矩心），则力偶对点 O 之矩等于其两力对点 O 之矩的代数和，即

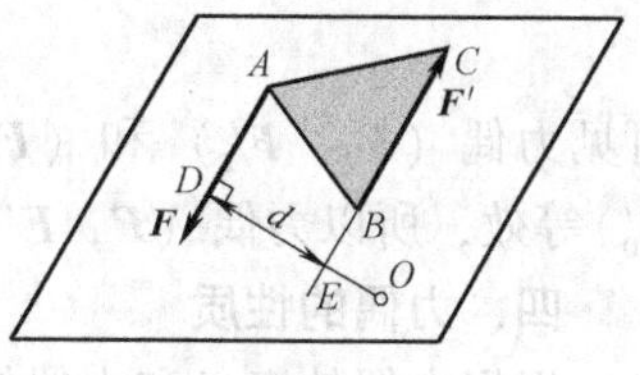

图 2-12

$$\begin{aligned} M_O(\boldsymbol{F}) + M_O(\boldsymbol{F}') &= F \cdot OD - F' \cdot OE \\ &= F(OD - OE) \\ &= Fd = M \end{aligned}$$

由于矩心 O 是任意选取的，因此，力偶对其作用面内任一点之矩均等于力偶矩，而与矩心的位置无关。

力偶对物体的转动效应，可用力偶矩来量度。因此，平面力偶对物体的作用效应，由以下两个因素决定：①力偶矩的大小；②力偶在作用平面内的转向。

三、平面力偶的等效定理

定理　在同一平面内，力偶矩相等的两力偶等效。

证明　如图 2-13 所示，设在同一平面内有两个力偶 $(\boldsymbol{F}_0,\boldsymbol{F}_0')$ 和 $(\boldsymbol{F},\boldsymbol{F}')$ 作用，它们的力偶矩相等，且力的作用线分别交于点 A 和 B，现在证明这两个力偶是等效的。

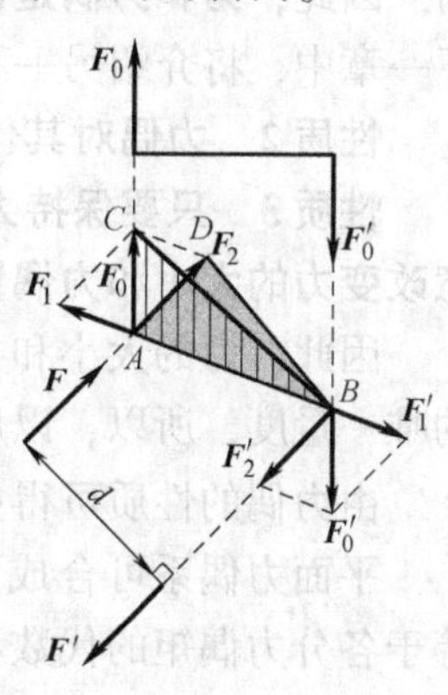

图 2-13

首先将力 $\boldsymbol{F}_0$ 和 $\boldsymbol{F}_0'$ 分别沿它们的作用线移到点 A 和 B；然后分别沿连线 AB 和力偶 $(\boldsymbol{F},\boldsymbol{F}')$ 的两力的作用线方向分解，得到 $(\boldsymbol{F}_1,\boldsymbol{F}_1')$ 和 $(\boldsymbol{F}_2,\boldsymbol{F}_2')$ 四个力，显然，这四个力与原力偶 $(\boldsymbol{F}_0,\boldsymbol{F}_0')$ 等效；由于两个力平行四边形全等，于是力 $\boldsymbol{F}_1$ 与 $\boldsymbol{F}_1'$ 大小相等、方向相反，且在同

一直线上，符合二力平衡条件，是一对平衡力，可以除去。剩下的两个力 $\boldsymbol{F}_2$ 与 $\boldsymbol{F}_2'$ 大小相等、方向相反，组成一个新力偶（$\boldsymbol{F}_2$，$\boldsymbol{F}_2'$），并与原力偶（$\boldsymbol{F}_0$，$\boldsymbol{F}_0'$）等效。下面证明 $F_2=F$，$F_2'=F'$。

连接 CB 和 DB。计算力偶矩，有

$$M(\boldsymbol{F}_0,\boldsymbol{F}'_0) = -2A_{\triangle ACB}$$

$$M(\boldsymbol{F}_2,\boldsymbol{F}'_2) = -2A_{\triangle ADB}$$

因为 CD 平行 AB，$\triangle ACB$ 和 $\triangle ADB$ 同底等高，面积相等，于是得

$$M(\boldsymbol{F}_0,\boldsymbol{F}'_0) = M(\boldsymbol{F}_2,\boldsymbol{F}'_2)$$

即力偶（$\boldsymbol{F}_0$，$\boldsymbol{F}_0'$）与（$\boldsymbol{F}_2$，$\boldsymbol{F}_2'$）等效时，它们的力偶矩相等。由假设知

$$M(\boldsymbol{F}_0,\boldsymbol{F}'_0) = M(\boldsymbol{F},\boldsymbol{F}')$$

因此有

$$M(\boldsymbol{F}_2,\boldsymbol{F}'_2) = M(\boldsymbol{F},\boldsymbol{F}')$$

从图上可知，力偶（$\boldsymbol{F}_2$，$\boldsymbol{F}_2'$）和（$\boldsymbol{F}$，$\boldsymbol{F}'$）有相等的力偶臂 d 和相同的转向，于是得

$$F_2 = F, \quad F'_2 = F'$$

可见力偶（$\boldsymbol{F}_2$，$\boldsymbol{F}_2'$）和（$\boldsymbol{F}$，$\boldsymbol{F}'$）完全相等。又因为力偶（$\boldsymbol{F}_2$，$\boldsymbol{F}_2'$）与（$\boldsymbol{F}_0$，$\boldsymbol{F}_0'$）等效，所以力偶（$\boldsymbol{F}$，$\boldsymbol{F}'$）和（$\boldsymbol{F}_0$，$\boldsymbol{F}_0'$）等效。于是定理得到证明。

四、力偶的性质

根据力偶的定义和力偶的等效定理，可得力偶的性质如下：

性质1　力偶无合力

由力偶的定义可知，力偶中的两个力在任何轴上的投影之和恒等于零，说明其主矢量 $\boldsymbol{F}_\mathrm{R}=\boldsymbol{0}$。假设力偶有合力，则 $\boldsymbol{F}_\mathrm{R}\neq\boldsymbol{0}$，这与力偶的定义相矛盾，故假设不成立，即力偶无合力。

力偶不能合成为一个力，或用一个力来等效替换；力偶也不能用一个力来平衡。因此，**力和力偶是两个非零的最简单力系**，它们是**静力学的两个基本要素**。在下一章中，将介绍另一种非零的最简单力系——力螺旋。

性质2　力偶对其作用面内任一点之矩均等于力偶矩，而与矩心的位置无关。

性质3　只要保持力偶矩不变，力偶可在其作用面内任意移动和转动，并可任意改变力的大小和力偶臂的长短，而不改变它对刚体的作用效应。

因此，力的大小和力偶臂都不是力偶的特征量，只有力偶矩才是力偶作用效应的唯一量度，所以，以后常用图2-14所示的符号表示力偶。

由力偶的性质可得如下结论：

平面力偶系可合成为一个合力偶，合力偶矩等于各分力偶矩的代数和，即

$$M = \sum M_i \qquad (2\text{-}10)$$

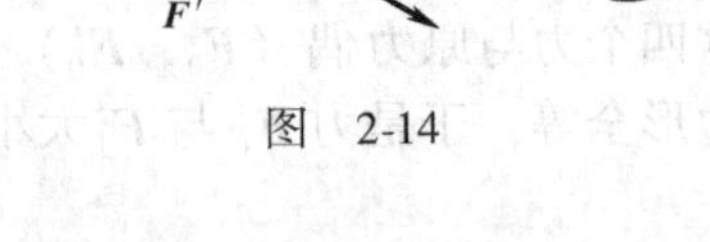

图 2-14

第四节 平面力系的简化

对平面力系进行简化时，一般利用力系向一点简化的方法，这种方法较为简便而且具有普遍性。空间力系的简化也采用这种方法，它的理论基础是力的平移定理。

一、力的平移定理

定理　作用在刚体上某点 A 的力 F 可平行移到任一点 B，平移时需附加一个力偶，附加力偶的力偶矩等于力 F 对平移点 B 之矩。

证明　如图2-15a所示，设原力 $\boldsymbol{F}$ 作用于刚体上 A 点，要将力 $\boldsymbol{F}$ 平移至 B 点，在 B 点加上一平衡力系（$\boldsymbol{F}'$，$\boldsymbol{F}''$），令 $\boldsymbol{F}'=-\boldsymbol{F}''=\boldsymbol{F}$，如图2-15b所示，则力系（$\boldsymbol{F}'$，$\boldsymbol{F}''$，$\boldsymbol{F}$）与力 $\boldsymbol{F}$ 等效。而（$\boldsymbol{F}''$，$\boldsymbol{F}$）组成一个力偶，其力偶矩为 $M=Fd$，如图2-15c所示，因此，力 $\boldsymbol{F}$ 和（$\boldsymbol{F}'$，M）等效。

这样，就把作用于点 A 的力 $\boldsymbol{F}$ 平移到了另一点 B，但同时附加了一个相应的力偶 M，这个力偶称为附加力偶。显然，附加力偶矩为

$$M = Fd = M_B(\boldsymbol{F})$$

即附加力偶矩等于力 $\boldsymbol{F}$ 对平移点 B 之矩。因此定理得证。

该定理指出，一个力可等效于一个力和一个力偶，或者说一个力可分解为作用在同平面内的一个力和一个力偶。反过来，根据力的平移定理，可证明其逆定理也成立，即同平面内的一个力和一个力偶可合成为一个力。

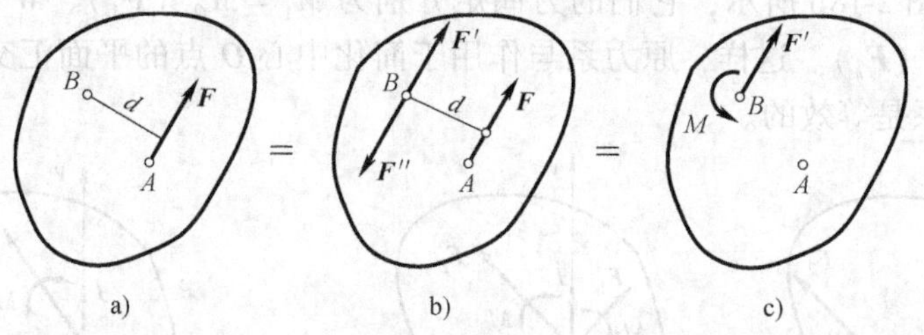

图 2-15

力的平移定理既是复杂力系简化的理论依据，又是分析力对物体作用效应的重要方法。如图2-16a所示，力 $\boldsymbol{F}$ 作用线通过球中心 C 时，球向前移动，如果力 $\boldsymbol{F}$ 作用线偏离球中心，如图2-16b所示，根据力的平移定理，力 $\boldsymbol{F}$ 向点 C 简化的结果为一个力 $\boldsymbol{F}'$ 和一个力偶 M，这个力偶使球产生转动，因此球既向前移动，又作转动。乒乓球运动员用球拍打乒乓球时，之所以能打出“旋球”，就是根据这个原理。又如攻螺纹时，必须用两手握扳手，而且用力要相等。如果用单手攻螺纹，如图2-17a所示，由于作用在扳手 AB 一端的力 $\boldsymbol{F}$ 向点 C 简化的结果为一个力 $\boldsymbol{F}'$ 和一个力偶 M，如图2-17b所示。这个力偶使丝锥转动，而这个力 $\boldsymbol{F}'$ 却往往使攻螺纹不正，影响加工精度，而且丝锥易折断。

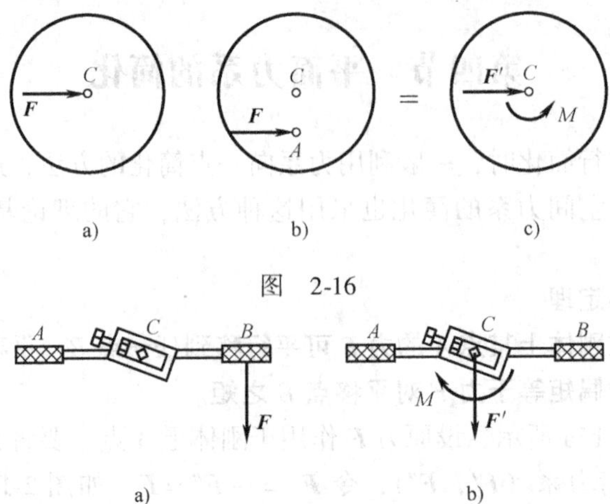

图 2-16

图 2-17

二、平面力系向一点的简化

1. 平面力系向一点的简化

平面力系向一点简化的思想方法是应用力的平移定理，将平面力系分解成两个力系：平面汇交力系和平面力偶系，然后，再将两个力系分别合成。

设在刚体上作用一平面力系 $\boldsymbol{F}_1$、$\boldsymbol{F}_2$、…、$\boldsymbol{F}_n$，如图 2-18a 所示。在平面内任选一点 O，称为**简化中心**。根据力的平移定理，将各力平移到 O 点，于是得到一个作用于 O 点的平面汇交力系 $\boldsymbol{F}_1'$、$\boldsymbol{F}_2'$、…、$\boldsymbol{F}_n'$和一个相应的附加力偶系 M_1、M_2、…、M_n，如图 2-18b 所示，它们的力偶矩分别为 $M_1=M_O(\boldsymbol{F}_1)$、$M_2=M_O(\boldsymbol{F}_2)$、…、$M_n=M_O(\boldsymbol{F}_n)$。这样，原力系与作用于简化中心 O 点的平面汇交力系和附加的平面力偶系是等效的。

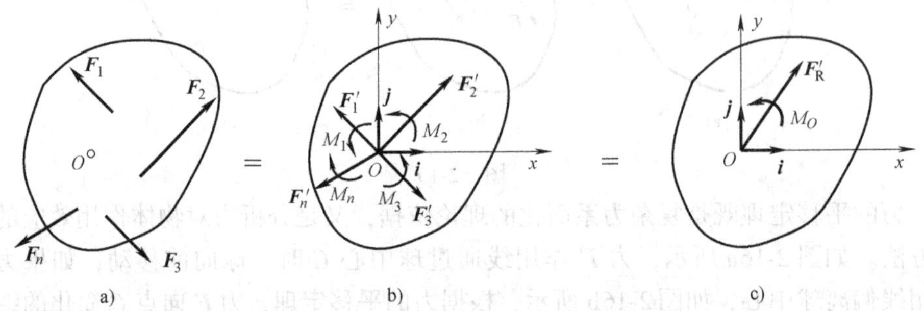

图 2-18

将平面汇交力系 $\boldsymbol{F}_1'$、$\boldsymbol{F}_2'$、…、$\boldsymbol{F}_n'$合成为作用于简化中心 O 点的一个力 $\boldsymbol{F}_R'$，如图 2-18c 所示。则

$$\boldsymbol{F}_R'=\boldsymbol{F}_1'+\boldsymbol{F}_2'+\cdots+\boldsymbol{F}_n'=\boldsymbol{F}_1+\boldsymbol{F}_2+\cdots+\boldsymbol{F}_n=\sum\boldsymbol{F}$$

即力矢 $\boldsymbol{F}_R'$等于原来各力的矢量和。

附加力偶系 M_1、M_2、…、M_n 可合成为一个力偶，合力偶矩 M_O 等于各附加力

偶矩的代数和。故

$$M_O = M_1 + M_2 + \cdots + M_n = M_O(\boldsymbol{F}_1) + M_O(\boldsymbol{F}_2) + \cdots + M_O(\boldsymbol{F}_n) = \sum M_O(\boldsymbol{F})$$

即合力偶的矩等于原来各力对简化中心 O 点之矩的代数和。

2. 主矢和主矩

平面力系中所有各力的矢量和 $\boldsymbol{F}'_{\mathrm{R}}$ 称为该力系的**主矢**；而各力对于任选的简化中心 O 之矩的代数和 M_O 称为该力系对于简化中心的**主矩**。

由主矢和主矩的定义，可得平面力系向一点简化的结果。

结论 平面力系向作用面内任选一点 O 简化，一般可得一个力和一个力偶，这个力等于该力系的主矢，作用于简化中心 O；这个力偶的矩等于该力系对于 O 点的主矩。

$$\begin{cases} \boldsymbol{F}'_{\mathrm{R}} = \sum \boldsymbol{F} \\ M_O = \sum M_O(\boldsymbol{F}) \end{cases} \tag{2-11}$$

必须注意，主矢等于各力的矢量和，它是由原力系中各力的大小和方向决定的，所以，它与简化中心的位置无关。而主矩等于各力对简化中心之矩的代数和，简化中心选择不同时，各力对简化中心的矩也不同，所以在一般情况下主矩与简化中心的位置有关。以后在说到主矩时，必须指出是力系对哪一点的主矩。

过简化中心 O 作直角坐标系 Oxy，如图 2-18c 所示，根据合力投影定理，有

$$\begin{cases} F'_{\mathrm{R}x} = \sum F_x \\ F'_{\mathrm{R}y} = \sum F_y \end{cases} \tag{2-12}$$

故主矢的大小和方向分别为

$$\begin{cases} F'_{\mathrm{R}} = \sqrt{(F'_{\mathrm{R}x})^2 + (F'_{\mathrm{R}y})^2} = \sqrt{(\sum F_x)^2 + (\sum F_y)^2} \\ \cos\langle \boldsymbol{F}'_{\mathrm{R}}, \boldsymbol{i} \rangle = \dfrac{F'_{\mathrm{R}x}}{F'_{\mathrm{R}}}, \cos\langle \boldsymbol{F}'_{\mathrm{R}}, \boldsymbol{j} \rangle = \dfrac{F'_{\mathrm{R}y}}{F'_{\mathrm{R}}} \end{cases} \tag{2-13}$$

3. 固定端约束

工程中，固定端是一种常见的约束，图 2-19a 所示为夹持在卡盘上的工件；图 2-19b 所示为固定在飞机机身上的机翼；图 2-19c 所示为插入地基中的电线杆。这类物体连接方式的特点是连接处刚性很大，两物体间既不能产生相对移动，也不能产生相对转动，这类实际约束均可抽象为固定端（插入端）约束，其简图如图 2-19d 所示。

固定端的约束力可利用平面力系向一点简化的方法来分析。如图 2-20 所示，固定端对物体的作用，是在接触面上作用了一群约束力，在平面问题中，这些力组成一平面力系，如图 2-20a 所示。根据力系简化理论，将这群力向作用平面内 A 点简化，得到一个力和一个力偶，如图 2-20b 所示。这个力的大小和方向均为未知量，一般用两个大小未知的分力来代替。因此，在平面问题中，固定端 A 处的约束力可简化为两个约束力 $\boldsymbol{F}_{Ax}$、$\boldsymbol{F}_{Ay}$ 和一个约束力偶 M_A，如图 2-20c 所示。

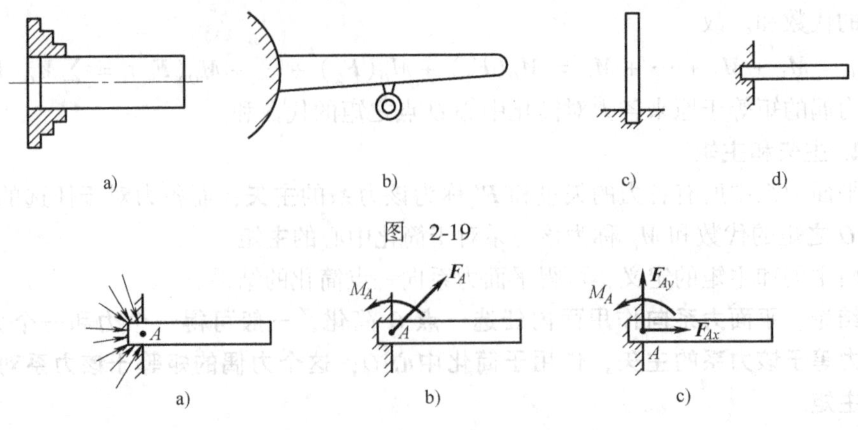

图 2-19

图 2-20

与固定铰支座的约束性质相比，固定端除了限制物体在水平方向和铅直方向移动外，还能限制物体在平面内转动；而固定铰支座不能限制物体在平面内转动。因此，固定铰支座的约束力只有 $\boldsymbol{F}_{Ax}$、$\boldsymbol{F}_{Ay}$，而固定端除了约束力 $\boldsymbol{F}_{Ax}$、$\boldsymbol{F}_{Ay}$ 外，还有一个约束力偶 M_A。

三、简化结果的分析

平面力系向作用面内一点简化的结果，可能有下面四种情况，即① $\boldsymbol{F}'_{\mathrm{R}}=\boldsymbol{0}$，$M_O=0$；② $\boldsymbol{F}'_{\mathrm{R}}=\boldsymbol{0}$，$M_O\neq0$；③ $\boldsymbol{F}'_{\mathrm{R}}\neq\boldsymbol{0}$，$M_O=0$；④ $\boldsymbol{F}'_{\mathrm{R}}\neq\boldsymbol{0}$，$M_O\neq0$。现在对这几种简化结果作进一步的分析讨论。

1. 平面力系平衡：$\boldsymbol{F}'_{\mathrm{R}}=\boldsymbol{0}, M_O=0$

平面力系的主矢、主矩均等于零时，原力系平衡，这种情形将在下节详细讨论。

2. 平面力系简化为一个力偶：$\boldsymbol{F}'_{\mathrm{R}}=\boldsymbol{0}$，$M_O\neq0$

力系的主矢等于零，主矩 M_O 不等于零时，显然，主矩与原力系等效，即原力系可合成为合力偶，合力偶矩为 $M_O=\sum M_O(\boldsymbol{F})$。

因为力偶对于平面内任意一点之矩都相同，因此，在这种情况下，主矩与简化中心的选择无关。

3. 平面力系简化为一个合力：$\boldsymbol{F}'_{\mathrm{R}}\neq\boldsymbol{0}$

（1）$\boldsymbol{F}'_{\mathrm{R}}\neq\boldsymbol{0}$，$M_O=0$　当力系的主矩 M_O 等于零，主矢不等于零时，显然，主矢与原力系等效，即原力系可合成为一个合力，合力等于主矢，合力的作用线通过简化中心 O。

（2）$\boldsymbol{F}'_{\mathrm{R}}\neq\boldsymbol{0}$，$M_O\neq0$　当力系的主矢、主矩都不等于零时，如图 2-21a 所示，根据力的平移定理的逆定理，主矢和主矩可合成为一合力。

如图 2-21b 所示，将矩为 M_O 的力偶用两个力 $\boldsymbol{F}_{\mathrm{R}}$ 和 $\boldsymbol{F}''_{\mathrm{R}}$ 表示，并令 $\boldsymbol{F}'_{\mathrm{R}}=\boldsymbol{F}_{\mathrm{R}}=-\boldsymbol{F}''_{\mathrm{R}}$，然后去掉平衡力系（$\boldsymbol{F}'_{\mathrm{R}}$，$\boldsymbol{F}''_{\mathrm{R}}$），则主矢和主矩合成为一个作用在点 O' 的力 $\boldsymbol{F}_{\mathrm{R}}$，如图 2-21c 所示，这个力 $\boldsymbol{F}_{\mathrm{R}}$ 就是原力系的合力，合力矢等于主矢；合力的作

用线在 O 点的哪一侧，应根据主矢和主矩的方向确定；合力作用线到 O 点的距离 d，可按下式算得：

$$d = \frac{|M_O|}{F_R}$$

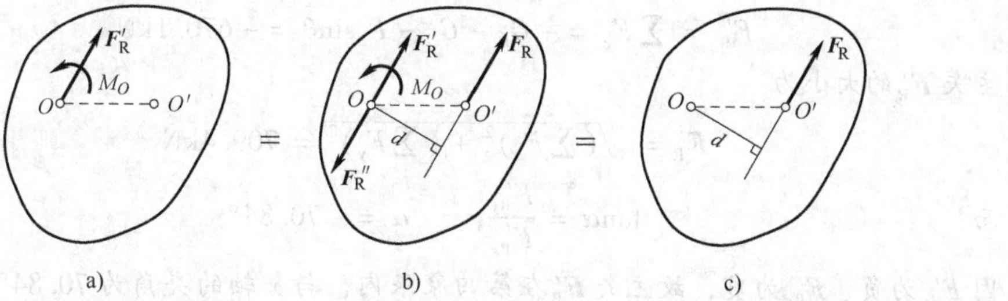

a)　　b)　　c)

图 2-21

四、合力矩定理

平面力系的合力矩定理　平面力系的合力对于作用面内任一点之矩等于力系中各力对于同一点之矩的代数和。

证明　由图 2-21c 可见，合力 $\boldsymbol{F}_R$ 对 O 点之矩为

$$M_O(\boldsymbol{F}_R) = F_R d = M_O = \sum M_O(\boldsymbol{F})$$

故

$$M_O(\boldsymbol{F}_R) = \sum M_O(\boldsymbol{F}) \tag{2-14}$$

式（2-14）即为平面力系的合力矩定理。

由于简化中心 O 是任意选取的，故式（2-14）具有普遍意义。

例 2-4　重力坝受力如图 2-22a 所示。设 $G_1 = 450\text{kN}$，$G_2 = 200\text{kN}$，$F_1 = 300\text{kN}$，$F_2 = 70\text{kN}$。试求力系的合力。

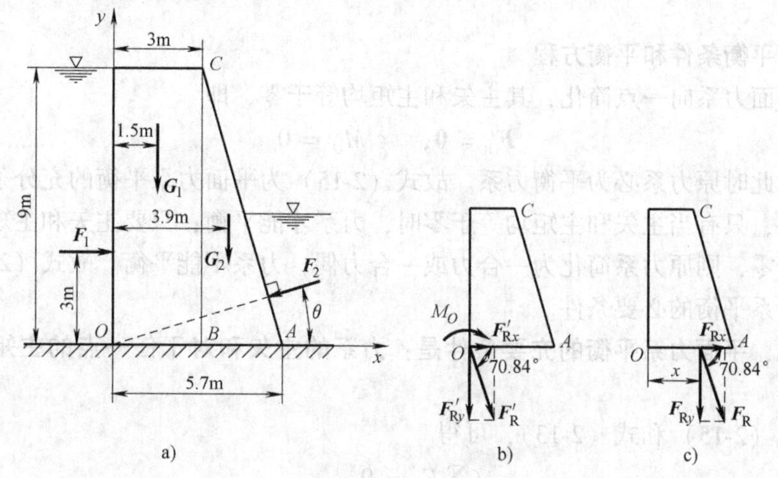

图 2-22

解　（1）先将力系向 O 点简化，求主矢 $\boldsymbol{F}'_R$ 和主矩 M_O　由图 2-22a 计算主矢

F'_R在 x、y 轴上的投影。

$$\theta = \angle ACB = \arctan\frac{AB}{CB} = 16.7°$$

$$F'_{Rx} = \sum F_x = F_1 - F_2\cos\theta = 232.9\text{kN}$$

$$F'_{Ry} = \sum F_y = -G_1 - G_2 - F_2\sin\theta = -670.1\text{kN}$$

主矢 F'_R的大小为

$$F'_R = \sqrt{(\sum F_x)^2 + (\sum F_y)^2} = 709.4\text{kN}$$

而
$$\tan\alpha = \frac{F'_{Ry}}{F'_{Rx}}, \qquad \alpha = -70.84°$$

因 F'_{Rx}为负、F'_{Ry}为负，故主矢 F'_R在第四象限内，与 x 轴的夹角为70.84°，如图2-22b所示。力系对 O 点的主矩为

$$M_O = \sum M_O(F) = -3\text{m}\cdot F_1 - 1.5\text{m}\cdot G_1 - 3.9\text{m}\cdot G_2 = -2355\text{kN}\cdot\text{m}(\text{顺时针})$$

(2) 求力系的合力 F_R 合力 F_R 的大小和方向与主矢 F'_R相同；其作用线位置根据合力矩定理求得，如图2-22c所示，有

$$M_O = M_O(F_R) = M_O(F_{Rx}) + M_O(F_{Ry})$$

解得
$$x = \frac{M_O}{F_{Ry}} = 3.514\text{m}$$

本题也可将力系向 A 点简化，然后再求出合力的作用线位置，请读者自行分析。

第五节 平面力系的平衡

一、平衡条件和平衡方程

当平面力系向一点简化，其主矢和主矩均等于零，即

$$F'_R = 0, \qquad M_O = 0 \tag{2-15}$$

时，显然此时原力系必为平衡力系。故式（2-15）为平面力系平衡的充分条件。

另外，只有当主矢和主矩均等于零时，力系才能平衡；只要主矢和主矩中有一个不等于零，则原力系简化为一合力或一合力偶，力系不能平衡。故式（2-15）又是平面力系平衡的必要条件。

因此，**平面力系平衡的充要条件是：力系的主矢和对于任一点的主矩都等于零。**

由式（2-15）和式（2-13），可得

$$\begin{cases} \sum F_x = 0 \\ \sum F_y = 0 \\ \sum M_O(F) = 0 \end{cases} \tag{2-16}$$

于是，**平面力系平衡的充要条件是：力系中各力在两个任选的坐标轴上的投影的代数和分别等于零，以及各力对于任一点之矩的代数和也等于零。**式（2-16）称为平面力系的**平衡方程**。

二、平衡方程的三种形式

1. 基本形式

平面力系平衡方程的第一种形式为式（2-16）表示的基本形式，也称为一力矩形式。

由于平面力系的简化中心是任意选取的，因此，在求解平面力系平衡问题时，可取不同的矩心，列出不同的力矩方程，用力矩方程代替投影方程进行求解往往比较简便。下面简述平面力系平衡方程的其他两种形式。

2. 二力矩形式

第二种形式为三个平衡方程中有两个力矩方程，即

$$\begin{cases} \sum M_A(\boldsymbol{F}) = 0 \\ \sum M_B(\boldsymbol{F}) = 0 \\ \sum F_x = 0 \end{cases} \tag{2-17}$$

其中，x 轴不得垂直于 A、B 两点的连线。式（2-17）为平衡方程的二力矩形式。

现证明二力矩形式的平衡方程也是平面力系平衡的充要条件。

证明 必要性：如果平面力系平衡（$\boldsymbol{F}'_{\mathrm{R}} = \boldsymbol{0}, M_O = 0$），则该力系中各力对任意轴（包括 x 轴）的投影的代数和等于零，故 $\sum F_x = 0$；因简化中心是任取的，故力系对任一点的主矩（包括 A、B 两点）都等于零，即 $M_A = 0$、$M_B = 0$，或 $\sum M_A(\boldsymbol{F}) = 0$、$\sum M_B(\boldsymbol{F}) = 0$。

充分性：如果平面力系满足式（2-17），根据式（2-17）的第一式和第二式，力系对 A、B 两点的主矩均等于零，则这个力系不可能简化为一个力偶，只可能平衡或者简化为经过 A、B 两点的一个力，如图 2-23 所示。由于 AB 连线不垂直于 x 轴，由 $\sum F_x = 0$，可知 $\boldsymbol{F}_{\mathrm{R}} = \boldsymbol{0}$，故该力系必为平衡力系。

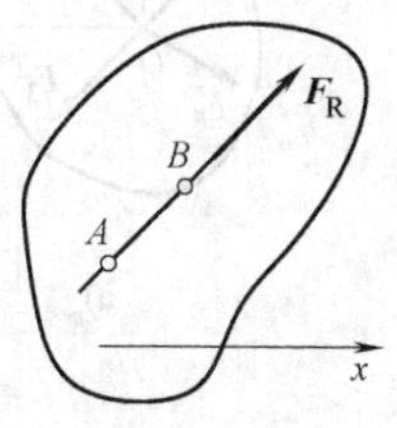

图 2-23

3. 三力矩形式

第三种形式为三个平衡方程均为力矩方程，即

$$\begin{cases} \sum M_A(\boldsymbol{F}) = 0 \\ \sum M_B(\boldsymbol{F}) = 0 \\ \sum M_C(\boldsymbol{F}) = 0 \end{cases} \tag{2-18}$$

其中，A、B、C 三点不得共线。式（2-18）为平衡方程的三力矩形式。

三力矩形式的平衡方程也是平面力系平衡的充要条件，读者可自行证明。

平面力系有三个独立的平衡方程，能求解三个未知量。平衡方程的三种形式是等价的，它们都可用来求解平面力系的平衡问题。在实际应用时，需根据具体情况

选用，力求使一个方程只包含一个未知量，以减少解联立方程的麻烦。

三、几种平面特殊力系的平衡方程

由平面力系的平衡方程容易得到下面几种平面特殊力系的平衡方程。

1. 平面汇交力系的平衡方程

如图2-24a所示，设平面汇交力系汇交点为 O，若取 O 点为矩心，则方程 $\sum M_O\ (\boldsymbol{F})=0$ 自然满足，因此，平面汇交力系的平衡方程只有两个，即

$$\begin{cases}\sum F_x = 0\\ \sum F_y = 0\end{cases}$$

2. 平面平行力系的平衡方程

如图2-24b所示，建立直角坐标系，并使 y 轴与各力平行，则方程 $\sum F_x=0$ 自然满足，因此，平面平行力系的平衡方程也只有两个，即

$$\begin{cases}\sum F_y = 0\\ \sum M_O(\boldsymbol{F}) = 0\end{cases}$$

3. 平面力偶系的平衡方程

对于平面力偶系，如图2-24c所示，方程 $\sum F_x=0$，$\sum F_y=0$ 自然满足，因此，平面力偶系的平衡方程只有一个，即

$$\sum M_O(\boldsymbol{F}) = \sum M = 0$$

在此情况下，可以不注明矩心。

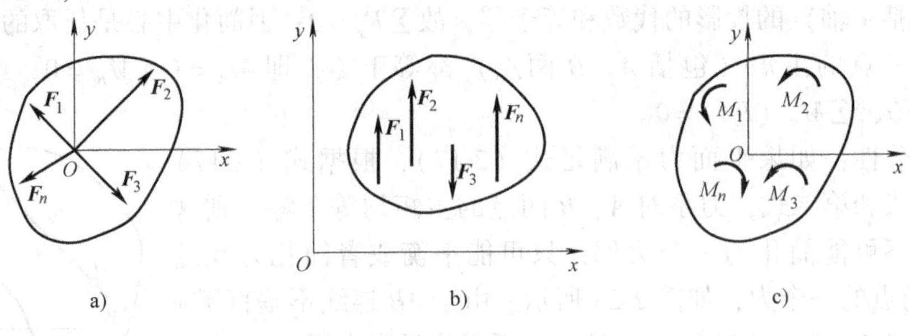

图 2-24

四、单个物体的平衡问题

求解单个物体的平面力系平衡问题时，一般按如下步骤进行：

1）选定研究对象，取出分离体。

2）画受力图。

3）取适当的投影轴和矩心，列平衡方程并求解。

例2-5 如图2-25a所示的支架，在横梁 AB 的 B 端作用有一集中载荷 $\boldsymbol{F}$，A、C、D 三处均为铰链连接，忽略梁 AB 和撑杆 CD 的自重，试求铰链 A 的约束力和撑杆 CD 所受的力。

解 方法一（汇交力系方法）

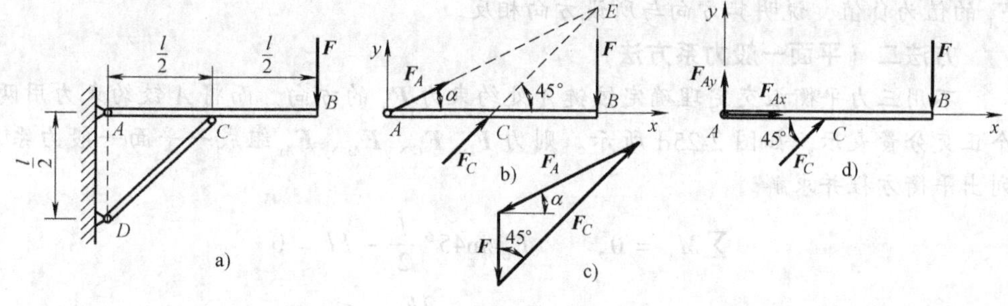

图 2-25

选取横梁 AB 为研究对象。横梁在 B 处受载荷 $\boldsymbol{F}$ 作用。因 CD 为二力杆，故它对横梁 C 处的约束力 $\boldsymbol{F}_C$ 的作用线必沿两铰链 C、D 中心的连线。如图 2-25b 所示，梁 AB 在 $\boldsymbol{F}$、$\boldsymbol{F}_C$、$\boldsymbol{F}_A$ 三力作用下处于平衡，根据三力平衡汇交定理可确定铰链 A 的约束力 $\boldsymbol{F}_A$ 的作用线，即必通过另两力的交点 E。根据平面汇交力系的平衡条件，可求得 $\boldsymbol{F}_A$ 和 $\boldsymbol{F}_C$。

由 $\tan\alpha = 0.5$ 得

$$\alpha = \arctan 0.5, \qquad \sin\alpha = \frac{1}{\sqrt{5}}, \cos\alpha = \frac{2}{\sqrt{5}}$$

用"几何法 + 辅助计算"求解

用这种方法进行求解时，必须预先判断各未知力的指向。当三力平衡时，这三个力应组成一封闭的力三角形，可确定 $\boldsymbol{F}_A$ 和 $\boldsymbol{F}_C$ 的指向，其中，$\boldsymbol{F}_A$ 应与图 2-25b 中指向相反，如图 2-25c 所示。在力三角形中，由正弦定理

$$\frac{F_A}{\sin 45^\circ} = \frac{F_C}{\sin(90^\circ + \alpha)} = \frac{F}{\sin(45^\circ - \alpha)}$$

得

$$F_A = \frac{\sin 45^\circ}{\sin(45^\circ - \alpha)} F = \sqrt{5} F$$

$$F_C = \frac{\sin(90^\circ + \alpha)}{\sin(45^\circ - \alpha)} F = 2\sqrt{2} F$$

用解析法求解

用这种方法进行求解时，不必预先判断各未知力的指向。如图 2-25b 所示，取投影轴，列平衡方程。

$$\begin{cases} \sum F_x = 0, F_A\cos\alpha + F_C\cos 45^\circ = 0 \\ \sum F_y = 0, F_A\sin\alpha + F_C\sin 45^\circ - F = 0 \end{cases}$$

联立求解，得

$$F_A = \frac{F}{\sin\alpha - \cos\alpha} = -\sqrt{5} F$$

$$F_C = \frac{F - F_A\sin\alpha}{\sin 45^\circ} = 2\sqrt{2} F$$

$\boldsymbol{F}_A$ 的值为负值，说明其方向与所设方向相反。

方法二（平面一般力系方法）

不用三力平衡汇交定理确定铰链 A 处约束力 $\boldsymbol{F}_A$ 的方向，而将 A 铰约束力用两个正交分量表示，如图 2-25d 所示。则力 $\boldsymbol{F}$、$\boldsymbol{F}_C$、$\boldsymbol{F}_{Ax}$、$\boldsymbol{F}_{Ay}$ 组成一平面一般力系。列出平衡方程并求解。

$$\sum M_A = 0, \qquad F_C \sin 45° \frac{l}{2} - Fl = 0$$

$$F_C = \frac{2F}{\sin 45°} = 2\sqrt{2}F$$

$$\sum F_x = 0, \qquad F_{Ax} + F_C \cos 45° = 0$$

$$F_{Ax} = -F_C \cos 45° = -2F$$

$$\sum F_y = 0, \qquad F_{Ay} + F_C \sin 45° - F = 0$$

$$F_{Ay} = F - F_C \sin 45° = -F$$

其中负号表明，约束力 $\boldsymbol{F}_{Ax}$、$\boldsymbol{F}_{Ay}$ 的方向与图中所设的方向相反。若将 $\boldsymbol{F}_{Ax}$、$\boldsymbol{F}_{Ay}$ 合成，得

$$F_A = \sqrt{F_{Ax}^2 + F_{Ay}^2} = \sqrt{5}F$$

此结果与使用汇交力系方法的计算结果相同。

从上面讨论可见，应用三力平衡条件求解可加深平衡概念，此时，梁 AB 受汇交力系作用，未知量和平衡方程数均为 2，但需计算角度 α，增加了解题麻烦；用平面一般力系方法求解，未知量和平衡方程数均为 3，但不必确定约束力 $\boldsymbol{F}_A$ 的方向，也不需计算角度 α。此外，在工程实际中，为了计算梁 AB 的内力，用汇交力系求出约束力 $\boldsymbol{F}_A$ 后，常常还要将它分解为 $\boldsymbol{F}_{Ax}$ 和 $\boldsymbol{F}_{Ay}$，因此实际应用中，较多使用的是平面一般力系方法。

例 2-6 上题中，如果将横梁 AB 上的集中载荷改为一力偶，力偶矩为 M，如图 2-26a 所示，试求铰链 A 的约束力和撑杆 CD 所受的力。

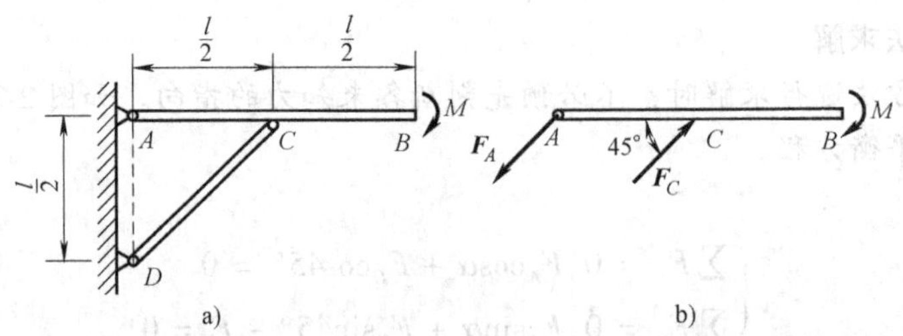

图 2-26

解 选取横梁 AB 为研究对象。横梁在 B 处受力偶 M 的作用。与上题相同，由于 CD 为二力杆，故它对横梁 C 处的约束力 $\boldsymbol{F}_C$ 的作用线必沿两铰链 C、D 中心的连线。如图 2-26b 所示，梁 AB 在力偶 M 和力 $\boldsymbol{F}_C$、$\boldsymbol{F}_A$ 作用下处于平衡，根据力偶

只能与力偶平衡的性质，$\boldsymbol{F}_C$ 和 $\boldsymbol{F}_A$ 两力必须组成一力偶，才能与力偶 M 平衡，由此可确定铰链 A 的约束力 $\boldsymbol{F}_A$ 必与力 $\boldsymbol{F}_C$ 大小相等、方向相反，如图 2-26b 所示。根据平面力偶系的平衡条件，可求得 $\boldsymbol{F}_A$ 和 $\boldsymbol{F}_C$。

$$\sum M = 0,\quad F_C \times \frac{l}{2}\sin45° - M = 0$$

$$F_A = F_C = \frac{2M}{l\sin45°} = \frac{2\sqrt{2}M}{l}$$

与上题相同，本题也可用平面一般力系方法进行求解，读者可自己分析求解。

例 2-7　塔式起重机如图 2-27 所示。机架重 $G_1 = 700\text{kN}$，作用线通过塔架的中心。最大起重量 $G_2 = 200\text{kN}$，最大悬臂长为 12m，轨道 AB 的间距为 4m。平衡重 $\boldsymbol{G}_3$ 到机身中心线距离为 6m。试问：（1）保证起重机在满载和空载时都不致翻到，平衡重 $\boldsymbol{G}_3$ 应为多少？（2）当平衡重 $G_3 = 180\text{kN}$ 时，求满载时轨道 A、B 的约束力。

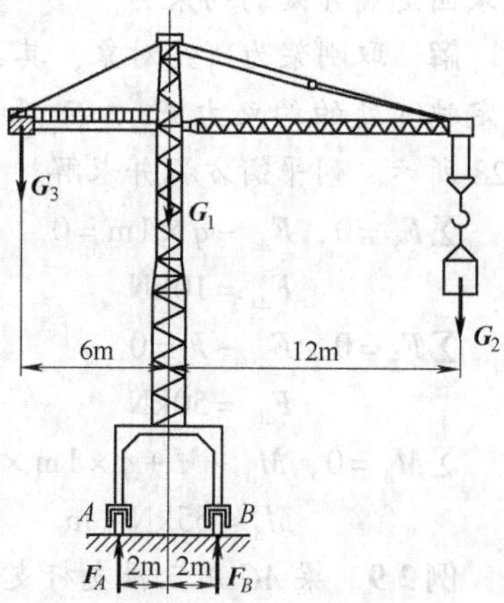

图　2-27

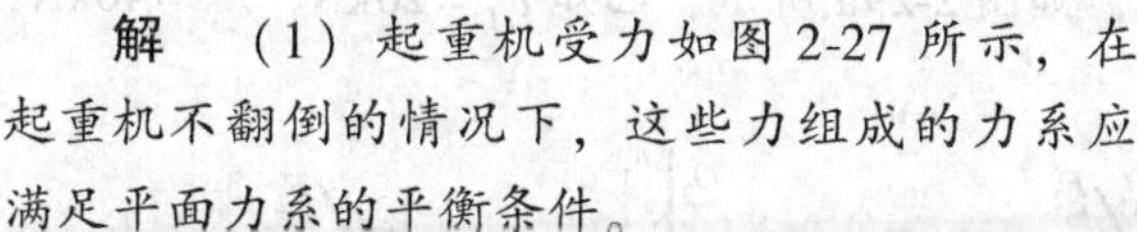

解　（1）起重机受力如图 2-27 所示，在起重机不翻倒的情况下，这些力组成的力系应满足平面力系的平衡条件。

满载时，在起重机即将绕 B 点翻倒的临界情况下，有 $F_A = 0$。由此可求出平衡重 G_3 的最小值。

$$\sum M_B = 0,\quad G_{3\min}(6\text{m} + 2\text{m}) + 2\text{m} \cdot G_1 - G_2(12\text{m} - 2\text{m}) = 0$$

$$G_{3\min} = \frac{1}{8}(10G_2 - 2G_1) = 75\text{kN}$$

空载时，载荷 $G_2 = 0$。在起重机即将绕 A 点翻倒的临界情况下，有 $F_B = 0$。由此可求出平衡重 G_3 的最大值。

$$\sum M_A = 0,\quad G_{3\max}(6\text{m} - 2\text{m}) - 2\text{m} \cdot G_1 = 0$$

$$G_{3\max} = 0.5G_1 = 350\text{kN}$$

实际工作时，起重机不允许处于临界平衡状态，因此，起重机不致翻到的平衡重取值范围为

$$75\text{kN} < G_3 < 350\text{kN}$$

（2）当 $G_3 = 180\text{kN}$ 时，由平面平行力系的平衡方程

$$\sum M_A = 0,\quad G_3(6\text{m} - 2\text{m}) - 2\text{m} \cdot G_1 - G_2(12\text{m} + 2\text{m}) + 4\text{m} \cdot F_B = 0$$

得

$$F_B = \frac{14G_2 + 2G_1 - 4G_3}{4} = 870\text{kN}$$

$$\sum F_y = 0,\quad F_A + F_B - G_1 - G_2 - G_3 = 0$$

解得
$$F_A = 210\text{kN}$$

结果校核：由不独立的平衡方程$\sum M_B=0$，可校核以上计算结果的正确性。

$$\sum M_B = 0,\quad G_3(6\text{m}+2\text{m}) + 2\text{m}\cdot G_1 - G_2(12\text{m}-2\text{m}) - 4\text{m}\cdot F_A = 0$$

代入F_A、G_1、G_2、G_3的值，满足该方程，说明计算无误。

例 2-8 平面刚架如图 2-28 所示，已知$F=50\text{kN}$，$q=10\text{kN/m}$，$M=30\text{kN}\cdot\text{m}$，试求固定端$A$处的约束力。

解 取刚架为研究对象，其上除受主动力外，还受固定端A处的约束力$\boldsymbol{F}_{Ax}$、$\boldsymbol{F}_{Ay}$和M_A，刚架受力图如图 2-28 所示。列平衡方程并求解。

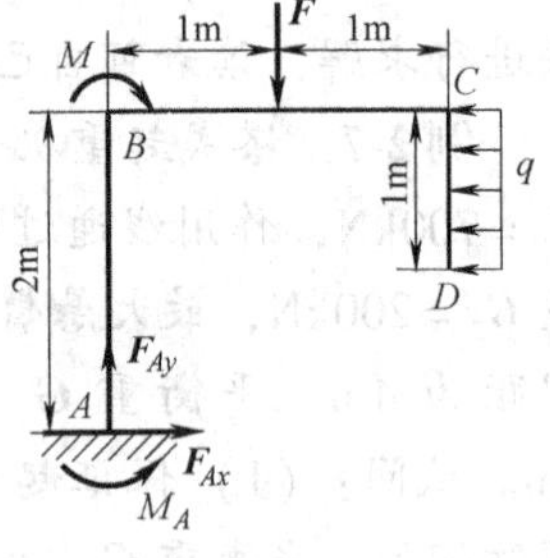

图 2-28

$$\sum F_x=0,\quad F_{Ax}-q\times1\text{m}=0$$
$$F_{Ax}=10\text{kN}$$
$$\sum F_y=0,\quad F_{Ay}-F=0$$
$$F_{Ay}=50\text{kN}$$
$$\sum M_A=0,\quad M_A-M+q\times1\text{m}\times1.5\text{m}-F\times1\text{m}=0$$
$$M_A=65\text{kN}\cdot\text{m}$$

例 2-9 梁AC用三根支杆支承，如图 2-29a 所示。已知$F_1=20\text{kN}$，$F_2=40\text{kN}$，试求各支杆的约束力。

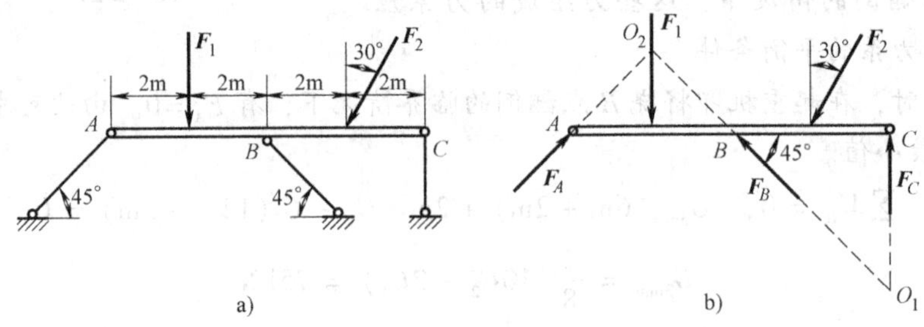

图 2-29

解 取梁为研究对象。它所受的力有主动力$\boldsymbol{F}_1$、$\boldsymbol{F}_2$和三根支杆的约束力$\boldsymbol{F}_A$、$\boldsymbol{F}_B$、$\boldsymbol{F}_C$，如图 2-29b 所示。列平衡方程并求解。

$$\sum M_{O_1} = 0,\quad 6\text{m}\cdot F_1 + 2\text{m}\cdot F_2\cos30° + 4\text{m}\cdot F_2\sin30° - 4\text{m}\cdot F_A\sin45° - 8\text{m}\cdot F_A\cos45° = 0$$

$$F_A = \frac{6F_1 + 2F_2\cos30° + 4F_2\sin30°}{4\sin45° + 8\cos45°} = 31.74\text{kN}$$

$$\sum M_{O_2} = 0,\quad -4\text{m}\cdot F_2\cos30° - 2\text{m}\cdot F_2\sin30° + 6\text{m}\cdot F_C = 0$$

$$F_C = \frac{4F_2\cos30° + 2F_2\sin30°}{6} = 29.76\text{kN}$$

$$\sum F_x = 0,\quad F_A\cos45° - F_B\cos45° - F_2\sin30° = 0$$

$$F_B = \frac{F_A\cos45° - F_2\sin30°}{\cos45°} = 3.46\text{kN}$$

本题由$\sum M_{O_1}=0$求得F_A后，也可用投影方程$\sum F_x=0$求F_B，最后可列方程$\sum F_y=0$，求出第三根杆的支座约束力F_C。

另外，本题也可列出三力矩形式的平衡方程进行求解，也能达到一个方程解一个未知量的目的。

从以上几个例题可见，对于平面力系平衡问题，选取适当的坐标轴和矩心，可以减少每个平衡方程中的未知量的数目。一般说来，矩心应取在两未知力的交点上，而坐标轴应当与尽可能多的未知力相垂直。

第六节　物体系统的平衡

一、静定与静不定问题的概念

在静力平衡问题中，若未知量的数目等于独立平衡方程的数目，则全部未知量都能由静力平衡方程求出，这类问题称为**静定问题**，显然上节中所举各例都是静定问题。

如果未知量的数目多于独立平衡方程的数目，则由静力平衡方程就不能求出全部未知量，这类问题称为**静不定问题**。在静不定问题中，未知量的数目减去独立平衡方程的数目称为**静不定次数**。

在工程实际中，有时为了提高结构的刚度和坚固性，经常在结构上增加多余约束，这样原来的静定结构就变成了静不定结构。例如，图2-30a所示的简支梁AB，有三个未知量$\boldsymbol{F}_{Ax}$、$\boldsymbol{F}_{Ay}$、$\boldsymbol{F}_B$，可列出三个独立的平衡方程，是一个静定问题；如果在梁中间增加一个支座C，如图2-30b所示，则有四个未知量$\boldsymbol{F}_{Ax}$、$\boldsymbol{F}_{Ay}$、$\boldsymbol{F}_B$、$\boldsymbol{F}_C$，独立的平衡方程数仍为三个，未知量数比方程数多一个，故为一次静不定问题。又如，图2-31a所示的用两根钢丝吊起一重物，未知量有两个，独立的平衡方程数也是两个(重物受平面汇交力系作用)，因此是静定问题；如果用三根钢丝吊起重物，如图2-31b所示，则未知量有三个，而平衡方程仍只有两个，因此是一次静不定问题。

求解静不定问题时，必须考虑物体在受力后产生的变形，根据物体的变形条件，列出足够的补充方程后，才能求出全部未知量。这类问题已超出刚体静力学的范围，将在材料力学等课程中讨论，在理论力学中只研究静定问题。

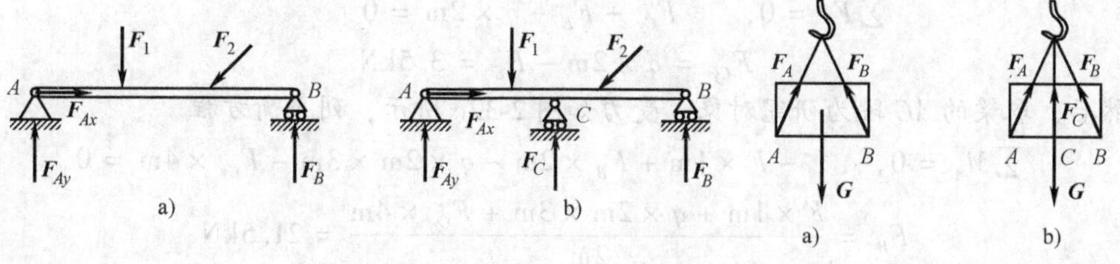

图　2-30　　　　图　2-31

二、物体系统的平衡

由若干个物体通过适当的连接方式（约束）组成的系统称为**物体系统**，简称**物系**。工程实际中的结构或机构，如多跨梁、三铰拱、组合构架、曲柄滑块机构等都可看做物体系统。

研究物体系统的平衡问题时，必须综合考察整体与局部的平衡。当物体系统平衡时，组成该系统的任何一个局部系统以至任何一个物体也必然处于平衡状态，因此在求解物体系统的平衡问题时，不仅要研究整个系统的平衡，而且要研究系统内某个局部或单个物体的平衡。在画物体系统、局部、单个物体的受力图时，特别要注意施力体与受力体、作用力与反作用力的关系，由于力是物体之间相互的机械作用，因此，对于受力图上的任何一个力，必须明确它是哪个物体所施加的，决不能凭空臆造。

在求解物体系统的平衡问题时，应根据问题的具体情况，恰当地选取研究对象，这是对问题求解过程的繁简起决定性作用的一步，同时要注意在列平衡方程时，适当地选取矩心和投影轴，选择的原则是尽量做到一个平衡方程中只有一个未知量，以避免求解联立方程。

例 2-10 组合梁由 AC 和 CE 用铰链连接而成，结构的尺寸和载荷如图 2-32a 所示，已知 $F=5\text{kN}$，$q=4\text{kN/m}$，$M=10\text{kN}\cdot\text{m}$，试求梁的支座约束力。

解 先取梁的 CE 段为研究对象，受力如图 2-32b 所示，列平衡方程，求出 C、E 两处的约束力。

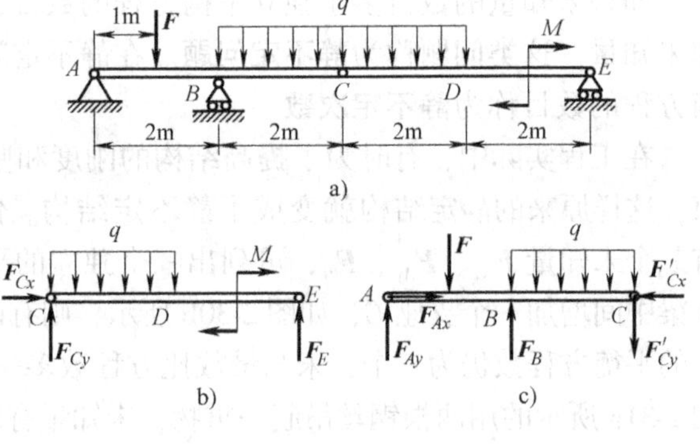

图 2-32

$$\sum M_C=0,\qquad F_E\times 4\text{m}-M-q\times 2\text{m}\times 1\text{m}=0$$

$$F_E=\frac{M+q\times 2\text{m}\times 1\text{m}}{4}=4.5\text{kN}$$

$$\sum F_x=0,\qquad F_{Cx}=0$$

$$\sum F_y=0,\qquad F_{Cy}+F_E-q\times 2\text{m}=0$$

$$F_{Cy}=q\times 2\text{m}-F_E=3.5\text{kN}$$

然后，取梁的 AC 段为研究对象，受力如图 2-32c 所示，列平衡方程。

$$\sum M_A=0,\qquad -F\times 1\text{m}+F_B\times 2\text{m}-q\times 2\text{m}\times 3\text{m}-F_{Cy}\times 4\text{m}=0$$

$$F_B=\frac{F\times 1\text{m}+q\times 2\text{m}\times 3\text{m}+F_{Cy}\times 4\text{m}}{2\text{m}}=21.5\text{kN}$$

$$\sum F_x=0,\qquad F_{Ax}=0$$

$$\sum F_y = 0,\quad F_{Ay} + F_B - F - q \times 2\mathrm{m} - F_{Cy} = 0$$

$$F_{Ay} = -F_B + F + q \times 2\mathrm{m} + F_{Cy} = -5\mathrm{kN}$$

本题也可先取梁的 CE 段为研究对象，求出 E 处的约束力 $\boldsymbol{F}_E$，然后，再取整体为研究对象，列方程求出 A、B 两处的约束力 $\boldsymbol{F}_{Ax}$、$\boldsymbol{F}_{Ay}$、$\boldsymbol{F}_B$。请读者自行分析。

例 2-11 卧式刮刀离心机的耙料装置如图 2-33a 所示。耙齿 D 对物料的作用力是借助于物块 E 的重量产生的。耙齿装在耙杆 OD 上。已知 $OA = 50\mathrm{mm}$，$OD = 200\mathrm{mm}$，$AB = 300\mathrm{mm}$，$BC = CE = 150\mathrm{mm}$，物块 E 重 $G = 360\mathrm{N}$，试求在图示位置作用在耙齿上的力 $\boldsymbol{F}$ 的大小。

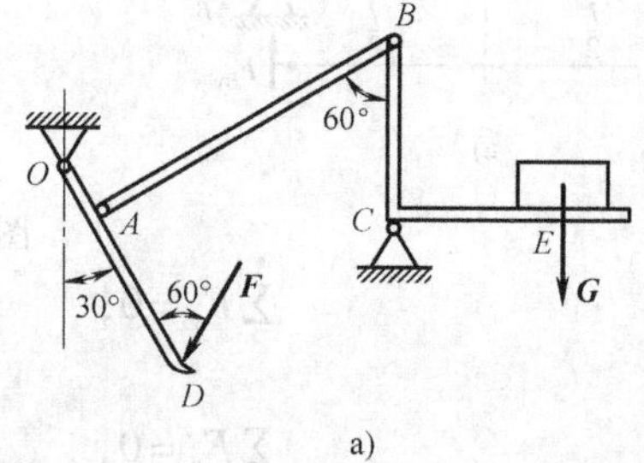

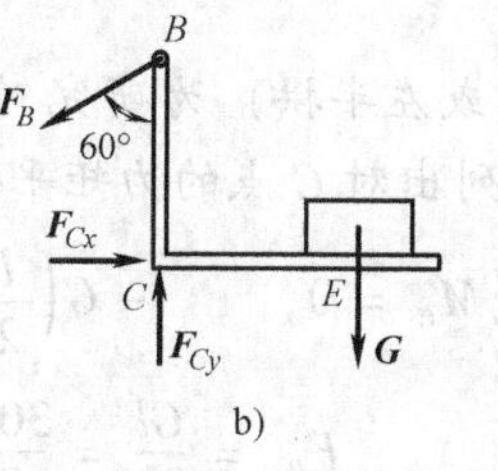

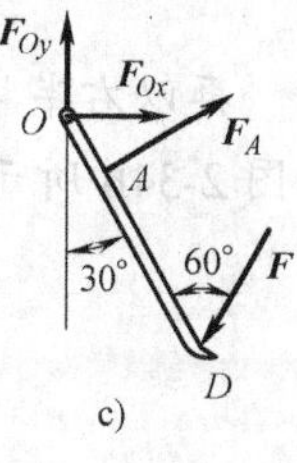

图 2-33

解 先取曲杆 BCE 及物块为研究对象，其受力图如图 2-33b 所示，列出对 C 点的力矩方程。

$$\sum M_C = 0,$$

$$F_B \sin 60° \times 150\mathrm{mm} - G \times 150\mathrm{mm} = 0$$

得
$$F_B = \frac{G}{\sin 60°} = \frac{2}{\sqrt{3}}G$$

再取耙杆 OD 为研究对象，其受力图如图 2-33c 所示，以 O 点为矩心，列出力矩方程。

$$\sum M_O = 0,\quad F_A \times 50\mathrm{mm} - F\sin 60° \times 200\mathrm{mm} = 0$$

得
$$F = \frac{50F_A}{200\sin 60°} = \frac{F_A}{2\sqrt{3}}$$

由于连杆 AB 为二力杆，可知 $F_A = F_B$，因此可得

$$F = \frac{F_B}{2\sqrt{3}} = \frac{G}{3} = 120\mathrm{N}$$

例 2-12 三铰拱如图 2-34a 所示，已知每个半拱重 $G = 300\mathrm{kN}$，跨度 $l = 32\mathrm{m}$，高 $h = 10\mathrm{m}$。试求支座 A、B 的约束力。

解 首先取整体为研究对象。其受力如图 2-34a 所示。可见此时 A、B 两处共有四个未知力，而独立的平衡方程只有三个，显然不能解出全部未知力。但其中的三个约束力的作用线通过 A 点或 B 点，可列出对 A 点或 B 点的力矩方程，求出部分未知力。

$$\sum M_A = 0,\quad F_{By} l - G\frac{l}{8} - G\left(l - \frac{l}{8}\right) = 0$$

$$F_{By} = G = 300\mathrm{kN}$$

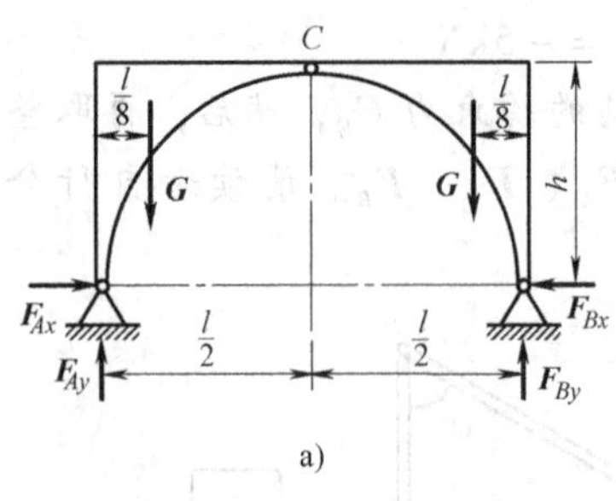

a)

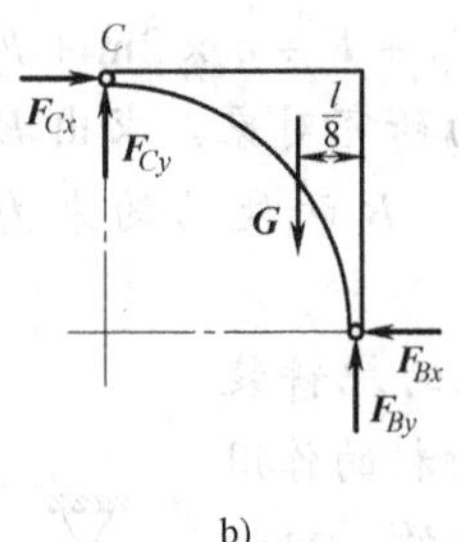

b)

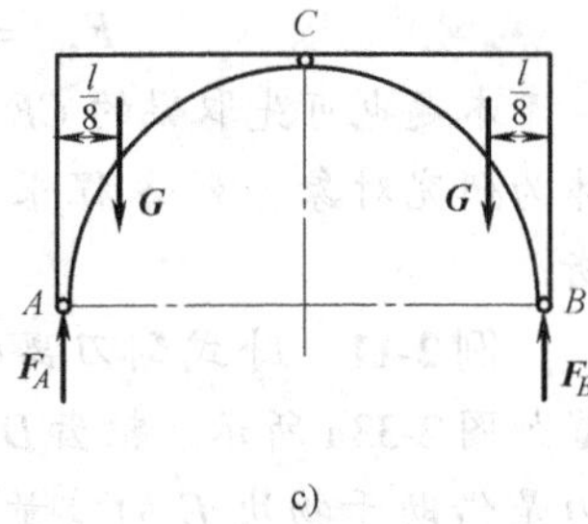

c)

图 2-34

$$\sum F_y = 0, \qquad F_{Ay} + F_{By} - G - G = 0$$

$$F_{Ay} = G = 300\text{kN}$$

$$\sum F_x = 0, \qquad F_{Ax} - F_{Bx} = 0$$

$$F_{Ax} = F_{Bx}$$

再以右半拱（或左半拱）为研究对象，例如，取右半拱为研究对象，其受力如图 2-34b 所示。列出对 C 点的力矩平衡方程，并求出 $\boldsymbol{F}_{Bx}$ 的值。

$$\sum M_C = 0, \qquad -G\left(\frac{l}{2} - \frac{l}{8}\right) - F_{Bx}h + F_{By}\frac{l}{2} = 0$$

$$F_{Bx} = \frac{Gl}{8h} = \frac{300 \times 32}{8 \times 10}\text{kN} = 120\text{kN}$$

故
$$F_{Ax} = F_{Bx} = 120\text{kN}$$

工程中，经常遇到对称结构上作用对称载荷的情况，在这种情形下，结构的支座约束力也是对称的，有时可以根据这种对称性直接判断出某些约束力的大小，但这些结果及关系都包含在平衡方程中。例如，本题中，根据对称性，可得 $F_{Ax} = F_{Bx}$，$F_{Ay} = F_{By}$，再根据铅垂方向的平衡方程，容易得到 $F_{Ay} = F_{By} = G$。

从本题的讨论还可看出，所谓"某一方向的主动力只会引起该方向的约束力"的说法是完全错误的。本题中，在研究整体的平衡时，图 2-34c 所示的受力图是错误的，根据这种受力分析，整体虽然是平衡的，但局部（左半拱、右半拱）却是不平衡的，读者可自行分析。

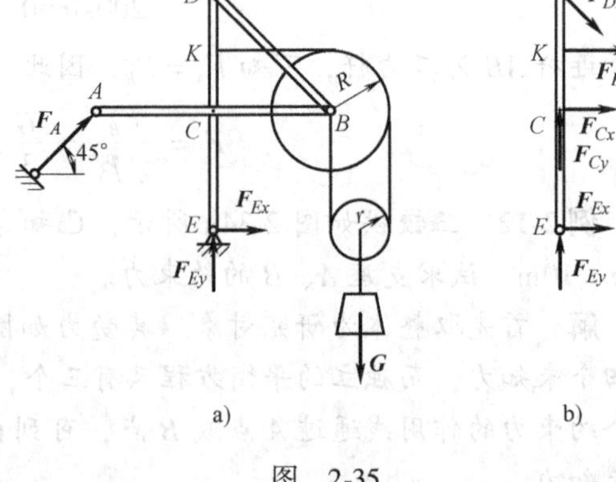

图 2-35

例 2-13 平面构架如图 2-35a 所示。已知物块重 G，$DC = CE = AC = CB = 2l$，$R = 2r = l$。试求支座 A、E 两处的约束力及 BD 杆所受的力。

解 首先取整体为研究对象，其受力如图2-35a所示。列平衡方程，可求出A、E两处的约束力。

$$\sum M_E = 0, \qquad -F_A \times 2\sqrt{2}l - G \times \frac{5}{2}l = 0$$

$$F_A = -\frac{5\sqrt{2}}{8}G$$

$$\sum F_x = 0, \qquad F_A\cos45^\circ + F_{Ex} = 0$$

$$F_{Ex} = \frac{5}{8}G$$

$$\sum F_y = 0, \qquad F_A\sin45^\circ + F_{Ey} - G = 0$$

$$F_{Ey} = \frac{13}{8}G$$

为求BD杆所受的力，应取包含此力的物体或局部系统为研究对象，可取杆DE或杆AB连滑轮、重物为研究对象进行分析。为求解方便，在此，取杆DE为研究对象，其受力如图2-35b所示。列平衡方程

$$\sum M_C = 0, \qquad -F_{DB}\cos45^\circ \times 2l - F_K l + F_{Ex} \times 2l = 0$$

其中，$F_K = G/2$，$F_{Ex} = 5G/8$，代入上式，解得

$$F_{DB} = \frac{3\sqrt{2}}{8}G$$

工程中，桥梁、起重机、电视塔、输电塔架等结构物常采用桁架结构。**桁架是一种由直杆彼此在两端用光滑铰链连接而成的结构**，各杆的铰接点称为**节点**。载荷都作用在节点上，各杆自重略去不计，或平均分配在杆件两端的节点上，故各杆均为二力杆。平面静定桁架的内力计算常采用节点法和截面法，节点法一般应用于结构的设计计算，以求桁架中所有杆件的内力；截面法一般应用于结构的校核计算，以求桁架中指定杆件的内力。

例2-14 平面静定桁架如图2-36a所示，已知$F = 20\text{kN}$，试求各杆的内力。

本题用节点法进行求解。**节点法**是以节点为研究对象，逐个研究其受力和平衡，从而求得全部未知力（杆件的内力）的方法。

解 先求桁架的支座约束力，为此，取桁架整体为研究对象。其受力如图2-36a所示，列平衡方程，可求出支座约束力。本题中，桁架结构及载荷关于DE对称，因此，可直接判断出A、H两处约束力的大小。

$$F_{Ax} = 0$$

$$F_{Ay} = F_H = 1.5F = 30\text{kN}$$

然后，依次取各个节点为研究对象，计算各杆的内力。

假定各杆均受拉力，A、B、C、D各节点的受力如图2-36b所示，为计算方便，最好逐次列出只含两个未知力的节点的平衡方程。

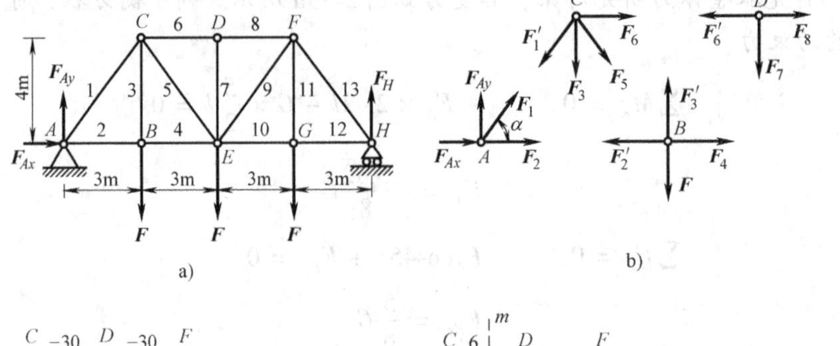

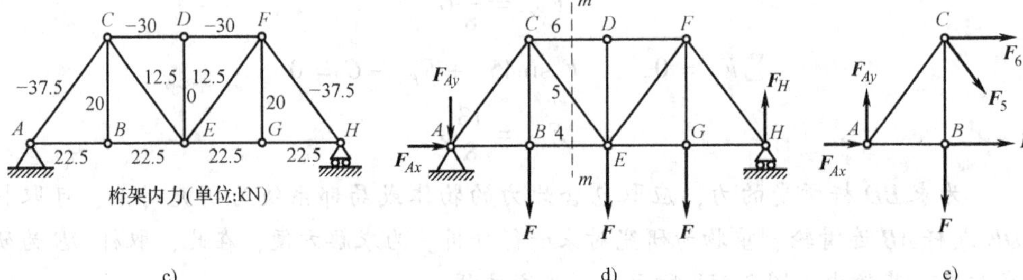

图 2-36

节点 A：$\sum F_y = 0$，　$F_{Ay} + F_1 \sin\alpha = 0$

$$F_1 = -\frac{F_{Ay}}{\sin\alpha} = -37.5\text{kN}$$

$\sum F_x = 0$，　$F_1 \cos\alpha + F_2 + F_{Ax} = 0$

$$F_2 = -F_{Ax} - F_1\cos\alpha = 22.5\text{kN}$$

节点 B：$\sum F_x = 0$，　$F_4 - F_2 = 0$

$$F_4 = F_2 = 22.5\text{kN}$$

$\sum F_y = 0$，　$F_3 - F = 0$

$$F_3 = F = 20\text{kN}$$

同样列出节点 C 的平衡方程，解得 $F_5 = 12.5\text{kN}$，$F_6 = -30\text{kN}$；列出节点 D 的平衡方程，解得 $F_7 = 0$。

求出左半部分各杆件的内力后，可根据对称性得到右半部分各杆件的内力，即

$$F_8 = F_6 = -30\text{kN}; F_9 = F_5 = 12.5\text{kN}; F_{10} = F_4 = 22.5\text{kN}; F_{11} = F_3 = 20\text{kN}$$

$$F_{12} = F_2 = 22.5\text{kN}; F_{13} = F_1 = -37.5\text{kN}; F_7 = 0$$

最后判断各杆件受拉或受压。由于原来假设各杆均受拉力，因此，由计算结果可见，杆件内力为正值时受拉，杆件内力为负值时受压。

桁架结构中，内力为零的杆件称为**零杆**，本题中，杆件 7 为零杆。

工程上，计算出各杆件的内力后，常将内力值写在杆件旁边，如图 2-36c 所示，便于直观地判断哪些杆件受拉或受压，以及内力的变化情况，为结构的最终设计提供计算依据。

对于本题中的桁架，如果只需要求杆件4、5、6的内力，则可采用截面法进行计算。**截面法**是用一假想截面将桁架截开，考虑其中任一部分的平衡，从而求出被截杆件内力的方法。

为求杆4、5、6的内力，可先取桁架整体为研究对象，求出桁架的支座约束力(同节点法)，然后作一截面 $m—m$，将三杆截断，如图2-36d所示。选取桁架左半部分为研究对象，假定所截断的三杆都受拉力，如图2-36e所示，为一平面一般力系。列平衡方程，并求解。

$\sum M_C = 0$, $\quad F_{Ax}\times 4\text{m} + F_4 \times 4\text{m} - F_{Ay}\times 3\text{m} = 0$

$$F_4 = \frac{3F_{Ay} - 4F_{Ax}}{4} = \frac{3\times 30}{4}\text{kN} = 22.5\text{kN}$$

$\sum F_y = 0$, $\quad F_{Ay} - F - F_5 \sin\alpha = 0$

$$F_5 = \frac{F_{Ay} - F}{\sin\alpha} = \frac{30-20}{0.8}\text{kN} = 12.5\text{kN}$$

$\sum F_x = 0$, $\quad F_4 + F_5\cos\alpha + F_6 + F_{Ax} = 0$

$$F_6 = -F_4 - F_5\cos\alpha - F_{Ax} = (-22.5 - 12.5\times 0.6)\text{ kN} = -30\text{kN}$$

由本题的讨论可见，采用截面法时，选择适当的力矩方程，常可较快地求得某些指定杆件的内力。当然，应注意到，平面一般力系只有三个独立的平衡方程，因此，一般情况下，作截面时每次最多只能截断三根内力未知的杆件。

第七节 有摩擦的平衡问题

在工程实际中，摩擦常起重要的作用，例如，我们常见的火车、汽车利用摩擦进行起动和制动，带轮和摩擦轮的传动，尖劈顶重等，这时，就必须考虑摩擦力的作用。

按照接触物体之间可能发生的相对运动分类，摩擦可分为滑动摩擦和滚动摩擦，**滑动摩擦**是指当两物体有相对滑动或相对滑动趋势时的摩擦；**滚动摩擦**是指当两物体有相对滚动或相对滚动趋势时的摩擦。摩擦机理十分复杂，已超出本书的研究范围，这里仅介绍工程中常用的摩擦近似理论。

一、滑动摩擦

两个表面粗糙相互接触的物体，当发生相对滑动或有相对滑动趋势时，在接触面上产生阻碍相对滑动的力，这种阻力称为**滑动摩擦力**，简称**摩擦力**，一般以 $\boldsymbol{F}$ 表示。在两物体开始相对滑动之前的摩擦力，称为**静摩擦力**；滑动之后的摩擦力，称为**动摩擦力**。

由于摩擦力是阻碍两物体间相对滑动的力，因此**物体所受摩擦力的方向总是与物体的相对滑动或相对滑动的趋势方向相反，它的大小则需根据主动力作用的不同来分析**，可以分为三种情况，即静摩擦力 $\boldsymbol{F}_s$，最大静摩擦力 $\boldsymbol{F}_{smax}$ （简写为 $\boldsymbol{F}_{max}$）

和动摩擦力 $\boldsymbol{F}_d$。

1. 实验曲线

在粗糙的水平面上放置一重为 $\boldsymbol{G}$ 的物块，如图 2-37a 所示，该物块在重力 $\boldsymbol{G}$ 和法向约束力 $\boldsymbol{F}_N$ 的作用下处于静止状态。今在该物块上施加一水平力 $\boldsymbol{F}_T$，如图 2-37b 所示，当拉力 F_T 由零值逐渐增加但不是很大时，物体仍保持静止，可见支承面对物块的约束力除法向约束力 $\boldsymbol{F}_N$ 外，还有切向的静摩擦力 $\boldsymbol{F}_s$，它的大小可用静力平衡方程确定，即

$$\sum F_x = 0, F_s = F_T$$

可见，当水平力 F_T 增大时，静摩擦力 F_s 亦随之增大，这是静摩擦力和一般约束力共同的性质。

静摩擦力又与一般约束力不同，它并不随力 $\boldsymbol{F}_T$ 的增大而无限度地增大。当力 F_T 的大小达到一定数值时，物块处于将要滑动、但尚未开始滑动的**临界状态**，此时静摩擦力达到最大值，即为最大静摩擦力 $F = F_{max}$，如图 2-37c 所示。此后，如果 F_T 再继续增大，静摩擦力不能再随之增大，物块将失去平衡而开始滑动。这就是静摩擦力的特点。

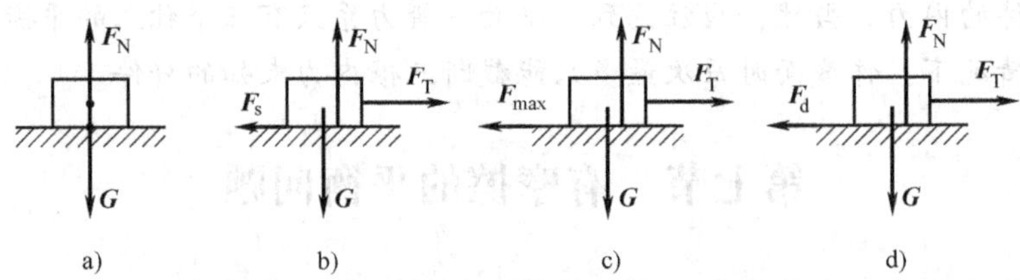

a) b) c) d)

图 2-37

在物块开始滑动时，摩擦力从 $\boldsymbol{F}_{max}$ 突变至动摩擦力 $\boldsymbol{F}_d$（F_d 略小于 F_{max}），如图 2-37d 所示，此后，如果 F_T 继续增加，摩擦力 F 基本上保持常值 F_d。若速度更高，则 F_d 值下降。以上过程中 F_T-F 关系曲线图如图 2-38 所示。

2. 最大静摩擦力——静摩擦定律

根据上述实验曲线可知，当物块平衡时，静摩擦力的数值是在零与最大静摩擦力 F_{max} 之间变化，即

$$0 \leqslant F_s \leqslant F_{max} \tag{2-19}$$

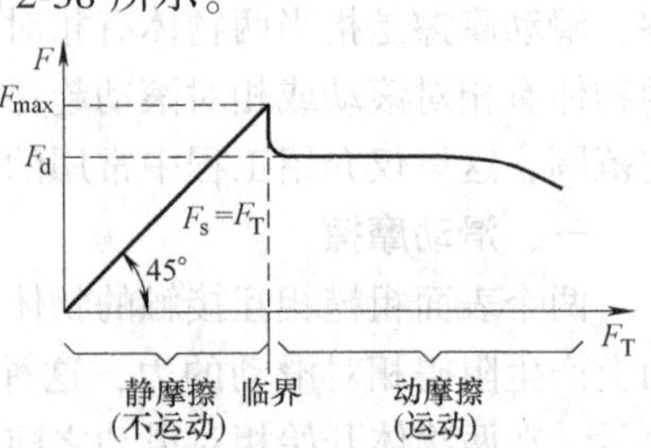

大量实验表明：最大静摩擦力的大小与两物体间的正压力（即法向约束力）成正比，而与接触面积的大小无关，即

图 2-38

$$F_{max} = \mu_s F_N \tag{2-20}$$

式中，μ_s 称为**静摩擦因数**，它是无量纲数。式（2-20）称为**静摩擦定律**（又称库

仑定律）。

静摩擦因数 μ_s 主要与接触物体的材料和表面状况（如粗糙度、温度、湿度和润滑情况等）有关，可由实验测定，也可在机械工程手册中查到。

应该指出，式（2-20）只是一个近似公式，它远不能完全反映出静摩擦的复杂现象。但由于它比较简单，计算方便，并且所得结果又有足够的准确性，故在工程实际中仍被广泛应用。

3. 动摩擦力

实验表明：动摩擦力的大小与接触物体间的正压力成正比，即

$$F_d = \mu F_N \tag{2-21}$$

式中，μ 称为**动摩擦因数**，它是无量纲数。式（2-21）称为**动摩擦定律**。

动摩擦力与静摩擦力不同，基本上没有变化范围。一般动摩擦因数小于静摩擦因数，即

$$\mu < \mu_s$$

动摩擦因数除与接触物体的材料和表面情况有关外，还与接触物体间相对滑动的速度大小有关。一般说来，动摩擦因数随相对速度的增大而减小。当相对速度不大时，μ 可近似地认为是个常数，动摩擦因数 μ 也可在机械工程手册中查到。

二、摩擦角与自锁现象

1. 摩擦角

当有摩擦时，支承面对物体的约束力有法向约束力 $\boldsymbol{F}_N$ 和摩擦力 $\boldsymbol{F}_s$，如图 2-39a 所示，这两个力的合力 $\boldsymbol{F}_{RA} = \boldsymbol{F}_N + \boldsymbol{F}_s$ 称为支承面的**全约束力**，其作用线与接触面的公法线成 偏角 φ。当达到临界平衡状态时，静摩擦力达到最大值 F_{max}，偏角 φ 也达到最大值 φ_m，如图 2-39b 所示。全约束力与法线间夹角的最大值 φ_m 称为**摩擦角**。由图 2-39 可得

$$\tan\varphi_m = \frac{F_{max}}{F_N} = \frac{\mu_s F_N}{F_N} = \mu_s \tag{2-22}$$

上式表明：**摩擦角的正切值等于静摩擦因数**。可见，φ_m 与 μ_s 都是表示材料摩擦性质的物理量。

根据摩擦角的定义可知，全约束力的作用线不可能超出摩擦角以外，即全约束力必在摩擦角之内。因此，与式（2-19）相对应，当物块平衡时，有

$$0 \leqslant \varphi \leqslant \varphi_m \tag{2-23}$$

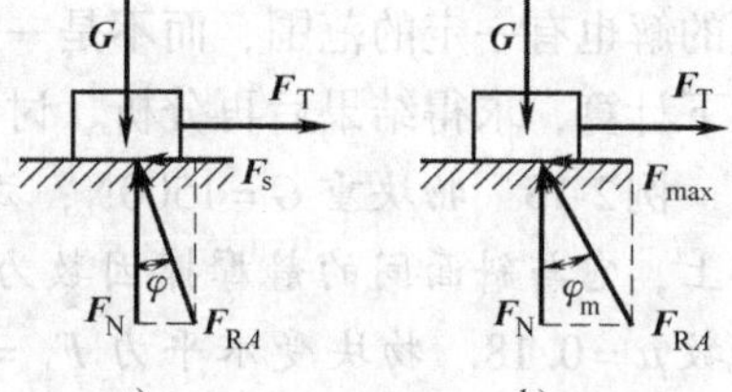

图 2-39

2. 自锁现象

如图 2-40a 所示，设主动力的合力为 $\boldsymbol{F}_R$，其作用线与法线间的夹角为 α，现研究 α 取不同值时，物块平衡的可能性。

1）$\alpha \leqslant \varphi_m$ 时，如图 2-40b 所示，在这种情况下，主动力的合力 $\boldsymbol{F}_R$ 和全约束力

F_{RA}必能满足二力平衡条件，且 $\varphi=\alpha\leqslant\varphi_m$。

2）$\alpha>\varphi_m$ 时，如图 2-40c 所示，在这种情况下，主动力的合力 F_R 和全约束力 F_{RA}不能满足二力平衡条件，因此，物块不可能保持平衡。

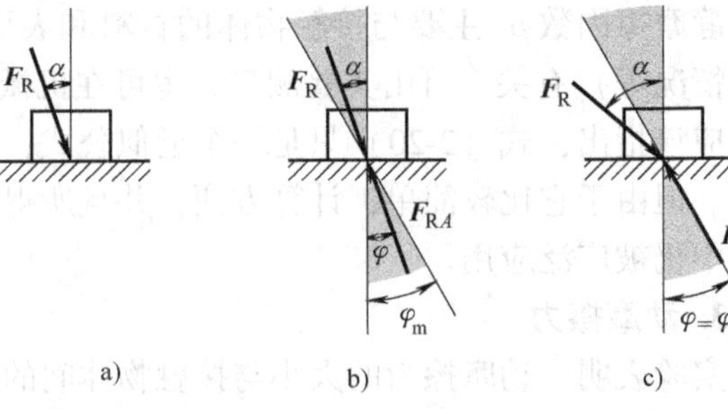

图 2-40

结论　当主动力合力的作用线在摩擦角范围之内时，则无论主动力有多大，物体都必定保持平衡。这种力学现象称为自锁。相反，**当主动力合力的作用线在摩擦角范围之外时，则无论主动力有多小，物体都必定滑动。**

工程实际中常应用自锁原理设计一些机构或夹具，使它们始终保持在平衡状态下工作，如用千斤顶举起重物、攀登电线杆用的套钩等；而有时又要设法避免自锁，如升降机等。

三、有摩擦的平衡问题

有摩擦的平衡问题和忽略摩擦的平衡问题其解法基本上是相同的，不同的是，在进行受力分析时，应画上摩擦力，求解此类问题时，最重要的一点是判断摩擦力的方向和计算摩擦力的大小。由于摩擦力与一般的未知约束力不完全相同，因此，此类问题有如下一些特点：

1）分析物体受力时，摩擦力 $\boldsymbol{F}$ 的方向一般不能任意假设，要根据相关物体接触面的相对滑动趋势预先判断确定。必须记住：摩擦力的方向总是与物体的相对滑动趋势方向相反。

2）作用于物体上的力系，包括摩擦力 $\boldsymbol{F}$ 在内，除应满足平衡条件外，摩擦力 $\boldsymbol{F}$ 还必须满足摩擦的物理条件（补充方程），即 $F_s\leqslant F_{max}$，补充方程的数目与摩擦力的数目相同。

3）由于物体平衡时摩擦力有一定的范围（$0\leqslant F_s\leqslant F_{max}$），故有摩擦的平衡问题的解也有一定的范围，而不是一个确定的值。但为了计算方便，一般先在临界状态下计算，求得结果后再分析、讨论其解的平衡范围。

例 2-15　物块重 $G=1500\text{N}$，放于倾角为30°的斜面上，它与斜面间的静摩擦因数为 $\mu_s=0.2$，动摩擦因数 $\mu=0.18$。物块受水平力 $F_1=400\text{N}$ 作用，如图 2-41 所示。试问物块是否处于静止状态？并求此时摩擦力的大小与方向。

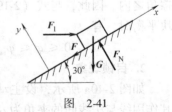

图 2-41

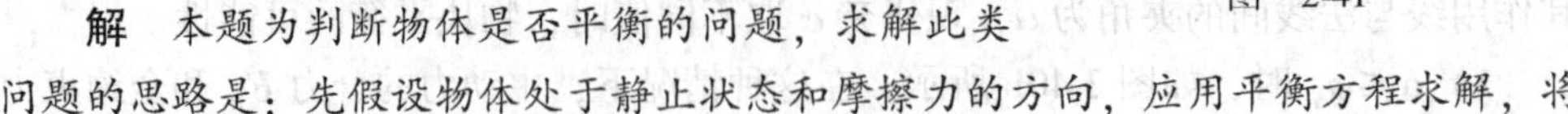

解　本题为判断物体是否平衡的问题，求解此类问题的思路是：先假设物体处于静止状态和摩擦力的方向，应用平衡方程求解，将

求得的摩擦力与最大摩擦力比较，确定物体是否处于静止状态。

取物块为研究对象，设摩擦力沿斜面向下，受力如图2-41所示。由平衡方程

$$\sum F_x = 0, \qquad -G\sin30° + F_1\cos30° - F = 0$$

$$\sum F_y = 0, \qquad -G\cos30° - F_1\sin30° + F_N = 0$$

解得

$$F = -403.6\text{N}, \qquad F_N = 1499\text{N}$$

F 为负值，说明平衡时摩擦力方向与所设的相反，即沿斜面向上。最大摩擦力为

$$F_{max} = \mu_s F_N = 299.8\text{N}$$

结果表明，为保持平衡需有 $|F| < F_{max}$，这是不可能的。说明物块在斜面上是不可能处于静止状态的，而是向下滑动。此时的摩擦力应为动滑动摩擦力，方向沿斜面向上，大小为

$$F = F_d = \mu F_N = 269.8\text{N}$$

例2-16 攀登电线杆时用的套钩如图2-42a所示，已知套钩的尺寸 b、电线杆直径 d、摩擦因数 μ_s。试求套钩不致下滑时人的重力 $\boldsymbol{G}$ 的作用线与电线杆中心线的距离 l。

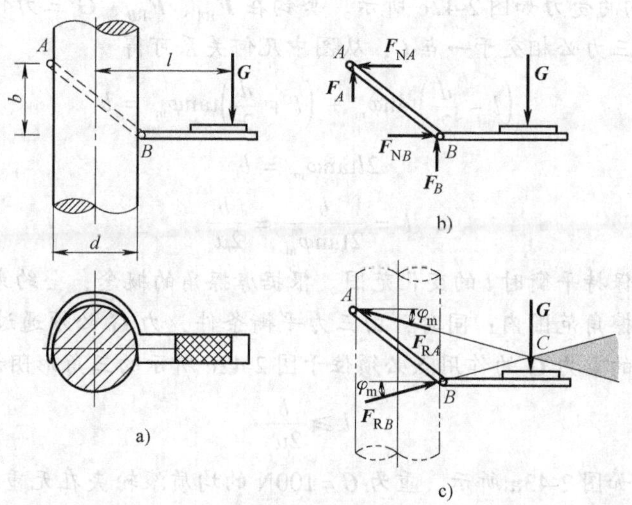

图 2-42

解 方法一（解析法）

以套钩为研究对象，其受力如图2-42b所示。套钩在 A、B 两处都有摩擦，分析套钩平衡时的临界状态，两处将同时达到最大摩擦力。列平衡方程及 A、B 两处的补充方程

$$\sum F_x = 0, \qquad F_{NB} - F_{NA} = 0$$

$$\sum F_y = 0, \qquad F_A + F_B - G = 0$$

$$\sum M_A = 0, \qquad F_{NB}b + F_B d - G\left(l + \frac{d}{2}\right) = 0$$

$$F_{A\max} = \mu_s F_{NA}, \qquad F_{B\max} = \mu_s F_{NB}$$

联立求解，得套钩不致下滑的临界条件为

$$l = \frac{b}{2\mu_s}$$

经过判断，得套钩不致下滑时 l 的范围为

$$l \geqslant \frac{b}{2\mu_s}$$

在此再次强调指出，在临界状态下求解有摩擦的平衡问题时，必须根据相对滑动的趋势，正确判断出摩擦力的方向，而不能像例 2-15 那样假设。这是因为在解题过程中引用了补充方程 $F_{max} = \mu_s F_N$，故 $\boldsymbol{F}_{max}$ 与 $\boldsymbol{F}_N$ 必须有相同的符号。法向约束力 $\boldsymbol{F}_N$ 的方向总是确定的，即 F_N 恒为正值，因而 F_{max} 也应为正值，即摩擦力 $\boldsymbol{F}_{max}$ 的方向不能任意假定，必须按真实方向画出。

方法二（几何法）

仍然分析套钩平衡时的临界状态，现 A、B 两处的约束力分别用全约束力 $\boldsymbol{F}_{RA}$、$\boldsymbol{F}_{RB}$ 表示，套钩的受力如图 2-42c 所示。套钩在 $\boldsymbol{F}_{RA}$、$\boldsymbol{F}_{RB}$、$\boldsymbol{G}$ 三力作用下处于临界平衡状态，故三力必相交于一点 C，从图中几何关系可得

$$\left(l - \frac{d}{2}\right)\tan\varphi_m + \left(l + \frac{d}{2}\right)\tan\varphi_m = b$$

$$2l\tan\varphi_m = b$$

得

$$l = \frac{b}{2\tan\varphi_m} = \frac{b}{2\mu_s}$$

下面判断保持平衡时 l 的变化范围。根据摩擦角的概念，全约束力 $\boldsymbol{F}_{RA}$、$\boldsymbol{F}_{RB}$ 只能在各自的摩擦角范围内；同时，由三力平衡条件，力 $\boldsymbol{G}$ 必须通过 $\boldsymbol{F}_{RA}$、$\boldsymbol{F}_{RB}$ 的交点。因此，人的重力 $\boldsymbol{G}$ 的作用点必须位于图 2-42c 所示的三角形阴影区域内。即

$$l \geqslant \frac{b}{2\mu_s}$$

例 2-17 如图 2-43a 所示，重为 $G = 100\text{N}$ 的均质滚轮夹在无重杆 AB 和水平面之间，在杆端 B 作用一垂直于 AB 的力 $\boldsymbol{F}_B$，其大小 $F_B = 50\text{N}$。A 为光滑铰链，轮与杆间的静摩擦因数为 $\mu_{sC} = 0.4$。轮半径为 r，杆长为 l，当 $\alpha = 60°$ 时，$AC = CB = l/2$。当 D 处静摩擦因数 μ_{sD} 分别为 0.3 和 0.15 时，求维持系统平衡需作用于轮心 O 的最小水平推力。

解 本题属求极限值问题，但有两种临界平衡状态，应分别判断，根据题意展开讨论。由图 2-43a 可知，若推力 F 太大，轮将向左滚动；而推力太小，轮将向右滚动。在后者的临界平衡状态下，得到的水平推力 F 即为维持系统平衡的最小值。另外，此题在 C、D 两处都有摩擦，两个摩擦力之中只要有一个达到最大值，系统即处于即将运动的临界状态，其推力 F 即为最小值。

假设 C 处的静摩擦力达到最大值。当推力 F 为最小时，轮有沿水平面向右滚

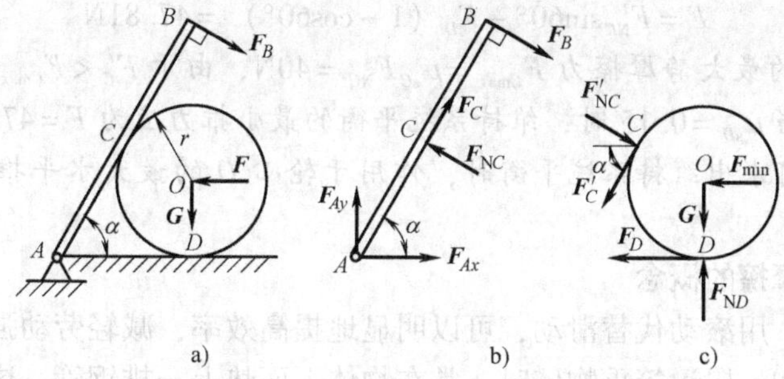

图 2-43

动的趋势，因此轮上点 C 相对于杆 AB 有向右上方滑动的趋势，作用于轮和杆的摩擦力 $\boldsymbol{F}'_C$ 和 $\boldsymbol{F}_C$ 分别如图 2-43c、b 所示。设 D 处摩擦力 F_D 尚未达到最大值，并设其方向向左，如图 2-43c 所示。

取杆 AB 为研究对象，列出平衡方程及补充方程

$$\sum M_A = 0, \quad F_{NC}\frac{l}{2} - F_B l = 0$$

$$F_C = F_{C\max} = \mu_{sC} F_{NC}$$

解得

$$F_{NC} = 100\text{N}, \quad F_C = 40\text{N}$$

取轮为研究对象，由平衡方程

$$\begin{cases} \sum M_O = 0, & F'_C r - F_D r = 0 \\ \sum F_x = 0, & F'_{NC}\sin60° - F'_C\cos60° - F - F_D = 0 \\ \sum F_y = 0, & -F'_{NC}\cos60° - F'_C\sin60° - G + F_{ND} = 0 \end{cases}$$

求得

$$F_D = F'_C = F_C = 40\text{N}$$

$$F = 26.6\text{N}$$

$$F_{ND} = (100\cos60° + 40\sin60° + 100)\text{N} = 184.6\text{N}$$

当 $\mu_{sD} = 0.3$ 时，D 处最大静摩擦力为

$$F_{D\max} = \mu_{sD} F_{ND} = 55.38\text{N}$$

由于 $F_D = 40\text{N} < F_{D\max}$，可见 D 处无滑动，故 $F = 26.6\text{N}$ 为维持系统平衡的最小水平推力。

当 $\mu_{sD} = 0.15$ 时，$F_{D\max} = \mu_{sD} F_{ND} = 27.69\text{N}$。此时有 $F_D > F_{D\max}$，表明 D 处先到达临界平衡状态。为此，应假设 D 处静摩擦力达到最大值，再进行上述讨论。

设 D 处静摩擦力达到最大值。当推力为最小时，杆 AB 与轮的受力仍分别如图 2-43b、c 所示。有补充方程

$$F_D = F_{D\max} = \mu_{sD} F_{ND}$$

而其他方程不变。可解得

$$F_D = F'_C = \frac{\mu_{sD}(F'_{NC}\cos60° + G)}{1 - \mu_{sD}\sin60°} = 25.86\text{N}$$

最小水平推力 $F=F'_{NC}\sin60°-F_D(1+\cos60°)=47.81\text{N}$

此时 C 处的最大静摩擦力 $F_{C\max}=\mu_{sC}F_{NC}=40\text{N}$，由于 $F'_C<F_{C\max}$，可见 C 处无滑动。因此，当 $\mu_{sD}=0.15$ 时，维持系统平衡的最小推力应为 $F=47.81\text{N}$。

类似地，可求出维持系统平衡时，作用于轮心 O 的最大水平推力。请读者自行分析。

四、滚动摩擦的概念

由实践知，用滚动代替滑动，可以明显地提高效率，减轻劳动强度，因而被广泛地采用。例如，搬运笨重物体时，常在物体下面垫上一排钢管，这样要比将重物直接放在地面上推动起来要省力得多。用滚动代替滑动为什么会省力？这是由于滚动摩擦与滑动摩擦的物理本质根本不同的缘故，下面用一个简单的实例来分析滚动摩擦的特性及其产生的原因。

设有一圆轮，重量为 $\boldsymbol{G}$，半径为 r，放在路轨（地面）上，如将轮-轨间接触视为绝对刚性约束，则二者仅在 A 点接触，如图 2-44 所示。现在轮心施加一水平拉力 $\boldsymbol{F}_T$。

分析轮子的受力情况可知，在轮子与轨道接触的 A 点有法向约束力 $\boldsymbol{F}_N$ 和静摩擦力 $\boldsymbol{F}_s$，其中 $\boldsymbol{F}_N$ 与 $\boldsymbol{G}$ 等值反向共线；$\boldsymbol{F}_s$ 阻止滚子滑动，它与 $\boldsymbol{F}_T$ 等值反向。不难看出，轮上的力系等效于一力偶（$\boldsymbol{F}_T$，$\boldsymbol{F}_s$），即不管轮重 G 多大，只要施加一微小的拉力 $\boldsymbol{F}_T$，轮子都不可能保持平衡，而将在力偶（$\boldsymbol{F}_T$，$\boldsymbol{F}_s$）作用下发生滚动。

然而，实际上，当拉力 $\boldsymbol{F}_T$ 较小时，轮子仍保持静止，只有当 $\boldsymbol{F}_T$ 达到一定数值时，轮子才开始滚动。产生这一矛盾的原因是，轮-轨间的接触并不是绝对刚性的，它们在重力 $\boldsymbol{G}$ 作用下都会发生微小的接触变形，从而影响约束力的分布。因此，在这种情况下，不能将轮-轨约束看成是绝对刚性的，而必须考虑变形的影响。

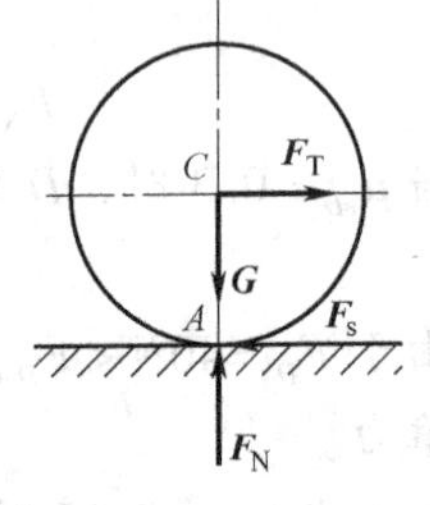

图 2-44

作为一种简化，仍将轮子视为绝对刚体，而将轨道视为具有接触变形的柔性体，当轮受到较小的水平拉力 $\boldsymbol{F}_T$ 作用时，轮-轨间的约束力将不均匀地分布在一个接触面上，如图 2-45a 所示，该分布约束力系必汇交于 C 点，求得其合力 $\boldsymbol{F}_R$，如图 2-45b 所示，将 $\boldsymbol{F}_R$ 分解为法向反力 $\boldsymbol{F}_N$ 和静摩擦力 $\boldsymbol{F}_s$，$\boldsymbol{F}_R=\boldsymbol{F}_N+\boldsymbol{F}_s$，此时 $\boldsymbol{F}_N$ 已偏离 AC 一微小距离 δ_1，当增加拉力 $\boldsymbol{F}_T$ 时，δ_1 随之增大，将 $\boldsymbol{F}_N$、$\boldsymbol{F}_s$ 向 A 点简化，则除 $\boldsymbol{F}_R=\boldsymbol{F}_N+\boldsymbol{F}_s$ 外，还有一力偶 M_f，如图 2-45c 所示，M_f 称为**滚动阻力偶**。

与滑动摩擦相似，当力 $\boldsymbol{F}_T$ 增加到某个值时，δ_1 达到其最大值 δ，如图 2-45d 所示，此时，轮子处于将滚未滚的临界平衡状态，滚动阻力偶达到最大值，称为**最大滚动阻力偶**，用 $M_{\max}$ 表示。若力 $\boldsymbol{F}_T$ 再增大一点，轮子即开始滚动。

由此可知，滚动阻力偶 M_f 的大小在零与最大值之间，即

$$0\leqslant M_f\leqslant M_{\max} \tag{2-24}$$

由图 2-45d 可得

$$M_{\max}=\delta F_N \tag{2-25}$$

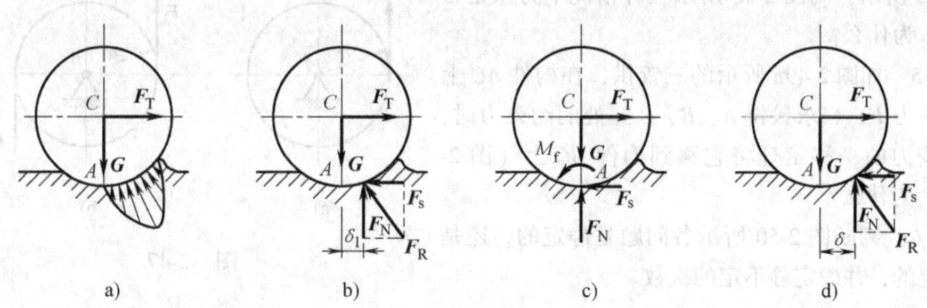

图　2-45

式（2-25）表明：最大滚动阻力偶 M_{max} 与支承面的法向约束力 $\boldsymbol{F}_N$ 的大小成正比，而与轮子半径无关。这就是**滚动摩擦定律**。式中，δ 称为**滚阻系数**。

容易看出，滚阻系数具有长度的量纲，单位一般用 mm。滚阻系数与接触物体材料的硬度和湿度等有关，可由实验测定，有些也可在机械工程手册中查到，如钢质车轮在钢轨上滚动时，$\delta \approx 0.05\text{mm}$，而橡胶轮胎在地面上滚动时的 $\delta = 2 \sim 10\text{mm}$。由于滚阻系数较小，因此，在大多数情况下滚动摩擦是可以忽略不计的。

下面分析滚动比滑动省力的道理。

如图 2-46a 所示，欲使重 $\boldsymbol{G}$ 的物块滑动所需的拉力为

$$F_{T1} = F_{max} = \mu_s F_N = \mu_s G$$

而在图 2-46b 中，由平衡方程 $\sum M_A = 0$ 可求得使同样重 G 的轮子滚动所需的拉力为

$$F_{T2} = F_s = \frac{F_N \delta}{r} = G\frac{\delta}{r}$$

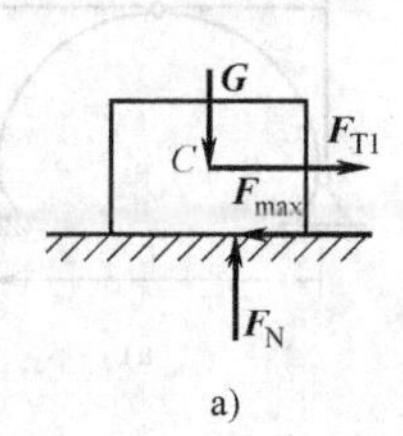

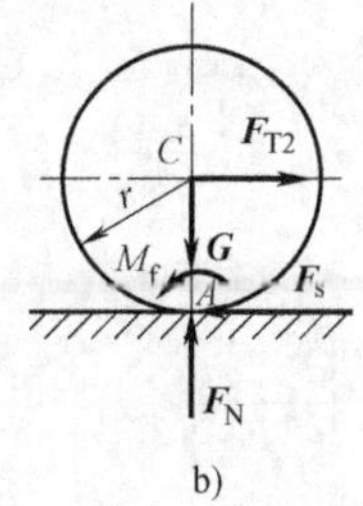

图　2-46

一般情况下，$\delta/r << \mu_s$，故 $F_{T2} << F_{T1}$，因此使轮子滚动要比滑动省力得多。

例如，半径为 450mm 的充气橡胶轮胎在混凝土路面上滚动时，$\delta \approx 3.15\text{mm}$，$\mu_s = 0.7$，则

$$\frac{F_{T1}}{F_{T2}} = \frac{\mu_s}{\delta/r} \approx 100$$

这说明使轮子滑动的力是使轮子滚动的力的 100 倍。

思　考　题

2-1　力在正交坐标轴上的投影与力沿这两个轴的分力有何区别？又有何关系？

2-2　如图 2-47 所示，已知 $F_2' = F_2 = F_1/2$，试问力 $\boldsymbol{F}_1$ 和力偶（$\boldsymbol{F}_2$，$\boldsymbol{F}_2'$）对轮的作用有何不同？

2-3　有人说："作用于刚体上的平面力系，若其力多边形自行封闭，则此刚体静止不动"。试问这种说法是否正确？为什么？

2-4　在刚体上的 A、B、C 三点处分别作用三个大小相等的力 $\boldsymbol{F}_1$、$\boldsymbol{F}_2$、$\boldsymbol{F}_3$，各力的方向如

图 2-48 所示，问图 2-48 所示三种情况下力系是否平衡？为什么？

2-5 如图 2-49a 所示的三铰拱，在构件 AC 上作用一力 $\boldsymbol{F}$，当求铰链 A、B、C 三处的约束力时，能否按力的平移定理将它移到构件 BC 上（图 2-49b）？为什么？

2-6 判断图 2-50 所示各问题是静定的，还是静不定的，并确定静不定的次数。

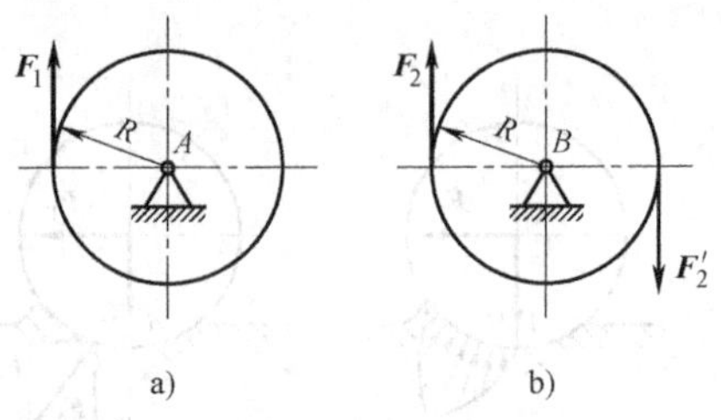

图 2-47

图 2-48

图 2-49

图 2-50

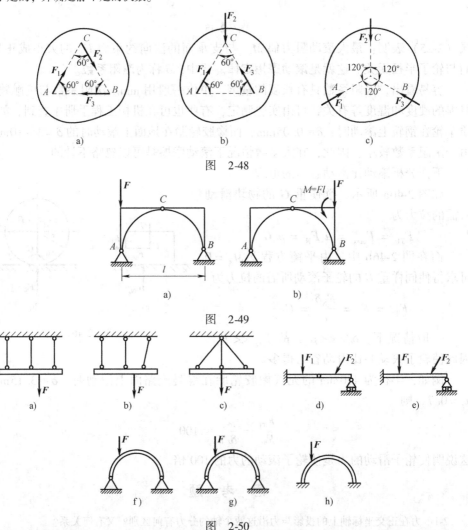

2-7 图 2-51 所示为桁架中杆件铰接的几种情况。在图 2-51a、b 所示的节点上无载荷作用，图 2-51c 所示的节点 C 上受到外力 $\boldsymbol{F}$ 作用，作用线沿水平杆。问图中各杆件中哪些是零杆？

2-8 用上题的结论，找出图 2-52 所示各桁架中的零杆。

2-9 如图 2-53 所示，物块重 $\boldsymbol{G}$，与水平面间的摩擦因数为 μ_s，要使物块向右移动，则在图

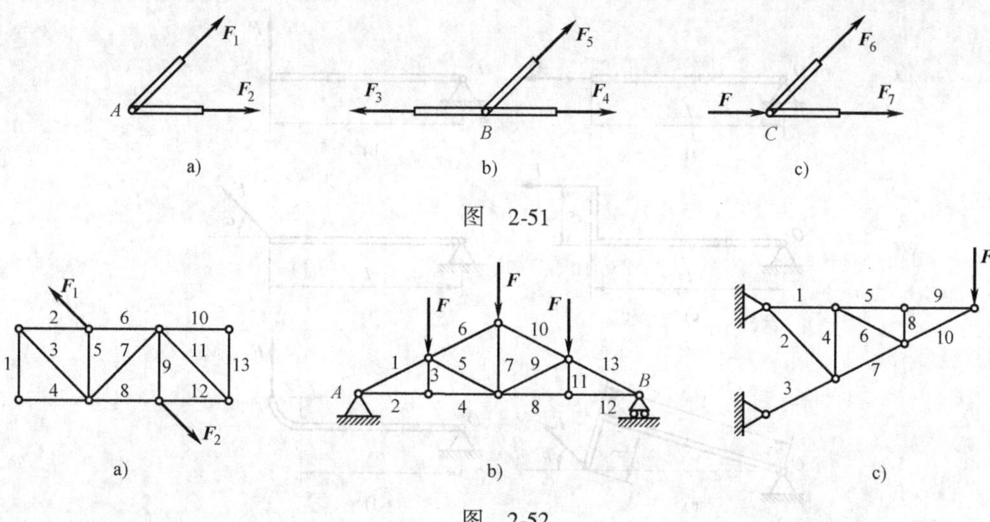

图 2-51

图 2-52

示两种施力方法中__________。

①图 2-53a 所示的方法省力；②图 2-53b 所示的方法省力；③两种方法同样费力

2-10 物块重 $\boldsymbol{G}$，在物块上还作用有一大小等于 G 的力 $\boldsymbol{F}$，其作用线在摩擦角之外，如图 2-54 所示。已知 $\alpha=30°$，$\varphi_m=20°$，问物块是否平衡？为什么？

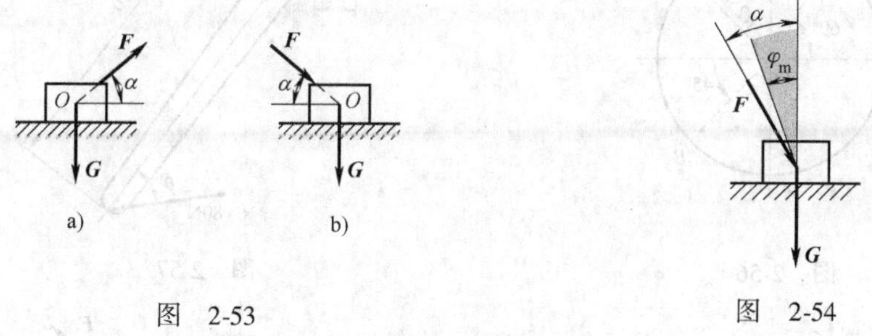

图 2-53

图 2-54

习 题

2-1 试计算图 2-55 中力 $\boldsymbol{F}$ 对点 O 之矩。

2-2 一大小为 50N 的力作用在圆盘边缘的 C 点上，如图 2-56 所示。试分别计算此力对 O、A、B 三点之矩。

2-3 一大小为 80N 的力作用于扳手柄端，如图 2-57 所示。(1) 当 $\theta=75°$时，求此力对螺钉中心之矩；(2) 当 θ 为何值时，该力矩为最小值；(3) 当 θ 为何值时，该力矩为最大值。

2-4 如图 2-58 所示，已知 $F_1=150\text{N}$，$F_2=200\text{N}$，$F_3=300\text{N}$，$F=F'=200\text{N}$，图中尺寸的单位为 mm。试求力系向 O 点的简化结果，并求力系合力的大小及其与原点 O 的距离 d。

2-5 平面力系中各力大小分别为 $F_1=60\sqrt{2}\text{kN}$，$F_2=F_3=60\text{kN}$，作用位置如图 2-59 所示，图中尺寸的单位为 mm。试求力系向 O 点和 O_1 点简化的结果。

2-6 电动机重 $G=5\text{kN}$，放在水平梁 AC 的中央，如图 2-60 所示。忽略梁和撑杆的重量，试求铰支座 A 处的约束力和撑杆 BC 所受压力。

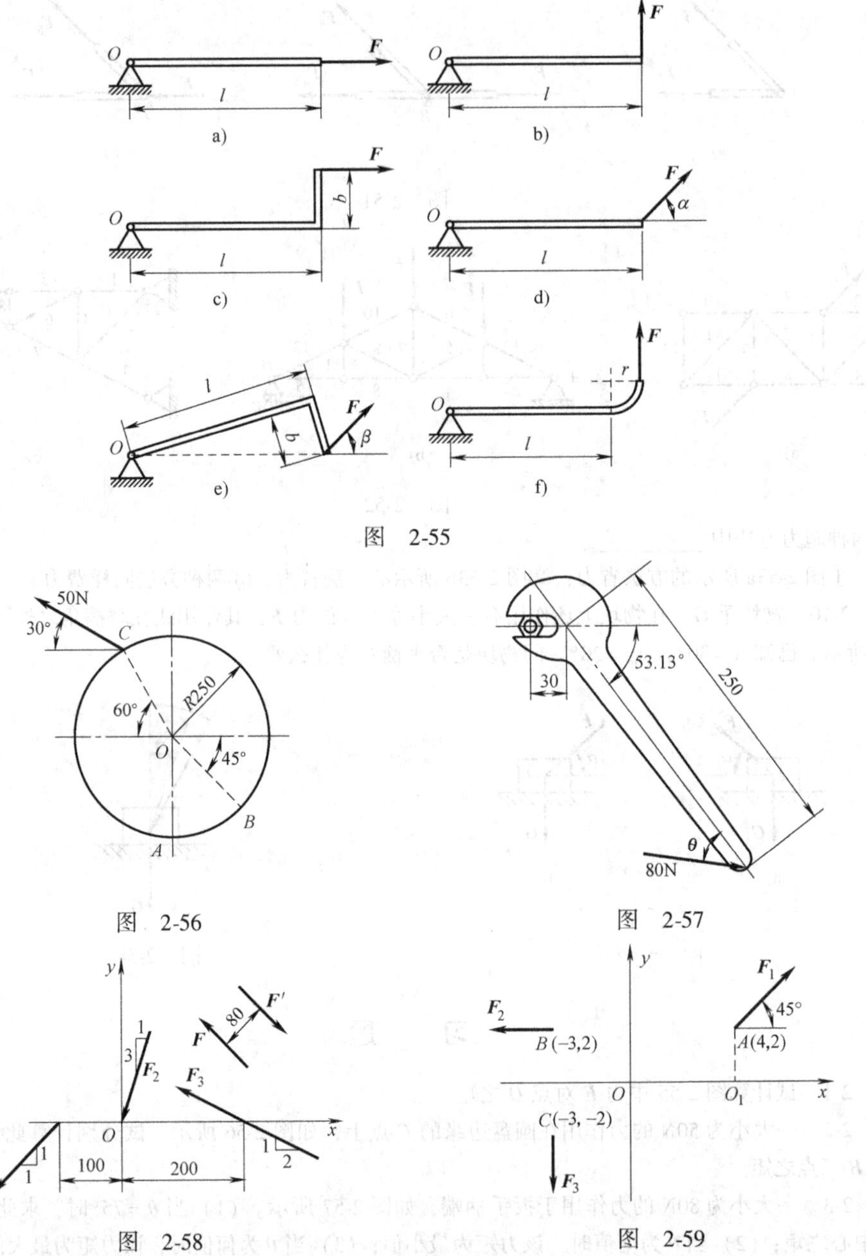

图 2-55

图 2-56

图 2-57

图 2-58

图 2-59

2-7 起重机的铅直支柱 AB 由 A 处的径向轴承和 B 处的推力轴承支持。起重机重 $G=3.5\text{kN}$，在 C 处吊有重 $G_1=10\text{kN}$ 的物体，结构尺寸如图 2-61 所示。试求轴承 A、B 两处的支座约束力。

2-8 在图 2-62 所示的刚架中，已知 $F=10\text{kN}$，$q=3\text{kN/m}$，$M=8\text{kN}\cdot\text{m}$，不计刚架自重。试求固定端 A 处的约束力。

2-9 如图 2-63 所示，对称屋架 ABC 的 A 处用铰链固定，B 处为可动铰支座。屋架重

100kN，AC 边承受垂直于 AC 的风压，风力平均分布，其合力等于 8kN。试求支座 A、B 处的约束力。

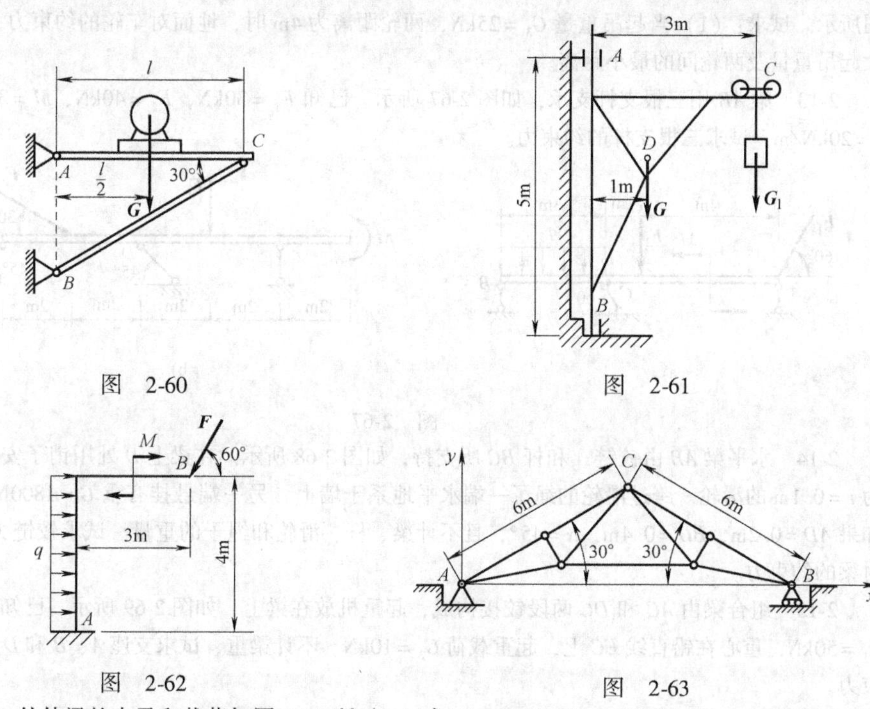

图 2-60

图 2-61

图 2-62

图 2-63

2-10 外伸梁的支承和载荷如图 2-64 所示。已知 $F=2\text{kN}$，$M=2.5\text{kN}\cdot\text{m}$，$q=1\text{kN/m}$。不计梁重，试求梁的支座约束力。

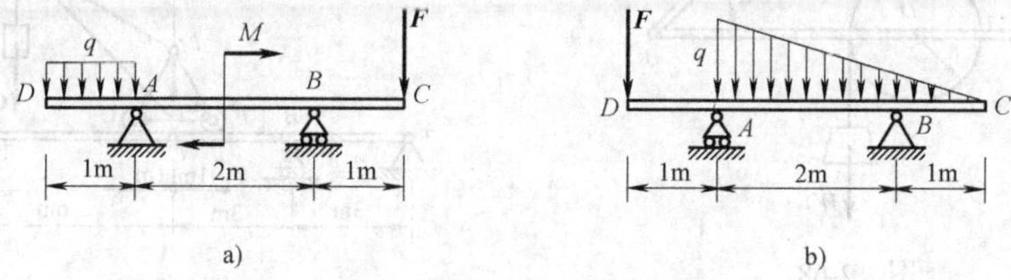

图 2-64

2-11 如图 2-65 所示，铁路式起重机重 $G=500\text{kN}$，其重心在离右轨 1.5m 处。起重机的起重量为 $G_1=250\text{kN}$，突臂伸出离右轨 10m。跑车本身重量忽略不计，欲使跑车满载或空载时起重机均不致翻倒，试求平衡锤的最小重量 G_2 以及平衡锤到左轨的最大距离 x。

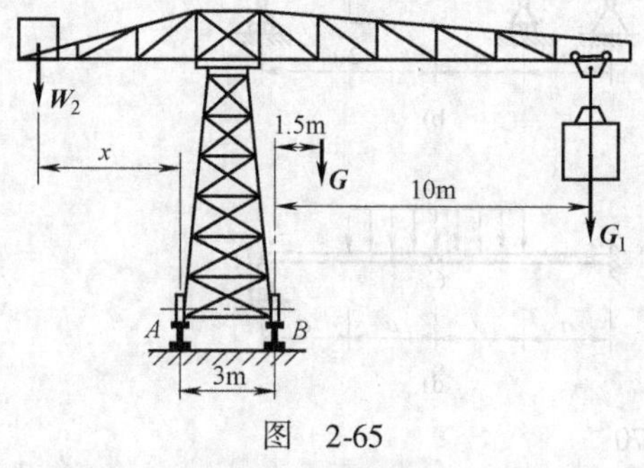

图 2-65

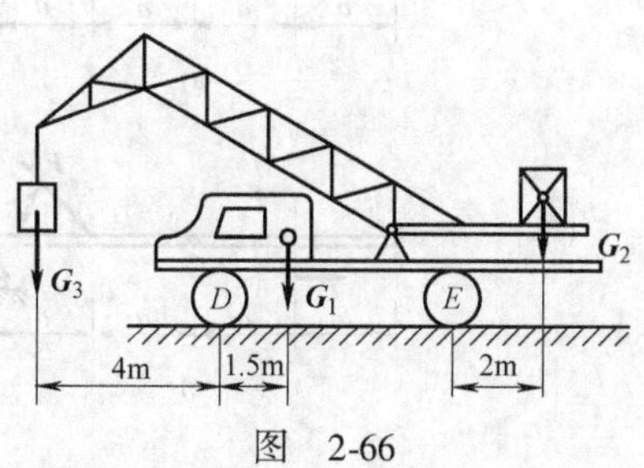

图 2-66

2-12 汽车起重机如图 2-66 所示，汽车自重 $G_1=60\text{kN}$，平衡配重 $G_2=30\text{kN}$，各部分尺寸如图所示。试求：(1) 当起吊重量 $G_3=25\text{kN}$，两轮距离为 4m 时，地面对车轮的约束力；(2) 最大起吊重量及两轮间的最小距离。

2-13 梁 AB 用三根支杆支承，如图 2-67 所示。已知 $F_1=30\text{kN}$，$F_2=40\text{kN}$，$M=30\text{kN}\cdot\text{m}$，$q=20\text{kN/m}$，试求三根支杆的约束力。

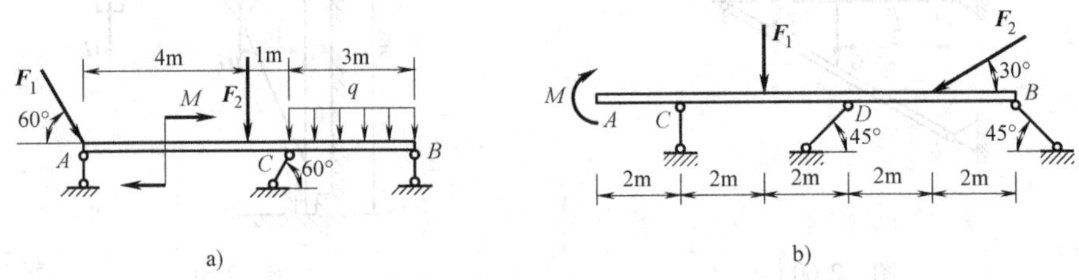

图 2-67

2-14 水平梁 AB 由铰链 A 和杆 BC 所支持，如图 2-68 所示。在梁上 D 处用销子安装一半径为 $r=0.1\text{m}$ 的滑轮。跨过滑轮的绳子一端水平地系于墙上，另一端悬挂有重 $G=1800\text{N}$ 的重物。如果 $AD=0.2\text{m}$，$BD=0.4\text{m}$，$\alpha=45°$，且不计梁、杆、滑轮和绳子的重量。试求铰链 A 和杆 BC 对梁的约束力。

2-15 组合梁由 AC 和 DC 两段铰接构成，起重机放在梁上，如图 2-69 所示。已知起重机重 $G_1=50\text{kN}$，重心在铅直线 EC 上，起重载荷 $G_2=10\text{kN}$。不计梁重，试求支座 A、B 和 D 三处的约束力。

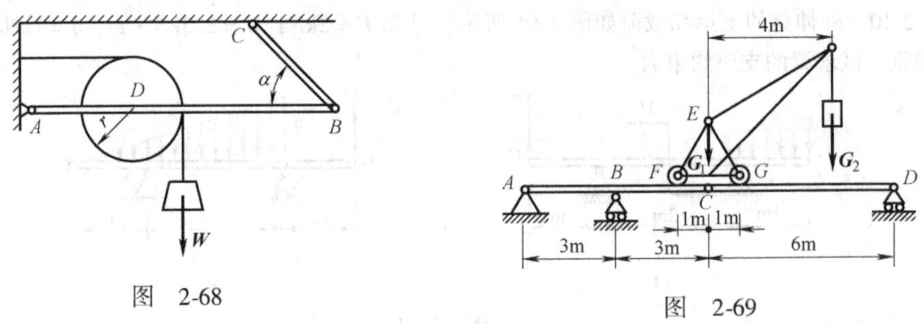

图 2-68

图 2-69

2-16 组合梁如图 2-70 所示，已知集中力 $\boldsymbol{F}$、分布载荷集度 q 和力偶矩 M，试求梁的支座约

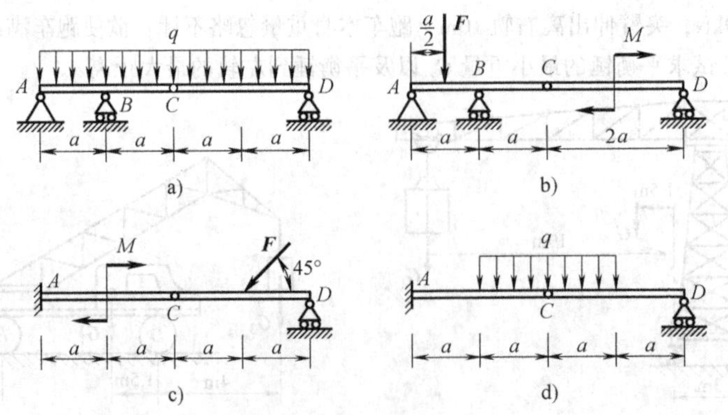

图 2-70

束力和铰 C 处所受的力。

2-17　四连杆机构如图 2-71 所示，今在铰链 A 上作用一力 $\boldsymbol{F}_1$，铰链 B 上作用一力 $\boldsymbol{F}_2$，方向如图所示。机构在图示位置处于平衡。不计杆重，试求 $\boldsymbol{F}_1$ 与 $\boldsymbol{F}_2$ 的关系。

2-18　四连杆机构如图 2-72 所示，已知 $OA=0.4\text{m}$，$O_1B=0.6\text{m}$，$M_1=1\text{N}\cdot\text{m}$。各杆重量不计。机构在图示位置处于平衡，试求力偶矩 M_2 的大小和杆 AB 所受的力。

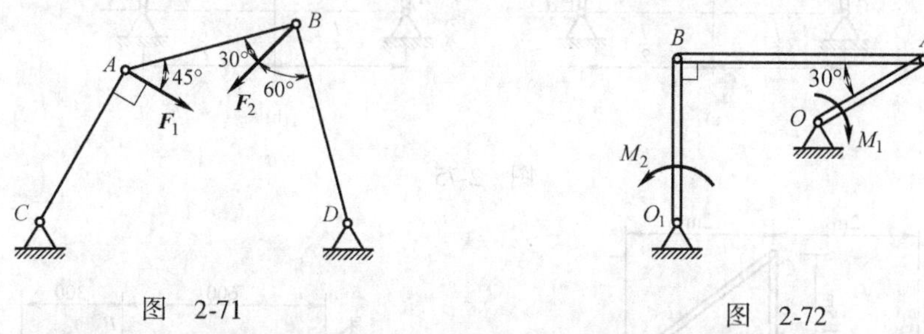

图　2-71　　　　图　2-72

2-19　曲柄滑块机构在图 2-73 所示位置平衡，已知滑块上所受的力 $F=400\text{N}$，如果不计所有构件的重量，试求作用在曲柄 OA 上的力偶的力偶矩 M。

2-20　如图 2-74 所示的颚式破碎机机构，已知工作阻力 $F_R=3\text{kN}$，$OE=100\text{mm}$，$BC=CD=AB=600\text{mm}$，在图示位置时 $\angle BDC=\angle DBC=30°$，$\angle EOC=\angle ABC=90°$，试求在此位置时能克服工作阻力所需的力偶矩 M。

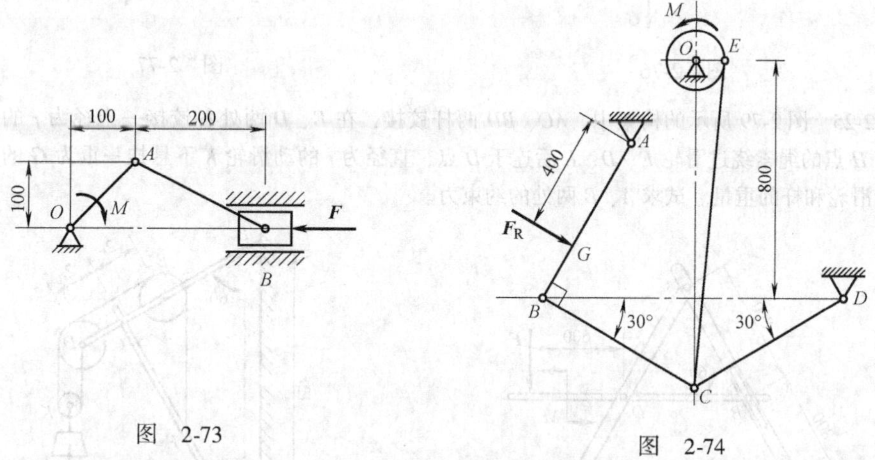

图　2-73　　　　图　2-74

2-21　三铰拱如图 2-75 所示，跨度 $l=8\text{m}$，$h=4\text{m}$。试求支座 A、B 的约束力。（1）在图 2-75a 中，拱顶部受均布载荷 $q=20\text{kN/m}$ 作用，拱的自重忽略不计；（2）在图 2-75b 中，拱顶部受集中力 $F=20\text{kN}$ 作用，拱每一部分的重量 $G=40\text{kN}$。

2-22　在图 2-76 所示的构架中，物体重 $G=1200\text{N}$，由细绳跨过滑轮 E 而水平系于墙上，尺寸如图所示。不计杆和滑轮的重量，试求支座 A、B 两处的约束力和杆 BC 的内力。

2-23　如图 2-77 所示的构架，已知 $F=1\text{kN}$，不计各杆重量，杆 ABC 与杆 DEF 平行，尺寸如图所示，试求铰支座 A、D 两处的约束力。

2-24　在图 2-78 所示的构架中，BD 杆上的销钉 B 置于 AC 杆的光滑槽内，力 $F=200\text{N}$，力偶矩 $M=100\text{N}\cdot\text{m}$，不计各构件重量，试求 A、B、C 三处的约束力。

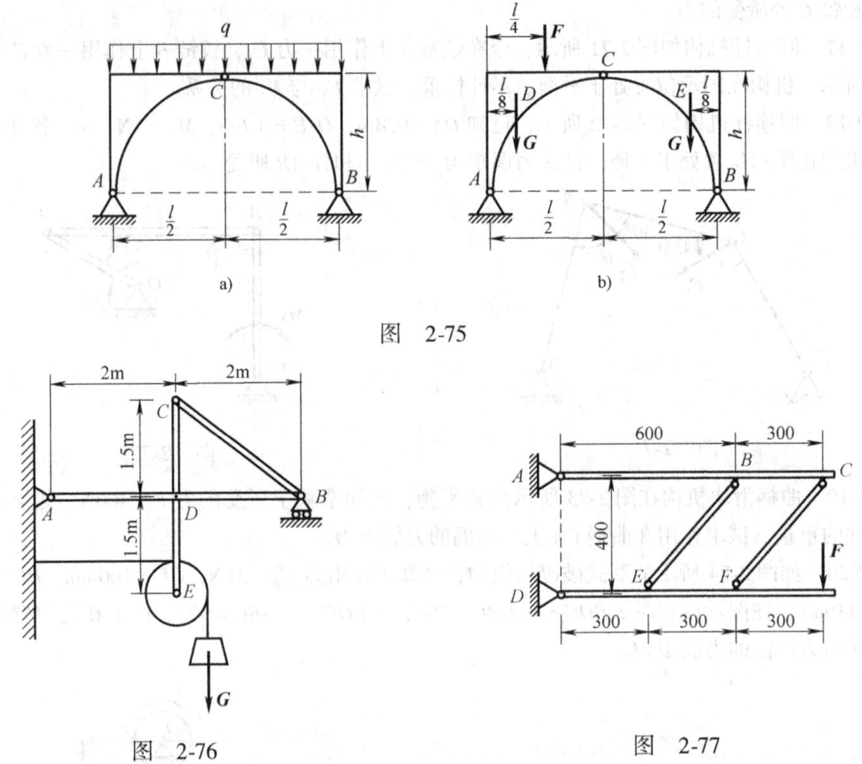

图 2-75

图 2-76

图 2-77

2-25 图2-79所示的构架中，AC、BD两杆铰接，在E、D两处各铰接一半径为r的滑轮，连于H点的绳索绕过滑轮E、D、K后连于D点，直径为r的动滑轮K下悬挂一重为G的重物，不计滑轮和杆的重量。试求A、B两处的约束力。

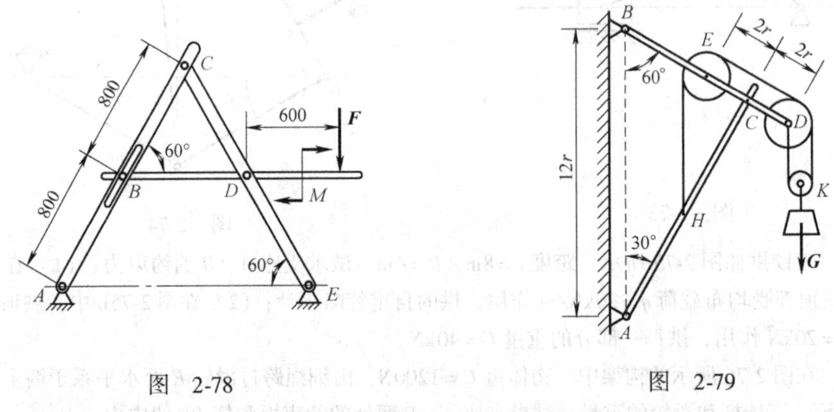

图 2-78

图 2-79

2-26 如图2-80所示，构架在AE杆的中点作用一大小为20kN水平力，各杆自重不计，试求铰链E所受的力。

2-27 如图2-81所示的构架，重为$G=1\text{kN}$的重物B通过滑轮A用绳系于杆CD上。忽略各杆及滑轮的重量，试求铰链E处的约束力和销子C的受力。

2-28 屋架桁架如图2-82所示，已知载荷$F=10\text{kN}$。试求杆1、2、3、4、5和6的内力。

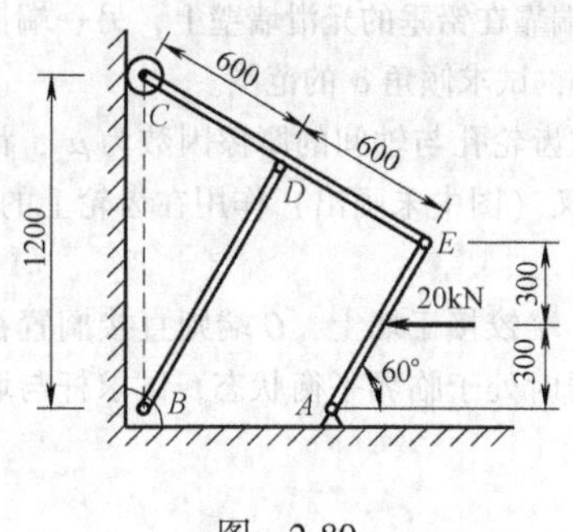

图 2-80

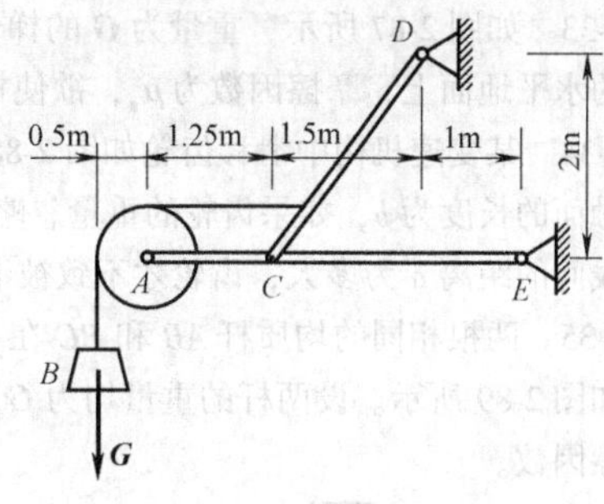

图 2-81

2-29 桁架受力如图 2-83 所示，已知 $F_1=F_2=10\text{kN}$，$F_3=20\text{kN}$。试求杆 6、7、8、9 的内力。

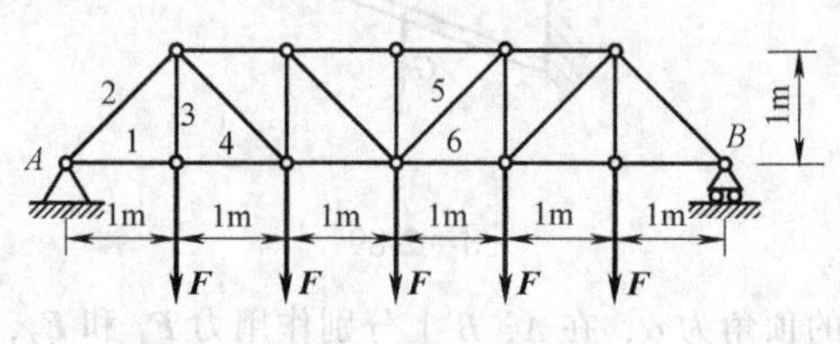

图 2-82

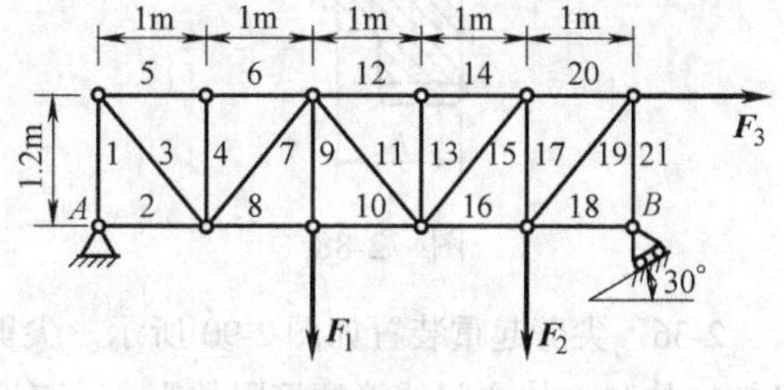

图 2-83

2-30 桁架如图 2-84 所示，已知 $F_1=10\text{kN}$，$F_2=F_3=20\text{kN}$。试求杆 4、6、7、10 的内力。

2-31 桁架如图 2-85 所示，已知 $F=20\text{kN}$，$a=3\text{m}$，$b=2\text{m}$。试求杆 1、2、3 的内力。

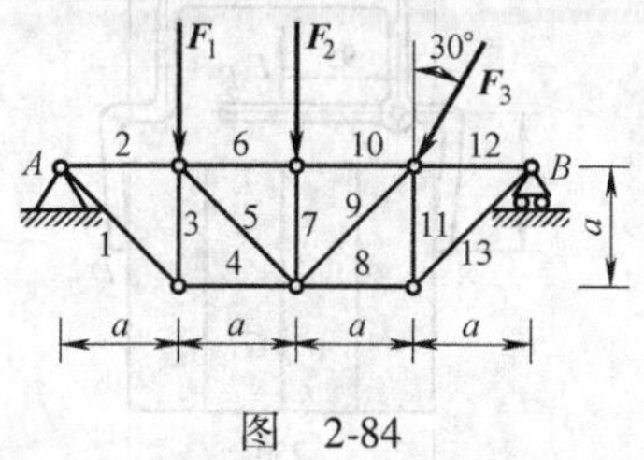

图 2-84

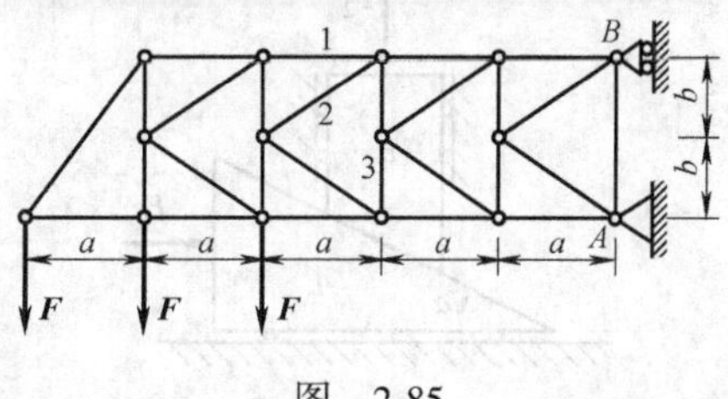

图 2-85

2-32 如图 2-86 所示，水平面上叠放着物块 A 和 B，分别重 $G_A=100\text{N}$ 和 $G_B=80\text{N}$。物块 B 用拉紧的水平绳子系在固定点，如图所示。已知物块 A 和支承面间、两物块间的摩擦因数分别是 $\mu_{s1}=0.8$ 和 $\mu_{s2}=0.6$。试求自左向右推动物块 A 所需的最小水平力 F。

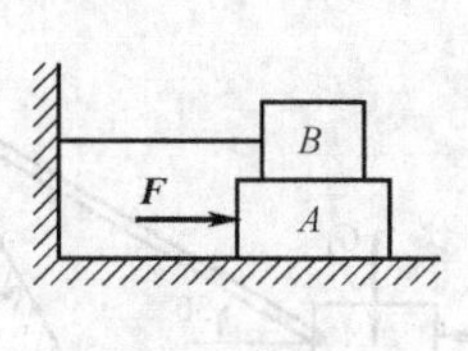

图 2-86

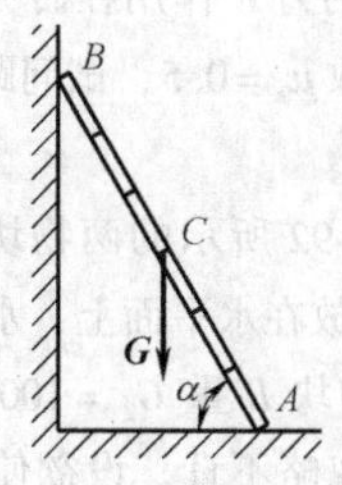

图 2-87

2-33 如图 2-87 所示，重量为 $\boldsymbol{G}$ 的梯子 AB，其一端靠在铅垂的光滑墙壁上，另一端搁置在粗糙的水平地面上，摩擦因数为 μ_s，欲使梯子不致滑倒，试求倾角 α 的范围。

2-34 某变速机构中滑移齿轮如图 2-88 所示。已知齿轮孔与轴间的摩擦因数为 μ_s，齿轮与轴接触面的长度为 b，如果齿轮的重量忽略不计，问拨叉（图中未画出）作用在齿轮上的 $\boldsymbol{F}_1$ 力到轴线间的距离 a 为多大，齿轮才不致被卡住？

2-35 两根相同的均质杆 AB 和 BC 在 B 端铰接，A 端铰接于墙上，C 端则直接搁置在墙面上，如图 2-89 所示。设两杆的重量均为 $\boldsymbol{G}$，在图示位置时处于临界平衡状态，试求杆与墙面间的摩擦因数。

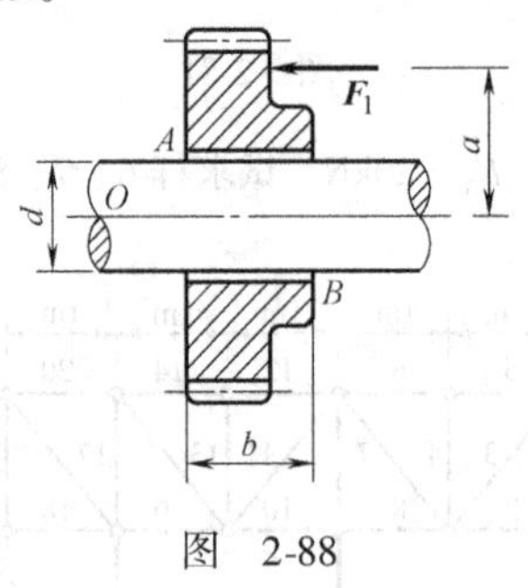

图 2-88

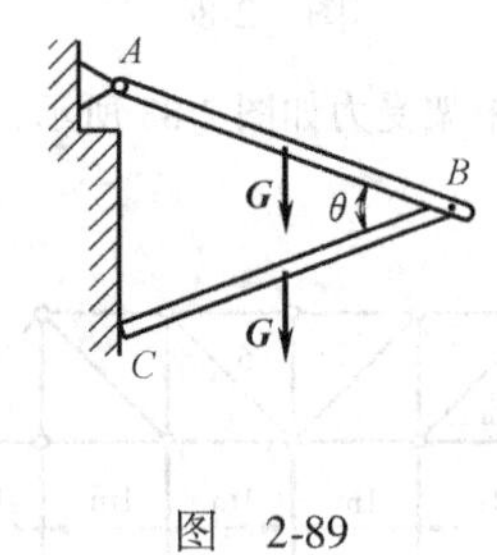

图 2-89

2-36 尖劈起重装置如图 2-90 所示。尖劈 A 的顶角为 α，在 A、B 上分别作用力 $\boldsymbol{F}_1$ 和 $\boldsymbol{F}_2$，已知 A 块和 B 块之间的静摩擦因数为 μ_s（有滚珠处摩擦力忽略不计）。不计 A、B 两块的重量，试求能保持两者平衡的力 F_1 的范围。

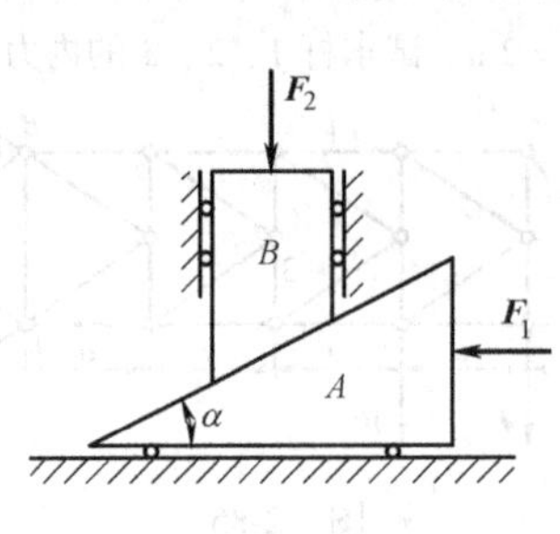

图 2-90

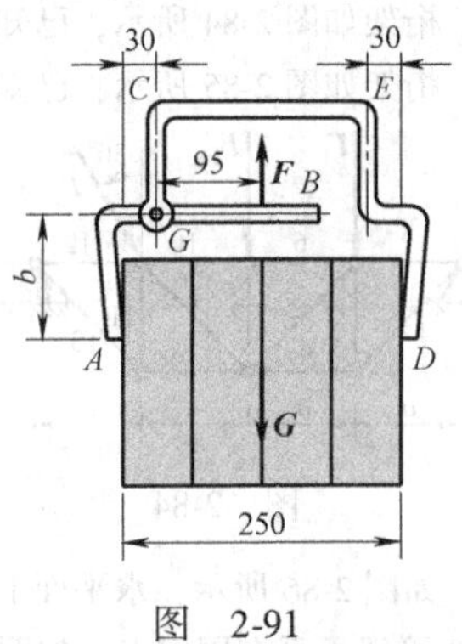

图 2-91

2-37 砖夹的宽度为 250mm，曲杆 AGB 与 $GCED$ 在 G 点铰接，如图 2-91 所示。设砖重 $G=120\text{N}$，提起砖的力 $\boldsymbol{F}$ 作用在砖夹的中心线上，砖夹与砖间的摩擦因数 $\mu_s=0.5$，试问距离 b 为多大才能把砖夹起？

2-38 图 2-92 所示的两物块用连杆撑住，物块 A 重 $G_1=500\text{N}$，放在水平面上，水平面和物块间的摩擦因数为 0.2；物块 B 重 $G_2=1000\text{N}$，放在光滑的斜面上；连杆重量忽略不计。设欲使水平面上的物块 A 开始向右运动，试求所需 $\boldsymbol{F}_1$ 力的大小。

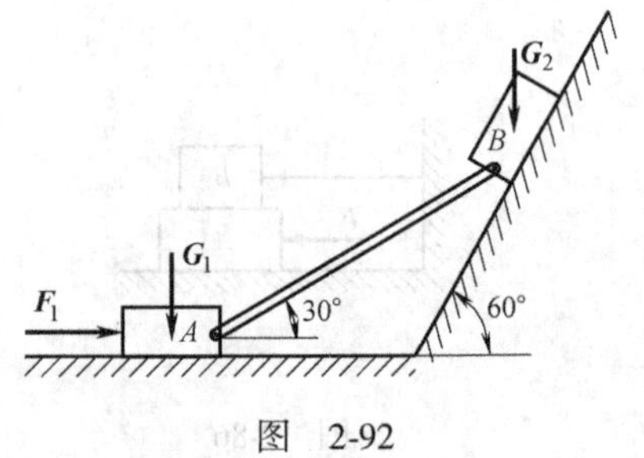

图 2-92

2-39 如图 2-93 所示，圆柱体 A 与方块 B 均重 100N，置于倾角为 30°的斜面上，若所有接触处的摩擦因数均为 $\mu_s = 0.5$，试求保持系统平衡所需的力 $\boldsymbol{F}_1$ 的最小值。

2-40 如图 2-94 所示，均质圆柱重 $\boldsymbol{G}$，半径为 r，搁置在不计自重的水平杆和固定斜面之间。杆端 A 为光滑铰链，D 端受一铅垂向上的力 $\boldsymbol{F}$，圆柱上作用一力偶，已知 $F = G$，圆柱与杆和斜面间的静滑动摩擦因数皆为 $\mu_s = 0.3$，不计滚动摩擦。当 $\alpha = 45°$时，$AB = BD$。试求此时能保持系统静止的力偶矩 M 的最小值。

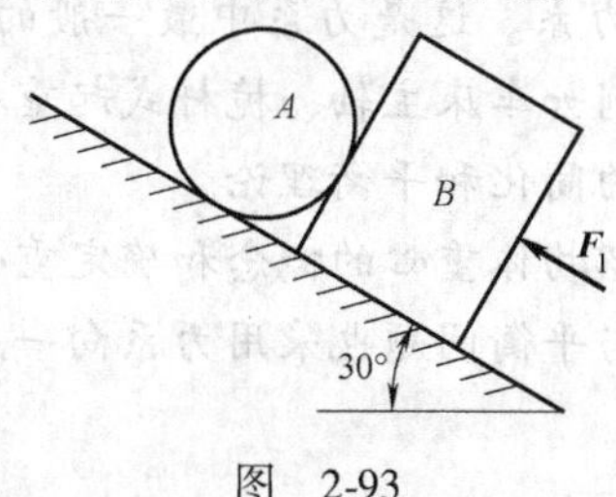

图 2-93

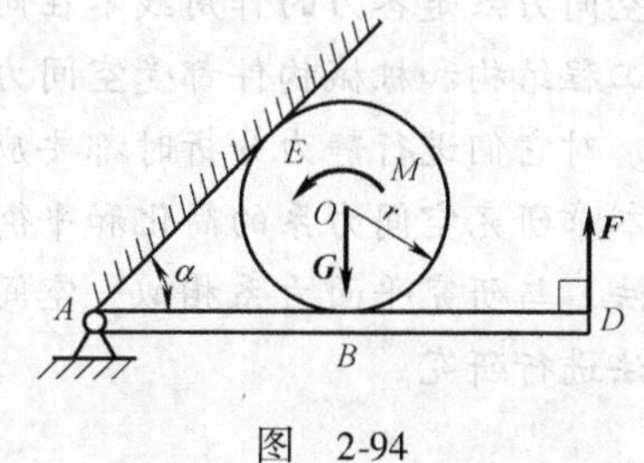

图 2-94

第三章　空间力系

空间力系是各力的作用线不在同一平面内的力系。这是力系中最一般的情形。许多工程结构和机械构件都受空间力系的作用，例如车床主轴、桅杆式起重机、闸门等。对它们进行静力分析时都要应用空间力系的简化和平衡理论。

本章研究空间力系的简化和平衡问题，并介绍物体重心的概念和确定重心位置的方法。与研究平面力系相似，空间力系的简化与平衡问题也采用力系向一点简化的方法进行研究。

第一节　空间力的分解与投影

一、空间力的分解

如图 3-1 所示，设力 $\boldsymbol{F}$ 沿直角坐标轴的分力分别为 $\boldsymbol{F}_x$、$\boldsymbol{F}_y$、$\boldsymbol{F}_z$，则

$$\boldsymbol{F} = \boldsymbol{F}_x + \boldsymbol{F}_y + \boldsymbol{F}_z \tag{3-1}$$

力 $\boldsymbol{F}$ 的三个分力可以用它在三个相应轴上的投影来表示：

$$\boldsymbol{F}_x = F_x\boldsymbol{i},\quad \boldsymbol{F}_y = F_y\boldsymbol{j},\quad \boldsymbol{F}_z = F_z\boldsymbol{k} \tag{3-2}$$

则

$$\boldsymbol{F} = F_x\boldsymbol{i} + F_y\boldsymbol{j} + F_z\boldsymbol{k} \tag{3-3}$$

式中，$\boldsymbol{i}$、$\boldsymbol{j}$、$\boldsymbol{k}$ 分别是 x、y、z 轴的正向单位矢量。

二、空间力的投影

1. 直接投影法

如图 3-2 所示，若已知力 $\boldsymbol{F}$ 与空间直角坐标轴 x、y、z 正向之间的夹角分别为 α、β、γ，以 F_x、F_y、F_z 表示力 $\boldsymbol{F}$ 在 x、y、z 三轴上的投影，则

$$F_x = F\cos\alpha,\quad F_y = F\cos\beta,\quad F_z = F\cos\gamma \tag{3-4}$$

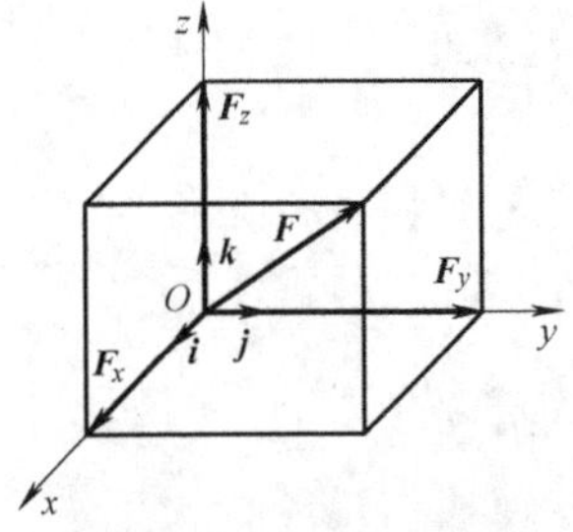

图　3-1

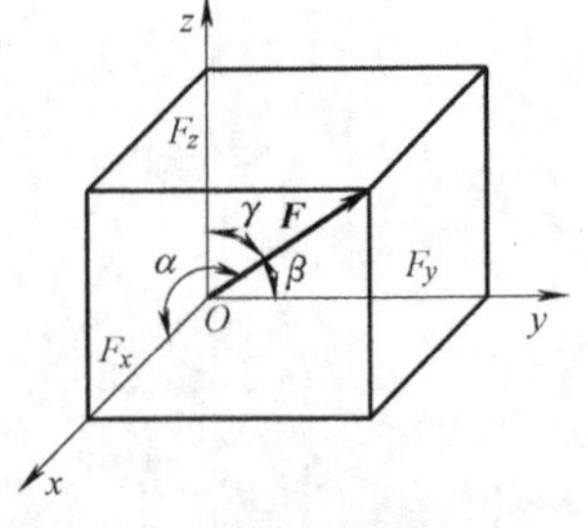

图　3-2

力在坐标轴上的投影为代数量。在式（3-4）中，当 α、β、γ 为锐角时，投影为正；反之，为负。

2. 二次投影法

若力 $\boldsymbol{F}$ 在空间的方位用图 3-3 所示的形式来表示，其中 γ 为力 $\boldsymbol{F}$ 与 z 轴的夹角，φ 为力 $\boldsymbol{F}$ 所在铅垂平面与 x 轴的夹角，则可用二次投影法计算力 $\boldsymbol{F}$ 在三个坐标轴上的投影。

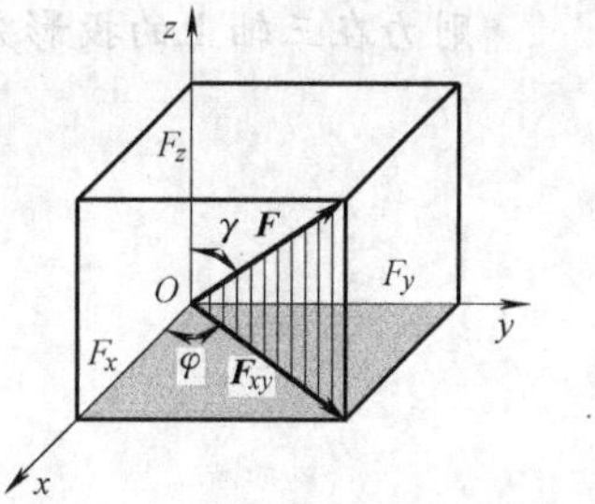

图　3-3

先将力 $\boldsymbol{F}$ 向 z 轴和 xOy 平面投影，得

$$F_z = F\cos\gamma$$
$$F_{xy} = F\sin\gamma$$

注意：力在平面上的投影 $\boldsymbol{F}_{xy}$ 为矢量。

再将 $\boldsymbol{F}_{xy}$ 向 x、y 轴投影，得

$$F_x = F_{xy}\cos\varphi = F\sin\gamma\cos\varphi$$
$$F_y = F_{xy}\sin\varphi = F\sin\gamma\sin\varphi$$

因此

$$\begin{cases} F_x = F\sin\gamma\cos\varphi \\ F_y = F\sin\gamma\sin\varphi \\ F_z = F\cos\gamma \end{cases} \tag{3-5}$$

反之，若已知力在直角坐标轴上的投影，则可以确定该力的大小和方向。即

$$\begin{cases} F = \sqrt{F_x^2 + F_y^2 + F_z^2} \\ \cos\alpha = \dfrac{F_x}{F}, \quad \cos\beta = \dfrac{F_y}{F}, \quad \cos\gamma = \dfrac{F_z}{F} \end{cases} \tag{3-6}$$

式中，α、β、γ 为力 $\boldsymbol{F}$ 分别与 x、y、z 轴正向的夹角。

例 3-1　在边长为 a 的正六面体的对角线上作用一力 $\boldsymbol{F}$，如图 3-4a 所示。试求该力分别在 x、y、z 轴上的投影。

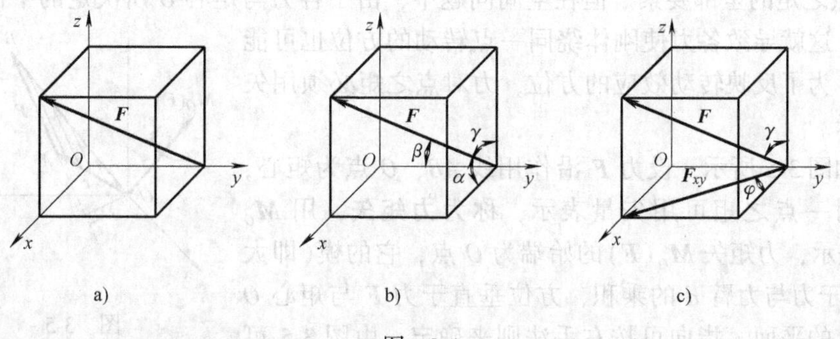

图　3-4

解　方法一（直接投影法）

如图 3-4b 所示，由空间几何可得

$$\cos\alpha = \frac{\sqrt{3}}{3}, \quad \cos\beta = \frac{\sqrt{3}}{3}, \quad \cos\gamma = \frac{\sqrt{3}}{3}$$

则力在三轴上的投影分别为

$$F_x = F\cos\alpha = \frac{\sqrt{3}}{3}F$$

$$F_y = -F\cos\beta = -\frac{\sqrt{3}}{3}F$$

$$F_z = F\cos\gamma = \frac{\sqrt{3}}{3}F$$

方法二（二次投影法）

如图3-4c所示，由空间几何可得

$$\sin\gamma = \frac{\sqrt{2}a}{\sqrt{3}a} = \sqrt{\frac{2}{3}},\quad \cos\gamma = \frac{a}{\sqrt{3}a} = \frac{\sqrt{3}}{3},\quad \sin\varphi = \cos\varphi = \frac{\sqrt{2}}{2}$$

根据二次投影法，得

$$F_x = F\sin\gamma\cos\varphi = \frac{\sqrt{3}}{3}F$$

$$F_y = -F\sin\gamma\sin\varphi = -\frac{\sqrt{3}}{3}F$$

$$F_z = F\cos\gamma = \frac{\sqrt{3}}{3}F$$

第二节 力对点之矩与力对轴之矩

一、力对点之矩

在平面问题中，力 $\boldsymbol{F}$ 与矩心 O 在同一平面内，用代数量 $M_O(\boldsymbol{F})$ 就足以概括力对 O 点之矩的全部要素。但在空间问题中，由于各力与矩心 O 所决定的平面可能不同，这就导致各力使刚体绕同一点转动的方位也可能不同。为了反映转动效应的方位，力对点之矩必须用矢量表示。

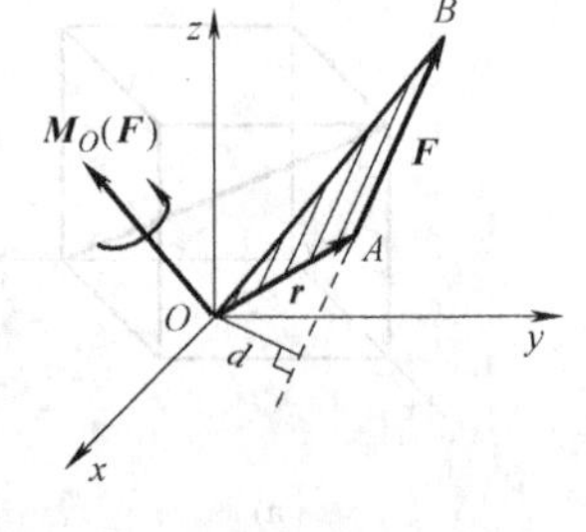

图 3-5

如图3-5所示，设力 $\boldsymbol{F}$ 沿作用线 AB，O 点为矩心，则力对一点之矩可用矢量表示，称为**力矩矢**，用 $\boldsymbol{M}_O(\boldsymbol{F})$ 表示，力矩矢 $\boldsymbol{M}_O(\boldsymbol{F})$ 的始端为 O 点，它的模（即大小）等于力与力臂 d 的乘积，方位垂直于力 $\boldsymbol{F}$ 与矩心 O 所确定的平面，指向可按右手法则来确定。由图3-5可见，

$$|\boldsymbol{M}_O(\boldsymbol{F})| = Fd = 2A_{\triangle OAB} \tag{3-7}$$

式中，$A_{\triangle OAB}$ 表示 $\triangle OAB$ 的面积。

由以上定义可见，力矩矢 $\boldsymbol{M}_O(\boldsymbol{F})$ 的大小和方向与矩心 O 的位置有关，即**力矩**

矢 $\boldsymbol{M}_O(\boldsymbol{F})$ **是一个定位矢量**。

力矩矢 $\boldsymbol{M}_O(\boldsymbol{F})$ 还可以用另一种数学形式来表示。如图 3-5 所示，如果用 $\boldsymbol{r}$ 表示 O 点到力 $\boldsymbol{r}$ 作用点 A 的矢径，则 $\boldsymbol{r}$ 与 $\boldsymbol{F}$ 的矢量积 $\boldsymbol{r}\times\boldsymbol{F}$ 也是一个矢量，按矢量积的定义，其大小等于 $\triangle OAB$ 面积的两倍，其方位垂直于 $\boldsymbol{r}$ 与 $\boldsymbol{F}$ 所决定的平面，指向也符合右手法则。可见，矢量积 $\boldsymbol{r}\times\boldsymbol{F}$ 与力矩矢 $\boldsymbol{M}_O(\boldsymbol{F})$ 两者大小相等、方向相同，于是

$$\boldsymbol{M}_O(\boldsymbol{F}) = \boldsymbol{r}\times\boldsymbol{F} \tag{3-8}$$

上式表明：**力矩矢 $\boldsymbol{M}_O(\boldsymbol{F})$ 等于矩心到该力作用点的矢径与该力的矢量积。**

二、力对轴之矩

在空间力系问题中，除了用力对点之矩来描述力对刚体的转动效应外，还要用到力对轴之矩的概念。这里从用手推门的实例来引入力对轴之矩的定义。

如图 3-6a 所示，在门边上的 A 点作用一力 $\boldsymbol{F}$，为了研究力 $\boldsymbol{F}$ 使门绕 z 轴转动的效应，首先过 A 点作平面 P 与 z 轴垂直，并与 z 轴相交于 O 点；然后将力 $\boldsymbol{F}$ 分解为两个分力 $\boldsymbol{F}_z$ 和 $\boldsymbol{F}_{xy}$，其中 $\boldsymbol{F}_z$ 与 z 轴平行，$\boldsymbol{F}_{xy}$ 在平面 P 内(与 z 轴垂直)，显然，分力 $\boldsymbol{F}_{xy}$ 即为力 $\boldsymbol{F}$ 在垂直于 z 轴的平面 P 上的投影。实践证明，分力 $\boldsymbol{F}_z$ 不可能使门转动，只有分力 $\boldsymbol{F}_{xy}$ 才能使门绕 z 轴转动。

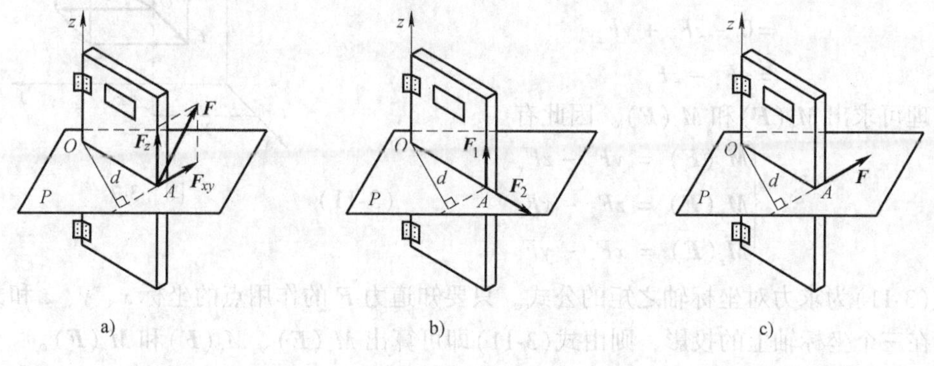

图 3-6

分力 $\boldsymbol{F}_{xy}$ 产生使门绕 z 轴转动的效应，相当于在平面问题中力 $\boldsymbol{F}_{xy}$ 使平面 P 绕矩心 O 转动的效应。这个效应的强度可用力的大小 F_{xy} 与 O 点到力 $\boldsymbol{F}_{xy}$ 的作用线的距离 d(力臂)的乘积来量度，其转向可用正负号加以区分。

于是，力 $\boldsymbol{F}$ 对 z 轴之矩 $M_z(\boldsymbol{F})$ 定义为

$$M_z(\boldsymbol{F}) = \pm F_{xy}d \tag{3-9}$$

式(3-9)可叙述为：**力对轴之矩**是力使刚体绕该轴转动效应的量度，它是一个代数量，其大小等于力在垂直于该轴的平面上的投影对此平面与该轴交点之矩。正负号按右手法则确定：即以右手四指表示力 $\boldsymbol{F}$ 使刚体绕轴的转动方向，若大拇指指向与轴的正向一致，则取正号；反之，取负号。也可按下述法则来确定其正负号：从轴的正向看，逆时针转向为正，顺时针转向为负。如图 3-6a 所示的力 $\boldsymbol{F}$，它对 z 轴

之矩 $M_z(\boldsymbol{F})$ 为正值。

从力对轴之矩的定义容易看出：当力的作用线与轴平行($F_{xy}=0$)或相交($d=0$)时，力对该轴的矩都必为零。即，**当力的作用线与轴线共面时，力对该轴之矩必然为零**。图3-6b中的力 $\boldsymbol{F}_1$、$\boldsymbol{F}_2$ 都与 z 轴共面，因此它们对 z 轴之矩都为零，这两个力都不可能使门绕 z 轴转动。

从图3-6c不难看出，在平面问题中所定义的力对平面内某点 O 之矩，实际上就是力对通过此点且与平面垂直的轴之矩。因此，平面力系的合力矩定理也可以推广到空间情形。可叙述为：**若以 $\boldsymbol{F}_R$ 表示空间力系 $\boldsymbol{F}_1$、$\boldsymbol{F}_2$、…、$\boldsymbol{F}_n$ 的合力，则合力 $\boldsymbol{F}_R$ 对某轴之矩，等于各分力对同一轴之矩的代数和**，即

$$M_z(\boldsymbol{F}_R)=M_z(\boldsymbol{F}_1)+M_z(\boldsymbol{F}_2)+\cdots+M_z(\boldsymbol{F}_n) \tag{3-10}$$

在计算力对某轴之矩时，经常应用合力矩定理，将力分解为三个方向的分力，然后分别计算各分力对这个轴之矩，求其代数和，即得力对该轴之矩。

如图3-7所示，将力 $\boldsymbol{F}$ 沿坐标轴方向分解为 $\boldsymbol{F}_x$、$\boldsymbol{F}_y$、$\boldsymbol{F}_z$ 三个互相垂直的分力，以 F_x、F_y、F_z 分别表示 $\boldsymbol{F}$ 在三个坐标轴上的投影。

由合力矩定理得

$$\begin{aligned}M_x(\boldsymbol{F})&=M_x(\boldsymbol{F}_x)+M_x(\boldsymbol{F}_y)+M_x(\boldsymbol{F}_z)\\&=0-zF_y+yF_z\\&=yF_z-zF_y\end{aligned}$$

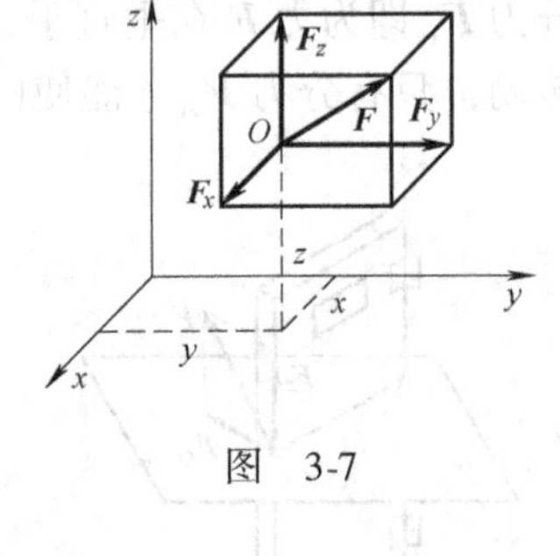

图 3-7

同理可求出 $M_y(\boldsymbol{F})$ 和 $M_z(\boldsymbol{F})$。因此有

$$\left\{\begin{aligned}M_x(\boldsymbol{F})&=yF_z-zF_y\\M_y(\boldsymbol{F})&=zF_x-xF_z\\M_z(\boldsymbol{F})&=xF_y-yF_x\end{aligned}\right. \tag{3-11}$$

式(3-11)为求力对坐标轴之矩的公式。只要知道力 $\boldsymbol{F}$ 的作用点的坐标 x、y、z 和力 $\boldsymbol{F}$ 在三个坐标轴上的投影，则由式(3-11)即可算出 $M_x(\boldsymbol{F})$、$M_y(\boldsymbol{F})$ 和 $M_z(\boldsymbol{F})$。

应当指出，式(3-11)中 x、y、z、F_x、F_y、F_z 都是代数量，在计算力对轴之矩时，要注意各量的正负号。

三、力对点之矩与力对轴之矩的关系

下面，我们来建立力对点之矩与力对通过该点的轴之矩的关系。

设刚体上作用有力 $\boldsymbol{F}$，其矢径为 $\boldsymbol{r}$，它们的解析表达式分别为

$$\boldsymbol{r}=x\boldsymbol{i}+y\boldsymbol{j}+z\boldsymbol{k},\quad \boldsymbol{F}=F_x\boldsymbol{i}+F_y\boldsymbol{j}+F_z\boldsymbol{k}$$

根据式(3-8)有

$$\boldsymbol{M}_O(\boldsymbol{F})=\boldsymbol{r}\times\boldsymbol{F}=\begin{vmatrix}\boldsymbol{i}&\boldsymbol{j}&\boldsymbol{k}\\x&y&z\\F_x&F_y&F_z\end{vmatrix}=(yF_z-zF_y)\boldsymbol{i}+(zF_x-xF_z)\boldsymbol{j}+(xF_y-yF_x)\boldsymbol{k}$$

将上式向 x、y、z 轴投影，并根据式(3-11)，可得

$$\begin{cases}[\boldsymbol{M}_O(\boldsymbol{F})]_x = M_x(\boldsymbol{F}) \\ [\boldsymbol{M}_O(\boldsymbol{F})]_y = M_y(\boldsymbol{F}) \\ [\boldsymbol{M}_O(\boldsymbol{F})]_z = M_z(\boldsymbol{F})\end{cases} \tag{3-12}$$

上式表明：**力对某点的力矩矢在通过该点的任意轴上的投影，等于此力对该轴之矩。**这就是**力矩关系定理**。

求出了力 $\boldsymbol{F}$ 对三个坐标轴的矩之后，根据式(3-12)，即可得 $\boldsymbol{M}_O(\boldsymbol{F})$ 的大小和方向。

$$\begin{cases}M_O(\boldsymbol{F}) = \sqrt{[M_x(\boldsymbol{F})]^2 + [M_y(\boldsymbol{F})]^2 + [M_z(\boldsymbol{F})]^2} \\ \cos\alpha = \dfrac{M_x(\boldsymbol{F})}{M_O(\boldsymbol{F})}, \quad \cos\beta = \dfrac{M_y(\boldsymbol{F})}{M_O(\boldsymbol{F})}, \quad \cos\gamma = \dfrac{M_z(\boldsymbol{F})}{M_O(\boldsymbol{F})}\end{cases} \tag{3-13}$$

式中，α、β、γ 为力矩矢与 x、y、z 轴正向的夹角。

例 3-2　如图 3-8 所示，铅垂力 $F=500\text{N}$，作用于曲柄上，图中尺寸的单位为 mm。试求此力对轴 x、y、z 之矩及对原点 O 之矩。

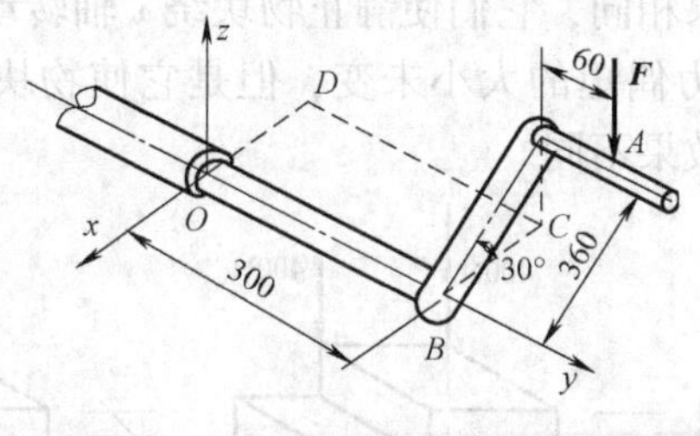

图　3-8

解　首先，根据力对轴之矩的定义，求出力 $\boldsymbol{F}$ 对 x、y、z 之矩，即

$$M_x(\boldsymbol{F}) = -F(300\text{mm}+60\text{mm}) = (-500\times360)\text{N}\cdot\text{mm} = -180\text{N}\cdot\text{m}$$

$$M_y(\boldsymbol{F}) = -F\times360\text{mm}\times\cos30° = \left(-500\times360\times\frac{\sqrt{3}}{2}\right)\text{N}\cdot\text{mm} = -155.9\text{N}\cdot\text{m}$$

$$M_z(\boldsymbol{F}) = 0$$

由式(3-13)得

$$|\boldsymbol{M}_O(\boldsymbol{F})| = \sqrt{(-180)^2+(-155.9)^2}\text{N}\cdot\text{m} = 238.1\text{N}\cdot\text{m}$$

其方向余弦为

$$\cos\alpha = \frac{-180}{238.1} = -0.7560, \quad \cos\beta = \frac{-155.9}{238.1} = -0.6548, \quad \cos\gamma = 0$$

可见，$\boldsymbol{M}_O(\boldsymbol{F})$ 位于 xOy 平面内的第三象限，它与 x、y 轴正向间的夹角分别为

$$\alpha = \pi + \arccos0.7560 = 180° + 40.9°$$

$$\beta = \pi - \arccos0.6548 = 180° - 49.1°$$

本题也可先求出力在三坐标轴上的投影及力作用点 A 的坐标 x、y、z，再代入式(3-11)求出力 $\boldsymbol{F}$ 对各坐标轴之矩，请读者自行计算。

第三节 力偶矩矢

一、空间力偶的等效条件

由平面力偶理论可知，在同一平面内，力偶矩相等的两力偶等效。实践经验还表明，力偶的作用面也可以平移。例如，用螺钉旋具拧螺钉时，只要力偶矩的大小和力偶的转向保持不变，则力偶的作用面可以沿垂直于螺钉旋具的轴线平行移动，而并不影响拧螺钉的效果。由此可知，**空间力偶的作用面可以平行移动，而不改变力偶对刚体的作用效果**。反之，如果两个力偶的作用面不相互平行(即作用面的法线不相互平行)，即使它们的力偶矩大小相等，这两个力偶对刚体的作用效果也不同。

如图3-9所示的三个力偶，分别作用在三个同样的物块上，力偶矩都等于200N·m。因为图3-9a、b中两力偶的转向相同，作用面又相互平行，因此，这两个力偶对物块的作用效果相同，它们使静止物块绕x轴转动；如果力偶作用在图3-9c所示的平面上，虽然力偶矩的大小未变，但是它使物块绕y轴转动，可见与前两个力偶对物块的作用效果不同。

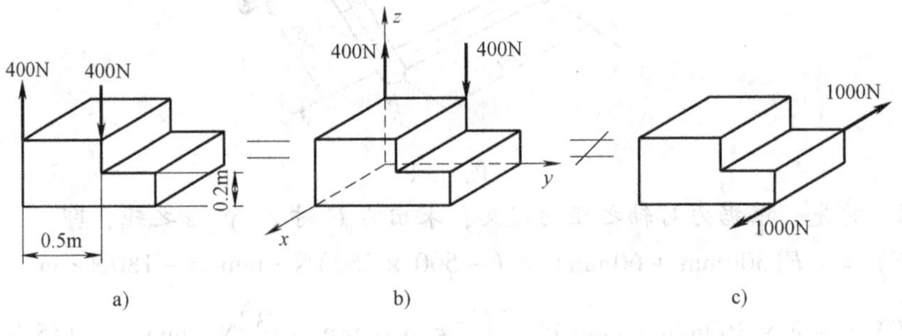

图 3-9

综上所述，空间力偶的等效条件是：**作用在同一刚体的两平行平面内的两个力偶，若它们的力偶矩的大小相等且力偶的转向相同，则两力偶等效**。可见力偶对刚体的作用与力偶作用面的位置无关，而仅与作用面的方位有关。

由此可知，空间力偶对刚体的作用效果取决于下列三个要素：①力偶矩的大小；②力偶的转向；③力偶作用面的方位。

二、力偶矩矢

空间力偶的三个要素可以用一个矢量来表示，称为**力偶矩矢**，记作$\boldsymbol{M}$。表示的方法如下：矢量$\boldsymbol{M}$的长度表示力偶矩的大小，方位与力偶作用面的法线方位相同，其指向与力偶转向的关系服从右手螺旋法则。即如果以力偶的转向为右手螺旋的转动方向，则螺旋前进的方向即为力偶矩矢的指向，或从力偶矩矢的末端看去，

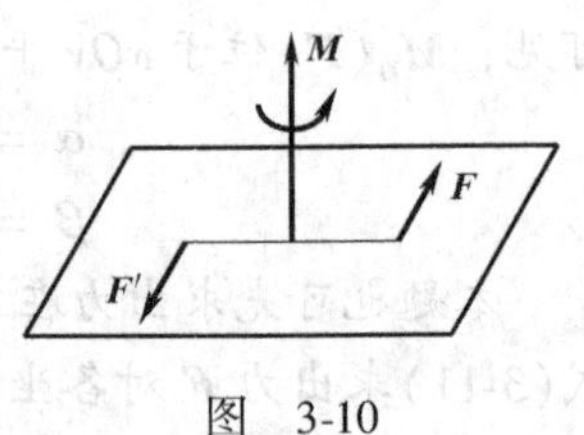

图 3-10

应看到力偶的转向是逆时针转向，如图 3-10 所示。由此可知，**力偶对刚体的作用完全由力偶矩矢所决定**。

由于力偶可以在同平面内任意移转，并可搬移到平行平面内，而不改变它对刚体的作用效果，即力偶矩矢可以平行搬移，因此力偶矩矢是**自由矢量**。

应用力偶矩矢的概念，力偶的等效条件可叙述为：**力偶矩矢相等的两个力偶等效**。

第四节 空间力系的简化

一、空间力的平移定理

设有一力 $\boldsymbol{F}$，其作用点为 A，在空间中任取一点 B，如图 3-11a 所示。在 B 点上加上两个互成平衡的力 $\boldsymbol{F}'$、$\boldsymbol{F}''$，且取 $\boldsymbol{F}'=-\boldsymbol{F}''=\boldsymbol{F}$，如图 3-11b 所示。不难看出 $\boldsymbol{F}$、$\boldsymbol{F}''$组成一力偶，其力偶矩矢等于力 $\boldsymbol{F}$ 对 B 点的力矩矢 $\boldsymbol{M}_B(\boldsymbol{F})$，如图 3-11c 所示。可见，原作用在 A 点的力 $\boldsymbol{F}$，与力 $\boldsymbol{F}'$和力偶($\boldsymbol{F}$、$\boldsymbol{F}''$)等效。由此可得**空间力的平移定理**如下：

作用在刚体上的一个力，可平行移至刚体中任意一指定点，但必须同时附加一力偶，其力偶矩矢等于原力对于指定点的力矩矢。

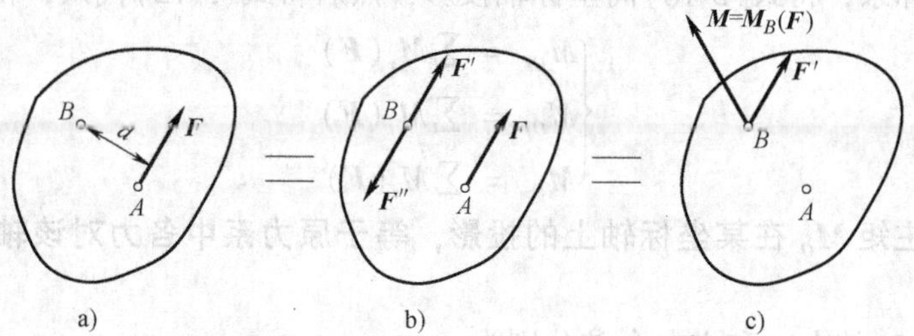

图 3-11

二、空间力系向一点的简化 主矢和主矩

现在研究空间力系的简化。设有一空间力系 $\boldsymbol{F}_1$、$\boldsymbol{F}_2$、…、$\boldsymbol{F}_n$，如图 3-12a 所示，任选一点 O 为简化中心，将各力平移到 O 点，由力的平移定理可知，各力移到 O 点时，都必须同时附加一个力偶，其力偶矩矢等于该力对简化中心 O 之矩，如图 3-12b 所示。于是可得到作用于 O 点的一个空间汇交力系 $\boldsymbol{F}'_1$、$\boldsymbol{F}'_2$、…、$\boldsymbol{F}'_n$ 和一个附加力偶系，这个力偶系中各力偶的力偶矩矢为 $\boldsymbol{M}_1$、$\boldsymbol{M}_2$、…、$\boldsymbol{M}_n$，它们分别等于 $\boldsymbol{M}_O(\boldsymbol{F}_1)$、$\boldsymbol{M}_O(\boldsymbol{F}_2)$、…、$\boldsymbol{M}_O(\boldsymbol{F}_n)$。

对于作用于 O 点的空间汇交力系，可以进一步将其合成为一个合力 $\boldsymbol{F}'_R$，即

$$\boldsymbol{F}'_R = \sum \boldsymbol{F}' = \sum \boldsymbol{F} \tag{3-14}$$

$\boldsymbol{F}'_R$ 称为原空间力系的**主矢**，如图 3-12c 所示。它是原力系中各力的矢量和，因此主矢 $\boldsymbol{F}'_R$ 与简化中心的选取无关。由式(3-6)可得

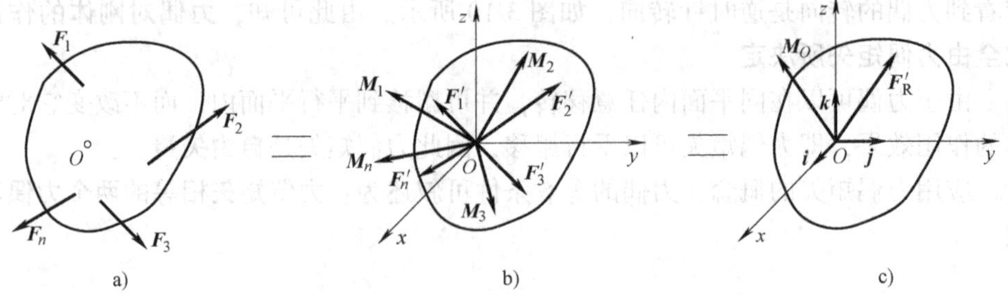

图 3-12

$$\begin{cases} F_R' = \sqrt{(F_{Rx}')^2 + (F_{Ry}')^2 + (F_{Rz}')^2} = \sqrt{(\sum F_x)^2 + (\sum F_y)^2 + (\sum F_z)^2} \\ \cos\alpha = \dfrac{\sum F_x}{F_R'}, \quad \cos\beta = \dfrac{\sum F_y}{F_R'}, \quad \cos\gamma = \dfrac{\sum F_z}{F_R'} \end{cases} \tag{3-15}$$

对于附加力偶系，可以进一步将其合成为一个合力偶，其合力偶矩矢 $\boldsymbol{M}_O$ 为

$$\boldsymbol{M}_O = \sum \boldsymbol{M}_O(\boldsymbol{F}) \tag{3-16}$$

$\boldsymbol{M}_O$ 称为原力系对简化中心 O 的**主矩**，如图 3-12c 所示，它等于原力系中各力对简化中心 O 之矩的矢量和。可见主矩 $\boldsymbol{M}_O$ 一般与简化中心的选取有关。以简化中心 O 为原点取坐标系，将式(3-16)向坐标轴投影，然后将式(3-12)代入，得

$$\begin{cases} M_{Ox} = \sum M_x(\boldsymbol{F}) \\ M_{Oy} = \sum M_y(\boldsymbol{F}) \\ M_{Oz} = \sum M_z(\boldsymbol{F}) \end{cases} \tag{3-17}$$

上式表明：**主矩 $\boldsymbol{M}_O$ 在某坐标轴上的投影，等于原力系中各力对该轴之矩的代数和。**

于是，$\boldsymbol{M}_O$ 的大小和方向余弦分别为

$$\begin{cases} M_O = \sqrt{[\sum M_x(\boldsymbol{F})]^2 + [\sum M_y(\boldsymbol{F})]^2 + [\sum M_z(\boldsymbol{F})]^2} \\ \cos\alpha' = \dfrac{\sum M_x(\boldsymbol{F})}{M_O}, \quad \cos\beta' = \dfrac{\sum M_y(\boldsymbol{F})}{M_O}, \quad \cos\gamma' = \dfrac{\sum M_z(\boldsymbol{F})}{M_O} \end{cases} \tag{3-18}$$

三、空间力系的简化结果　合力矩定理

空间力系向一点简化，可能出现下列四种情况，即①$\boldsymbol{F}_R' = \boldsymbol{0}$，$\boldsymbol{M}_O = \boldsymbol{0}$；②$\boldsymbol{F}_R' = \boldsymbol{0}$，$\boldsymbol{M}_O \neq \boldsymbol{0}$；③$\boldsymbol{F}_R' \neq \boldsymbol{0}$，$\boldsymbol{M}_O = \boldsymbol{0}$；④$\boldsymbol{F}_R' \neq \boldsymbol{0}$，$\boldsymbol{M}_O \neq \boldsymbol{0}$。现分别加以讨论。

1. 空间力系平衡的情形

若主矢 $\boldsymbol{F}_R' = \boldsymbol{0}$，主矩 $\boldsymbol{M}_O = \boldsymbol{0}$，这时，该空间力系平衡。这种情形将在下节进行讨论。

2. 空间力系简化为一合力偶的情形

若主矢 $\boldsymbol{F}_R' = \boldsymbol{0}$，主矩 $\boldsymbol{M}_O \neq \boldsymbol{0}$，这时得一力偶。显然，这力偶与原力系等效，即空间力系合成为一力偶，力偶矩矢等于原力系对简化中心的主矩。在这种情况下，

主矩与简化中心的位置无关。

3. 空间力系简化为一合力的情形　合力矩定理

若主矢 $\boldsymbol{F}'_{\mathrm{R}} \neq \boldsymbol{0}$，而主矩 $\boldsymbol{M}_O = \boldsymbol{0}$，这时得一力。显然，这力与原力系等效，即空间力系合成为一合力，合力的作用线通过简化中心 O，合力矢等于原力系的主矢。

若主矢 $\boldsymbol{F}'_{\mathrm{R}} \neq \boldsymbol{0}$，主矩 $\boldsymbol{M}_O \neq \boldsymbol{0}$，且 $\boldsymbol{F}'_{\mathrm{R}} \perp \boldsymbol{M}_O$，如图 3-13a 所示。这时，力 $\boldsymbol{F}'_{\mathrm{R}}$ 和力偶($\boldsymbol{F}''_{\mathrm{R}}$，$\boldsymbol{F}_{\mathrm{R}}$)在同一平面内，如图 3-13b 所示。故可将力 $\boldsymbol{F}'_{\mathrm{R}}$ 和力偶($\boldsymbol{F}''_{\mathrm{R}}$，$\boldsymbol{F}_{\mathrm{R}}$)进一步合成，得作用于 O'的一个力 $\boldsymbol{F}_{\mathrm{R}}$，如图 3-13c 所示。此力与原力系等效，即为原力系的合力，其大小和方向等于原力系的主矢，即 $\boldsymbol{F}_{\mathrm{R}} = \sum \boldsymbol{F}$，其作用线离简化中心 O 的距离为

$$d = \frac{M_O}{F_{\mathrm{R}}}$$

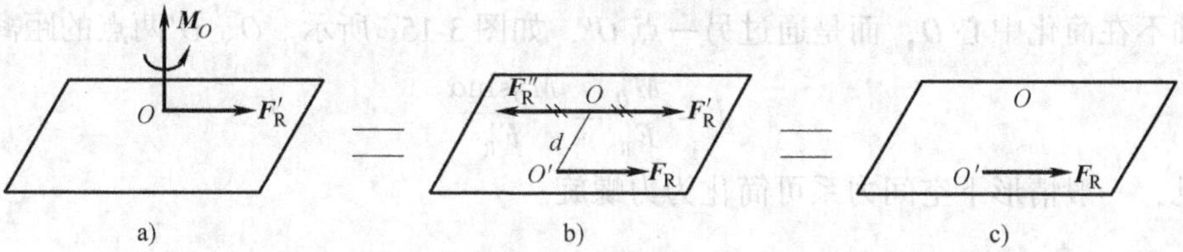

图　3-13

由图 3-13b 可知，力偶($\boldsymbol{F}''_{\mathrm{R}}$，$\boldsymbol{F}_{\mathrm{R}}$)的矩 $\boldsymbol{M}_O$ 等于合力 $\boldsymbol{F}_{\mathrm{R}}$ 对 O 点之矩。即

$$\boldsymbol{M}_O = \boldsymbol{M}_O(\boldsymbol{F}_{\mathrm{R}})$$

又根据式(3-16)，有

$$\boldsymbol{M}_O = \sum \boldsymbol{M}_O(\boldsymbol{F})$$

得

$$\boldsymbol{M}_O(\boldsymbol{F}_{\mathrm{R}}) = \sum \boldsymbol{M}_O(\boldsymbol{F}) \tag{3-19}$$

根据力对点之矩与力对轴之矩的关系，把上式投影到通过点 O 的任一轴上，可得

$$M_z(\boldsymbol{F}_{\mathrm{R}}) = \sum M_z(\boldsymbol{F}) \tag{3-20}$$

式(3-19)和式(3-20)表明：**空间力系的合力对于任一点(或轴)之矩等于各分力对同一点(或轴)之矩的矢量(或代数)和。**这就是**空间力系对点(或轴)之矩的合力矩定理。**

4. 空间力系简化为力螺旋的情形

若主矢 $\boldsymbol{F}'_{\mathrm{R}} \neq \boldsymbol{0}$，主矩 $\boldsymbol{M}_O \neq \boldsymbol{0}$，但 $\boldsymbol{F}''_{\mathrm{R}} /\!/ \boldsymbol{M}_O$，这种结果称为**力螺旋**，如图 3-14 所示。所谓力螺旋，就是由一力和一力偶组成的力系，其中的力垂直于力偶的作用面。例如，钻孔时的钻头和攻螺纹的丝锥对工件的作用就是力螺旋。

力螺旋是由静力学的两个基本要素(力和力偶)组成的最简单的力系，不能进一步合成。力偶的转向和力的指向符合右手螺旋法则的称为右螺旋，如图 3-14a 所示；否则，称为左螺旋，如图 3-14b 所示。力螺旋的力作用线称为该力系的中心轴。在上述情形中，中心轴通过简化中心。

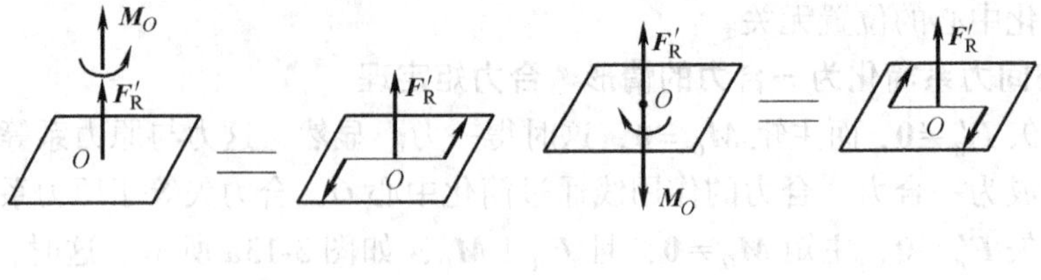

a) b)

图 3-14

若主矢 $\boldsymbol{F}'_{\mathrm{R}}\neq\mathbf{0}$，主矩 $\boldsymbol{M}_O\neq\mathbf{0}$，且两者既不平行，又不垂直，如图 3-15a 所示，则可将 $\boldsymbol{M}_O$ 分解为两个分力偶 $\boldsymbol{M}''_O$ 和 $\boldsymbol{M}'_O$，它们分别垂直于 $\boldsymbol{F}'_{\mathrm{R}}$ 和平行于 $\boldsymbol{F}'_{\mathrm{R}}$，如图 3-15b 所示，因 $\boldsymbol{M}''_O\perp\boldsymbol{F}'_{\mathrm{R}}$，故它们可用作用于点 O' 的力 $\boldsymbol{F}_{\mathrm{R}}$ 来代替。由于力偶矩矢是自由矢量，因此可将 $\boldsymbol{M}'_O$ 平行移动，使之与 $\boldsymbol{F}_{\mathrm{R}}$ 共线。这样便得一力螺旋，其中心轴不在简化中心 O，而是通过另一点 O'，如图 3-15c 所示。O、O'两点的距离为

$$d=\frac{M''_O}{F'_{\mathrm{R}}}=\frac{M_O\sin\alpha}{F'_{\mathrm{R}}}$$

可见，一般情形下空间力系可简化为力螺旋。

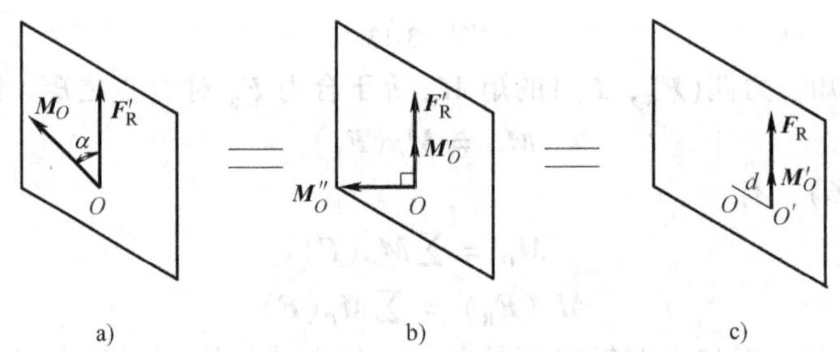

图 3-15

例 3-3 如图 3-16 所示，在边长为 $a=100\mathrm{mm}$ 的立方体上，作用着五个相等的力，$F_1=F_2=F_3=F_4=F_5=100\mathrm{N}$。试求此力系的简化结果。

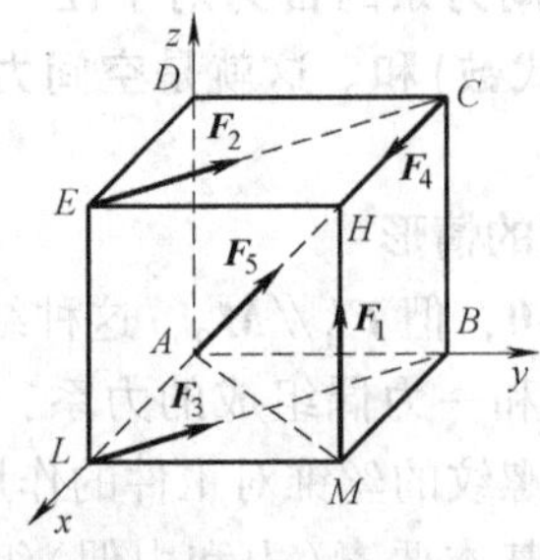

图 3-16

解 选取图中坐标系的原点 A 为简化中心。

力系向 A 点简化的主矢 $\boldsymbol{F}'_{\mathrm{R}}$：

$$F'_{Rx}=\sum F_x=-\frac{\sqrt{2}}{2}F_2-\frac{\sqrt{2}}{2}F_3+F_4+\frac{1}{\sqrt{3}}F_5=0.163F=16.3\text{N}$$

$$F'_{Ry}=\sum F_y=\frac{\sqrt{2}}{2}F_2+\frac{\sqrt{2}}{2}F_3+\frac{1}{\sqrt{3}}F_5=1.992F=199.2\text{N}$$

$$F'_{Rz}=\sum F_z=F_1+\frac{1}{\sqrt{3}}F_5=1.577F=157.7\text{N}$$

$$F'_R=\sqrt{(F'_{Rx})^2+(F'_{Ry})^2+(F'_{Rz})^2}=\sqrt{16.3^2+199.2^2+157.7^2}\text{N}=254.6\text{N}$$

$$\cos\alpha=\frac{F'_{Rx}}{F'_R}=\frac{16.3}{254.6}=0.0640,\quad \alpha=86.33°$$

$$\cos\beta=\frac{F'_{Ry}}{F'_R}=\frac{199.2}{254.6}=0.7824,\quad \beta=38.52°$$

$$\cos\gamma=\frac{F'_{Rz}}{F'_R}=\frac{157.7}{254.6}=0.6194,\quad \gamma=51.73°$$

力系向 A 点简化的主矩 $\boldsymbol{M}_A$：

$$M_{Ax}=\sum M_{Ax}(\boldsymbol{F})=F_1a-\frac{\sqrt{2}}{2}F_2a=0.293Fa=2.93\text{N}\cdot\text{m}$$

$$M_{Ay}=\sum M_{Ay}(\boldsymbol{F})=-F_1a-\frac{\sqrt{2}}{2}F_2a+F_4a=-0.707Fa=-7.07\text{N}\cdot\text{m}$$

$$M_{Az}=\sum M_{Az}(\boldsymbol{F})=\frac{\sqrt{2}}{2}F_2a+\frac{\sqrt{2}}{2}F_3a-F_4a=0.414Fa=4.14\text{N}\cdot\text{m}$$

$$M_A=\sqrt{M_{Ax}^2+M_{Ay}^2+M_{Az}^2}=\sqrt{2.93^2+(-7.07)^2+4.14^2}\text{N}\cdot\text{m}=8.70\text{N}\cdot\text{m}$$

$$\cos\alpha'=\frac{M_{Ax}}{M_A}=\frac{2.93}{8.70}=0.3368,\quad \alpha'=70.32°$$

$$\cos\beta'=\frac{M_{Ay}}{M_A}=\frac{-7.07}{8.70}=-0.8126,\quad \beta'=144.35°$$

$$\cos\gamma'=\frac{M_{Az}}{M_A}=\frac{4.14}{8.70}=0.4759,\quad \gamma'=61.58°$$

即力系向 A 点简化的主矢大小为 254.6N，方向与 x、y、z 轴正向间的夹角分别为 86.33°、38.52°、51.73°。主矩大小为 8.70N · m，方向与 x、y、z 轴正向间的夹角分别为 70.32°、144.35°、61.58°。可以看出，它们既不平行又不垂直，所以，此力系简化的最终结果为力螺旋。

第五节　空间力系的平衡

一、空间力系的平衡条件和平衡方程

空间力系平衡的充要条件是：力系的主矢和对任一点的主矩都等于零，即 $\boldsymbol{F}'_R$

$=\boldsymbol{0}$，$\boldsymbol{M}_O=\boldsymbol{0}$。

根据式(3-15)和式(3-18)，可将上述条件写成空间力系的平衡方程为

$$\begin{cases}\sum F_x=0\\ \sum F_y=0\\ \sum F_z=0\\ \sum M_x(\boldsymbol{F})=0\\ \sum M_y(\boldsymbol{F})=0\\ \sum M_z(\boldsymbol{F})=0\end{cases} \tag{3-21}$$

于是，**空间力系平衡的充要条件是：所有各力在空间直角坐标系中每个轴上的投影的代数和等于零，以及这些力对于每个坐标轴之矩的代数和也等于零。**

式(3-21)包含六个方程。由于它们是空间力系平衡的充要条件，当六个方程都能满足，则刚体必处于平衡，因此如果再加写更多的方程，都是不独立的。空间力系只有六个独立的平衡方程，可求解六个未知量。

如同平面力系的平衡方程还可以写成二矩式或三矩式一样，空间力系的平衡方程也可以写成其他形式。例如，写四个至六个力矩式而少写或不写投影式。

二、空间汇交力系、平行力系、力偶系的平衡方程

由空间力系平衡方程(3-21)经简化，可得到几种特殊力系的平衡方程。

1. 空间汇交力系的平衡方程

由于空间汇交力系对汇交点的主矩恒为零($\boldsymbol{M}_O\equiv\boldsymbol{0}$)，故其平衡方程为

$$\begin{cases}\sum F_x=0\\ \sum F_y=0\\ \sum F_z=0\end{cases}$$

2. 空间平行力系的平衡方程

设 z 轴与力系中各力平行，则 $\sum F_x\equiv0$，$\sum F_y\equiv0$，$\sum M_z(\boldsymbol{F})\equiv0$。因此平衡方程为

$$\begin{cases}\sum F_z=0\\ \sum M_x(\boldsymbol{F})=0\\ \sum M_y(\boldsymbol{F})=0\end{cases}$$

3. 空间力偶系的平衡方程

对空间力偶系，因为力偶在任意轴上的投影恒为零，即 $\sum F_x\equiv0$，$\sum F_y\equiv0$，$\sum F_z\equiv0$,因此其平衡方程为

$$\begin{cases}\sum M_x(\boldsymbol{F})=0\\ \sum M_y(\boldsymbol{F})=0\\ \sum M_z(\boldsymbol{F})=0\end{cases}$$

由以上讨论可知，空间汇交力系、空间平行力系和空间力偶系都只有三个独立的平衡方程，只能解三个未知量。

三、空间约束的类型

在空间力系问题中，物体所受的约束类型，有一些与平面力系中常见的约束类型不同。表 3-1 列出了一些常见的空间约束类型及其简化画法和可能作用于物体上的约束力与约束力偶。

表 3-1 常见空间约束及其约束力

约束类型	简图	约束力
径向轴承		
蝶形铰链		F_{Az} A F_{Ay}
圆柱铰链		
球形铰		F_{Az}
推力轴承		A F_{Ay} F_{Ax}
空间固定端		F_{Az} M_{Az} M_{Ay} A F_{Ay} M_{Ax} F_{Ax}

四、空间力系的平衡问题

在应用空间力系的平衡方程解题时，其方法和步骤与平面力系相似，即先确定研究对象，进行受力分析，作出受力图，然后选取适当的坐标系，列出平衡方程并解出待求的未知量。

例3-4 空间支架由三根直杆组成，如图3-17所示。已知 $G=1\text{kN}$，$\alpha=30°$，$\beta=60°$，$\varphi=45°$，试求杆 AB、BC、BD 所受的力。

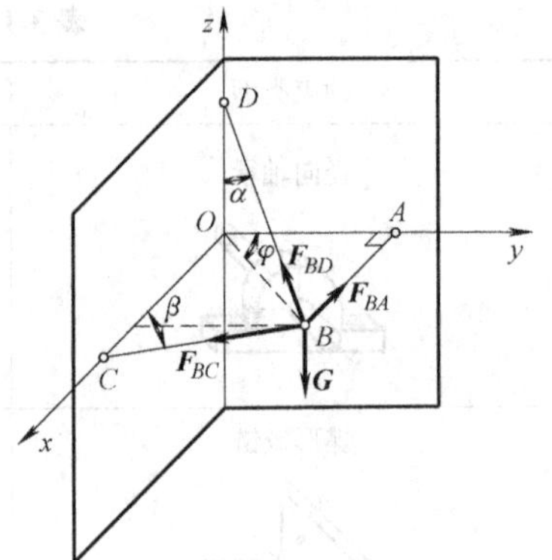

图 3-17

解 (1) 因各力汇交于 B 点，故取 B 铰为研究对象。设各杆均受拉力，B 铰受有重力 $\boldsymbol{G}$ 和三杆对铰的约束力 $\boldsymbol{F}_{BA}$、$\boldsymbol{F}_{BC}$、$\boldsymbol{F}_{BD}$，如图3-17所示。可见此力系为空间汇交力系。

(2) 建立坐标系，如图3-17所示。

(3) 列平衡方程并求解。

$$\sum F_z=0,\qquad F_{BD}\cos\alpha-G=0$$

$$F_{BD}=\frac{G}{\cos\alpha}=\frac{2}{\sqrt{3}}G=1.155\text{kN}$$

$$\sum F_y=0,\qquad -F_{BC}\sin\beta-F_{BD}\sin\alpha\cos\varphi=0$$

$$-\frac{\sqrt{3}}{2}F_{BC}-\frac{1}{2}\times\frac{\sqrt{2}}{2}F_{BD}=0$$

$$F_{BC}=-\frac{\sqrt{2}}{2\sqrt{3}}F_{BD}=-\frac{\sqrt{2}}{2\sqrt{3}}\times\frac{2}{\sqrt{3}}G=-\frac{\sqrt{2}}{3}G=-0.471\text{kN}$$

$$\sum F_x=0,\qquad -F_{BA}+F_{BC}\cos\beta-F_{BD}\sin\alpha\sin\varphi=0$$

$$-F_{BA}+0.5F_{BC}-\frac{1}{2}\times\frac{\sqrt{2}}{2}F_{BD}=0$$

$$F_{BA}=-\frac{\sqrt{2}+\sqrt{6}}{6}G=-0.644\text{kN}$$

计算结果表明 AB、BC 杆受压力分别为 0.644kN、0.471kN，BD 杆受拉力为 1.155kN。

例3-5 三轮推车如图3-18所示。已知 $AH=BH=0.5\text{m}$，$CH=1.5\text{m}$，$EH=0.3\text{m}$，$ED=0.5\text{m}$，所载重物的重量 $G=1.5\text{kN}$，作用在 D 点，推车的自重忽略不计。试求 A、B、C 三轮所受的压力。

解 (1) 取小车为研究对象，其受力如图3-18所示。小车受已知载荷 $\boldsymbol{G}$ 和未知的 A、B、C 三轮的约束力 $\boldsymbol{F}_{NA}$、$\boldsymbol{F}_{NB}$、$\boldsymbol{F}_{NC}$ 作用，这些力构成一空间平行力系。

(2) 建立坐标系，如图3-18所示。

(3) 列平衡方程并求解。

$$\sum M_x=0,\qquad F_{NC}\cdot HC-G\cdot ED=0$$

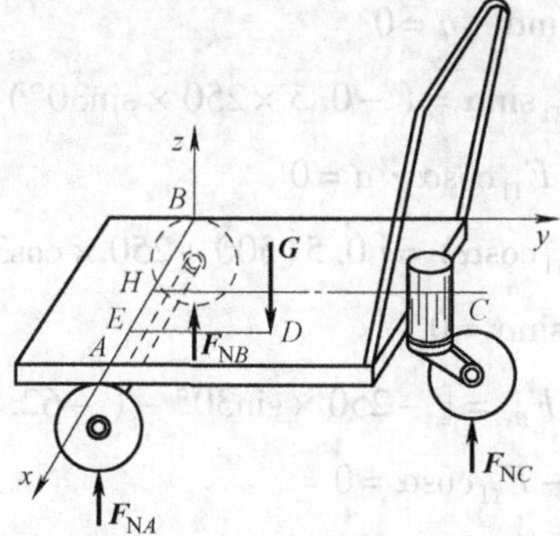

图　3-18

$$F_{NC}=G\cdot\frac{ED}{HC}=\left(1.5\times\frac{0.5}{1.5}\right)\text{kN}=0.5\text{kN}$$

$$\sum M_y=0,\quad G\cdot EB-F_{NC}\cdot HB-F_{NA}\cdot AB=0$$

$$F_{NA}=\frac{G\cdot EB-F_{NC}\cdot HB}{AB}=\frac{1.5\times0.8-0.5\times0.5}{1}\text{kN}=0.95\text{kN}$$

$$\sum F_z=0,\quad F_{NA}+F_{NB}+F_{NC}-G=0$$

$$F_{NB}=G-F_{NA}-F_{NC}=(1.5-0.95-0.5)\text{kN}=0.05\text{kN}$$

例 3-6　电动机通过联轴器传递驱动转矩 $M=20\text{N}\cdot\text{m}$ 来带动带轮轴，如图 3-19 所示。已知带轮直径 $d=160\text{mm}$，距离 $a=200\text{mm}$，带斜角 $\alpha=30°$，带轮两边拉力 $F_{T2}=2F_{T1}$。试求 A、B 两轴承的约束力。

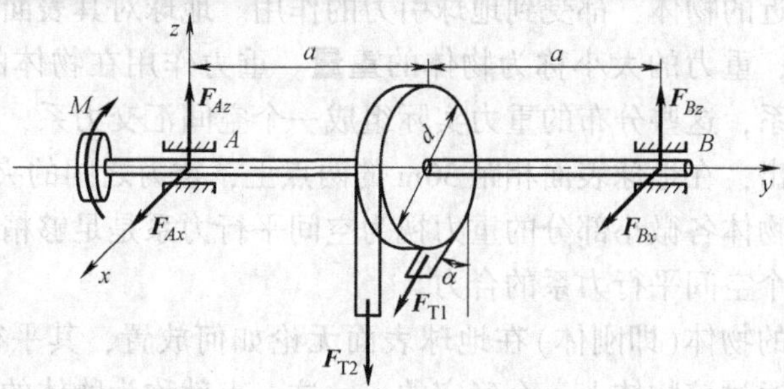

图　3-19

解　(1) 取轮轴为研究对象，并画出它的受力图，如图 3-19 所示。

(2) 取轴线为 y 轴，建立坐标系。

(3) 列平衡方程并求解。

$$\sum M_y=0,\quad (F_{T2}-F_{T1})\frac{d}{2}-M=0$$

因
$$F_{T2}=2F_{T1}$$

得
$$F_{T1}=\frac{2M}{d}=\frac{2\times20}{0.16}\text{N}=250\text{N},\quad F_{T2}=2F_{T1}=500\text{N}$$

$\sum M_z = 0, \quad -F_{Bx}2a - F_{T1}\sin\alpha \cdot a = 0$

$$F_{Bx} = -0.5F_{T1}\sin\alpha = (-0.5\times250\times\sin30^\circ)\text{N} = -62.5\text{N}$$

$\sum M_x = 0, \quad F_{Bz}2a - F_{T2}a - F_{T1}\cos\alpha \cdot a = 0$

$$F_{Bz} = 0.5(F_{T2} + F_{T1}\cos\alpha) = [0.5(500 + 250\times\cos30^\circ)]\text{N} = 358.3\text{N}$$

$\sum F_x = 0, \quad F_{Ax} + F_{Bx} + F_{T1}\sin\alpha = 0$

$$F_{Ax} = -F_{T1}\sin\alpha - F_{Bx} = [-250\times\sin30^\circ - (-62.5)]\text{N} = -62.5\text{N}$$

$\sum F_z = 0, \quad F_{Az} + F_{Bz} - F_{T2} - F_{T1}\cos\alpha = 0$

$$F_{Az} = F_{T2} + F_{T1}\cos\alpha - F_{Bz} = (500 + 250\times\cos30^\circ - 358.3)\text{N} = 358.2\text{N}$$

第六节 重 心

重心在工程中具有重要的意义。例如，水坝的重心位置关系到坝体在水压力作用下能否维持平衡；飞机的重心位置设计不当就不能安全稳定地飞行；构件截面的重心(形心)位置将影响构件在载荷作用下的内力分布规律，与构件受力后能否安全工作有着紧密的联系。总之，重心与物体的平衡、物体的运动以及构件的内力分布是密切相关的。本节介绍物体重心的概念和确定重心位置的方法。

一、重心的概念及其坐标公式

地球表面附近的物体，都受到地球引力的作用。地球对其表面附近物体的引力称为物体的**重力**，重力的大小称为物体的**重量**。重力作用在物体的每一微小部分上，为一分布力系，这些分布的重力实际组成一个空间汇交力系，力系的汇交点在地心处。可以算出，在地球表面相距30m的两点上，重力之间的夹角也不超过1″。因此，工程上把物体各微小部分的重力视为空间平行力系是足够精确的，一般所说的重力，就是这个空间平行力系的合力。

一个不变形的物体(即刚体)在地球表面无论如何放置，其平行分布的重力的合力作用线，都通过该物体上一个确定的点，这一点就称为物体的**重心**。所以，物体的重心就是物体重力合力的作用点。一个物体的重心，相对于物体本身来说就是一个确定的几何点，重心相对于物体的位置是固定不变的。

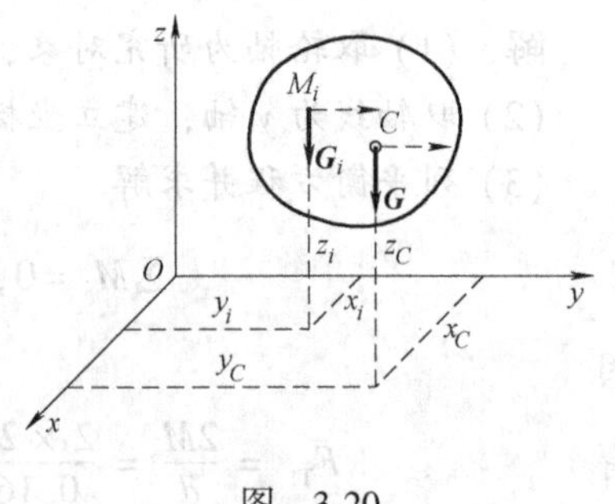

图 3-20

下面根据合力矩定理建立重心的坐标公式。如图3-20所示，取直角坐标系 $Oxyz$，其中 z 轴平行于物体的重力，将物体分割成许多微小部分，其中某一微小部分 M_i 的重力为 $\boldsymbol{G}_i$，其作用点的坐标为 x_i、y_i、z_i，设物体的重心以 C 表示，重心的坐标为 x_C、y_C、z_C。

物体的重力为

$$G = \sum G_i$$

应用合力矩定理，分别求物体的重力对 x、y 轴的矩，有

$$\begin{cases} -Gy_C = -\sum G_i y_i \\ Gx_C = \sum G_i x_i \end{cases} \tag{1}$$

由式(1)即可求得重心的坐标 x_C、y_C。为了求坐标 z_C，可将物体固结在坐标系中，随坐标系一起绕 x 轴旋转 90°，使 y 轴铅垂向下。这时，重力 $\boldsymbol{G}$ 与 $\boldsymbol{G}_i$ 都平行于 y 轴，并与 y 轴同向，如图 3-20 中带箭头的虚线所示。然后对 x 轴应用合力矩定理，有

$$-Gz_C = -\sum G_i z_i \tag{2}$$

由式(1)和式(2)得到物体重心 C 的坐标公式为

$$\begin{cases} x_C = \dfrac{\sum G_i x_i}{G} \\ y_C = \dfrac{\sum G_i y_i}{G} \\ z_C = \dfrac{\sum G_i z_i}{G} \end{cases} \tag{3-22}$$

如果物体是均质的，这时，单位体积的重量 γ = 常量。以 ΔV_i 表示微小部分 M_i 的体积，以 $V = \sum \Delta V_i$ 表示整个物体的体积，则有 $G_i = \gamma \Delta V_i$ 和 $G = \gamma V$，代入式(3-22)，得

$$\begin{cases} x_C = \dfrac{\sum \Delta V_i x_i}{V} \\ y_C = \dfrac{\sum \Delta V_i y_i}{V} \\ z_C = \dfrac{\sum \Delta V_i z_i}{V} \end{cases} \tag{3-23}$$

这说明，均质物体重心的位置与物体的重量无关，完全取决于物体的大小和形状。所以，**均质物体的重心又称为形心**。确切地说：由式(3-22)所确定的点称为物体的重心；由式(3-23)所确定的点称为几何形体的形心。对于均质物体，其重心和形心重合在一点上。非均质物体的重心与形心一般是不重合的。

如果将物体分割的份数为无限多，且每份的体积无限小，在极限情况下，式(3-23)可改写成积分形式，即

$$
\begin{cases}
x_C = \dfrac{\int_V x\mathrm{d}V}{V} \\
y_C = \dfrac{\int_V y\mathrm{d}V}{V} \\
z_C = \dfrac{\int_V z\mathrm{d}V}{V}
\end{cases}
\tag{3-24}
$$

一些简单几何形状的均质物体的重心(形心)，都可由积分公式(3-24)求得。表3-2列出了几种常用物体的重心(形心)，可供查用。工程中常用的型钢(如工字钢、角钢、槽钢等)的截面的形心，可从机械设计手册中查得。

表3-2 简单规则形体的形心位置表

名称	图 形	形心坐标	线长、面积、体积
三角形	a, h, C, y_C	在三中线交点 $y_C = \frac{1}{3}h$	面积 $A = \frac{1}{2}ah$
梯形	b, $\frac{b}{2}$, C, h, y_C, $\frac{a}{2}$, a	在上、下底边中线连线上 $y_C = \frac{h(a+2b)}{3(a+b)}$	面积 $A = \frac{h}{2}(a+b)$
圆弧	R, O, α, α, C, x, x_C	$x_C = \frac{R\sin\alpha}{\alpha}$ (α 以 rad 计) 半圆弧($\alpha = \frac{\pi}{2}$)：$x_C = \frac{2R}{\pi}$	弧长 $l = 2\alpha R$
扇形	R, O, α, α, C, x, x_C	$x_C = \frac{2R\sin\alpha}{3\alpha}$ (α 以 rad 计) 半圆面($\alpha = \frac{\pi}{2}$)：$x_C = \frac{4R}{3\pi}$	面积 $A = \alpha R^2$

（续）

名称	图形	形心坐标	线长、面积、体积
弓形	R, O, α, α, C, x, x_C	$x_C=\dfrac{4R\sin^3\alpha}{3(2\alpha-\sin2\alpha)}$	面积 $A=\dfrac{R^2(2\alpha-\sin2\alpha)}{2}$
抛物线面	y, C, O, y_C, b, x_C, x, a	$x_C=\dfrac{3}{5}a$ $y_C=\dfrac{3}{8}b$	面积 $A=\dfrac{2}{3}ab$
抛物线面	y, C, b, y_C, O, x_C, x, a	$x_C=\dfrac{3}{4}a$ $y_C=\dfrac{3}{10}b$	面积 $A=\dfrac{1}{3}ab$
半圆球体	z, C, R, z_C, O, y, x	$z_C=\dfrac{3}{8}R$	体积 $V=\dfrac{2}{3}\pi R^3$

二、质心的概念及其坐标公式

如图 3-21 所示，设质点系由 n 个质点组成，第 i 个质点 M_i 的质量为 m_i，相对于固定点 O 的矢径为 $\boldsymbol{r}_i$，整个质点系的质量为 $m=\sum m_i$，则质点系的**质量中心**（简称**质心**）C 的矢径为

$$\boldsymbol{r}_C=\frac{\sum m_i\boldsymbol{r}_i}{m} \tag{3-25}$$

质心反映了质点系质量分布的一种特征，它是质点系中一个特定的点。当质点系中各质点的相对位置发生变化时，质点系质心的位置也随之改变。而刚体是由无限多个质点组成的不变质点系，其内各质点的相对位置是固定的，因此刚体的质心是刚体内某一确定点。

质心的概念及其运动在动力学中具有重要地位。式(3-25)的矢量式一般用于理论推导，而在实际计算质心位置时，常用直角坐标形式。如图 3-21 所示，取直角

坐标系 $Oxyz$，第 i 个质点 M_i 的坐标为 x_i、y_i、z_i，质心的坐标为 x_C、y_C、z_C。由式(3-25)分别向 x、y、z 轴投影，得

$$\begin{cases} x_C = \dfrac{\sum m_i x_i}{m} \\ y_C = \dfrac{\sum m_i y_i}{m} \\ z_C = \dfrac{\sum m_i z_i}{m} \end{cases} \tag{3-26}$$

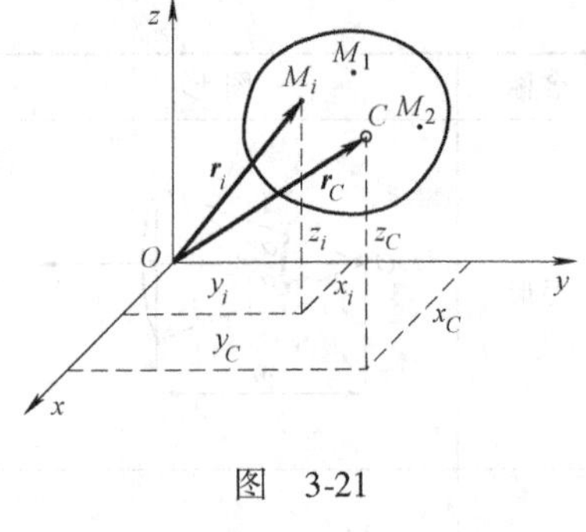

图 3-21

式(3-26)为质点系质心的坐标计算公式。对于质量均匀分布的刚体，单位体积的质量(密度)ρ = 常量。以 ΔV_i 表示微小部分 M_i 的体积，以 $V=\sum \Delta V_i$ 表示整个物体的体积，将 $m_i=\rho\Delta V_i$，$m=\rho V$ 代入式(3-26)，可得式(3-23)。可见，均质刚体的质心和形心的位置是重合的。

在地球表面附近，重力与质量成正比，将 $G_i=m_i g$，$G=mg$ 代入式(3-22)，可得式(3-26)，因此，在重力场中，物体的重心和质心的位置是重合的。

应当注意，质心和重心是两个不同的概念。重心是地球对物体作用的平行引力的合力(物体重力)的作用点，它只在重力场中才有意义，一旦物体离开重力场，重心就没有任何意义；而质心是反映质点系质量分布情况的一个几何点，它与作用力无关，无论质点系是否在重力场中，质心总是存在的。

三、确定物体重心位置的方法

前面所述的重心和形心坐标公式，是确定重心或形心位置的基本公式。在实际问题中，可视具体情况灵活应用。对于均质物体，如果在几何形体上具有对称面、对称轴或对称中心，则该物体的重心或形心必在此对称面、对称轴或对称中心上。下面介绍几种工程中常用的确定重心位置的方法。

1. 组合法

工程中有些形体虽然比较复杂，但往往是由一些简单形体组成的，这些简单形体的重心通常是已知的或易求的，这样整个组合形体的重心就可用式(3-23)直接求得。

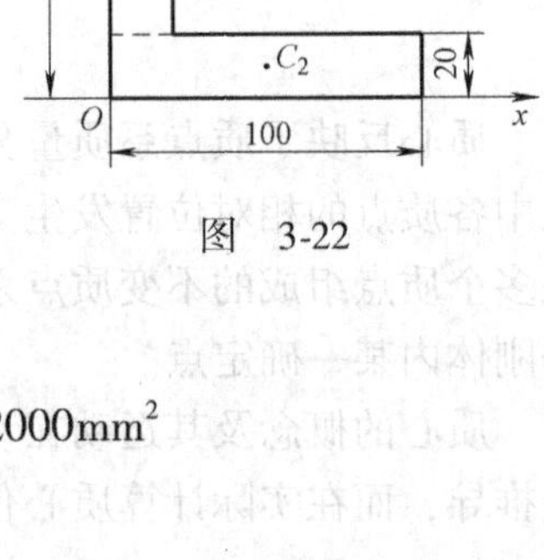

例 3-7 角钢截面的尺寸如图 3-22 所示。试求其形心的位置。

图 3-22

解 取坐标系 Oxy 如图所示。将截面分割成为两个矩形如图中虚线所示。

第一个矩形的面积和形心 C_1 的坐标分别为

$$A_1 = [(120-20)\times 20]\text{mm}^2 = 2000\text{mm}^2$$

$$x_1 = 10\text{mm}, \quad y_1 = \left(20 + \frac{120 - 20}{2}\right)\text{mm} = 70\text{mm}$$

第二个矩形的面积和形心 C_2 的坐标分别为

$$A_2 = (100 \times 20)\text{mm}^2 = 2000\text{mm}^2$$

$$x_2 = 50\text{mm}, \quad y_2 = 10\text{mm}$$

由式(3-23)可得截面的形心坐标为

$$x_C = \frac{\sum A_i x_i}{A} = \frac{A_1 x_1 + A_2 x_2}{A_1 + A_2} = \frac{2000 \times 10 + 2000 \times 50}{2000 + 2000}\text{mm} = 30\text{mm}$$

$$y_C = \frac{\sum A_i y_i}{A} = \frac{A_1 y_1 + A_2 y_2}{A_1 + A_2} = \frac{2000 \times 70 + 2000 \times 10}{2000 + 2000}\text{mm} = 40\text{mm}$$

2. 负面积法

如果在规则形体上切去一部分，例如钻一个孔等，则在求这类形体的重心时，可以认为原形体是完整的，只是把切去的部分视为负值(负体积或负面积)，仍可利用式(3-23)来求形体的重心。

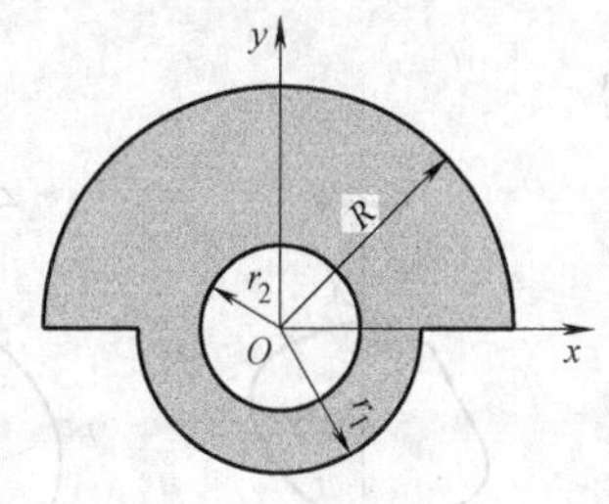

图 3-23

例 3-8 试求图 3-23 所示振动器用的偏心块的形心位置。已知 $R = 100\text{mm}$，$r_1 = 30\text{mm}$，$r_2 = 17\text{mm}$。

解 取坐标系 Oxy 如图 3-23 所示。偏心块可看做由三部分组成：半径为 R 的半圆 A_1，半径为 r_1 的半圆 A_2，挖去半径为 r_2 的圆 A_3。显然，y 轴为对称轴，故 $x_C = 0$。

大半圆的面积和形心 C_1 的 y 坐标分别为

$$A_1 = \frac{\pi R^2}{2} = 5000\pi\text{mm}^2, \quad y_1 = \frac{4R}{3\pi} = \frac{400}{3\pi}\text{mm}$$

小半圆的面积和形心 C_2 的 y 坐标分别为

$$A_2 = \frac{\pi r_1^2}{2} = 450\pi\text{mm}^2, \quad y_2 = -\frac{4r_1}{3\pi} = -\frac{40}{\pi}\text{mm}$$

小圆的面积和形心 C_3 的 y 坐标分别为

$$A_3 = -\pi r_2^2 = -289\pi\text{mm}^2, \quad y_3 = 0$$

由式(3-23)可得偏心块的形心 y 坐标为

$$y_C = \frac{\sum A_i y_i}{A} = \frac{5000\pi \times \frac{400}{3\pi} + 450\pi \times \left(-\frac{40}{\pi}\right) + (-289\pi) \times 0}{5000\pi + 450\pi - 289\pi}\text{mm}$$

$$= \frac{648667}{5161\pi}\text{mm} = 40\text{mm}$$

3. 实验法(平衡法)

如果物体的形状不是由基本形体组成，过于复杂或质量分布不均匀，其重心常用实验方法来确定。

（1）**悬挂法** 对于形状复杂的薄平板，确定重心位置时，可将板悬挂于任一点 A，如图 3-24a 所示。根据二力平衡公理，板的重力与绳的张力必在同一直线上，故物体的重心一定在铅垂的挂绳延长线 AB 上。重复使用该法，将板挂于 D 点，可得 DE 线。显然，平板的重心即为 AB 与 DE 两线的交点 C，如图 3-24b 所示。

（2）**称重法** 对于形状复杂的零件、体积庞大的物体以及由许多构件组成的机械，常用此法确定其重心的位置。例如，连杆本身具有两个相互垂直的纵向对称面，其重心必在这两个平面的交线，即连杆的中心线 AB 上，如图 3-25 所示。其重心在 x 轴上的位置可用下法确定：先称出连杆的重量 G，然后将其一端支于固定支点 A，另一端支于磅秤上。使 AB 处于水平位置，读出磅秤上读数 F_{NB}，并量出两支点间的水平距离 l，则列平衡方程为

$$\sum M_A = 0, \quad F_{NB}l - Gx_C = 0$$

得

$$x_C = \frac{F_{NB}l}{G}$$

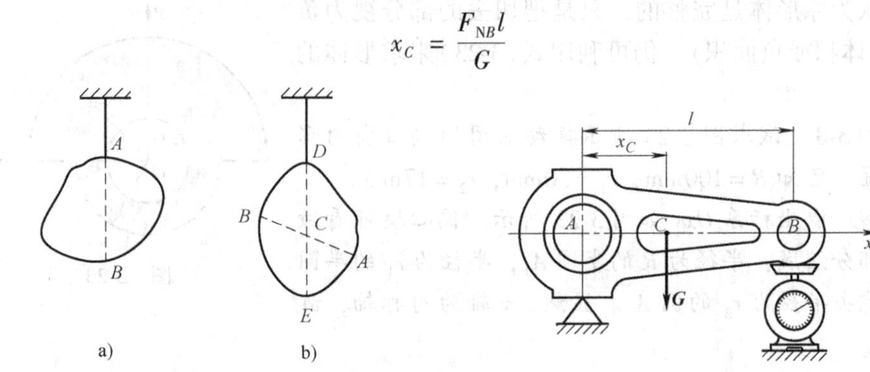

图 3-24 图 3-25

思考题

3-1 力在空间直角坐标轴上的投影和此力沿该坐标轴的分力有何区别和联系？

3-2 设一个力 $\boldsymbol{F}$，并选取 x 轴，问力 $\boldsymbol{F}$ 与 x 轴在何种情况下 $F_x=0$，$M_x(\boldsymbol{F})=0$？在何种情况下 $F_x=0$，$M_x(\boldsymbol{F})\neq 0$？又在何种情况下 $F_x\neq 0$，$M_x(\boldsymbol{F})=0$？

3-3 如果力 $\boldsymbol{F}$ 与 y 轴的夹角为 β，问在什么情况下此力在 z 轴上的投影为 $F_z=F\sin\beta$？并求该力在 x 轴上的投影。

3-4 位于两相交平面内的两力偶能否等效，能否组成平衡力系？

3-5 为什么说力偶矩矢是自由矢量？力矩矢是自由矢量吗？试说明其理由。

3-6 若(1)空间力系中各力的作用线平行于某一固定平面；(2)空间力系中各力的作用线分别汇交于两个固定点。试分析这两种力系各有几个平衡方程。

3-7 物体的重心是否一定在物体上？为什么？

3-8 一均质等截面直杆的重心在哪里？若将它变成半圆形，重心的位置是否改变？

习 题

3-1 在边长为 a 的正六面体上作用有三个力，如图 3-26 所示，已知：$F_1=6\text{kN}$，$F_2=2\text{kN}$，

$F_3=4\text{kN}$。试求各力在三个坐标轴上的投影。

3-2 如图 3-27 所示，已知六面体尺寸为 400mm×300mm×300mm，正面有力 $F_1=100\text{N}$，中间有力 $F_2=200\text{N}$，顶面有力偶 $M=20\text{N}\cdot\text{m}$ 作用。试求各力及力偶对 z 轴之矩的和。

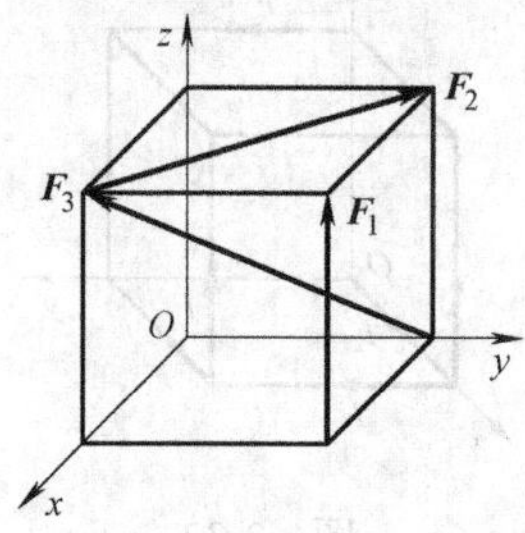

图 3-26

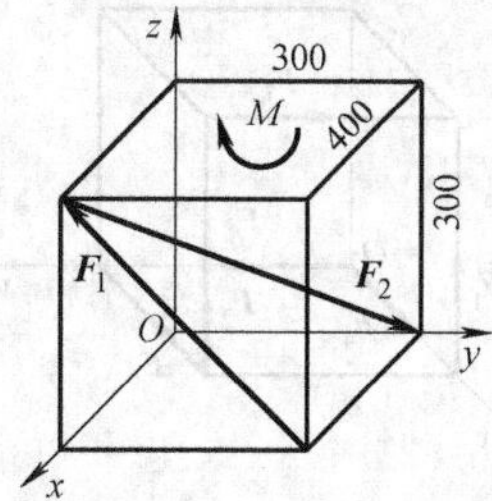

图 3-27

3-3 如图 3-28 所示，水平轮上 A 点作用一力 $F=1\text{kN}$，方向与轮面成 $\alpha=60°$的角，且在过 A 点与轮缘相切的铅垂面内，而点 A 与轮心 O'的连线与通过 O'点平行于 y 轴的直线成 $\beta=45°$角，$h=r=1\text{m}$。试求力 $\boldsymbol{F}$ 在三个坐标轴上的投影和对三个坐标轴之矩。

3-4 曲拐手柄如图 3-29 所示，已知作用于手柄上的力 $F=100\text{N}$，$AB=100\text{mm}$，$BC=400\text{mm}$，$CD=200\text{mm}$，$\alpha=30°$。试求力 $\boldsymbol{F}$ 对 x、y、z 轴之矩。

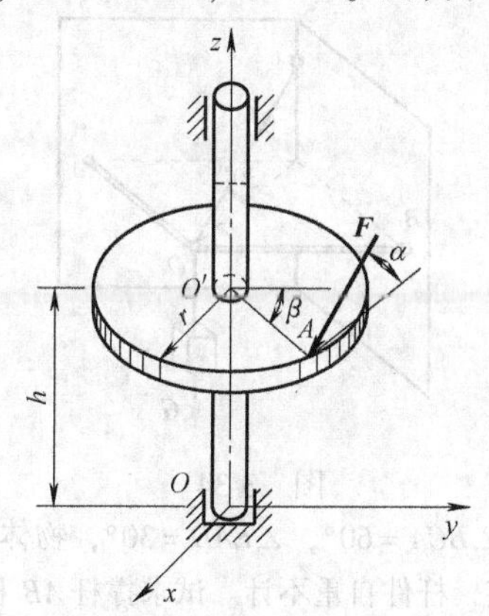

图 3-28

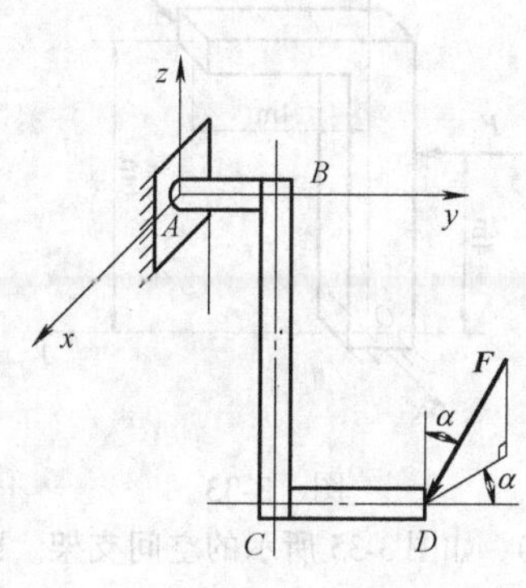

图 3-29

3-5 长方体的顶角 A 和 B 分别作用力 $\boldsymbol{F}_1$ 和 $\boldsymbol{F}_2$，如图 3-30 所示，已知：$F_1=500\text{N}$，$F_2=700\text{N}$。试求该力系向 O 点简化的主矢和主矩。

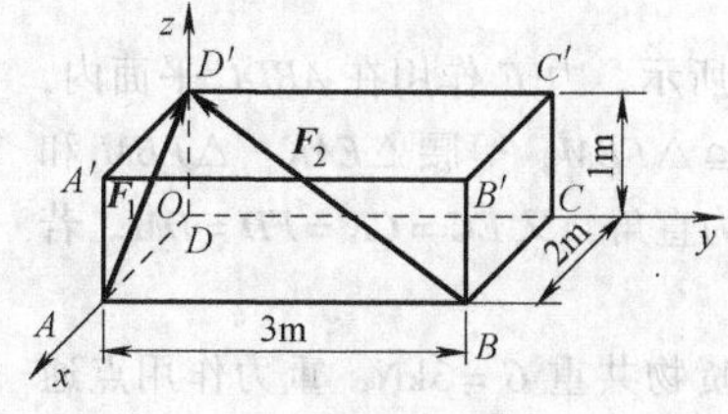

图 3-30

3-6 有一空间力系作用于边长为 a 的正六面体上，如图 3-31 所示，已知：$F_1=F_2=F_3=F_4=F$，$F_5=F_6=\sqrt{2}F$。试求此力系的简化结果。

3-7 有一空间力系作用于边长为 a 的正六面体上，如图 3-32 所示，已知各力大小均为 F。试求此力系的简化结果。

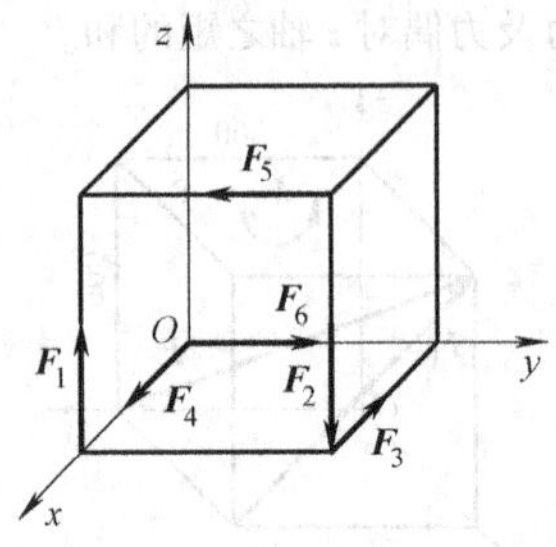

图 3-31

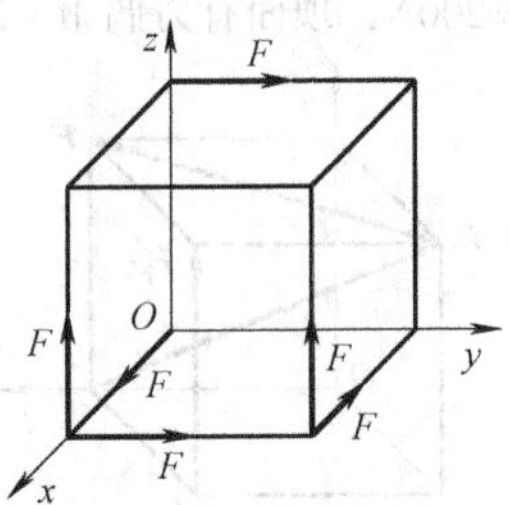

图 3-32

3-8 如图 3-33 所示的悬臂刚架，作用有分别平行于 x、y 轴的力 $\boldsymbol{F}_1$ 与 $\boldsymbol{F}_2$。已知：$F_1=5\text{kN}$，$F_2=4\text{kN}$，刚架自重不计。试求固定端 O 处的约束力和约束力偶。

3-9 墙角处吊挂支架由两端铰接杆 OA、OB 和软绳 OC 构成，两杆分别垂直于墙面且由绳 OC 维持在水平面内，如图 3-34 所示。节点 O 处悬挂重物，重量 $G=500\text{N}$，若 $OA=300\text{mm}$，$OB=400\text{mm}$，OC 绳与水平面的夹角为 30°，不计杆重。试求绳子拉力和两杆所受的压力。

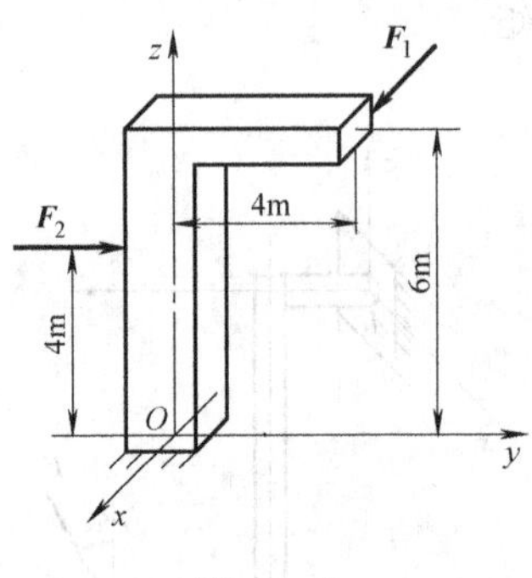

图 3-33

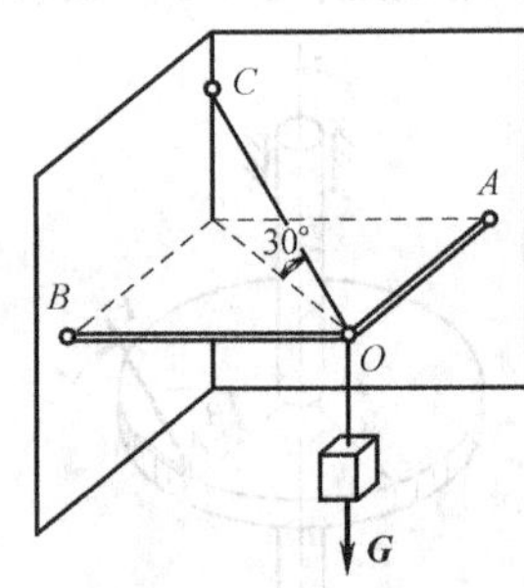

图 3-34

3-10 如图 3-35 所示的空间支架。已知：$\angle CBA=\angle BCA=60°$，$\angle EAD=30°$，物体的重量为 $G=3\text{kN}$，平面 ABC 是水平的，A、B、C 各点均为铰接，杆件自重不计。试求撑杆 AB 和 AC 所受的压力 $\boldsymbol{F}_{AB}$ 和 $\boldsymbol{F}_{AC}$ 及绳子 AD 的拉力 $\boldsymbol{F}_{\text{T}}$。

3-11 空间构架由三根直杆铰接而成，如图 3-36 所示。已知 D 端所挂重物的重量 $G=10\text{kN}$，各杆自重不计。试求杆 AD、BD、CD 所受的力。

3-12 空间桁架如图 3-37 所示。力 $\boldsymbol{F}$ 作用在 $ABDC$ 平面内，且与铅垂线成 45°角，$\triangle EAK\cong\triangle FBM$，等腰 $\triangle EAK$、$\triangle FBM$ 和 $\triangle NDB$ 在顶点 A、B 和 D 处均为直角，又 $EC=CK=FD=DM$。若 $F=10\text{kN}$，试求各杆的受力。

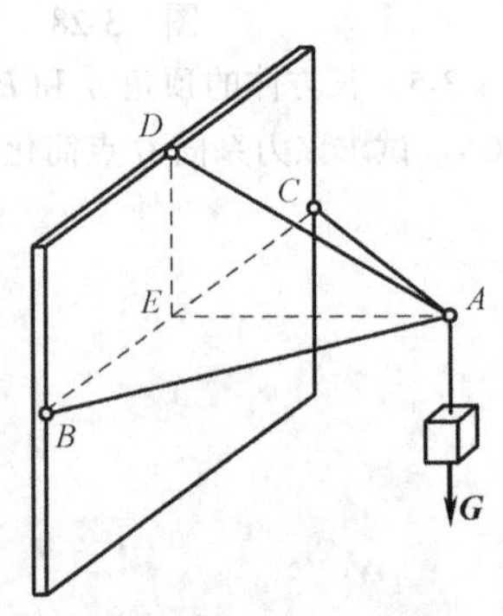

图 3-35

3-13 三轮车连同上面的货物共重 $G=3\text{kN}$，重力作用点通过 C 点，尺寸如图 3-38 所示。试求车子静止时各轮对水平地面的压力。

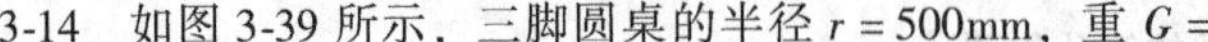

3-14 如图 3-39 所示，三脚圆桌的半径 $r=500\text{mm}$，重 $G=$

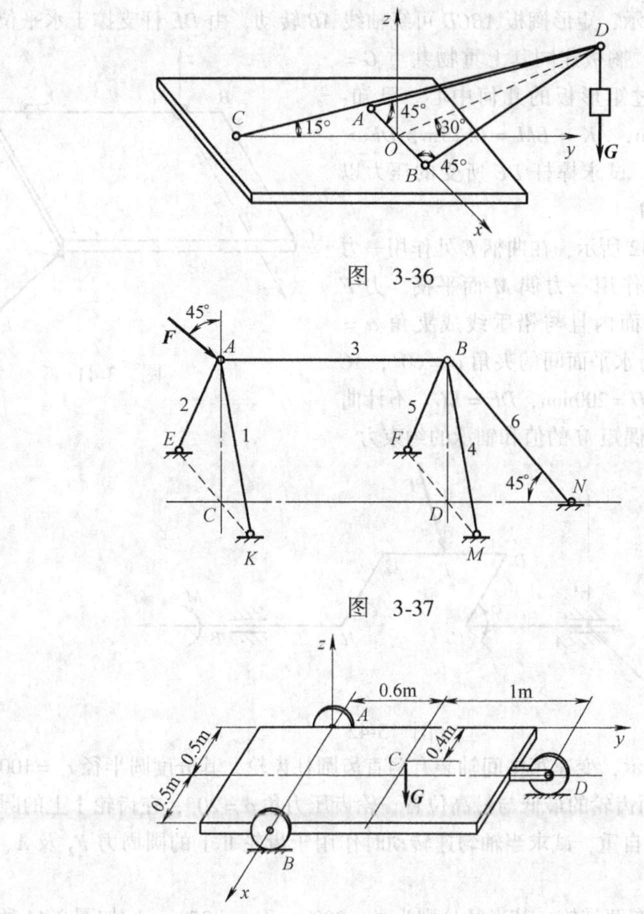

图 3-36

图 3-37

图 3-38

600N，圆桌的三脚 A、B 和 C 构成一等边三角形。若在中线 CD 上距圆心为 a 的点 M 处作用铅垂力 $F=1500\mathrm{N}$，试求使圆桌不致翻倒的最大距离 a。

3-15 简易起重机如图 3-40 所示，图中尺寸为 $AD=DB=1\mathrm{m}$，$CD=1.5\mathrm{m}$，$CM=1\mathrm{m}$，$ME=4\mathrm{m}$，$MS=0.5\mathrm{m}$，机身自重为 $G_1=100\mathrm{kN}$，起吊重量 $G_2=10\mathrm{kN}$。试求 A、B、C 三轮对地面的压力。

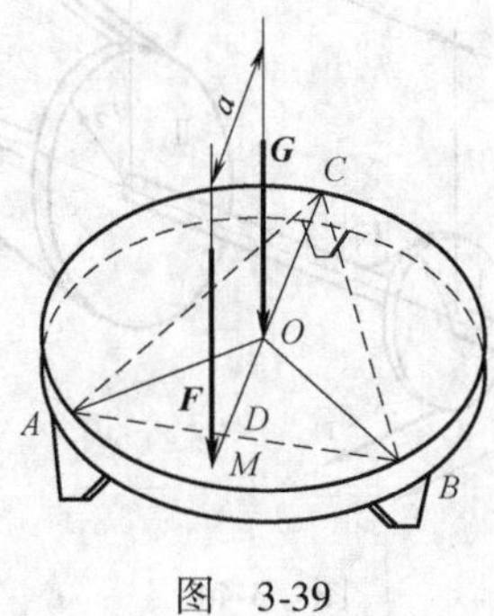

图 3-39

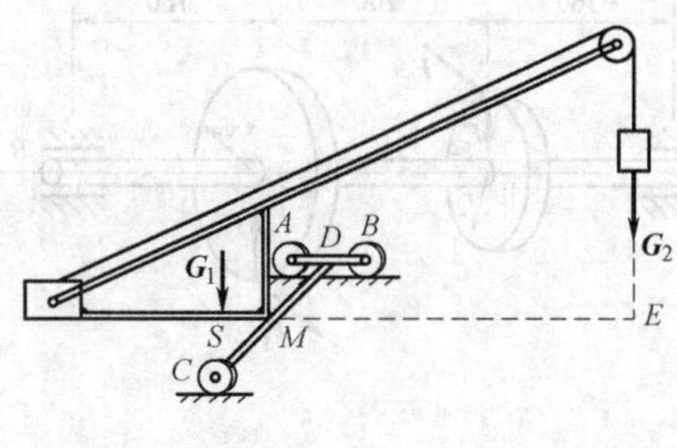

图 3-40

3-16 如图3-41所示，矩形搁板 $ABCD$ 可绕轴线 AB 转动，由 DE 杆支撑于水平位置，撑杆 DE 两端均为铰链连接，搁板连同其上重物共重 $G=800\text{N}$，重力作用线通过矩形板的几何中心。已知：$AB=1.5\text{m}$，$AD=0.6\text{m}$，$AK=BM=0.25\text{m}$，$DE=0.75\text{m}$。如果不计杆重，试求撑杆 DE 所受的压力以及铰链 K 和 M 的约束力。

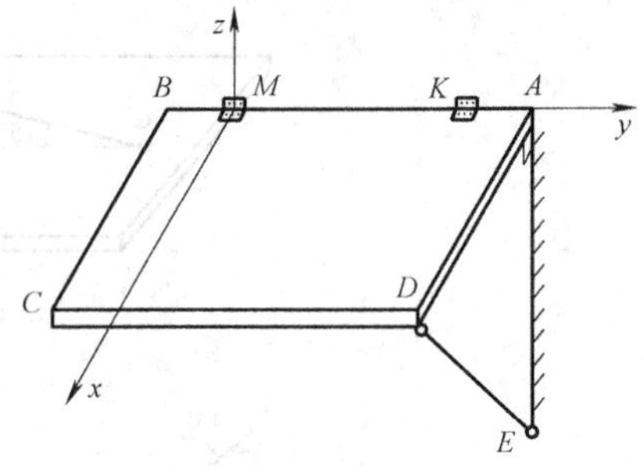

图 3-41

3-17 曲轴如图3-42所示，在曲柄 E 处作用一力 $F=30\text{kN}$，在曲轴 B 端作用一力偶 M 而平衡。力 $\boldsymbol{F}$ 在垂直于 AB 轴线的平面内且与铅垂线成夹角 $\alpha=10°$。已知 $CDGH$ 平面与水平面间的夹角 $\varphi=60°$，$AC=CH=HB=400\text{mm}$，$CD=200\text{mm}$，$DE=EG$。不计曲轴自重，试求平衡时力偶矩 M 的值和轴承的约束力。

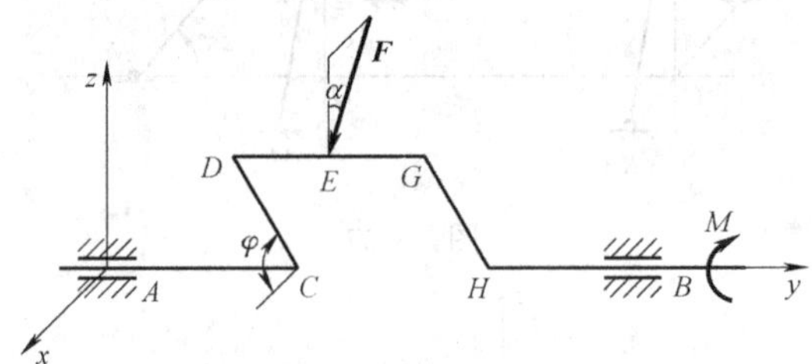

图 3-42

3-18 如图3-43所示，变速箱中间轴装有两直齿圆柱齿轮，其分度圆半径 $r_1=100\text{mm}$，$r_2=72\text{mm}$，啮合点分别在两齿轮的最低与最高位置，轮齿压力角 $\alpha=20°$，在齿轮Ⅰ上的圆周力 $F_1=1.58\text{kN}$。不计轴与齿轮自重，试求当轴匀速转动时作用于齿轮Ⅱ上的圆周力 F_2 及 A、B 两轴承的约束力。

3-19 某传动轴装有两带轮，其半径分别为 $r_1=200\text{mm}$，$r_2=250\text{mm}$，如图3-44所示。轮Ⅰ的带是水平的，其张力 $F_{T1}=2F'_{T1}=5\text{kN}$，轮Ⅱ的带与铅垂线的夹角 $\beta=30°$，其张力 $F_{T2}=2F'_{T2}$。不计轴与带轮自重，试求传动轴作匀速转动时的张力 $\boldsymbol{F}_{T2}$、$\boldsymbol{F}'_{T2}$ 和轴承的约束力。

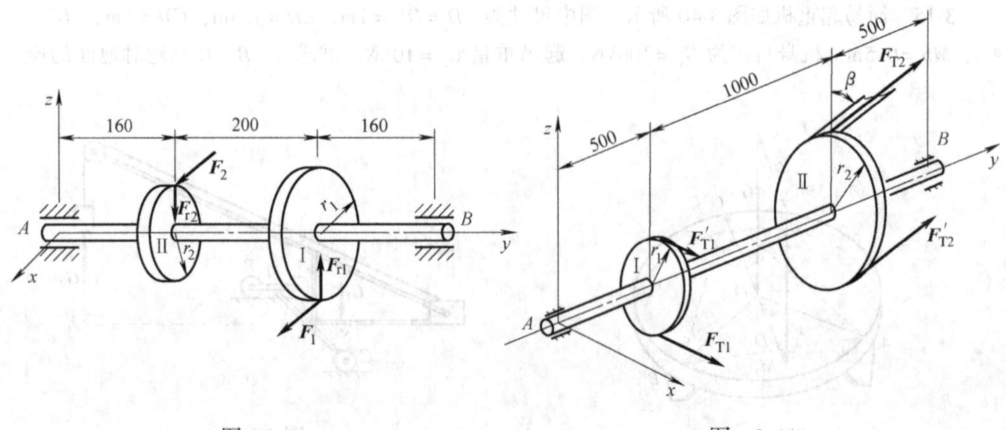

图 3-43 图 3-44

3-20 如图 3-45 所示，货物重为 $G_1=10\text{kN}$，用绞车匀速地沿斜面提升，绞车鼓轮重力为 $G_2=1\text{kN}$，鼓轮直径 $d=240\text{mm}$，A 为径向推力轴承，B 为径向轴承，十字杠杆的四臂各长 1m，在每臂端点作用一圆周力 F。试求力 F 的大小及 A、B 两轴承的约束力。

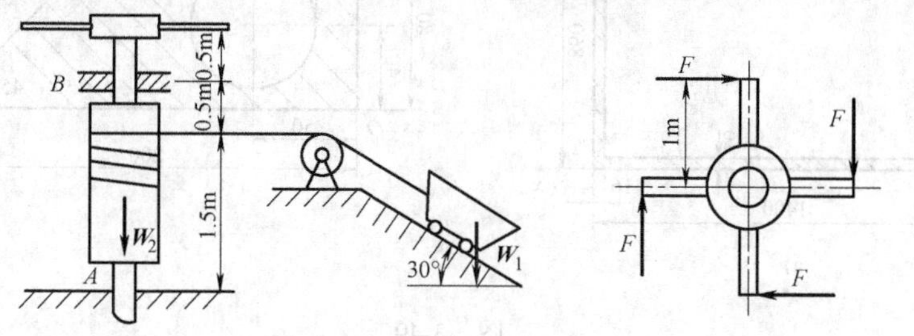

图 3-45

3-21 水平板用六根支杆支撑，如图 3-46 所示，板的一角受铅垂力 $\boldsymbol{F}$ 的作用，不计板和杆的自重，试求各杆的受力。

3-22 正三角形板 ABC 用六根杆支撑在水平面内，如图 3-47 所示，其中三根斜杆与水平面成 30°角，板面内作用一力偶矩为 M 的力偶。不计板、杆自重，试求各杆的受力。

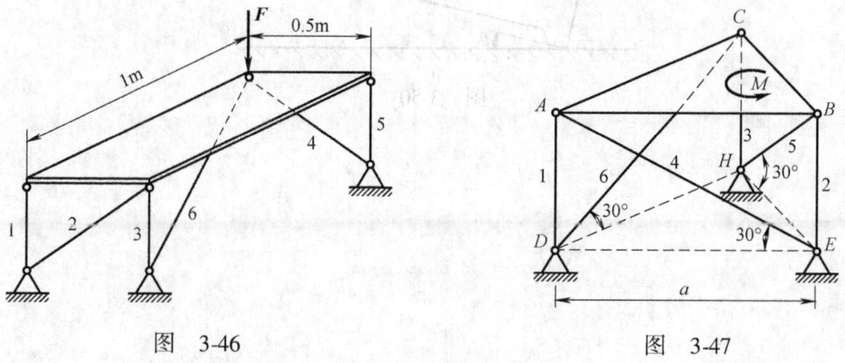

图 3-46　　图 3-47

3-23 试求图 3-48 所示各型材截面形心的位置。

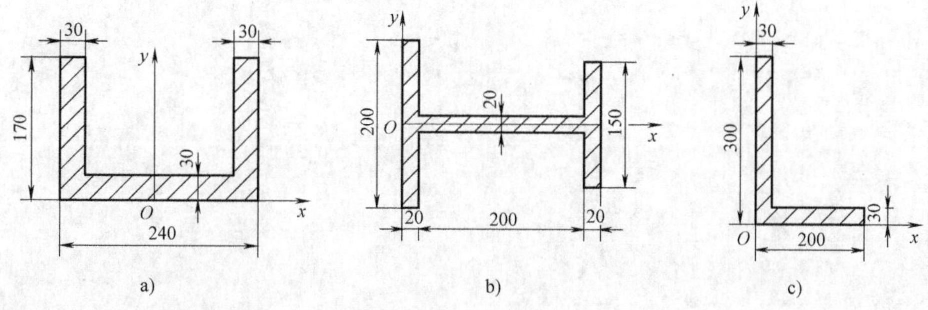

图 3-48

3-24 试求图 3-49 所示各平面图形的形心位置。

3-25 如图 3-50 所示，机床重为 25kN，当水平放置时（$\theta=0°$）秤上的读数为 17.5kN；当 $\theta=20°$时秤上的读数为 15kN。试确定机床重心的位置。

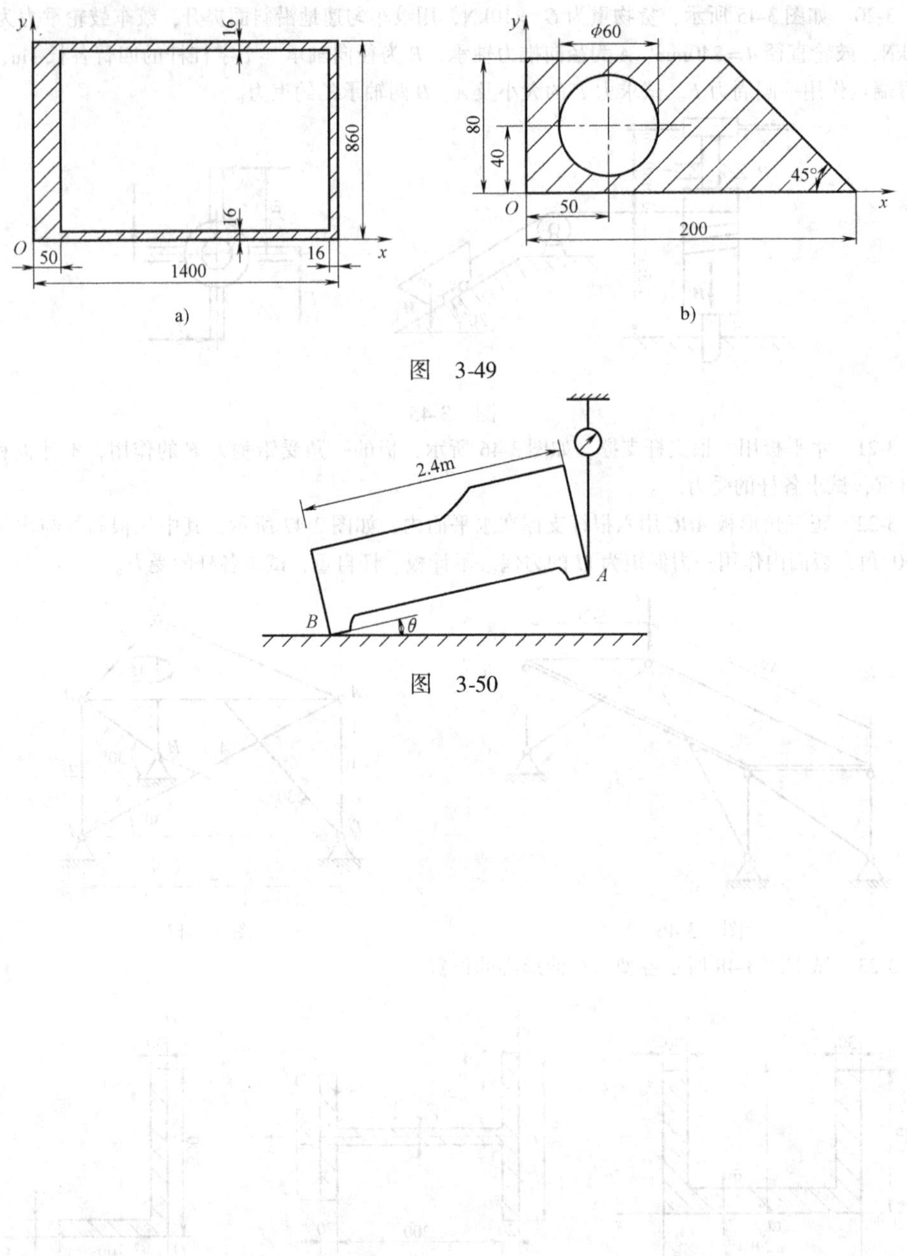

图 3-49

图 3-50

第二篇 运 动 学

第四章 点的运动学

本章首先介绍运动学的几个重要的基本概念，然后讨论点的运动的描述方法。

第一节 运动学的基本概念

运动学研究物体运动的几何性质。若力系不平衡，物体的机械运动状态将发生改变。在运动学中，暂不考虑力和质量等与运动变化有关的物理因素，而是以几何学的观点来研究物体运动的几何性质，即运动方程、轨迹、速度以及加速度等。

运动学是动力学的基础，而且具有独立的应用价值，运动学知识是机构运动分析的基础。例如，设计机床时，必须设计一套适当的传动系统，以便执行机构选择不同的运动速度。再如，在一些轻型、精密机构中，力的分析计算往往并不重要，而是主要研究机构是否能严格地按照所需的运动规律运动。

一、参考系 动点与刚体

运动是绝对的，而运动的描述是相对的。研究一个物体的机械运动，必须选取另一个物体作为**参考体**。与参考体所固连的坐标系称为**参考坐标系**，简称**参考系**。描述物体相对参考系位置的参数就是坐标。参考系是参考体的抽象，由于坐标轴可以向空间无限延伸，因此参考系应理解为与参考体所固连的整个空间，参考系与参考体的运动形式是相同的。相对于不同的参考体来说，同一个物体的运动情况并不相同。例如，汽车行驶时，相对于固连于车身的参考系，车轮作定轴转动；相对于固连于地面的参考系，车轮作复杂运动。在一般工程问题中，如果不作说明，参考系与地球相固连。

运动学中的力学模型仍然是质点、质点系和刚体，但由于不考虑研究对象的质量，通常把质点称为**动点**，简称点。一个物体究竟应当作为动点还是作为刚体看待，主要在于所讨论的问题的性质，而不决定于物体本身的大小和形状。例如，一粒子弹，尺寸很小，若要考虑它出枪膛后的转动，就应视其为刚体。一列火车的长度虽然以百米计，但当我们将列车作为一个整体来考察它沿铁道线路运行的距离、速度和加速度时，却可以作为一个动点看待。即使同一个物体，在不同的问题里，随着研究问题性质的不同，有时作为刚体，有时则作为动点。例如，在研究地球的自转时，可视其为刚体，而在研究它绕太阳公转的运动规律时，可看作动点。

二、约束与约束方程

在静力学中，把限制物体运动的条件称为约束。这种限制条件可以表示为包括坐标和时间的方程，称为**约束方程**。对于由 n 个动点组成的系统，以 x_i、y_i、z_i 表示动点 i 的坐标，以 $\dot{x}_i$、$\dot{y}_i$、$\dot{z}_i$ 表示坐标对时间的一阶导数，则此系统约束方程的一般形式为

$$f_j(x_1,y_1,z_1,\cdots,x_n,y_n,z_n,\dot{x}_1,\dot{y}_1,\dot{z}_1,\cdots,\dot{x}_n,\dot{y}_n,\dot{z}_n,t)=0 \quad (j=1,2,3,\cdots,s)$$

即此系统具有 s 个约束方程，约束可以对动点的位置及其运动速度都有限制，而且可以随时间而变化。

如果约束条件可以写成不含坐标导数 $\dot{x}_i$、$\dot{y}_i$、$\dot{z}_i$ 的约束方程形式，即

$$f_j(x_1,y_1,z_1,\cdots,x_n,y_n,z_n,t)=0 \quad (j=1,2,3,\cdots,s)$$

这种约束称为**完整约束**。只受完整约束的质点系称为完整系统。如果约束方程不显含时间 t，这种约束称为**稳定约束**（或定常约束）。本书的研究对象限于只受稳定、完整约束的质点系。如图 4-1a 所示，直线滑道对滑块的约束方程为 $y=0$；图 4-1b 中，以轻质细杆与固定铰支座连接的动点 M 在平面内的约束方程为 $x^2+y^2=l^2$；图 4-1c 中，在固定曲面上运动的质点 M 的约束方程也就是此固定曲面的曲面方程 $f(x,y,z)=0$。这些约束均为稳定、完整约束。

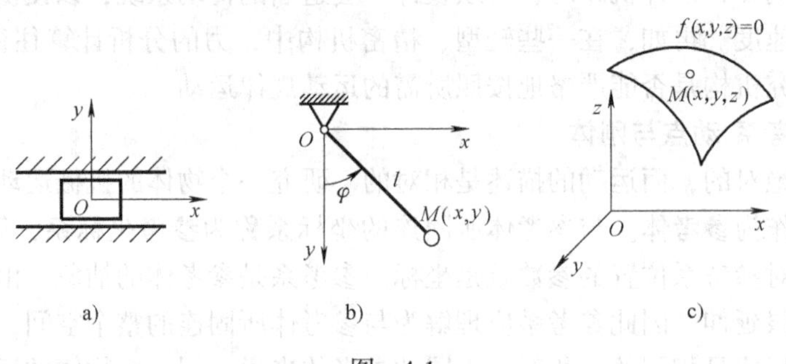

图 4-1

三、广义坐标与自由度

一个自由的动点在空间的位置需要三个独立坐标来确定，例如直角坐标 x，y，z。由 n 个自由动点组成的系统，确定全部动点的位置需要 $3n$ 个独立坐标。若该系统还受到 s 个完整约束，则 $3n$ 个坐标必须满足 s 个约束方程，因而只有 $(3n-s)$ 个坐标是独立的，即确定系统所有动点的位置要有 $(3n-s)$ 个独立参数。**唯一地确定质点系位置的独立参数**，称为**广义坐标**。广义坐标的数目反映了系统能够自由运动的程度，因此**在完整约束的情形下，质点系的广义坐标的数目又称为自由度（数）**。受到 s 个完整约束的非自由质点系具有 $(3n-s)$ 个广义坐标，因而有 $(3n-s)$ 个自由度。

如图 4-2 所示，在 xOy 平面内运动的双摆，由摆锤 A、B 和刚杆 OA、AB 用圆

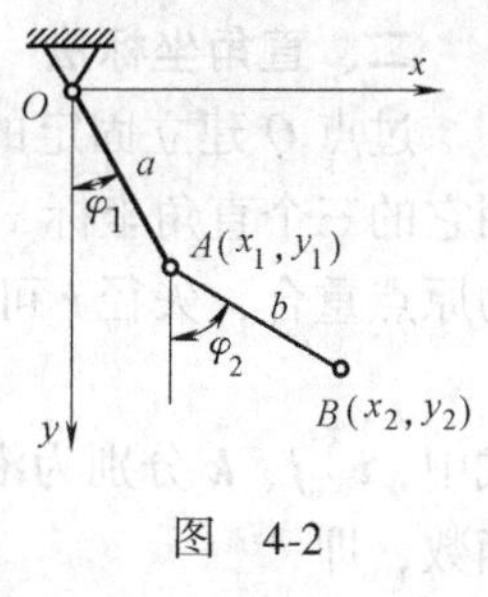

图　4-2

柱铰链连接而成。显然，只要知道 A 和 B 这两个动点的位置，双摆的位置也就唯一确定了，所以双摆可视为由两个动点组成的系统。动点的四个坐标 x_1、y_1、x_2、y_2，由约束方程 $x_1^2+y_1^2=a^2$ 与 $(x_2-x_1)^2+(y_2-y_1)^2=b^2$ 建立了联系，所以双摆系统有两个广义坐标，具有两个自由度。可选择 x_1、x_2 或 x_1、y_2 为该系统的广义坐标，也可选择摆角 φ_1，φ_2，它们都是能够唯一确定系统位置的独立参数。因此，系统的自由度是确定的，而广义坐标的选取则可有不同的方案。

有时用直角坐标来表示质点系的位置比较麻烦，而用其他参数则较为方便。如图 4-3 所示，曲柄滑块机构在 xOy 平面内运动，曲柄和连杆的长度分别为 r 和 l。动点 A、B 的四个坐标 x_A、y_A、x_B 和 y_B，要满足以下三个方程：$x_A^2+y_A^2=r^2$，$(x_B-x_A)^2+(y_B-y_A)^2=l^2$，$y_B=0$，故系统只有一个自由度。选择 x_A、y_A、x_B 中的任一个参数为广义坐标，其他直角坐标与该广义坐标的关系式都较为复杂。如果选曲柄 OA 与 x 轴的夹角 φ 为广义坐标，则各动点的直角坐标可表示为 φ 的单值连续函数：

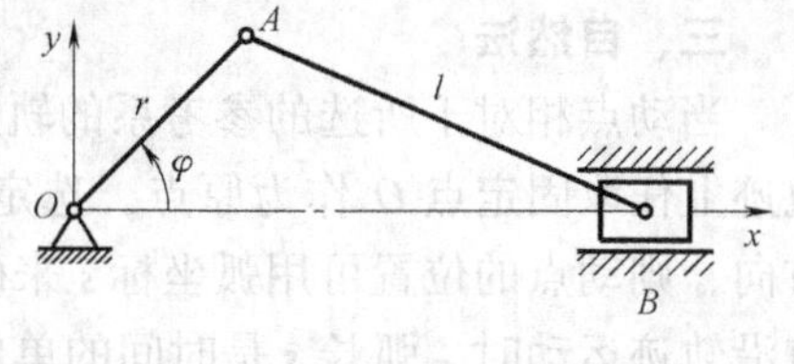

图　4-3

$$x_A = r\cos\varphi,\quad y_A = r\sin\varphi$$

$$x_B = r\cos\varphi + \sqrt{l^2 - r^2\sin^2\varphi},\quad y_B = 0$$

所以在曲柄连杆机构运动分析时常选 φ 为广义坐标。

第二节　点的运动方程

从本节起研究点的运动，包括点的运动方程、运动轨迹、速度、加速度等。点在取定的坐标系中位置坐标随时间连续变化的规律称为点的**运动方程**。点在空间运动的路径称为**轨迹**。在某一参考体上建立不同的参考系，点的运动方程有不同的形式。

一、矢量法

设点作空间曲线运动，在某一瞬时 t，动点为 M，如图 4-4 所示。选取参考体上某固定点 O 为坐标原点，自点 O 向动点 M 作矢量 $\boldsymbol{r}$，称 $\boldsymbol{r}$ 为点 M 相对于原点 O 的**矢径**。当动点 M 运动时，矢径 $\boldsymbol{r}$ 随时间而变化，并且是时间的单值连续函数，即

$$\boldsymbol{r} = \boldsymbol{r}(t) \tag{4-1}$$

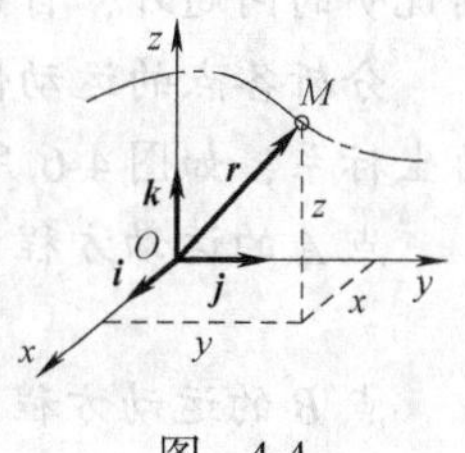

图　4-4

上式称为矢量形式表示的点的运动方程。

显然，矢径 $\boldsymbol{r}$ 的矢端曲线就是动点的运动轨迹。

二、直角坐标法

过点 O 建立固定的直角坐标系 $Oxyz$，则动点 M 在任意瞬时的空间位置也可以用它的三个直角坐标 x 、y、z 表示，如图4-4所示。由于矢径的原点和直角坐标系的原点重合，矢径 $\boldsymbol{r}$ 可表为

$$\boldsymbol{r} = x\boldsymbol{i} + y\boldsymbol{j} + z\boldsymbol{k} \tag{4-2}$$

式中，$\boldsymbol{i}$、$\boldsymbol{j}$、$\boldsymbol{k}$ 分别为沿三根坐标轴的单位矢量。坐标 x、y、z 也是时间的单值连续函数，即

$$\begin{cases} x = f_1(t) \\ y = f_2(t) \\ z = f_3(t) \end{cases} \tag{4-3}$$

式(4-3)称为点的直角坐标形式的运动方程，也是点的轨迹的参数方程。

三、自然法

当动点相对于所选的参考系的轨迹已知时，可以沿此轨迹确定动点的位置。在轨迹上任取固定点 O 作为原点，选定沿轨迹量取弧长的正负方向，则动点的位置可用弧坐标 s 来确定。如图4-5所示。动点沿轨迹运动时，弧长 s 是时间的单值连续函数，即

$$s = f(t) \tag{4-4}$$

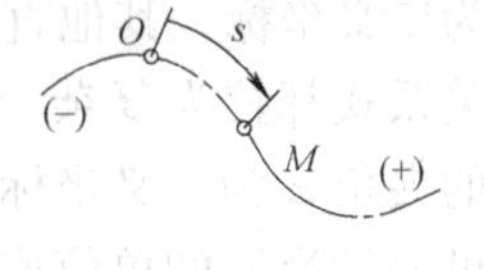

图 4-5

上式称为点用自然法描述的运动方程。

以上三种形式的运动方程在使用上各有所侧重。矢量形式的运动方程常用于公式推导；直角坐标形式的运动方程常用于轨迹未知或轨迹较复杂的情况；当轨迹已知为圆或圆弧时，用自然法则较为方便。

例4-1 椭圆规的曲柄 OC 可绕定轴 O 转动，其端点 C 与规尺 AB 的中点以铰链相连接，规尺的两端分别在互相垂直的滑槽中运动，如图4-6所示。已知：$OC = AC = BC = l$，$MC = d$，$\varphi = \omega t$，试求规尺上点 A、B、C、M 的运动方程和运动轨迹。

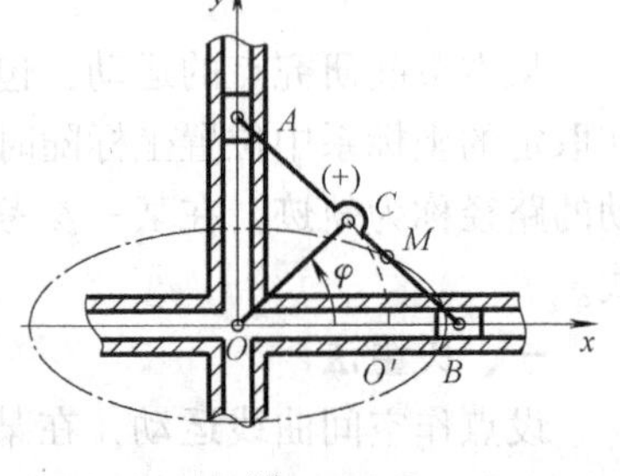

图 4-6

解 显然，在本问题中如果取 φ 为广义坐标，则 φ 能唯一确定系统的位置，因此椭圆规的自由度为1。在本书运动学和动力学中，除了少数特别说明的问题外，自由度都为1。

分析各点的运动情况，点 A、B 的轨迹为直线，点 M 的轨迹为平面曲线，取直角坐标系，如图4-6所示。建立它们的运动方程。

点 A 的运动方程为

$$y_A = AB\sin\varphi = 2l\sin\omega t$$

点 B 的运动方程为

$$x_B = AB\cos\varphi = 2l\cos\omega t$$

点 A、B 的运动轨迹分别为长 $4l$ 的铅直、水平直线段。

点 M 的运动方程为

$$\begin{cases} x_M = (AC + CM)\cos\varphi = (l + d)\cos\omega t \\ y_M = (CB - CM)\sin\varphi = (l - d)\sin\omega t \end{cases}$$

消去时间 t，得点 M 的轨迹方程为

$$\frac{x_M^2}{(l+d)^2} + \frac{y_M^2}{(l-d)^2} = 1$$

可见，点 M 的轨迹是一个椭圆，长轴和 x 轴重合，短轴和 y 轴重合。

点 C 的轨迹为圆，在其轨迹曲线上取 O' 为弧坐标原点，设定弧坐标正向如图 4-6 所示，点 C 的运动方程为

$$s_C = OC\varphi = l\omega t$$

点 C 的轨迹是半径为 l 的圆。

第三节 点的速度和加速度

动点运动的快慢和方向用速度表示，速度的变化情况则用加速度表示。下面给出在各坐标系下，速度、加速度的数学表达式。

一、用矢量法表示点的速度和加速度

如果动点矢量形式的运动方程为 $\boldsymbol{r} = \boldsymbol{r}(t)$，则动点的速度定义为

$$\boldsymbol{v} = \frac{\mathrm{d}\boldsymbol{r}}{\mathrm{d}t} \tag{4-5}$$

即动点的速度等于动点的矢径 $\boldsymbol{r}$ 对时间的一阶导数。速度是矢量，方向沿 $\boldsymbol{r}$ 矢端曲线的切线指向动点前进的方向，如图 4-7 所示；大小为 $|\boldsymbol{v}|$，它表明点运动的快慢，其量纲为 LT^{-1}，在国际单位制中，速度的单位为 m/s。

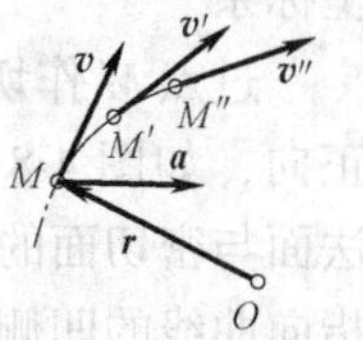

图 4-7

动点的加速度定义为

$$\boldsymbol{a} = \frac{\mathrm{d}\boldsymbol{v}}{\mathrm{d}t} = \frac{\mathrm{d}^2\boldsymbol{r}}{\mathrm{d}t^2} \tag{4-6}$$

即动点的加速度等于该点的速度对时间的一阶导数，或等于矢径对时间的二阶导数。

加速度也是矢量，其量纲为 LT^{-2}，在国际单位制中，加速度的单位为 $\mathrm{m/s^2}$。

有时为了方便，在字母上方加“·”表示该量对时间的一阶导数，加“··”表示该量对时间的二阶导数。因此式(4-5)和式(4-6)亦可写为 $\boldsymbol{v} = \dot{\boldsymbol{r}}$ 和 $\boldsymbol{a} = \dot{\boldsymbol{v}} = \ddot{\boldsymbol{r}}$。

二、用直角坐标法表示点的速度和加速度

因

$$\boldsymbol{r} = x\boldsymbol{i} + y\boldsymbol{j} + z\boldsymbol{k}$$

将上式对时间求一阶导数，并注意到 $\boldsymbol{i}$、$\boldsymbol{j}$、$\boldsymbol{k}$ 为大小、方向都不变的常矢量，则

$$\boldsymbol{v} = \dot{x}\boldsymbol{i} + \dot{y}\boldsymbol{j} + \dot{z}\boldsymbol{k} \tag{4-7}$$

设动点 M 的速度矢$\boldsymbol{v}$ 在直角坐标轴上的投影为 v_x、v_y、v_z，则

$$\boldsymbol{v} = v_x\boldsymbol{i} + v_y\boldsymbol{j} + v_z\boldsymbol{k} \tag{4-8}$$

比较式(4-7)和式(4-8)，得到

$$\begin{cases} v_x = \dot{x} \\ v_y = \dot{y} \\ v_z = \dot{z} \end{cases} \tag{4-9}$$

即速度在各坐标轴上的投影等于动点的各对应坐标对时间的一阶导数。求得 v_x、v_y、v_z 后，速度$\boldsymbol{v}$ 的大小和方向就可由它的三个投影完全确定。

同样地，设

$$\boldsymbol{a} = a_x\boldsymbol{i} + a_y\boldsymbol{j} + a_z\boldsymbol{k} \tag{4-10}$$

可得

$$\begin{cases} a_x = \dot{v}_x = \ddot{x} \\ a_y = \dot{v}_y = \ddot{y} \\ a_z = \dot{v}_z = \ddot{z} \end{cases} \tag{4-11}$$

即加速度在各坐标轴上的投影等于动点的各速度的投影对时间的一阶导数，或各对应坐标对时间的二阶导数。加速度 $\boldsymbol{a}$ 的大小和方向亦可由它的三个投影完全确定。

三、用自然法表示点的速度和加速度

1. 自然坐标系

为了用自然法表示点的速度和加速度，需建立和点的轨迹曲线形状有关的自然坐标系。

过点 M 作**切线** MT，取其单位矢量 $\boldsymbol{\tau}$ 指向弧坐标的正向，如图 4-8 所示。过点 M 作垂直于切线的法面，法面与密切面的交线 MN 称为**主法线**，取其单位矢量 $\boldsymbol{n}$ 指向曲线的凹侧。过点 M 垂直于密切面的法线 MB 称为**副法线**，取其单位矢量为 $\boldsymbol{b}$，指向和 $\boldsymbol{\tau}$、$\boldsymbol{n}$ 构成右手系，即 $\boldsymbol{b} = \boldsymbol{\tau} \times \boldsymbol{n}$。以点 M 为原点，以切线、主法线、副法线为坐标轴组成的正交坐标系称为曲线在点 M 的**自然坐标系**。必须指出，随着点 M 在轨迹上运动，$\boldsymbol{\tau}$、$\boldsymbol{n}$、$\boldsymbol{b}$ 的方向也在不断变动，自然坐标系是沿曲线变动的动坐标系。

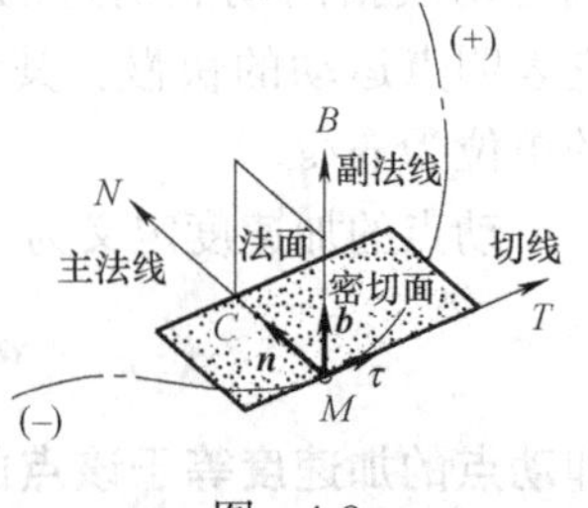

图 4-8

2. 点的速度

将矢径 $\boldsymbol{r}$ 表示为弧坐标的函数，即

$$\boldsymbol{r} = \boldsymbol{r}(s) = \boldsymbol{r}(s(t)) \tag{4-12}$$

由速度的定义，得

$$\boldsymbol{v}=\frac{\mathrm{d}\boldsymbol{r}}{\mathrm{d}t}=\frac{\mathrm{d}\boldsymbol{r}}{\mathrm{d}s}\frac{\mathrm{d}s}{\mathrm{d}t}=v\frac{\mathrm{d}\boldsymbol{r}}{\mathrm{d}s}$$

式中，
$$\frac{\mathrm{d}\boldsymbol{r}}{\mathrm{d}s}=\lim_{\Delta s\to 0}\frac{\Delta\boldsymbol{r}}{\Delta s}\tag{4-13}$$

由图4-9可知，此极限的模等于1，方向沿点 M 处轨迹切线且指向 s 的正向，因此，它与 $\boldsymbol{\tau}$ 相同。于是，可得用自然法表示的速度公式为

$$\boldsymbol{v}=\dot{s}\boldsymbol{\tau}=v\boldsymbol{\tau}\tag{4-14}$$

式中
$$v=\dot{s}\tag{4-15}$$

v 是一个代数量，它是速度 $\boldsymbol{v}$ 在切线上的投影。**速度的代数值等于弧坐标对时间的一阶导数**。v 为正，$\boldsymbol{v}$ 的方向和 $\boldsymbol{\tau}$ 一致；v 为负，$\boldsymbol{v}$ 的方向和 $\boldsymbol{\tau}$ 相反。

3. 点的加速度

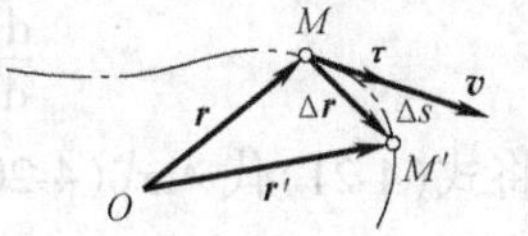

将式(4-14)对时间求导，得

$$\boldsymbol{a}=\dot{v}\boldsymbol{\tau}+v\dot{\boldsymbol{\tau}}\tag{4-16}$$

图 4-9

式(4-16)表明，加速度 $\boldsymbol{a}$ 可分为两个分量。第一个分量 $\dot{v}\boldsymbol{\tau}$ 是反映速度大小变化情况的加速度，记为 $\boldsymbol{a}_\tau$；第二个分量 $v\dot{\boldsymbol{\tau}}$ 是反映速度方向变化的加速度，记为 $\boldsymbol{a}_\mathrm{n}$。下面分别求它们的大小和方向。

(1) **反映速度大小变化的切向加速度 $\boldsymbol{a}_\tau$**

因为
$$\boldsymbol{a}_\tau=\dot{v}\boldsymbol{\tau}=\ddot{s}\boldsymbol{\tau}\tag{4-17}$$

方向沿轨迹切线，因此称为**切向加速度**。

令
$$a_\tau=\dot{v}\tag{4-18}$$

a_τ 是加速度矢量 $\boldsymbol{a}$ 在切线方向的投影，它是一个代数量。a_τ 为正，$\boldsymbol{a}_\tau$ 的方向和 $\boldsymbol{\tau}$ 一致，否则相反。当 a_τ 与 v 同号时，$\boldsymbol{a}_\tau$ 与 $\boldsymbol{v}$ 同向，点作加速运动。a_τ 与 $\boldsymbol{v}$ 异号，$\boldsymbol{a}_\tau$ 与 $\boldsymbol{v}$ 反向，点作减速运动。

因此，**切向加速度反映速度的大小随时间的变化率，它的代数值等于速度的代数值对时间的一阶导数，或等于弧坐标对时间的二阶导数，它的方向沿轨迹切线。**

(2) **反映速度方向变化的法向加速度 $\boldsymbol{a}_\mathrm{n}$**

因为
$$\boldsymbol{a}_\mathrm{n}=v\dot{\boldsymbol{\tau}}\tag{4-19}$$

它反映了速度方向的变化。上式可改写为

$$\boldsymbol{a}_\mathrm{n}=v\frac{\mathrm{d}\boldsymbol{\tau}}{\mathrm{d}s}\frac{\mathrm{d}s}{\mathrm{d}t}=v^2\frac{\mathrm{d}\boldsymbol{\tau}}{\mathrm{d}s}\tag{4-20}$$

式中，
$$\frac{\mathrm{d}\boldsymbol{\tau}}{\mathrm{d}s}=\lim_{\Delta s\to 0}\frac{\Delta\boldsymbol{\tau}}{\Delta s}$$

下面分析该极限的大小和方向。当 $\Delta s\to 0$ 时，$\Delta\varphi\to 0$，由图4-10可知

$$|\Delta\boldsymbol{\tau}| = 2|\boldsymbol{\tau}|\sin\frac{\Delta\varphi}{2} = 2\sin\frac{\Delta\varphi}{2}$$

所以
$$\lim_{\Delta s\to 0}\left|\frac{\Delta\boldsymbol{\tau}}{\Delta s}\right| = \lim_{\Delta s\to 0}\left|\frac{\Delta\boldsymbol{\tau}}{\Delta\varphi}\frac{\Delta\varphi}{\Delta s}\right| = \lim_{\Delta s\to 0}\left|\frac{2\sin\frac{\Delta\varphi}{2}}{\Delta\varphi}\right|\lim_{\Delta s\to 0}\left|\frac{\Delta\varphi}{\Delta s}\right| = \left|\frac{\mathrm{d}\varphi}{\mathrm{d}s}\right| = \frac{1}{\rho}$$

于是
$$\left|\frac{\mathrm{d}\boldsymbol{\tau}}{\mathrm{d}s}\right| = \left|\frac{\mathrm{d}\varphi}{\mathrm{d}s}\right| = \frac{1}{\rho}$$

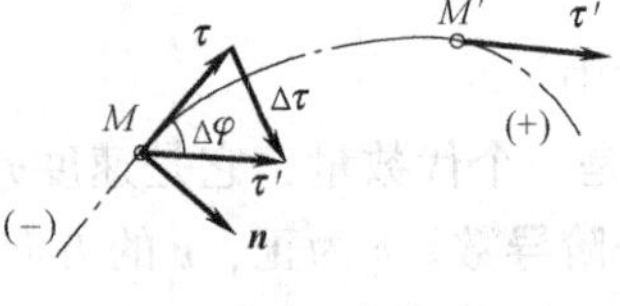

图 4-10

由图4-10可见，当 Δs 为正且 $\Delta s\to 0$ 时，$\lim\limits_{\Delta s\to 0}\dfrac{\Delta\boldsymbol{\tau}}{\Delta s}$ 的方向与点 M 处的主法线方向相同。Δs 为负值时也是这样。所以

$$\frac{\mathrm{d}\boldsymbol{\tau}}{\mathrm{d}s} = \frac{1}{\rho}\boldsymbol{n} \tag{4-21}$$

将式(4-21)代入式(4-20)得

$$\boldsymbol{a}_{\mathrm{n}} = \frac{v^2}{\rho}\boldsymbol{n} \tag{4-22}$$

由此可见，$\boldsymbol{a}_{\mathrm{n}}$ 的方向和主法线的正向一致，称为**法向加速度。法向加速度反映点的速度方向改变的快慢程度，它的大小等于速度的平方除以曲率半径，方向沿着主法线，指向曲率中心。**

将式(4-17)和式(4-22)代入式(4-16)，得动点加速度的自然法表示公式

$$\boldsymbol{a} = \boldsymbol{a}_{\tau} + \boldsymbol{a}_{\mathrm{n}} = a_{\tau}\boldsymbol{\tau} + a_{\mathrm{n}}\boldsymbol{n} = \frac{\mathrm{d}v}{\mathrm{d}t}\boldsymbol{\tau} + \frac{v^2}{\rho}\boldsymbol{n} \tag{4-23}$$

$\boldsymbol{a}$ 在副法线方向的投影为零，由 a_{τ} 和 a_{n} 可求得加速度 $\boldsymbol{a}$ 的大小和方向。其大小为

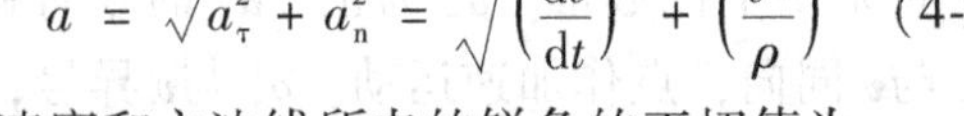

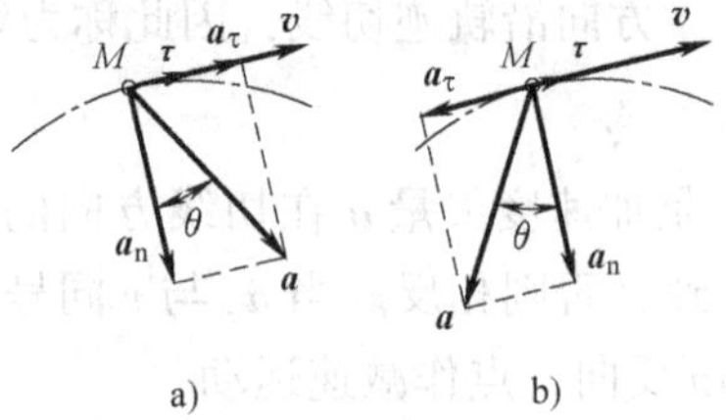

$$a = \sqrt{a_{\tau}^2 + a_{\mathrm{n}}^2} = \sqrt{\left(\frac{\mathrm{d}v}{\mathrm{d}t}\right)^2 + \left(\frac{v^2}{\rho}\right)^2} \tag{4-24}$$

加速度和主法线所夹的锐角的正切值为

$$\tan\theta = \frac{|a_{\tau}|}{a_{\mathrm{n}}} \tag{4-25}$$

如图4-11所示。

a) b)

图 4-11

第四节 点的运动学问题举例

从上节讨论可知，如果已知动点的运动方程，可通过求导运算求得点的速度和加速度；如果已知点的加速度方程，可通过积分求出运动方程和速度。

例如，点作曲线运动，已知自然坐标形式的加速度方程，初瞬时 $t=0$ 时，$v=v_0$，$s=s_0$，则可将式(4-18)两边积分，得

$$v = v_0 + \int_0^t a_\tau \mathrm{d}t \tag{4-26}$$

再积分一次，得

$$s = s_0 + v_0 t + \int_0^t \int_0^t a_\tau \mathrm{d}t\mathrm{d}t \tag{4-27}$$

当 a_τ = 常数，即点作匀变速运动时，有

$$\begin{cases} v = v_0 + a_\tau t \\ s = s_0 + v_0 t + \dfrac{1}{2} a_\tau t^2 \\ v^2 = v_0^2 + 2a_\tau (s - s_0) \end{cases} \tag{4-28}$$

例 4-2 如图 4-12 所示，半圆形凸轮以等速 v_0 = 10mm/s 沿水平方向向左运动，从而推动活塞杆 AB 沿铅垂方向运动。当运动开始时，活塞杆 A 端在凸轮的最高点上。如果凸轮半径 R = 80mm，试求活塞 B 相对于地面的运动方程、速度和加速度。

解 活塞连同活塞杆在铅直方向运动，可用其上一点的运动来描述。以下研究点 A 的运动情况。点 A 相对于地面作直线运动。沿点 A 的轨迹取 y 轴，如图 4-12 所示。点 A 的运动方程为

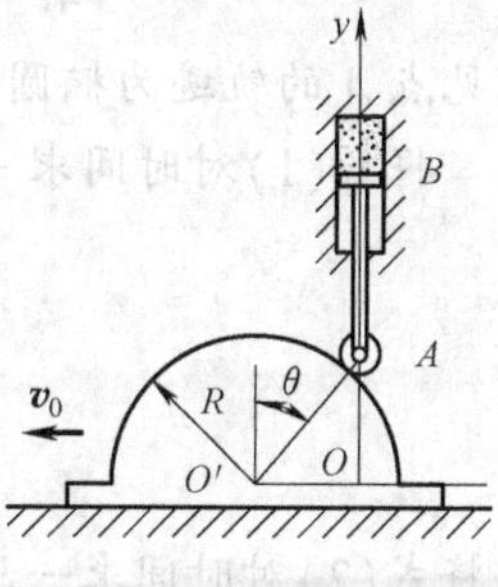

$$y_A = R\cos\theta = \sqrt{R^2 - (v_0 t)^2} = 10\sqrt{64 - t^2}(\mathrm{mm})$$

求导得

$$v_A = \dot{y}_A = -\frac{10t}{\sqrt{64 - t^2}}(\mathrm{mm/s})$$

$$a_A = \dot{v}_A = -\frac{640}{\sqrt{(64 - t^2)^3}}(\mathrm{mm/s^2})$$

图 4-12

例 4-3 曲柄摇杆机构如图 4-13 所示。曲柄长 OA = 100mm，绕轴 O 转动，$\varphi = \pi t/4$，摇杆长 O_1B = 240mm，距离 O_1O = 100mm。试求点 B 的运动方程、速度和加速度。

解 点 B 的轨迹是以 O_1B 为半径的圆弧，$t = 0$ 时，点 B 在 B_0 处。取 B_0 为弧坐标原点，由图 4-13 得点 B 的弧坐标为

$$s = O_1B \cdot \theta$$

由于 $\triangle OAO_1$ 是等腰三角形，故 $\varphi = 2\theta$，代入上式，得

$$s = O_1B \cdot \frac{\varphi}{2} = 240 \cdot \frac{\pi}{8}t(\mathrm{mm}) = 30\pi t(\mathrm{mm})$$

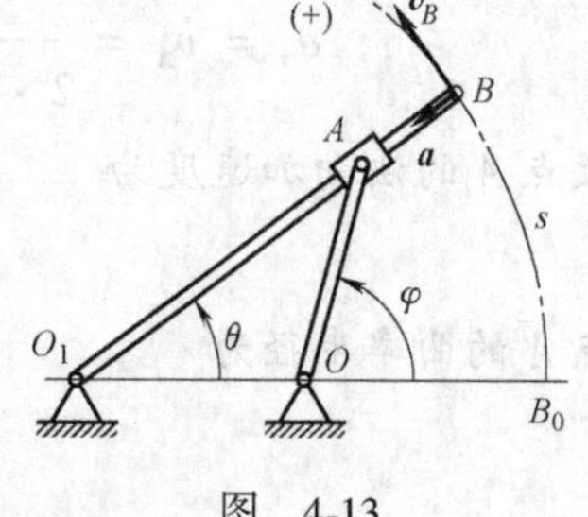

图 4-13

这就是点 B 沿已知轨迹的运动方程。点 B 的速度、加速度的大小分别为

$$v_B = \dot{s} = 30\pi\mathrm{mm/s} = 94.2\mathrm{mm/s}$$

$$a_\tau = \ddot{s} = 0$$

$$a = a_n = \frac{v^2}{\rho} = \frac{94.2^2}{240}\text{mm/s}^2 = 37\text{mm/s}^2$$

其方向如图4-13所示。本题也可用直角坐标法求解，读者可自己计算。

例4-4 如图4-14所示的平面机构中，尺AD铰接于滑块B、C，滑块在互相垂直的直线轨道上运动，尺和x轴的夹角$\varphi = \omega t$，ω为常数。设$AB = BC = l$，试求：(1)点A的轨迹；(2)当$t=0$，$t=\pi/(2\omega)$时，点A的曲率半径。

解 点A的运动轨迹为平面曲线，取直角坐标系如图4-14所示。点A的运动方程为

$$\begin{cases} x_A = 2l\cos\varphi = 2l\cos\omega t \\ y_A = l\sin\varphi = l\sin\omega t \end{cases} \tag{1}$$

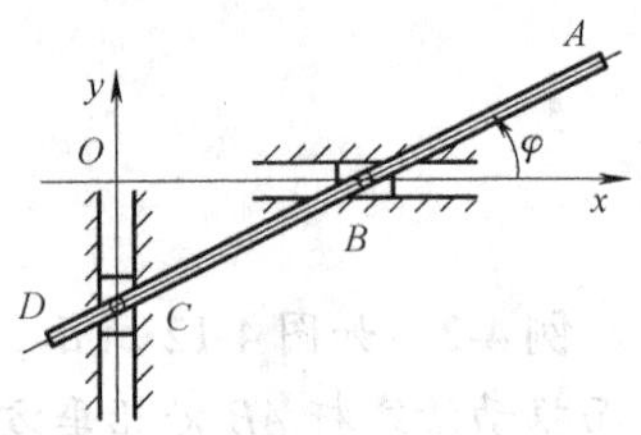

图 4-14

消去时间t，得点A的轨迹方程为

$$\frac{x_A^2}{4l^2} + \frac{y_A^2}{l^2} = 1$$

可见点A的轨迹为椭圆。

将式(1)对时间求一阶导数，得

$$\begin{cases} v_{Ax} = \dot{x}_A = -2l\omega\sin\omega t \\ v_{Ay} = \dot{y}_A = l\omega\cos\omega t \end{cases} \tag{2}$$

$$v_A = \sqrt{v_{Ax}^2 + v_{Ay}^2} = l\omega\sqrt{1 + 3\sin^2\omega t} \tag{3}$$

再将式(2)对时间求一阶导数，得

$$\begin{cases} a_{Ax} = \dot{v}_{Ax} = -2l\omega^2\cos\omega t \\ a_{Ay} = \dot{v}_{Ay} = -l\omega^2\sin\omega t \end{cases} \tag{4}$$

$$a_A = \sqrt{a_{Ax}^2 + a_{Ay}^2} = l\omega^2\sqrt{3\cos^2\omega t + 1}$$

将式(3)对时间求一阶导数可得点A的切向加速度为

$$a_\tau = \dot{v}_A = \frac{\omega^2 l}{2\sqrt{1 + 3\sin^2\omega t}} 6\sin\omega t\cos\omega t = \frac{3\omega^2 l\sin 2\omega t}{2\sqrt{1 + 3\sin^2\omega t}}$$

故点A的法向加速度为

$$a_n = \sqrt{a_A^2 - a_\tau^2}$$

点A的曲率半径为

$$\rho = \frac{v^2}{a_n}$$

当$t=0$时，$a_\tau=0$，$a_n=2l\omega^2$，$v=l\omega$，得

$$\rho = \frac{l^2\omega^2}{2l\omega^2} = \frac{l}{2}$$

当$t=\pi/(2\omega)$时，$a_\tau=0$，$a_n=l\omega^2$，$v=2l\omega$，得

$$\rho = 4l$$

思　考　题

4-1　试分析图 4-15 所示三个平面机构的自由度。

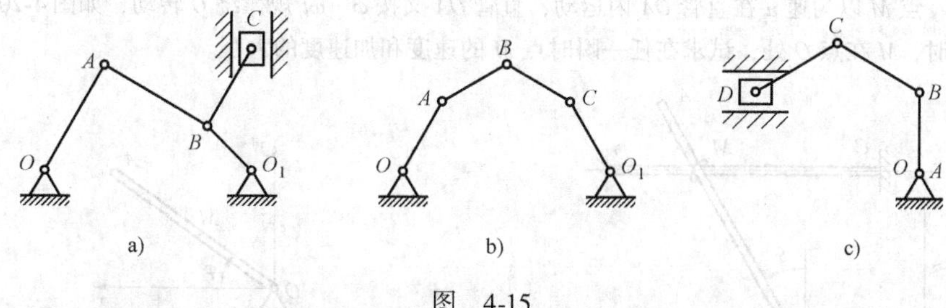

图　4-15

4-2　试说明$\frac{d\boldsymbol{v}}{dt}$、$\left|\frac{d\boldsymbol{v}}{dt}\right|$、$\frac{dv}{dt}$及$\frac{dv_x}{dt}$四者的区别。

4-3　点 M 沿螺旋线自外向内运动，如图 4-16 所示。设点走过的弧长与时间成正比，问点的加速度是越来越大、还是越来越小？这点越跑越快 、还是越跑越慢？

4-4　点作直线运动，某瞬时速度 $v_x = \dot{x} = 2\text{m/s}$，瞬时加速度 $a_x = \ddot{x} = -2\text{m/s}^2$，则 1s 后点的速度为：(1) 等于零；(2) 等于 -2m/s；(3) 不能确定。

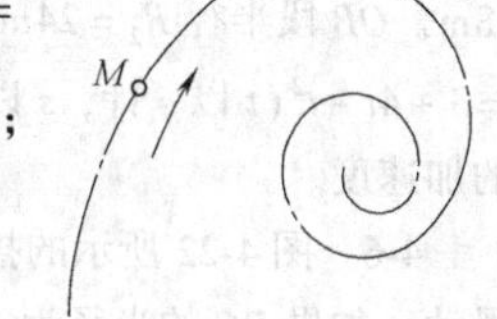

图　4-16

4-5　若点的速度不为零，试判断下列四种情况下点作什么运动。

(1) $a_\tau \equiv 0$，$a_n \equiv 0$，则点作__________；

(2) $a_\tau \neq 0$，$a_n \equiv 0$，则点作__________；

(3) $a_\tau \equiv 0$，$a_n \neq 0$，则点作__________；

(4) $a_\tau \neq 0$，$a_n \neq 0$，则点作__________。

①匀速曲线运动；②变速曲线运动；③匀速直线运动；④变速直线运动

习　　题

4-1　如图 4-17 所示，偏心轮半径为 R，绕轴 O 转动，转角 $\varphi = \omega t$（ω 为常量），偏心距 $OC = e$，偏心轮带动顶杆 AB 沿铅垂直线作往复运动。试求顶杆的运动方程和速度。

4-2　梯子的一端 A 放在水平地面上，另一端 B 靠在竖直的墙上，如图 4-18 所示。梯子保持

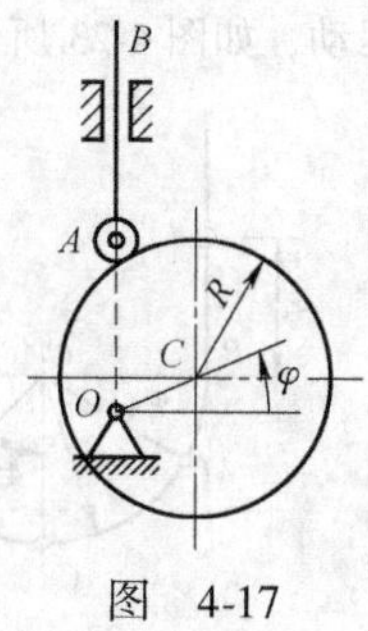

图　4-17

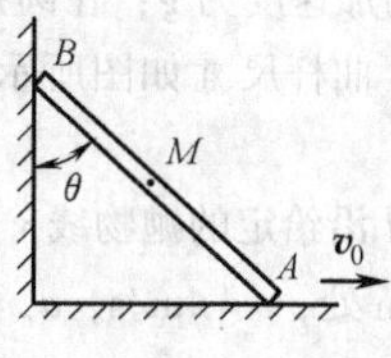

图　4-18

在竖直平面内沿墙滑下。已知点 A 的速度为常值 v_0，M 为梯子上的一点，设 $MA = l$，$MB = h$。试求当梯子与墙的夹角为 θ 时，点 M 的速度和加速度的大小。

4-3 已知杆 OA 与铅直线夹角 $\varphi = \pi t/6$（φ 以 rad 计，t 以 s 计），小环 M 套在杆 OA、CD 上，如图 4-19 所示。铰 O 至水平杆 CD 的距离 $h = 400\text{mm}$。试求 $t = 1\text{s}$ 时，小环 M 的速度和加速度。

4-4 点 M 以匀速 u 在直管 OA 内运动，直管 OA 又按 $\varphi = \omega t$ 规律绕 O 转动，如图 4-20 所示。当 $t = 0$ 时，M 在点 O 处，试求在任一瞬时点 M 的速度和加速度的大小。

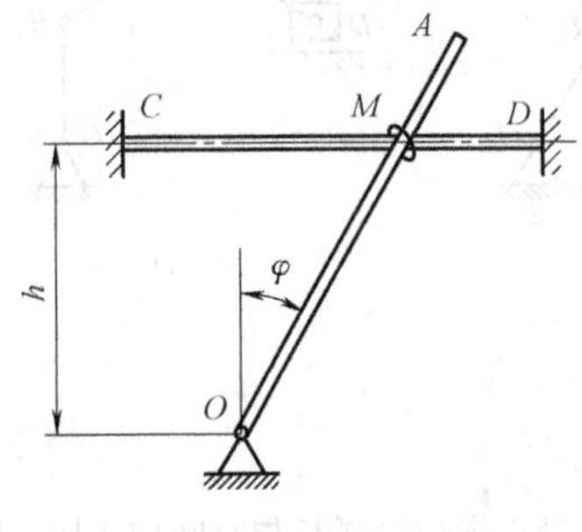

图 4-19

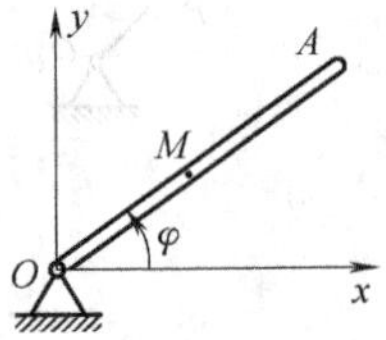

图 4-20

4-5 点沿曲线 AOB 运动，如图 4-21 所示。曲线由 AO、OB 两段圆弧组成，AO 段半径 $R_1 = 18\text{m}$，OB 段半径 $R_2 = 24\text{m}$，取圆弧交接处 O 为原点，规定正方向如图所示。已知点的运动方程 $s = 3 + 4t - t^2$（t 以 s 计，s 以 m 计）。试求：(1) 点由 $t = 0$ 到 $t = 5\text{s}$ 所经过的路程；(2) $t = 5\text{s}$ 时点的加速度。

4-6 图 4-22 所示的摇杆滑道机构中的滑块 M 同时在固定的圆弧槽 BC 和摇杆 OA 的滑道中滑动。如果 BC 的半径为 R，摇杆 OA 的轴 O 在弧 BC 的圆周上。摇杆绕轴 O 以等角速度 ω 转动，当运动开始时，摇杆在水平位置。试分别用直角坐标法和自然法给出点 M 的运动方程，并求其速度和加速度。

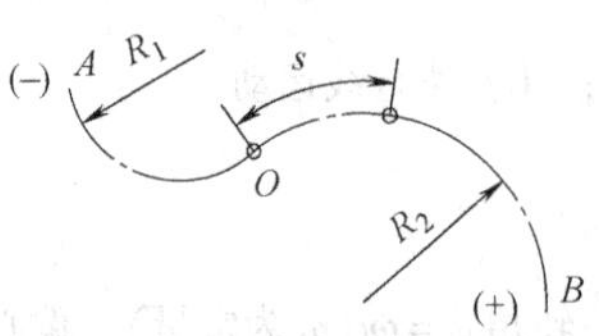

图 4-21

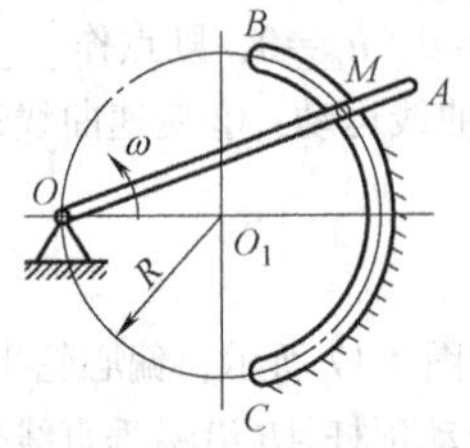

图 4-22

4-7 小环 M 在铅垂面内沿曲杆 $ABCE$ 从点 A 由静止开始运动，如图 4-23 所示。在直线段 AB 上，小环的加速度为 $\boldsymbol{g}$；在圆弧段 BCE 上，小环的切向加速度 $a_\tau = g\cos\varphi$。曲杆尺寸如图所示，试求小环在 C、D 两处的速度和加速度。

4-8 点 M 沿给定的抛物线 $y = 0.2x^2$ 运动（其中 x、y 均以 m 计）。在 $x = 5\text{m}$ 处，$v = 4\text{m/s}$，$a_\tau = 3\text{m/s}^2$。试求点在该位置时的加速度。

4-9 点沿空间曲线运动，如图 4-24 所示，在点 M 处其速度为 $\boldsymbol{v} = 4\boldsymbol{i} + 3\boldsymbol{j}$，加速度 $\boldsymbol{a}$ 与速度 $\boldsymbol{v}$ 的夹角 $\beta = 30°$，且 $a = 10\text{m/s}^2$。

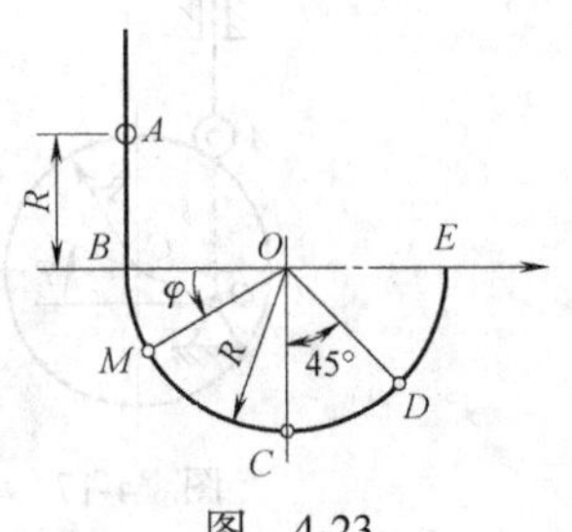

图 4-23

试计算轨迹在该点的曲率半径 ρ 和切向加速度 a_τ。

4-10　点沿螺旋线运动，其运动方程为 $x = R\cos\omega t$，$y = R\sin\omega t$，$z = h\omega t/(2\pi)$，其中，R、h、ω 均为常量。设 $t=0$ 时，$s_0 = 0$，试建立点沿轨迹运动的方程 $s=f(t)$，并求点的速度、加速度的大小和曲率半径。

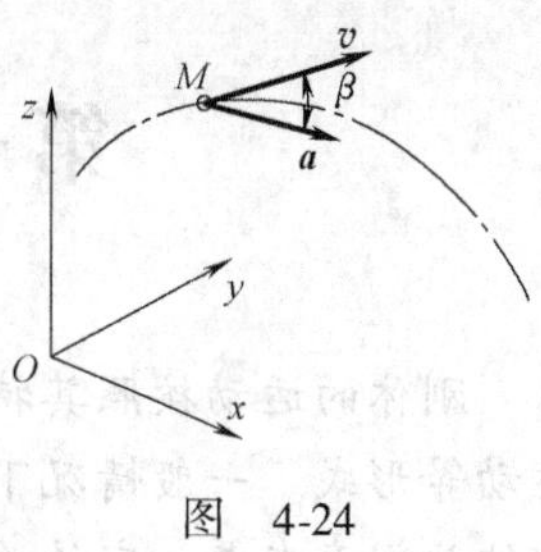

图　4-24

4-11　点在平面上运动，其轨迹的参数方程为 $x=2\sin(\pi t/3)$，$y=4+4\sin(\pi t/3)$，设 $t=0$ 时，$s_0=0$；s 的正方向相当于 x 增大方向。试求轨迹的直角坐标方程 $y=f(x)$、点沿轨迹运动的方程 $s=s(t)$、点的速度和切向加速度与时间的函数关系。

4-12　已知动点的运动方程为 $x=t^2-t$，$y=2t$。试求其轨迹方程和速度、加速度。并求当 $t=1\text{s}$ 时，点的切向加速度、法向加速度和曲率半径。x、y 的单位为 m，t 的单位为 s。

4-13　如图 4-25 所示，动点 A 从点 O 开始沿半径为 R 的圆周作匀加速运动，初速度为零。设点的加速度 $\boldsymbol{a}$ 与切线间的夹角为 θ，并以 β 表示点所走过的弧长 s 对应的圆心角。试证：$\tan\theta=2\beta$。

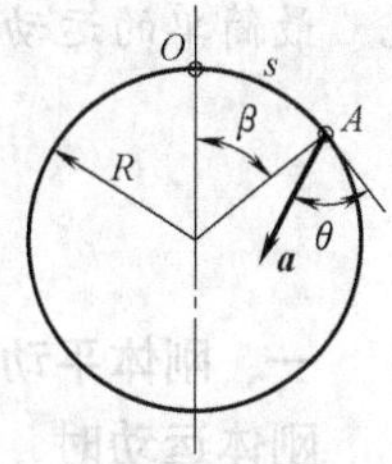

图　4-25

4-14　已知点作平面曲线运动，其运动方程为 $x=x(t)$，$y=y(t)$。试证在任一瞬时动点的切向加速度、法向加速度及轨迹曲线的曲率半径分别为

$$a_\tau = \frac{\dot{x}\ddot{x}+\dot{y}\ddot{y}}{\sqrt{\dot{x}^2+\dot{y}^2}},\quad a_n = \frac{|\dot{x}\ddot{y}+\dot{y}\ddot{x}|}{\sqrt{\dot{x}^2+\dot{y}^2}},\quad \rho = \frac{(\dot{x}^2+\dot{y}^2)^{\frac{3}{2}}}{|\dot{x}\ddot{y}-\dot{y}\ddot{x}|}$$

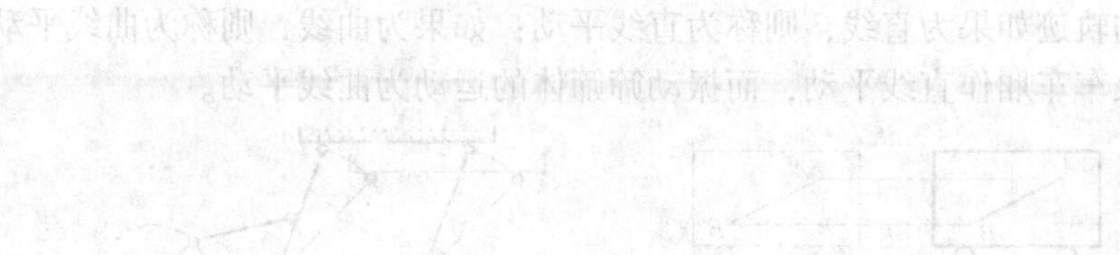

第五章　刚体的基本运动

刚体的运动按照其特征可以分为平动、定轴转动、平面运动、定点运动和一般运动等形式。一般情况下，运动刚体上各点的轨迹、速度和加速度是各不相同的，但彼此间存在着一定的关系。研究刚体的运动，包括研究刚体整体运动的情况和刚体上各点的运动之间的关系。

本章研究刚体的两种基本运动：平动和定轴转动。这两种运动都是工程中最常见、最简单的运动，也是研究刚体复杂运动的基础。

第一节　刚体的平动

一、刚体平动的定义

刚体运动时，若其上任一直线始终保持与它的初始位置平行，则称刚体作平行移动，简称为**平动**或**移动**。工程实际中刚体平动的例子有很多，例如，沿直线轨道行驶的火车车厢的运动(图 5-1a)，振动筛筛体的运动(图 5-1b)等。刚体平动时，其上各点的轨迹如果为直线，则称为直线平动；如果为曲线，则称为曲线平动；上面所举的火车车厢作直线平动，而振动筛筛体的运动为曲线平动。

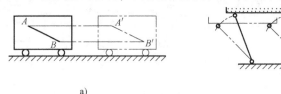

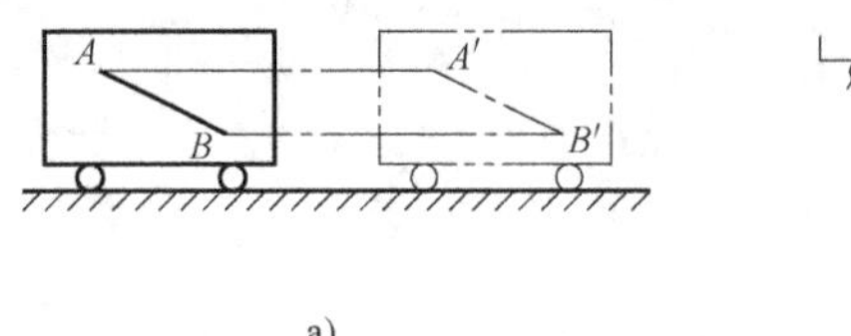

图　5-1

二、刚体平动的特点

现在来研究刚体平动时其上各点的轨迹、速度和加速度之间的关系。

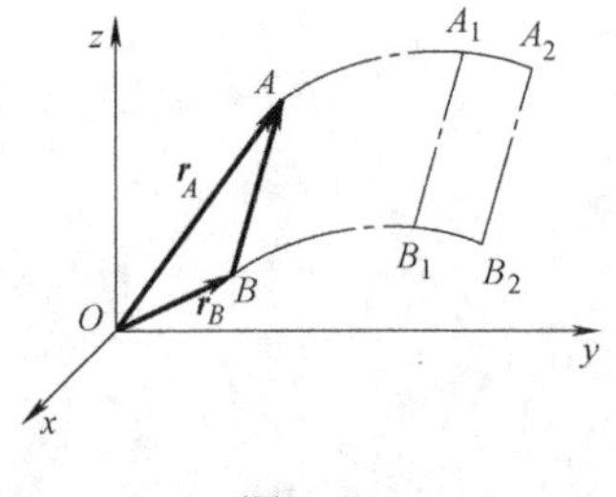

图　5-2

设在作平动的刚体内任取两点 A 和 B，令两点的矢径分别为 $\boldsymbol{r}_A$ 和 $\boldsymbol{r}_B$，并作矢量$\overrightarrow{BA}$，如图 5-2 所示。则两条矢端曲线就是两点的轨迹。由图可知

$$\boldsymbol{r}_A = \boldsymbol{r}_B + \overrightarrow{BA}$$

由于刚体作平动，线段 BA 的长度和方向均不随时间而变，即$\overrightarrow{BA}$是常矢量。因此，在运动过程中，A、B 两点的轨迹曲线的形状完全相同。

把上式两边对时间 t 连续求两次导数，由于常矢量$\overrightarrow{BA}$的导数等于零，于是得

$$\boldsymbol{v}_A = \boldsymbol{v}_B$$

$$\boldsymbol{a}_A = \boldsymbol{a}_B$$

此式表明，在任一瞬时，A、B 两点的速度相同，加速度也相同。因为点 A、B 是任取的两点，因此可得如下结论：**刚体平动时，其上各点的轨迹形状相同；同一瞬时，各点的速度相等，加速度也相等。**

综上所述，对于平动刚体，只要知道其上任一点的运动就知道了整个刚体的运动。所以，研究刚体的平动，可以归结为研究刚体内任一点(例如机构的连接点、质心等)的运动，也就是归结为上一章所研究过的点的运动学问题。

例 5-1 荡木用两根等长的绳索平行吊起，如图 5-3 所示。已知 $O_1O_2=AB$，绳索长 $O_1A=O_2B=l$，摆动规律为 $\varphi=\varphi_0\sin(\pi t/4)$。试求当 $t=0$ 和 $t=2\text{s}$ 时，荡木中点 M 的速度和加速度。

解 根据题意，四边形 O_1ABO_2 是一平行四边形，运动中荡木 AB 始终平行于固定不动的连线 O_1O_2，故荡木作平动。由平动刚体的特点知：在同一瞬时，荡木上各点的速度、加速度相等，即有$\boldsymbol{v}_M=\boldsymbol{v}_A$，$\boldsymbol{a}_M=\boldsymbol{a}_A$，因此欲求点 M 的速度、加速度，只需求出点 A 的速度、加速度即可。

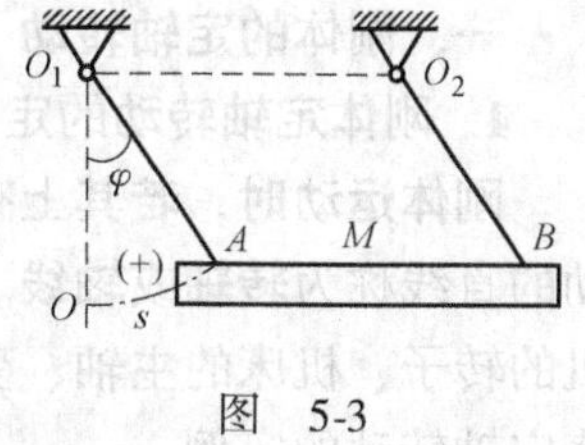

图 5-3

点 A 不仅是荡木上的一点，而且也是摆索 O_1A 上的一个端点。点 A 沿圆心在 O_1、半径为 l 的圆弧运动，规定弧坐标 s 向右为正，则点 A 的运动方程为

$$s = l\varphi = l\varphi_0\sin\frac{\pi}{4}t$$

因而可得任一瞬时 t 点 A 的速度、加速度为

$$v = \dot{s} = \frac{\pi l\varphi_0}{4}\cos\frac{\pi}{4}t$$

$$a_\tau = \dot{v} = -\frac{\pi^2 l\varphi_0}{16}\sin\frac{\pi}{4}t$$

$$a_n = \frac{\dot{v}^2}{\rho} = \frac{v^2}{l} = \frac{\pi^2 l\varphi_0^2}{16}\cos^2\frac{\pi}{4}t$$

当 $t=0$ 时，$\varphi=0$，摆索 O_1A 位于铅垂位置，此时

$$v_M = v_A = \frac{\pi l\varphi_0}{4}$$

$$a_\tau = 0$$

$$a_n = \frac{v^2}{\rho} = \frac{v^2}{l} = \frac{\pi^2 l\varphi_0^2}{16}$$

$$a_M = \sqrt{a_\tau^2 + a_n^2} = \frac{\pi^2 l\varphi_0^2}{16}$$

加速度的方向与 $\boldsymbol{a}_{\mathrm{n}}$ 相同，即铅垂向上。

当 $t=2\mathrm{s}$ 时，$\varphi=\varphi_0$，此时

$$v_M = 0$$

$$a_\tau = -\frac{\pi^2 l\varphi_0}{16}$$

$$a_{\mathrm{n}} = 0$$

$$a_M = \sqrt{a_\tau^2 + a_{\mathrm{n}}^2} = \frac{\pi^2 l\varphi_0}{16}$$

加速度的方向与 $\boldsymbol{a}_\tau$ 相同，即沿轨迹的切线方向，指向弧坐标的负向。

第二节 刚体的定轴转动

一、刚体的定轴转动

1. 刚体定轴转动的定义

刚体运动时，若其上有一直线始终保持不动，则称刚体作定轴转动。该固定不动的直线称为**转轴**或**轴线**。定轴转动是工程中较为常见的一种运动形式。例如电动机的转子、机床的主轴、变速箱中的齿轮以及绕固定铰链开关的门窗等，都是刚体绕定轴转动的实例。

2. 刚体的转动方程

设有一刚体绕固定轴 z 转动，如图 5-4 所示。为了确定刚体的位置，过轴 z 作 A、B 两个平面，其中 A 为固定平面；B 是与刚体固连并随同刚体一起绕 z 轴转动的平面。两平面间的夹角用 φ 表示，它确定了刚体的位置，称为刚体的**转角**。转角 φ 的符号规定如下：从 z 轴的正向往负向看去，自固定面 A 起沿逆时针转向所量得的 φ 取为正值，反之为负值。

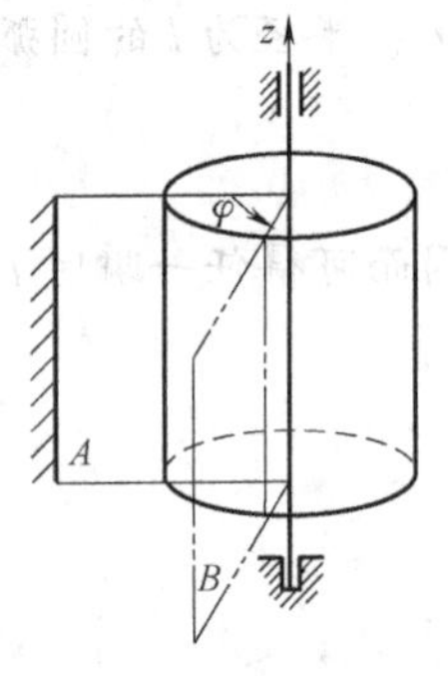

图 5-4

定轴转动刚体具有一个自由度，取转角 φ 为广义坐标。当刚体转动时，φ 随时间 t 变化，是时间 t 的单值连续函数，即

$$\varphi = f(t) \tag{5-1}$$

该方程称为**刚体定轴转动的转动方程**，简称为**刚体的转动方程**。

3. 角速度和角加速度

角速度表征刚体转动的快慢及转向，用字母 ω 表示，它等于转角 φ 对时间的一阶导数，即

$$\omega = \dot{\varphi} \tag{5-2}$$

单位为 rad/s(弧度/秒)。

角加速度表征刚体角速度变化的快慢，用字母 α 表示，它等于角速度 ω 对时

间的一阶导数，或等于转角 φ 对时间的二阶导数，即

$$\alpha = \dot{\omega} = \ddot{\varphi} \tag{5-3}$$

单位为 rad/s^2(弧度/秒^2)。

角速度 ω、角加速度 α 都是代数量，若为正值，则其转向与转角 φ 的增大转向一致；若为负值，则相反。

如果 ω 与 α 同号(即转向相同)，则刚体作加速转动；如果 ω 与 α 异号，则刚体作减速转动。

机器中的转动部件或零件，常用转速 n(每分钟内的转数，以 r/min 为单位)来表示转动的快慢。角速度与转速之间的关系是

$$\omega = \frac{2\pi n}{60} = \frac{\pi n}{30} \tag{5-4}$$

4. 匀变速转动和匀速转动

若角加速度不变，即 α 等于常量，则刚体作匀变速转动(当 ω 与 α 同号时，称为匀加速转动；当 ω 与 α 异号时，称为匀减速转动)。这种情况下，有

$$\omega = \omega_0 + \alpha t \tag{5-5}$$

$$\varphi = \varphi_0 + \omega_0 t + \frac{1}{2}\alpha t^2 \tag{5-6}$$

$$\omega^2 - \omega_0^2 = 2\alpha(\varphi - \varphi_0) \tag{5-7}$$

式中，ω_0 和 φ_0 分别是 $t=0$ 时的角速度和转角。

对于匀速转动，$\alpha=0$，$\omega=$常量，则有

$$\varphi = \varphi_0 + \omega t \tag{5-8}$$

二、转动刚体内各点的速度和加速度

刚体绕定轴转动时，转轴上各点都固定不动，其他各点都在通过该点并垂直于转轴的平面内作圆周运动，圆心在转轴上，圆周的半径 R 称为该点的**转动半径**，它等于该点到转轴的垂直距离。下面用自然法研究转动刚体上任一点的运动量(速度、加速度)与转动刚体本身的运动量(角速度、角加速度)之间的关系。

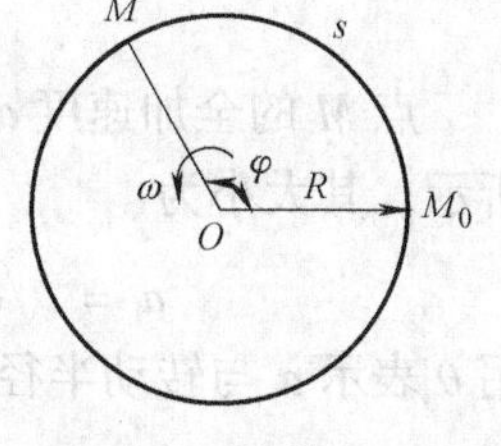

图　5-5

1. 以弧坐标表示的点的运动方程

如图 5-5 所示，刚体绕定轴 O 转动。开始时，动平面在 OM_0 位置，经过一段时间 t，动平面转到 OM 位置，对应的转角为 φ，刚体上一点由 M_0 运动到了 M。以固定点 M_0 为弧坐标 s 的原点，按 φ 角的正向规定弧坐标的正向，于是，由图 5-5 可知 s 与 φ 有如下关系：

$$s = R\varphi \tag{5-9}$$

2. 点的速度

任一瞬时，点 M 的速度 $\boldsymbol{v}$ 的值为

$$v = \dot{s} = R\dot{\varphi} = R\omega \tag{5-10}$$

即转动刚体内任一点的速度，其大小等于该点的转动半径与刚体角速度的乘积，方向沿轨迹的切线(垂直于该点的转动半径 OM)，指向刚体转动的一方。速度分布规律如图 5-6 所示。

3. 点的加速度

任一瞬时，点 M 的切向加速度 $\boldsymbol{a}_\tau$ 的值为

$$a_\tau = \dot{v} = R\dot{\omega} = R\alpha \tag{5-11}$$

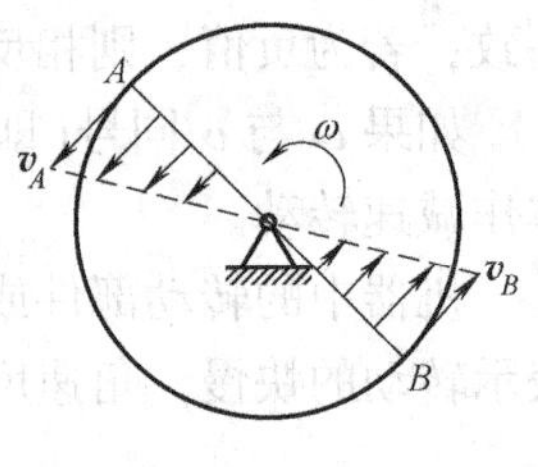

图 5-6

即转动刚体内任一点的切向加速度的大小，等于该点的转动半径与刚体角加速度的乘积，方向沿轨迹的切线，指向与 α 的转向一致。如图 5-7a 所示。

点 M 的法向加速度 $\boldsymbol{a}_n$ 的大小为

$$a_n = \frac{v^2}{\rho} = \frac{(R\omega)^2}{R} = R\omega^2$$

因此

$$a_n = R\omega^2 \tag{5-12}$$

即转动刚体内任一点的法向加速度的大小，等于该点的转动半径与刚体角速度平方的乘积，方向沿转动半径并指向转轴。如图 5-7a 所示。

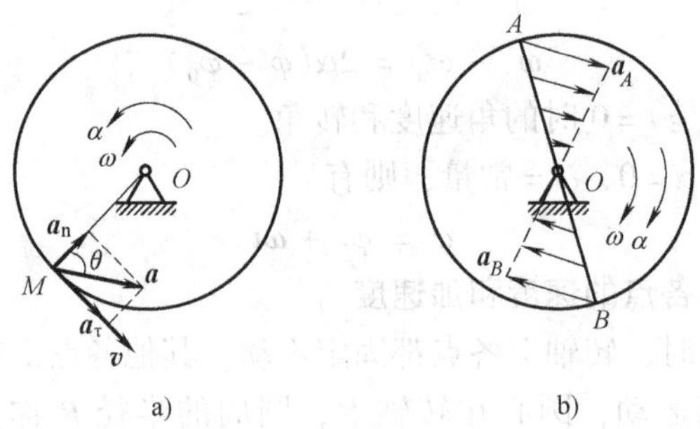

图 5-7

点 M 的全加速度 $\boldsymbol{a}$ 等于其切向加速度 $\boldsymbol{a}_\tau$ 与法向加速度 $\boldsymbol{a}_n$ 的矢量和，如图 5-7a 所示。其大小为

$$a = \sqrt{a_\tau^2 + a_n^2} = \sqrt{(R\alpha)^2 + (R\omega^2)^2} = R\sqrt{\alpha^2 + \omega^4} \tag{5-13}$$

用 θ 表示 $\boldsymbol{a}$ 与转动半径 OM(即 $\boldsymbol{a}_n$)之间的夹角，则

$$\tan\theta = \frac{|a_\tau|}{a_n} = \frac{|R\alpha|}{R\omega^2} = \frac{|\alpha|}{\omega^2} \tag{5-14}$$

由上述分析可以看出，刚体定轴转动时，其上各点的速度、加速度有如下分布规律：

1）转动刚体内各点速度、加速度的大小，都与该点的转动半径成正比。

2）转动刚体内各点速度的方向垂直于转动半径，并指向刚体转动的一方。

3）同一瞬时，转动刚体内各点的全加速度与其转动半径具有相同的夹角 θ，

并偏向角加速度 α 转向的一方。

加速度分布规律如图 5-7b 所示。

例 5-2 杆 AB 在铅垂方向以恒速 $\boldsymbol{v}$ 向下运动，并由 B 端的小轮带动半径为 R 的圆弧杆 OC 绕轴 O 转动，如图 5-8 所示。设运动开始时，$\varphi=\pi/4$，试求杆 OC 的转动方程、任一瞬时的角速度以及点 C 的速度。

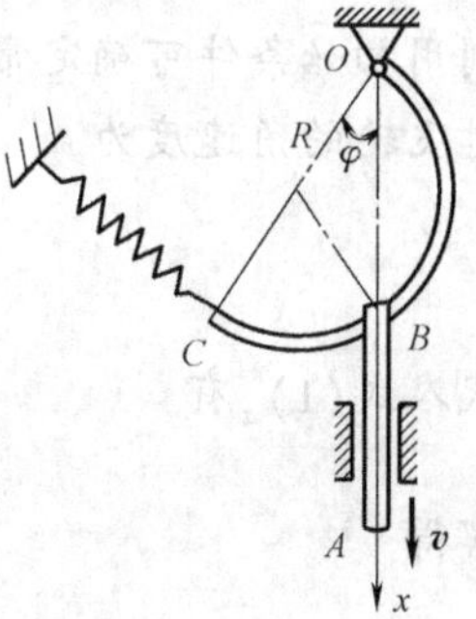

解 (1) 建立 OC 杆的转动方程。取点 O 为坐标原点，作铅直向下的 Ox 轴。杆 AB 上点 B 的位置坐标可表示为

$$x_B = OB = 2R\cos\varphi$$

将上式对时间求一阶导数，并注意到杆 AB 作平动，有 $\dot{x}_B=v$，得

$$v = \dot{x}_B = -2R\sin\varphi\dot{\varphi} \tag{1}$$

整理后积分，有 $\displaystyle\int_{\frac{\pi}{4}}^{\varphi}\sin\varphi\mathrm{d}\varphi = -\int_0^t\frac{v}{2R}\mathrm{d}t$

得 $$\cos\varphi = \frac{1}{2}\left(\sqrt{2}+\frac{vt}{R}\right) \tag{2}$$

图 5-8

故杆 OC 的转动方程为

$$\varphi = \arccos\left[\frac{1}{2}\left(\sqrt{2}+\frac{vt}{R}\right)\right] \tag{3}$$

(2) 求杆 OC 的角速度

由式(1)得

$$\omega = \dot{\varphi} = -\frac{v}{2R\sin\varphi} \tag{4}$$

由式(2) 得 $\displaystyle\sin\varphi = \sqrt{1-\cos^2\varphi} = \frac{1}{2}\sqrt{2-2\sqrt{2}\frac{vt}{R}-\left(\frac{vt}{R}\right)^2}$

代入式(4)，最后得任一瞬时 OC 杆的角速度为

$$\omega = -\frac{v}{\sqrt{2R^2-2\sqrt{2}Rvt-(vt)^2}}$$

(3) 求点 C 的速度

$$v_C = OC\cdot\omega = 2R\omega = -\frac{2Rv}{\sqrt{2R^2-2\sqrt{2}Rvt-(vt)^2}}$$

方向垂直于 OC 连线，指向右下方。

例 5-3 半径为 $R=0.5\text{m}$ 的飞轮由静止开始转动，角加速度 $\alpha=b/(5+t)$ (rad/s^2)，其中 b 为常量。已知 $t=5\text{s}$ 时，轮缘上一点的速度大小为 $v=20\text{m/s}$，试求当 $t=10\text{s}$ 时，该点的速度、加速度的大小。

解 本题中飞轮的角加速度随时间变化，是一变量，可先通过积分运算求出飞轮的角速度，然后再计算轮缘上一点的速度、加速度。

由 $$\alpha = \frac{d\omega}{dt} = \frac{b}{5+t}$$

分离变量后积分 $$\int_0^{\omega} d\omega = \int_0^t \frac{b}{5+t} dt$$

解得 $$\omega = b\ln\frac{5+t}{t} \tag{1}$$

利用初始条件可确定常数 b。当 $t=5s$ 时，轮缘上一点的速度 $v=R\omega=20m/s$，故此时飞轮的角速度为

$$\omega = \frac{v}{R} = \frac{20}{0.5}rad/s = 40rad/s$$

代入式(1)，有 $$40 = b\ln\frac{5+5}{5} = b\ln 2$$

解得 $$b = \frac{40}{\ln 2} = 57.71$$

因此得角速度、角加速度随时间的变化规律分别为

$$\omega = 57.71\ln\frac{5+t}{5}(rad/s)$$

$$\alpha = \frac{57.71}{5+t}(rad/s^2)$$

当 $t=10s$ 时，轮缘上一点的速度、加速度的大小分别为

$$v = R\omega = \left(0.5\times 57.71\ln\frac{5+10}{5}\right)m/s = 31.7m/s$$

$$a_\tau = R\alpha = \left(0.5\times\frac{57.71}{5+10}\right)m/s^2 = 1.924m/s^2$$

$$a_n = R\omega^2 = \left[0.5\times\left(57.71\ln\frac{5+10}{5}\right)^2\right]m/s^2 = 2010m/s^2$$

$$a = \sqrt{a_\tau^2 + a_n^2} = \sqrt{1.924^2 + 2010^2}m/s^2 = 2010m/s^2$$

三、角速度矢和角加速度矢　点的速度和加速度的矢量积表示

1. 角速度矢与角加速度矢

在分析较为复杂的运动问题时，用矢量表示转动刚体的角速度与角加速度通常较为方便。

角速度的矢量表示方法如下：当刚体转动时，从转轴上任取一点作为起点，沿转轴作一矢量 $\boldsymbol{\omega}$，如图 5-9 所示，使其模等于角速度的绝对值；指向按右手螺旋法则由角速度的转向确定，即从矢量 $\boldsymbol{\omega}$ 的末端向起点看，刚体绕转轴应作逆时针转向的转动。该矢量 $\boldsymbol{\omega}$ 称为转动刚体的**角速度矢**。

若以 $\boldsymbol{k}$ 表示沿转轴 z 正向的单位矢量，则转动刚体的角速度矢可写成为

$$\boldsymbol{\omega} = \omega\boldsymbol{k} \tag{5-15}$$

同样，转动刚体的角加速度也可用一个沿轴线的矢量表示，称为角加速度矢，

即

$$\boldsymbol{\alpha} = \alpha \boldsymbol{k} \tag{5-16}$$

注意到 $\boldsymbol{k}$ 是一常矢量，于是

$$\boldsymbol{\alpha} = \alpha \boldsymbol{k} = \dot{\omega} \boldsymbol{k} = \dot{\boldsymbol{\omega}} \tag{5-17}$$

即**角加速度矢等于角速度矢对时间的一阶导数**。

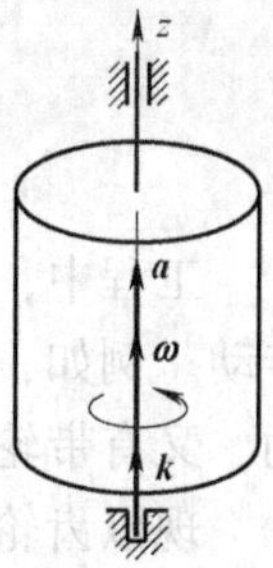

因为角速度矢、角加速度矢的起点可在轴线上任意选取，所以 $\boldsymbol{\omega}$、$\boldsymbol{\alpha}$ 都是滑动矢量。

图 5-9

2. 用矢量积表示点的速度和加速度

将角速度、角加速度用矢量表示后，转动刚体内任一点的速度、加速度就可以用矢量积表示。

在转轴上任取一点 O 为原点，用矢径 $\boldsymbol{r}$ 表示转动刚体上任一点 M 的位置，如图 5-10 所示。则点 M 的速度可用角速度矢与矢径的矢量积表示为

$$\boldsymbol{v} = \boldsymbol{\omega} \times \boldsymbol{r} \tag{5-18}$$

下面从速度的大小和方向上来证明此式的正确性。由矢量积的定义知，矢量 $\boldsymbol{\omega} \times \boldsymbol{r}$ 的大小为

$$|\boldsymbol{\omega} \times \boldsymbol{r}| = |\boldsymbol{\omega}| \times |\boldsymbol{r}| \sin\theta = |\boldsymbol{\omega}| \times R = |\boldsymbol{v}|$$

式中，θ 是角速度 $\boldsymbol{\omega}$ 与矢径 $\boldsymbol{r}$ 之间的夹角。这样就证明了矢量积 $\boldsymbol{\omega} \times \boldsymbol{r}$ 的大小等于速度 $\boldsymbol{v}$ 的大小。

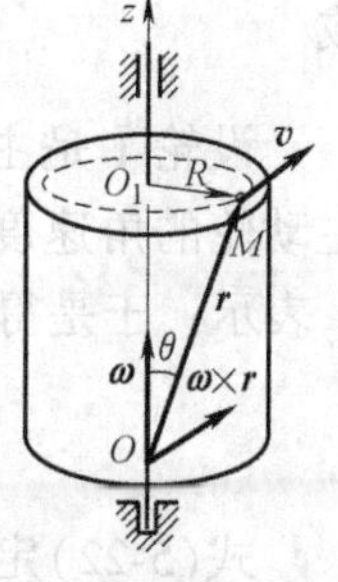

图 5-10

矢量积 $\boldsymbol{\omega} \times \boldsymbol{r}$ 的方向垂直于 $\boldsymbol{\omega}$ 和 $\boldsymbol{r}$ 所组成的平面，即垂直于平面 OMO_1；从 $\boldsymbol{v}$ 的终点向起点看，可见矢量 $\boldsymbol{\omega}$ 按逆时针转向转过角 θ 而与 $\boldsymbol{r}$ 重合，从而可以看出，矢量积 $\boldsymbol{\omega} \times \boldsymbol{r}$ 的方向正好与点 M 的速度方向相同。

转动刚体上任一点的加速度也可用矢量积表示。将式(5-18)代入加速度的矢量表达式中，可得点 M 的加速度为

$$\boldsymbol{a} = \dot{\boldsymbol{v}} = \frac{\mathrm{d}}{\mathrm{d}t}(\boldsymbol{\omega} \times \boldsymbol{r}) = \dot{\boldsymbol{\omega}} \times \boldsymbol{r} + \boldsymbol{\omega} \times \dot{\boldsymbol{r}}$$

将 $\dot{\boldsymbol{\omega}} = \boldsymbol{\alpha}$，$\dot{\boldsymbol{r}} = \boldsymbol{v}$ 代入，得

$$\boldsymbol{a} = \boldsymbol{\alpha} \times \boldsymbol{r} + \boldsymbol{\omega} \times \boldsymbol{v} \tag{5-19}$$

式中，右端第一项就是点 M 的切向加速度，第二项就是其法向加速度，即

$$\boldsymbol{a}_\tau = \boldsymbol{a} \times \boldsymbol{r} \tag{5-20}$$

$$\boldsymbol{a}_\mathrm{n} = \boldsymbol{\omega} \times \boldsymbol{v} \tag{5-21}$$

读者可自行验证。

综上所述可得结论：**转动刚体上任一点的速度等于刚体的角速度矢与该点矢径的矢量积；任一点的切向加速度等于刚体的角加速度矢与该点矢径的矢量积，法向加速度等于刚体的角速度矢与该点速度的矢量积。**

第三节 轮系的传动比

工程中，常用轮系传动来提高或降低机械的转速，最常见的有齿轮传动和带轮传动。例如，机床中的减速箱用齿轮系来降低转速，而带式输送机中既有齿轮传动，又有带轮传动。

现以齿轮传动为例，说明轮系的传动比。设有两个齿轮各绕固定轴 O_1 和 O_2 转动，如图 5-11 所示。已知啮合圆半径分别为 R_1 和 R_2；角速度各为 ω_1 和 ω_2。设 A、B 分别为轮Ⅰ和轮Ⅱ啮合圆上的接触点，由于两圆间没有相对滑动，故两点的速度相等。即

$$\boldsymbol{v}_B = \boldsymbol{v}_A$$

因 $v_B = R_2\omega_2$，$v_A = R_1\omega_1$，故

$$R_2\omega_2 = R_1\omega_1$$

或

$$\frac{\omega_1}{\omega_2} = \frac{R_2}{R_1}$$

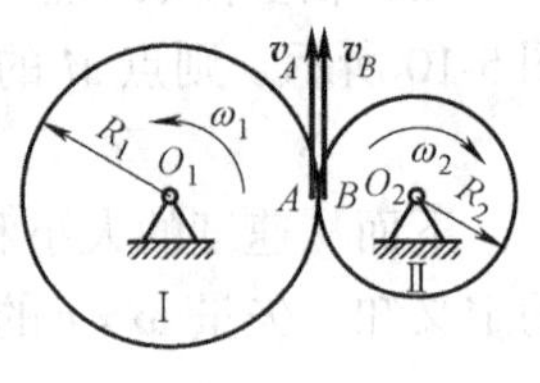

图 5-11

设轮Ⅰ是主动轮，轮Ⅱ是从动轮。工程中，通常将主动轮的角速度与从动轮的角速度之比称为**传动比**，用 i_{12} 表示，于是得计算传动比的基本公式

$$i_{12} = \frac{\omega_1}{\omega_2} = \frac{R_2}{R_1} \tag{5-22}$$

式(5-22)定义的传动比是两个角速度大小之比，与转动方向无关，因此它不仅适用于圆柱齿轮传动，也适用于传动轴成任意角度的锥齿轮传动、摩擦轮传动及带轮传动(图 5-12)和链轮传动。

在齿轮系中，如轮Ⅰ和轮Ⅱ的齿数分别为 z_1 和 z_2，由于齿轮在啮合圆上的齿距相等，它们的齿数与半径成正比，故

$$i_{12} = \frac{\omega_1}{\omega_2} = \frac{R_2}{R_1} = \frac{z_2}{z_1} \tag{5-23}$$

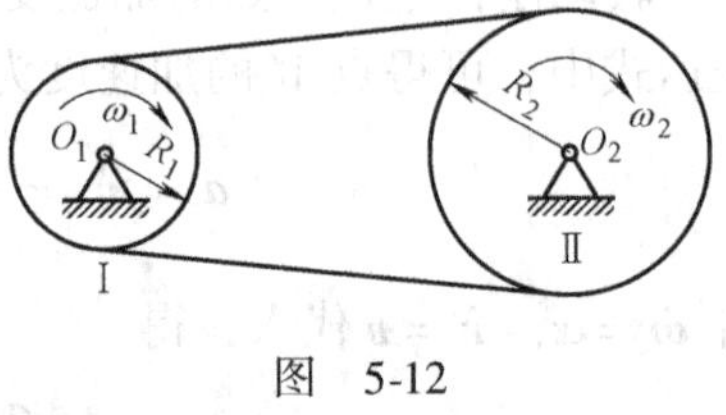

图 5-12

式(5-23)也适用于链轮传动。

例 5-4 图 5-13 所示为一带式输送机。已知：主动轮Ⅰ的转速 $n_1 = 1200\text{r/min}$，齿数 $z_1 = 24$；齿轮Ⅱ的齿数为 $z_2 = 96$；齿轮Ⅲ和Ⅳ用链传动，齿数各为 $z_3 = 15$ 和 $z_4 = 45$，轮Ⅴ的直径 $D = 460\text{mm}$。试求输送带的速度。

解 (1) 计算轮Ⅰ的角速度和轮系的传动比

由式(5-4)得轮Ⅰ的角速度为

$$\omega_1 = \frac{\pi n_1}{30} = \frac{\pi \times 1200}{30}\text{rad/s} = 40\pi\text{rad/s}$$

由齿轮系的传动比公式，得轮Ⅰ、Ⅱ的传动比

$$i_{12} = \frac{\omega_1}{\omega_2} = \frac{z_2}{z_1}$$

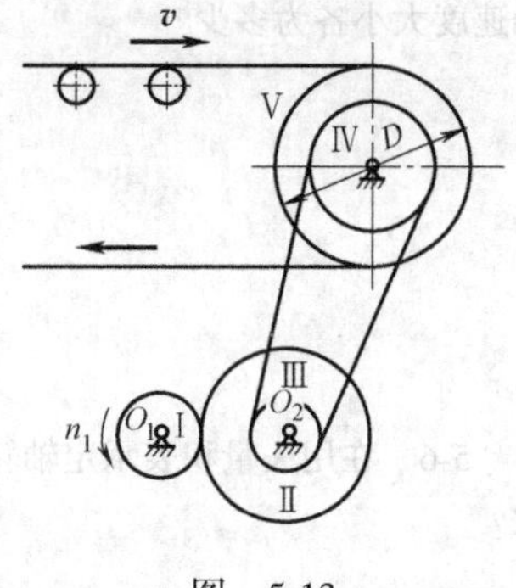

图　5-13

轮Ⅲ、轮Ⅳ用链传动，轮Ⅲ、Ⅳ之间的传动比

$$i_{34} = \frac{\omega_3}{\omega_4} = \frac{z_4}{z_3}$$

机构总的传动比为

$$i_{14} = \frac{\omega_1}{\omega_4} = \frac{\omega_1}{\omega_2}\frac{\omega_2}{\omega_4}$$

因 $\omega_2 = \omega_3$，故

$$i_{14} = \frac{\omega_1}{\omega_4} = \frac{\omega_1}{\omega_2}\frac{\omega_2}{\omega_4} = \frac{\omega_1}{\omega_2}\frac{\omega_3}{\omega_4} = i_{12}i_{34} = \frac{z_2 z_4}{z_1 z_3}$$

由此可见，机构总的传动比等于两对齿轮传动比的乘积。

（2）计算轮Ⅳ的角速度

$$\omega_4 = \frac{\omega_1}{i_{14}} = \frac{z_1 z_3}{z_2 z_4}\omega_1 = \left(\frac{24 \times 15}{96 \times 45} \times 40\pi\right)\text{rad/s} = \frac{10}{3}\pi\text{rad/s}$$

（3）计算输送带的速度。由图 5-13 可见，轮Ⅳ、轮Ⅴ是一整体，角速度相同，且输送带与轮Ⅴ之间不打滑，即输送带与轮Ⅴ的边缘上各点具有相同的速度大小，最后得输送带的速度为

$$v = \frac{D}{2}\omega_4 = \left(\frac{460}{2 \times 1000} \times \frac{10}{3}\pi\right)\text{m/s} = 2.41\text{m/s}$$

思　考　题

5-1　定轴转动的刚体上，平行于轴线的线段作何种运动？

5-2　试判断图 5-14 中哪个刚体作平动，哪个刚体作定轴转动。

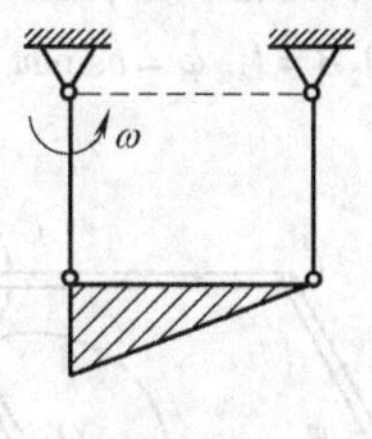

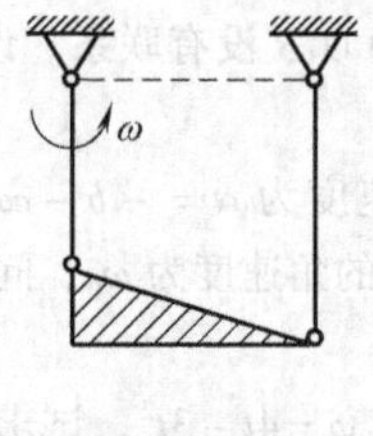

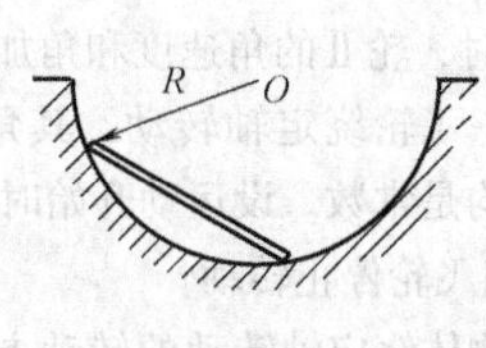

图　5-14

5-3　定轴转动刚体上轴线外各点均作圆周运动，那么，各点均作圆周运动的刚体一定是作定轴转动吗？

5-4　定轴转动刚体上哪些点的加速度大小相等？哪些点的加速度方向相同？哪些点的加速度大小、方向都相同？

5-5　如图 5-15 所示的机构中，设带与带轮之间无相对滑动，试问带上 A、B、C、D 四点的

加速度大小各为多少？

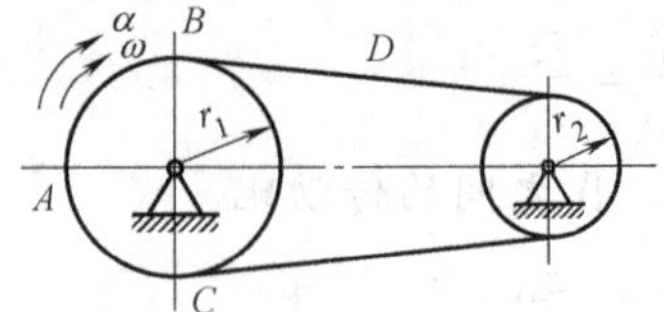

图 5-15

5-6 在用矢量积表示定轴转动刚体上点的速度、加速度时，矢径 $\boldsymbol{r}$ 的原点是否可以任意选取？

习 题

5-1 杆 O_1A 与 O_2B 长度相等且相互平行，在其上铰接一三角形板 ABC，尺寸如图 5-16 所示。图示瞬时，曲柄 O_1A 的角速度为 $\omega=5\text{rad/s}$，角加速度为 $\alpha=2\text{rad/s}^2$，试求三角板上点 C 和点 D 在该瞬时的速度和加速度。

5-2 如图 5-17 所示的曲柄滑杆机构中，滑杆 BC 上有一圆弧形轨道，其半径 $R=100\text{mm}$，圆心 O_1 在滑杆 BC 上。曲柄长 $OA=100\text{mm}$，以等角速度 $\omega=4\text{rad/s}$ 绕 O 轴转动。设 $t=0$ 时，$\varphi=0$，求滑杆 BC 的运动规律以及曲柄与水平线的夹角 $\varphi=30°$时，滑杆 BC 的速度和加速度。

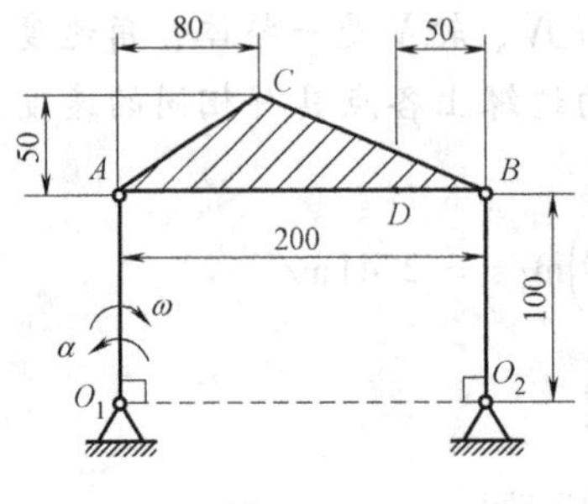

图 5-16

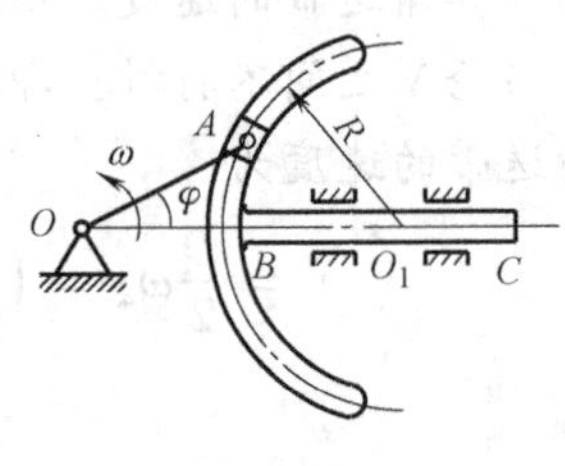

图 5-17

5-3 如图 5-18 所示，机构中齿轮Ⅰ紧固在杆 AC 上，$AB=O_1O_2$，齿轮Ⅰ与半径为 r_2 的齿轮Ⅱ啮合，齿轮Ⅱ可绕 O_2 轴转动且与曲柄 O_2B 没有联系。设 $O_1A=O_2B=l$，$\varphi=b\sin\omega t$，试确定 $t=\pi/(2\omega)$时，轮Ⅱ的角速度和角加速度。

5-4 一飞轮绕定轴转动，其角加速度为 $\alpha=-b-c\omega^2$，其中 b、c 均是常数。设运动开始时飞轮的角速度为 ω_0，问经过多长时间飞轮停止转动？

5-5 物体绕定轴转动的转动方程为 $\varphi=4t-3t^2$。试求物体内与转轴相距 $R=0.5\text{m}$ 的一点，在 $t=0$ 及 $t=1\text{s}$ 时的速度和加速度的大小，并问物体在什么时刻改变其转向？

5-6 电动机转子的角加速度与时间 t 成正比，当 $t=0$ 时，初角速度等于零。经过 3s 后，转子转过 6 圈。试写出转子的转动方程，并求 $t=2\text{s}$ 时转子的角速度。

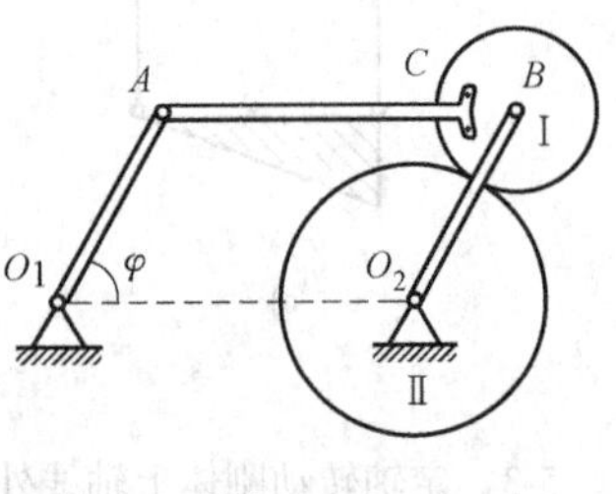

图 5-18

5-7 杆 OA 可绕定轴 O 转动。一绳跨过定滑轮 B，其一端系于杆 OA 上 A 点，另一端以匀速 $\boldsymbol{u}$ 向下拉动，如图 5-19 所示。设 $OA=OB=l$，初始时 $\varphi=0$，试求杆 OA 的转动方程。

5-8　圆盘绕定轴 O 转动。在某一瞬时，轮缘上点 A 的速度为 $v_A=0.8\text{m/s}$，转动半径为 $r_A=0.1\text{m}$；盘上任一点 B 的全加速度 $\boldsymbol{a}_B$ 与其转动半径 OB 成 θ 角，且 $\tan\theta=0.6$，如图 5-20 所示。试求该瞬时圆盘的角加速度。

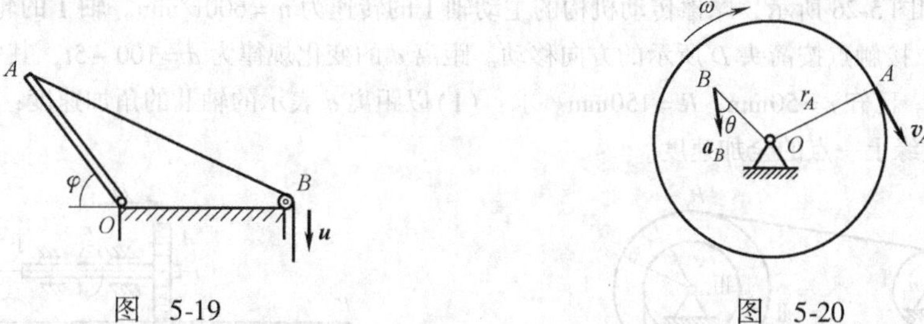

图　5-19　　　　图　5-20

5-9　杆 OA 的长度为 l，可绕轴 O 转动，杆的 A 端靠在物块 B 的侧面上，如图 5-21 所示。若物块 B 以匀速 $\boldsymbol{v}_0$ 向右平动，且 $x=v_0t$，试求杆 OA 的角速度和角加速度以及杆端 A 点的速度。

5-10　图 5-22 所示机构中，杆 AB 以匀速 $\boldsymbol{v}$ 向上滑动，通过滑块 A 带动摇杆 OC 绕 O 轴作定轴转动。开始时 $\varphi=0$，试求当 $\varphi=\pi/4$ 时，摇杆 OC 的角速度和角加速度。

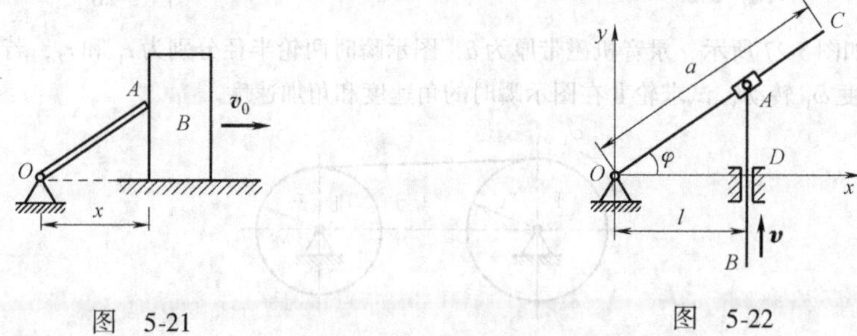

图　5-21　　　　图　5-22

5-11　两轮Ⅰ、Ⅱ铰接于杆 AB 的两端，半径分别为 $r_1=150\text{mm}$，$r_2=200\text{mm}$，可在半径为 $R=450\text{mm}$ 的曲面上运动，在图 5-23 所示瞬时，点 A 的加速度大小为 $a_A=1200\text{mm/s}^2$，方向与 OA 连线成 60°角。试求该瞬时：(1) AB 杆的角速度和角加速度；(2) 点 B 的加速度。

5-12　如图 5-24 所示，电动机轴上的小齿轮 A 驱动连接在提升绞盘上的齿轮 B，物块 M 从其静止位置被提升，以匀加速度升高到 1.2m 时获得速度 0.9m/s。试求当物块经过该位置时：(1) 绳子上与鼓轮相接触的一点 C 的加速度；(2) 小齿轮 A 的角速度和角加速度。

图　5-23　　　　图　5-24

5-13 如图 5-25 所示，电动绞车由带轮Ⅰ和Ⅱ以及鼓轮Ⅲ组成，鼓轮Ⅲ和带轮Ⅱ刚性地固定在同一轴上。各轮的半径分别为 $r_1=0.3\text{m}$，$r_2=0.75\text{m}$，$r_3=0.4\text{m}$，轮Ⅰ的转速为 $n_1=100\text{r/min}$。设带轮与带之间无相对滑动，求重物 M 上升的速度和带各段上点的加速度。

5-14 如图 5-26 所示，摩擦传动机构的主动轴Ⅰ的转速为 $n=600\text{r/min}$。轴Ⅰ的轮盘与轴Ⅱ的轮盘接触，接触点按箭头 D 所示的方向移动。距离 d 的变化规律为 $d=100-5t$，其中 d 以 mm 计，t 以 s 计。已知 $r=50\text{mm}$，$R=150\text{mm}$。求：(1)以距离 d 表示的轴Ⅱ的角加速度；(2)当 $d=r$ 时，轮 B 边缘上一点的全加速度。

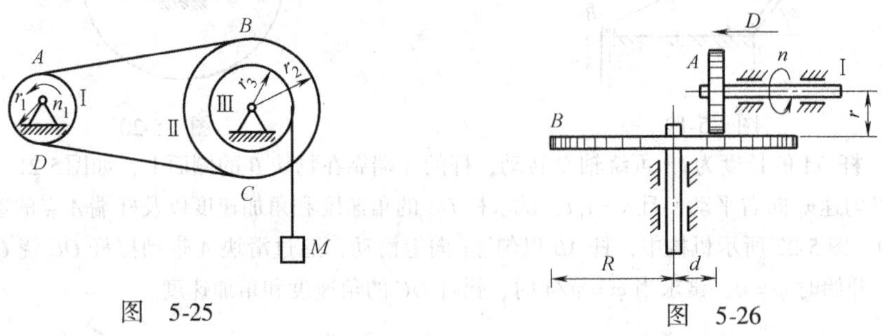

图 5-25　　图 5-26

5-15 如图 5-27 所示，录音机磁带厚为 δ，图示瞬时两轮半径分别为 r_1 和 r_2，若驱动轮Ⅰ以不变的角速度 ω_1 转动，试求轮Ⅱ在图示瞬时的角速度和角加速度。

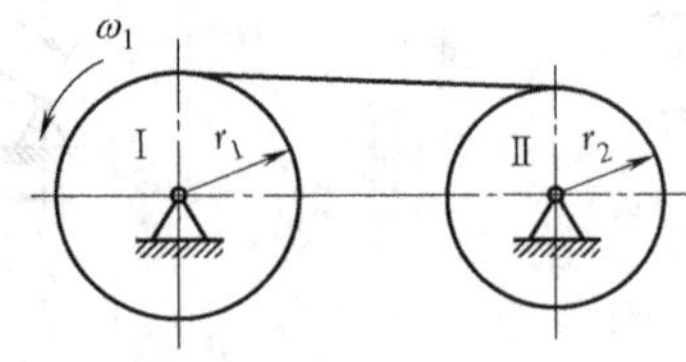

图 5-27

第六章　点的合成运动

第四章中分析了点相对于一个坐标系的运动。本章研究点相对于两个坐标系运动时运动量之间的关系，即研究点的合成运动问题。

第一节　相对运动、绝对运动和牵连运动

在不同的参考系中研究同一个物体的运动，看到的运动情况是不同的。例如，图 6-1a 所示的自行车沿水平地面直线行驶，其后轮上的点 M，对于站在地面的观察者来说，轨迹为旋轮线，但对于骑车者，轨迹则是圆。又如，在车床上加工螺纹，对于操作者来说，车刀刀尖作直线运动，但它在旋转的工件上切出的却是螺旋线，如图 6-1b 所示。

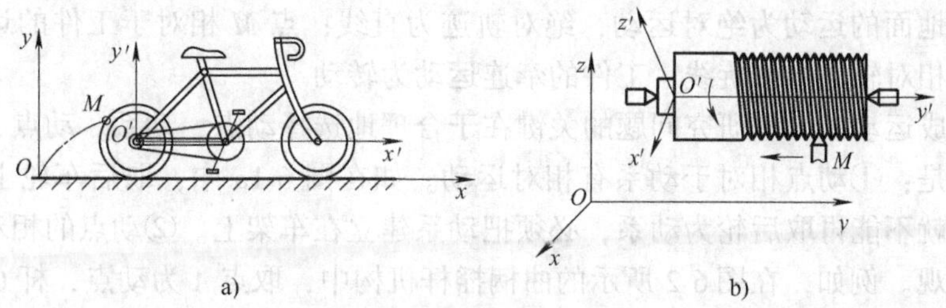

图　6-1

同一个物体相对于不同的参考体的运动量之间，存在着确定的关系。例如，图 6-1a 中，点 M 相对于地面作旋轮线运动，若以车架为参考体，车架本身作直线平动，点 M 相对于车架作圆周运动，点 M 的旋轮线运动可视为车架的平动和点 M 相对于车架的圆周运动的合成。将一种运动看作为两种运动的合成，这就是**合成运动**的方法。

可用合成运动的方法解决的问题，大致分为三类：

1）把复杂的运动分解成两种简单的运动，求得简单运动的运动量后，再加以合成。这种化繁为简的研究问题的方法，在解决工程实际问题时，具有重要意义。

2）讨论机构中运动构件运动量之间的关系。例如，图 6-2 所示的曲柄摇杆机构，已知曲柄 OA 的角速度 ω，可用合成运动的方法求得摇杆 O_1B 的角速度 ω_1。

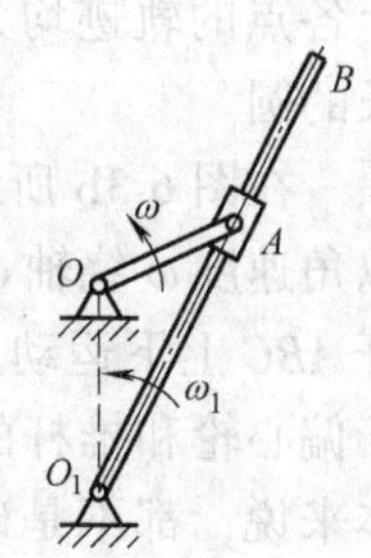

图　6-2

3）研究无直接联系的两运动物体运动量之间的关系。例如，

大海上有甲、乙两艘行船，可用合成运动的方法求在甲船上所看到的乙船的运动量。

在点的合成运动中，将所考察的点称为**动点**。动点可以是运动刚体上的一个点，也可以是一个被抽象为点的物体。在工程问题中，一般将**静坐标系**（简称为**静系**）$Oxyz$ 固连于地球，而把**动坐标系**（简称为**动系**）$O'x'y'z'$建立在相对于静系运动的物体上，习惯上也将该物体称为动系。图 6-1 中，静系固连于地球，动系则分别固连于车架、工件。静系一般可不画出来，和地球相固连时也不必说明。动系也可不画，但一定要指明取哪个物体作为动系。

选定了动点、动系和静系以后，可将运动区分为三种：①**动点相对于静系的运动称为绝对运动**。在静系中看到的动点的轨迹为**绝对轨迹**。②**动点相对于动系的运动称为相对运动**。在动系中看到的动点的轨迹为**相对轨迹**。③**动系相对于静系的运动称为牵连运动**。**牵连运动为刚体运动**，它可以是平动、定轴转动或复杂运动。仍以图 6-1a 为例，取后车轮上的点 M 为动点，车架为动系，点 M 相对于地面的运动为绝对运动，绝对轨迹为旋轮线；点 M 相对于车架的运动为相对运动，相对轨迹为圆；车架的牵连运动为平动。在图 6-1b 中，取刀尖 M 为动点，工件为动系，点 M 相对于地面的运动为绝对运动，绝对轨迹为直线；点 M 相对于工件的运动为相对运动，相对轨迹为螺旋线；工件的牵连运动为转动。

用合成运动的方法研究问题的关键在于合理地选择动点、动系。动点、动系的选择原则是：①动点相对于动系有相对运动。如在图 6-1a 中，取后车轮上的点 M 为动点，就不能再取后轮为动系，必须把动系建立在车架上。②动点的相对轨迹应简单、直观。例如，在图 6-2 所示的曲柄摇杆机构中，取点 A 为动点，杆 O_1B 为动系，动点的相对轨迹为沿着 AB 的直线。若取杆 O_1B 上和点 A 重合的点为动点，杆 OA 为动系，动点的相对轨迹不便直观地判断，为一平面曲线。对比这两种选择方法，前一种方法是取两运动部件的不变的接触点为动点，故相对轨迹简单。

在图 6-3a 中，杆 O_1A 以角速度 ω 绕轴 O_1 转动，小球 M 在固连于杆 AB 上的环形管内运动，取 M 为动点，AB 为动系。在地面上看到的动点的绝对轨迹为平面曲线；在 AB 上观察，M 的相对轨迹为圆；由于在运动过程中，AB 始终保持和 O_1O_2 平行，故牵连运动为平动，动系 AB 上各点的轨迹均为半径等于 O_1A 杆长的圆。

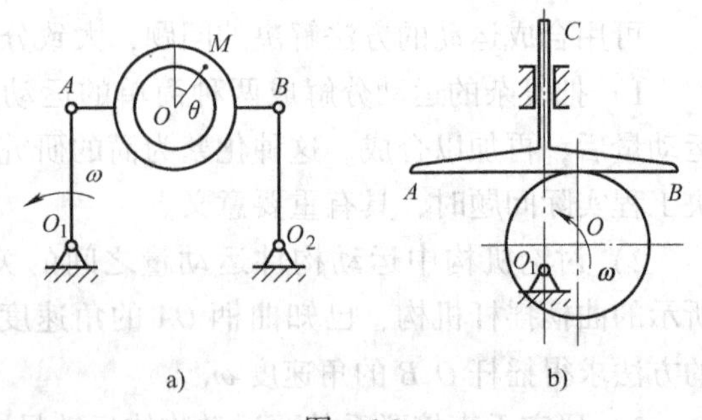

图 6-3

在图 6-3b 所示机构中，偏心轮以角速度 ω 绕轴 O_1 转动，从而推动杆 ABC 上下运动。在该机构中，由于偏心轮和推杆的接触点对于两物体来说，都不是确定的点，如果取某一物体上的瞬时接触点为动点，另一个物体为动系，相对轨迹较难判断。注意到偏心轮轮心到推杆的距离保持不变，可取轮心 O 为动点，推杆 ABC 为动系。偏心轮作定轴转动，动点的绝对轨迹为圆；因推杆 ABC 为平底，且点 O 到 BC 的距离不变，故相对轨迹为水平直线；牵连运动为铅垂直线平动。

绝对运动和相对运动是同一个动点相对于不同的坐标系的运动，它们的运动描述方法是完全相同的。如图 6-4 所示，动点 M 作空间曲线运动，取动、静两个坐标系，动点相对于静系 $Oxyz$ 的运动，用绝对矢径 $\boldsymbol{r}$、**绝对速度** $\boldsymbol{v}_{\mathrm{a}}$、**绝对加速度** $\boldsymbol{a}_{\mathrm{a}}$ 来表示。它们之间的关系为

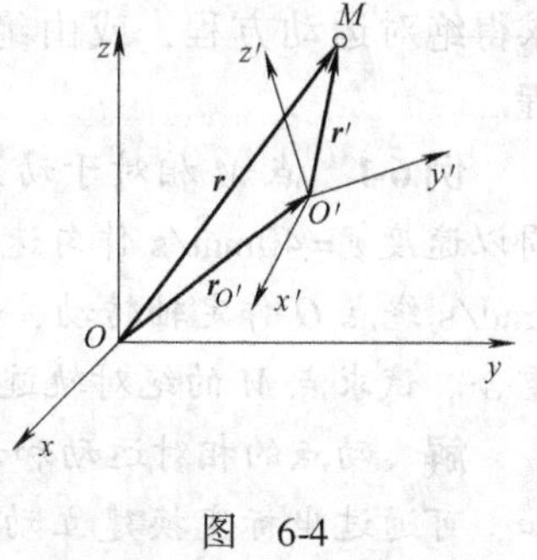

图 6-4

$$\begin{cases} \boldsymbol{v}_{\mathrm{a}} = \dot{\boldsymbol{r}} \\ \boldsymbol{a}_{\mathrm{a}} = \dot{\boldsymbol{v}}_{\mathrm{a}} = \ddot{\boldsymbol{r}} \end{cases} \tag{6-1}$$

动点相对于动系 $O'x'y'z'$ 的运动，用相对矢径 $\boldsymbol{r}'$、**相对速度** $\boldsymbol{v}_{\mathrm{r}}$、**相对加速度** $\boldsymbol{a}_{\mathrm{r}}$ 来表示，即

$$\begin{cases} \boldsymbol{r}' = x'\boldsymbol{i}' + y'\boldsymbol{j}' + z'\boldsymbol{k}' \\ \boldsymbol{v}_{\mathrm{r}} = \dot{x}'\boldsymbol{i}' + \dot{y}'\boldsymbol{j}' + \dot{z}'\boldsymbol{k}' \\ \boldsymbol{a}_{\mathrm{r}} = \ddot{x}'\boldsymbol{i}' + \ddot{y}'\boldsymbol{j}' + \ddot{z}'\boldsymbol{k}' \end{cases} \tag{6-2}$$

牵连运动是刚体运动，是整个动系的运动。**将某一瞬时动系上和动点相重合的一点称为牵连点**。牵连点的速度、加速度称为动点的**牵连速度和牵连加速度**，分别用 $\boldsymbol{v}_{\mathrm{e}}$ 和 $\boldsymbol{a}_{\mathrm{e}}$ 来表示。牵连点是一个瞬时的概念，随着动点的运动，动系上牵连点的位置亦不断变动。例如，图 6-5 所示的圆盘绕轴 O 作定轴转动，滑块 M 在圆盘上沿直槽由 O 向外滑动。取滑块为动点，圆盘为动系，t_1 瞬时，圆盘上与动点 M 重合的一点是 A 点，圆盘上的点 A 为 t_1 瞬时的牵连点，t_2 瞬时，M 到达 B 处，圆盘上的点 B 为 t_2 瞬时的牵连点，牵连速度、牵连加速度分别如图 6-5 所示。

静系和动系是两个不同的坐标系，若已知动系的运动规律，可通过坐标变换求得动点绝对运动方程和相对运动方程的关系。以平面问题为例，如图 6-6 所示，设 Oxy 为静系，$O'x'y'$ 为动系，M 是动点。动点的绝对运动方程为

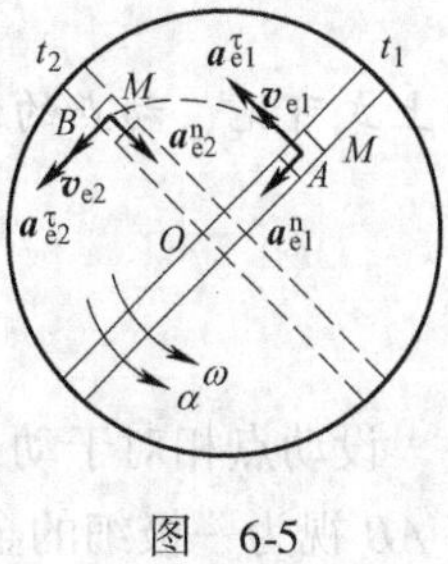

$$x = x(t), y = y(t)$$

动点的相对运动方程为

$$x' = x'(t), y' = y'(t)$$

图 6-5

动系 $O'x'y'$ 相对于静系 Oxy 的运动可由以下三个方程完全描述：

$$x_{O'} = f_1(t), y_{O'} = f_2(t), \varphi = f_3(t)$$

由图 6-6 容易看出，动点 M 在静系中的坐标 x、y 与其在动系中的坐标 x'、y' 有如

下关系：

$$\begin{cases} x = x_{O'} + x'\cos\varphi - y'\sin\varphi \\ y = y_{O'} + x'\sin\varphi + y'\cos\varphi \end{cases} \tag{6-3}$$

利用上述关系式，已知牵连运动方程，可由相对运动方程求得绝对运动方程，或由绝对运动方程求得相对运动方程。

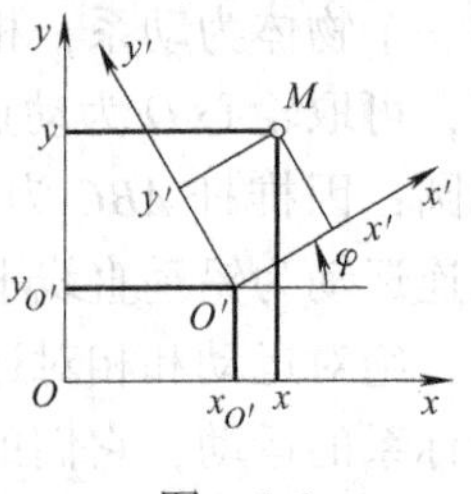

图 6-6

例 6-1 点 M 相对于动系 $O'x'y'$ 沿半径 $r=40\text{mm}$ 的圆周以速度 $v=40\text{mm/s}$ 作匀速圆周运动，动系 $O'x'y'$ 相对于静系 Oxy 以匀角速度 $\omega=1\text{rad/s}$ 绕点 O 作定轴转动，如图 6-7 所示。初始时 $O'x'y'$ 与 Oxy 重合，点 M 和点 O 重合。试求点 M 的绝对轨迹。

解 动点的相对运动和动系牵连运动情况已知，可通过坐标变换建立动点的绝对运动方程，然后再求绝对轨迹。

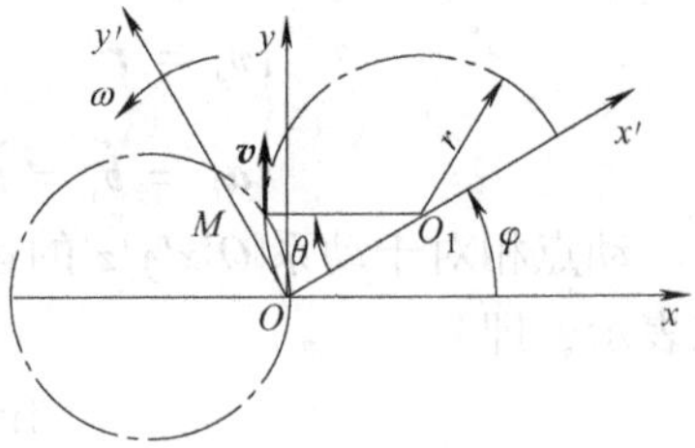

连接 O_1M，由图可见

$$\theta = \frac{vt}{r} = t$$

图 6-7

点 M 的相对运动方程为

$$x' = OO_1 - O_1M\cos\theta = 40(1-\cos t)(\text{mm})$$

$$y' = O_1M\sin\theta = 40\sin t(\text{mm})$$

动系牵连运动方程为

$$x_{O'} = x_O = 0, y_{O'} = y_O = 0, \varphi = \omega t = t$$

利用坐标变换式（6-3），得点 M 的绝对运动方程为

$$x = 40(1-\cos t)\cos t - 40\sin t\sin t = 40(\cos t - 1)(\text{mm})$$

$$y = 40(1-\cos t)\sin t + 40\sin t\cos t = 40\sin t(\text{mm})$$

从运动方程中消去时间 t，得 M 的轨迹：

$$(x+40)^2 + y^2 = 1600$$

由上式可见，动点的绝对轨迹为圆，该圆的圆心在 Ox 轴上，半径为 40mm。

第二节　点的速度合成定理

设动点相对于动系运动，其相对轨迹为曲线 AB，如图 6-8 所示。为便于理解，将 AB 视为一极细的金属丝，动系固定于其上（动系未画出），AB 的运动即代表了动系的牵连运动。

在瞬时 t，动点位于曲线 AB 上点 M 处。经过一段时间 Δt 后，AB 运动到新位置 $A'B'$，同时，动点沿弧 $\overset{\frown}{MM'}$ 运动到 M' 处。在静系中观察点的运动，动点的绝对轨迹为弧$\overset{\frown}{MM'}$，在 AB 上观察，动点的相对轨迹为弧$\overset{\frown}{MM_2}$。而瞬时 t 的牵连点，则随 AB 运动至 M_1 处，将弧$\overset{\frown}{MM_1}$ 称为 t 瞬时牵连点的轨迹。作矢量$\overrightarrow{MM'}$、$\overrightarrow{MM_2}$ 和$\overrightarrow{MM_1}$ 分别表示动点的绝对位移、相对位移和牵连点的位移。作矢量$\overrightarrow{M_1M'}$，由图中矢量关系可得

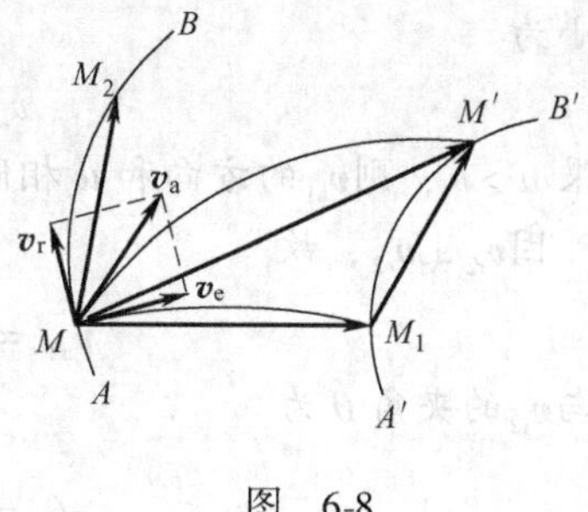

图 6-8

$$\overrightarrow{MM'} = \overrightarrow{MM_1} + \overrightarrow{M_1M'}$$

以 Δt 除等式的两边，并令 $\Delta t \to 0$，取极限，得

$$\lim_{\Delta t \to 0} \frac{\overrightarrow{MM'}}{\Delta t} = \lim_{\Delta t \to 0} \frac{\overrightarrow{MM_1}}{\Delta t} + \lim_{\Delta t \to 0} \frac{\overrightarrow{M_1M'}}{\Delta t}$$

分析式中各项，等式左端就是动点 t 瞬时的绝对速度$\boldsymbol{v}_a$，它沿动点的绝对轨迹$\overset{\frown}{MM'}$在点 M 的切线方向。等式右端第一项是 t 瞬时牵连点的速度，即动点的牵连速度$\boldsymbol{v}_e$，它沿曲线$\overset{\frown}{MM_1}$ 在点 M 的切线方向；而第二项则是动点在 t 瞬时的相对速度$\boldsymbol{v}_r$，因 $\Delta t \to 0$ 时曲线 AB 和曲线 $A'B'$重合，所以$\boldsymbol{v}_r$ 方向沿曲线 AB 在点 M 的切线方向。于是，上式可改写为

$$\boldsymbol{v}_a = \boldsymbol{v}_e + \boldsymbol{v}_r \tag{6-4}$$

上式表明：**在任一瞬时，动点的绝对速度等于牵连速度和相对速度的矢量和**。这称为**点的速度合成定理**。根据这一定理，在动点上作速度平行四边形时，绝对速度应在速度平行四边形的对角线方向。式（6-4）中共包含有$\boldsymbol{v}_a$、$\boldsymbol{v}_e$、$\boldsymbol{v}_r$ 三者的大小和方向六个量，只要知道其中任意四个量，便可求出其余两个未知量。

在推导点的速度合成定理时，对动系作何种运动，未作任何限制。因此，无论牵连运动是平动、转动还是复杂运动，点的速度合成定理都成立。

例 6-2 如图 6-9 所示，水平面内的平板 A 以匀速$\boldsymbol{v}$ 运动，平板上有一圆形凹槽，凹槽内有一小球以匀速 $\boldsymbol{u}$ 逆时针方向运动，凹槽上 1、2 两点位置如图所示。试求小球运动至这两点时相对于地面的速度。

解 显然，系统的自由度为 2。取小球为动点，平板 A 为动系。

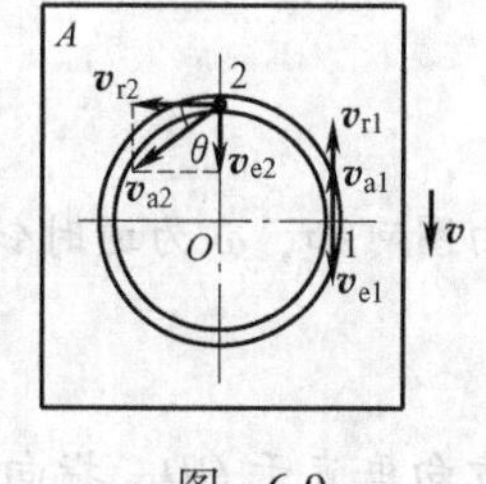

图 6-9

动点的绝对轨迹为平面曲线，相对轨迹为圆，牵连运动为平动。

牵连点在平板 A 上，由于平板作平动，故在 1、2 两点处的牵连速度$\boldsymbol{v}_{e1} = \boldsymbol{v}_{e2} = \boldsymbol{v}$，方向如图 6-9 所示。在 1、2 两点处的相对速度$\boldsymbol{v}_{r1}$、$\boldsymbol{v}_{r2}$ 的大小为：$v_{r1} = v_{r2} = u$，$\boldsymbol{v}_{r1}$ 方向向上；$\boldsymbol{v}_{r2}$方向向左。

作出小球在 1、2 两点处的速度平行四边形，如图 6-9 所示。由图可见，$\boldsymbol{v}_{a1}$ 的

大小为

$$v_{a1} = v_{r1} - v_{e1} = u - v$$

如果 $u > v$，则$\boldsymbol{v}_{a1}$的方向和$\boldsymbol{u}$相同；反之，$\boldsymbol{v}_{a1}$的方向和$\boldsymbol{v}$相同。

因$\boldsymbol{v}_{r2} \perp \boldsymbol{v}_{e2}$，故

$$v_{a2} = \sqrt{v_{e2}^2 + v_{r2}^2} = \sqrt{v^2 + u^2}$$

$\boldsymbol{v}_{a2}$与$\boldsymbol{v}_{r2}$的夹角 θ 为

$$\theta = \arctan \frac{v_{e2}}{v_{r2}} = \arctan \frac{v}{u}$$

例 6-3 图 6-10 所示的摆杆机构中的滑杆 AB 以匀速 $\boldsymbol{u}$ 向上运动，铰链 O 与滑槽间的距离为 l，开始时 $\varphi=0$，试求 $\varphi=\pi/4$ 时摆杆 OD 上 D 点的速度的大小。

解 D 是作定轴转动刚体上的点，要求点 D 的速度，必须先求得杆 OD 的角速度。因此，应通过对两运动部件的连接点 A 的运动分析，由已知运动量求得待求运动量。

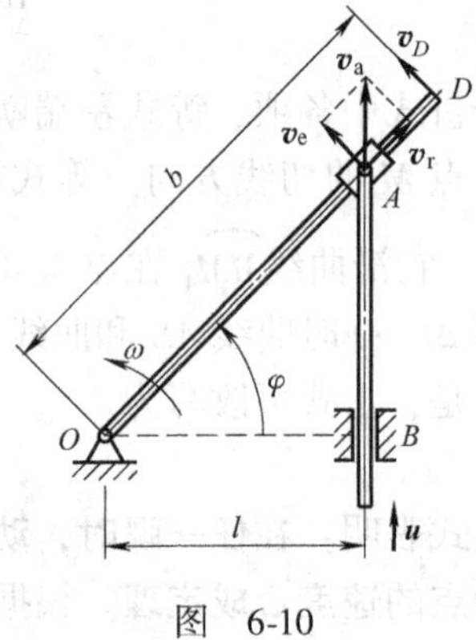

图 6-10

取 A 为动点，杆 OD 为动系。

A 为作直线平动的杆 AB 上的点，其绝对轨迹为铅垂直线。滑块在 OD 上滑动，A 的相对轨迹为沿 OD 的直线。动系 OD 的牵连运动为绕轴 O 的定轴转动。

作动点的速度平行四边形如图 6-10 所示。作速度图时，先作大小、方向已知的矢量$\boldsymbol{v}_a$，$\boldsymbol{v}_r$ 大小未知，方向沿相对轨迹；牵连点在杆 OD 上，$\boldsymbol{v}_e$ 大小未知，方向垂直于 OD 连线；根据$\boldsymbol{v}_a$应在速度平行四边形的对角线方向，可定出$\boldsymbol{v}_e$、$\boldsymbol{v}_r$ 的正确指向。

由图可见

$$v_e = v_a \cos 45° = \frac{\sqrt{2}}{2} u$$

杆 OD 作定轴转动，得

$$\omega = \frac{v_e}{OA} = \frac{\frac{\sqrt{2}}{2}u}{\sqrt{2}l} = \frac{u}{2l}$$

由图可知，ω 为逆时针转向。D 点的速度大小为

$$v_D = b\omega = \frac{bu}{2l}$$

方向垂直于 OD，指向如图所示。

例 6-4 已知定滑轮半径为 R，以等角速度 ω 绕轴 O 顺时针方向转动，重物 M 铅垂下落，如图 6-11 所示。试求图示瞬时 M 相对于滑轮的相对速度。

解 本题要求 M 相对于滑轮的运动，应取 M 为动点，滑轮为动系。

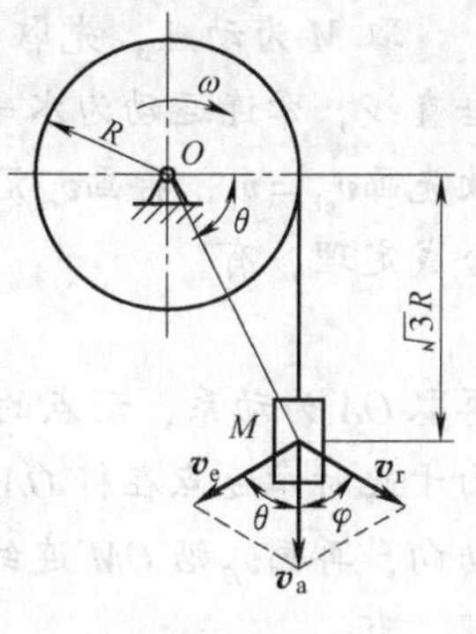

图　6-11

动点的绝对轨迹为铅垂直线，相对轨迹为平面曲线，牵连运动为绕轴 O 的定轴转动。作动点的速度平行四边形时，先作已知的绝对速度 $\boldsymbol{v}_a$，牵连点是在动系上和动点 M 相重合的点，这里为滑轮扩展部分上的一点，由于动系作转动，故牵连速度 $\boldsymbol{v}_e$ 垂直于牵连点和轴心 O 的连线，方向如图所示，相对速度 $\boldsymbol{v}_r$ 大小、方向未知，为速度平行四边形的一边，如图 6-11 所示。

由余弦定理

$$v_r = \sqrt{v_e^2 + v_a^2 - 2v_e v_a \cos\theta}$$

其中，

$$v_a = R\omega, \qquad v_e = OM \cdot \omega = 2R\omega$$

$$\cos\theta = \frac{R}{\sqrt{R^2 + 3R^2}} = 0.5, \theta = 60°$$

代入上式，求得

$$v_r = \sqrt{3}R\omega$$

由正弦定理

$$\frac{v_r}{\sin\theta} = \frac{v_e}{\sin\varphi}$$

得

$$\sin\varphi = \frac{v_e}{v_r}\sin\theta = \frac{2}{\sqrt{3}} \times \frac{\sqrt{3}}{2} = 1, \varphi = 90°$$

由计算结果可知，图示瞬时 $\boldsymbol{v}_r$ 沿水平线方向。

例 6-5　销钉 M 可在直角杆 BCD 的铅垂槽内滑动，同时又在杆 OA 的直槽中滑动，如图 6-12a 所示。若杆 BCD 以匀速 $\boldsymbol{v}_1$ 向右运动，杆 OA 以匀角速度 ω 绕 O 作顺时针方向转动，当 $\theta = 45°$ 时，$OM = l$。试求该瞬时销钉 M 的绝对速度。

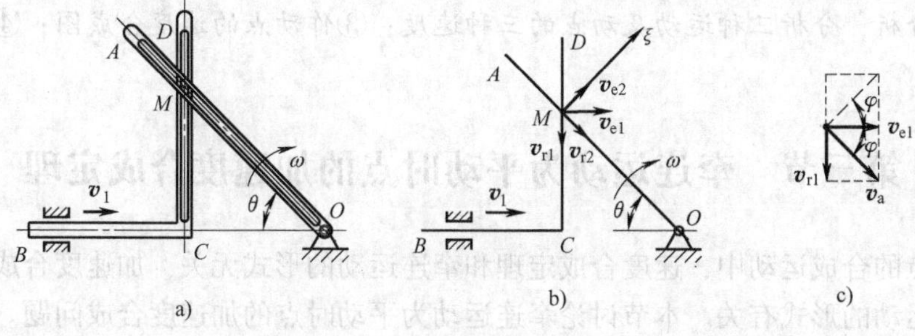

图　6-12

解　显然，系统的自由度为 2。销钉 M 为两运动部件的连接点，它相对于 BCD、OA 都有运动。故本题应分别考虑 M 相对于 BCD、OA 的运动情况。

取M为动点，先取BCD为动系。动点的绝对轨迹为平面曲线，相对轨迹为铅垂直线，牵连运动为水平直线平动。作动点的速度图时，由于牵连点在杆BCD上，故先画$\boldsymbol{v}_{e1}=\boldsymbol{v}_1$，再画$\boldsymbol{v}_{r1}$沿铅垂线方向，设其向下，如图6-12b所示。根据点的速度合成定理，有

$$\boldsymbol{v}_{a1} = \boldsymbol{v}_{e1} + \boldsymbol{v}_{r1} \tag{1}$$

再取OA为动系，动点的相对轨迹为沿OA的直线，牵连运动为绕轴O的定轴转动。由于此时牵连点在杆OA上，故先作$\boldsymbol{v}_{e2}$垂直于OM连线，其大小为$v_{e2}=l\omega$，顺ω的转向，再画$\boldsymbol{v}_{r2}$沿OM连线，设其指向点O。如图6-12b所示。根据点的速度合成定理，有

$$\boldsymbol{v}_{a2} = \boldsymbol{v}_{e2} + \boldsymbol{v}_{r2} \tag{2}$$

因动点M的速度唯一，得

$$\boldsymbol{v}_{e1} + \boldsymbol{v}_{r1} = \boldsymbol{v}_{e2} + \boldsymbol{v}_{r2}$$

$\boldsymbol{v}_{e1}$和$\boldsymbol{v}_{r1}$、$\boldsymbol{v}_{e2}$和$\boldsymbol{v}_{r2}$分别互相垂直，牵连速度已知，只需求得相对速度中任一个的大小，即可求得绝对速度的大小。例如，求$\boldsymbol{v}_{r1}$，可取投影轴ξ垂直于$\boldsymbol{v}_{r2}$，将矢量等式向ξ轴投影，得

$$v_{e1}\sin\theta - v_{r1}\cos\theta = v_{e2}$$

故得

$$v_{r1} = \frac{v_{e1}\sin\theta - v_{e2}}{\cos\theta} = v_1 - \sqrt{2}l\omega$$

$$v_a = \sqrt{v_{e1}^2 + v_{r1}^2} = \sqrt{2v_1^2 - 2\sqrt{2}v_1 l\omega + 2l^2\omega^2}$$

$$\tan\varphi = \frac{v_{r1}}{v_{e1}} = \frac{v_1 - \sqrt{2}l\omega}{v_1} = 1 - \frac{\sqrt{2}l\omega}{v_1}$$

若$v_{r1}>0$，即$v_1>\sqrt{2}l\omega$，$\boldsymbol{v}_a$如图6-12c中所示的实线方向；

若$v_{r1}<0$，即$v_1<\sqrt{2}l\omega$，$\boldsymbol{v}_a$如图6-12c中所示的虚线方向。

由以上各例可见，运用点的速度合成定理解题的步骤为：①先取动点、动系；②运动分析，分析三种运动及动点的三种速度；③作动点的速度合成图；④求解未知量。

第三节　牵连运动为平动时点的加速度合成定理

在点的合成运动中，速度合成定理和牵连运动的形式无关，加速度合成定理则和牵连运动的形式有关。本节讨论牵连运动为平动时点的加速度合成问题。

设动点相对于动系沿相对轨迹C运动，动系$O'x'y'z'$相对于静系$Oxyz$作平动，取x'、y'、z'轴分别和x、y、z轴相平行，如图6-13所示。由图可见，x'、y'、z'为动点的相对坐标，$\boldsymbol{i}'$、$\boldsymbol{j}'$、$\boldsymbol{k}'$为动坐标轴的单位矢量。

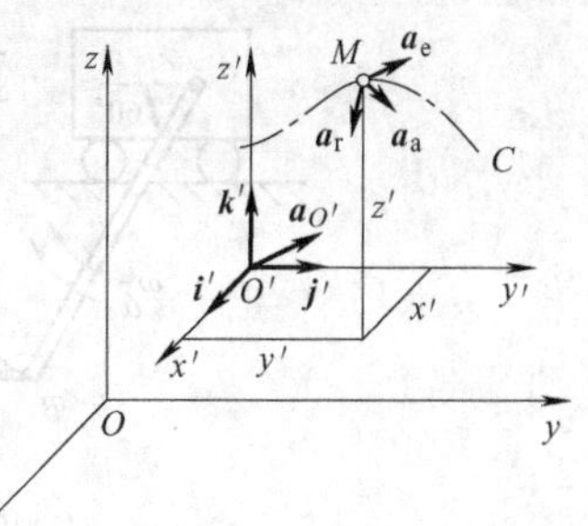

图 6-13

由速度合成定理

$$\boldsymbol{v}_a = \boldsymbol{v}_e + \boldsymbol{v}_r$$

等式两端对时间求一阶导数，得

$$\dot{\boldsymbol{v}}_a = \dot{\boldsymbol{v}}_e + \dot{\boldsymbol{v}}_r$$

由式（6-1）知，上式左端为动点对静系的绝对加速度 $\boldsymbol{a}_a$，即

$$\boldsymbol{a}_a = \dot{\boldsymbol{v}}_e + \dot{\boldsymbol{v}}_r \tag{6-5}$$

由于动系作平动，动系上各点的速度或加速度在任一瞬时都相同，因此，动点的牵连速度 $\boldsymbol{v}_e$ 和牵连加速度 $\boldsymbol{a}_e$ 就等于动系原点 O' 的速度 $\boldsymbol{v}_{O'}$ 和加速度 $\boldsymbol{a}_{O'}$，即

$$\dot{\boldsymbol{v}}_e = \dot{\boldsymbol{v}}_{O'} = \boldsymbol{a}_{O'} = \boldsymbol{a}_e$$

因此

$$\boldsymbol{a}_e = \dot{\boldsymbol{v}}_e \tag{6-6}$$

由式（6-2），将 $\boldsymbol{v}_r$ 对时间求一阶导数，得

$$\dot{\boldsymbol{v}}_r = \ddot{x}'\boldsymbol{i}' + \ddot{y}'\boldsymbol{j}' + \ddot{z}'\boldsymbol{k}' + \dot{x}'\frac{\mathrm{d}\boldsymbol{i}'}{\mathrm{d}t} + \dot{y}'\frac{\mathrm{d}\boldsymbol{j}'}{\mathrm{d}t} + \dot{z}'\frac{\mathrm{d}\boldsymbol{k}'}{\mathrm{d}t}$$

将式（6-2）中

$$\boldsymbol{a}_r = \ddot{x}'\boldsymbol{i}' + \ddot{y}'\boldsymbol{j}' + \ddot{z}'\boldsymbol{k}'$$

代入，并注意到动系平动时单位矢量 $\boldsymbol{i}'$、$\boldsymbol{j}'$、$\boldsymbol{k}'$ 的方向不变，为常矢量，它们对时间 t 的导数均为零，于是

$$\dot{\boldsymbol{v}}_r = \boldsymbol{a}_r \tag{6-7}$$

将式（6-6）、式（6-7）代入式（6-5），得

$$\boldsymbol{a}_a = \boldsymbol{a}_e + \boldsymbol{a}_r \tag{6-8}$$

上式表明，**当动系作平动时，动点在某瞬时的绝对加速度等于该瞬时它的牵连加速度与相对加速度的矢量和**。这就是**牵连运动为平动时点的加速度合成定理**。

由于式（6-8）中三种加速度都可能有切向和法向两个分量，故用加速度合成定理解题时，常采用取轴将矢量式投影的方法来求未知量。若为平面问题，可写出两个独立的投影方程，求得两个未知量。另外，作加速度图时，未知加速度的指向可先假设，由求得的结果的正负决定其指向是否设对了。

例 6-6 在图 6-14a 所示位置，小车以速度 $v_A = 0.2\mathrm{m/s}$、加速度 $a_A = 0.2\mathrm{m/s^2}$ 向右移动，杆 AB 长 0.7m，在 A 处与小车铰接，并在铅垂平面内摆动，该瞬时角速度 $\omega = 1\mathrm{rad/s}$，角加速度 $\alpha = 2\mathrm{rad/s^2}$，转向如图所示。试求此时点 B 的速度、加速度的大小。

解 显然，系统的自由度为 2。取 B 为动点，小车 A 为动系。

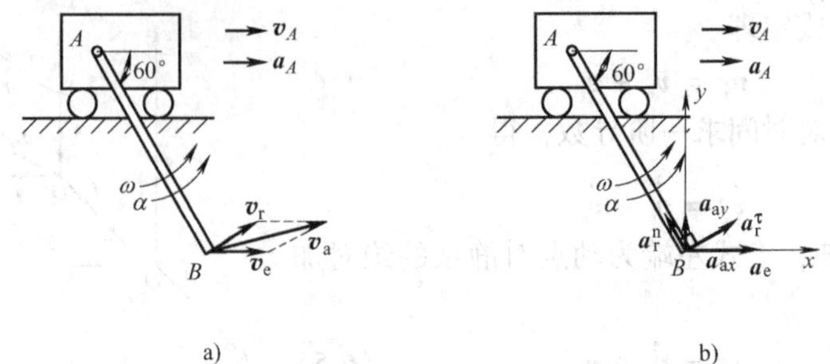

a) b)

图 6-14

动点的绝对轨迹为平面曲线，相对轨迹为圆心在 A 点、半径等于 AB 的圆，牵连运动为平动。牵连点为小车扩展部分上的一点，由于动系作平动，故牵连速度$\boldsymbol{v}_e=\boldsymbol{v}_A$，相对速度$\boldsymbol{v}_r$ 垂直于 AB，以$\boldsymbol{v}_e$、$\boldsymbol{v}_r$ 为边，$\boldsymbol{v}_a$ 为对角线作速度平行四边形，如图 6-14a 所示。由几何关系可知

$$v_a = \sqrt{v_e^2 + v_r^2 + 2v_e v_r \cos 30°}$$

因

$$v_r = AB \cdot \omega = (0.7 \times 1)\,\text{m/s} = 0.7\,\text{m/s}$$

代入上式得

$$v_a = \sqrt{0.7^2 + 0.2^2 + 2 \times 0.7 \times 0.2 \times \frac{\sqrt{3}}{2}}\,\text{m/s} = 0.879\,\text{m/s}$$

作加速度图。$\boldsymbol{a}_a$ 的大小、方向未知，用 $\boldsymbol{a}_{ax}$、$\boldsymbol{a}_{ay}$ 表示，取投影轴 x、y 如图 6-14b 所示。

由

$$\boldsymbol{a}_{ax} + \boldsymbol{a}_{ay} = \boldsymbol{a}_e + \boldsymbol{a}_r^\tau + \boldsymbol{a}_r^n$$

向 x、y 轴投影，得

$$a_{ax} = a_e + a_r^\tau \cos 30° - a_r^n \sin 30°$$
$$a_{ay} = a_r^\tau \sin 30° + a_r^n \cos 30°$$

其中，

$$a_r^\tau = AB \cdot \alpha = (0.7 \times 2)\,\text{m/s}^2 = 1.4\,\text{m/s}^2$$
$$a_r^n = AB \cdot \omega^2 = (0.7 \times 1)\,\text{m/s}^2 = 0.7\,\text{m/s}^2$$

解得

$$a_{ax} = 1.06\,\text{m/s}^2,\ a_{ay} = 1.31\,\text{m/s}^2$$

$$a_a = \sqrt{a_{ax}^2 + a_{ay}^2} = \sqrt{1.06^2 + 1.31^2}\,\text{m/s}^2 = 1.69\,\text{m/s}^2$$

例 6-7 如图 6-15a 所示的机构，已知 $O_1A = O_2B = r$，且 $O_1A /\!/ O_2B$，杆 O_1A 以角速度 ω、角加速度 α 绕轴 O_1 转动，通过滑块 C 带动杆 CD 运动。试求图示位置杆 CD 的速度、加速度。

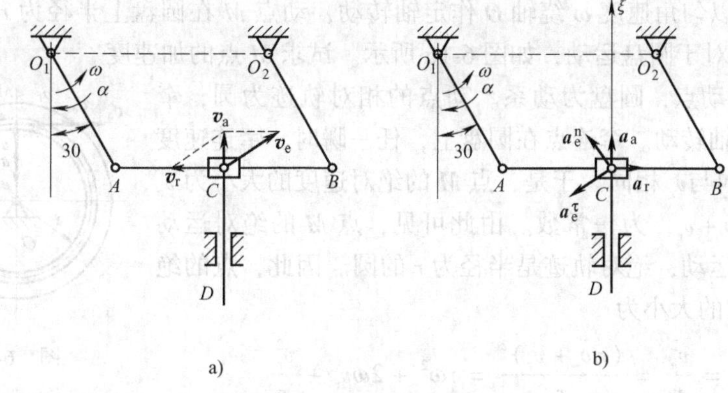

图 6-15

解　取 C 为动点，杆 AB 为动系。

动点的绝对轨迹为铅垂直线，相对轨迹为沿 AB 的水平直线，牵连运动为平动。作速度平行四边形时，注意到牵连点在杆 AB 上，C 点的牵连速度 $\boldsymbol{v}_e$ 等于 A 点的速度，先作 $\boldsymbol{v}_e$，再根据 $\boldsymbol{v}_a$ 为速度平行四边形的对角线，定出 $\boldsymbol{v}_a$、$\boldsymbol{v}_r$ 的正确指向，如图 6-15a 所示，由几何关系得

$$v_a = v_e \sin 30^\circ$$

$$v_e = r\omega, \qquad v_a = v_{CD} = \frac{1}{2}r\omega$$

作加速度图。先作出牵连加速度 $\boldsymbol{a}_e^\tau$，$\boldsymbol{a}_e^n$ 的正确指向，再作 $\boldsymbol{a}_a$、$\boldsymbol{a}_r$ 沿其轨迹方向，假设其指向如图 6-15b 所示。取投影轴 ξ 垂直于 $\boldsymbol{a}_r$。

将

$$\boldsymbol{a}_a = \boldsymbol{a}_e^\tau + \boldsymbol{a}_e^n + \boldsymbol{a}_r$$

向 ξ 轴投影，得

$$a_a = a_e^n \cos 30^\circ - a_e^\tau \sin 30^\circ$$

其中

$$a_e^n = r\omega^2, \qquad a_e^\tau = r\alpha$$

得

$$a_a = \frac{\sqrt{3}}{2}r\omega^2 - \frac{1}{2}r\alpha = \frac{r}{2}(\sqrt{3}\omega^2 - \alpha)$$

由以上例题可见，用加速度合成定理解题的步骤和用速度合成定理的基本相同。在求加速度量时，常常先需求出部分速度量。

第四节　牵连运动为转动时点的加速度合成定理

动系转动时，动点加速度合成定理和平动时不同。先看一个简单的实例。

一圆盘以匀角速度 ω 绕轴 O 作定轴转动，动点 M 在圆盘上半径为 r 的圆槽内以匀速 v_r 相对于圆盘运动，如图6-16所示。试求 M 点的加速度。

取 M 为动点，圆盘为动系。动点的相对轨迹为圆，牵连运动为定轴转动。牵连点在圆盘上，任一瞬时，牵连速度 $v_e = r\omega$，方向与 $\boldsymbol{v}_r$ 相同。于是，点 M 的绝对速度的大小为 $v_a = v_e + v_r = r\omega + v_r$，为一常数。由此可见，点 M 的绝对运动是匀速圆周运动，绝对轨迹是半径为 r 的圆。因此，点的绝对加速度 $\boldsymbol{a}_a$ 的大小为

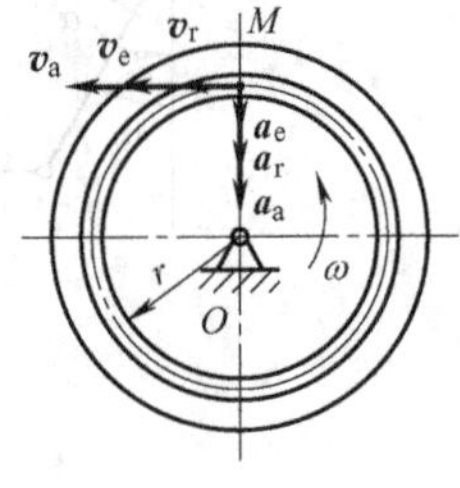

图 6-16

$$a_a = \frac{v_a^2}{r} = \frac{(r\omega + v_r)^2}{r} = r\omega^2 + 2\omega v_r + \frac{v_r^2}{r}$$

$\boldsymbol{a}_a$ 的方向指向圆心 O。上式的第一项 $r\omega^2$ 和第三项 $\boldsymbol{v}_r^2/r$ 分别是点 M 的牵连加速度 $\boldsymbol{a}_e$ 和相对加速度 $\boldsymbol{a}_r$ 的大小，$\boldsymbol{a}_e$ 和 $\boldsymbol{a}_r$ 的方向也指向圆心 O。可见，点 M 的绝对加速度 $\boldsymbol{a}_a$ 中，除了包含 $\boldsymbol{a}_e$ 和 $\boldsymbol{a}_r$ 外，还附加了一项 $2\omega v_r$。这是动系作转动时，牵连运动和相对运动互相影响所产生的加速度项。

下面就一般情况推导动系作定轴转动时点的加速度合成定理。

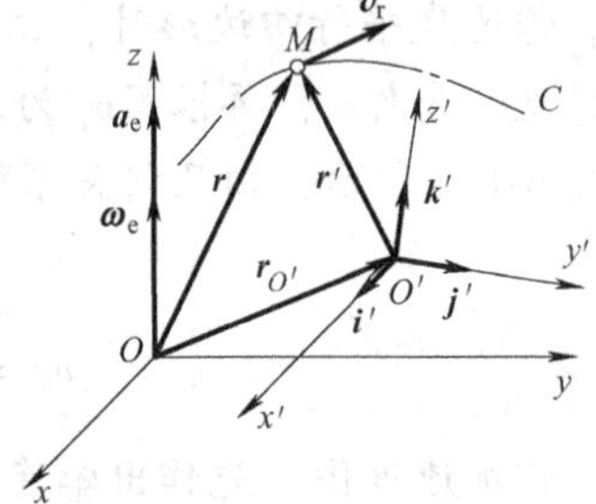

图 6-17

设动点相对于动系 $O'x'y'z'$ 运动，相对轨迹为曲线 C，动系 $O'x'y'z'$ 以角速度 ω_e 绕定轴转动，角速度矢为 $\boldsymbol{\omega}_e$，角加速度矢为 $\boldsymbol{\alpha}_e$。不失一般性，把定轴取为静系的 z 轴，如图6-17所示。设动点 M 对静系原点 O 的矢径为 $\boldsymbol{r}$，动系上和动点 M 相重合的点的矢径也是 $\boldsymbol{r}$，动点 M 相对于动系原点 O' 的矢径为 $\boldsymbol{r}'$，动系原点 O' 对静系原点 O 的矢径为 $\boldsymbol{r}_{O'}$。由于牵连运动为转动，根据式（5-18）和式（5-19），牵连点的速度、加速度可分别表示为

$$\boldsymbol{v}_e = \boldsymbol{\omega}_e \times \boldsymbol{r} \tag{6-9}$$

$$\boldsymbol{a}_e = \boldsymbol{\alpha}_e \times \boldsymbol{r} + \boldsymbol{\omega}_e \times \boldsymbol{v}_e \tag{6-10}$$

由速度合成定理

$$\boldsymbol{v}_a = \boldsymbol{v}_e + \boldsymbol{v}_r$$

对时间求一阶导数，得

$$\dot{\boldsymbol{v}}_a = \dot{\boldsymbol{v}}_e + \dot{\boldsymbol{v}}_r$$

上述等式的左边项为绝对加速度 $\boldsymbol{a}_a$。下面分别研究等式的右边两项。

先看第一项。由式（6-9）对时间求一阶导数，得

$$\dot{\boldsymbol{v}}_e = \dot{\boldsymbol{\omega}}_e \times \boldsymbol{r} + \boldsymbol{\omega}_e \times \dot{\boldsymbol{r}}$$

因

$$\dot{\boldsymbol{\omega}}_e = \boldsymbol{\alpha}_e, \quad \dot{\boldsymbol{r}} = \boldsymbol{v}_a = \boldsymbol{v}_e + \boldsymbol{v}_r$$

代入上式，得

$$\dot{\boldsymbol{v}}_e = \boldsymbol{\alpha}_e \times \boldsymbol{r} + \boldsymbol{\omega}_e \times (\boldsymbol{v}_e + \boldsymbol{v}_r) = \boldsymbol{\alpha}_e \times \boldsymbol{r} + \boldsymbol{\omega}_e \times \boldsymbol{v}_e + \boldsymbol{\omega}_e \times \boldsymbol{v}_r$$

由式（6-10）知，等式右边前两项之和即为牵连加速度 $\boldsymbol{a}_e$，因此

$$\dot{\boldsymbol{v}}_e = \boldsymbol{a}_e + \boldsymbol{\omega}_e \times \boldsymbol{v}_r \tag{6-11}$$

式（6-11）的第二项是由于相对运动引起牵连速度大小改变而有的。假如没有相对运动，即 $\boldsymbol{v}_r = \boldsymbol{0}$，则这一项为零。

再考虑 $\dot{\boldsymbol{v}}_r$ 项。将式（6-2）中 $\boldsymbol{v}_r$ 对时间求一阶导数，得

$$\dot{\boldsymbol{v}}_r = \ddot{x}'\boldsymbol{i}' + \ddot{y}'\boldsymbol{j}' + \ddot{z}'\boldsymbol{k}' + \dot{x}'\dot{\boldsymbol{i}}' + \dot{y}'\dot{\boldsymbol{j}}' + \dot{z}'\dot{\boldsymbol{k}}'$$

由式（6-2）知上式中前三项之和即为相对加速度 $\boldsymbol{a}_r$，因此

$$\dot{\boldsymbol{v}}_r = \boldsymbol{a}_r + \dot{x}'\dot{\boldsymbol{i}}' + \dot{y}'\dot{\boldsymbol{j}}' + \dot{z}'\dot{\boldsymbol{k}}' \tag{6-12}$$

上式后三项涉及动系上单位矢量的导数，现予以分析如下。

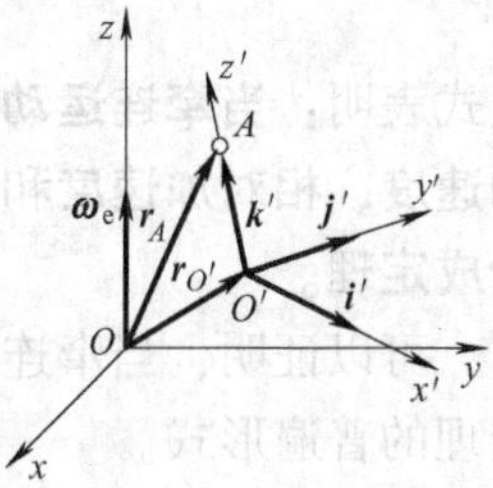

设动坐标系 $O'x'y'z'$ 以角速度 ω_e 绕定轴 z 转动，角速度矢为 $\boldsymbol{\omega}_e$，从固定点 O 作到 O' 点和到 $\boldsymbol{k}'$ 端点 A 的矢径 $\boldsymbol{r}_{O'}$ 和 $\boldsymbol{r}_A$。如图 6-18 所示。由图可见

$$\boldsymbol{k}' = \boldsymbol{r}_A - \boldsymbol{r}_{O'} \tag{6-13}$$

图 6-18

于是

$$\dot{\boldsymbol{k}}' = \dot{\boldsymbol{r}}_A - \dot{\boldsymbol{r}}_{O'} = \boldsymbol{v}_A - \boldsymbol{v}_{O'}$$

因为 O'、A 均为绕定轴转动刚体上的点，根据式（6-9）有

$$\boldsymbol{v}_A = \boldsymbol{\omega}_e \times \boldsymbol{r}_A, \qquad \boldsymbol{v}_{O'} = \boldsymbol{\omega}_e \times \boldsymbol{r}_{O'}$$

代入上式，有

$$\dot{\boldsymbol{k}}' = \boldsymbol{v}_A - \boldsymbol{v}_{O'} = \boldsymbol{\omega}_e \times \boldsymbol{r}_A - \boldsymbol{\omega}_e \times \boldsymbol{r}_{O'} = \boldsymbol{\omega}_e \times (\boldsymbol{r}_A - \boldsymbol{r}_{O'})$$

将式（6-13）代入，得

$$\dot{\boldsymbol{k}}' = \boldsymbol{\omega}_e \times \boldsymbol{k}'$$

$\boldsymbol{i}'$、$\boldsymbol{j}'$ 的导数与上式相似，合写为

$$\left\{\begin{aligned} \dot{\boldsymbol{i}}' &= \boldsymbol{\omega}_e \times \boldsymbol{i}' \\ \dot{\boldsymbol{j}}' &= \boldsymbol{\omega}_e \times \boldsymbol{j}' \\ \dot{\boldsymbol{k}}' &= \boldsymbol{\omega}_e \times \boldsymbol{k}' \end{aligned}\right. \tag{6-14}$$

式（6-14）称为**泊松公式**。

将泊松公式代入式（6-12），得

$$\begin{aligned} \dot{\boldsymbol{v}}_r &= \boldsymbol{a}_r + \dot{x}'(\boldsymbol{\omega}_e \times \boldsymbol{i}') + \dot{y}'(\boldsymbol{\omega}_e \times \boldsymbol{j}') + \dot{z}'(\boldsymbol{\omega}_e \times \boldsymbol{k}') \\ &= \boldsymbol{a}_r + \boldsymbol{\omega}_e \times (\dot{x}'\boldsymbol{i}' + \dot{y}'\boldsymbol{j}' + \dot{z}'\boldsymbol{k}') = \boldsymbol{a}_r + \boldsymbol{\omega}_e \times \boldsymbol{v}_r \end{aligned}$$

即

$$\dot{\boldsymbol{v}}_r = \boldsymbol{a}_r + \boldsymbol{\omega}_e \times \boldsymbol{v}_r \tag{6-15}$$

式（6-15）中的后一项是由于牵连运动为转动引起相对速度方向改变而产生的。假如牵连运动是平动，$\boldsymbol{i}'$、$\boldsymbol{j}'$、$\boldsymbol{k}'$是常矢量，它们对时间的导数均为零，$\boldsymbol{\omega}_e \times \boldsymbol{v}_r$ 这一项也就不存在了。

将式（6-11）和式（6-15）代入绝对加速度表达式，得

$$\boldsymbol{a}_a = \boldsymbol{a}_e + \boldsymbol{a}_r + 2\boldsymbol{\omega}_e \times \boldsymbol{v}_r$$

令

$$\boldsymbol{a}_C = 2\boldsymbol{\omega}_e \times \boldsymbol{v}_r \tag{6-16}$$

$\boldsymbol{a}_C$ 称为**科氏加速度**，它等于动系角速度矢与动点的相对速度矢的矢量积的两倍。于是有

$$\boldsymbol{a}_a = \boldsymbol{a}_e + \boldsymbol{a}_r + \boldsymbol{a}_C \tag{6-17}$$

上式表明：**当牵连运动为转动时，在任一瞬时，动点的绝对加速度等于动点的牵连加速度、相对加速度和科氏加速度的矢量和**。这就是**牵连运动为转动时点的加速度合成定理**。

可以证明，当牵连运动为任意运动时式（6-17）都成立，它是点的加速度合成定理的普遍形式。

根据矢量积的运算法则，$\boldsymbol{a}_C$ 的大小为

$$a_C = 2\omega_e \times v_r \sin\theta$$

其中，θ 为 $\boldsymbol{\omega}_e$ 与$\boldsymbol{v}_r$ 两矢量的最小夹角。$\boldsymbol{a}_C$ 的方向垂直于 $\boldsymbol{\omega}_e$ 和$\boldsymbol{v}_r$ 组成的平面，由右手螺旋法则确定，如图 6-19a 所示。

在一些较复杂的问题中，可以将求矢量积 $\boldsymbol{a}_C$ 的运算式写成行列式的形式，即

$$\boldsymbol{a}_C = \begin{vmatrix} \boldsymbol{i} & \boldsymbol{j} & \boldsymbol{k} \\ \omega_{ex} & \omega_{ey} & \omega_{ez} \\ v_{rx} & v_{ry} & v_{rz} \end{vmatrix}$$

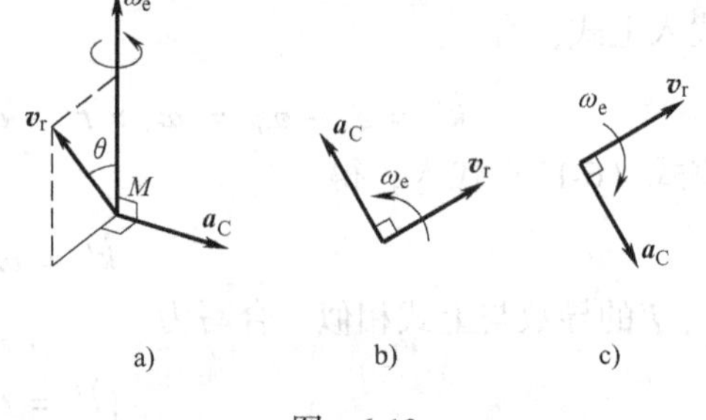

图 6-19

在下列情况下，$\boldsymbol{a}_C = \boldsymbol{0}$：

1）$\omega_e = 0$ 时，此时动系作平动，式（6-17）退化为式（6-8）。

2）$v_r = 0$ 时，即某瞬时的相对速度为零。

3）$\boldsymbol{\omega}_e /\!/ \boldsymbol{v}_r$ 时，此时，$\theta = 0$ 或 $\theta = 180°$，故 $\sin\theta = 0$。

在分析平面机构的运动问题时，因 $\boldsymbol{\omega}_e \perp \boldsymbol{v}_r$，在这种情况下，**只需将$\boldsymbol{v}_r$ 按照 $\boldsymbol{\omega}_e$ 的转向转 90°，就得 $\boldsymbol{a}_C$ 的方向**，如图 6-19b、c 所示。

例 6-8 曲杆 OAB 绕轴 O 转动，使套在其上的小环 M 沿固定直杆 OC 滑动，如图 6-20a 所示。已知曲杆的角速度 $\omega = 0.5\text{rad/s}$，$OA = 100\text{mm}$，且 OA 和 AB 垂直。

求当 $\varphi=60°$时小环 M 的速度和加速度。

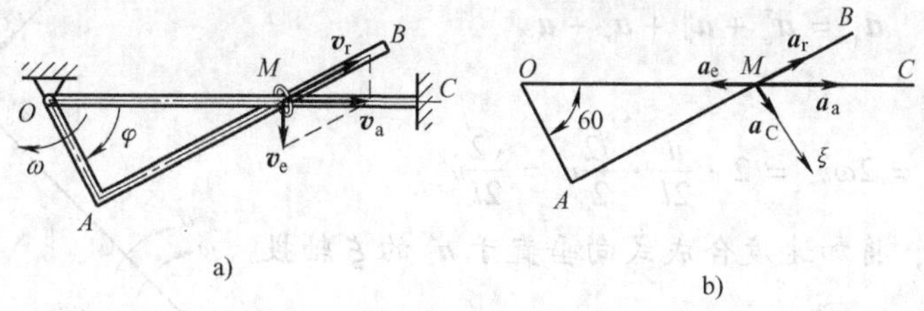

图 6-20

解 取小环 M 为动点，曲杆 OAB 为动系。

动点的绝对轨迹为水平直线，相对轨迹为沿 AB 的直线，牵连运动为绕轴 O 的定轴转动。

作速度平行四边形。由于牵连点在曲杆 OAB 上，故牵连速度$\boldsymbol{v}_e$ 垂直于点 M 到转轴 O 的连线，指向向下，再作$\boldsymbol{v}_a$、$\boldsymbol{v}_r$ 沿其轨迹方向，$\boldsymbol{v}_a$ 在速度平行四边形的对角线方向，如图 6-20a 所示。

$$\boldsymbol{v}_e = OM \cdot \omega = \frac{OA \cdot \omega}{\cos 60°} = 100\text{mm/s}$$

由几何关系得

$$v_a = v_e \tan 60° = (100\tan 60°)\text{mm/s} = 173.2\text{mm/s}$$

$$v_r = \frac{v_e}{\sin 30°} = 200\text{mm/s}$$

作动点的加速度图。作 $\boldsymbol{a}_e$ 指向点 O，将$\boldsymbol{v}_r$ 顺着 ω 的方向，即顺时针方向转 90°便为 $\boldsymbol{a}_C$ 的正确指向，作 $\boldsymbol{a}_a$、$\boldsymbol{a}_r$ 分别沿其轨迹方向，假设其指向如图 6-20b 所示。

据加速度合成定理

$$\boldsymbol{a}_a = \boldsymbol{a}_e + \boldsymbol{a}_r + \boldsymbol{a}_C$$

其中，

$$a_e = OM \cdot \omega^2 = 50\text{mm/s}^2, \qquad a_C = 2\omega v_r = 200\text{mm/s}^2$$

$\boldsymbol{a}_a$ 和 $\boldsymbol{a}_r$ 的大小未知，取 ξ 轴垂直于 $\boldsymbol{a}_r$，将加速度合成式向 ξ 轴投影，得

$$a_a \cos 60° = -a_e \cos 60° + a_C$$

$$a_a = -a_e + \frac{a_C}{\cos 60°} = 350\text{mm/s}^2$$

例 6-9 试求例 6-3 中 D 点的加速度。

解 动点和动系的选择同例 6-3。

作动点的加速度图。绝对加速度 $\boldsymbol{a}_a=\boldsymbol{0}$，牵连点在杆 OD 上，故 $\boldsymbol{a}_e^n$ 指向点 O，$\boldsymbol{a}_e^\tau$ 垂直于 OA 连线，$\boldsymbol{a}_r$ 沿相对轨迹，它们的指向假设如图 6-21 所示。将$\boldsymbol{v}_r$（图 6-10）按ω 的方向转过 90°即得 $\boldsymbol{a}_C$ 的正确指向。由牵连运动为转动时的加速度合成

定理

$$\boldsymbol{a}_a = \boldsymbol{a}_e^\tau + \boldsymbol{a}_e^n + \boldsymbol{a}_r + \boldsymbol{a}_C$$

其中

$$a_C = 2\omega v_r = 2 \cdot \frac{u}{2l} \cdot \frac{\sqrt{2}}{2}u = \frac{\sqrt{2}}{2l}u^2$$

注意到 $\boldsymbol{a}_a = \boldsymbol{0}$，将加速度合成式向垂直于 $\boldsymbol{a}_r$ 的 ξ 轴投影，得

$$0 = a_e^\tau + a_C$$

$$a_e^\tau = -a_C = OA \cdot \alpha, \alpha = -\frac{a_C}{OA} = -\frac{u^2}{2l^2}$$

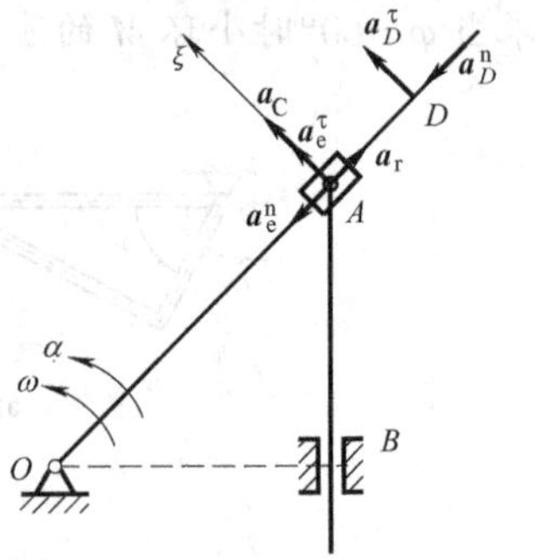

图 6-21

负号说明杆 OA 的角加速度的方向与图 6-21 所设方向相反，即为顺时针。

点 D 的加速度为

$$a_D^\tau = b\alpha = -\frac{bu^2}{2l^2}, \quad a_D^n = b\omega^2 = \frac{bu^2}{4l^2}$$

$$a_D = \sqrt{(a_D^\tau)^2 + (a_D^n)^2} = \frac{bu^2}{4l^2}\sqrt{4+1} = \frac{\sqrt{5}bu^2}{4l^2}$$

例 6-10 在图 6-22a 所示机构中，已知偏心轮半径为 R，偏心距 $O_1O = r$，偏心轮绕轴 O_1 转动的角速度 ω 为常数。试求杆 O_2E 的角速度和角加速度。

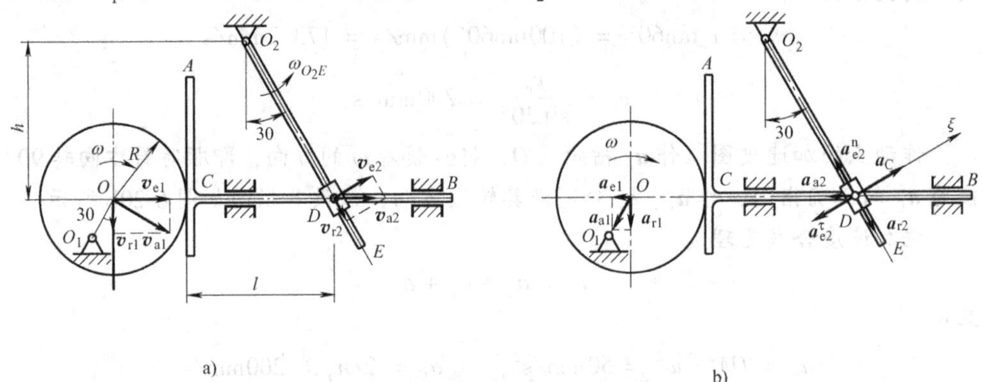

图 6-22

解 （1）先分析凸轮推杆系统。取轮心 O 为动点，推杆 AB 为动系。

动点的绝对轨迹为圆心在 O_1、半径为 r 的圆，相对轨迹为过 O 点的铅垂直线，牵连运动为平动。

作速度平行四边形。先作绝对速度 $\boldsymbol{v}_{a1}$ 垂直于 O_1O，指向右下，$\boldsymbol{v}_{r1}$ 沿相对轨迹，牵连点在推杆 AB 的扩展部分，故 $\boldsymbol{v}_{e1}$ 沿水平方向，由 $\boldsymbol{v}_{a1}$ 在速度平行四边形的对角线方向确定 $\boldsymbol{v}_{e1}$、$\boldsymbol{v}_{r1}$ 的正确指向如图 6-22a 所示。

$$v_{a1} = r\omega$$

由几何关系得

$$v_{e1}=v_{a1}\cos30^\circ=\frac{\sqrt{3}}{2}r\omega$$

因为动系作平动，其上各点的速度、加速度相同，故推杆的速度

$$v_{AB}=v_{e1}=\frac{\sqrt{3}}{2}r\omega$$

作加速度图。绝对加速度$\boldsymbol{a}_{a1}$指向点O_1，因为动系作平动，且加速度合成时只涉及三个加速度矢量，故$\boldsymbol{a}_{e1}$、$\boldsymbol{a}_{r1}$的指向可正确画出，如图6-22b所示。由动系作平动的加速度合成定理，有

$$\boldsymbol{a}_{a1}=\boldsymbol{a}_{e1}+\boldsymbol{a}_{r1}$$

其中

$$a_{a1}=r\omega^2$$

由几何关系得

$$a_{e1}=a_{a1}\sin30^\circ=\frac{1}{2}r\omega^2$$

$$a_{AB}=a_{e1}=\frac{1}{2}r\omega^2$$

（2）再分析推杆滑块摇杆系统。取D为动点，杆O_2E为动系。

动点的绝对轨迹为水平直线，相对轨迹为沿O_2E的直线，牵连运动为绕轴O_2的定轴转动。

作速度平行四边形。动点的绝对速度$\boldsymbol{v}_{a2}$和推杆的速度$\boldsymbol{v}_{AB}$相同。相对速度$\boldsymbol{v}_{r2}$沿相对轨迹，牵连点在杆O_2E上，故牵连速度$\boldsymbol{v}_{e2}$垂直于O_2D的连线，指向如图6-22a所示。

$$v_{a2}=v_{AB}=\frac{\sqrt{3}}{2}r\omega$$

由几何关系得

$$v_{e2}=v_{a2}\cos30^\circ=\frac{\sqrt{3}}{2}r\omega\times\frac{\sqrt{3}}{2}=\frac{3}{4}r\omega$$

$$\omega_{O_2E}=\frac{v_{e2}}{h/\cos30^\circ}=\frac{v_{e2}\cos30^\circ}{h}=\frac{3\sqrt{3}}{8h}r\omega$$

$$v_{r2}=v_{a2}\sin30^\circ=\frac{\sqrt{3}}{2}r\omega\times\frac{1}{2}=\frac{3}{4}r\omega$$

作动点的加速度图。$\boldsymbol{a}_{a2}=\boldsymbol{a}_{AB}$，$\boldsymbol{a}_{e2}^{n}$指向点$O_2$，$\boldsymbol{a}_{e2}^{\tau}$垂直于$O_2D$连线，$\boldsymbol{a}_{r2}$沿相对轨迹，它们的指向假设如图6-22b所示。将$\boldsymbol{v}_{r}$顺着$\omega_{O_2E}$的转向转90°为$\boldsymbol{a}_{C}$的方向。根据动系作转动的加速度合成定理，有

$$\boldsymbol{a}_{a2}=\boldsymbol{a}_{e2}^{\tau}+\boldsymbol{a}_{e2}^{n}+\boldsymbol{a}_{r2}+\boldsymbol{a}_{C}$$

$$a_{a2} = a_{AB} = \frac{1}{2}r\omega^2, \qquad a_C = 2\omega_{O_2E}v_{r2} = \frac{9}{16h}r^2\omega^2$$

取投影轴 ξ 垂直于 $\boldsymbol{a}_{r2}$，将加速度合成式向 ξ 轴投影，得

$$-a_{a2}\cos 30° = -a_{e2}^{\tau} + a_C$$

得

$$a_{e2}^{\tau} = a_{a2}\cos 30° + a_C = \frac{\sqrt{3}}{4}r\omega^2 + \frac{9}{16h}r^2\omega^2 = \left(\frac{\sqrt{3}}{4} + \frac{9r}{16h}\right)r\omega^2$$

$$\alpha_{O_2E} = \frac{a_{e2}^{\tau}}{h/\cos 30°} = \left(\frac{3}{8} + \frac{9\sqrt{3}r}{32h}\right)\frac{r\omega^2}{h}$$

例 6-11 北半球纬度为 φ 处有一河流，河水沿着与正东成 ψ 角的方向流动，流速为 v_r，如图 6-23a 所示。考虑地球自转的影响，试求河水的科氏加速度。

解 因为要考虑地球自转的影响，可取地心系为静系，以地轴为 z 轴，x、y 轴由地心 O 分别指向两颗遥远的恒星。以水流所在处 O' 为原点，将动系 $O'x'y'z'$ 固连于地球上，轴 x'、y' 在水平面内，轴 x' 指向东，轴 y' 指向北，轴 z' 指向天。地球绕 z 轴自转的角速度以 ω 表示。为了便于求 $\boldsymbol{a}_C$，过点 O' 画出地球自转的角速度矢 $\boldsymbol{\omega}$，如图 6-23b 所示。

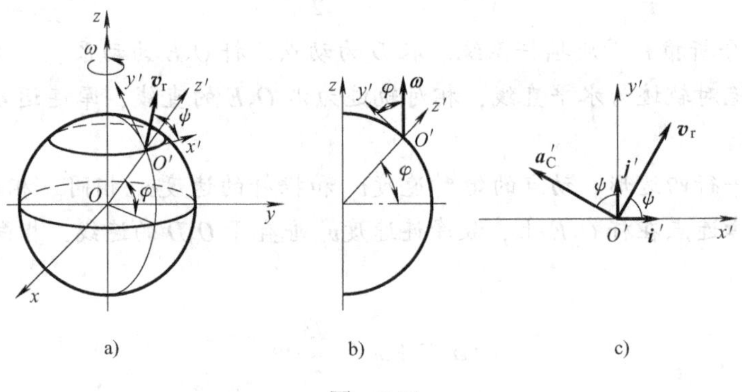

图 6-23

科氏加速度为

$$\boldsymbol{a}_C = 2\boldsymbol{\omega} \times \boldsymbol{v}_r$$

由图可见

$$\boldsymbol{\omega} = \omega\cos\varphi\boldsymbol{j}' + \omega\sin\varphi\boldsymbol{k}', \qquad \boldsymbol{v}_r = v_r\cos\psi\boldsymbol{i}' + v_r\sin\psi\boldsymbol{j}'$$

其中，$\boldsymbol{i}'$、$\boldsymbol{j}'$ 和 $\boldsymbol{k}'$ 为沿 x'、y' 和 z' 轴的单位矢量。于是

$$\boldsymbol{a}_C = 2\boldsymbol{\omega} \times \boldsymbol{v}_r = 2\omega v_r(-\sin\varphi\sin\psi\boldsymbol{i}' + \sin\varphi\cos\psi\boldsymbol{j}' - \cos\varphi\cos\psi\boldsymbol{k}') \tag{1}$$

由此得

$$\begin{aligned} a_C &= 2\omega v_r\sqrt{\sin^2\varphi\sin^2\psi + \sin^2\varphi\cos^2\psi + \cos^2\varphi\cos^2\psi} \\ &= 2\omega v_r\sqrt{\sin^2\varphi + \cos^2\varphi\cos^2\psi} \end{aligned} \tag{2}$$

由式 (2) 可知，当 $\psi = 0°$ 或 $180°$，即水流向东或向西流动时，a_C 具有极大值

$2\omega v_r$，当 $\psi=90°$ 或 $270°$，即水流向北或向南流动时，a_C 具有极小值 $2\omega v_r\sin\varphi$。

下面求 $\boldsymbol{a}_C$ 在水平面 $x'O'y'$ 上的投影 $\boldsymbol{a}'_C$，这只需取式（1）右边的前两项，即

$$\begin{aligned}\boldsymbol{a}'_C &= 2\omega v_r(-\sin\varphi\sin\psi\boldsymbol{i}' + \sin\varphi\cos\psi\boldsymbol{j}') \\ &= 2\omega v_r\sin\varphi[\cos(90° + \psi)\boldsymbol{i}' + \sin(90° + \psi)\boldsymbol{j}']\end{aligned} \tag{3}$$

$\boldsymbol{a}'_C$ 的大小为

$$a'_C = 2\omega v_r\sin\varphi$$

计算结果表明，不论 ψ 为何值，即不论水流的方向如何，科氏加速度在水平面上的投影都等于 $2\omega v_r\sin\varphi$。

由式（3）可知，$\boldsymbol{a}'_C$ 的方向与 x' 轴成 $90°+\psi$，即与 $\boldsymbol{v}_r$ 垂直。由图 6-23c 可以看出，顺 $\boldsymbol{v}_r$ 方向看去，$\boldsymbol{a}'_C$ 是向左的。

由牛顿第二定律可知，水流有向左的科氏加速度是由于河的右岸对水流作用有向左的力。根据作用力与反作用力公理，水流对右岸必有反作用力。由于这个力长年累月的作用使河的右岸受到冲刷。这就解释了在自然界观察到的一种现象：在北半球，顺水流的方向看，江河的右岸都受到较明显的冲刷。

思 考 题

6-1 在图 6-24 所示的各机构中，取 M 为动点，试选取动系，分析三种运动并画出动点的速度平行四边形和加速度合成图。

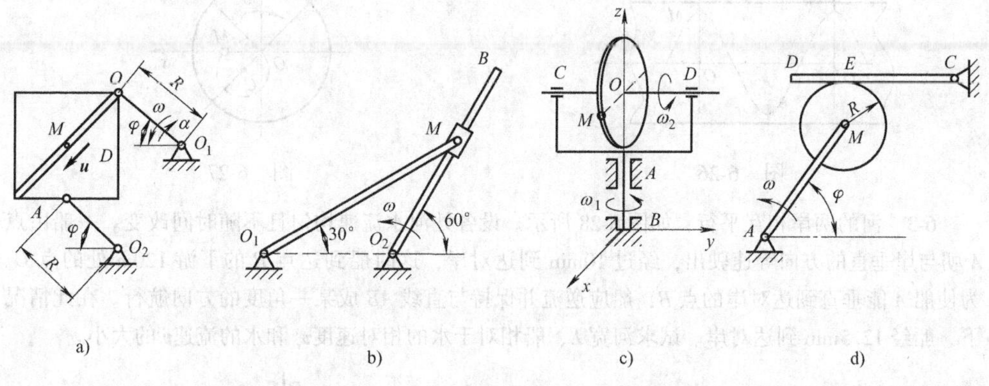

图 6-24

6-2 在图 6-25 所示的各机构中，取 A 为动点，OB 为动系，试判断动点相对速度的方向、科氏加速度的大小和方向是否正确。

6-3 牵连运动是动系相对于静系的运动，牵连速度、牵连加速度是否为动系的速度、加速度？

6-4 牵连点是否为动系上某确定的点？牵连点是否一定在运动的物体上？

6-5 试判断各式是否正确：$\boldsymbol{a}_a=\dot{\boldsymbol{v}}_a$，$a_a=\dot{v}_a$，$\boldsymbol{a}_r=\dot{\boldsymbol{v}}_r$，$a_r=\dot{v}_r$，$\boldsymbol{a}_e=\dot{\boldsymbol{v}}_e$，$a_e=\dot{v}_e$。

6-6 按点的合成运动的理论导出速度合成定理和加速度合成定理时，所取静系是固定不动

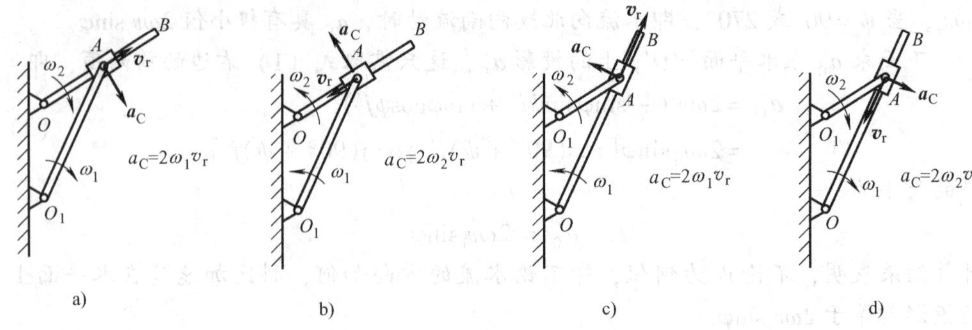

图 6-25

的。如果所取的静系本身也在运动（平动或转动），这类问题该如何求解？

习 题

6-1 如图6-26所示，光点 M 沿 y 轴作谐振动，其运动方程为 $x=0$，$y=A\cos(\omega t+\theta)$，其中，A、ω、θ 均为常数。如果将点 M 投影到感光记录纸上，此纸以匀速 $\boldsymbol{v}_e$ 向左运动，试求点在记录纸上的轨迹。

6-2 用车刀切削工件的端面，车刀刀尖 M 的运动方程为 $x=b\sin\omega t$，其中 b、ω 为常数，工件以等角速度 ω 逆时针方向转动，如图6-27所示。试求车刀在工件端面上切出的痕迹。

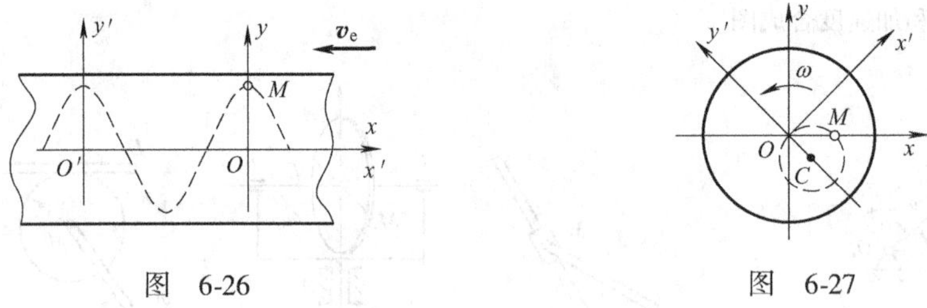

图 6-26　　　　图 6-27

6-3 河的两岸相互平行，如图6-28所示。设各处河水流速均匀且不随时间改变。一船由点 A 朝与岸垂直的方向等速驶出，经过10min到达对岸，这时船到达点 B 的下游120m处的点 C。为使船 A 能垂直到达对岸的点 B，船应逆流并保持与直线 AB 成某一角度的方向航行。在此情况下，船经12.5min到达对岸。试求河宽 L、船相对于水的相对速度 $\boldsymbol{v}_r$ 和水的流速 $\boldsymbol{v}$ 的大小。

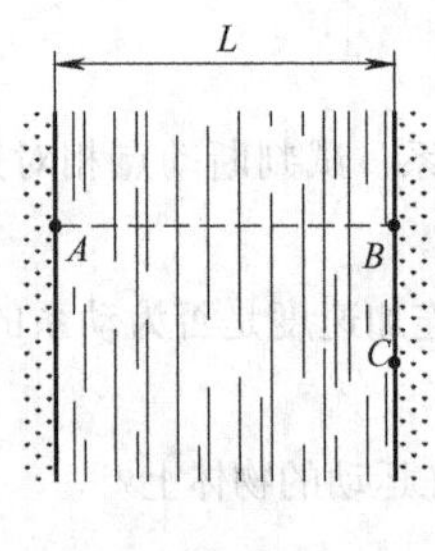

图 6-28

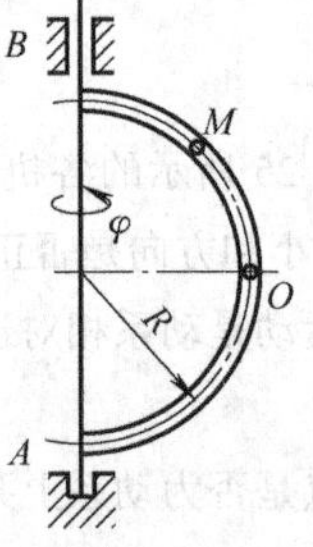

图 6-29

6-4 如图 6-29 所示，半圆板绕其铅垂的直径线 AB 作定轴转动，转动方程为 $\varphi = 4t - 0.2t^2$，点 M 由点 O 自静止开始沿圆周运动，运动规律为 $\overset{\frown}{OM} = 100\pi\sin(\pi t/4)$（弧长的单位为 mm），设半圆板的半径为 $R = 300\text{mm}$，试求 $t = (2/3)$ s 时点 M 的速度。

6-5 矿砂从传送带 A 落到另一传送带 B 上，其绝对速度为 $v_1 = 4\text{m/s}$，方向与铅垂线成 30°角，如图 6-30 所示。设传送带 B 与水平面成 15°角，其速度为 $v_2 = 2\text{m/s}$。试求此时矿砂相对于传送带的相对速度，并问当传送带 B 的速度为多大时，矿砂的相对速度才能与它垂直？

6-6 如图 6-31 所示，瓦特离心调速器以角速度 ω 绕铅垂轴转动。由于机器负荷的变化，调速器重球以角速度 ω_1 向外张开。如果 $\omega = 10\text{rad/s}$，$\omega_1 = 1.2\text{rad/s}$，球柄长 $l = 500\text{mm}$，悬挂球柄的支点到铅垂轴的距离为 $e = 50\text{mm}$，球柄与铅垂轴所成的夹角 $\beta = 30°$。试求此时重球的绝对速度。

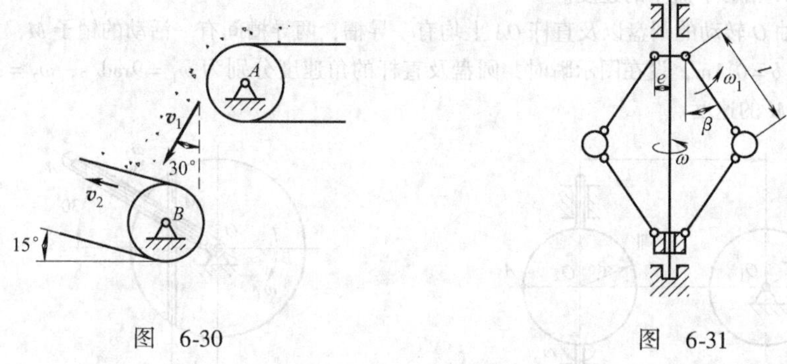

图 6-30　　图 6-31

6-7 已知三角块沿水平面向左运动，$v_1 = 1\text{m/s}$，推动杆长 $l = 1\text{m}$ 的杆 AB 绕点 A 转动，如图 6-32 所示。试求当 $\theta = 30°$时，杆 AB 的角速度、点 B 相对于斜面的速度。

6-8 曲杆 OAB 以角速度 ω 绕点 O 转动，通过滑块 B 推动杆 BC 运动，如图 6-33 所示，在图示瞬时 $AB = OA$，试求点 C 的速度。

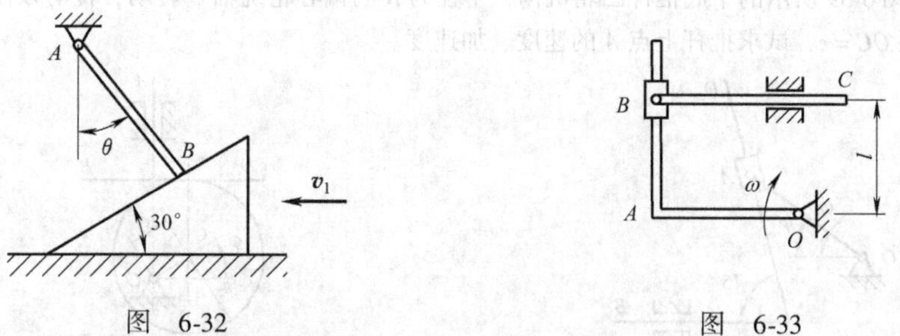

图 6-32　　图 6-33

6-9 半径为 R 的大圆环，在自身平面中以等角速度 ω 绕轴 A 转动，并带动一小环 M 沿固定的直杆 CB 滑动。在图 6-34 所示瞬时，圆环的圆心 O 和点 A 在同一水平线上，试求此时小环 M 相对圆环和直杆的速度。

6-10 曲柄 O_1A 以匀角速度 ω 绕点 O_1 转动，通过滑块 A 使扇形齿轮绕点 O_2 转动，从而带动齿条 DB 往复运动，如图 6-35 所示。已知 $O_1A = R$，试求图示瞬时齿条上点 C 的速度。

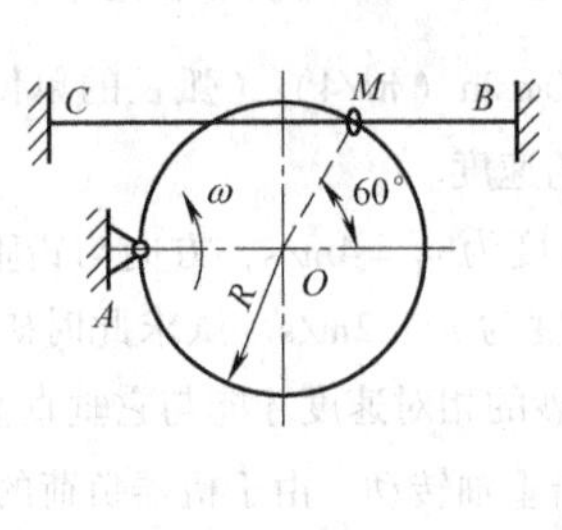

图 6-34

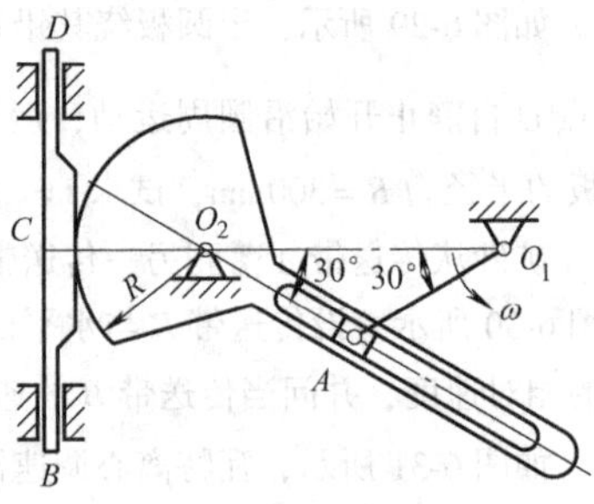

图 6-35

6-11 如图 6-36 所示，两圆盘匀速转动的角速度分别为 $\omega_1=1\text{rad/s}$，$\omega_2=2\text{rad/s}$，两圆盘的半径均为 $R=50\text{mm}$，两盘转轴之间的距离 $L=250\text{mm}$。图示瞬时，两盘位于同一平面内。试求此时盘Ⅱ上的点 A 相对于盘Ⅰ的速度。

6-12 绕轴 O 转动的圆盘以及直杆 OA 上均有一导槽，两导槽间有一活动的销子 M，如图 6-37 所示。已知 $b=0.1\text{m}$，设在图示瞬时，圆盘及直杆的角速度分别为 $\omega_1=9\text{rad/s}$，$\omega_2=3\text{rad/s}$。求此瞬时销子 M 的速度。

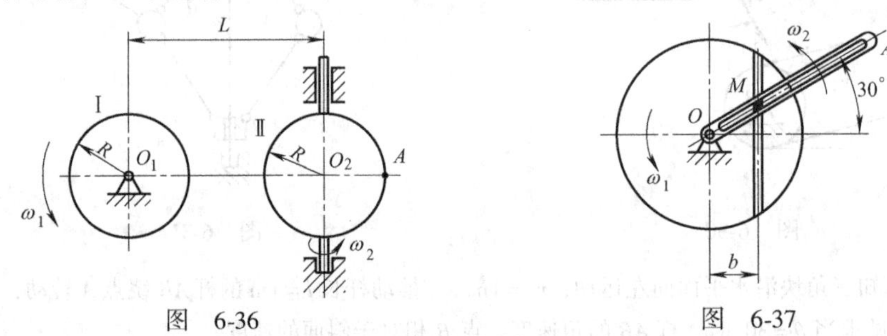

图 6-36 图 6-37

6-13 如图 6-38 所示的机构，已知曲柄 OA 的角速度 $\omega=10\pi\text{rad/s}$，$OA=150\text{mm}$，试求 $\varphi=45°$时，弯杆上点 B 的速度和套筒 A 相对于弯杆的速度、加速度。

6-14 图 6-39 所示的平底推杆凸轮机构，半径为 R 的偏心轮绕轴 O 转动，转动方程 $\varphi=3t+5t^2$，偏心距 $OC=e$，试求推杆上点 A 的速度、加速度。

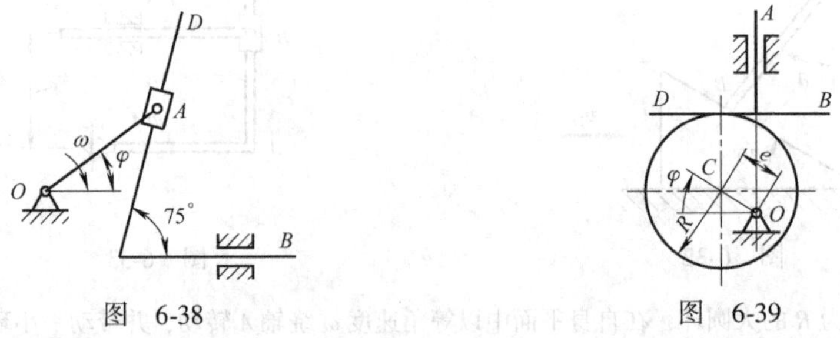

图 6-38 图 6-39

6-15 如图 6-40 所示，在平行四连杆机构的连杆 AB 上有一半径 $R=300\text{mm}$ 的圆弧形导槽 D，已知 $O_1A=O_2B=400\text{mm}$，曲柄 O_1A 绕点 O_1 的转动方程为 $\varphi=\pi t^2/8$，一动点 M 自点 B 由静止开始沿导槽运动，其运动规律为 $\overset{\frown}{BM}=50\pi t^2/4$（弧长的单位为 mm）。试求 $t=2\text{s}$ 时，点 M 的速度和加速度。

6-16　如图 6-41 所示，曲柄 OA 长 0.4m，以等角速度 $\omega=0.5\text{rad/s}$ 绕轴 O 逆时针方向转动，推动 BC 沿铅直方向运动。试求曲柄和水平线间的夹角 $\theta=30°$ 时，BC 的速度和加速度。

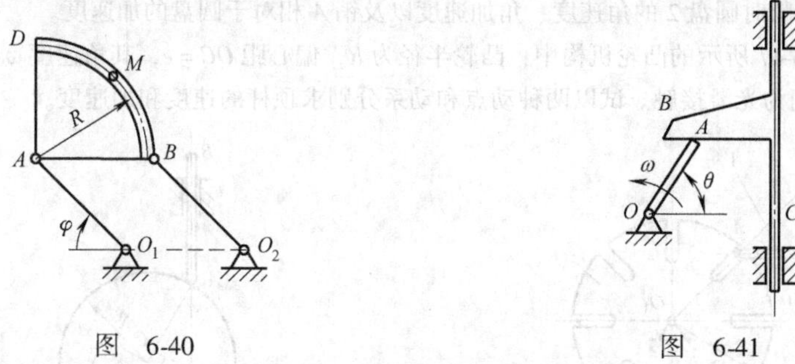

图　6-40　　　图　6-41

6-17　剪切金属板的“飞剪机”结构如图 6-42 所示，工作台 AB 的移动规律是 $s=0.2\sin(\pi t/6)$，滑块 C 带动上刀片 E 沿导柱运动以切断工件 D，下刀片固定在工作台上。设曲柄长 $OC=0.6\text{m}$，$t=1\text{s}$ 时，$\varphi=60°$。试求该瞬时刀片 E 相对于工作台运动的速度和加速度，并求曲柄 OC 转动的角速度及角加速度。

6-18　如图 6-43 所示，直角曲杆 OAB 绕点 O 转动，半径 $R=40\sqrt{2}\text{mm}$ 的圆环固定不动，小环 M 将杆与圆环相连。已知 $OA=R$，当 A 与圆心 O_1 重合时 $\omega_1=2\text{rad/s}$，$\alpha_1=2\text{rad/s}^2$，试求该瞬时小环 M 的绝对速度和绝对加速度。

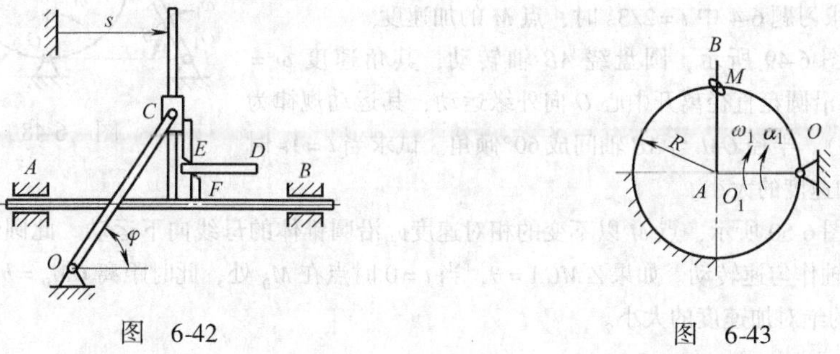

图　6-42　　　图　6-43

6-19　图 6-44 所示的平面机构中，杆 AB 以匀速 $\boldsymbol{u}$ 沿水平方向运动，并通过滑块 B 推动杆 OC 转动。试求 $\theta=60°$时，杆 OC 的角速度和角加速度。

6-20　如图 6-45 所示的机构，已知 $O_1A=O_2B=l$，杆 O_1A 以匀角速度 ω 绕点 O_1 转动。试求图示瞬时杆 DE 的角速度、角加速度。

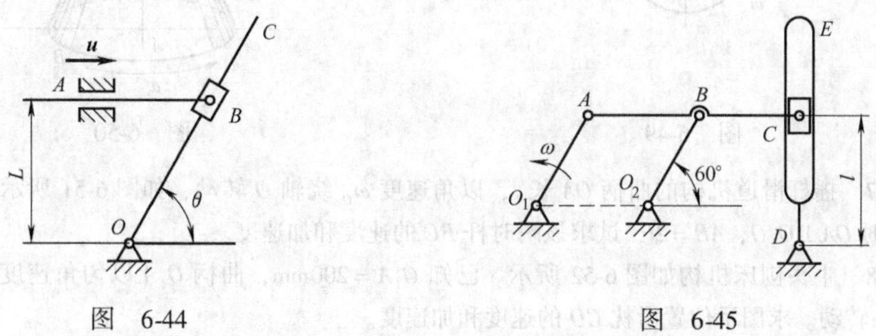

图　6-44　　　图　6-45

6-21 如图6-46所示的马耳他机构中，曲柄1绕点O以匀角速度$\omega_1=\sqrt{2}\text{rad/s}$转动，固定在曲柄上的销$A$沿着半径为$R$的圆盘2的槽滑动，并使圆盘2绕点$O_1$转动。设$OA=R=200\text{mm}$，$\theta=45°$，试求图示瞬时圆盘2的角速度、角加速度以及销$A$相对于圆盘的加速度。

6-22 在图6-47所示的凸轮机构中，凸轮半径为R，偏心距$OC=e$，其角速度ω为常量，顶杆AB与凸轮之间为光滑接触。试以两种动点和动系分别求顶杆的速度和加速度。

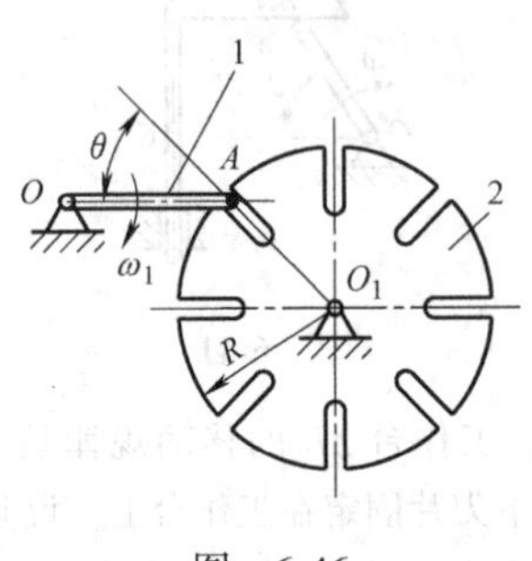

图 6-46

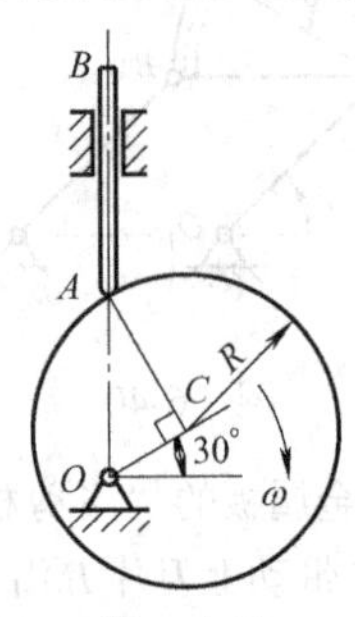

图 6-47

6-23 如图6-48所示，在偏心轮摇杆机构中，摇杆O_1A借助于弹簧压在半径为R的偏心轮C上。偏心轮C绕轴O往复摆动，从而带动摇杆绕轴O_1摆动。设$OC\perp OO_1$时，轮C的角速度为ω，角加速度为零，$\theta=60°$。试求此时摇杆O_1A的角速度和角加速度。

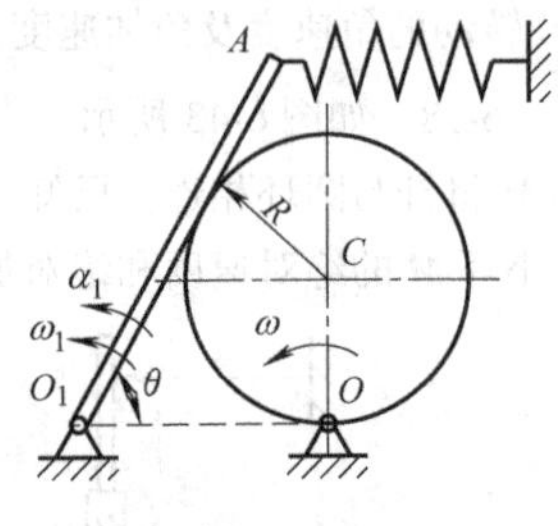

图 6-48

6-24 试求习题6-4中$t=2/3\text{s}$时，点M的加速度。

6-25 如图6-49所示，圆盘绕AB轴转动，其角速度$\omega=2t\text{rad/s}$。点M沿圆盘直径离开中心O向外缘运动，其运动规律为$OM=4t^2$（mm）。半径OM与AB轴间成60°倾角。试求当$t=1\text{s}$时点M的绝对加速度的大小。

6-26 如图6-50所示，点M以不变的相对速度$\boldsymbol{v}_r$沿圆锥体的母线向下运动。此圆锥体以角速度ω绕OA轴作匀速转动。如果$\angle MOA=\theta$，当$t=0$时点在M_0处，此时距离$OM_0=b$。试求在t s时，点M的绝对加速度的大小。

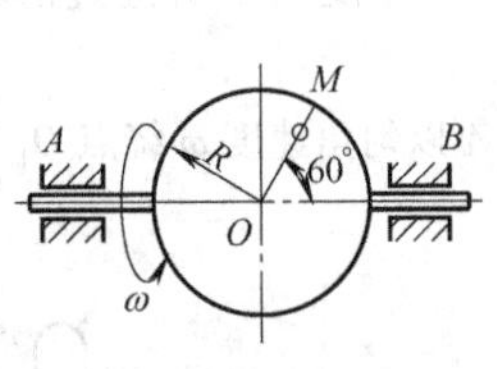

图 6-49

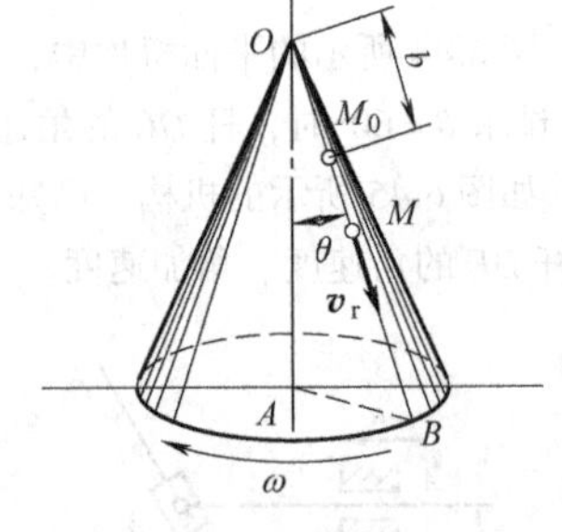

图 6-50

6-27 摇杆滑道机构的曲柄OA长l，以角速度ω_0绕轴O转动，如图6-51所示。已知在图示位置时$OA\perp O_1O$，$AB=2l$，试求该瞬时杆BC的速度和加速度。

6-28 牛头刨床机构如图6-52所示。已知$O_1A=200\text{mm}$，曲柄O_1A以匀角速度$\omega_1=2\text{rad/s}$绕轴O_1转动。求图示位置滑枕CD的速度和加速度。

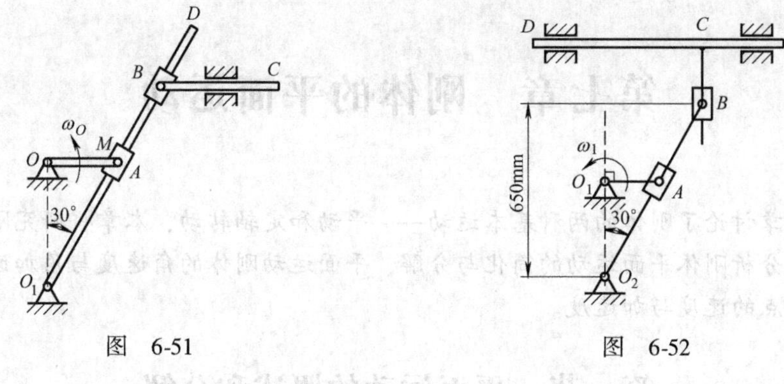

图　6-51　　　　　　　　图　6-52

第七章　刚体的平面运动

第五章讨论了刚体的两种基本运动——平动和定轴转动，本章将研究刚体的平面运动，分析刚体平面运动的简化与分解、平面运动刚体的角速度与角加速度以及刚体上各点的速度与加速度。

第一节　平面运动的概述和分解

一、平面运动的定义与简化

1. 平面运动的定义

刚体运动时，若其上各点到某一固定平面的距离始终保持不变，则称刚体的这种运动为平面运动。刚体的平面运动是工程中常见的一种运动形式，例如图 7-1a 所示的车轮沿直线轨道的滚动，图 7-1b 所示的曲柄滑块机构中连杆 AB 的运动以及图 7-1c 所示的行星齿轮机构中动齿轮 A 的运动等。不难看出，平面运动刚体上各点的轨迹都是平面曲线（或直线）。

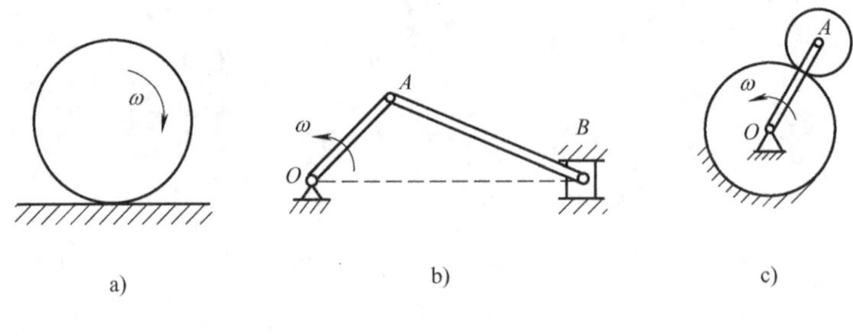

图　7-1

2. 平面运动的简化

设一刚体作平面运动，运动中刚体内每一点到固定平面Ⅰ的距离始终保持不变，如图 7-2 所示。作一个与固定平面Ⅰ平行的平面Ⅱ来截割刚体，得截面 S，该截面称为平面运动刚体的**平面图形**。刚体运动时，平面图形 S 始终在平面Ⅱ内运动，即始终在其自身平面内运动，而刚体内与 S 垂直的任一直线 A_1AA_2 都作平动。因此，只要知道平面图形上点 A 的运动，便可知道 A_1AA_2 线上所有各点的运动。从而，只要知

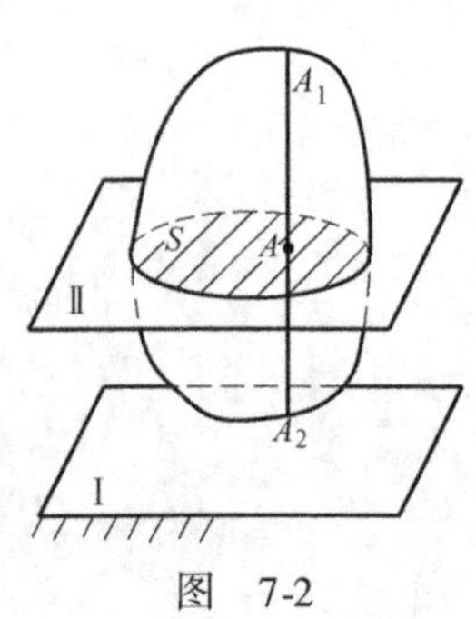

图　7-2

道平面图形 S 内各点的运动，就可以知道整个刚体的运动。由此可知，平面图形上各点的运动可以代表刚体内所有各点的运动，即**刚体的平面运动可以简化为平面图形在其自身平面内的运动**。

3. 平面图形的运动方程

平面图形在其自身平面内运动时，共有三个自由度，设 AB 是平面图形上任一线段，可取 x_A、y_A 和 φ 为广义坐标，如图 7-3a 所示。平面图形运动时，x_A、y_A 和 φ 都是时间 t 的函数，即

$$x_A = f_1(t),\quad y_A = f_2(t),\quad \varphi = f_3(t) \tag{7-1}$$

这就是平面图形的运动方程，也就是**刚体平面运动的运动方程**。

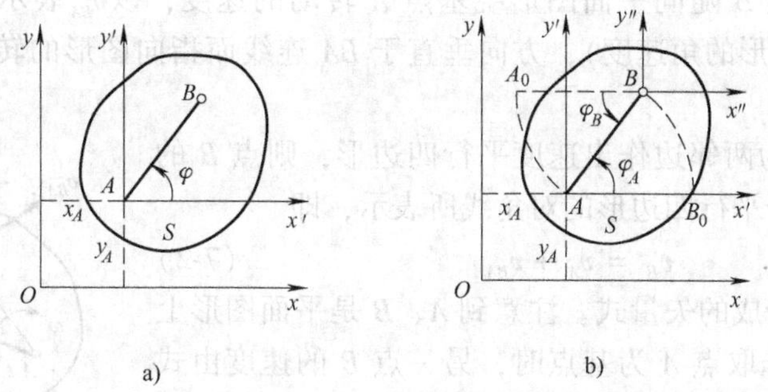

图 7-3

二、平面运动分解为平动和转动

在平面图形上任取一点 A 作为运动分解的基准点，简称为**基点**；在基点假想地安上一个平动坐标系 $Ax'y'$，当平面图形运动时，该平动坐标系随基点作平动，如图 7-3a 所示。这样按照合成运动的观点，平面图形的运动可以看成是随同动系作平动（又称为随同基点的平动）和绕基点相对于动系作转动这两种运动的合成，即**平面图形的运动可以分解为随基点的平动和绕基点的转动**。其中"随基点的平动"是牵连运动，"绕基点的转动"是相对运动。

基点的选择是任意的。因为一般情况下平面图形上各点的运动各不相同，所以选取不同的点作为基点时，平面图形运动分解后的平动部分与基点的选择有关；而转动部分的转角是相对于平动坐标系而言的，选择不同的基点时，图形的转角仍然相同。如图 7-3b 所示，选 A 为基点时，线段 AB 从 AB_0 转至 AB，转角为 $\varphi_A=\varphi$，而选 B 为基点时，线段 AB 从 BA_0 转至 AB，转角为 φ_B，从图上可见，$\varphi_A=\varphi_B$，即平面图形相对于不同的基点的转角相等，在同一瞬时平面图形绕基点转动的角速度、角加速度也相等。因此平面图形运动分解后的转动部分与基点的选择无关。对角速度、角加速度而言，无需指明是绕哪个基点转动的，而统称为平面图形的角速度、角加速度。

第二节 平面图形上各点的速度

一、速度基点法和速度投影定理

1. 速度基点法

平面图形的运动可以看成是牵连运动（随同基点 A 的平动）与相对运动（绕基点 A 的转动）的合成，因此平面图形上任意一点 B 的运动也可用合成运动的概念进行分析，其速度可用速度合成定理求解。

因为牵连运动是平动，所以点 B 的牵连速度就等于基点 A 的速度 $\boldsymbol{v}_A$，而点 B 的相对速度就是点 B 随同平面图形绕基点 A 转动的速度，以 $\boldsymbol{v}_{BA}$ 表示，其大小等于 $BA\cdot\omega$（ω 为图形的角速度），方向垂直于 BA 连线而指向图形的转动方向，如图7-4所示。

以 $\boldsymbol{v}_A$ 和 $\boldsymbol{v}_{BA}$ 为两邻边作出速度平行四边形，则点 B 的绝对速度由这个平行四边形的对角线所表示，即

$$\boldsymbol{v}_B = \boldsymbol{v}_A + \boldsymbol{v}_{BA} \tag{7-2}$$

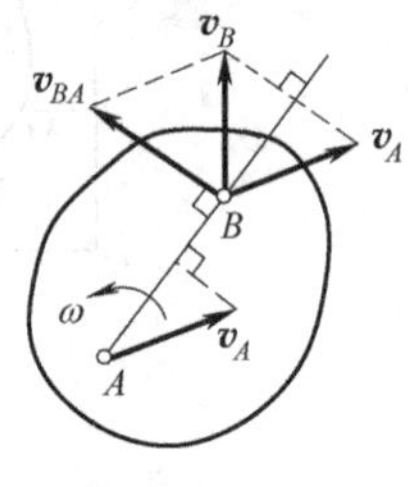

图 7-4

上式称为速度合成的矢量式。注意到 A、B 是平面图形上的任意两点，选取点 A 为基点时，另一点 B 的速度由式(7-2)确定；但若选取点 B 为基点，则点 A 的速度表达式应写为 $\boldsymbol{v}_A=\boldsymbol{v}_B+\boldsymbol{v}_{AB}$。由此可得速度合成定理：**平面图形上任一点的速度等于基点的速度与该点随图形绕基点转动速度的矢量和。**

应用式（7-2）分析求解平面图形上点的速度问题的方法称为**速度基点法**，又叫做速度合成法。式（7-2）中共有三个矢量，各有大小和方向两个要素，总计六个要素，要使问题可解，一般应有四个要素是已知的。考虑到相对速度 $\boldsymbol{v}_{BA}$ 的方向必定垂直于连线 BA，于是只需再知道任何其他三个要素，即可解得剩余的两个未知量。

2. 速度投影定理

定理 同一瞬时，平面图形上任意两点的速度在这两点连线上的投影相等。

证明 设 A、B 是平面图形上的任意两点，速度分别为 $\boldsymbol{v}_A$ 和 $\boldsymbol{v}_B$，如图7-4所示。将式（7-2）投影到 AB 连线上，并注意到 $\boldsymbol{v}_{BA}$ 垂直于 AB，在 AB 连线上的投影为零，则可得 $\boldsymbol{v}_B$ 在连线 AB 上的投影 $(\boldsymbol{v}_B)_{AB}$ 等于 $\boldsymbol{v}_A$ 在连线 AB 上的投影 $(\boldsymbol{v}_A)_{AB}$，即

$$(\boldsymbol{v}_B)_{AB} = (\boldsymbol{v}_A)_{AB} \tag{7-3}$$

于是定理得到了证明。

这个定理反映了刚体不变形的特性，因刚体上任意两点间的距离应保持不变，所以刚体上任意两点的速度在这两点连线上的投影应该相等；否则，这两点间的距离不是伸长，就要缩短，这将与刚体的性质相矛盾。因此，速度投影定理不仅适用于刚体作平面运动，而且也适用于刚体的一般运动。

应用速度投影定理求解平面图形上点的速度问题，有时是很方便的。但由于式(7-3)中不出现转动时的相对速度，故用此定理不能直接解得平面图形的角速度。

例 7-1 在图 7-5 所示的四连杆机构中，$OA=r$，$AB=b$，$O_1B=d$，已知曲柄 OA 以匀角速度 ω 绕轴 O 转动。试求在图示位置时，杆 AB 的角速度 ω_{AB} 以及摆杆 O_1B 的角速度 ω_1。

解 杆 OA 和 O_1B 作定轴转动，杆 AB 作平面运动。由 OA 作定轴转动可知点 A 的速度 $\boldsymbol{v}_A$ 的大小为 $v_A=r\omega$，方向垂直于 OA，水平向左。

杆 AB 作平面运动，取点 A 为基点，由基点法得点 B 速度的矢量表达式为

$$\boldsymbol{v}_B=\boldsymbol{v}_A+\boldsymbol{v}_{BA}$$

其中，$\boldsymbol{v}_A$ 的大小和方向均为已知，点 B 相对于基点 A 的速度 $\boldsymbol{v}_{BA}$ 的方向与 AB 垂直，点 B 的速度 $\boldsymbol{v}_B$ 与 O_1B 垂直。这样上式中四个要素是已知的，在点 B 作出其速度平行四边形如图 7-5 所示，作图时应注意使 $\boldsymbol{v}_B$ 位于平行四边形的对角线上。

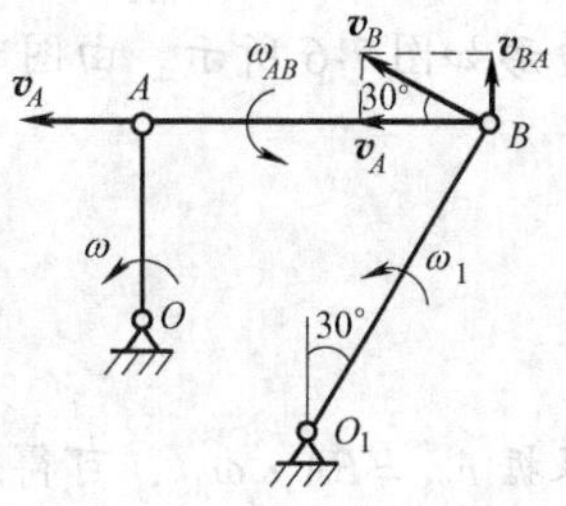

图 7-5

由几何关系得

$$v_{BA}=v_A\tan30^\circ=\frac{\sqrt{3}r\omega}{3}$$

$$v_B=\frac{v_A}{\cos30^\circ}=\frac{2\sqrt{3}r\omega}{3}$$

于是得到此瞬时杆 AB 平面运动的角速度为

$$\omega_{AB}=\frac{v_{BA}}{AB}=\frac{v_{BA}}{b}=\frac{\sqrt{3}r\omega}{3b}$$

摆杆 O_1B 绕轴 O_1 转动的角速度为

$$\omega_1=\frac{v_B}{O_1B}=\frac{2\sqrt{3}r\omega}{3d}$$

转向如图 7-5 所示。

如果本题只需求摆杆 O_1B 的角速度 ω_1，则可用速度投影定理求 $\boldsymbol{v}_B$。由

$$(\boldsymbol{v}_B)_{AB}=(\boldsymbol{v}_A)_{AB}$$

得

$$v_B\cos30^\circ=v_A$$

$$v_B=\frac{v_A}{\cos30^\circ}=\frac{2\sqrt{3}r\omega}{3}$$

结果与上面相同。

例 7-2 曲柄滑块机构如图 7-6 所示，$OA=r$，$AB=\sqrt{3}r$。如果曲柄 OA 以匀角速度 ω 转动，试求当 $\varphi=60°$时点 B 的速度和杆 AB 的角速度。

解 连杆 AB 作平面运动，以点 A 为基点，则点 B 的速度为

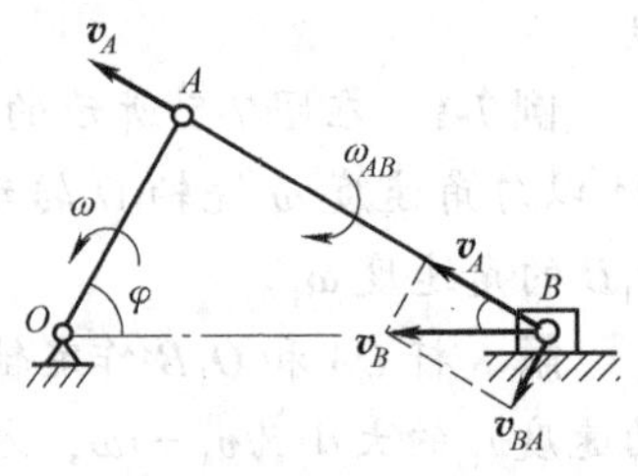

图 7-6

$$\boldsymbol{v}_B = \boldsymbol{v}_A + \boldsymbol{v}_{BA}$$

其中，$v_A=r\omega$，方向垂直于 OA，指向左上方；$\boldsymbol{v}_B$ 水平向左，$\boldsymbol{v}_{BA}$ 垂直于 AB。再注意到当 $\varphi=60°$时，OA 恰好与 AB 垂直，$\boldsymbol{v}_A$ 恰沿 BA 连线，故其速度平行四边形如图 7-6 所示。由图可得

$$v_B = \frac{v_A}{\cos30°} = \frac{2\sqrt{3}}{3}r\omega$$

$$v_{BA} = v_A\tan30° = \frac{\sqrt{3}}{3}r\omega$$

根据 $v_{BA}=BA\cdot\omega_{AB}$，可得此瞬时杆 AB 平面运动的角速度为

$$\omega_{AB} = \frac{v_{BA}}{BA} = \frac{\omega}{3}$$

为顺时针转向。

本题如果只需求点 B 的速度，则也可应用速度投影定理求解，请读者自行分析。

例 7-3 火车以速度$\boldsymbol{v}_O$ 沿水平直线轨道行驶，设车轮的半径为 r，在轨道上滚动而无滑动，如图 7-7 所示。试求轮缘上 A、B 两点的速度。

解 车轮作平面运动，已知轮心的速度$\boldsymbol{v}_O$，为求车轮上各点的速度，应先求出车轮的角速度 ω。由于车轮在轨道上滚动而无滑动，因此轮缘上与轨道相接触的点 C 的速度必等于零。

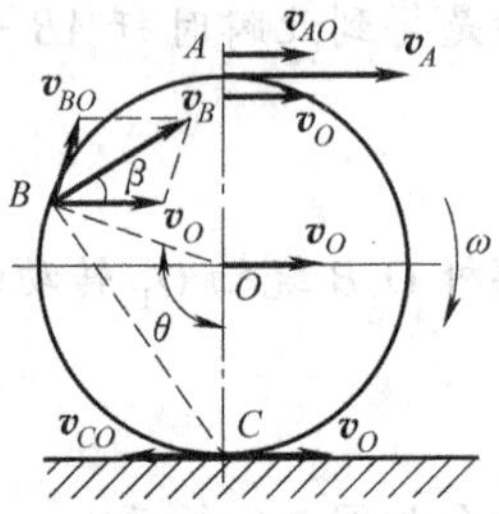

设以轮心 O 为基点，则点 C 的速度可表示为

$$\boldsymbol{v}_C = \boldsymbol{v}_O + \boldsymbol{v}_{CO}$$

其中，$\boldsymbol{v}_C$ 等于零，$\boldsymbol{v}_O$ 与$\boldsymbol{v}_{CO}$方向水平，但指向相反。故由

$$v_C = v_O - v_{CO} = v_O - r\omega = 0$$

图 7-7

得

$$\omega = \frac{v_O}{r}$$

下面分别求解 A、B 两点的速度。以点 O 为基点，点 A 的速度为

$$\boldsymbol{v}_A = \boldsymbol{v}_O + \boldsymbol{v}_{AO}$$

其中，$\boldsymbol{v}_{AO}$的大小为 $v_{AO}=r\omega=v_O$，方向与$\boldsymbol{v}_O$ 一致，所以得

$$v_A = v_O + v_{AO} = 2v_O$$

方向也水平向右，如图7-7所示。

仍以点O为基点，点B的速度为

$$\boldsymbol{v}_B = \boldsymbol{v}_O + \boldsymbol{v}_{BO}$$

其中，$\boldsymbol{v}_O$的大小和方向均已知，$\boldsymbol{v}_{BO}$的大小为$v_{BO}=r\omega=v_O$，方向垂直于OB，指向右上方。作速度平行四边形，因$v_{BO}=v_O$，故两三角形为等腰三角形，设$\boldsymbol{v}_B$与$\boldsymbol{v}_O$的夹角为β，由几何关系得

$$\beta = 90° - \frac{\theta}{2}$$

$$v_B = 2v_O\cos\left(90° - \frac{\theta}{2}\right) = 2v_O\sin\frac{\theta}{2}$$

从图中可以看出，$\angle BCO=90°-\theta/2$，因此$\boldsymbol{v}_B$垂直于BC，即沿BA方向。

例7-4 双摇杆机构中，$O_1A=\sqrt{3}l$，$O_2B=l$。在图7-8所示瞬时，杆O_1A沿铅垂方向，杆AC、O_2B水平，杆BC与铅垂方向成30°角。已知杆O_1A的角速度为ω_1，杆O_2B的角速度为ω_2。试求该瞬时连杆AC和BC的连接点C的速度。

解 显然，系统的自由度为2。根据题意，摇杆O_1A绕轴O_1作定轴转动，点A的速度$\boldsymbol{v}_A$的大小为$v_A=\sqrt{3}l\omega_1$，方向水平向右。杆O_2B绕轴O_2作定轴转动，点B的速度$\boldsymbol{v}_B$的大小为$v_B=l\omega_2$，方向铅垂向下。点C速度$\boldsymbol{v}_C$的大小和方向均未知，用两分量$\boldsymbol{v}_{Cx}$、$\boldsymbol{v}_{Cy}$表示，如图7-8所示。

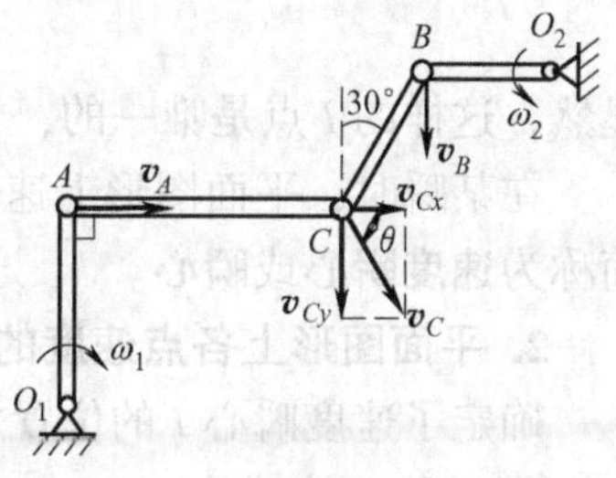

图 7-8

由速度投影定理，杆AC上A、C两点的速度在AC连线上的投影相等，即

$$v_{Cx} = v_A = \sqrt{3}l\omega_1$$

同样，杆BC上B、C两点的速度在BC连线上的投影相等，即

$$v_{Cy}\cos 30° - v_{Cx}\sin 30° = v_B\cos 30°$$

得

$$v_{Cy} = v_B + v_{Cx}\tan 30° = l(\omega_1 + \omega_2)$$

$\boldsymbol{v}_C$的大小为

$$v_C = \sqrt{v_{Cx}^2 + v_{Cy}^2} = l\sqrt{4\omega_1^2 + 2\omega_1\omega_2 + \omega_2^2}$$

与水平线的夹角

$$\theta = \arctan\frac{\omega_1 + \omega_2}{\sqrt{3}\omega_1}$$

二、速度瞬心法

1. 定理

一般情况下，每一瞬时，平面图形上都唯一地存在一个速度为零的点。

证明 设有一平面图形 S，已知其上点 A 的速度为$\boldsymbol{v}_A$，角速度的绝对值为 ω。自点 A 沿$\boldsymbol{v}_A$ 的指向作半直线 AN，将此线绕点 A 按图形角速度 ω 的转向转过 90°，得半直线 AN'，如图 7-9 所示。

取点 A 为基点，根据速度基点法，AN'上任一点 M 的速度均可按下式计算：

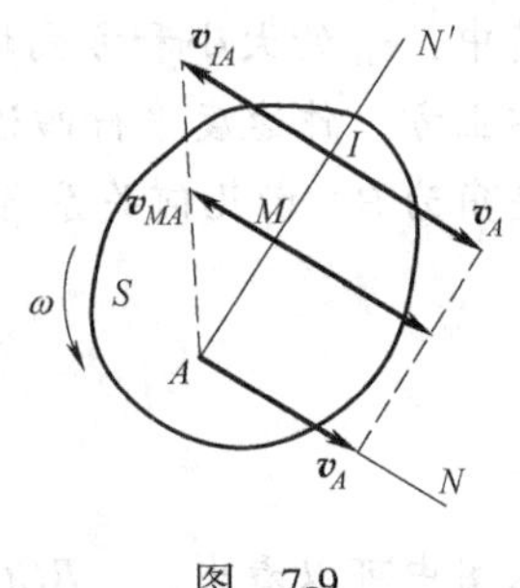

图 7-9

$$\boldsymbol{v}_M = \boldsymbol{v}_A + \boldsymbol{v}_{MA}$$

由图中看出，$\boldsymbol{v}_A$ 与$\boldsymbol{v}_{MA}$反向共线，故$\boldsymbol{v}_M$ 的大小为

$$v_M = v_A - AM \cdot \omega$$

由上式可知，随着距离 AM 从零开始逐渐增大，v_M 的数值将不断减小。所以在半直线 AN'上，总可以找到一点 I，点 I 的位置由下式确定：

$$AI = \frac{v_A}{\omega}$$

点 I 的速度大小为

$$v_I = v_A - AI \cdot \omega = 0$$

显然，这样的 I 点是唯一的，于是定理得到证明。

在某瞬时，平面图形上速度为零的点称为平面图形在该瞬时的**瞬时速度中心**，简称为**速度瞬心**或**瞬心**。

2. 平面图形上各点速度的分布

确定了速度瞬心 I 的位置之后，设取点 I 为基点，则该瞬时平面图形上任意一点 M 的速度可表示为

$$\boldsymbol{v}_M = \boldsymbol{v}_I + \boldsymbol{v}_{MI} = \boldsymbol{v}_{MI}$$

上式表明：**任一瞬时，平面图形上任一点的速度等于该点随图形绕速度瞬心转动的速度**。点 M 的速度大小为

$$v_M = MI \cdot \omega$$

方向垂直于 MI。图形上各点的速度分布如图 7-10 所示。

因此，平面图形上各点速度的大小与该点到速度瞬心的距离成正比，速度方向垂直于该点到速度瞬心的连线，指向图形转动的一方。与图形作定轴转动时各点速度的分布情况相似。

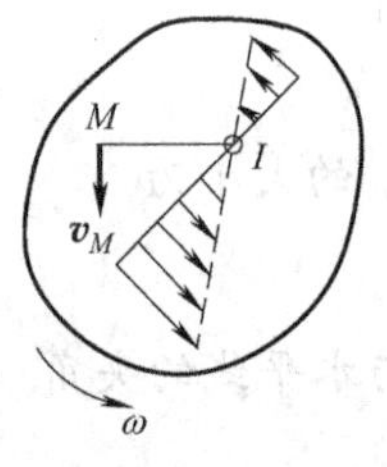

图 7-10

必须强调指出，在不同瞬时，速度瞬心在图形上的位置是不同的。速度瞬心在该瞬时的速度等于零，但加速度一般并不为零。

3. 速度瞬心位置的确定和瞬时平动

综上所述，如果已知平面图形在某一瞬时的速度瞬心的位置和角速度，则在该瞬时，图形上任一点速度的大小和方向就可以完全确定。解题时，根据运动机构的几何条件，确定速度瞬心的位置有如下几种情况：

1）若平面图形沿一固定面滚动而无滑动，如图 7-11 所示，则图形与固定面的接触点 I 就是该瞬时图形的速度瞬心。例 7-3 中轮缘上与轨道的接触点 C 即为速度瞬心，车轮在滚动过程中，轮缘上各点相继与地面接触而成为车轮在不同瞬时的速度瞬心。

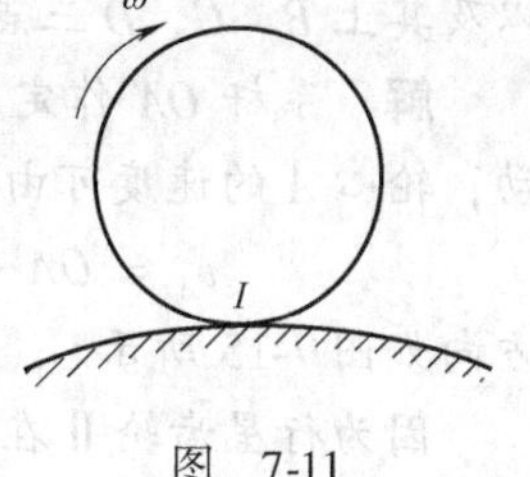

图 7-11

2）已知某瞬时平面图形上任意两点的速度方向，且两者不相平行，则速度瞬心必在过每一点且与该点速度垂直的直线上。在图 7-12 中，已知图形上 A、B 两点的速度分别是$\boldsymbol{v}_A$ 和$\boldsymbol{v}_B$，过点 A 作$\boldsymbol{v}_A$ 的垂线；再过点 B 作$\boldsymbol{v}_B$ 的垂线，则这两垂线的交点 I 就是该瞬时平面图形的速度瞬心。

3）已知某瞬时平面图形上两点的速度相互平行，并且速度的方向垂直于这两点的连线，但两速度的大小不等，则图形的速度瞬心必在这两点的连线与两速度矢端的连线的交点。在图 7-13a 中，A、B 两点的速度$\boldsymbol{v}_A$ 和$\boldsymbol{v}_B$ 同向平行且垂直于连线 AB 的情况，此时速度瞬心 I 就在 AB 连线与速度矢$\boldsymbol{v}_A$ 和$\boldsymbol{v}_B$ 端点连线的交点，显然，此时速度瞬心 I 位于 A、B 两点之外；在图 7-13b 中，A、B 两点的速度$\boldsymbol{v}_A$ 和$\boldsymbol{v}_B$ 反向平行的情况，此时速度瞬心 I 位于 A、B 两点之间。当然，欲确定速度瞬心 I 的具体位置，不仅需要知道 A、B 两点间的距离，而且还应知道$\boldsymbol{v}_A$ 和$\boldsymbol{v}_B$ 的大小。

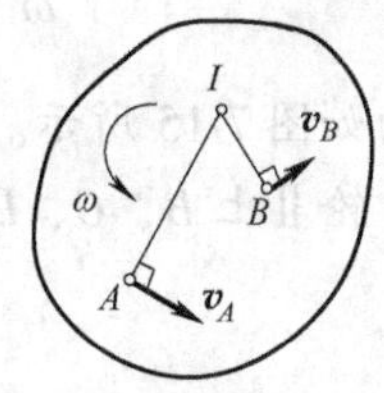

图 7-12

4）已知某瞬时平面图形上两点的速度相互平行，但速度方向与这两点的连线不相垂直，如图 7-14a 所示；或虽然速度方向与这两点的连线垂直，但两速度的大小相等，如图 7-14b 所示，则该瞬时图形的速度瞬心在无限远处，图形的这种运动状态称为**瞬时平动**。此时，图形的角速度等于零，图形上各点的速度大小相等、方向相同，速度分布与平动时相似。

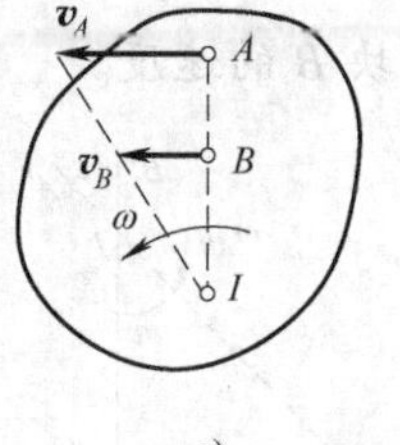

a)

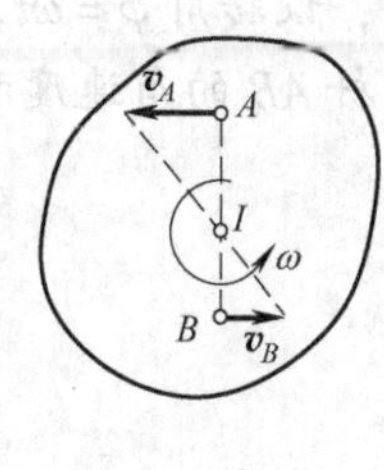

b)

图 7-13

必须注意，瞬时平动只是刚体平面运动的一个瞬态，与刚体的平动是两个不同的概念，瞬时平动时，虽然图形的角速度为零，图形上各点的速度相等，但图形的角加速度一般不等于零，图形上各点的加速度也不相同。

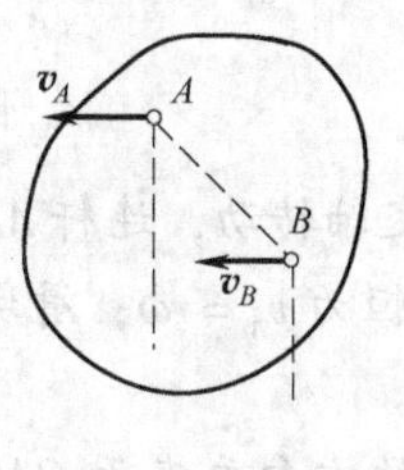

a)

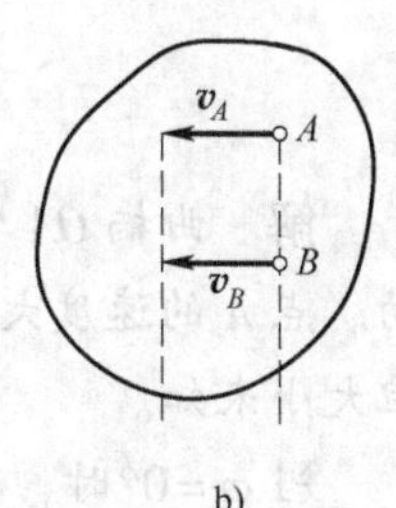

b)

图 7-14

例 7-5 如图 7-15 所示的行星轮系中，大齿轮Ⅰ固定不动，半径为 R；行星齿轮Ⅱ在轮Ⅰ上作无滑动地滚动，半径为 r；系杆 OA 的角速度为 ω_O。试求轮Ⅱ的角速度

以及其上 B、C、D 三点的速度。

解 系杆 OA 作定轴转动，行星齿轮Ⅱ作平面运动，轮心 A 的速度可由系杆 OA 的转动求得，则

$$v_A = OA \cdot \omega_O = (R + r)\omega_O$$

方向如图 7-15 所示。

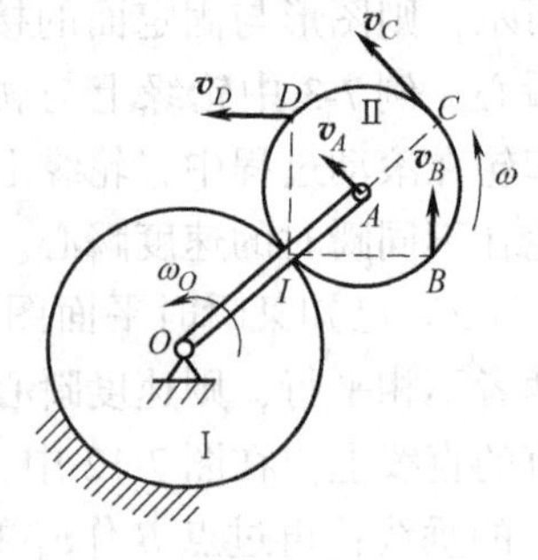

图 7-15

因为行星齿轮Ⅱ在固定不动的大齿轮Ⅰ上滚动而无滑动，故轮Ⅱ与轮Ⅰ的接触点 I 就是轮Ⅱ的速度瞬心。设轮Ⅱ的角速度为 ω，则由 $v_A = AI \cdot \omega = r\omega$，求得轮Ⅱ角速度的大小为

$$\omega = \frac{v_A}{r} = \frac{R + r}{r}\omega_O$$

转向如图 7-15 所示。

轮Ⅱ上 B、C、D 三点的速度大小分别为

$$v_B = BI \cdot \omega = \sqrt{2}r\omega = \sqrt{2}(R + r)\omega_O$$

$$v_C = CI \cdot \omega = 2r\omega = 2(R + r)\omega_O$$

$$v_D = DI \cdot \omega = \sqrt{2}r\omega = \sqrt{2}(R + r)\omega_O$$

三点的速度方向分别垂直于各点至速度瞬心 I 的连线，指向如图 7-15 所示。

例 7-6 曲柄滑块机构如图 7-16 所示，曲柄 OA 绕固定轴 O 以匀角速度 ω 转动，设转角 $\varphi = \omega t$，杆长 $OA = r$，$AB = l$。试求 $\varphi = 0°$、$\varphi = 90°$ 以及任一瞬时 t 时，连杆 AB 的角速度和滑块 B 的速度。

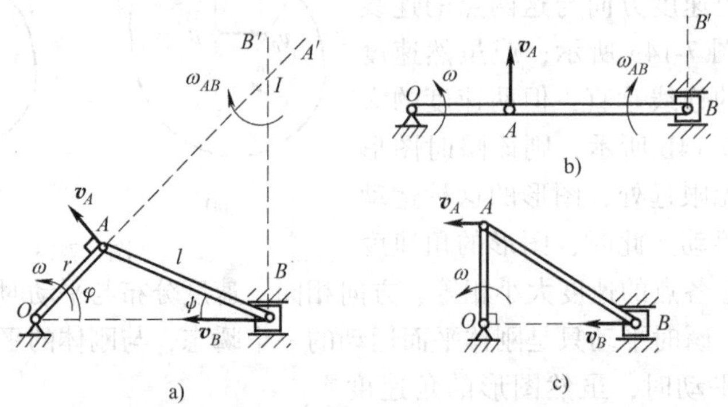

图 7-16

解 曲柄 OA 作定轴转动，连杆 AB 作平面运动，滑块 B 只能在水平滑槽内滑动。点 A 的速度大小恒为 $v_A = r\omega$；滑块 B 的速度沿滑槽的中心线，方向始终水平，但大小未知。

当 $\varphi = 0°$ 时，$\boldsymbol{v}_A$ 的方向垂直于 OA 铅直向上，如图 7-16b 所示。过点 A 作速度 $\boldsymbol{v}_A$ 的垂线（此线与 OAB 重合）；再过点 B 作滑槽中心线的垂线 BB'，两垂线相交在

点 B，即该瞬时杆 AB 的速度瞬心与点 B 重合。此时，滑块 B 的速度等于零，杆 AB 角速度的大小为

$$\omega_{AB}=\frac{v_A}{BA}=\frac{r\omega}{l}$$

沿顺时针转向。

当 $\varphi=90°$时，曲柄 OA 铅直，$\boldsymbol{v}_A$ 水平向左，如图 7-16c 所示。该瞬时 A、B 两点的速度$\boldsymbol{v}_A$、$\boldsymbol{v}_B$ 的方向平行且与连线 AB 不相垂直，故杆 AB 作瞬时平动。由瞬时平动的特点知，此时杆 AB 的角速度等于零，滑块 B 的速度大小为

$$v_B=v_A=r\omega$$

方向与$\boldsymbol{v}_A$ 相同，也水平向左。

在任一瞬时 t，$\varphi=\omega t$，过点 A 作速度$\boldsymbol{v}_A$ 的垂线 AA'，再过点 B 作速度$\boldsymbol{v}_B$ 的垂线 BB'，两垂线的交点 I 即为杆 AB 的速度瞬心，如图 7-16a 所示。由几何关系知

$$IA=\frac{l\cos\psi}{\cos\varphi}$$

$$IB=(l\cos\psi+r\cos\varphi)\tan\varphi$$

$$\omega_{AB}=\frac{v_A}{IA}=\frac{r\omega\cos\varphi}{l\cos\psi}$$

$$v_B=IB\cdot\omega_{AB}=\frac{r\omega\sin\varphi}{l\cos\psi}(l\cos\psi+r\cos\varphi)$$

又由图可见 $r\sin\varphi=l\sin\psi$，求得

$$\cos\psi=\sqrt{1-\sin^2\psi}=\sqrt{1-\left(\frac{r\sin\varphi}{l}\right)^2}=\frac{1}{l}\sqrt{l^2-r^2\sin^2\varphi}$$

将此式代入以上两式，最后解出任一瞬时 t 杆 AB 的角速度、滑块 B 的速度的大小分别为

$$\omega_{AB}=\frac{r\omega\cos\varphi}{\sqrt{l^2-r^2\sin^2\varphi}}=\frac{r\omega\cos\omega t}{\sqrt{l^2-r^2\sin^2\omega t}}$$

$$v_B=r\omega\sin\varphi\left(1+\frac{r\cos\varphi}{l\cos\psi}\right)=r\omega\sin\omega t\left(1+\frac{r\cos\omega t}{\sqrt{l^2-r^2\sin^2\omega t}}\right)$$

方向如图 7-16a 所示。

例 7-7 平面连杆滑块机构中，$O_2C=100\text{mm}$；在图 7-17 所示瞬时，A、B、O_2 和 O_1、C 分别在两水平线上，此时，滑块 A 的速度大小为 $v_A=80\text{mm/s}$，方向水平向左。试求该瞬时杆 O_1B 及杆 O_2C 的角速度。

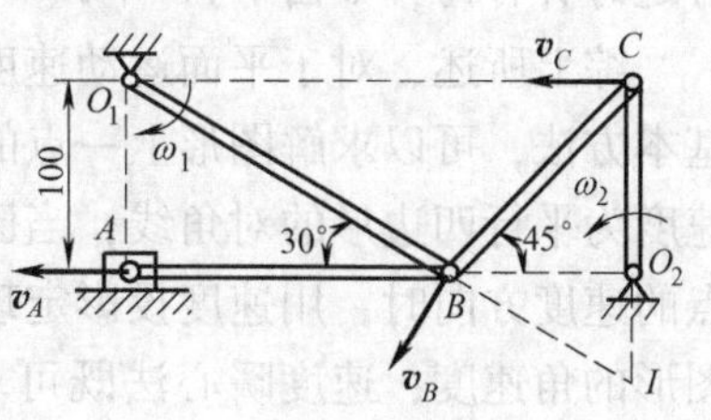

图 7-17

解 杆 O_1B 和 O_2C 分别绕轴 O_1 和 O_2 作定轴转动，杆 AB 和 BC 作平面运动。欲求杆 O_1B 的角速度 ω_1，须先求出点 B 的速度；而欲求杆

O_2C 的角速度 ω_2，则应先求出点 C 的速度。

分析作平面运动的杆 AB，已知 A 端的速度 $\boldsymbol{v}_A$，而点 B 为杆 O_1B 上的一点，故 $\boldsymbol{v}_B$ 垂直于 O_1B，如图 7-17 所示。作 A、B 两点速度矢量的垂线，得交点 O_1，即图示瞬时杆 AB 的速度瞬心与点 O_1 重合。杆 AB 的角速度和点 B 的速度分别为

$$\omega_{AB} = \frac{v_A}{O_1A} = \frac{80}{100}\text{rad/s} = 0.8\text{rad/s}$$

$$v_B = O_1B \cdot \omega_{AB} = \left(\frac{100}{\sin 30^\circ} \times 0.8\right)\text{mm/s} = 160\text{mm/s}$$

杆 O_1B 的角速度为

$$\omega_1 = \frac{v_B}{O_1B} = \omega_{AB} = 0.8\text{rad/s}$$

为顺时针转向，如图 7-17 所示。

杆 BC 作平面运动，其上 B、C 两点的速度方向如图 7-17 所示。过点 B 作速度 $\boldsymbol{v}_B$ 的垂线（即作 O_1B 的延长线）；再过点 C 作速度 $\boldsymbol{v}_C$ 的垂线（即作 O_2C 的延长线），两垂线相交于点 I，这就是图示瞬时杆 BC 的速度瞬心。由几何关系知

$$O_2B = O_2C = 100\text{mm}$$

$$BI = \frac{O_2B}{\cos 30^\circ} = 115.5\text{mm}$$

$$CI = O_2C + O_2I = O_2C + O_2B\tan 30^\circ = 157.7\text{mm}$$

于是该瞬时杆 BC 平面运动的角速度为

$$\omega_{BC} = \frac{v_B}{BI} = \frac{160}{115.5}\text{rad/s} = 1.39\text{rad/s}$$

点 C 的速度大小为

$$v_C = CI \cdot \omega_{BC} = (157.7 \times 1.39)\text{mm/s} = 219\text{mm/s}$$

得杆 O_2C 定轴转动的角速度为

$$\omega_2 = \frac{v_C}{O_2C} = \frac{219}{100}\text{rad/s} = 2.19\text{rad/s}$$

为逆时针转向，如图 7-17 所示。

综上所述，对于平面运动速度问题可用三种方法进行求解。速度基点法是一种基本方法，可以求解图形上一点的速度或图形的角速度，作图时必须保证所求点的速度为平行四边形的对角线；当已知平面图形上某一点的速度大小和方向以及另一点的速度方向时，用速度投影定理可方便地求得该点的速度大小，但不能直接求出图形的角速度；速度瞬心法既可求解平面图形的角速度，也可求解其上一点的速度，是一种直观、方便的方法。

第三节　平面图形上各点加速度分析的基点法

设某瞬时平面图形 S 上点 A 的加速度为 $\boldsymbol{a}_A$，图形的角速度、角加速度分别为 ω 和 α，如图 7-18 所示。选取点 A 为基点，可用牵连运动为平动时的加速度合成定理来求解平面图形上任意一点 B 的加速度。

因为牵连运动是随同基点 A 的平动，所以点 B 的牵连加速度就等于基点 A 的加速度 $\boldsymbol{a}_A$；而点 B 的相对加速度就是点 B 随同平面图形绕基点 A 转动的加速度，用 $\boldsymbol{a}_{BA}$ 表示。由加速度合成定理，有

$$\boldsymbol{a}_B = \boldsymbol{a}_A + \boldsymbol{a}_{BA} \tag{7-4}$$

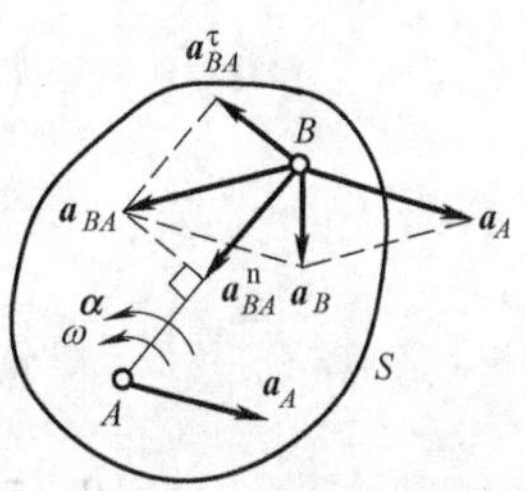

图　7-18

一般情况下，相对加速度 $\boldsymbol{a}_{BA}$ 由相对切向加速度 $\boldsymbol{a}_{BA}^{\tau}$ 和相对法向加速度 $\boldsymbol{a}_{BA}^{n}$ 两部分组成。其中，$\boldsymbol{a}_{BA}^{\tau}$ 为点 B 绕基点 A 转动的切向加速度，其大小等于 $BA \cdot \alpha$，方向垂直于 BA 连线而指向 α 的转动方向；$\boldsymbol{a}_{BA}^{n}$ 为点 B 绕基点 A 转动的法向加速度，大小等于 $BA \cdot \omega^2$，方向沿 BA 连线，由点 B 指向点 A，如图 7-18 所示。于是，点的加速度合成公式为

$$\boldsymbol{a}_B = \boldsymbol{a}_A + \boldsymbol{a}_{BA}^{\tau} + \boldsymbol{a}_{BA}^{n} \tag{7-5}$$

即任一瞬时，平面图形上任一点的加速度等于基点的加速度与该点随图形绕基点转动的切向加速度和法向加速度的矢量和。

式（7-5）是用基点法求解平面图形上任一点加速度的基本公式。具体解题时，若 B、A 两点都作曲线运动，则 B、A 两点的加速度也各有其切向加速度和法向加速度两个分量，这时式（7-5）中最多可有六项，有大小、方向共计十二个要素，分析各项的方向、计算各项的大小时一定要认真仔细。

式（7-5）是一平面矢量方程，只能求解两个未知量。具体解题时，通常是将此式向两个不相平行的坐标轴投影，得到两个投影表达式，用以求解两个未知量。

例 7-8　如图 7-19a 所示的曲柄滑块机构中，已知连杆 AB 长 1m，曲柄 OA 长 0.2m，以匀角速度 $\omega = 10\text{rad/s}$ 绕轴 O 转动。试求在图示位置时滑块 B 的加速度和连杆 AB 的角加速度。

解　杆 AB 作平面运动，图示位置时速度瞬心在点 I，如图 7-19a 所示。杆 AB 的角速度为

$$\omega_{AB} = \frac{v_A}{AI} = \frac{OA \cdot \omega}{AB} = \frac{0.2 \times 10}{1}\text{rad/s} = 2\text{rad/s}$$

以点 A 为基点，由式（7-5）有点 B 的加速度的矢量合成式为

$$\boldsymbol{a}_B = \boldsymbol{a}_A + \boldsymbol{a}_{BA}^{\tau} + \boldsymbol{a}_{BA}^{n}$$

其中，因为曲柄 OA 作匀速转动，故点 A 的加速度 $\boldsymbol{a}_A$ 的方向由 A 指向 O，大小为

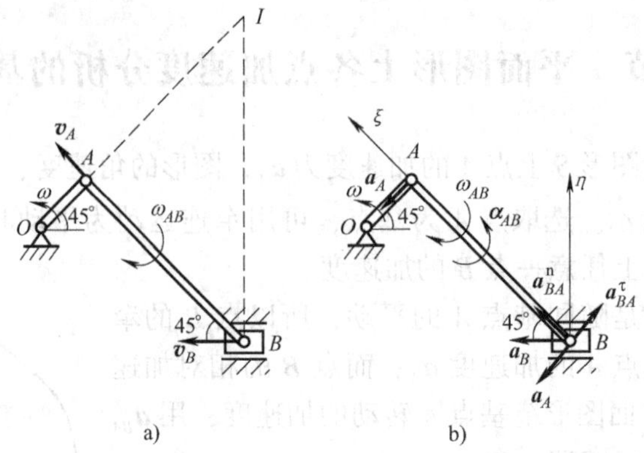

图 7-19

$$a_A = OA \cdot \omega^2 = (0.2 \times 10^2)\text{m/s}^2 = 20\text{m/s}^2$$

a^n_{BA}的方向由 B 指向 A，大小为

$$a^n_{BA} = BA \cdot \omega^2_{AB} = (1 \times 2^2)\text{m/s}^2 = 4\text{m/s}^2$$

a^τ_{BA}的方向垂直于 BA 杆，指向假设如图所示；a_B 的方向沿滑槽中心线，指向假设向左。

沿 BA 方向作 ξ 轴，铅直向上作 η 轴，如图 7-19b 所示。分别向 ξ 轴和 η 轴投影，得

$$a_B \cos 45° = a^n_{BA}$$

$$0 = -a_A \cos 45° + a^\tau_{BA} \cos 45° + a^n_{BA} \cos 45°$$

解得

$$a_B = \frac{a^n_{BA}}{\cos 45°} = \frac{4}{\cos 45°}\text{m/s}^2 = 5.66\text{m/s}^2$$

$$a^\tau_{BA} = a_A - a^n_{BA} = (20 - 4)\text{m/s}^2 = 16\text{m/s}^2$$

$$\alpha_{AB} = \frac{a^\tau_{BA}}{BA} = \frac{16}{1}\text{rad/s}^2 = 16\text{rad/s}^2$$

所得结果都是正的，表示实际方向与图中的假设方向相同，如图 7-19b 所示。

例 7-9 半径为 r 的圆轮在一静止曲面上作纯滚动，图示瞬时，曲面的曲率半径为 R，轮心 O 的速度为v_O，切向加速度为 a^τ_O，如图 7-20a 所示。试求圆轮边缘上 B、C 两点的加速度。

解 圆轮作平面运动，轮缘上点 C 为速度瞬心，圆轮的角速度为

$$\omega = \frac{v_O}{r} \tag{1}$$

圆轮的角加速度 α 等于角速度 ω 对时间的一阶导数。对作纯滚动的圆轮而言，上式在任何瞬时都成立，所以可对时间 t 求导，得圆轮的角加速度

$$\alpha = \dot{\omega} = \frac{v_O}{r} = \frac{a_O^\tau}{r} \quad (2)$$

ω、α 的转向如图 7-20b 所示。

轮心 O 作曲线运动，其速度 $\boldsymbol{v}_O$、切向加速度 $\boldsymbol{a}_O^\tau$ 均为已知；图示位置，轮心 O 的运动轨迹的曲率半径为 $R+r$，故其法向加速度的大小为

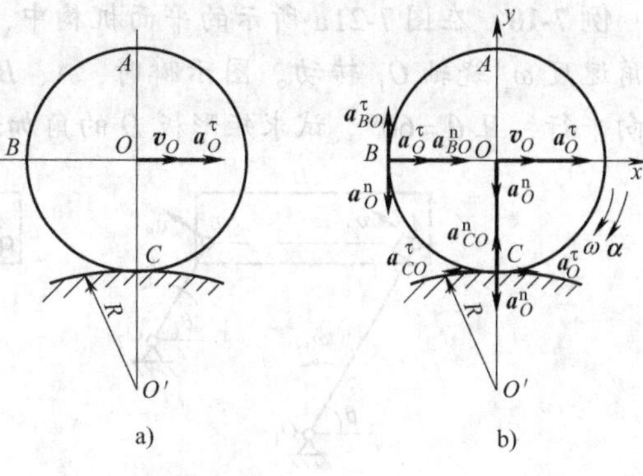

图　7-20

$$a_O^n = \frac{v_O^2}{R+r}$$

方向铅直向下，指向曲率中心 O'，如图 7-20b 所示。

下面求各点的加速度。以轮心 O 为基点，如图 7-20b 所示，轮缘上 B、C 两点相对于基点的切向加速度分别垂直于半径 BO 和 CO，与角加速度 α 的转向一致，大小为

$$a_{BO}^\tau = a_{CO}^\tau = r\alpha = a_O^\tau$$

B、C 两点相对于基点的法向加速度沿半径 BO 和 CO 指向轮心 O，大小为

$$a_{BO}^n = a_{CO}^n = r\omega^2 = \frac{v_O^2}{r}$$

由

$$\boldsymbol{a}_B = \boldsymbol{a}_O^\tau + \boldsymbol{a}_O^n + \boldsymbol{a}_{BO}^\tau + \boldsymbol{a}_{BO}^n \quad (3)$$

$$\boldsymbol{a}_C = \boldsymbol{a}_O^\tau + \boldsymbol{a}_O^n + \boldsymbol{a}_{CO}^\tau + \boldsymbol{a}_{CO}^n \quad (4)$$

作 x 轴水平向右，y 轴铅直向上，将式（3）、式（4）分别向 x、y 轴投影，得

$$a_{Bx} = a_O^\tau + a_{BO}^n = a_O^\tau + \frac{v_O^2}{r}$$

$$a_{By} = -a_O^n + a_{BO}^\tau = -\frac{v_O^2}{R+r} + a_O^\tau$$

$$a_{Cx} = a_O^\tau - a_{CO}^\tau = a_O^\tau - a_O^\tau = 0$$

$$a_{Cy} = -a_O^n + a_{CO}^n = -\frac{v_O^2}{R+r} + \frac{v_O^2}{r} = \frac{R}{(R+r)r}v_O^2$$

圆轮上速度瞬心 C 的加速度大小为 $a_C = \dfrac{R}{(R+r)\ r}v_O^2$，方向沿半径指向轮心 O。

由本题可以看出，虽然速度瞬心的速度为零，但加速度并不等于零。因此，切不可将速度瞬心当做加速度为零的点来求图形内其他各点的加速度。

轮心为 O、半径为 r 的圆轮沿静止不动的轨道作纯滚动时，其平面运动的角速度 ω、角加速度 α 分别由式（1）、式（2）确定（若圆轮在直线轨道上纯滚动，则角加速度又可写成 $\alpha = a_O/r$，这在解题时经常用到，可作为公式加以运用。

例 7-10 在图 7-21a 所示的平面机构中，$O_1A=AB=2l$，$O_2B=l$，摇杆 O_1A 以匀角速度 ω_1 绕轴 O_1 转动。图示瞬时，A、B 两点的连线水平，两摇杆 O_1A、O_2B 方向平行，且 $\theta=60°$。试求矩形板 D 的角加速度 α 和摇杆 O_2B 的角加速度 α_2。

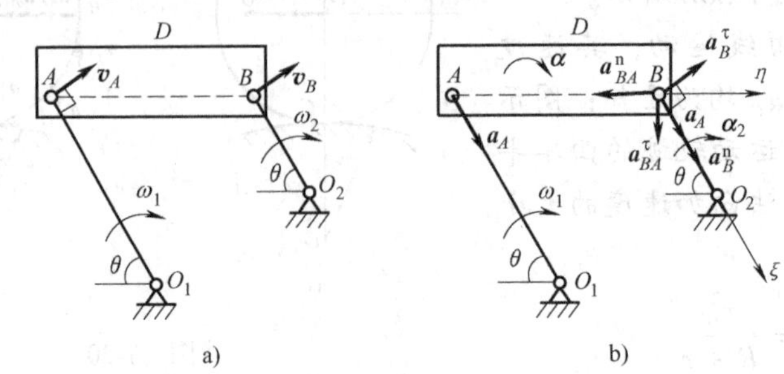

图 7-21

解 机构中两摇杆 O_1A、O_2B 均作定轴转动，矩形板 D 作平面运动。图示瞬时，$\boldsymbol{v}_A$、$\boldsymbol{v}_B$ 方向平行，且与 A、B 两点的连线不相垂直，故该瞬时板 D 作瞬时平动，如图 7-21a 所示。此时，板 D 平面运动的角速度为 $\omega=0$。故点 B 的速度大小为

$$v_B = v_A = O_1A\cdot\omega_1 = 2l\omega_1$$

摇杆 O_2B 的角速度

$$\omega_2 = \frac{v_B}{O_2B} = 2\omega_1$$

转向如图 7-21a 所示。

下面再求矩形板 D 的角加速度 α。设板 D、摇杆 O_2B 的角加速度均沿顺时针转向，选取点 A 为基点。因为摇杆 O_1A 作匀速转动，故 $\boldsymbol{a}_A$ 只有法向加速度一个分量；点 B 为杆 O_2B 上的一点，有切向加速度和法向加速度两个分量。由点的加速度合成公式得点 B 的加速度为

$$\boldsymbol{a}_B^\tau + \boldsymbol{a}_B^n = \boldsymbol{a}_A + \boldsymbol{a}_{BA}^\tau + \boldsymbol{a}_{BA}^n$$

其中，

$$a_A = O_1A\cdot\omega_1^2 = 2l\omega_1^2$$

$$a_B^n = O_2B\cdot\omega_2^2 = 4l\omega_1^2$$

$$a_{BA}^n = BA\cdot\omega^2 = 0$$

各项的方向如图 7-21b 所示。沿 O_2B 作 ξ 轴，沿 AB 连线作 η 轴，如图 7-21b 所示。将上式分别向 ξ 轴和 η 轴投影，得

$$a_B^n = a_A + a_{BA}^\tau\cos30°$$

$$a_B^\tau\cos30° + a_B^n\cos60° = a_A\cos60°$$

解得

$$a_{BA}^\tau = \frac{a_B^n - a_A}{\cos30°} = \frac{4\sqrt{3}}{3}l\omega_1^2$$

$$a_B^{\tau} = \frac{\cos 60^{\circ}}{\cos 30^{\circ}}(a_A - a_B^{n}) = -\frac{2\sqrt{3}}{3}l\omega_1^2$$

最后解得板 D 和摇杆 O_2B 的角加速度分别为

$$\alpha = \frac{a_{BA}^{\tau}}{BA} = \frac{2\sqrt{3}}{3}\omega_1^2$$

$$\alpha_2 = \frac{a_B^{\tau}}{O_2B} = -\frac{2\sqrt{3}}{3}\omega_1^2$$

因为 α_2 为负值，故其实际转向与原假设方向相反，应为逆时针转向。

由本例可见，作瞬时平动的矩形板 D 的角加速度不等于零，板上两点 A、B 的加速度也不相等。

第四节 运动学综合问题举例

在运动机构中，为分析某点的运动，若能找出其位置与时间的函数关系，则可直接建立运动方程，用解析法求其运动全过程的速度和加速度。当难以建立点的运动方程、或只对机构某瞬时的运动参数感兴趣时，则常用合成运动或平面运动的理论来分析求解。

复杂机构中，可能同时出现点的合成运动和刚体平面运动问题，求解时要综合应用有关理论；有时同一问题可有多种解法，应经分析、比较后，选用较简便的方法求解。

下面举例说明这些方法的综合应用。

例 7-11 图 7-22a 所示平面机构中，杆 AB 以匀速 $\boldsymbol{v}$ 沿水平方向运动，套筒 B 与杆 AB 的端点铰接，并套在绕 O 轴转动的杆 OF 上，可沿该杆滑动。已知 AB 和 OE 两平行线间的距离为 b。图示位置，$\gamma = 60^{\circ}$，$\beta = 30^{\circ}$，$OD = DB$，试求此时杆 OF 的角速度和角加速度、滑块 E 的速度和加速度。

解 (1) 先进行速度分析。

杆 AB 作平动，并且与套筒 B 铰接，因此套筒 B 的速度大小为

$$v_B = v$$

方向水平向右，如图 7-22a 所示。

在 B 处，杆 AB、OF 由套筒连接，需用合成运动方法求解。取套筒 B 为动点，杆 OF 为动系，由点的速度合成定理

$$\boldsymbol{v}_a = \boldsymbol{v}_e + \boldsymbol{v}_r$$

其中，$\boldsymbol{v}_a = \boldsymbol{v}_B$；牵连点在杆 OF 上，故动点 B 的牵连速度 $\boldsymbol{v}_e$ 方向垂直于 OF；相对速度 $\boldsymbol{v}_r$ 沿杆 OF。可得

$$v_e = v_a \sin\gamma = \frac{\sqrt{3}}{2}v, \qquad v_r = v_a \cos\gamma = \frac{1}{2}v$$

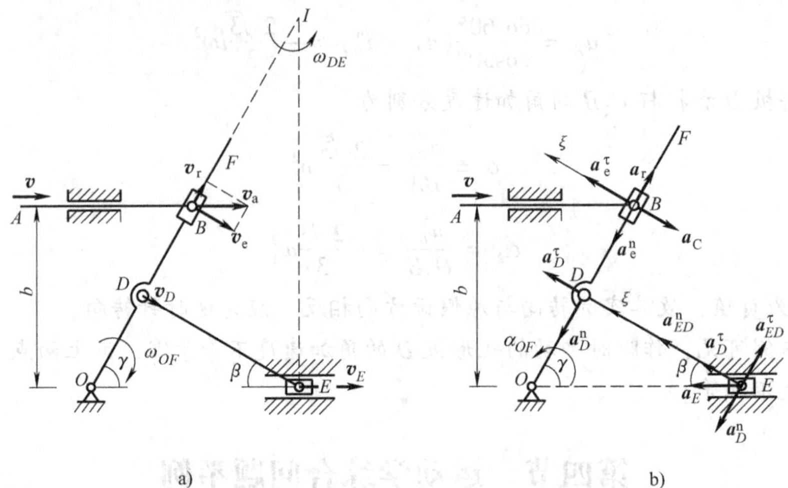

a) b)

图 7-22

杆 OF 的角速度为

$$\omega_{OF}=\frac{v_e}{OB}=\frac{\sqrt{3}v/2}{b/\cos 30^\circ}=\frac{3v}{4b}$$

点 D 的速度大小为

$$v_D=OD\cdot\omega_{OF}=\frac{b}{\sqrt{3}}\cdot\frac{3v}{4b}=\frac{\sqrt{3}}{4}v$$

杆 DE 作平面运动，图示瞬时速度瞬心在点 I，如图 7-22a 所示。杆 DE 的角速度为

$$\omega_{DE}=\frac{v_D}{DI}=\frac{\sqrt{3}v/4}{\sqrt{3}b}=\frac{v}{4b}$$

滑块 E 的速度方向如图所示，大小为

$$v_E=EI\cdot\omega_{DE}=2b\cdot\frac{v}{4b}=\frac{v}{2}$$

(2) 再进行加速度分析。

在 B 处，由点的加速度合成定理

$$\boldsymbol{a}_a=\boldsymbol{a}_e^\tau+\boldsymbol{a}_e^n+\boldsymbol{a}_r+\boldsymbol{a}_C \tag{1}$$

因套筒 B 作匀速直线运动，绝对加速度的大小 $a_a=a_B=0$；牵连加速度有法向加速度和切向加速度两项，切向加速度垂直于 OB，法向加速度指向 O 点，其大小为

$$a_e^n=OB\cdot\omega_{OF}^2=\frac{2}{\sqrt{3}}b\left(\frac{3v}{4b}\right)^2=\frac{3\sqrt{3}v^2}{8b}$$

相对加速度沿 OB 方向，科氏加速度 $\boldsymbol{a}_C=2\boldsymbol{\omega}_e\times\boldsymbol{v}_r$，方向由 $\boldsymbol{v}_r$ 按 ω_{OF} 转向转 90°，其大小为

$$a_C=2\omega_e v_r=2\omega_{OF}v_r=2\cdot\frac{3v}{4b}\cdot\frac{v}{2}=\frac{3v^2}{4b}$$

各矢量方向如图 7-22b 所示。将式（1）投影到与 $\boldsymbol{a}_r$ 垂直的 ξ 轴上，得

$$0 = a_e^\tau - a_C$$

因此

$$a_e^\tau = a_C = \frac{3v^2}{4b}$$

杆 OF 的角加速度

$$\alpha_{OF} = \frac{a_e^\tau}{OB} = \frac{\dfrac{3v^2}{4b}}{\dfrac{2}{\sqrt{3}}b} = \frac{3\sqrt{3}v^2}{8b^2}$$

转向为逆时针，如图 7-22b 所示。

杆 OF 绕 O 轴转动，杆上 D 点的加速度有法向加速度和切向加速度两项，法向加速度的大小为

$$a_D^n = OD \cdot \omega_{OF}^2 = \frac{1}{\sqrt{3}}b\left(\frac{3v}{4b}\right)^2 = \frac{3\sqrt{3}v^2}{16b}$$

切向加速度的大小为

$$a_D^\tau = OD \cdot \alpha_{OF} = \frac{1}{\sqrt{3}}b \cdot \frac{3\sqrt{3}v^2}{8b^2} = \frac{3v^2}{8b}$$

方向如图 7-22b 所示。

杆 DE 作平面运动，取点 D 为基点，点 E 的加速度为

$$\boldsymbol{a}_E = \boldsymbol{a}_D^\tau + \boldsymbol{a}_D^n + \boldsymbol{a}_{ED}^\tau + \boldsymbol{a}_{ED}^n \tag{2}$$

式（2）中各矢量方向如图 7-22b 所示。$\boldsymbol{a}_{ED}^n$ 的大小为

$$a_{ED}^n = DE \cdot \omega_{DE}^2 = b\left(\frac{v}{4b}\right)^2 = \frac{v^2}{16b}$$

将式（2）投影到 $\boldsymbol{a}_{ED}^n$ 方向，得

$$a_E\cos\beta = a_D^\tau + a_{ED}^n$$

解得

$$a_E = \frac{a_D^\tau + a_{ED}^n}{\cos 30°} = \frac{\dfrac{3v^2}{8b} + \dfrac{v^2}{16b}}{\cos 30°} = \frac{7\sqrt{3}v^2}{24b}$$

其方向水平向左。

求解类似本例的复杂机构问题时，一般首先要按题意明确机构运动的传递过程及各构件的运动形式，把相邻构件的连接点作为运动分析的研究对象，判断连接点之间有无相对运动。对存在相对运动的两个不同刚体的连接点之间速度和加速度的联系，用合成运动定理分析。对于同一平面运动刚体上两个不同点间的关系，用平面运动理论求解。

例 7-12　如图 7-23a 所示机构中，$AB = 2l$，滑块 A 以匀速 $\boldsymbol{u}$ 向下运动。图示瞬时，杆 OD 水平，$AD = DB = OD = l$，$\varphi = 45°$。试求该瞬时杆 AB 和杆 OD 的角速度、

角加速度。

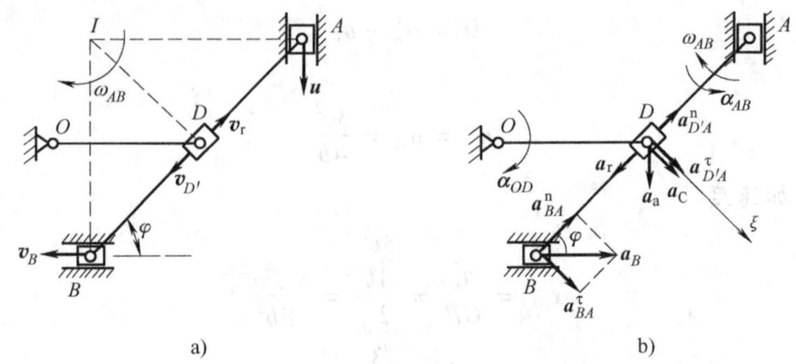

图 7-23

解 杆 AB 作平面运动，图示瞬时速度瞬心在点 I，解得其角速度为

$$\omega_{AB} = \frac{u}{AI} = \frac{u}{2l\cos\varphi} = \frac{\sqrt{2}u}{2l}$$

杆 AB 上与点 D 重合的点 D' 的速度大小为

$$v_{D'} = DI \cdot \omega_{AB} = l \cdot \frac{\sqrt{2}u}{2l} = \frac{\sqrt{2}u}{2}$$

方向垂直于 DI，自 D 指向 B，如图 7-23a 所示。

在 D 处，杆 AB、OD 由套筒连接，需用合成运动方法求解。取套筒 D 为动点，杆 AB 为动系，由速度合成定理

$$\boldsymbol{v}_a = \boldsymbol{v}_e + \boldsymbol{v}_r$$

其中，牵连点在杆 AB 上，故牵连速度即为杆 AB 上点 D' 的速度，即有 $\boldsymbol{v}_e = \boldsymbol{v}_{D'}$；相对速度 $\boldsymbol{v}_r$ 自 D 指向 A。$\boldsymbol{v}_e$、$\boldsymbol{v}_r$ 反向共线，均沿杆 AB；而 $\boldsymbol{v}_a$ 应垂直于 OD，即沿铅垂方向，可见

$$v_a = 0, \quad v_r = v_{D'} = \frac{\sqrt{2}u}{2}$$

图示瞬时杆 OD 的角速度为

$$\omega_{OD} = \frac{v_a}{OD} = 0$$

点 A 作匀速直线运动，$\boldsymbol{a}_A = \boldsymbol{0}$。杆 AB 作平面运动，取点 A 为基点，由点的加速度合成公式，有

$$\boldsymbol{a}_B = \boldsymbol{a}^\tau_{BA} + \boldsymbol{a}^n_{BA}$$

其中，$\boldsymbol{a}_B$ 方向水平，$\boldsymbol{a}^n_{BA}$ 由 B 指向 A，大小为 $a^n_{BA} = BA \cdot \omega^2_{AB} = u^2/l$。以 $\boldsymbol{a}_B$ 为对角线、$\boldsymbol{a}^\tau_{BA}$ 和 $\boldsymbol{a}^n_{BA}$ 为邻边作加速度平行四边形，如图 7-23b 所示，得

$$a^\tau_{BA} = a^n_{BA}\tan\varphi = \frac{u^2}{l}$$

因此杆 AB 的角加速度为

$$\alpha_{AB} = \frac{a_{BA}^{\tau}}{BA} = \frac{u^2}{2l^2}$$

逆时针转向。

仍以点 A 为基点，则杆 AB 上点 D' 的加速度为

$$\boldsymbol{a}_{D'} = \boldsymbol{a}_{D'A}^{\tau} + \boldsymbol{a}_{D'A}^{n} \tag{1}$$

其中，$a_{D'A}^{\tau} = D'A \cdot \alpha_{AB} = u^2/(2l)$，$a_{D'A}^{n} = D'A \cdot \omega_{AB}^2 = u^2/(2l)$，方向如图 7-23b 所示。

在 D 处，由点的加速度合成定理，有

$$\boldsymbol{a}_{a} = \boldsymbol{a}_{e} + \boldsymbol{a}_{\tau} + \boldsymbol{a}_{C} \tag{2}$$

因杆 OD 的角速度等于零，其中绝对加速度 $\boldsymbol{a}_a$ 只有沿其切向的一个分量，方向垂直于 OD；牵连加速度 $\boldsymbol{a}_e = \boldsymbol{a}_{D'}$；科氏加速度 $\boldsymbol{a}_C = 2\boldsymbol{\omega}_e \times \boldsymbol{v}_r$，大小为

$$a_C = 2\omega_e v_r = 2\omega_{AB} v_r = 2 \cdot \frac{\sqrt{2}u}{2l} \cdot \frac{\sqrt{2}u}{2} = \frac{u^2}{l}$$

方向如图 7-23b 所示。将式（1）代入式（2），得

$$\boldsymbol{a}_{a} = \boldsymbol{a}_{D'A}^{\tau} + \boldsymbol{a}_{D'A}^{n} + \boldsymbol{a}_{r} + \boldsymbol{a}_{C} \tag{3}$$

作 ξ 轴垂直于 AB，将式（3）向 ξ 轴投影，得

$$a_a \cos 45^\circ = a_{D'A}^{\tau} + a_C$$

解得
$$a_a = \frac{3\sqrt{2}u^2}{2l}$$

杆 OD 的角加速度
$$\alpha_{OD} = \frac{a_a}{OD} = \frac{3\sqrt{2}u^2}{2l^2}$$

转向为顺时针，如图 7-23b 所示。

本例中，为求牵连点 D' 的速度、加速度，应先求出杆 AB 的角速度、角加速度。角速度用瞬心法计算较为方便。角加速度则要运用基点法，通过建立 A、B 两点加速度之间的关系来求得。

例 7-13 如图 7-24a 所示的平面机构中，杆 AB 的 A 端与齿轮中心铰接，齿轮沿齿条向上滚动，其中心速度 $v_A = 160\text{mm/s}$；杆 AB 套在可绕轴 O 转动的导套内，并可沿导套滑动，试求图示位置杆 AB 的角速度和角加速度。

解 方法一 应用点的合成运动的理论求解

以点 A 为动点，导套 O 为动系。点 A 的绝对运动是以匀速 $\boldsymbol{v}_A$ 的铅垂线运动，绝对速度的大小 $v_a = v_A$；相对运动是随杆 AB 沿导套 O 的滑动，轨迹是直线 AB；牵连运动是导套绕轴 O 的定轴转动，牵连点在导套（导套的扩展部分）上，因此牵连速度垂直于 OA，各速度方向如图 7-24a 所示。根据速度合成定理 $\boldsymbol{v}_a = \boldsymbol{v}_e + \boldsymbol{v}_r$ 作速度平行四边形，由几何关系得

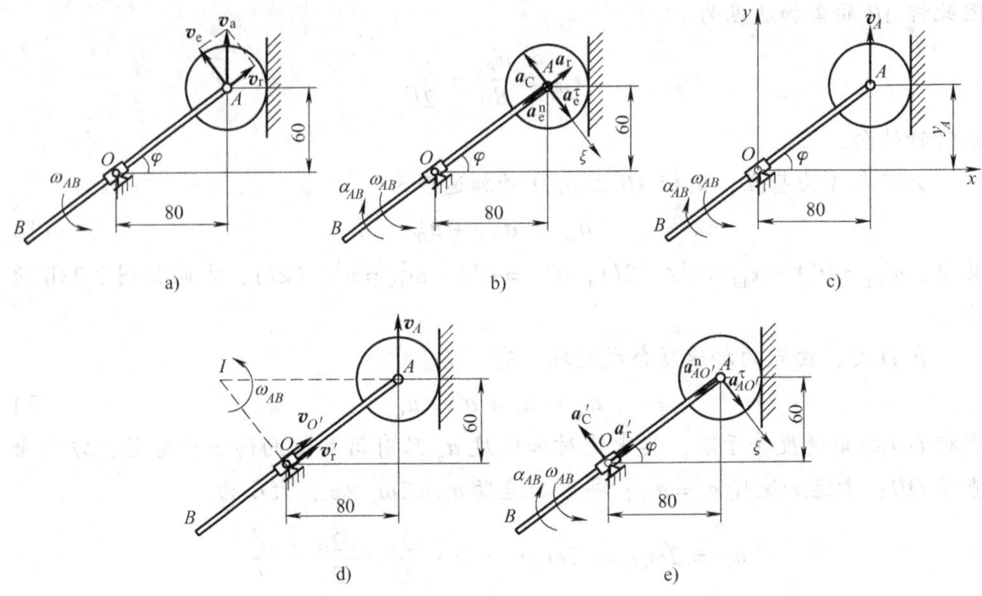

图 7-24

$$v_e = v_a\cos\varphi = \left(160\times\frac{4}{5}\right)\text{mm/s} = 128\text{mm/s}$$

$$v_r = v_a\sin\varphi = \left(160\times\frac{3}{5}\right)\text{mm/s} = 96\text{mm/s}$$

因为杆 AB 在导套 O 中滑动，所以杆 AB 与导套 O 具有相同的角速度和角加速度。该瞬时其角速度为

$$\omega_{AB} = \frac{v_e}{OA} = \frac{128}{100}\text{rad/s} = 1.28\text{rad/s}$$

由于点 A 作匀速直线运动，故绝对加速度为零；点 A 的相对运动为沿导套 O 的直线运动，因此 $\boldsymbol{a}_r$ 沿杆 AB 方向。根据点的加速度合成定理，有

$$\boldsymbol{0} = \boldsymbol{a}_e^\tau + \boldsymbol{a}_e^n + \boldsymbol{a}_r + \boldsymbol{a}_C$$

其中，科氏加速度 $\boldsymbol{a}_C = 2\boldsymbol{\omega}_e\times\boldsymbol{v}_r$，大小为

$$a_C = 2\omega_e v_r = 2\omega_{AB}v_r = (2\times1.28\times96)\text{mm/s}^2 = 246\text{mm/s}^2$$

其方向以及牵连加速度 $\boldsymbol{a}_e^\tau$、$\boldsymbol{a}_e^n$ 的方向如图 7-24b 所示。

作 ξ 轴垂直于 AB，将加速度矢量方程向 ξ 轴投影，得

$$0 = a_e^\tau - a_C$$

解得

$$a_e^\tau = a_C = 246\text{mm/s}^2$$

图示瞬时杆 AB 的角加速度为

$$\alpha_{AB} = \frac{a_e^\tau}{OA} = \frac{246}{100}\text{rad/s}^2 = 2.46\text{rad/s}^2$$

转向为顺时针。

方法二 应用点的运动学理论（并结合转动刚体角速度、角加速度的定义）求解

以点 O 为坐标原点，建立如图 7-24c 所示的直角坐标系。点 A 沿铅垂线运动，设任一瞬时杆与 x 轴的夹角为 φ，由图可知

$$y_A = 80\tan\varphi$$

对时间求导，有

$$\dot{y}_A = \frac{80\dot{\varphi}}{\cos^2\varphi}$$

因 $\dot{y}_A = v_A$，得

$$\dot{\varphi} = \frac{v_A}{80}\cos^2\varphi$$

再对时间求导，得

$$\ddot{\varphi} = -\frac{v_A\dot{\varphi}}{40}\sin\varphi\cos\varphi = -\frac{v_A^2}{3200}\sin\varphi\cos^3\varphi$$

当 $y_A = 60\text{mm}$ 时，$\sin\varphi = 3/5$，$\cos\varphi = 4/5$，所以图示位置杆 AB 平面运动的角速度、角加速度分别为

$$\omega_{AB} = \dot{\varphi} = \left[\frac{160}{80} \times \left(\frac{4}{5}\right)^2\right]\text{rad/s} = 1.28\text{rad/s}$$

$$\alpha_{AB} = \ddot{\varphi} = \left[-\frac{160^2}{3200} \times \frac{3}{5} \times \left(\frac{4}{5}\right)^3\right]\text{rad/s}^2 = -2.46\text{rad/s}^2$$

ω_{AB} 为正，故其转向与 φ 的增大转向相同，即为逆时针转向；而 α_{AB} 为负值，故其转向与 φ 的增大转向相反，即为顺时针转向，如图 7-23c 所示。

方法三 应用刚体平面运动理论求解

先计算杆 AB 上与 O 点重合的 O' 点的速度 $\boldsymbol{v}_{O'}$ 和加速度 $\boldsymbol{a}_{O'}$。以杆 AB 上点 O' 为动点，导套为动系。牵连点在导套上，显然，牵连速度 $\boldsymbol{v}'_e$、牵连加速度 $\boldsymbol{a}'_e$ 都等于零。由点的速度合成定理，可得

$$\boldsymbol{v}_{O'} = \boldsymbol{v}'_e + \boldsymbol{v}'_r = \boldsymbol{v}'_r$$

相对运动为沿导套的直线运动，相对速度 $\boldsymbol{v}'_r$ 的方向自 O 指向 A，所以 $\boldsymbol{v}_{O'}$ 的方向与 $\boldsymbol{v}'_r$ 相同，如图 7-24d 所示。

至此，杆 AB 上 O'、A 两点的速度方向均为已知，分别过 O'、A 两点作其速度的垂线，得速度瞬心 I，求得图示位置杆 AB 的角速度为

$$\omega_{AB} = \frac{v_A}{AI} = \frac{v_A\cos\varphi}{OA} = \left(\frac{160}{100} \times \frac{4}{5}\right)\text{rad/s} = 1.28\text{rad/s}$$

$\boldsymbol{v}'_r$ 的大小为

$$\begin{aligned} v'_r = v_{O'} &= OI \cdot \omega_{AB} = OA \cdot \tan\varphi \cdot \omega_{AB} \\ &= \left(100 \times \frac{3}{4} \times 1.28\right)\text{mm/s} \\ &= 96\text{mm/s} \end{aligned}$$

再由点的加速度合成定理，注意到$\boldsymbol{a}'_e$等于零，可得杆AB上点O'的加速度为

$$\boldsymbol{a}_{O'} = \boldsymbol{a}'_r + \boldsymbol{a}'_C \tag{1}$$

其中，相对加速度$\boldsymbol{a}'_r$、科氏加速度$\boldsymbol{a}'_C$的方向如图7-24e所示；$\boldsymbol{a}'_r$的大小未知，$\boldsymbol{a}'_C$的大小为

$$a'_C = 2\omega_e v'_r = 2\omega_{AB} v'_r = (2 \times 1.28 \times 96)\text{mm/s}^2 = 246\text{mm/s}^2$$

杆AB作平面运动，以杆AB上点O'为基点，写出点（套筒）A加速度的矢量表达式

$$\boldsymbol{a}_A = \boldsymbol{a}_{O'} + \boldsymbol{a}^{\tau}_{AO'} + \boldsymbol{a}^{n}_{AO'} \tag{2}$$

将式（1）代入式（2），并注意到点A作匀速直线运动，加速度$\boldsymbol{a}_A$等于零，因此得

$$\boldsymbol{0} = \boldsymbol{a}'_r + \boldsymbol{a}'_C + \boldsymbol{a}^{\tau}_{AO'} + \boldsymbol{a}^{n}_{AO'} \tag{3}$$

其中，各项的方向如图7-24e所示。作ξ轴垂直于AB，将矢量式（3）向ξ轴投影，有

$$0 = -a'_C + a^{\tau}_{AO'}$$

解出
$$a^{\tau}_{AO'} = a'_C = 246\text{mm/s}^2$$

得杆AB的角加速度 $\alpha_{AB} = \dfrac{a^{\tau}_{AO'}}{AO} = \dfrac{246}{100}\text{rad/s}^2 = 2.46\text{rad/s}^2$

三种解法结果相同。相比较而言，第二种方法最为简便，第三种方法较为繁杂。

思 考 题

7-1 刚体的平面运动通常分解为哪两个运动？它们与基点的选取有无关系？用基点法求平面图形上各点的加速度时，要不要考虑科氏加速度？

7-2 判断图7-25中所示刚体上各点的速度方向是否可能？

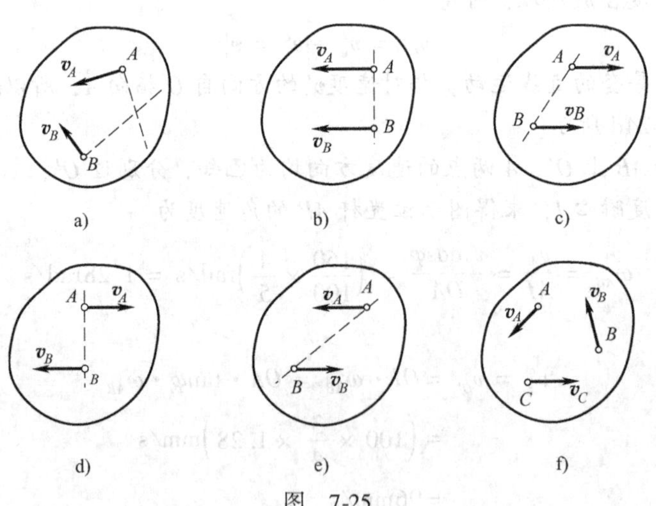

图 7-25

7-3　试确定图 7-26 所示各系统中作平面运动的构件在图示位置的速度瞬心。

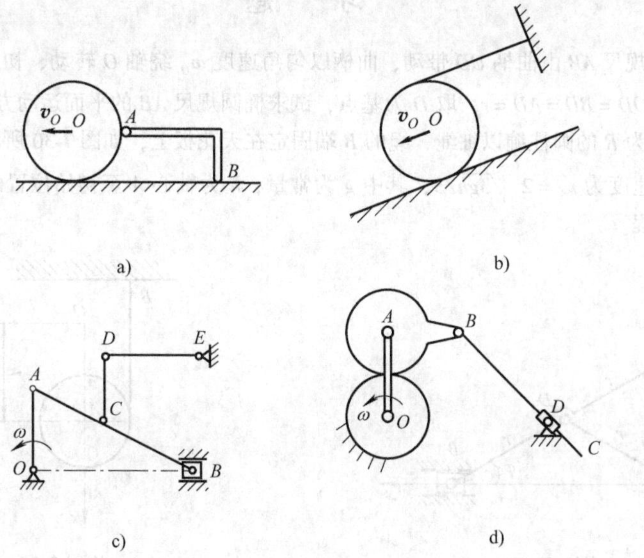

图　7-26

7-4　机构如图 7-27 所示，试问下列计算过程中有无错误？为什么？

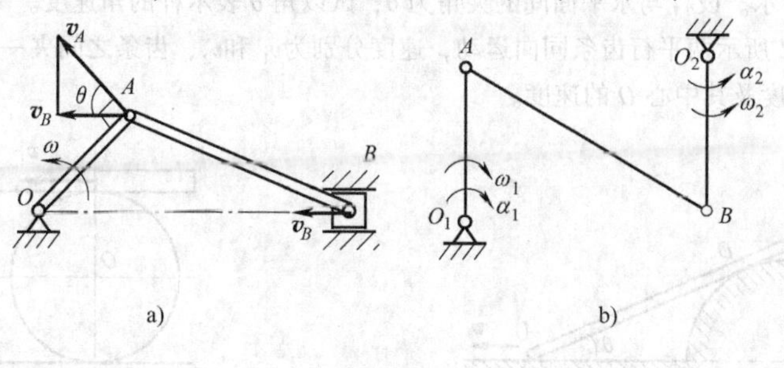

图　7-27

（1）图 7-27a 中，已知 $v_A = OA\omega$，所以 $v_B = v_A\cos\theta$；（2）图 7-27b 中，已知 $O_1A = O_2B = r$，图示瞬时 $v_A = v_B$，所以有 $\omega_1 = \omega_2$；$\alpha_1 = \dot{\omega}_1 = \dot{\omega}_2 = \alpha_2$。

7-5　刚体的平动和定轴的转动都是平面运动的特例吗？刚体的平动与某瞬时刚体瞬时平动有何区别？

7-6　图 7-28 所示机构中，能否根据 A、B 两点的速度 $\boldsymbol{v}_A$、$\boldsymbol{v}_B$ 的方向，按图 7-28 所示的方法确定速度瞬心 I 的位置，为什么？

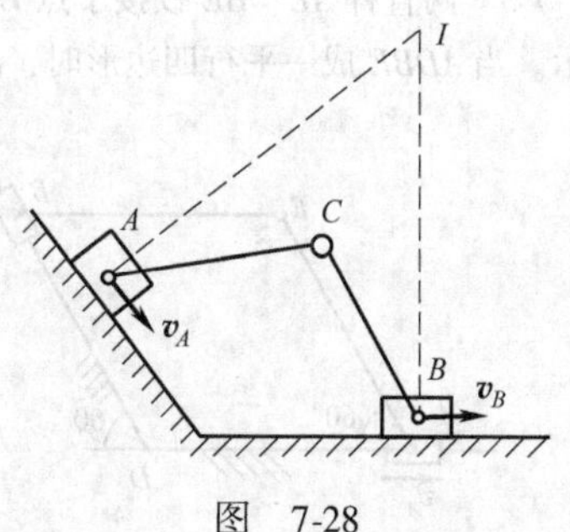

图　7-28

7-7　某瞬时平面图形上 A、B 两点的速度矢量分别为 $\boldsymbol{v}_A$ 和 $\boldsymbol{v}_B$，则该瞬时 AB 连线上中点 C 的速度矢量为 $\boldsymbol{v}_C = (\boldsymbol{v}_A + \boldsymbol{v}_B)/2$，请问此式是否正确？

7-8　平面图形瞬时平动时，其上任意两点的加速度在这两点连线上的投影相等。这种说法是否正确？为什么？

习 题

7-1 椭圆规尺 AB 由曲柄 OD 带动，曲柄以匀角速度 ω_O 绕轴 O 转动，初始时 OD 水平，如图 7-29 所示。$OD=BD=AD=r$，取 D 为基点，试求椭圆规尺 AB 的平面运动方程。

7-2 半径为 R 的圆柱缠以细绳，绳的 B 端固定在天花板上，如图 7-30 所示。圆柱自静止下落，其轴心的速度为 $v_A=2\sqrt{3gh}/3$，其中 g 为常量，h 为轴心 A 至初始位置的距离。试求圆柱的平面运动方程。

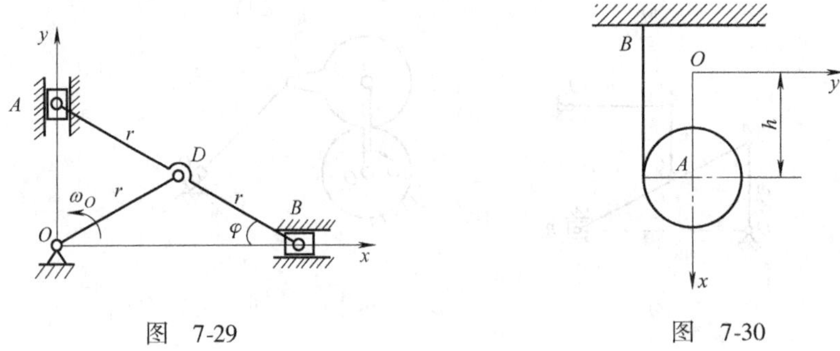

图 7-29　　图 7-30

7-3 杆 AB 的 A 端以匀速 $\boldsymbol{v}$ 沿水平面向右滑动，运动时杆恒与一半径为 R 的固定半圆柱面相切，如图 7-31 所示。设杆与水平面间的夹角为 θ，试以角 θ 表示杆的角速度。

7-4 图 7-32 所示两平行齿条同向运动，速度分别为 $\boldsymbol{v}_1$ 和 $\boldsymbol{v}_2$，齿条之间夹一半径为 r 的齿轮，试求齿轮的角速度及其中心 O 的速度。

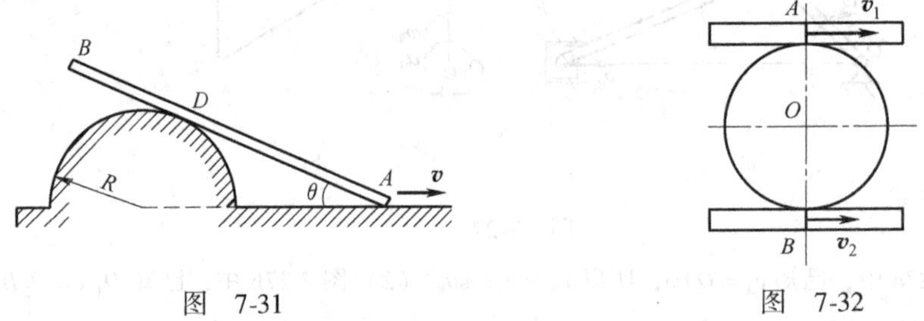

图 7-31　　图 7-32

7-5 两直杆 AE、BE 铰接于点 E，杆长均为 l，其两端 A、B 分别沿两直线运动，如图 7-33 所示。当 $ADBE$ 成一平行四边形时，$v_A=0.2\text{m/s}$，$v_B=0.4\text{m/s}$，试求此时点 E 的速度。

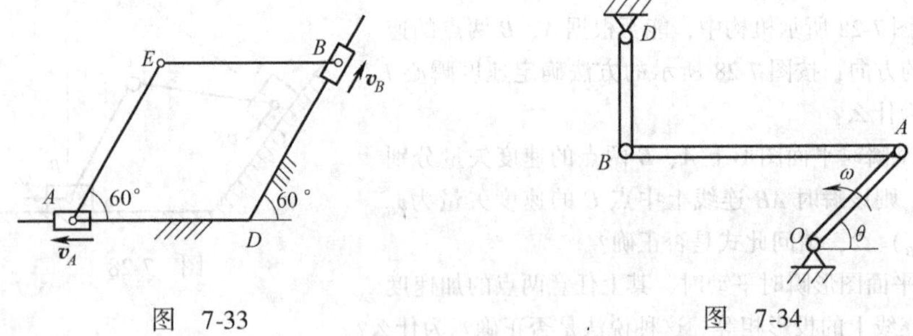

图 7-33　　图 7-34

7-6 图 7-34 所示机构中，$OA=200\text{mm}$，$AB=400\text{mm}$，$BD=150\text{mm}$，曲柄 OA 以匀角速度 $\omega=4\text{rad/s}$ 绕轴 O 转动。当 $\theta=45°$时，连杆 AB 恰好水平、BD 铅直，试求该瞬时连杆 AB 及杆 BD 的角速度。

7-7 在如图 7-35 所示的筛动机构中，筛子 BD 的摆动是由曲柄连杆机构所带动。已知曲柄长 $OA=0.3\text{m}$，转速为 $n=40\text{r/min}$。当筛子运动到与点 O 在同一水平线上时，$\angle OAB=90°$，试求此时筛子 BD 的速度。

7-8 长为 $l=1.2\text{m}$ 的直杆 AB 作平面运动，某瞬时其中点 D 的速度大小为 $v_D=3\text{m/s}$，方向与 AB 的夹角为 $60°$，如图 7-36 所示。试求此时点 A 可能有的最小速度以及该瞬时杆 AB 的角速度。

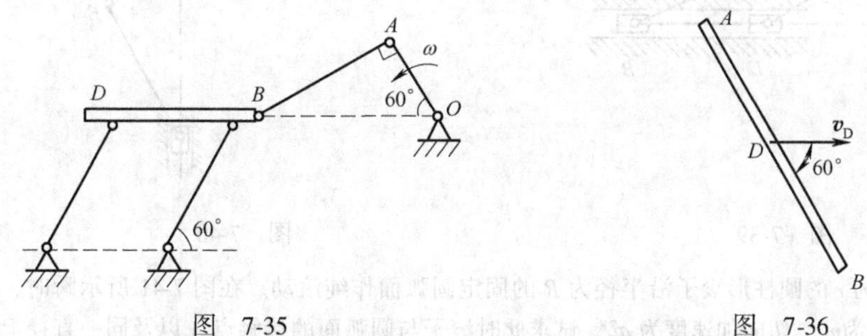

图 7-35　　图 7-36

7-9 如图 7-37 所示的四连杆机构中，连杆 AB 上固连一块直角三角板 ABD，曲柄 O_1A 的角速度恒为 $\omega_1=2\text{rad/s}$，已知 $O_1A=0.1\text{m}$，$O_1O_2=AD=0.05\text{m}$，当 O_1A 铅直时，AB 平行于 O_1O_2，且 AD 与 O_1A 在同一直线上，$\varphi=30°$。试求此时直角三角板 ABD 的角速度和点 D 的速度。

7-10 在瓦特行星机构中，杆 O_1A 绕轴 O_1 转动，并借连杆 AB 带动曲柄 OB 绕轴 O 转动（曲柄 OB 活动地装在 O 轴上），如图 7-38 所示。齿轮Ⅱ与连杆 AB 固连于一体，在轴 O 上还装有齿轮Ⅰ。已知 $r_1=r_2=0.3\sqrt{3}\text{m}$，$O_1A=0.75\text{m}$，$AB=1.5\text{m}$；又杆 O_1A 的角速度 $\omega_{O_1}=6\text{rad/s}$。试求当 $\gamma=60°$且 $\beta=90°$时，曲柄 OB 和齿轮Ⅰ的角速度。

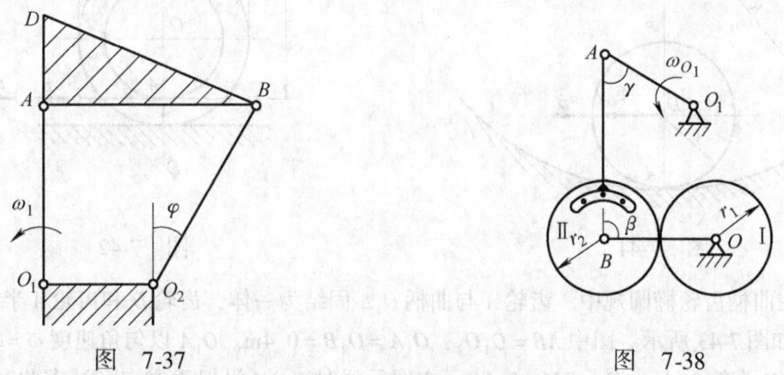

图 7-37　　图 7-38

7-11 图 7-39 所示的双曲柄连杆机构中，滑块 B 和 E 用杆 BE 连接，主动曲柄 OA 和从动曲柄 OD 都绕 O 轴转动。主动曲柄 OA 作匀速转动，角速度的大小为 $\omega_0=12\text{rad/s}$。已知各部件的尺寸为 $OA=0.1\text{m}$，$OD=0.12\text{m}$，$AB=0.26\text{m}$，$BE=0.12\text{m}$，$DE=0.12\sqrt{3}\text{m}$。试求当曲柄 OA 垂直于滑块的导轨方向时，从动曲柄 OD 和连杆 DE 的角速度。

7-12 图7-40所示机构中，已知：$OA=0.1\text{m}$，$BD=0.1\text{m}$，$DE=0.1\text{m}$，$EF=0.1\sqrt{3}\text{m}$；曲柄OA的角速度为$\omega_O=4\text{rad/s}$。在图示位置时，OA垂直于水平线OB；B、D和F位于同一铅垂线上；又DE垂直于EF。试求此时杆EF的角速度和点F的速度。

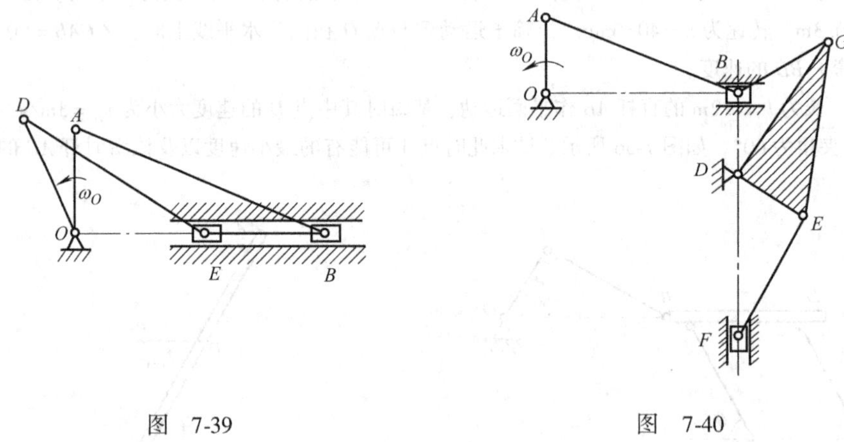

图 7-39　　图 7-40

7-13 半径为r的圆柱形滚子沿半径为R的固定圆弧面作纯滚动。在图7-41所示瞬时，滚子中心D的速度为$\boldsymbol{v}_D$、切向加速度为$\boldsymbol{a}_D^{\tau}$。试求此时滚子与圆弧面的接触点A以及同一直径上最高点B的加速度。

7-14 绕线轮沿水平面滚动而不滑动，轮的半径为R。在轮上有圆柱部分，其半径为r，如图7-42所示。将线绕于圆柱上，线的B端以速度$\boldsymbol{v}$和加速度$\boldsymbol{a}$沿水平方向运动，试求绕线轮轴心O的速度和加速度。

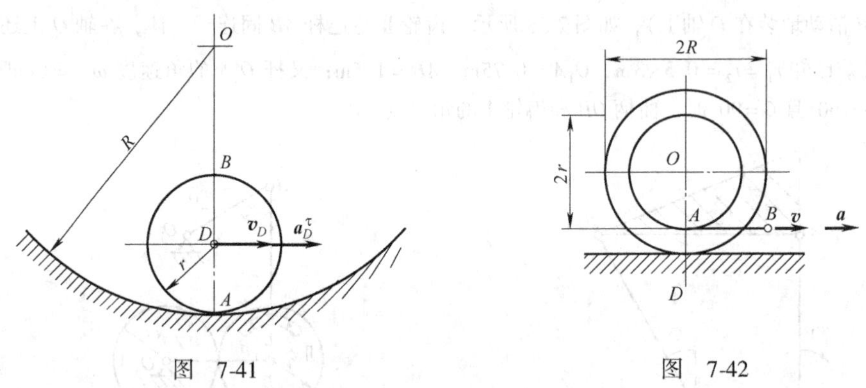

图 7-41　　图 7-42

7-15 在曲柄齿轮椭圆规中，齿轮A与曲柄O_1A固结为一体，齿轮D和齿轮A半径均为r并互相啮合，如图7-43所示。图中$AB=O_1O_2$，$O_1A=O_2B=0.4\text{m}$。O_1A以匀角速度$\omega=0.2\text{rad/s}$绕轴O_1转动。M为轮D上一点，$DM=0.1\text{m}$。在图示瞬时，DM沿铅垂方向，试求此时点M的速度和加速度。

7-16 边长$l=400\text{mm}$的等边三角板ABD在其所在平面内运动，如图7-44所示。已知某瞬时点A的速度$v_A=800\text{mm/s}$，加速度$a_A=3200\text{mm/s}^2$，方向均沿AD；点B的速度大小为$v_B=400\text{mm/s}$，加速度大小为$a_B=800\text{mm/s}^2$。试求该瞬时点D的速度和加速度。

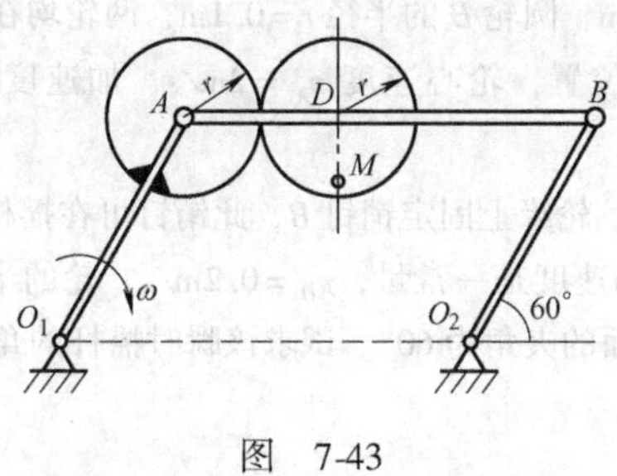

图 7-43

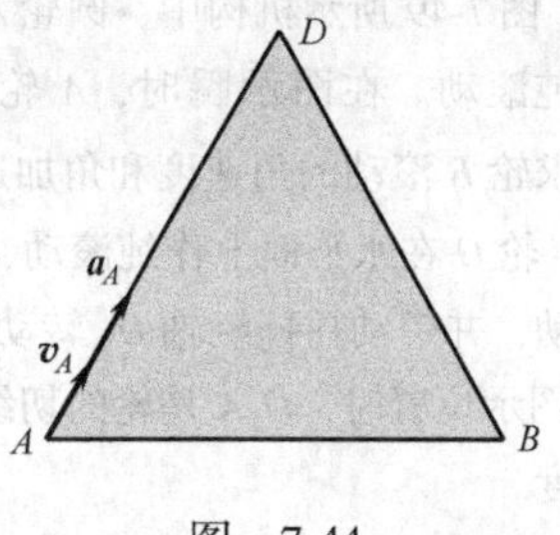

图 7-44

7-17 四连杆机构 $OABO_1$ 中，$OO_1 = OA = O_1B = 100$mm，杆 OA 以匀角速度 $\omega = 2$rad/s 绕 O 轴转动，如图 7-45 所示。当 $\varphi = 90°$时，杆 O_1B 水平，试求此时杆 AB 和杆 O_1B 的角速度及角加速度。

7-18 图 7-46 所示机构中，曲柄 OA 长为 l，以匀角速度 ω_O 绕轴 O 转动；滑块 B 可在水平滑槽内滑动。已知 $AB = AD = 2l$，在图示瞬时，OA 沿铅垂方向，试求此时点 D 的速度及加速度。

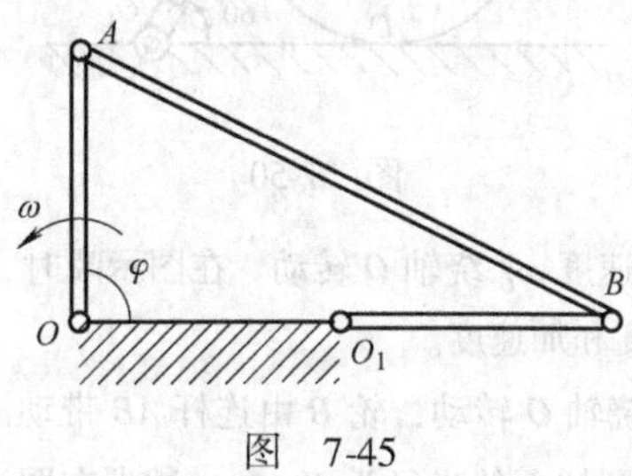

图 7-45

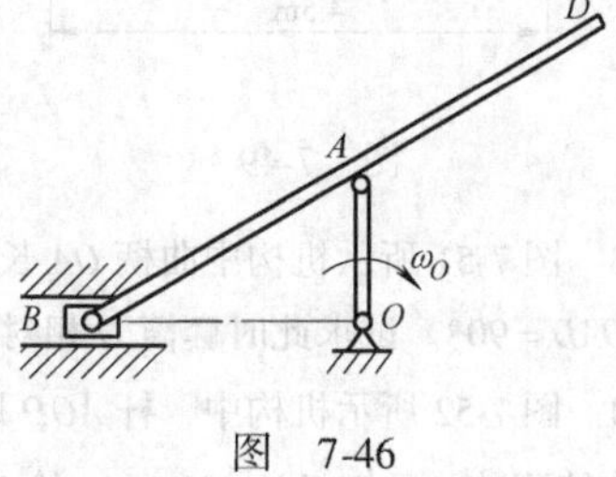

图 7-46

7-19 图 7-47 所示曲柄滑块机构中，曲柄 OA 绕轴 O 转动的角速度为 ω_O，角加速度为 α_O。某瞬时 OA 与水平方向成 60°角，而连杆 AB 与曲柄 OA 垂直。滑块 B 在圆弧槽内滑动，此时圆弧半径 O_1B 与连线 AB 间成 30°角。如果 $OA = r$，$AB = 2\sqrt{3}r$，$O_1B = 2r$，试求该瞬时滑块 B 的切向加速度和法向加速度。

7-20 半径为 r 的圆盘可在半径为 R 的固定圆柱面上纯滚动，滑块 B 可在水平滑槽内滑动，如图 7-48 所示。已知 $r = 125$mm，$R = 375$mm；杆 AB 长 $l = 250$mm。图示瞬时，$v_B = 500$mm/s，$a_B = 750$mm/s^2；O、A、O_1 三点位于同一铅垂线上，试求此时圆盘的角加速度。

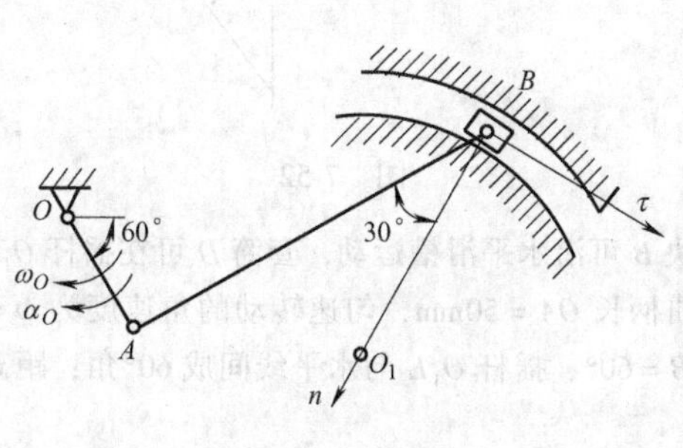

图 7-47

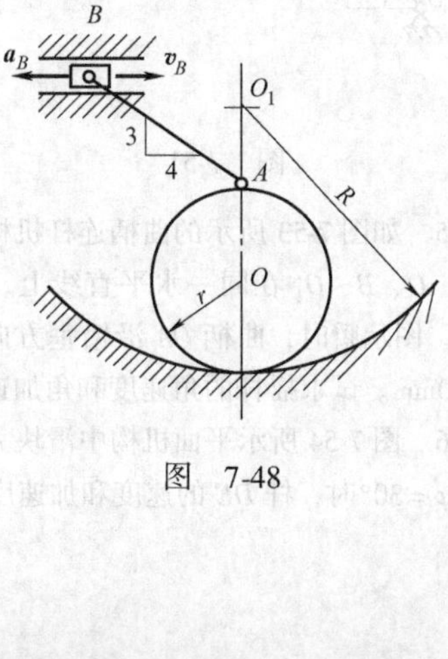

图 7-48

7-21 图7-49所示机构中，圆轮A的半径$R=0.2\text{m}$，圆轮B的半径$r=0.1\text{m}$，两轮均在水平轨道上作纯滚动。在图示瞬时，A轮上D点在最高位置，轮心速度$v_A=2\text{m/s}$，加速度$a_A=2\text{m/s}^2$，试求轮B滚动的角速度和角加速度。

7-22 轮O在水平面上作纯滚动，如图7-50所示。轮缘上固定销钉B，此销钉可在摇杆O_1A的槽内滑动，并带动摇杆绕轴O_1转动。已知轮心O的速度是一常量，$v_O=0.2\text{m/s}$，轮的半径$R=0.5\text{m}$，图示位置时，O_1A是轮的切线，摇杆与水平面的夹角为60°。试求该瞬时摇杆的角速度和角加速度。

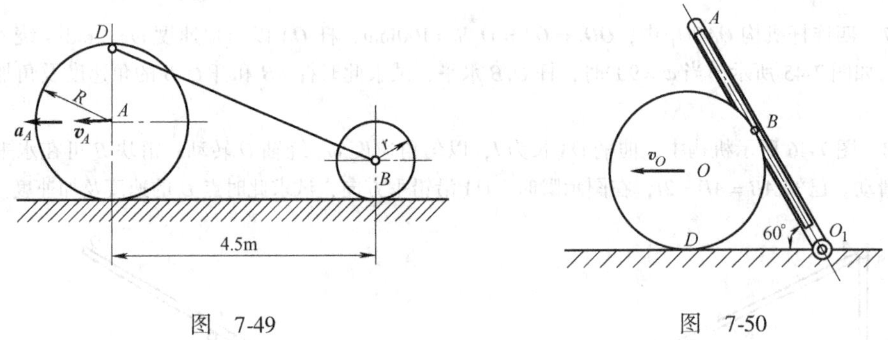

图 7-49　　图 7-50

7-23 图7-51所示机构中曲柄OA长为$2l$，以匀角速度ω_O绕轴O转动。在图示瞬时，$AB=BO$，$\angle OAD=90°$。试求此时套筒D相对于杆BE的速度和加速度。

7-24 图7-52所示机构中，杆AOD以匀角速度ω绕轴O转动，轮B由连杆AB带动沿固定圆柱面作纯滚动。已知$OA=OD=r$，轮B的半径为r，圆柱面的半径为$R=2r$。试求在图示位置时，(1) 轮B滚动的角速度和角加速度；(2) 杆O_1D转动的角速度和角加速度。

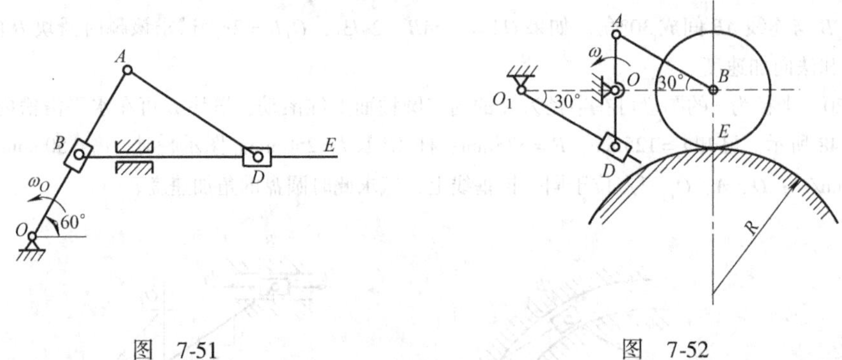

图 7-51　　图 7-52

7-25 如图7-53所示的曲柄连杆机构中，滑块B可沿水平滑槽运动，套筒D可在摇杆O_1E上滑动，O、B、O_1在同一水平直线上。已知：曲柄长$OA=50\text{mm}$，匀速转动的角速度为$\omega=10\text{rad/s}$。图示瞬时，曲柄OA沿铅垂方向，$\angle OAB=60°$，摇杆O_1E与水平线间成60°角；距离$O_1D=70\text{mm}$。试求摇杆的角速度和角加速度。

7-26 图7-54所示平面机构中滑块A的速度是一常量，$v_A=0.2\text{m/s}$，$AB=0.4\text{m}$。试求当$AE=BE$，$\varphi=30°$时，杆DE的速度和加速度。

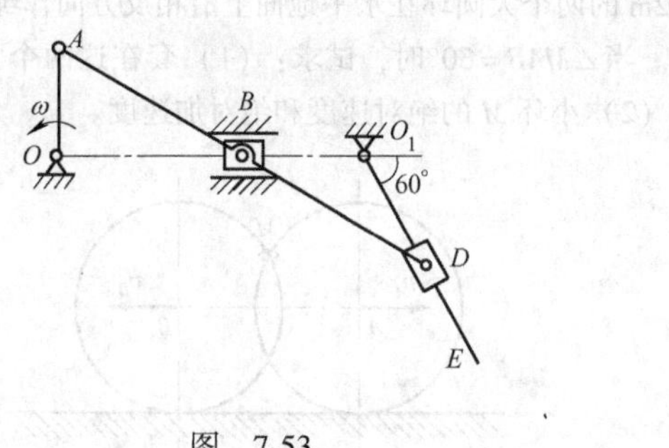

图　7-53

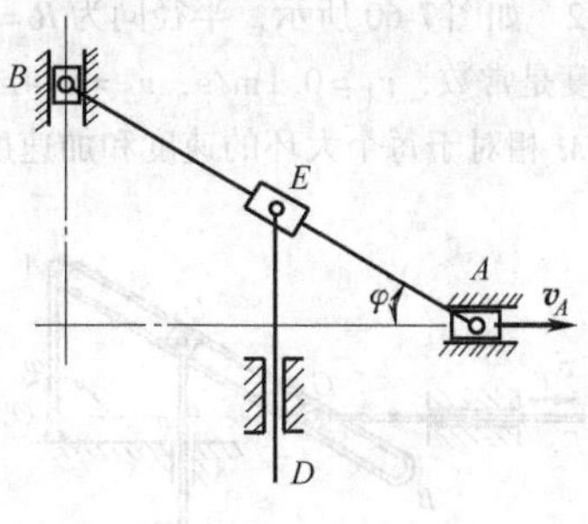

图　7-54

7-27　如图 7-55 所示，套筒 A 铰接在杆 AB 的 A 端，并套在固定不动的铅直导杆 DE 上；杆 AB 可沿导套 F 滑动，已知 $AB=600\text{mm}$，图示瞬时，$\theta=30°$，$AF=400\text{mm}$，套筒 A 的速度 $v_A=400\text{mm/s}$，加速度 $a_A=80\text{mm/s}^2$。试求该瞬时 B 端的加速度。

7-28　图 7-56 所示机构中，已知曲柄 OA 以匀角速度 $\omega_O=1\text{rad/s}$ 绕定轴 O 转动，$OA=100\text{mm}$，$l=500\text{mm}$。在图示位置，$\beta=60°$，$\gamma=30°$，试确定杆 BD 的角速度和角加速度。

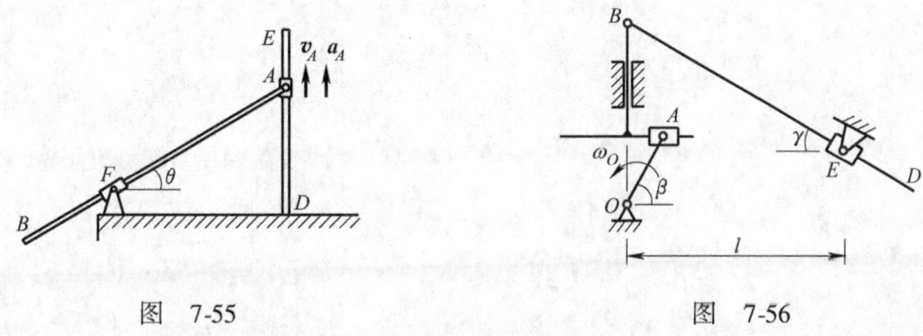

图　7-55　　　图　7-56

7-29　图 7-57 所示平面机构中，已知套筒 A 的速度大小 v 是一常量，当 OA 连线水平时，$OA=AD=R$，$\varphi=30°$。试求该瞬时杆 AB 的角速度和角加速度。

7-30　图 7-58 所示机构中，杆 OA 长 100mm，可绕轴 O 转动；AB 长 100mm，可在 O_1E 中滑动；气缸 O_1E 可绕轴 O_1 摆动，$OO_1=100\sqrt{3}\text{mm}$。在图示位置，杆 OA 的角速度为 $\omega_O=2\text{rad/s}$，角加速度为零，且 $OA\perp OO_1$，试求此时活塞上点 B 的速度与加速度。

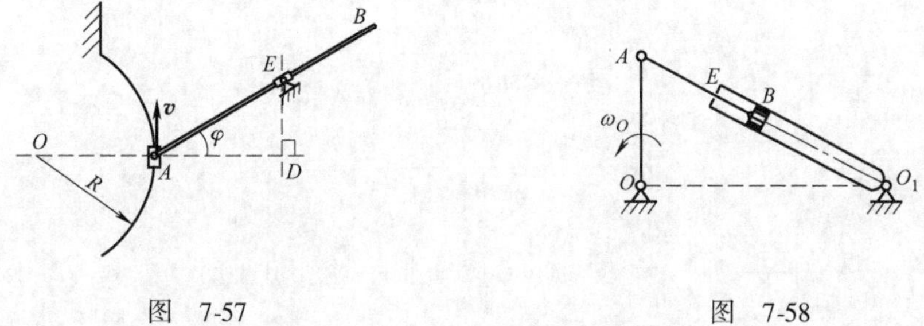

图　7-57　　　图　7-58

7-31　图 7-59 所示平面机构中，曲柄 OA 长 l，以匀角速度 ω_O 转动，同时杆 EG 以匀速 v_O 向左滑动，带动杆 DF 在铅直滑槽内运动。在图示瞬时，$AD=DG=l$，试求此时杆 DF 滑动的速度。

7-32 如图7-60所示，半径同为 $R=0.2\text{m}$ 的两个大圆环在水平地面上沿相反方向作纯滚动，环心速度是常数，$v_A=0.1\text{m/s}$，$v_B=0.4\text{m/s}$。当 $\angle MAB=30°$ 时，试求：（1）套在这两个大环上的小环 M 相对于每个大环的速度和加速度；（2）小环 M 的绝对速度和绝对加速度。

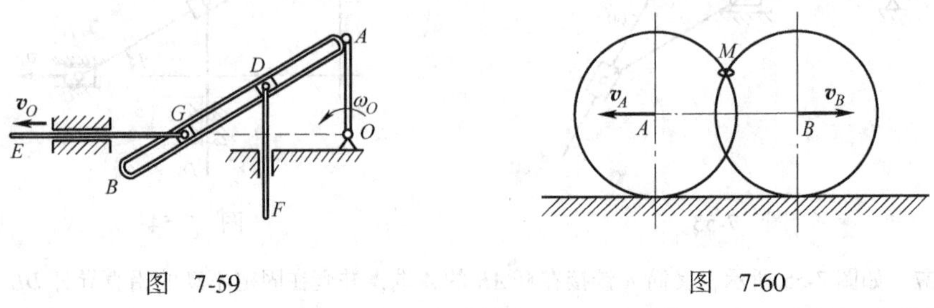

图 7-59　　　　图 7-60

第三篇　动　力　学

第八章　质点动力学

第一节　动力学基本定律

一、牛顿三大定律

动力学研究物体的运动与作用于物体上的力之间的关系。在动力学中，有两类基本问题：①已知物体的运动，求作用于物体上的力；②已知作用于物体上的力，求物体的运动。

本节介绍动力学基本定律，它是整个动力学的理论基础。

动力学基本定律是在对机械运动进行大量的观察及实验的基础上建立起来的。这些定律是牛顿总结了前人的研究成果，于1687年在他的名著《自然哲学的数学原理》中明确提出的，所以通常称为**牛顿三大定律**，它描述了动力学最基本的规律，是古典力学体系的核心。

牛顿第一定律　任何质点如果不受力作用，则将保持其静止或匀速直线运动的状态。

这个定律说明任何质点都具有保持静止或匀速直线运动状态的特性，质点的这种保持运动状态不变的固有属性称为**惯性**，而匀速直线运动称为**惯性运动**，所以牛顿第一定律又称为**惯性定律**。

另一方面，这个定律也说明质点受力作用时，将改变静止或匀速直线运动的状态，即力是改变质点运动状态的原因。

牛顿第二定律　质点受力作用时所获得的加速度的大小与作用力的大小成正比，与质点的质量成反比，加速度的方向与力的方向相同。

如果用 $\boldsymbol{F}$ 表示作用于质点上的力，m 和 $\boldsymbol{a}$ 分别表示质点的质量和加速度，并选取适当的单位，则牛顿第二定律可表示为

$$\boldsymbol{a}=\frac{\boldsymbol{F}}{m}$$

或

$$m\boldsymbol{a}=\boldsymbol{F} \tag{8-1}$$

上述方程建立了质量、力和加速度之间的关系，称为质点动力学的基本方程，它是

推导其他动力学方程的出发点。若质点同时受几个力的作用，则力 $\boldsymbol{F}$ 应理解为这些力的合力。

这个定律给出了质点运动的加速度与其所受力之间的瞬时关系，说明作用力并不直接决定质点的速度，力对于质点运动的影响是通过加速度表现出来的，速度的方向可完全不同于作用力的方向。

同时，这个定律说明质点的加速度不仅取决于作用力，而且与质点的质量有关。若使不同的质点获得同样的加速度，质量较大的质点则需要较大的力，这说明较大的质量具有较大的惯性。由此可知，**质量是质点惯性的量度**。由于平动物体可以看做质点，所以质量也是平动物体惯性的量度。在国际单位制中，质量的单位为kg，物体的质量 m 和重量 $\boldsymbol{G}$ 的关系为

$$\boldsymbol{G}=m\boldsymbol{g} \tag{8-2}$$

或

$$m=\frac{\boldsymbol{G}}{\boldsymbol{g}}$$

式中，$\boldsymbol{g}$ 是重力加速度。这里再次强调：质量和重量是两个不同的概念。质量是物体惯性的量度，在古典力学中作为不变的常量；而重量是地球对于物体的引力，由于在地面各处的重力加速度值略有不同，因此物体的重量是随地域不同而变的量，并且只在地面附近的空间内才有意义。

牛顿第三定律　两物体间相互作用的力总是同时存在，且大小相等、方向相反、沿同一直线，分别作用在两个物体上。

这个定律在静力学公理中已叙述过，它对运动着的物体同样适用。

二、惯性参考系

应该指出，上述的动力学基本定律是建立在绝对运动的基础上的，牛顿所理解的"绝对运动"系指在宇宙中存在着绝对静止的与物质无关的"死的"空间，而质点是在这样的空间里运动，也就是说把坐标系固连于这样绝对静止的空间里，而质点的运动称为绝对运动，与绝对运动相对应的时间被理解为与物质运动无关的绝对时间。因此，在古典力学中，时间与空间彼此独立、互不关联，且不受物质或运动的影响，即分别具有绝对性。在动力学里，把牛顿定律适用的这种参考系称为**惯性参考系**。

但是，宇宙中的任何物体都是运动的，根本不存在绝对静止的空间，自然也找不到绝对静止的惯性参考系。对于一般工程问题，可以取与地球相固连的坐标系作为惯性参考系，能符合工程要求。如果考虑到地球自转的影响，可选取地心为原点、而三个轴分别指向三颗恒星的坐标系。

第二节　质点运动微分方程

本节由动力学基本方程建立质点的运动微分方程，解决质点动力学的两类基本

问题。

设质量为 m 的自由质点 M 在合力 $\sum F$ 作用下运动，如图 8-1 所示。根据动力学基本方程

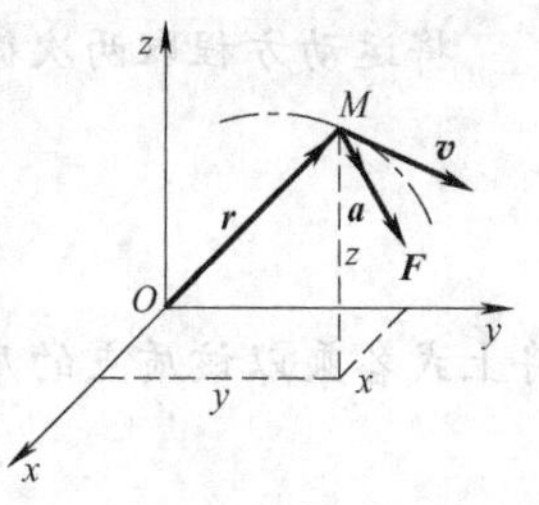

图 8-1

$$m\boldsymbol{a}=\boldsymbol{F}$$

因
$$\boldsymbol{a}=\dot{\boldsymbol{v}}=\ddot{\boldsymbol{r}}$$

得
$$m\boldsymbol{a}=m\dot{\boldsymbol{v}}=m\ddot{\boldsymbol{r}}=\boldsymbol{F} \tag{8-3}$$

这就是**矢量形式的质点运动微分方程**。

将上式投影在直角坐标轴上，则得

$$\begin{cases} m\ddot{x}=\sum F_x \\ m\ddot{y}=\sum F_y \\ m\ddot{z}=\sum F_z \end{cases} \tag{8-4}$$

这就是**直角坐标形式的质点运动微分方程**。

在实际应用中，采用自然坐标系有时更为方便。如图 8-2 所示，过 M 点作运动轨迹的切线、主法线和副法线。将式(8-3)投影在自然轴上，则得

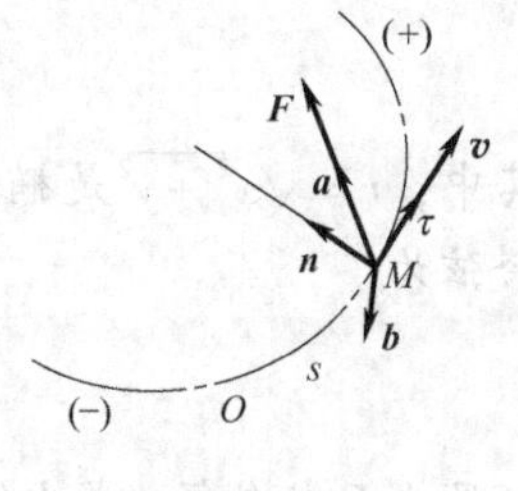

图 8-2

$$\begin{cases} ma_\tau=m\ddot{s}=\sum F_\tau \\ ma_n=m\dfrac{v^2}{\rho}=\sum F_n \\ \sum F_b=0 \end{cases} \tag{8-5}$$

这就是**自然坐标形式的质点运动微分方程**。

用投影形式的质点运动微分方程解决质点动力学问题是个基本的方法。在解决实际问题时，要注意根据问题的条件作受力分析和运动分析。对第一类基本问题——已知运动求力，计算比较简单，只要确定质点的加速度，代入式(8-4)或式(8-5)中，即可解得需求的力。对第二类问题——已知力求运动，这种问题的求解归结为联立微分方程组的积分，积分常数根据运动的初始条件确定，当力的变化规律复杂时，求解比较困难。计算时要根据力的表达形式及需求量的不同来分离变量。

第一类问题(已知运动求力)

例 8-1 设质量为 m 的质点 M 在 xOy 平面内运动，如图 8-3 所示，其运动方程为 $x=a\cos kt$，$y=b\sin kt$。其中，a、b 及 k 都是常数，试求作用于质点上的力 $\boldsymbol{F}$。

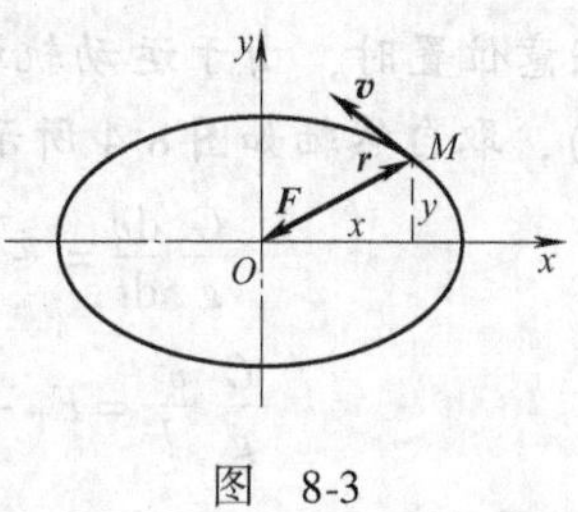

图 8-3

解 由运动方程消去时间 t，得

$$\frac{x^2}{a^2}+\frac{y^2}{b^2}=1$$

显然这是椭圆方程。

将运动方程取两次微分，得

$$\ddot{x} = -k^2 a\cos kt = -k^2 x$$

$$\ddot{y} = -k^2 b\sin kt = -k^2 y$$

将上式各乘以该质点的质量 m，则得到作用于质点上的力 $\boldsymbol{F}$ 的投影为

$$F_x = m\ddot{x} = -k^2 mx$$

$$F_y = m\ddot{y} = -k^2 my$$

因此力 $\boldsymbol{F}$ 的大小及方向余弦分别为

$$F = \sqrt{F_x^2 + F_y^2} = k^2 m\sqrt{x^2 + y^2} = k^2 mr$$

$$\cos\alpha = \frac{F_x}{F} = -\frac{x}{r}$$

$$\cos\beta = \frac{F_y}{F} = -\frac{y}{r}$$

其中，$r = \sqrt{x^2 + y^2}$是椭圆中心 O 引向质点 M 的矢径$\overrightarrow{OM}$的大小，而矢径$\overrightarrow{OM}$的方向余弦为

$$\cos\alpha' = \frac{x}{r},\ \cos\beta' = \frac{y}{r}$$

可见力 $\boldsymbol{F}$ 与矢径 $\boldsymbol{r}$ 成比例，而方向相反，即力 $\boldsymbol{F}$ 的方向恒指向椭圆中心 O，可表示为

$$\boldsymbol{F} = -k^2 m\boldsymbol{r}$$

这种力称为**有心力**。

例 8-2 如图 8-4 所示，桥式起重机上的跑车悬吊一重为 $\boldsymbol{G}$ 的重物，并沿水平横梁以速度$\boldsymbol{v}_0$ 作匀速运动，重物的重心至悬挂点的距离为 l；由于突然制动，重物因惯性绕悬挂点 O 向前摆动，试求钢绳的最大拉力。

解 将重物视为质点，作用于其上的力有重力 $\boldsymbol{G}$ 和绳的拉力 $\boldsymbol{F}_{\mathrm{T}}$。制动前，重物以速度$\boldsymbol{v}_0$ 作匀速直线运动，处于平衡状态，这时重力 $\boldsymbol{G}$ 与绳拉力 $\boldsymbol{F}_{\mathrm{T0}}$ 的大小相等。

制动后，重物沿以悬挂点 O 为圆心、l 为半径的圆弧向前摆动，考虑绳与铅垂线成 φ 角的任意位置时，由于运动轨迹已知，故应用式(8-5)，取自然轴如图 8-4 所示，列运动微分方程

$$\frac{G}{g}\frac{\mathrm{d}v}{\mathrm{d}t} = -G\sin\varphi \qquad (1)$$

$$\frac{G}{g}\frac{v^2}{l} = F_{\mathrm{T}} - G\cos\varphi \qquad (2)$$

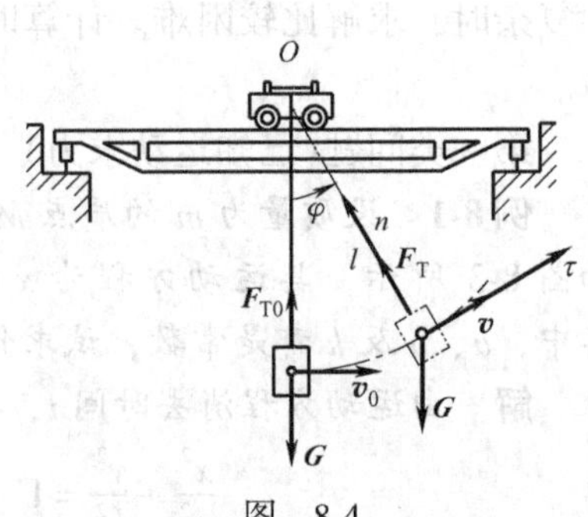

图 8-4

由式(2)得
$$F_{\mathrm{T}}=G\left(\cos\varphi+\frac{v^2}{gl}\right)$$
其中，v及$\cos\varphi$均为变量。由式(1)知重物作减速运动，故可判断出在初始位置$\varphi=0$时绳的拉力最大，其值为
$$F_{\mathrm{Tmax}}=G\left(1+\frac{v_0^2}{gl}\right)$$

可见，钢绳拉力由两部分组成，一部分是重物的重量引起的静拉力$F_{\mathrm{T0}}=G$，另一部分是由于加速度而引起的附加动拉力。系数$(1+v_0^2/gl)$称为**动荷因数**，以K_{d}表示，即
$$K_{\mathrm{d}}=\frac{F_{\mathrm{Tmax}}}{F_{\mathrm{T0}}}=1+\frac{v_0^2}{gl}$$

它表示动拉力与静拉力之比值。如果加速度越大，则动荷因数及动拉力就越大，设计钢绳时应考虑动荷因数的影响。为了避免绳中产生过大的附加动拉力，跑车的行车速度不能太大，应力求平稳；在不影响吊装工作安全的条件下，绳应尽量长些，以减小动荷因数。

第二类问题(已知力求运动)

下面举例说明质点所受力的表达式不同时的计算方法。

例 8-3 从某处抛射一物体，已知初速度为$\boldsymbol{v}_0$，抛射角即初速度对水平线的仰角为α；如果不计空气阻力，试求物体在重力$\boldsymbol{G}$作用下的运动规律。

解 将抛射体视为质点，以初始位置为坐标原点O，x轴沿水平方向，y轴沿铅垂方向，并使初速度$\boldsymbol{v}_0$在xOy平面内，如图 8-5 所示。

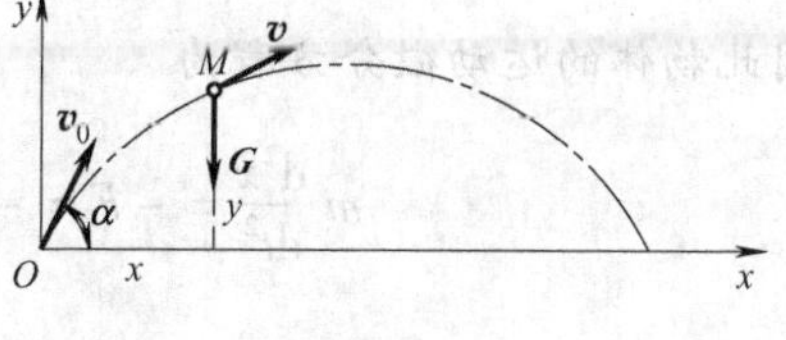

图 8-5

这样，确定运动的初始条件为$t=0$时，
$$x_0=y_0=0,\ v_{0x}=v_0\cos\alpha,\ v_{0y}=v_0\sin\alpha$$
在任意位置进行受力分析，物体仅受重力$\boldsymbol{G}$作用。显然该问题中**力为常量**，应用式(8-4)得
$$\frac{G}{g}\frac{\mathrm{d}^2x}{\mathrm{d}t^2}=0\qquad\frac{G}{g}\frac{\mathrm{d}^2y}{\mathrm{d}t^2}=-G$$
积分后得
$$\frac{\mathrm{d}x}{\mathrm{d}t}=C_1,\qquad\frac{\mathrm{d}y}{\mathrm{d}t}=-gt+C_2$$
再积分后得
$$x=C_1t+C_3,\qquad y=-\frac{1}{2}gt^2+C_2t+C_4$$
其中，C_1、C_2、C_3、C_4为积分常数，由运动的初始条件确定，得
$$C_1=v_0\cos\alpha,\qquad C_2=v_0\sin\alpha,\qquad C_3=C_4=0$$
于是物体的运动方程为
$$x=v_0t\cos\alpha$$

$$y = v_0 t\sin\alpha - \frac{1}{2}gt^2$$

由以上两式消去时间 t，即得抛射体的轨迹方程为

$$y = x\tan\alpha - \frac{gx^2}{2v_0^2\cos^2\alpha}$$

由此可知，物体的运动轨迹是抛物线。

例 8-4 垂直于地面向上发射一物体，试求该物体在地球引力作用下的运动速度，并求第二宇宙速度。不计空气阻力及地球自转的影响。

解 选地心 O 为坐标原点，x 轴铅垂向上，如图 8-6 所示。将物体视为质点，它在任意位置 x 处仅受到地球的引力 $\boldsymbol{F}$ 作用，方向指向地心 O，大小为

$$F = f\frac{mM}{x^2}$$

其中，f 为引力常量，m 为物体的质量，M 为地球的质量，x 为物体至地心的距离。该问题中**力是坐标的函数**。由于物体在地球表面时所受的引力即为重力，故有

$$mg = f\frac{mM}{R^2}$$

所以有
$$f = \frac{gR^2}{M}$$

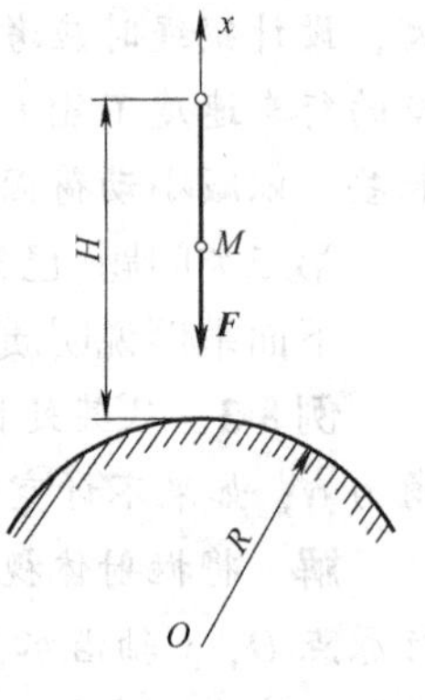

图 8-6

因此物体的运动微分方程为

$$m\frac{\mathrm{d}^2x}{\mathrm{d}t^2} = -F = -\frac{mgR^2}{x^2}$$

改写成为
$$mv_x\frac{\mathrm{d}v_x}{\mathrm{d}x} = -\frac{mgR^2}{x^2}$$

分离变量得
$$mv_x\mathrm{d}v_x = -mgR^2\frac{\mathrm{d}x}{x^2}$$

如果设物体在地面开始发射的速度为$\boldsymbol{v}_0$，在空中任意位置 x 处的速度为$\boldsymbol{v}$，对上式进行积分得

$$\int_{v_0}^{v} mv_x\mathrm{d}v_x = \int_R^x (-mgR^2)\frac{\mathrm{d}x}{x^2}$$

得
$$\frac{1}{2}mv^2 - \frac{1}{2}mv_0^2 = mgR^2\left(\frac{1}{x} - \frac{1}{R}\right)$$

所以物体在任意位置的速度为

$$v=\sqrt{(v_0^2-2gR)+\frac{2gR^2}{x}}$$

可见物体的速度将随 x 的增加而减小。

若 $v_0^2<2gR$，则物体在某一位置 $x=R+H$ 时速度将减小为零，此后物体将往回落下，H 为以初速 v_0 向上发射所能达到的最大高度。将 $x=R+H$ 及 $v=0$ 代入上式，可得

$$H=\frac{Rv_0^2}{2gR-v_0^2}$$

若 $v_0^2>2gR$，则不论 x 为多大，甚至为无限大时，速度 $\boldsymbol{v}$ 都不会减小为零。因此欲使物体向上发射而一去不复返时必须具有的最小初速度为

$$v_0=\sqrt{2gR}$$

如果以 $g=9.8\text{m/s}^2$、$R=6370\text{km}$ 代入，则得

$$v_0=11.2\text{km/s}$$

这就是物体脱离地球引力范围所需的最小初速度，称为**第二宇宙速度**。

例 8-5 质量为 m 的矿石在静止介质（液体或气体）中由 A 处自由沉降，如图 8-7 所示。已知与矿石同体积的介质的质量为 m_1，介质对匀速下沉的矿石的运动阻力为 $F_c=\mu v^2$，v 为矿石的沉降速度，系数 μ 与矿石形状、横截面尺寸及介质的密度有关。试求矿石的沉降速度及运动规律。

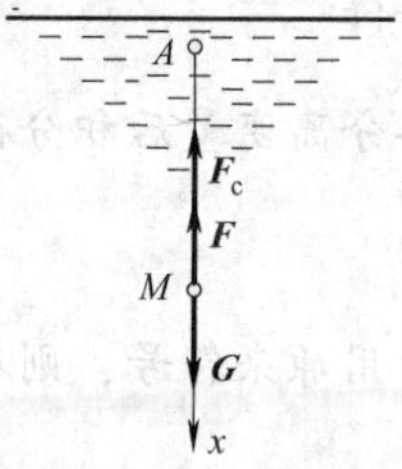

图 8-7

解 将矿石视为质点，取矿石初始位置 A 为坐标原点，x 轴铅垂向下，如图 8-7 所示。在介质中沉降的矿石受有重力 $\boldsymbol{G}$、介质浮力 $\boldsymbol{F}$ 及运动阻力 $\boldsymbol{F}_c$。矿石运动的初始条件为

$$t=0,\qquad x_0=0,\qquad v_0=0$$

于是矿石的运动微分方程为

$$m\frac{\mathrm{d}^2x}{\mathrm{d}t^2}=G-F-F_c=mg-m_1g-\mu v_x^2$$

或

$$\frac{\mathrm{d}v_x}{\mathrm{d}t}=\frac{m-m_1}{m}g-\frac{\mu}{m}v_x^2=\alpha g-nv_x^2 \tag{1}$$

其中

$$\alpha=\frac{m-m_1}{m},\qquad n=\frac{\mu}{m}$$

该问题中**力是速度的函数**。

在积分之前先就上式讨论两个问题：

1）在 $t=0$ 运动刚开始时，由于 $v_{0x}=0$，阻力 $F_c=0$，加速度

$$a_x=\frac{\mathrm{d}v_x}{\mathrm{d}t}=\alpha g$$

可见若矿石在真空中沉降，则 $\alpha=1$，$a_x=g$；在空气中，$\alpha\approx1$，$a_x\approx g$；但在液体

中，$a_x < g$。

2）开始沉降后，随着速度 v_x 逐渐增大，阻力 $\boldsymbol{F}_c$ 将很快地增加，而加速度 a_x 则很快地减小。当速度达到某一数值时，加速度为零，这时的速度称为**极限速度**，以 c 表示，以后矿石将保持匀速 c 沉降。由前式得

$$0 = \alpha g - nc^2$$

得
$$c = \sqrt{\frac{\alpha g}{n}} = \sqrt{\frac{\alpha m}{\mu} g}$$

将式(1)改写为
$$\frac{\mathrm{d}v_x}{\mathrm{d}t} = n\left(\frac{\alpha g}{n} - v_x^2\right) = n(c^2 - v_x^2)$$

分离变量后积分

$$\int_0^{v_x} \frac{\mathrm{d}v_x}{c^2 - v_x^2} = \int_0^t n\mathrm{d}t$$

得
$$\frac{1}{2c}\ln\frac{c + v_x}{c - v_x} = nt$$

解得
$$v_x = \frac{\mathrm{d}x}{\mathrm{d}t} = c\,\frac{\mathrm{e}^{2nct} - 1}{\mathrm{e}^{2nct} + 1} = c\tanh(nct) \tag{2}$$

再分离变量后积分得

$$x = \frac{1}{n}\ln[\coth(nct)]$$

应用原来符号，则矿石的沉降速度及运动规律分别为

$$v_x = \sqrt{\frac{\alpha m}{\mu} g}\tanh\left(\sqrt{\frac{\alpha\mu}{m} g}\ t\right)$$

$$x = \frac{m}{\mu}\ln\left[\coth\left(\sqrt{\frac{\alpha\mu}{m} g}\ t\right)\right]$$

由式(2)可知，沉降速度随时间的增加而增大。从理论上讲，当 $t \to \infty$ 时，v_x 趋于极限值 c；实际上，当 $nct = 4$ 时，$v_x = 0.9993c$，这已非常接近于 c。由于矿石的直径不同，密度不同，在介质中沉降就有不同的速度，在选矿工业中，利用这一原理可将不同的矿石分离开来。此外，研究炸弹、降落伞的沉降及泥沙沉淀等问题都是根据这一原理进行的。

思 考 题

8-1 质点在常力作用下，是否一定作匀加速运动？为什么？

8-2 试判断下面几种说法是否正确。

(1) 质点的运动方向，就是质点上所受合力的方向；(2) 两个质量相同的质点，只要在一般位置受力相同，则运动微分方程也必相同；(3) 质点的速度越大，所受的力也越大。

8-3 某人用枪瞄准了空中一悬挂的靶体。如果在子弹射出的同时靶体开始自由下落，不计空气阻力，问子弹能否击中靶体？

8-4　如图 8-8 所示，绳的拉力 $F_T=2kN$，重物 Ⅰ 重 $G_1=2kN$，重物 Ⅱ 重 $G_2=1kN$。若不计滑轮质量，问在图 8-8a、b 两种情况下，重物 Ⅱ 的加速度是否相同？两根绳中的张力是否相同？

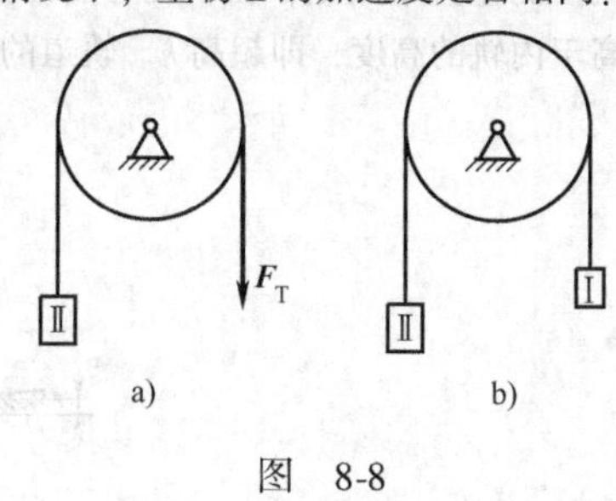

图　8-8

习　　题

8-1　如图 8-9 所示，一质量为 700kg 的载货小车以 $v=1.6m/s$ 的速度沿缆车轨道下降，轨道的倾角 $\theta=15°$，运动总阻力系数 $f=0.015$；求小车匀速下降时缆索的拉力。又设小车的制动时间为 $t=4s$，在制动时小车作匀减速运动，试求此时缆绳的拉力。

8-2　小车以匀加速度 $\boldsymbol{a}$ 沿倾角为 θ 的斜面向上运动，如图 8-10 所示。在小车的平顶上放一重为 $\boldsymbol{G}$ 的物块，随车一同运动，试问物块与小车间的摩擦因数 μ 应为多少？

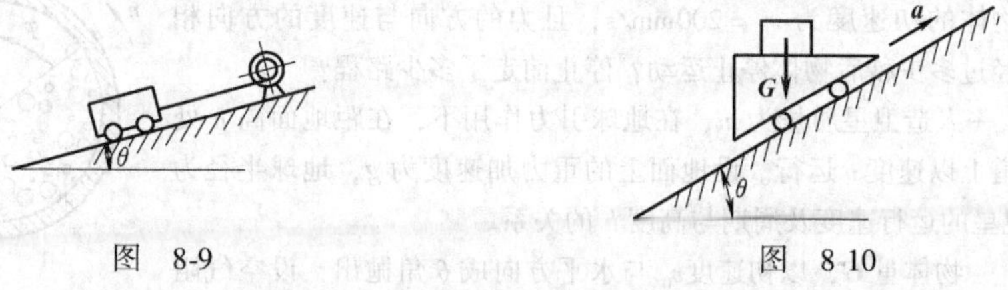

图　8-9　　　　图　8-10

8-3　如图 8-11 所示，在曲柄滑道机构中，滑杆与活塞的质量为 50kg，曲柄 OA 长 300mm，绕 O 轴匀速转动，转速为 $n=120r/min$。试求当曲柄运动至水平向右及铅垂向上两位置时，作用在活塞上的气体压力。曲柄质量不计。

8-4　重物 A 和 B 的质量分别为 $m_A=20kg$ 和 $m_B=40kg$，用弹簧连接，如图 8-12 所示。重物 A 按 $y=H\cos(2\pi t/T)$ 的规律作铅垂简谐运动，其中振幅 $H=10mm$，周期 $T=0.25s$。试求 A 和 B 对于支承面的压力的最大值及最小值。

图　8-11　　　　图　8-12

8-5　振动筛作振幅 $A=50mm$ 的简谐运动，当某频率时，筛上的物料开始与筛分开而向上抛起，试求此最小频率。

8-6　如图 8-13 所示。质量为 m 的小球 M，由两根各长 l 的杆所支持，此机构以匀角速度 ω

绕铅直轴 AB 转动。如果 $AB=2a$，两杆的各端均为铰接，且杆重忽略不计，试求两杆的内力。

8-7 为了使列车对于钢轨的压力垂直于路基，在轨道弯曲部分的外轨比内轨稍高，如图 8-14 所示。试以下列数据求外轨高于内轨的高度，即超高 h。轨道的曲率半径 $r=300\text{m}$，列车速度 $v=60\text{km/h}$，轨距 $b=1.435\text{m}$。

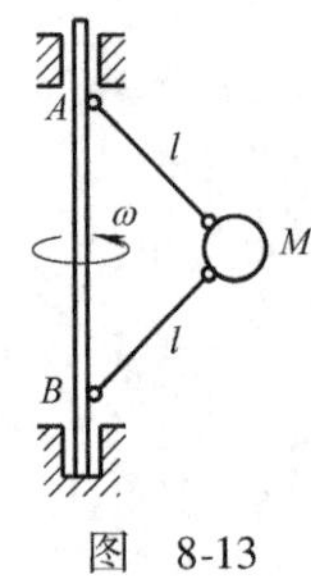

图 8-13

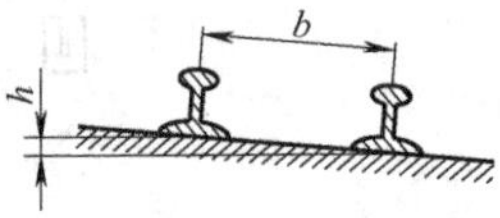

图 8-14

8-8 球磨机是利用在旋转筒内的锰钢球对于矿石或煤块的冲击同时也靠运动时的磨剥作用而磨制矿石粉或煤粉的机器，如图 8-15 所示。当圆筒匀速转动时，带动钢球一起运动，待转至一定角度 φ 时，钢球即离开圆筒并沿抛物线轨迹下落打击矿石。已知当 $\varphi=54°40'$ 时钢球脱离圆筒，可得到最大的打击力。设圆筒内径 $D=3.2\text{m}$，试求圆筒应有的转速。

8-9 质量为 10kg 的物体在变力 $F=98(1-t)$（单位为 N）的作用下运动。设物体的初速度为 $v_0=200\text{mm/s}$，且力的方向与速度的方向相同，试问经过多少秒后物体停止运动？停止前走了多少路程？

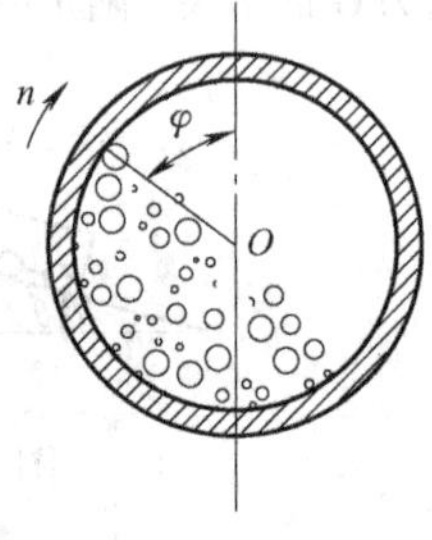

图 8-15

8-10 一人造卫星质量为 m，在地球引力作用下，在距地面高 h 处的圆形轨道上以速度 v 运行。设地面上的重力加速度为 $\boldsymbol{g}$，地球半径为 R，试求卫星的运行速度及周期与高度 h 的关系。

8-11 一物体重 $\boldsymbol{G}$，以初速度 $\boldsymbol{v}_0$ 与水平方向成 θ 角抛出，设空气阻力可认为与速度的一次方成正比，即 $F_c=kv$。试求物体能达到的最大高度及此时所经过的水平距离。

第九章 动量定理

上一章分析了质点的动力学问题，对于质点系的动力学问题，可建立每一质点的运动微分方程，但很难联立求解这一微分方程组。而在实际工程中，往往不需要研究质点系中每个质点的运动。动力学普遍定理(包括动量定理、动量矩定理、动能定理)从不同的侧面揭示了质点系整体运动的特征的变化与其受力之间的关系，建立了运动特征量(如动量、动量矩和动能)与力的作用效果(如冲量、力矩和功)之间的关系。应用这些定理可以较为方便地求解质点系的动力学问题。

第一节 动量与冲量的概念

我们知道，子弹质量虽小但当其速度很大时便可产生极大的杀伤力；轮船靠岸时速度虽小但因其质量很大，操纵不慎便可将码头撞坏。这说明物体运动的强弱不仅与它的速度有关而且与其质量有关，因此可以用物体的质量与其速度的乘积来量度物体运动的强弱。

一、质点的动量

质点的质量与速度的乘积，称为**质点的动量**。即

$$\boldsymbol{p} = m\boldsymbol{v} \tag{9-1}$$

质点的动量是矢量，方向与质点速度的方向一致。

动量的量纲为 $\dim \boldsymbol{p} = MLT^{-1}$

在国际单位制中，动量的单位为 kg · m/s

二、质点系的动量

如图 9-1 所示，质点系运动时，某一瞬时，第 i 个质点的动量为

$$\boldsymbol{p}_i = m_i\boldsymbol{v}_i$$

而**质点系的动量**定义为质点系中各质点动量的矢量和，即

$$\boldsymbol{p} = \sum m_i\boldsymbol{v}_i \tag{9-2}$$

由第三章中质心的概念知，质点系质心的矢径可表示为

$$\boldsymbol{r}_C = \frac{\sum m_i\boldsymbol{r}_i}{m}$$

两边对时间求导可得

$$\boldsymbol{v}_C = \frac{\sum m_i\boldsymbol{v}_i}{m}$$

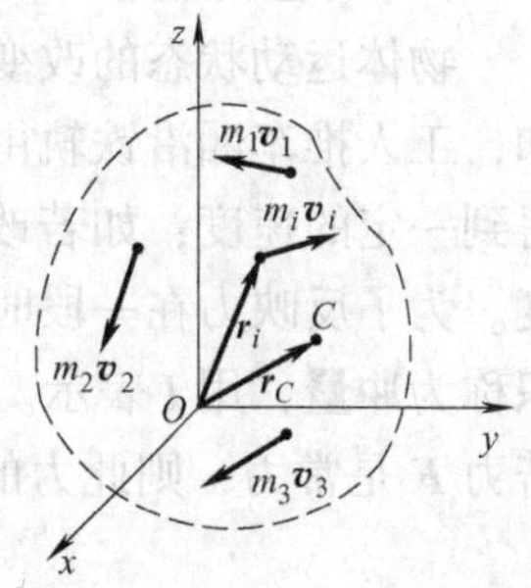

图 9-1

式中，$\boldsymbol{v}_C$和 m 分别为质点系质心的速度和质点系的质量，

因此式(9-2)可写成为

$$\boldsymbol{p}=m\boldsymbol{v}_C \tag{9-3}$$

上式表明：**质点系的动量等于质点系的质量乘以质心的速度**。即可将质点系视为一个全部质量集中于质心的质点来计算其动量。因此质点系的动量描述了质心的运动，从一个侧面反映了质点系的整体运动。

三、质点系动量的计算

某一瞬时质点系的动量既可按式(9-2)分别求出质点系中各质点的动量然后叠加，也可根据质点系质心的速度按式(9-3)计算。需要注意的是动量为矢量，有大小、方向。

例9-1 如图9-2所示的椭圆规，$OC=AC=BC=l$，曲柄OC与连杆AB质量不计，滑块A、B的质量均为m，曲柄以角速度ω转动。试求系统在图示位置时的动量。

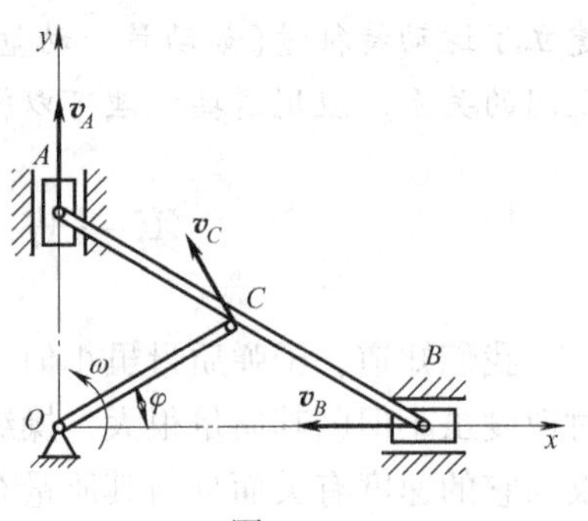

图 9-2

解 方法一 利用式(9-2)，有

$$\boldsymbol{p}=m_A\boldsymbol{v}_A+m_B\boldsymbol{v}_B \tag{1}$$

用点的运动学方法求A、B两点的速度$\boldsymbol{v}_A$与$\boldsymbol{v}_B$的大小：

$$\begin{cases} y_A=2l\sin\varphi，\ v_{Ay}=2l\dot{\varphi}\cos\varphi=2l\omega\cos\varphi \\ x_B=2l\cos\varphi，\ v_{Bx}=-2l\dot{\varphi}\sin\varphi=-2l\omega\sin\varphi \end{cases} \tag{2}$$

将该式代入式(1)，得系统动量为

$$\boldsymbol{p}=2l\omega m(-\sin\varphi\boldsymbol{i}+\cos\varphi\boldsymbol{j}) \tag{3}$$

方法二 利用式(9-3)，有

$$\boldsymbol{p}=m\boldsymbol{v}_C \tag{4}$$

系统的质量为$m_A+m_B=2m$，质心在C点，C点的速度可表示为

$$\boldsymbol{v}_C=l\omega(-\sin\varphi\boldsymbol{i}+\cos\varphi\boldsymbol{j})$$

代入式(4)，得到与式(3)相同的结果。

四、冲量的概念

物体运动状态的改变不仅与作用其上的力有关，而且与力作用的时间有关。例如，工人推车厢沿铁轨由静止开始运动，当推力大于阻力时，经过一段时间车厢可得到一定的速度；如若改用机车牵引，只需很短的时间便可达到工人推车厢的速度。为了反映力在一段时间内对物体作用的累积效果，我们把**力与其作用时间的乘积称为冲量**，用$\boldsymbol{I}$表示。冲量是矢量，方向与力的方向一致。在时间段(t_2-t_1)内，若力$\boldsymbol{F}$是常力，则此力的冲量为

$$\boldsymbol{I}=\boldsymbol{F}(t_2-t_1) \tag{9-4}$$

如果力$\boldsymbol{F}$是变力，可将力作用的时间分成无数微小的时间间隔dt，在dt时间内力

可看成是常力，因而在 dt 时间内的冲量(称元冲量)为

$$d\boldsymbol{I}=\boldsymbol{F}dt$$

将上式积分，可得在时间(t_2-t_1)内的冲量为

$$\boldsymbol{I}=\int_{t_1}^{t_2}\boldsymbol{F}dt \tag{9-5}$$

第二节 动量定理与动量守恒定律

一、质点的动量定理

质量为 m 的质点，受到力 $\boldsymbol{F}$ 的作用，加速度为 $\boldsymbol{a}$，由牛顿第二定律可得

$$m\boldsymbol{a}=\boldsymbol{F}$$

改写为

$$\frac{d}{dt}(m\boldsymbol{v})=\boldsymbol{F}$$

式中，$m\boldsymbol{v}=\boldsymbol{p}$ 为质点的动量，因此得

$$\dot{\boldsymbol{p}}=\boldsymbol{F} \tag{9-6}$$

上式表明：**质点动量对时间的导数等于作用在该质点上的力**。这就是**质点动量定理的微分形式**。将式(9-6)改写为

$$d\boldsymbol{p}=\boldsymbol{F}dt$$

对上式积分，积分上下限取时间由 t_1 到 t_2，速度由$\boldsymbol{v}_1$ 到$\boldsymbol{v}_2$ 得

$$\boldsymbol{p}_2-\boldsymbol{p}_1=\int_{t_1}^{t_2}\boldsymbol{F}dt=\boldsymbol{I} \tag{9-7}$$

式(9-7)为**质点动量定理的积分形式，即在某一时间段内，质点动量的变化等于作用于质点上的力在同一时间段内的冲量**。

二、质点系的动量定理

考察一由 n 个质点组成的质点系，对其中第 i 个质点应用动量定理表达式(9-6)，可得

$$\dot{\boldsymbol{p}}_i=\boldsymbol{F}_i=\boldsymbol{F}_i^{e}+\boldsymbol{F}_i^{i}$$

式中，$\boldsymbol{F}_i^{e}$ 为该质点所受的质点系外力；$\boldsymbol{F}_i^{i}$ 为该质点所受的质点系内力。

这样的方程共有 n 个，将这 n 个方程两端分别相加，可得

$$\sum\dot{\boldsymbol{p}}_i=\sum\boldsymbol{F}_i^{e}+\sum\boldsymbol{F}_i^{i}$$

交换求导和求和的顺序，上式可改写为

$$\dot{\boldsymbol{p}}=\sum\boldsymbol{F}_i^{e}+\sum\boldsymbol{F}_i^{i} \tag{9-8}$$

因为质点系内各质点间的相互作用的内力总是大小相等、方向相反，成对出现，因此内力的矢量和必为零，即$\sum\boldsymbol{F}_i^{i}=\boldsymbol{0}$，所以式(9-8)可写成为

$$\dot{\boldsymbol{p}}=\sum\boldsymbol{F}_i^{e} \tag{9-9}$$

上式表明：**质点系的动量对时间的导数等于作用于质点系上所有外力的矢量和**，这就是**质点系动量定理的微分形式**。式(9-9)也可写成为

$$\mathrm{d}\boldsymbol{p} = \sum \boldsymbol{F}_i^{\mathrm{e}} \mathrm{d}t \tag{9-10}$$

若在 $t = t_1$ 时质点系的动量为 $\boldsymbol{p}_1$；在 $t = t_2$ 时的动量为 $\boldsymbol{p}_2$，则对式(9-10)两边积分可得

$$\boldsymbol{p}_2 - \boldsymbol{p}_1 = \sum \boldsymbol{I}_i^{\mathrm{e}} \tag{9-11}$$

式(9-11)为**质点系动量定理的积分形式，即在某一时间段内质点系动量的改变量等于在此段时间内作用于质点系上外力冲量的矢量和**。

由质点系动量定理可知，只有外力才能改变质点系的动量，而内力则不能。但内力却能改变各质点的动量，要改变整个质点系的动量只有依靠外力。

质点系动量定理是矢量方程，具体应用时通常取投影形式，如式(9-9)和式(9-11)在直角坐标轴上的投影式为

$$\begin{cases} \dot{p}_x = \sum F_{ix}^{\mathrm{e}} \\ \dot{p}_y = \sum F_{iy}^{\mathrm{e}} \\ \dot{p}_z = \sum F_{iz}^{\mathrm{e}} \end{cases} \tag{9-12}$$

$$\begin{cases} p_{2x} - p_{1x} = \sum I_{ix}^{\mathrm{e}} \\ p_{2y} - p_{1y} = \sum I_{iy}^{\mathrm{e}} \\ p_{2z} - p_{1z} = \sum I_{iz}^{\mathrm{e}} \end{cases} \tag{9-13}$$

三、动量守恒

如果作用于质点系的外力的矢量和恒等于零，即 $\sum \boldsymbol{F}_i^{\mathrm{e}} = \boldsymbol{0}$，则由式(9-9)或式(9-10)可知，在运动过程中质点系的动量保持不变，即

$$\boldsymbol{p} = \boldsymbol{p}_1 = \boldsymbol{p}_2 = \text{常矢量}$$

如果作用于质点系的外力的矢量和在某一轴上的投影恒等于零，例如 $\sum F_{ix}^{\mathrm{e}} = 0$，则根据式 (9-12)或式(9-13)可知，在运动过程中质点系的动量在该轴上的投影保持不变，即

$$p_x = p_{1x} = p_{2x} = \text{常量}$$

以上结论称为**质点系动量守恒定律**。可见，要使质点系动量发生变化，必须有外力作用。

质点系动量守恒定律是自然界的普遍客观规律之一，在工程技术上应用很广。例如，枪炮的"后座"、火箭和喷气飞机的反推作用等都可以用动量守恒定律加以解释。

例 9-2 如图 9-3a 所示，质量为 m_1 的矩形板可在垂直于板面的光滑平面上运动，板上有一半径为 R 的圆形凹槽，一质量为 m_2 的甲虫以相对速度$\boldsymbol{v}_{\mathrm{r}}$ 沿凹槽匀速运动。初始时板静止，甲虫位于圆形凹槽的最右端(即 $\theta = 0$)。试求甲虫运动到图

示位置时，板的速度和加速度及地面作用在板上的约束力。

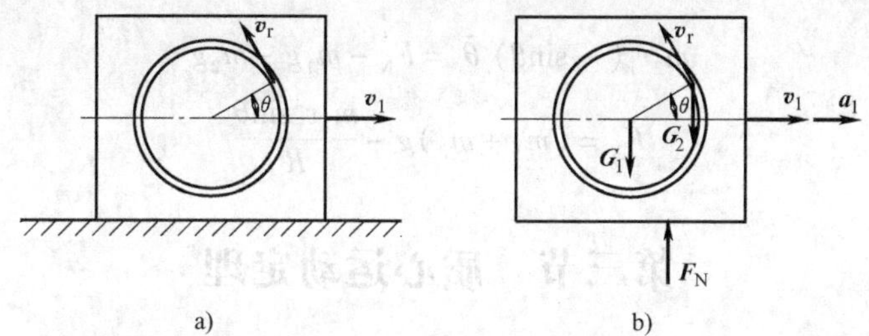

图 9-3

解 显然，系统的自由度为2。

以板和甲虫组成的质点系为研究对象，这样板与甲虫间的相互作用力为内力可不考虑。作出质点系运动到一般位置的受力图，如图 9-3b 所示。

(1) 求板的速度和加速度 板作平动，设其速度为$\boldsymbol{v}_1$，方向如图 9-3b 所示，则板的动量为 $m_1\boldsymbol{v}_1$，取板为动系，甲虫为动点，设甲虫相对地面的速度为$\boldsymbol{v}_2$，则甲虫的动量为 $m_2\boldsymbol{v}_2=m_2(\boldsymbol{v}_1+\boldsymbol{v}_r)$，系统的动量为

$$\boldsymbol{p}=m_1\boldsymbol{v}_1+m_2\boldsymbol{v}_2=m_1\boldsymbol{v}_1+m_2(\boldsymbol{v}_1+\boldsymbol{v}_r) \tag{1}$$

由于水平方向无外力作用，故系统水平方向的动量守恒，即

$$p_x=p_{0x} \tag{2}$$

根据初始条件，当 $t=0$ 时，$\boldsymbol{v}_{10}=\boldsymbol{0}$，$\boldsymbol{v}_{20}$垂直于 x 轴，所以 $p_{0x}=0$。在任一时刻，

$$p_x=m_1v_1+m_2(v_1-v_r\sin\theta)$$

将 p_{0x}和 p_x 代入式(2)后整理可得

$$v_1=\frac{m_2v_r\sin\theta}{m_1+m_2}$$

将上式对时间求导，可得板的加速度

$$a_1=\frac{\mathrm{d}v_1}{\mathrm{d}t}=\frac{m_2v_r\dot{\theta}\cos\theta}{m_1+m_2}$$

设甲虫沿圆形凹槽爬行的弧长为 $s=R\theta$，则 $s=v_rt=R\theta$。该式对时间求导可得 $\dot{\theta}=v_r/R$。将其代入上式，便可求得

$$a_1=\frac{m_2v_r^2\cos\theta}{(m_1+m_2)R}$$

(2) 求地面作用在板上的约束力 系统受力如图 9-3b 所示，其中 $\boldsymbol{F}_N$ 即为需求的约束力。将式(1)在 y 轴上投影得

$$p_y=m_2v_r\cos\theta \tag{3}$$

由动量定理表达式(9-12)可知

$$\frac{\mathrm{d}p_y}{\mathrm{d}t}=F_N-G_1-G_2 \tag{4}$$

将式(3)代入式(4)计算可得

$$m_2 v_r(-\sin\theta)\dot{\theta} = F_N - m_1 g - m_2 g$$

$$F_N = (m_1 + m_2)g - \frac{m_2 v_r^2 \sin\theta}{R}$$

第三节 质心运动定理

一、质心运动定理

将质点系的动量表达式 $\boldsymbol{p} = m\boldsymbol{v}_C$ 代入质点系的动量定理表达式(9-9)，可得

$$\frac{\mathrm{d}}{\mathrm{d}t}(m\boldsymbol{v}_C) = \sum \boldsymbol{F}_i^e$$

引入质心的加速度 $\boldsymbol{a}_C = \mathrm{d}\boldsymbol{v}_C/\mathrm{d}t$，则上式可写成为

$$m\boldsymbol{a}_C = \sum \boldsymbol{F}_i^e \tag{9-14}$$

上式表明：**质点系的质量与其质心加速度的乘积，等于作用在该质点系上所有外力的矢量和**。这就是**质心运动定理**。把式(9-14)和牛顿第二定律的表达式

$$m\boldsymbol{a} = \boldsymbol{F}$$

相比，可以看出它们在形式上相似。因此质心运动定理也可叙述为：质点系质心的运动，可看成是一个质点的运动，此质点集中了整个质点系的质量及其所受的外力。

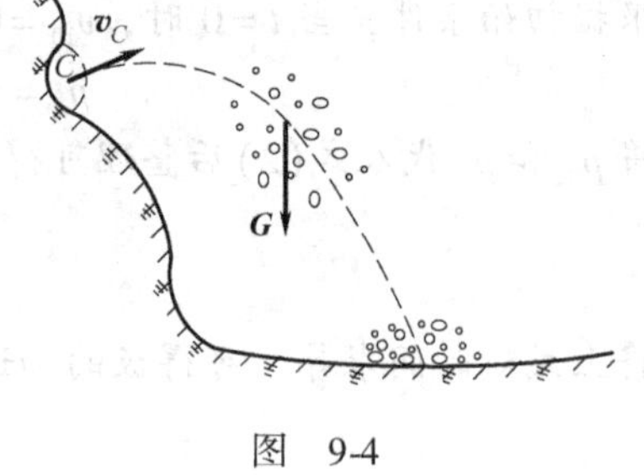

图 9-4

例如，在爆破山石时，土石块向各处飞落，如图 9-4 所示。将土石块看成一质点系，不计空气阻力，质点系仅受重力作用，在质心 C 上集中了质点系的全部质量，并作用了质点系的全部重力，则质心 C 的运动就像一个质点在重力作用下作抛射运动一样，根据它的轨迹，就可以推断出大部分土石块将落在何处。

式(9-14)是质心运动定理的矢量形式，具体计算时可将其投影到直角坐标轴上，有

$$\begin{cases} ma_{Cx} = \sum F_{ix}^e \\ ma_{Cy} = \sum F_{iy}^e \\ ma_{Cz} = \sum F_{iz}^e \end{cases} \tag{9-15}$$

或投影到自然轴上，有

$$\begin{cases} ma_C^n = \sum F_{in}^e \\ ma_C^\tau = \sum F_{i\tau}^e \\ \sum F_{ib}^e = 0 \end{cases} \tag{9-16}$$

二、质心运动守恒

由质心运动定理可知，内力不能影响质心的运动。如果作用于质点系的外力的矢量和恒等于零，则质心作匀速直线运动；若质心原来是静止的，则其位置保持不动。如果作用于质点系的外力在某一轴上的投影的代数和恒等于零，则质心在该轴上的速度投影保持不变；若质心的速度投影原来就等于零，则质心沿该轴就没有位移。这两个推论称为**质心运动守恒定律**。

例如，汽车开动时，发动机中的气体压力对汽车整体来说是内力，仅靠它是不能使汽车的质心运动的。汽车之所以能行驶，是因为主动轮与地面接触处受到一个向前的外力(摩擦力)的作用，这个外力使汽车的质心向前运动。在日常生活中，我们知道，在非常光滑的地面上走路很困难；在静止的小船上，人向前走，船往后退；等等，都是因为水平方向外力很小，人的质心或人与船的质心位置基本保持不变。

例 9-3 电动机的外壳用螺栓固定在水平基础上，外壳与定子的总质量为 m_1。质心位于转轴的中心 O_1，转子质量为 m_2，如图 9-5 所示。由于制造和安装时的误差，转子的质心 O_2 到 O_1 的距离为 e。若转子匀速转动，角速度为 ω。试求基础的支座约束力。

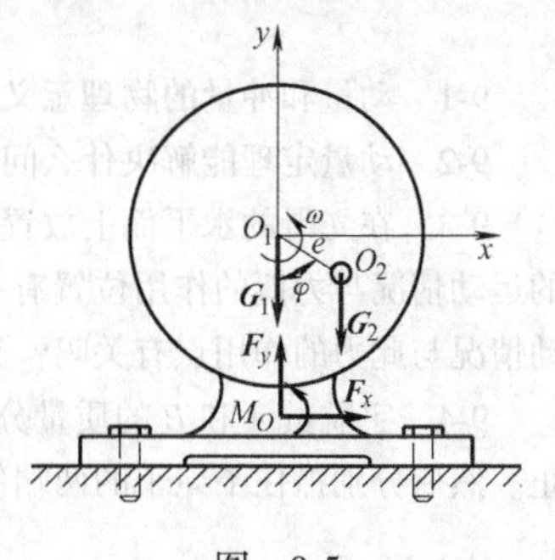

图 9-5

解 取 φ 为广义坐标，显然，系统的自由度为 1。

取电动机外壳，定子与转子组成的质点系为研究对象。这样就可不考虑使转子转动的电磁内力偶和转子轴与定子轴承间的内约束力。外力有重力 $\boldsymbol{G}_1$、$\boldsymbol{G}_2$ 及基础的约束力 $\boldsymbol{F}_x$、$\boldsymbol{F}_y$ 和约束力偶 M_O。取坐标轴如图 9-5 所示，质心坐标为

$$x_C = \frac{m_2 e\sin\omega t}{m_1 + m_2}, \quad y_C = \frac{-m_2 e\cos\omega t}{m_1 + m_2}$$

由质心运动定理表达式(9-15)得

$$(m_1 + m_2)a_{Cx} = F_x$$
$$(m_1 + m_2)a_{Cx} = F_y - (m_1 + m_2)g$$

将质心坐标对时间求二阶导数，代入上式整理后可得基础的支座约束力为

$$F_x = -m_2 e\omega^2 \sin\omega t$$
$$F_y = (m_1 + m_2)g + m_2 e\omega^2 \cos\omega t$$

例 9-4 如图 9-6 所示，在例 9-3 中若电动机没有用螺栓固定，各处摩擦不计，初始时电动机静止，试求转子以匀角速度 ω 转动时电动机外壳的运动。

解 显然，电动机去除螺栓固定后，系统的自由度变为 2。

电动机受到的作用力有外壳、定子、转子的重力和地面的法向约束力，而在水平方向不受力，且初始静止，因此系统质心的坐标 x_C 保持不变。

取坐标轴如图所示。转子在静止时，设 $x_{C_1} = b$。当转子转过角度 $\varphi = \omega t$ 时，定

子应向左移动，设移动距离为 s，则质心坐标为

$$x_{C_2} = \frac{m_1(b-s) + m_2(b + e\sin\omega t - s)}{m_1 + m_2}$$

因为在水平方向质心守恒，所以有 $x_{C_2} = x_{C_1}$，解得

$$s = \frac{m_2}{m_1 + m_2} e\sin\omega t$$

由此可见，当转子偏心的电动机未用螺栓固定时，将在水平面上作往复运动。

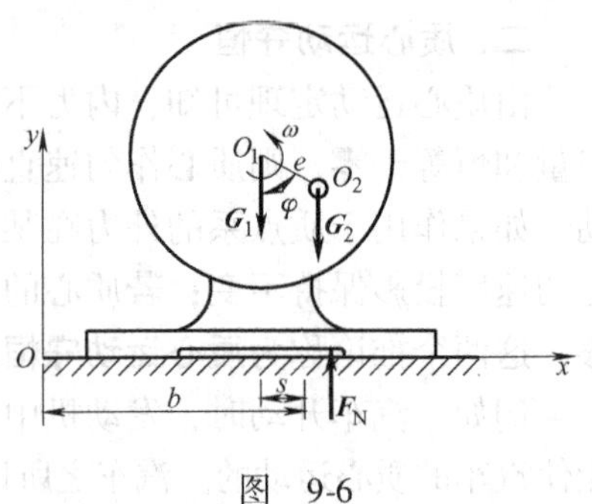

图 9-6

思 考 题

9-1 动量和冲量的物理意义是什么？两者之间有何关系？

9-2 动量定理能解决什么问题？在应用动量定理时要注意些什么？

9-3 在光滑的水平面上放置一静止的圆盘，当它受一力偶作用时，盘心将如何运动？盘心的运动情况与力偶的作用位置有关吗？如果圆盘面内受一常力作用，盘心将如何运动？盘心运动情况与此力的作用点有关吗？

9-4 宇航员 A 和 B 的质量分别为 m_A 和 m_B。两人在太空拔河，开始时两人在太空中保持静止。然后分别抓住了绳子的两端使劲全力相互对拉，若 A 的力气大于 B，则拔河的胜负将如何？

习 题

9-1 计算图 9-7 所示各种情况下系统的动量。

（1）如图 9-7a 所示，质量为 m 的均质圆盘沿水平面滚动，圆心 O 的速度为 $\boldsymbol{v}_0$；（2）如图 9-7b 所示，非均质圆盘以角速度 ω 绕 O 轴转动，圆盘质量为 m，质心为 C，偏心距 $OC = e$；（3）如图 9-7c 所示，胶带轮传动，大轮以角速度 ω 转动，设胶带及两胶带轮为均质的；（4）如图 9-7d 所示，质量为 m 的均质杆，长度为 l，绕铰 O 以角速度 ω 转动。

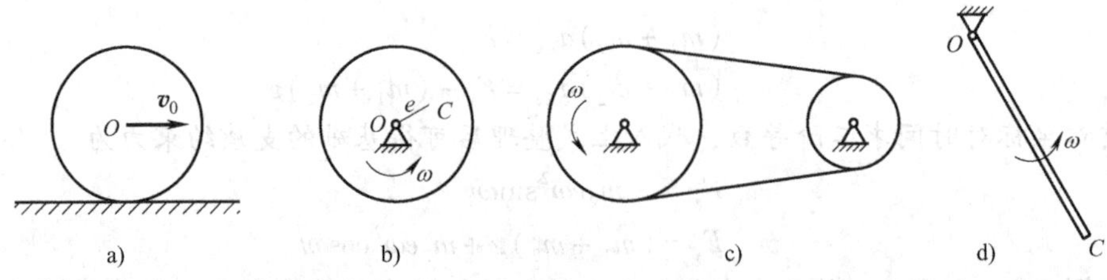

图 9-7

9-2 如图 9-8 所示，椭圆规尺 AB 的质量为 $2m_1$，曲柄 OC 的质量为 m_1，而滑块 A 和 B 的质量均为 m_2。已知：$OC = AC = CB = l$；曲柄和尺的质心分别在其中点上；曲柄绕 O 轴转动的角速度 ω 为常量。当开始时，曲柄水平向右，试求此时质点系的动量。

9-3 跳伞者质量为 60kg，自停留在高空中的直升机中跳出，落下 100m 后，将降落伞打开。设开伞前的空气阻力略去不计，伞重不计。开伞后阻力不变，经 5s 后跳伞者的速度减为 4.3m/s。试

求阻力的大小。

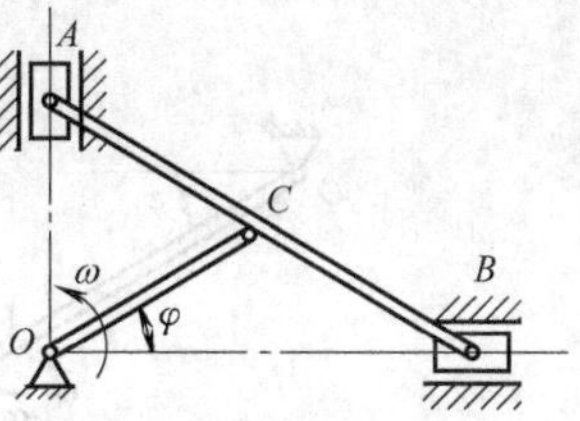

图 9-8

9-4 如图9-9所示，两小车 A 和 B 的质量分别为600kg和800kg，在水平轨道上分别以匀速 $v_A=1\text{m/s}$，$v_B=0.4\text{m/s}$ 运动。一质量为40kg的重物 C 以俯角30°、速度 $v_C=2\text{m/s}$ 落入 A 车内，A 车与 B 车相碰后紧接在一起运动。试求两车共同的速度。摩擦忽略不计。

9-5 平台车质量 $m_1=500\text{kg}$，可沿水平轨道运动。平台车上站有一人，质量 $m_2=70\text{kg}$，车与人以共同速度 v_0 向右方运动。如果人相对平台车以速度 $v_r=2\text{m/s}$ 向左方跳出，不计平台车水平方向的阻力及摩擦，试问平台车增加的速度为多少？

9-6 如图9-10所示，质量为 m_1 的平台 AB 放于水平面上，平台与水平面间的动滑动摩擦因数为 f。质量为 m_2 的小车 D，由绞车拖动，相对于平台的运动规律为 $s=0.5bt^2$，其中 b 为常数。不计绞车的质量，试求平台的加速度。

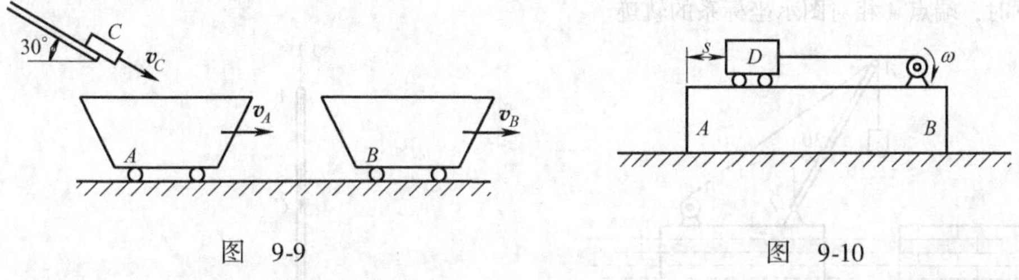

图 9-9　　图 9-10

9-7 图9-11所示机构中，鼓轮 A 质量为 m_1，转轴 O 为其质心。重物 B 的质量为 m_2，重物 C 的质量为 m_3。斜面光滑，倾角为 θ。已知重物 B 的加速度为 $\boldsymbol{a}$，试求轴承 O 处的约束力。

9-8 如图9-12所示，质量为 m 的滑块 A 可以在水平光滑槽中运动，具有刚度系数为 k 的弹簧一端与滑块相连，另一端固定。杆长为 l，质量可忽略不计，A 端与滑块铰接，B 端装有质量为 m_1 的小球，在铅垂面内绕 A 点转动。设在力偶 M 作用下转动角速度 ω 为常数。试求滑块 A 的运动微分方程。

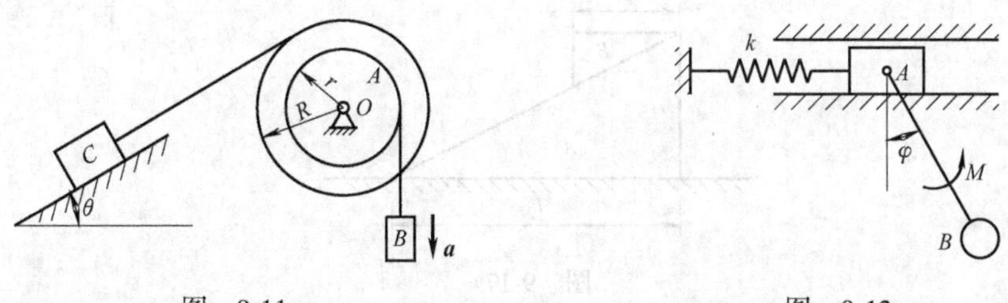

图 9-11　　图 9-12

9-9 如图9-13所示，均质杆 OA 长 $2l$，质量为 m，绕着通过 O 端的水平轴在铅直面内转动，转到与水平线成 φ 角时，角速度与角加速度分别为 ω 及 α。试求此时 O 端的约束力。

9-10 在图9-14所示曲柄滑杆机构中，曲柄 OA 以等角速度 ω 绕 O 轴转动，开始时，曲柄 OA 水平向右。已知曲柄质量为 m_1，滑块 A 的质量为 m_2，滑杆的质量为 m_3，曲柄的质心在 OA 的中点，$OA=l$；滑杆的质心在 C 点，而 $BC=l/2$。试求：(1)机构质心的运动方程；(2)作用在 O 点的最大水平力。

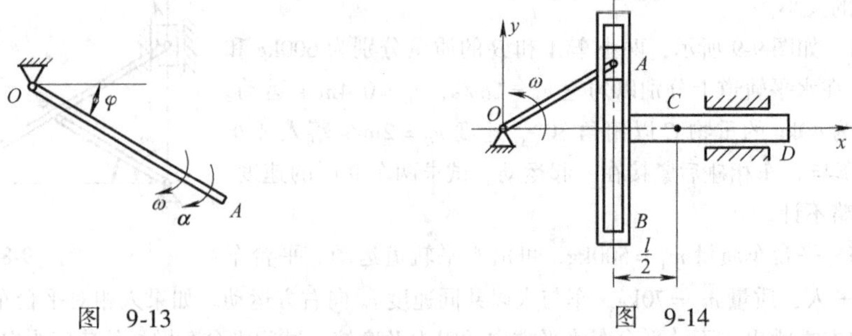

图 9-13 图 9-14

9-11 如图9-15所示的浮动起重机举起质量为 $m_1=2000\text{kg}$ 的重物。设起重机质量为 $m_2=20000\text{kg}$，杆长 $OA=8\text{m}$；开始时与铅直位置成60°角。水的阻力与杆重均略去不计。当起重杆 OA 转到与铅垂位置成30°角时，试求起重机的水平位移。

9-12 如图9-16所示，均质杆 AB 长 l，直立在光滑的水平面上，试求它从铅垂位置无初速地倒下时，端点 A 相对图示坐标系的轨迹。

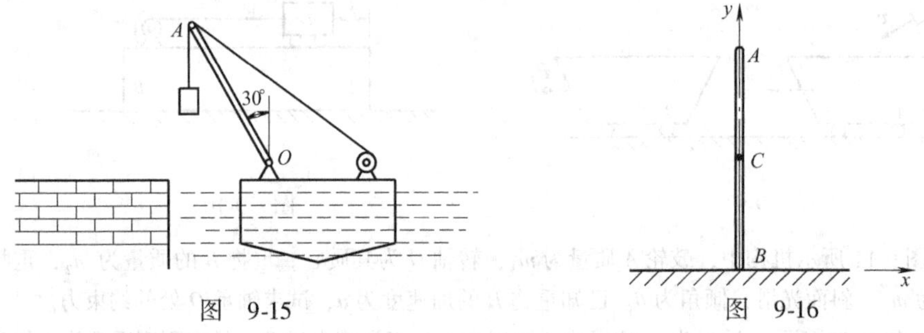

图 9-15 图 9-16

9-13 如图9-17所示，两个三棱柱 A、B 的质量分别为 m_A 和 m_B，$m_A=3m_B$，横截面均为直角三角形，其尺寸如图所示。棱柱 A 放在水平面上，棱柱 B 放在棱柱 A 的斜面上。若各处摩擦不计，初始时系统静止。试求当棱柱 B 沿棱柱 A 滑下接触到水平面时，三棱柱 A 移动的距离。

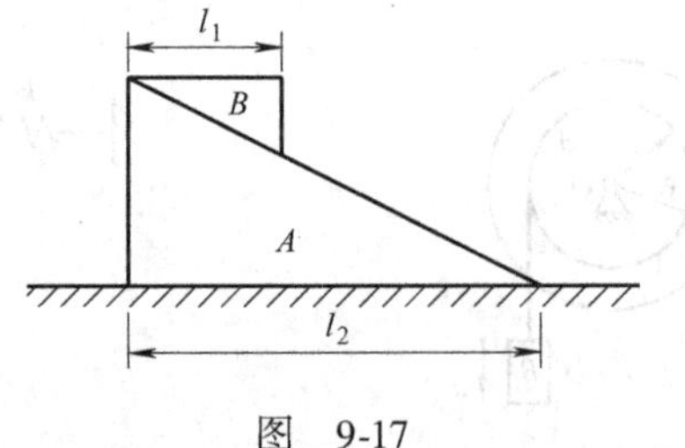

图 9-17

9-14 试求习题9-13中三棱柱 A 运动的加速度及地面的支持力。

第十章　动量矩定理

本章介绍动量矩定理，它建立了质点系动量矩与外力主矩之间的关系，并以此为基础，导出刚体定轴转动微分方程和刚体平面运动微分方程。

第一节　动量矩的概念

动量是描述质点系机械运动强弱的一个物理量，但它只能反映质点系随质心的平动，而不能反映质点系相对于质心的运动。例如，圆轮绕质心转动时，无论它怎样转动，圆轮的动量恒为零，可见，此时动量就不能描述该圆轮的运动，而必须用动量矩这一物理量来描述。

一、质点的动量矩

1. 质点对固定点的动量矩

设质点 M 的质量为 m，某瞬时的速度为$\boldsymbol{v}$，质点相对于固定点 O 的矢径为 $\boldsymbol{r}$，如图 10-1 所示。与第三章中空间力对点之矩的定义相似，质点对固定点的动量矩定义为：质点 M 的动量对于 O 点的矩，称为**质点对于 O 点的动量矩**，即

$$\boldsymbol{L}_O=\boldsymbol{M}_O(\boldsymbol{p})=\boldsymbol{M}_O(m\boldsymbol{v})=\boldsymbol{r}\times\boldsymbol{p}=\boldsymbol{r}\times m\boldsymbol{v} \tag{10-1}$$

可见，质点对于固定点 O 的动量矩是固定矢量，它垂直于矢径 $\boldsymbol{r}$ 与 $m\boldsymbol{v}$ 所形成的平面，指向按右手螺旋法则确定，其大小为

$$|\boldsymbol{L}_O|=|\boldsymbol{M}_O(m\boldsymbol{v})|=mvr\sin\varphi=2A_{\triangle OMA}$$

式中，$A_{\triangle OMA}$ 表示△OMA 的面积。

2. 质点对固定轴的动量矩

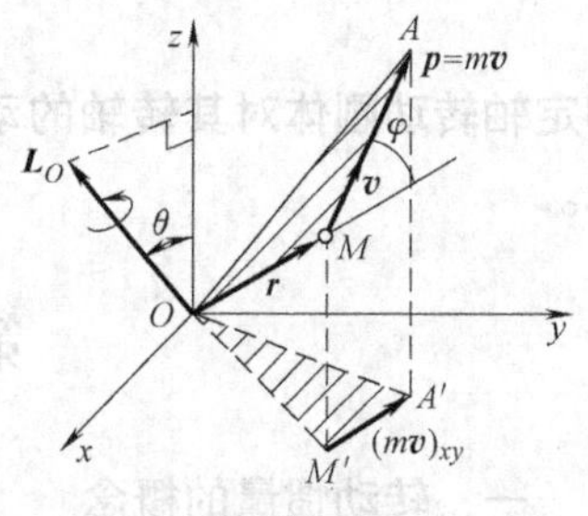

图　10-1

与空间力对轴之矩的定义相似，质点对固定轴的动量矩定义为：质点动量 $m\boldsymbol{v}$ 在 xOy 平面内的投影 $(m\boldsymbol{v})_{xy}$ 对于点 O 的矩，称为**质点对于 z 轴的动量矩**，即

$$L_z=M_z(m\boldsymbol{v})=\pm 2A_{\triangle OM'A'} \tag{10-2}$$

质点对于固定轴 z 的动量矩是代数量，其正负号的规定与空间力对轴之矩的正负号规定相同。

质点对固定点 O 的动量矩与对固定轴 z 的动量矩的关系为：质点对固定点 O 的动量矩在过 O 点的某一轴 z 上的投影，等于质点对 z 轴的动量矩，即

$$[\boldsymbol{L}_O]_z=L_z \tag{10-3}$$

动量矩的量纲为

$$\dim \boldsymbol{L} = \mathrm{ML^2T^{-1}}。$$

在国际单位制中，动量矩的单位为 $\mathrm{kg \cdot m^2/s}$。

二、质点系的动量矩

质点系中各质点对固定点 O 的动量矩的矢量和称为质点系对固定点 O 的动量矩，或质点系动量对 O 点的主矩，即

$$\boldsymbol{L}_O = \sum \boldsymbol{L}_{Oi} = \sum \boldsymbol{M}_O(m_i \boldsymbol{v}_i) = \sum \boldsymbol{r}_i \times m_i \boldsymbol{v}_i \tag{10-4}$$

同样，质点系中各质点对同一轴 z 的动量矩的代数和称为质点系对固定轴 z 的动量矩，即

$$L_z = \sum L_{zi} = \sum M_z(m_i \boldsymbol{v}_i) \tag{10-5}$$

由式(10-1)～式(10-5)容易得到

$$[\boldsymbol{L}_O]_z = L_z \tag{10-6}$$

即质点系对固定点 O 的动量矩在过 O 点的某一轴 z 上的投影，等于质点系对 z 轴的动量矩。

刚体的平动和转动是刚体的两种基本运动，对于这两种运动刚体的动量矩，可根据动量矩的定义进行计算。刚体平动时，可将刚体视为一个全部质量集中于质心的质点来计算其动量矩。下面计算刚体定轴转动时的动量矩。

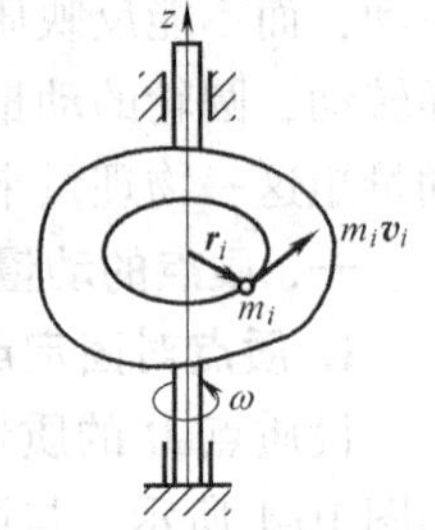

图 10-2

三、定轴转动刚体对转轴的动量矩

设刚体以角速度 ω 绕固定轴 z 转动，如图 10-2 所示，则它对转轴的动量矩为

$$L_z = \sum L_{zi} = \sum M_z(m_i \boldsymbol{v}_i) = \sum m_i v_i r_i = \sum m_i (r_i\omega) r_i = \omega \sum m_i r_i^2 = \omega \sum mr^2$$

令 $J_z = \sum mr^2$，J_z **称为刚体对于 z 轴的转动惯量**。则

$$L_z = J_z\omega \tag{10-7}$$

即定轴转动刚体对其转轴的动量矩等于刚体对转轴的转动惯量与转动角速度的乘积。

第二节 转动惯量

一、转动惯量的概念

由上节可知，**刚体对某轴 z 的转动惯量 J_z 等于刚体内各质点的质量与该质点到轴 z 的距离平方的乘积之和**，即

$$J_z = \sum mr^2 \tag{10-8}$$

可见，转动惯量恒为正标量，其大小不仅与刚体质量大小和质量的分布情况有关，还与 z 轴的位置有关。转动惯量是刚体定轴转动时惯性的量度，这一点将在本章第四节中说明。

当质量连续分布时，刚体对 z 轴的转动惯量可写为

$$J_z = \int_M r^2 \mathrm{d}m \tag{10-9}$$

转动惯量的量纲为

$$\dim J = \mathrm{ML}^2$$

在国际单位制中，转动惯量的单位为 $\mathrm{kg \cdot m^2}$。

二、回转半径

工程上常把刚体的转动惯量表示为

$$J_z = m\rho_z^2 \quad 或 \quad \rho_z = \sqrt{\frac{J_z}{m}} \tag{10-10}$$

式中，ρ_z 称为**刚体对 z 轴的回转半径**(或惯性半径)，即**物体的转动惯量等于该物体的质量与回转半径平方的乘积**。

式(10-10)说明，如果把刚体的质量全部集中于与转轴垂直距离为 ρ_z 的一点处，则这一集中质量对于 z 轴的转动惯量，就正好等于原刚体的转动惯量。

几何形状相同的均质刚体的回转半径是相同的。在国际单位制中，回转半径的单位为 m。

三、平行轴定理

下面研究刚体对于两平行轴的转动惯量之间的关系。

设刚体的质量为 m，质心在 C 点，z_1 轴是通过刚体质心的轴(简称质心轴)，z 轴平行于 z_1 轴，两轴间距离为 d，如图 10-3 所示。

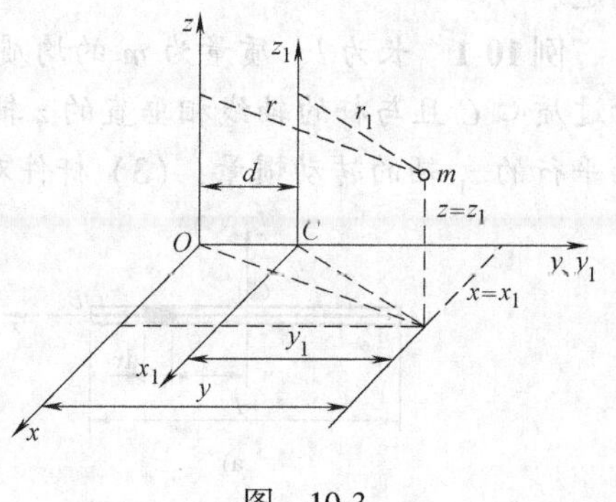

图 10-3

分别以 C 点、O 点为原点，作直角坐标系 $Cx_1y_1z_1$ 和 $Oxyz$，根据转动惯量的定义可知，刚体对质心轴的转动惯量 J_{zC}和对 z 轴的转动惯量 J_z 分别为

$$J_{zC} = \sum m_i r_1^2 = \sum m_i (x_1^2 + y_1^2)$$
$$J_z = \sum m_i r^2 = \sum m_i (x^2 + y^2)$$

因为

$$x = x_1,\ y = y_1 + d$$

所以

$$\begin{aligned} J_z &= \sum m_i [x_1^2 + (y_1 + d)^2] \\ &= \sum m_i (x_1^2 + y_1^2) + 2d\sum m_i y_1 + d^2 \sum m_i \\ &= J_{zC} + 2d\sum m_i y_1 + md^2 \end{aligned}$$

由质心坐标公式

$$y_{C_1} = \frac{\sum m_i y_1}{m}$$

得 $$\sum m_i y_1 = m y_{C_1}$$

故 $$J_z = J_{zC} + 2dmy_{C_1} + md^2$$

式中，y_{C_1}为质心在直角坐标系 $Cx_1y_1z_1$ 中的坐标，由于坐标原点取在质心 C，$y_{C_1} = 0$，于是得

$$J_z = J_{zC} + md^2 \tag{10-11}$$

上式表明：**刚体对于任一轴的转动惯量，等于刚体对于平行于该轴的质心轴的转动惯量，加上刚体的质量与两轴间距离平方的乘积**。这就是转动惯量的**平行轴定理**。

由此可见，在相互平行的各轴中，刚体对质心轴的转动惯量为最小。

四、转动惯量的计算

刚体转动惯量的计算是以式(10-8)和式(10-9)为依据的。对于几何形状简单的均质刚体，一般可用积分法计算，或查阅有关工程手册；对于由几个简单形体组合而成的复合形体，可用组合法进行计算，即先求出其中各简单形体对指定轴的转动惯量，然后相加即得复合形体对该轴的转动惯量；在已知刚体对质心轴的转动惯量时，可应用平行轴定理，来计算刚体对平行于质心轴的某轴的转动惯量；对于不便计算的形状复杂的刚体或非均质刚体，其转动惯量可用本章第四节中介绍的实验法测定。

例 10-1 长为 l、质量为 m 的均质细长杆，如图 10-4 所示。试求：(1)杆件对于过质心 C 且与杆的轴线相垂直的 z 轴的转动惯量；(2) 杆件对于过杆端 A 且与 z 轴平行的 z_1 轴的转动惯量；(3) 杆件对于 z 轴和 z_1 轴的回转半径。

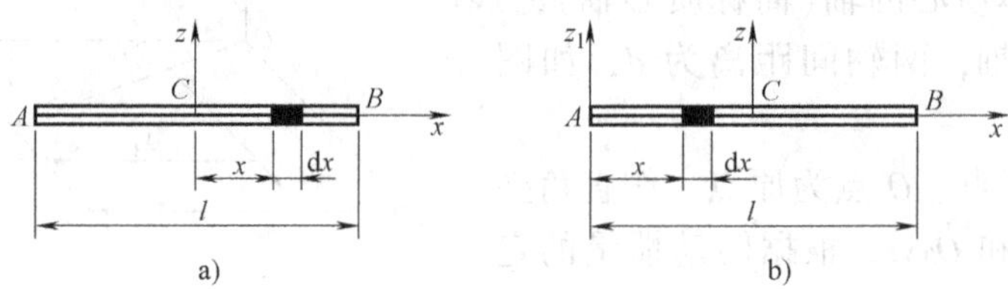

图 10-4

解 设杆的线密度(单位长度的质量)为 ρ_l，则 $\rho_l = m/l$。现取杆上一微段 $\mathrm{d}x$，如图 10-4a 所示，其质量为 $\mathrm{d}m = \rho_l \mathrm{d}x$，则由式(10-9)知，杆件对于 z 轴的转动惯量为

$$J_z = \int_{-\frac{l}{2}}^{\frac{l}{2}} x^2 \mathrm{d}m = \int_{-\frac{l}{2}}^{\frac{l}{2}} x^2 \rho_l \mathrm{d}x = \int_{-\frac{l}{2}}^{\frac{l}{2}} x^2 \frac{m}{l} \mathrm{d}x = \frac{1}{12} ml^2$$

同样，如图 10-4b 所示，则杆件对于 z_1 轴的转动惯量为

$$J_{z_1} = \int_0^l x^2 \mathrm{d}m = \int_0^l x^2 \frac{m}{l} \mathrm{d}x = \frac{1}{3} ml^2$$

J_{z_1}也可应用平行轴定理进行计算，有

$$J_{z_1} = J_z + m\left(\frac{l}{2}\right)^2 = \frac{1}{12}ml^2 + \frac{1}{4}ml^2 = \frac{1}{3}ml^2$$

结果与积分法相同。求出转动惯量后，可得杆件对两轴的回转半径分别为

$$\rho_z = \sqrt{\frac{J_z}{m}} = \frac{l}{2\sqrt{3}}, \qquad \rho_{z_1} = \sqrt{\frac{J_{z1}}{m}} = \frac{l}{\sqrt{3}}$$

例 10-2 半径为 R、质量为 m 的均质薄圆盘，如图 10-5 所示，试求圆盘对于过中心 O 且与圆盘平面相垂直的 z 轴的转动惯量。

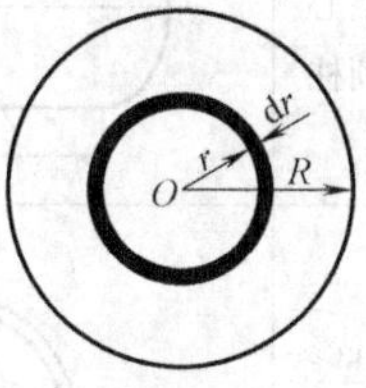

解 设圆盘的面密度（单位面积的质量）为 ρ_A，则 $\rho_A = \frac{m}{\pi R^2}$，现取圆盘上一半径为 r、宽度为 $\mathrm{d}r$ 的圆环分析，如图 10-5 所示。该圆环的质量为 $\mathrm{d}m = \rho_A \mathrm{d}A = \frac{m}{\pi R^2} 2\pi r \mathrm{d}r = \frac{2m}{R^2} r \mathrm{d}r$，由于圆环上各点到 z 轴的距离均为 r，于是此圆环对于 z 轴的转动惯量为 $\mathrm{d}J_z = r^2 \mathrm{d}m = \frac{2m}{R^2} r^3 \mathrm{d}r$，因此整个圆盘对于 z 轴的转动惯量为

图 10-5

$$J_z = \int_0^R \frac{2m}{R^2} r^3 \mathrm{d}r = \frac{1}{2} m R^2$$

相应的回转半径为 $\rho_z = \sqrt{2}R/2$。

应用积分法还可求出其他形状比较简单的均质刚体的转动惯量，表 10-1 列出了一些常见均质物体的转动惯量和回转半径，供参考使用。

表 10-1 常见均质物体的转动惯量和回转半径

物体形状	简图	转动惯量	回转半径	体积
细直杆	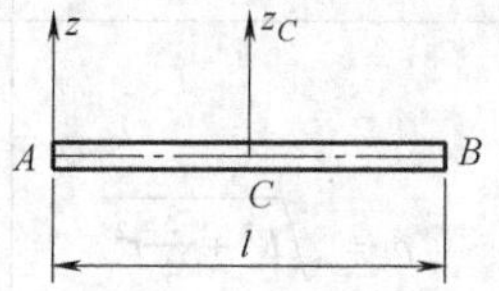	$J_{zC} = \frac{1}{12} m l^2$ $J_z = \frac{1}{3} m l^2$	$\rho_z = \frac{l}{2\sqrt{3}}$ $\rho_z = \frac{l}{\sqrt{3}}$	
薄壁圆筒	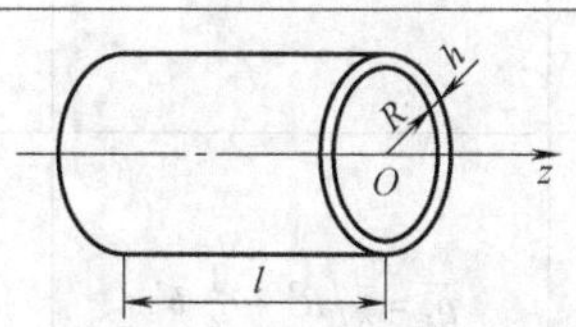	$J_z = mR^2$	$\rho_z = R$	$2\pi R l h$
圆柱	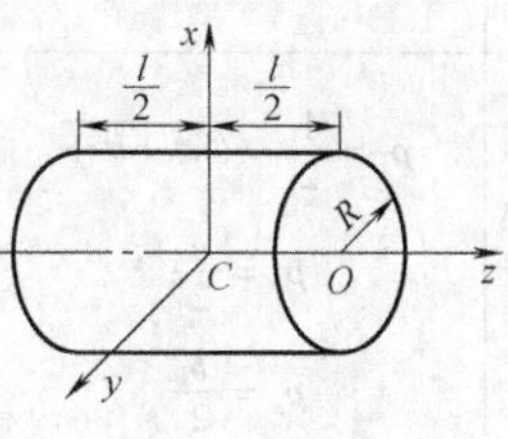	$J_z = \frac{1}{2} m R^2$ $J_x = J_y = \frac{m}{12}(3R^2 + l^2)$	$\rho_z = \frac{R}{\sqrt{2}}$ $\rho_x = \rho_y = \sqrt{\frac{1}{12}(3R^2 + l^2)}$	$\pi R^2 l$

（续）

物体形状	简图	转动惯量	回转半径	体积
空心圆柱	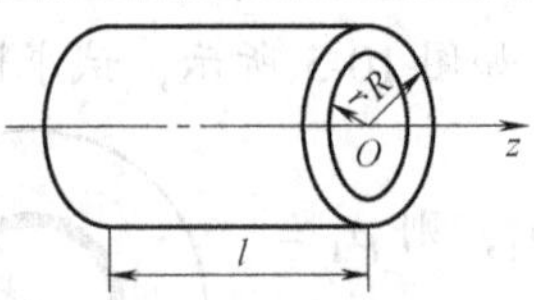	$J_z=\frac{1}{2}m(R^2+r^2)$	$\rho_z=\sqrt{\frac{1}{2}(R^2+r^2)}$	$\pi l(R^2-r^2)$
薄壁空心球	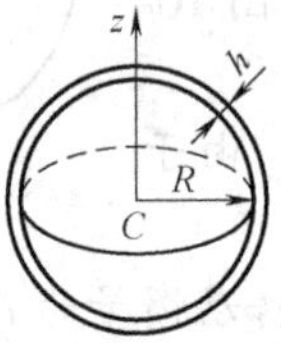	$J_z=\frac{2}{3}mR^2$	$\rho_z=\sqrt{\frac{2}{3}}R$	$\frac{3}{2}\pi Rh$
实心球	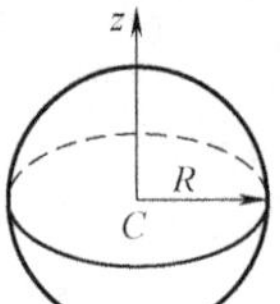	$J_z=\frac{2}{5}mR^2$	$\rho_z=\sqrt{\frac{2}{5}}R$	$\frac{4}{3}\pi R^3$
圆锥体	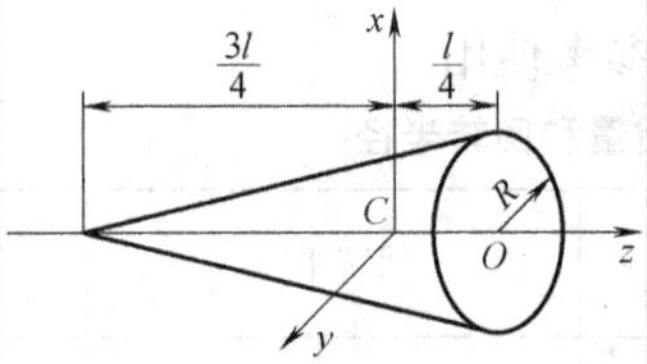	$J_z=\frac{3}{10}mR^2$ $J_x=J_y=\frac{3m}{80}(4R^2+l^2)$	$\rho_z=\sqrt{\frac{3}{10}}R$ $\rho_x=\rho_y=\sqrt{\frac{3}{80}(4R^2+l^2)}$	$\frac{1}{3}\pi R^2 l$
圆环	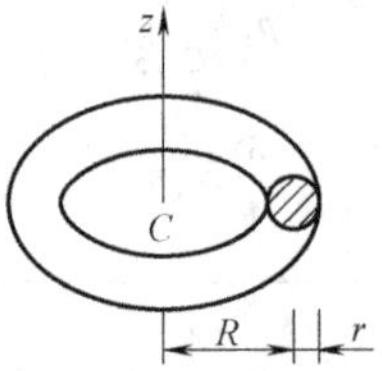	$J_z=m\left(R^2+\frac{3}{4}r^2\right)$	$\rho_z=\sqrt{R^2+\frac{3}{4}r^2}$	$2\pi^2 r^2 R$
矩形截面环	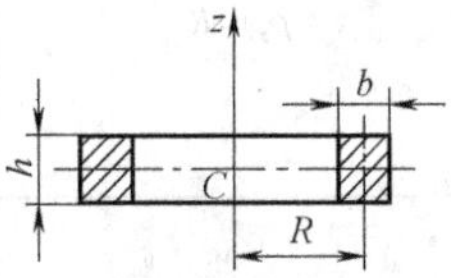	$J_z=m\left(R^2+\frac{1}{4}b^2\right)$	$\rho_z=\sqrt{R^2+\frac{1}{4}b^2}$	$2\pi Rbh$
椭圆形薄板	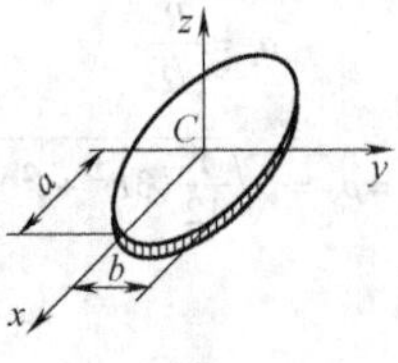	$J_z=\frac{m}{4}(a^2+b^2)$ $J_y=\frac{m}{4}a^2$ $J_x=\frac{m}{4}b^2$	$\rho_z=\frac{1}{2}\sqrt{(a^2+b^2)}$ $\rho_y=\frac{a}{2}$ $\rho_x=\frac{b}{2}$	πabh

（续）

物体形状	简图	转动惯量	回转半径	体积
立方体	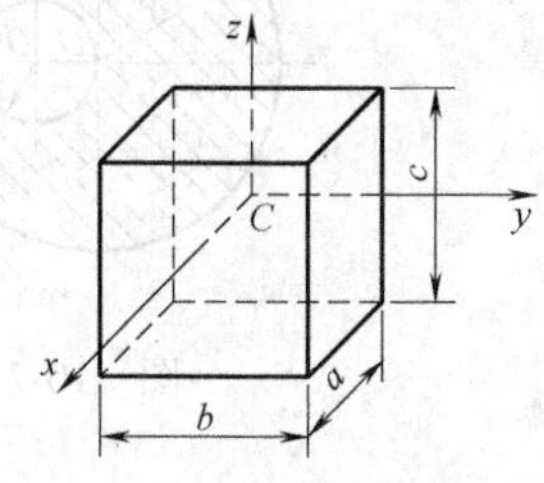	$J_z=\frac{m}{12}(a^2+b^2)$ $J_y=\frac{m}{12}(a^2+c^2)$ $J_x=\frac{m}{12}(b^2+c^2)$	$\rho_z=\sqrt{\frac{a^2+b^2}{12}}$ $\rho_y=\sqrt{\frac{a^2+c^2}{12}}$ $\rho_x=\sqrt{\frac{b^2+c^2}{12}}$	abc
矩形薄板	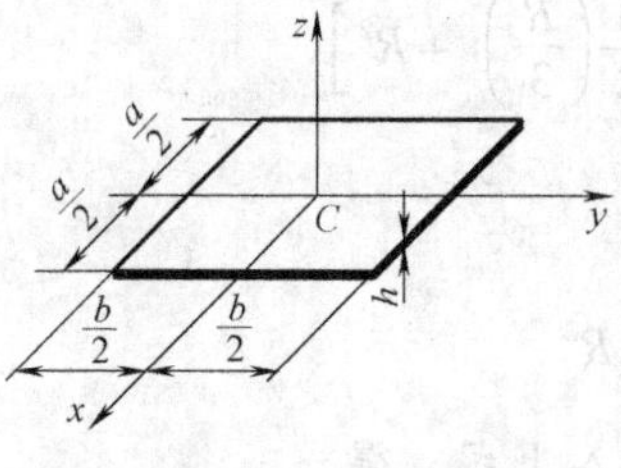	$J_z=\frac{m}{12}(a^2+b^2)$ $J_y=\frac{m}{12}a^2$ $J_x=\frac{m}{12}b^2$	$\rho_z=\sqrt{\frac{a^2+b^2}{12}}$ $\rho_y=\frac{a}{\sqrt{12}}$ $\rho_x=\frac{b}{\sqrt{12}}$	abh

例 10-3 如图 10-6 所示的钟摆，已知均质细杆和均质圆盘的质量分别为 m_1 和 m_2，杆长为 l，圆盘直径为 d，图示位置时摆的角速度为 ω。试求摆对于通过 O 点的水平轴的动量矩。

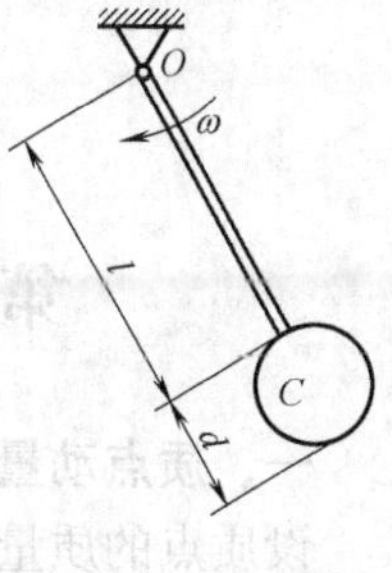

图 10-6

解 本题先用组合法计算摆对于水平轴 O 的转动惯量，即

$$J_O=J_{O杆}+J_{O盘}$$

其中

$$J_{O杆}=\frac{1}{3}m_1l^2$$

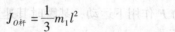

而圆盘对于轴 O 的转动惯量 $J_{O盘}$ 可用平行轴定理计算，则

$$J_{O盘}=J_{C盘}+m_2\left(l+\frac{d}{2}\right)^2=\frac{1}{2}m_2\left(\frac{d}{2}\right)^2+m_2\left(l+\frac{d}{2}\right)^2$$

$$=m_2\left(\frac{3}{8}d^2+l^2+ld\right)$$

得

$$J_O=\frac{1}{3}m_1l^2+m_2\left(\frac{3}{8}d^2+l^2+ld\right)$$

于是摆对于水平轴 O 的动量矩为

$$L_O=-J_O\omega=-\left[\frac{1}{3}m_1l^2+m_2\left(\frac{3}{8}d^2+l^2+ld\right)\right]\omega$$

如果物体有空心的部分，则可把空心部分的质量作为负值处理，仍可用组合法进行计算。

例 10-4 半径为 R、质量为 m 的均质圆盘，在离圆心 $R/3$ 处挖去一半径为 $r=$

$R/3$ 的圆，如图 10-7 所示，试求其对于 A 轴的转动惯量。

解 把该物体看成由半径分别为 R、r 的两个均质圆盘组成，设这两个圆盘的质量分别为 m_1、m_2，它们对轴 A 的转动惯量分别为 J_{A1}、J_{A2}，则物体对轴 A 的转动惯量

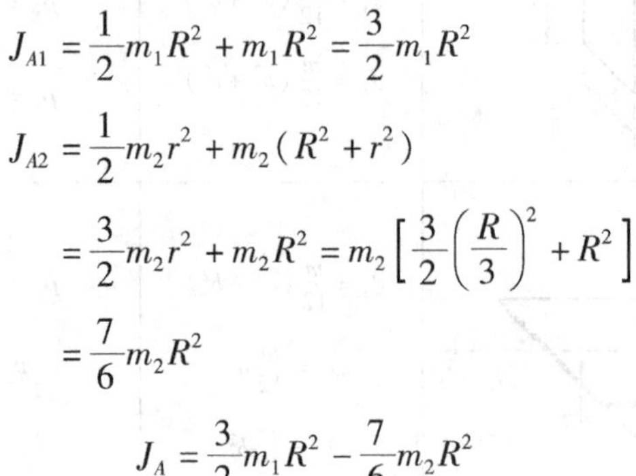

图 10-7

$$J_A = J_{A1} - J_{A2}$$

由于

$$J_{A1} = \frac{1}{2}m_1R^2 + m_1R^2 = \frac{3}{2}m_1R^2$$

$$\begin{aligned} J_{A2} &= \frac{1}{2}m_2r^2 + m_2(R^2 + r^2) \\ &= \frac{3}{2}m_2r^2 + m_2R^2 = m_2\left[\frac{3}{2}\left(\frac{R}{3}\right)^2 + R^2\right] \\ &= \frac{7}{6}m_2R^2 \end{aligned}$$

得
$$J_A = \frac{3}{2}m_1R^2 - \frac{7}{6}m_2R^2$$

因 $r = R/3$，故 $m_2 = m/9$。将 $m_1 = m$，$m_2 = m/9$ 代入上式，得

$$J_A = \frac{3}{2}mR^2 - \frac{7}{6} \cdot \frac{m}{9}R^2 = \frac{37}{27}mR^2$$

第三节 动量矩定理与动量矩守恒定律

一、质点动量矩定理

设质点的质量为 m，在力 $\boldsymbol{F}$ 作用下运动，某瞬时其速度为 $\boldsymbol{v}$，如图 10-8 所示，则该质点对固定点 O 的动量矩为

$$\boldsymbol{L}_O = \boldsymbol{r} \times \boldsymbol{p} = \boldsymbol{r} \times m\boldsymbol{v}$$

将上式对时间求一阶导数，有

$$\dot{\boldsymbol{L}}_O = \dot{\boldsymbol{r}} \times m\boldsymbol{v} + \boldsymbol{r} \times \dot{\boldsymbol{p}}$$

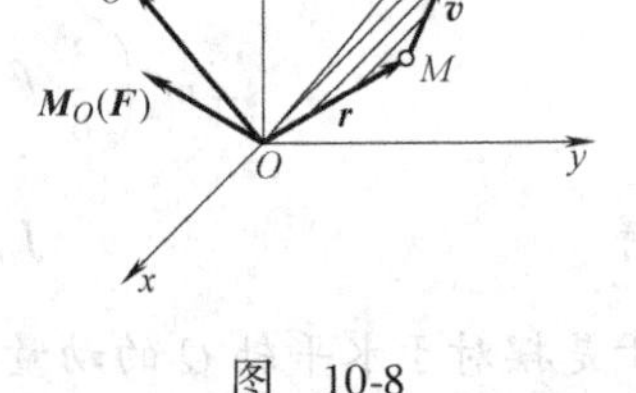

图 10-8

因为 O 为固定点，故有

$$\dot{\boldsymbol{r}} \times m\boldsymbol{v} = \boldsymbol{v} \times m\boldsymbol{v} = \boldsymbol{0}$$

又根据质点的动量定理，有

$$\dot{\boldsymbol{p}} = \boldsymbol{F}$$

因此得
$$\dot{\boldsymbol{L}}_O = \boldsymbol{r} \times \boldsymbol{F} = \boldsymbol{M}_O(\boldsymbol{F}) \tag{10-12}$$

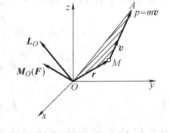

将式(10-12)向过 O 点的固定轴投影，并将质点对固定点的动量矩与对轴的动量矩之间的关系式和力对点之矩与力对轴之矩的关系式代入，得

$$\begin{cases}\dot{L}_x = M_x(\boldsymbol{F}) \\ \dot{L}_y = M_y(\boldsymbol{F}) \\ \dot{L}_z = M_z(\boldsymbol{F})\end{cases} \tag{10-13}$$

式(10-12)和式(10-13)表明：**质点对任一固定点(或轴)的动量矩对时间的一阶导数，等于作用于质点上的力对同一点(或轴)之矩**。这就是**质点的动量矩定理**。其中式(10-12)为矢量形式，而式(10-13)为投影形式。

例 10-5 单摆(数学摆)如图 10-9 所示，已知摆锤重为 G，线长为 l，初始偏角为 φ_0，无初速释放。试求此单摆微小摆动时的运动规律。

解 单摆的自由度为 1，单摆运动时，摆锤的运动轨迹是以 O 为圆心、l 为半径的圆弧，取 φ 为广义坐标。设在任意瞬时 t，摆锤的位置如图所示，其速度为 $\boldsymbol{v}$，则有 $v = l\dot{\varphi}$，摆锤对 O 轴的动量矩为

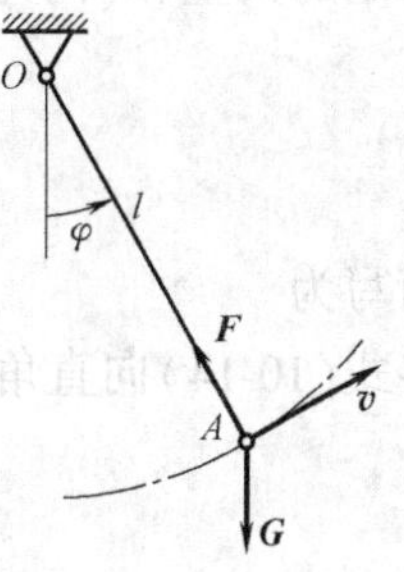

图 10-9

$$L_O = mvl = \frac{G}{g}(l\dot{\varphi})l = \frac{G}{g}l^2\dot{\varphi}$$

再对摆锤进行受力分析，它受重力 $\boldsymbol{G}$ 和摆线的拉力 $\boldsymbol{F}$ 作用，如图 10-9 所示，故力系对 O 轴的矩为

$$M_O = -Gl\sin\varphi$$

根据质点的动量矩定理

$$\dot{L}_O = M_O$$

得

$$\frac{G}{g}l^2\ddot{\varphi} = -Gl\sin\varphi$$

即

$$\ddot{\varphi} + \frac{g}{l}\sin\varphi = 0$$

这是单摆摆动时的运动微分方程，在一般情况下，该方程要用椭圆积分才能进行求解。当单摆微小摆动时，有 $\sin\varphi \approx \varphi$，此时，上式可改写为

$$\ddot{\varphi} + \frac{g}{l}\varphi = 0$$

此微分方程的解为

$$\varphi = \varphi_0\sin\left(\sqrt{\frac{g}{l}}t + \theta\right)$$

其中，φ_0 称为角振幅；θ 称为初相位，由初始条件确定。将初始条件($t=0$ 时：$\varphi=0$，$\dot{\varphi}_0=0$)代入，得

$$\varphi = \varphi_0\cos\sqrt{\frac{g}{l}}t$$

这就是单摆微小摆动时的运动规律。

二、质点系动量矩定理

设质点系由 n 个质点组成，取其中第 i 个质点来考察，将作用于该质点上的力分为内力 $\boldsymbol{F}_i^{\mathrm{i}}$ 和外力 $\boldsymbol{F}_i^{\mathrm{e}}$，根据质点的动量矩定理，有

$$\dot{\boldsymbol{L}}_O = \boldsymbol{M}_O(\boldsymbol{F}_i^{\mathrm{i}}) + \boldsymbol{M}_O(\boldsymbol{F}_i^{\mathrm{e}})$$

整个质点系共有 n 个这样的方程，相加后得

$$\sum \dot{\boldsymbol{L}}_O = \sum \boldsymbol{M}_O(\boldsymbol{F}_i^{\mathrm{i}}) + \sum \boldsymbol{M}_O(\boldsymbol{F}_i^{\mathrm{e}})$$

由于质点系中的内力总是等值反向地成对出现，因此，上式中质点系内力对 O 点的矩的矢量和(内力系对 O 点的主矩) $\sum \boldsymbol{M}_O(\boldsymbol{F}_i^{\mathrm{i}}) = \boldsymbol{0}$，交换左端求和及求导的次序，有

$$\dot{\boldsymbol{L}}_O = \sum \boldsymbol{M}_O(\boldsymbol{F}_i^{\mathrm{e}})$$

简写为

$$\dot{\boldsymbol{L}}_O = \sum \boldsymbol{M}_O(\boldsymbol{F}^{\mathrm{e}}) \tag{10-14}$$

将式(10-14)向直角坐标轴投影，得

$$\begin{cases} \dot{L}_x = \sum M_x(\boldsymbol{F}^{\mathrm{e}}) \\ \dot{L}_y = \sum M_y(\boldsymbol{F}^{\mathrm{e}}) \\ \dot{L}_z = \sum M_z(\boldsymbol{F}^{\mathrm{e}}) \end{cases} \tag{10-15}$$

式(10-14)和式(10-15)表明：**质点系对任一固定点(或轴)的动量矩对时间的一阶导数，等于作用于质点系上所有外力对同一点(或轴)之矩的矢量和(或代数和)。**这就是**质点系的动量矩定理**。

三、动量矩守恒

由质点系的动量矩定理可知，质点系的内力不能改变质点系的动量矩，只有作用于质点系的外力才能使质点系的动量矩发生变化。

当 $\sum \boldsymbol{M}_O(\boldsymbol{F}^{\mathrm{e}}) = \boldsymbol{0}$ 时，$\boldsymbol{L}_O$ = 常矢量；

当 $\sum M_z(\boldsymbol{F}^{\mathrm{e}}) = 0$ 时，L_z = 常量。

即当外力系对某一固定点(或某固定轴)的主矩(或力矩的代数和)等于零时，则质点系对该点(或该轴)的动量矩保持不变，这就是**质点系的动量矩守恒定律**。

应当注意，上述动量矩定理的形式只适用于对固定点或固定轴，在本章第五节中将介绍质点系相对于质心的动量矩定理。而质点系相对于一般动点或动轴的动量矩定理，形式将更复杂，本书不作讨论。

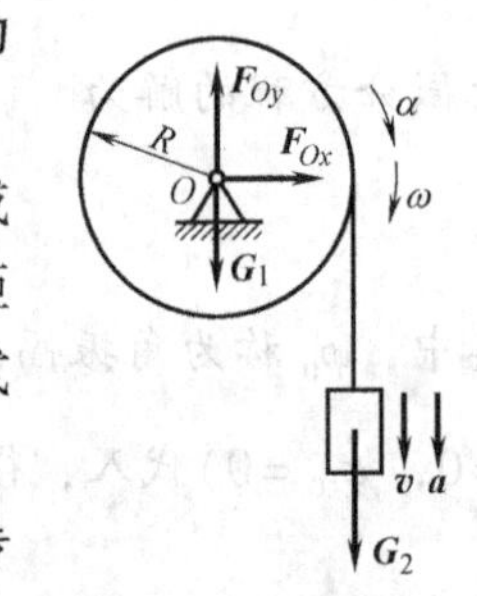

图 10-10

例 10-6 质量为 m_1、半径为 R 的均质圆轮绕定轴 O 转动，如图 10-10 所示。轮上缠绕细绳。绳端悬挂质量为 m_2 的

物块。试求物块的加速度。

解　以整个系统为研究对象，先进行运动分析。设在图示瞬时，物块的速度为 $\boldsymbol{v}$，加速度为 $\boldsymbol{a}$，由运动学关系，圆轮的角速度为 $\omega=v/R$，因此系统的动量矩为

$$L_O=-J_O\omega-m_2vR=-\left(\frac{1}{2}m_1R^2\frac{v}{R}+m_2vR\right)=-\left(\frac{1}{2}m_1+m_2\right)vR$$

再进行受力分析。系统所受外力如图 10-10 所示，其中 $\boldsymbol{G}_1$、$\boldsymbol{G}_2$ 为主动力，$\boldsymbol{F}_{Ox}$、$\boldsymbol{F}_{Oy}$为轴 O 处的约束力。根据动量矩定理

$$\dot{L}_O=\sum M_O$$

有

$$-\left(\frac{1}{2}m_1+m_2\right)aR=-G_2R$$

即

$$-\left(\frac{1}{2}m_1+m_2\right)aR=-m_2gR$$

得物块的加速度

$$a=\frac{m_2}{\dfrac{1}{2}m_1+m_2}g=\frac{2m_2}{m_1+2m_2}g$$

例 10-7　离心调速器的水平杆 AB 长为 $2a$，可绕铅垂轴 z 转动，其两端各用铰链与长为 l 的杆 AC 及 BD 相连，杆端各连接质量为 m 的小球 C 和 D。起初两小球用细线相连，使杆 AC 与 BD 均沿铅垂方向，系统绕 z 轴的角速度为 ω_0。如果某瞬时此细线拉断后，杆 AC 与 BD 各与铅垂线成 θ 角，如图 10-11 所示。不计各杆重量，试求此时系统的角速度。

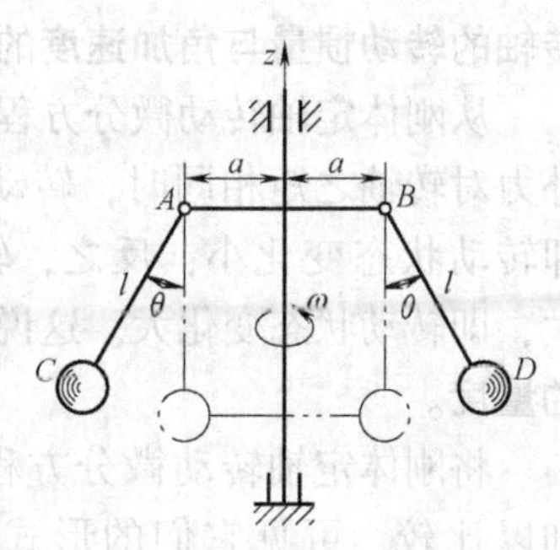

图　10-11

解　系统所受的外力有小球的重力及轴承的约束力，这些力对 z 轴之矩都等于零，即 $\sum M_z(\boldsymbol{F}^e)=0$。所以系统对 z 轴的动量矩守恒，即 $L_z=$ 常量。

开始时系统的动量矩为

$$L_{z1}=2(ma\omega_0)a=2ma^2\omega_0$$

细线拉断后的动量矩为

$$L_{z2}=2m(a+l\sin\theta)^2\omega$$

由

$$L_{z1}=l_{z2}$$

有

$$2ma^2\omega_0=2m(a+l\sin\theta)^2\omega$$

由此求出细线拉断后的角速度

$$\omega=\frac{a^2}{(a+l\sin\theta)^2}\omega_0$$

显然 $\omega<\omega_0$。

第四节 刚体定轴转动微分方程

设一刚体在主动力 $\boldsymbol{F}_1$、$\boldsymbol{F}_2$、…、$\boldsymbol{F}_n$ 和轴承的约束力 $\boldsymbol{F}_{N1}$、$\boldsymbol{F}_{N2}$ 作用下，以角速度 ω 和角加速度 α 绕 z 轴转动，如图 10-12 所示，由于轴承约束力均通过 z 轴，如果不计轴承的摩擦，则它们对 z 轴的力矩都等于零，根据式(10-7)知，刚体对 z 轴的动量矩为

$$L_z = J_z\omega$$

代入质点系对 z 轴的动量矩定理

$$\dot{L}_z = \sum M_z(\boldsymbol{F}^e)$$

得

$$J_z\dot{\omega} = \sum M_z(\boldsymbol{F}^e) \tag{10-16}$$

或

$$J_z\alpha = \sum M_z(\boldsymbol{F}^e) \tag{10-17}$$

$$J_z\ddot{\varphi} = \sum M_z(\boldsymbol{F}^e) \tag{10-18}$$

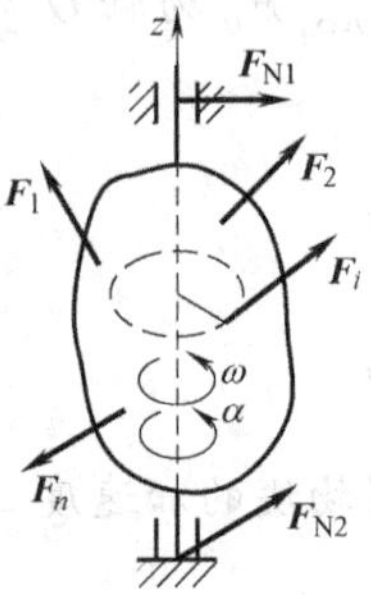

图 10-12

以上三式均称为**刚体定轴转动微分方程**，它表明：**刚体对转轴的转动惯量与角加速度的乘积，等于作用于刚体的外力对该轴之矩的代数和。**

从刚体定轴转动微分方程可以看出，对于不同的刚体，若外力对转轴之矩相同时，转动惯量大的刚体，角加速度 α 小，即转动状态变化小；反之，转动惯量小的刚体，角加速度 α 大，即转动状态变化大。这说明，**转动惯量是刚体转动时惯性的量度。**

将刚体定轴转动微分方程与质点运动微分方程 $m\boldsymbol{a} = \sum \boldsymbol{F}$ 加以比较，可见它们的形式相似，因此，用式(10-16)～式(10-18)也可求解刚体定轴转动的两类动力学问题，但不能求解轴承处的约束力。

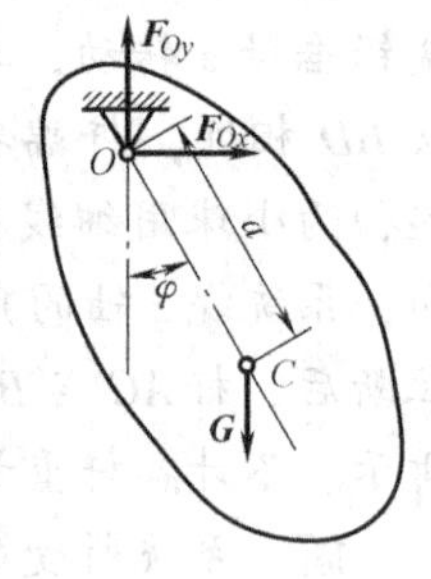

图 10-13

例 10-8 复摆(物理摆)如图 10-13 所示，摆的质量为 m，质心为 C，摆对悬挂点(或悬点)的转动惯量为 J_O。试求复摆微幅摆动的周期 T。

解 取 φ 为广义坐标，逆时针方向为正。复摆在任意位置 φ 处的受力如图 10-13 所示，由刚体定轴转动微分方程，得

$$J_O\ddot{\varphi} = -Ga\sin\varphi$$

$$\ddot{\varphi} + \frac{mga\sin\varphi}{J_O} = 0$$

当复摆微幅摆动时，有 $\sin\varphi \approx \varphi$，此时，上式可改写为

$$\ddot{\varphi} + \frac{mga}{J_O}\varphi = 0$$

此微分方程的解为

$$\varphi=\varphi_0\sin\left(\sqrt{\frac{mga}{J_O}}t+\theta\right)$$

这就是复摆微幅摆动时的运动规律。其中，φ_0 为角振幅；θ 为初相位。由上式可得到复摆微幅摆动时的周期为

$$T=2\pi\sqrt{\frac{J_O}{mga}}$$

工程中，对于几何形状复杂的物体，常用实验方法测定其转动惯量。其中，复摆法是一种较为简单的常用方法，即先测出零部件的摆动周期后，应用上式计算出它的转动惯量。

例如，欲求刚体对质心 C 的转动惯量，则由上式得

$$J_O=\frac{T^2}{4\pi^2}mga$$

由平行轴定理知
$$J_O=J_C+ma^2$$

于是得
$$J_C=mga\left(\frac{T^2}{4\pi^2}-\frac{a}{g}\right)$$

对于轮状零件，还可以通过其他手段测定其转动惯量，例如本章习题 10-12 等。

例 10-9　齿轮传动系统如图 10-14a 所示，两齿轮啮合圆的半径分别为 $R_1=0.4\text{m}$ 和 $R_2=0.2\text{m}$，对轴Ⅰ、Ⅱ的转动惯量分别为 $J_1=10\text{kg}\cdot\text{m}^2$ 和 $J_2=7.5\text{kg}\cdot\text{m}^2$，轴Ⅰ上作用有主动力矩 $M_1=20\text{kN}\cdot\text{m}$，轴Ⅱ上有阻力矩 $M_2=4\text{kN}\cdot\text{m}$，转向如图所示。设各处的摩擦忽略不计，试求轴Ⅰ的角加速度及两轮间的切向力 $\boldsymbol{F}_t$。

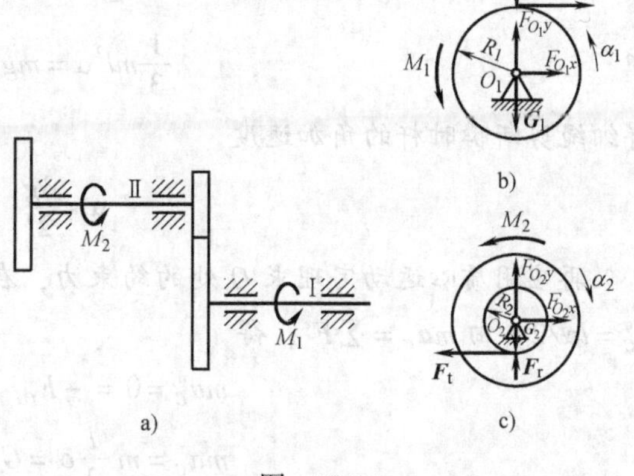

图　10-14

解　分别取轴Ⅰ和轴Ⅱ为研究对象，受力情况如图 10-14b、c 所示。分别建立两轴的转动微分方程

$$J_1\alpha_1=M_1-F'_tR_1$$

$$J_2(-\alpha_2)=M_2-F_tR_2$$

其中，$F'_t=F_t$，$\alpha_1/\alpha_2=R_2/R_1=i_{12}$，代入以上两式，联立求解，得

$$\alpha_1 = \frac{M_1 - \frac{M_2}{i_{12}}}{J_1 + \frac{J_2}{i_{12}^2}}$$

$$F_t = \frac{M_1 - J_1\alpha_1}{R_1}$$

将各已知量代入，得

$$\alpha_1 = 300\text{rad/s}^2$$
$$F_t = 42.5\text{kN}$$

例 10-10 均质杆 OA 长 l，质量为 m，其 O 端用铰链支承，A 端用细绳悬挂，如图 10-15 所示，试求将细绳突然剪断瞬时，铰链 O 的约束力。

解 将细绳突然剪断，杆受重力 $\boldsymbol{G}$ 与铰链 O 的约束力 $\boldsymbol{F}_{Ox}$、$\boldsymbol{F}_{Oy}$ 作用。其受力如图 10-15 所示。杆作定轴转动，在该瞬时，角速度 $\omega = 0$，但角加速度 $\alpha \neq 0$。因此，必须先求出 α，再求 O 处的约束力。

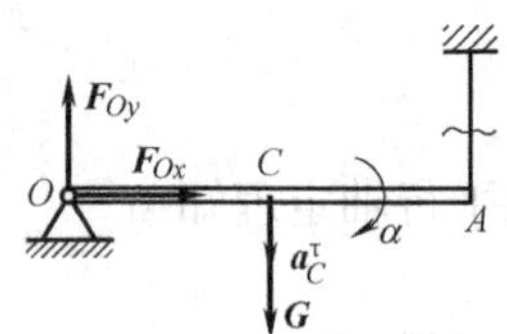

图 10-15

应用刚体定轴转动微分方程 $J_O\alpha = \sum M_O$，有

$$\frac{1}{3}ml^2(-\alpha) = -G\frac{l}{2}$$

即

$$\frac{1}{3}ml^2\alpha = mg\frac{l}{2}$$

得细绳剪断瞬时杆的角加速度

$$\alpha = \frac{3g}{2l}$$

再应用质心运动定理求 O 处的约束力，在此瞬时，因 $a_C^n = l\omega^2/2 = 0$，故 $a_C = a_C^\tau = l\alpha/2$，由 $m\boldsymbol{a}_C = \sum \boldsymbol{F}^e$，得

$$ma_C^n = 0 = -F_{Ox}$$
$$ma_C^\tau = m\frac{l}{2}\alpha = G - F_{Oy}$$

由此解得

$$F_{Ox} = 0$$
$$F_{Oy} = mg - m\frac{l}{2}\alpha = mg - m\frac{l}{2}\frac{3g}{2l} = \frac{1}{4}mg$$

这类问题称为**突然解除约束问题**，简称为**突解约束问题**。该类问题的力学特征是：在解除约束后，系统自由度会增加；解除约束前后的瞬时，其一阶运动量(速度、角速度)连续，但二阶运动量(加速度、角加速度)会发生突变。因此，突解约束问题属于动力学问题，而不是静力学问题。

在例 10-10 中，在剪断绳子前，杆在重力、铰链 O 处的约束力和绳子的拉力作用下保持平衡。在剪断绳子后，自由度变为1，此时杆可绕 O 轴转动；在剪断绳子前后的瞬时，角速度 ω 均为零，但角加速度 α 发生突变。因此，例 10-10 中 O 处的约束力 $\boldsymbol{F}_{Oy}$ 既不等于 $mg/2$，也不等于 mg。$\boldsymbol{F}_{Oy}$ 是动约束力，必须用动力学定理来求解。

从例 10-10 的讨论可见，在外力已知的情况下，应用刚体定轴转动微分方程可求得刚体的角加速度，在刚体的运动确定后，如果要求转轴处的约束力，则可应用质心运动定理求解。

例 10-10 是动量矩定理和动量定理的综合应用，这是动力学应用的重要方面。关于动力学普遍定理的综合应用，还将在第十一章第六节中予以介绍。

第五节　质点系相对于质心的动量矩定理

在本章第三节中介绍的动量矩定理的形式仅适用于惯性参考系，所取矩心(矩轴)是固定点或固定轴时才成立。对于一般动点或动轴，其动量矩定理有更复杂的形式，但是，如果取质点系中某些特殊的点(例如质心)为矩心，则动量矩定理仍有相似的简明形式。本节介绍质点系相对于质心的动量矩定理。

一、质点系相对于质心的动量矩

如图 10-16 所示，O 为固定点，C 为质点系质心，建立固定坐标系 $Oxyz$ 及随质心平动的坐标系 $Cx'y'z'$，质心 C 相对于固定点 O 的矢径为 $\boldsymbol{r}_C$，质点系中第 i 个质点的质量为 m_i，相对于质心 C 的矢径为 $\boldsymbol{r}_{ir}$，相对于固定坐标系 $Oxyz$ 的速度为 $\boldsymbol{v}_i$，相对于动系 $Cx'y'z'$ 的速度为 $\boldsymbol{v}_{ir}$，则质点系相对于质心的动量矩定义如下：

定义　质点系中各质点在定系 $Oxyz$ 中运动的动量对质心 C 之矩的矢量和(绝对运动动量对 C 点的主矩)称为**质点系相对于质心的动量矩**，即

$$\boldsymbol{L}_C = \sum \boldsymbol{r}_{ir} \times m_i \boldsymbol{v}_i \tag{10-19}$$

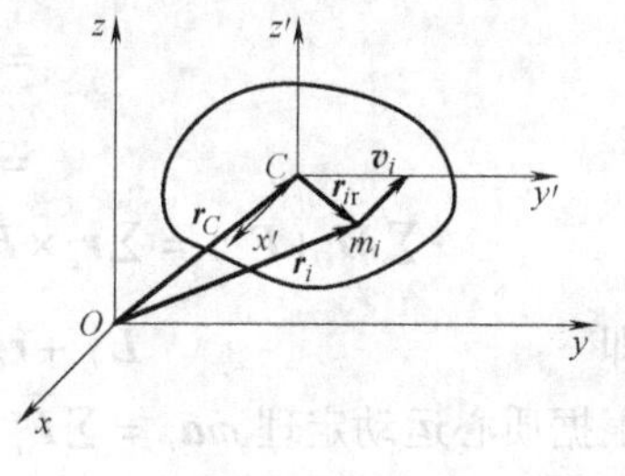

图　10-16

一般说来，用绝对速度计算质点系相对于质心的动量矩并不方便，通常用相对于动系 $Cx'y'z'$ 的相对速度进行计算。由于动系随质心作平动，故任一点的牵连速度均等于质心 C 的速度 $\boldsymbol{v}_C$，根据速度合成定理，有

$$\boldsymbol{v}_i = \boldsymbol{v}_C + \boldsymbol{v}_{ir}$$

故

$$\boldsymbol{L}_C = \sum \boldsymbol{r}_{ir} \times m_i(\boldsymbol{v}_C + \boldsymbol{v}_{ir}) = \sum m_i \boldsymbol{r}_{ir} \times \boldsymbol{v}_C + \sum \boldsymbol{r}_{ir} \times m_i \boldsymbol{v}_{ir}$$

由质心的定义，有 $\sum m_i \boldsymbol{r}_{ir} = m\boldsymbol{r}_{Cr}$，其中 $\boldsymbol{r}_{Cr}$ 为质心相对于动系原点的矢径，而此时质心 C 恰为动系 $Cx'y'z'$ 的原点，故有 $\boldsymbol{r}_{Cr} = \boldsymbol{0}$，因此，上式可写成为

$$\boldsymbol{L}_C = \sum \boldsymbol{r}_{ir} \times m_i \boldsymbol{v}_{ir} = \boldsymbol{L}_{Cr} \tag{10-20}$$

其中，$\boldsymbol{L}_{Cr}$ 是在动系 $Cx'y'z'$(作平动)中，质点系相对运动的动量对质心 C 之矩的矢

量和(相对运动动量对 C 点的主矩)。

结论　质点系相对于质心的动量矩 $\boldsymbol{L}_C$ 既可用各质点的绝对速度来计算，也可用各质点在随质心平动的动坐标系中的相对速度来计算，其结果是一样的。

根据定义式(10-19)，容易得到质点系相对于固定点的动量矩与相对于质心的动量矩之间的关系。

如图10-16所示，质点系对于固定点 O 的矩为

$$\boldsymbol{L}_O=\sum \boldsymbol{r}_i\times m_i\boldsymbol{v}_i$$

而
$$\boldsymbol{r}_i=\boldsymbol{r}_C+\boldsymbol{r}_{ir}$$

于是
$$\boldsymbol{L}_O=\sum(\boldsymbol{r}_C+\boldsymbol{r}_{ir})\times m_i\boldsymbol{v}_i=\boldsymbol{r}_C\times\sum m_i\boldsymbol{v}_i+\sum \boldsymbol{r}_{ir}\times m_i\boldsymbol{v}_i$$

式中，$\sum m_i\boldsymbol{v}_i=m\boldsymbol{v}_C$ 为质点系动量；而 $\sum \boldsymbol{r}_{ir}\times m_i\boldsymbol{v}_i=\boldsymbol{L}_C$ 为质点系相对于质心 C 的动量矩。

于是得

$$\boldsymbol{L}_O=\boldsymbol{L}_C+\boldsymbol{r}_C\times m\boldsymbol{v}_C \tag{10-21}$$

上式表明：**质点系对任意一固定点 O 的动量矩，等于质点系对质心的动量矩 $\boldsymbol{L}_C$，与集中于质心的质点系动量对于 O 点动量矩的矢量和。**

二、质点系相对于质心的动量矩定理

质点系对固定点 O 的动量矩定理为

$$\dot{\boldsymbol{L}}_O=\sum \boldsymbol{M}_O(\boldsymbol{F}^e)$$

将式(10-21)和 $\boldsymbol{r}_i=\boldsymbol{r}_C+\boldsymbol{r}_{ir}$ 代入，有

$$\begin{aligned}\dot{\boldsymbol{L}}_O&=\dot{\boldsymbol{L}}_C+\dot{\boldsymbol{r}}_C\times m\boldsymbol{v}_C+\boldsymbol{r}_C\times m\dot{\boldsymbol{v}}_C\\&=\dot{\boldsymbol{L}}_C+\boldsymbol{v}_C\times m\boldsymbol{v}_C+\boldsymbol{r}_C\times m\boldsymbol{a}_C\\&=\dot{\boldsymbol{L}}_C+\boldsymbol{r}_C\times m\boldsymbol{a}_C\end{aligned}$$

$$\sum \boldsymbol{M}_O(\boldsymbol{F}^e)=\sum \boldsymbol{r}_i\times \boldsymbol{F}_i^e=\sum(\boldsymbol{r}_C+\boldsymbol{r}_{ir})\times \boldsymbol{F}_i^e=\boldsymbol{r}_C\times\sum \boldsymbol{F}_i^e+\sum \boldsymbol{r}_{ir}\times \boldsymbol{F}_i^e$$

即
$$\dot{\boldsymbol{L}}_C+\boldsymbol{r}_C\times m\boldsymbol{a}_C=\boldsymbol{r}_C\times\sum \boldsymbol{F}_i^e+\sum \boldsymbol{r}_{ir}\times \boldsymbol{F}_i^e$$

根据质心运动定理 $m\boldsymbol{a}_C=\sum \boldsymbol{F}_i^e$，上式可改写为

$$\dot{\boldsymbol{L}}_C=\sum \boldsymbol{r}_{ir}\times \boldsymbol{F}_i^e$$

而 $\sum \boldsymbol{r}_{ir}\times \boldsymbol{F}_i^e=\sum \boldsymbol{M}_C(\boldsymbol{F}^e)$ 为质点系外力对质心之矩的矢量和，即外力系对质心 C 的主矩。于是，得

$$\dot{\boldsymbol{L}}_C=\sum \boldsymbol{M}_C(\boldsymbol{F}^e) \tag{10-22}$$

上式表明：**质点系相对于质心的动量矩对时间的一阶导数，等于作用于质点系上的所有外力对质心之矩的矢量和(外力系对质心的主矩)。这就是质点系相对于质心的动量矩定理。**

由式(10-22)可知，质点系相对于质心的运动只与外力系对质心的主矩有关，而与

内力无关。当外力系对质心的主矩为零时，质点系相对于质心的动量矩守恒。即

当$\sum \boldsymbol{M}_C(\boldsymbol{F}^e)=\boldsymbol{0}$时，$\boldsymbol{L}_C=$常矢量

例如，跳水运动员跳水时，当他离开跳板直到入水前，如果不计空气阻力，则只受重力作用，而重力过质心，对质心的力矩为零，因此质点系对质心的动量矩守恒。如果要翻跟头，就必须在起跳前用力蹬跳板，以便获得初角速度，使身体绕质心轴转动；他将身体和四肢伸展或蜷缩，是为了改变对质心轴的转动惯量，从而改变转动角速度。

刚体的一般运动可以分解为随质心的平动和相对于质心的转动，刚体随质心的平动可用质心运动定理分析，而相对于质心的转动则可用质点系相对于质心的动量矩定理来分析。这两个定理完全确定了刚体一般运动的动力学方程。下面将这两个定理应用于工程中常见的刚体平面运动，从而建立刚体平面运动微分方程。

第六节 刚体平面运动微分方程

设刚体在力$\boldsymbol{F}_1$、$\boldsymbol{F}_2$、…、$\boldsymbol{F}_n$作用下作平面运动，如图10-17所示，作一随质心平动的动坐标系$Cx'y'$，由运动学可知，刚体的平面运动可分解为随质心的平动和绕质心的转动。刚体相对于质心的动量矩为

$$L_C=L_{Cr}=J_C\omega$$

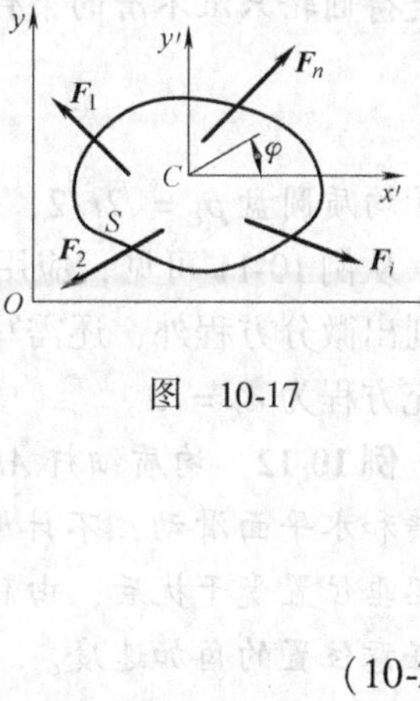

图 10-17

应用质心运动定理和相对于质心的动量矩定理，得

$$\begin{cases} m\boldsymbol{a}_C=\sum \boldsymbol{F}^e \\ J_C\alpha=\sum M_C(\boldsymbol{F}^e) \end{cases} \tag{10-23}$$

将第一式向x、y轴投影，得

$$\begin{cases} m\ddot{x}_C=\sum F_x^e \\ m\ddot{y}_C=\sum F_y^e \\ J_C\ddot{\varphi}=\sum M_C(\boldsymbol{F}^e) \end{cases} \tag{10-24}$$

以上两式都称为**刚体平面运动微分方程**。用它可求解平面运动刚体动力学的两类问题，实际应用时一般取式(10-24)的形式。

例 10-11 半径为r、质量为m的均质圆轮沿水平直线纯滚动，如图10-18所示。设轮的回转半径为ρ_C，作用于圆轮上的力偶矩为M，圆轮与地面间的静摩擦因数为μ。试求：(1)轮心的加速度；(2)地面对圆轮的约束力；(3)使圆轮只滚不滑的力偶矩M的大小。

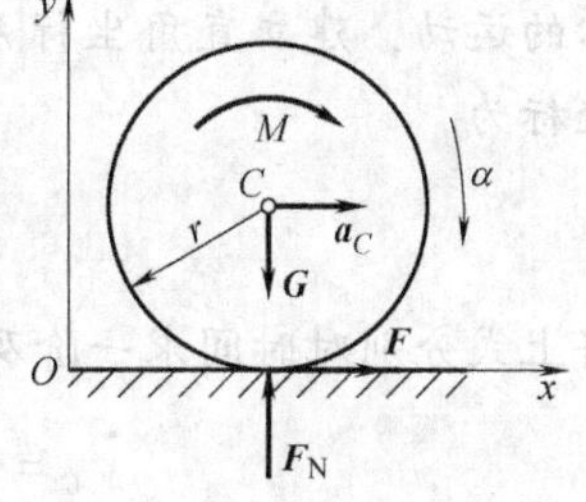

图 10-18

解 圆轮的受力如图10-18所示。根据圆轮的平面

运动微分方程，有

$$ma_{Cx}=F$$
$$ma_{Cy}=F_N-G$$
$$m\rho_C^2(-\alpha)=Fr-M$$

其中，M 与 α 均为顺时针转向，故按正负号规定，在前面加负号。因 $a_{Cy}=0$，所以 $a_C=a_{Cx}$，在纯滚动(即只滚不滑)的条件下，有

$$a_C=r\alpha$$

以上方程联立求解，得

$$a_C=\frac{Mr}{m(\rho_C^2+r^2)}$$
$$F=ma_C$$
$$F_N=G=mg$$

欲使圆轮只滚动而不滑动，必须满足 $F\leqslant\mu F_N$，即

$$\frac{Mr}{\rho_C^2+r^2}\leqslant\mu mg$$

于是得圆轮只滚不滑的条件为

$$M\leqslant\mu mg\frac{r^2+\rho_C^2}{r}$$

对于均质圆盘 $\rho_C=\sqrt{2}r/2$，故 $M\leqslant3\mu mgr/2$。

从例10-11可见，应用刚体平面运动微分方程求解动力学的两类问题时，除了要列出微分方程外，还需写出补充的运动学方程或其他所需的方程，在例10-11中补充方程为 $a_C=r\alpha$。

例10-12 均质细杆 AB 长 l，重 $\boldsymbol{G}$，两端分别沿铅垂墙和水平面滑动，不计摩擦，如图10-19所示。若杆在铅垂位置受干扰后，由静止状态沿铅垂面滑下。求杆在任意位置的角加速度。

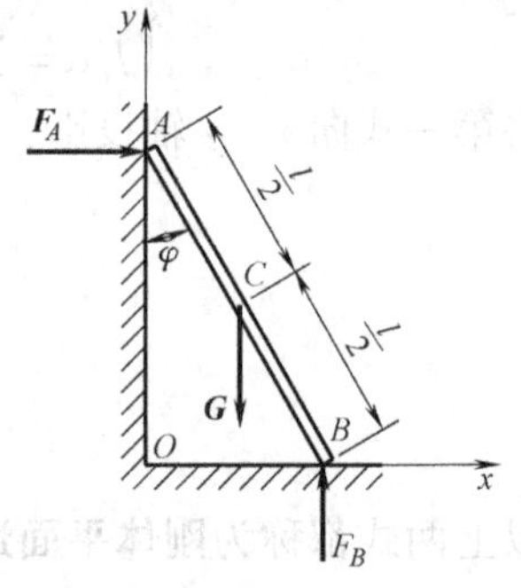

图 10-19

解 显然，杆的自由度为1，取 φ 为广义坐标，逆时针方向为正。

杆在任意位置的受力如图10-19所示。为分析杆质心的运动，建立直角坐标系 Oxy，如图所示，则质心的坐标为

$$x_C=\frac{l}{2}\sin\varphi,\qquad y_C=\frac{l}{2}\cos\varphi$$

将上式分别对时间求一阶及二阶导数，有

$$\dot{x}_C=\frac{l}{2}\dot{\varphi}\cos\varphi,\qquad \dot{y}_C=-\frac{l}{2}\dot{\varphi}\sin\varphi$$

$$\ddot{x}_C = -\frac{l}{2}\dot{\varphi}^2\sin\varphi + \frac{l}{2}\ddot{\varphi}\cos\varphi$$

$$\ddot{y}_C = -\frac{l}{2}\dot{\varphi}^2\cos\varphi - \frac{l}{2}\ddot{\varphi}\sin\varphi$$

列出杆的平面运动微分方程

$$m\ddot{x}_C = \sum F_x^e, \qquad \frac{G}{g}\left(-\frac{l}{2}\dot{\varphi}^2\sin\varphi + \frac{l}{2}\ddot{\varphi}\cos\varphi\right) = F_A \tag{1}$$

$$m\ddot{y}_C = \sum F_y^e, \qquad \frac{G}{g}\left(-\frac{l}{2}\dot{\varphi}^2\cos\varphi - \frac{l}{2}\ddot{\varphi}\sin\varphi\right) = F_B - G \tag{2}$$

$$J_C\ddot{\varphi} = \sum M_C(\boldsymbol{F}^e), \qquad \frac{1}{12}\frac{G}{g}l^2\ddot{\varphi} = F_B\frac{l}{2}\sin\varphi - F_A\frac{l}{2}\cos\varphi \tag{3}$$

求解微分方程，将式(1)乘以$\frac{l}{2}\cos\varphi$、式(2)乘以$\frac{l}{2}\sin\varphi$，然后两式相减得

$$\frac{1}{4}\frac{G}{g}l^2\ddot{\varphi} = F_A\frac{l}{2}\cos\varphi - F_B\frac{l}{2}\sin\varphi + G\frac{l}{2}\sin\varphi \tag{4}$$

式(4)与式(3)联立求解，可得任意瞬时的角加速度为

$$\ddot{\varphi} = \frac{3g}{2l}\sin\varphi$$

本题中，如果要求杆在任意位置时的约束力，则可将上式分离变量后积分求出杆在任意瞬时的角速度，再代入式(1)、式(2)，即可求得约束力$\boldsymbol{F}_A$、$\boldsymbol{F}_B$，请读者自行计算。

思考题

10-1 一细杆由等长的钢与铜两段组成，如图10-20所示，两段质量分别为m_1和m_2，且都为均质杆。则细杆对图示三轴的转动惯量分别为J_{z1} = ________；J_{z2} = ________；J_{z3} = ________。

10-2 平面运动刚体，当所受外力系的主矢为零时，刚体只能绕质心转动吗？当所受外力系对质心的主矩为零时，刚体只能作平动吗？

10-3 在图10-21所示的齿轮传动系统中，两齿轮对转轴的转动惯量分别为J_1和J_2，则轮Ⅰ的角加速度能否按$\alpha_1 = M_1/(J_1+J_2)$进行计算？为什么？

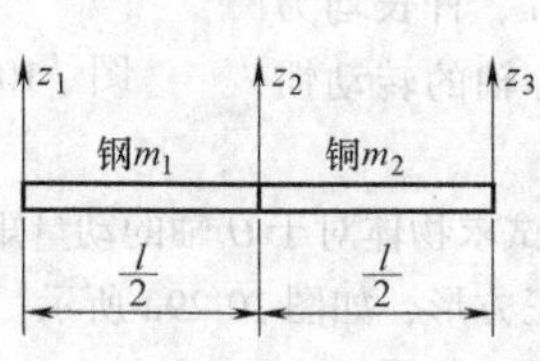

图 10-20

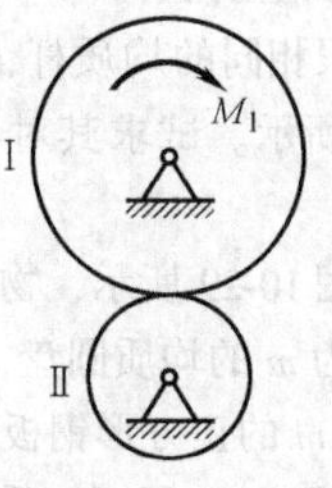

图 10-21

10-4 在完全相同的三个转动轮上绕有软绳，在绳端作用有力或挂有重物，如图10-22所示，则各轮转动的角加速度的关系为____________。

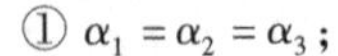

① $\alpha_1=\alpha_2=\alpha_3$； ② $\alpha_1<\alpha_2<\alpha_3$；

③ $\alpha_1>\alpha_2>\alpha_3$； ④ $\alpha_1=\alpha_3\neq\alpha_2$；

⑤ $\alpha_1\neq\alpha_2=\alpha_3$

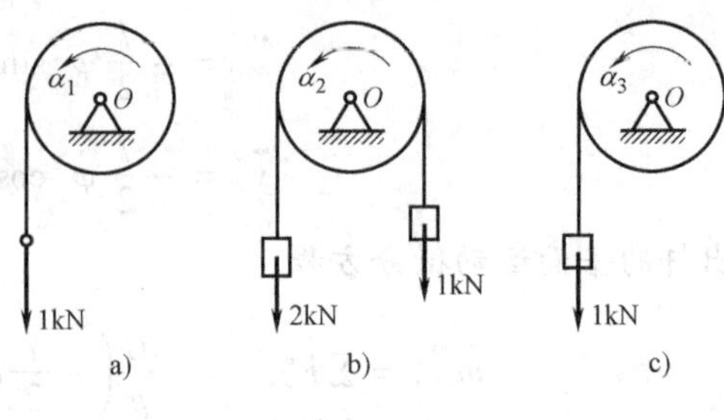

图 10-22

10-5 质量为 m 的均质圆盘，平放在光滑的水平面上，其受力情况如图10-23所示，设开始时，圆盘静止，图中 $R=2r$，试说明各圆盘将如何运动。

10-6 如图10-24所示，在铅垂面内，杆 OA 可绕 O 轴自由转动，均质圆盘可绕其质心轴 A 自由转动。如果 OA 水平时，系统静止，问自由释放后圆盘作什么运动？

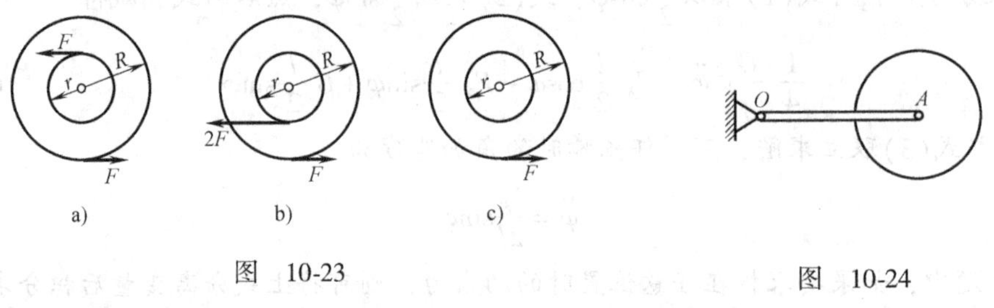

图 10-23　　　图 10-24

习　题

10-1 质量为 m 的质点在平面 xOy 内运动，其运动方程为 $x=a\cos\omega t$，$y=b\sin2\omega t$。其中 a、b 和 ω 均为常量。试求质点对坐标原点 O 的动量矩。

10-2 C、D 两球质量均为 m，用长为 $2l$ 的杆连接，并将其中点固定在轴 AB 上，杆 CD 与轴 AB 的夹角为 θ，如图10-25所示。如果轴 AB 以角速度 ω 转动，试求下列两种情况下，系统对 AB 轴的动量矩。(1)杆重忽略不计；(2)杆为均质杆，质量为 $2m$。

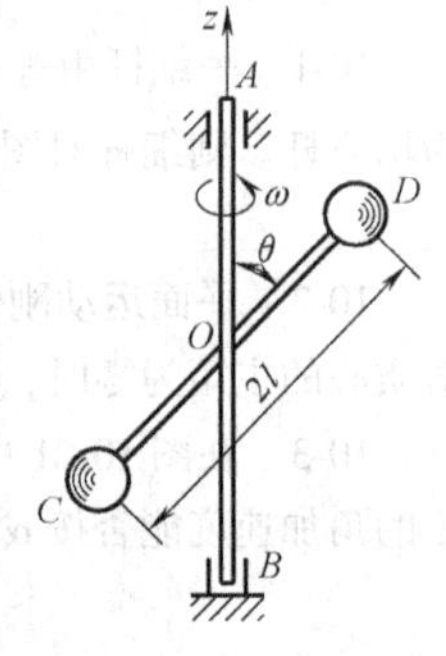

图 10-25

10-3 试求图10-26所示各均质物体对其转轴的动量矩。各物体质量均为 m。

10-4 如图10-27所示，均质三角形薄板的质量为 m，高为 h，试求对底边的转动惯量 J_x。

10-5 三根相同的均质杆，用光滑铰链连接质量均为 m，杆长均为 l，如图10-28所示。试求其对与 ABC 所在平面垂直的质心轴的转动惯量。

10-6 如图10-29所示，物体以角速度 ω 绕 O 轴转动，试求物体对于 O 轴的动量矩。(1)半径为 R、质量为 m 的均质圆盘，在中央挖去一边长为 R 的正方形，如图10-29a所示。(2)边长为 $4a$、质量为 m 的正方形钢板，在中央挖去一半径为 a 的圆，如图10-29b所示。

10-7 如图10-30所示，质量为 m 的偏心轮在水平面上作平面运动。轮子轴心为 A，质心为 C，$AC=e$；轮子半径为 R，对轴心 A 的转动惯量为 J_A；C、A、B 三点在同一直线上。试求下列

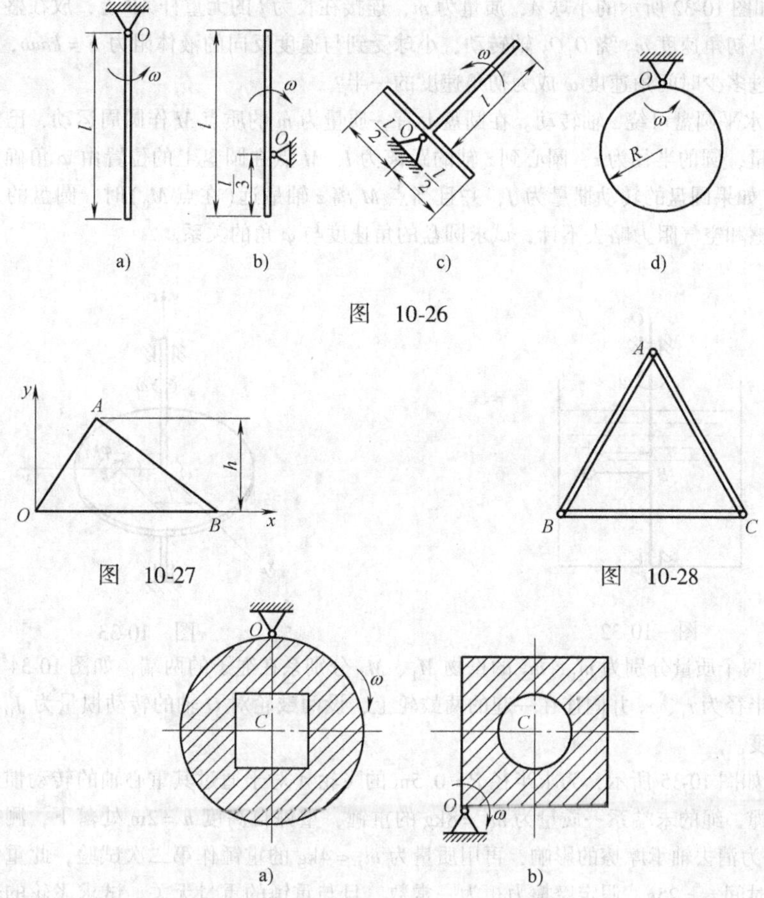

图 10-26

图 10-27

图 10-28

图 10-29

两种情况下轮子的动量和对地面上 B 点的动量矩：(1)当轮子纯滚动时，已知$\boldsymbol{v}_A$；(2)当轮子既滚又滑时，已知$\boldsymbol{v}_A$、ω。

10-8 曲柄以匀角速度 ω 绕 O 轴转动，通过连杆 AB 带动滑块 A 与 B 分别在铅垂和水平滑道中运动，如图 10-31 所示。已知 $OC=AC=BC=l$，曲柄质量为 m，连杆质量为 $2m$，试求系统在图示位置时对 O 轴的动量矩。

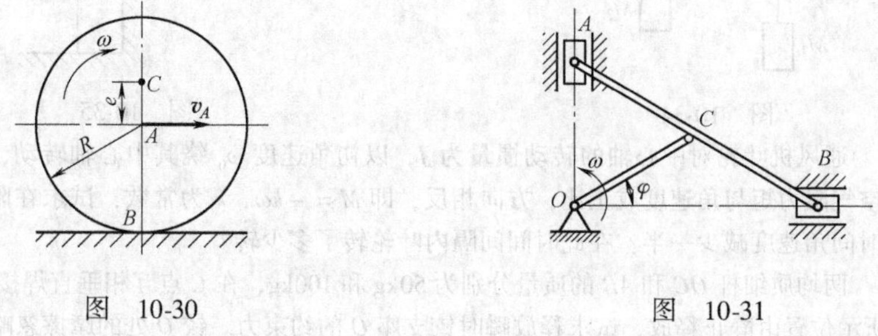

图 10-30

图 10-31

10-9 如图10-32所示的小球A，质量为m，连接在长为l的无重杆AB上，放在盛有液体的容器中。杆以初角速度ω_0绕O_1O_2轴转动，小球受到与速度反向的液体阻力$F=km\omega$，k为比例常数。问经过多少时间角速度ω成为初角速度的一半？

10-10 水平圆盘可绕z轴转动。在圆盘上有一质量为m的质点M作圆周运动，已知其速度大小v_0=常量，圆的半径为r，圆心到z轴的距离为l，M点在圆盘上的位置由φ角确定，如图10-33所示。如果圆盘的转动惯量为J，并且当点M离z轴最远(在点M_0)时，圆盘的角速度为零。轴的摩擦和空气阻力略去不计，试求圆盘的角速度与φ角的关系。

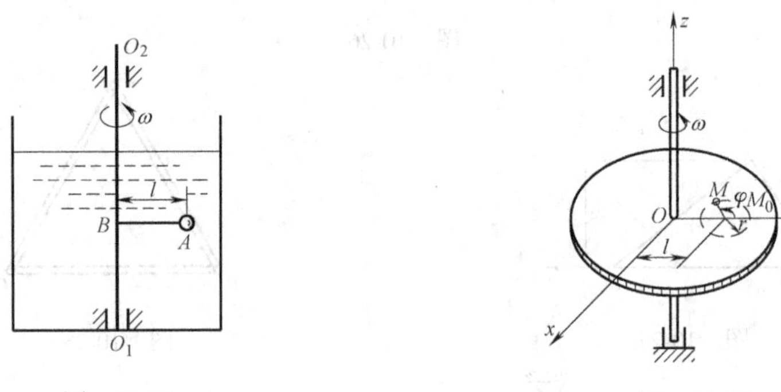

图 10-32 图 10-33

10-11 两个质量分别为m_1、m_2的重物M_1、M_2分别系在绳子的两端，如图10-34所示。两绳分别绕在半径为r_1、r_2并固连在一起的两鼓轮上，设两鼓轮对O轴的转动惯量为J_O，试求鼓轮的角加速度。

10-12 如图10-35所示，为求半径$R=0.5\text{m}$的飞轮A对于通过其重心轴的转动惯量，在飞轮上绕以细绳，绳的末端系一质量为$m_1=8\text{kg}$的重锤，重锤自高度$h=2\text{m}$处落下，测得落下时间$t_1=16\text{s}$。为消去轴承摩擦的影响，再用质量为$m_2=4\text{kg}$的重锤作第二次试验，此重锤自同一高度落下的时间$t_2=25\text{s}$。假定摩擦力矩为一常数，且与重锤的重量无关，试求飞轮的转动惯量和轴承的摩擦力矩。

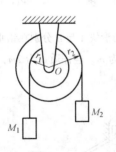

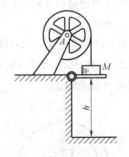

图 10-34 图 10-35

10-13 通风机叶轮对中心轴的转动惯量为J，以初角速度ω_0绕其中心轴转动，如图10-36所示。设空气阻力矩与角速度成正比，方向相反，即$M=-k\omega$，k为常数，试求在阻力作用下，经过多少时间角速度减少一半？在此时间间隔内叶轮转了多少转？

10-14 两均质细杆OC和AB的质量分别为50kg和100kg，在C点互相垂直焊接起来。若在图10-37所示位置由静止释放，试求释放瞬时铰支座O的约束力。铰O处的摩擦忽略不计。

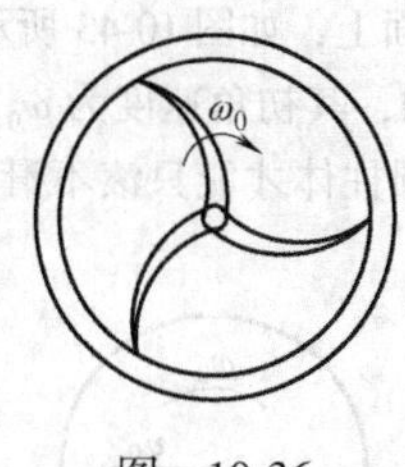

图　10-36

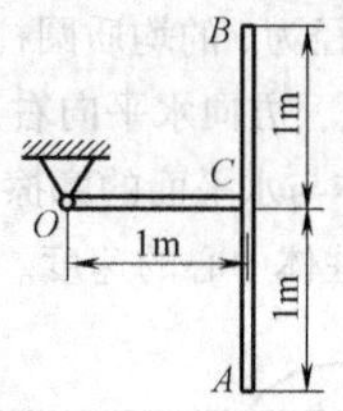

图　10-37

10-15　质量为100kg、半径为1m的均质圆轮，以转速$n=120\mathrm{r/min}$绕O轴转动，如图10-38所示。设有一常力$\boldsymbol{F}$作用于闸杆，轮经10s后停止转动。已知摩擦因数$\mu=0.1$，试求力$\boldsymbol{F}$的大小。

10-16　如图10-39所示的带传动系统，已知主动轮半径为R_1、质量为m_1，从动轮半径为R_2、质量为m_2，两轮以带相连接，分别绕O_1和O_2轴转动，在主动轮上作用有力偶矩为M的主动力偶，从动轮上的阻力偶矩为M'。带轮可视为均质圆盘，带质量不计，带与带轮间无滑动。试求主动轮的角加速度。

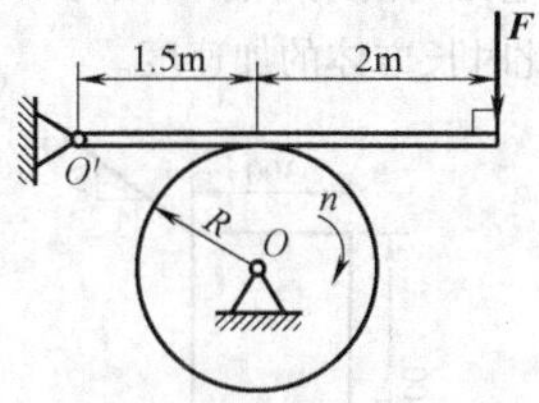

图　10-38

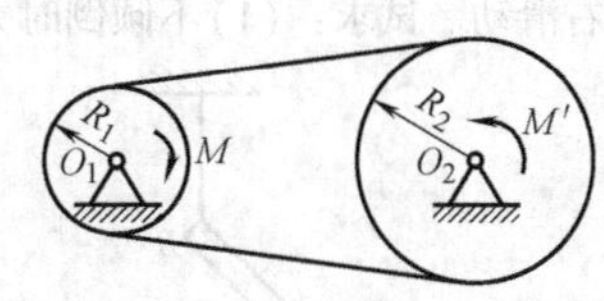

图　10-39

10-17　如图10-40所示，电绞车提升一质量为m的物体，在其主动轴上作用有一矩为M的主动力偶。已知主动轴和从动轴连同安装在这两轴上的齿轮以及其他附属零件的转动惯量分别为J_1和J_2；传动比$z_2:z_1=i$；吊索缠绕在鼓轮上，鼓轮半径为R。设轴承的摩擦和吊索的质量均略去不计，试求重物的加速度。

10-18　半径为R、质量为m的均质圆盘，沿倾角为θ的斜面作纯滚动，如图10-41所示。不计滚动阻碍，试求：(1)圆轮质心的加速度；(2)圆轮在斜面上不打滑的最小静摩擦因数。

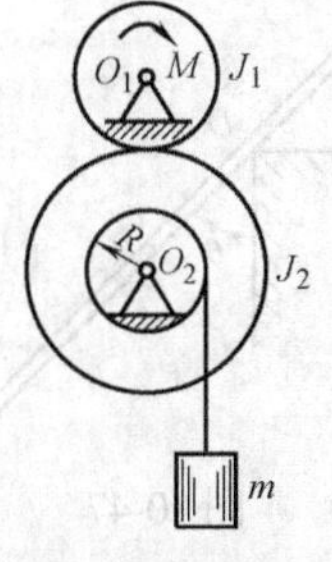

图　10-40

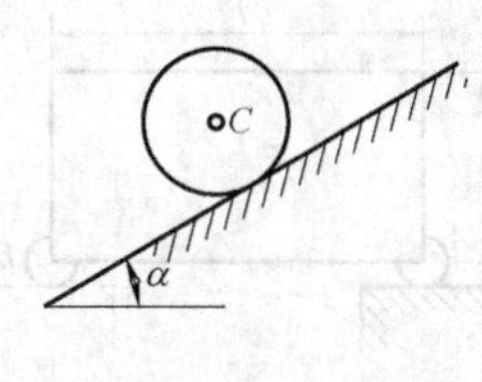

图　10-41

10-19　重物A质量为m_1，系在绳子上，绳子跨过不计质量的定滑轮D，并绕在鼓轮B上，如图10-42所示。由于重物下降，带动轮C沿水平轨道滚动而不滑动。设鼓轮半径为r，轮C的半径为R，两者固连在一起，总质量为m_2，对于其水平轴O的回转半径为ρ。试求重物A的加速度。

10-20 半径为 r 的均质圆柱体质量为 m，放在粗糙的水平面上，如图 10-43 所示。设其中心 C 的初速度为 $\boldsymbol{v}_0$，方向水平向右，同时圆柱沿如图所示方向转动，其初角速度为 ω_0，且有 $r\omega_0 < v_0$。如果圆柱体与水平面的摩擦因数为 μ，问经过多少时间，圆柱体才能只滚不滑地向前运动？并求该瞬时圆柱体中心的速度。

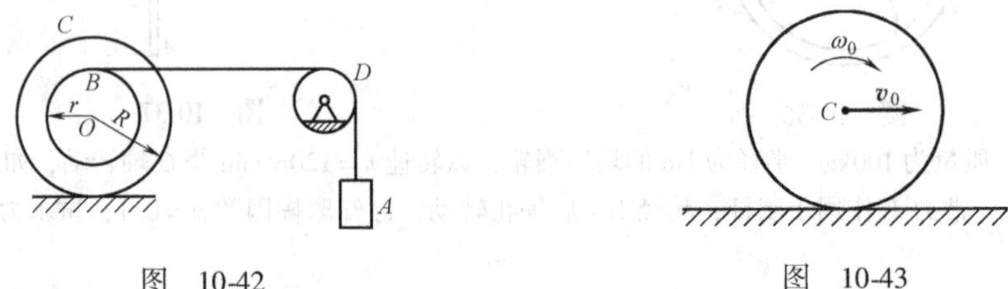

图 10-42　　图 10-43

10-21 如图 10-44 所示，长为 l、质量为 m 的均质杆 AB 一端系在细索 BE 上，另一端放在光滑平面上，当细索铅直而杆静止时，杆对水平面的倾角 $\varphi = 45°$，现细索突然断掉，试求杆 A 端的约束力。

10-22 如图 10-45 所示的均质长方体质量为 50kg，与地面间的动摩擦因数为 0.2，在力 $\boldsymbol{F}$ 作用下向右滑动。试求：(1)不倾倒时力 $\boldsymbol{F}$ 的最大值；(2)此时长方体的加速度。

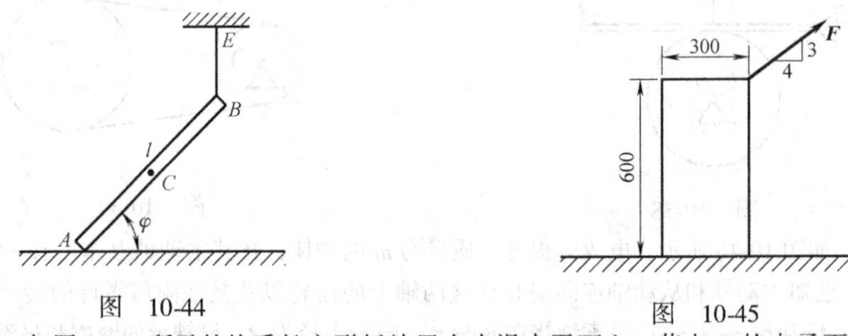

图 10-44　　图 10-45

10-23 如图 10-46 所示的均质长方形板放置在光滑水平面上。若点 B 的支承面突然移开，试求此瞬时点 A 的加速度。

10-24 均质细长杆 AB，质量为 m，长为 l，$CD = d$，与铅垂墙间的夹角为 θ，D 棱是光滑的。在图 10-47 所示位置将杆突然释放，试求刚释放时，质心 C 的加速度和 D 处的约束力。

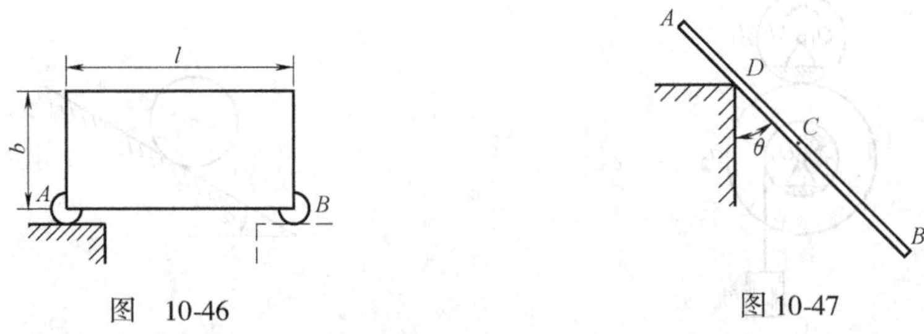

图 10-46　　图 10-47

第十一章 动能定理

能量转换与功之间的关系是自然界中各种形式运动的普遍规律，在机械运动中则表现为动能定理。动能定理从能量的角度来分析质点和质点系的动力学问题。

本章介绍动能定理及其应用，并将综合运用动力学普遍定理分析较复杂的动力学问题。

第一节 动能的概念和计算

一、质点的动能

设质点的质量为 m，在某一位置时的速度为 $\boldsymbol{v}$，则该**质点的动能等于它的质量与速度二次方乘积的一半**，用 E_k 表示，即

$$E_k = \frac{1}{2}mv^2 \tag{11-1}$$

由上式可知，动能恒为正值，它是一个与速度方向无关的标量。动能的量纲为

$$\dim E_k = ML^2T^{-2}$$

在国际单位制中动能的单位为 N · m(牛 · 米)，即 J(焦耳)。

动能和动量是机械运动的两种量度，都与物体的质量和速度有关。动量为矢量，与速度的一次方成正比；而动能为标量，与速度的二次方成正比，它以能量形式来量度物体机械运动的强弱。

二、质点系的动能

质点系内各质点的动能的总和，称为质点系的动能，即

$$E_k = \sum \frac{1}{2}m_i v_i^2 \tag{11-2}$$

式中，m_i 和 v_i 分别表示质点系中任一质点的质量和速度的大小。

刚体是由无数质点组成的质点系，刚体作不同的运动时，各质点的速度分布不同，故刚体的动能应按照刚体的运动形式来计算。

三、平动刚体的动能

当刚体作平动时，在每一瞬时刚体内各质点的速度都相同，以刚体质心的速度 $\boldsymbol{v}_C$ 为代表，于是，由式(11-2)可得平动刚体的动能

$$E_k = \sum \frac{1}{2}m_i v_i^2 = \frac{1}{2}v_C^2 \sum m_i = \frac{1}{2}mv_C^2 \tag{11-3}$$

上式表明：**平动刚体的动能等于刚体的质量与其质心速度平方乘积的一半**。即可将

平动刚体视为一个全部质量集中于质心的质点来计算其动能。

四、定轴转动刚体的动能

设刚体在某瞬时绕固定轴 z 转动的角速度为 ω，则与转动轴 z 相距为 r_i、质量为 m_i 的质点的速度为 $v_i = r_i\omega$。于是，由式(11-2)可得定轴转动刚体的动能

$$E_k = \sum \frac{1}{2}m_i v_i^2 = \sum \frac{1}{2}m_i r_i^2\omega^2 = \frac{1}{2}\left(\sum m_i r_i^2\right)\omega^2 = \frac{1}{2}J_z\omega^2$$

故
$$E_k = \frac{1}{2}J_z\omega^2 \tag{11-4}$$

上式表明：**定轴转动刚体的动能等于刚体对转轴的转动惯量与角速度平方乘积的一半。**

五、平面运动刚体的动能

刚体作平面运动时，任一瞬时的速度分布可看成绕其速度瞬心作瞬时转动，因此，该瞬时的动能可按式(11-4)进行计算。

取刚体质心 C 所在的平面图形如图 11-1 所示，设图形中的点 I 是某瞬时的瞬心，ω 是平面图形转动的角速度，于是，平面运动刚体的动能为

$$E_k = \frac{1}{2}J_I\omega^2 \tag{11-5}$$

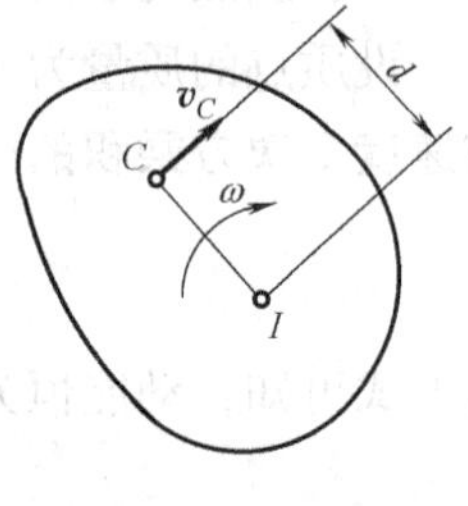

图 11-1

式中，J_I 是刚体对速度瞬心的转动惯量。由于速度瞬心 I 的位置随时间而改变，应用上式进行计算有时不方便，故常采用另一种形式。

根据转动惯量的平行轴定理有

$$J_I = J_C + md^2$$

式中，m 是刚体的质量；$d = CI$；J_C 是刚体对于质心的转动惯量。代入式(11-5)，可得

$$E_k = \frac{1}{2}(J_C + md^2)\omega^2 = \frac{1}{2}J_C\omega^2 + \frac{1}{2}m(d\omega)^2$$

因为 $v_C = d\omega$，故

$$E_k = \frac{1}{2}mv_C^2 + \frac{1}{2}J_C\omega^2 \tag{11-6}$$

上式表明：**平面运动刚体的动能等于刚体随质心平动动能与绕质心转动动能之和。**

例 11-1 在图 11-2 所示系统中，均质定滑轮 B（视为均质圆盘）和均质圆柱体 C 的质量均为 m_1，半径均为 R，圆柱体 C 沿倾角为 θ 的斜面作纯滚动，重物 A 的质量为 m_2，不计绳的伸长量与质量。在图示瞬时，重物 A 的速度为 $\boldsymbol{v}$。试求该系统的动能。

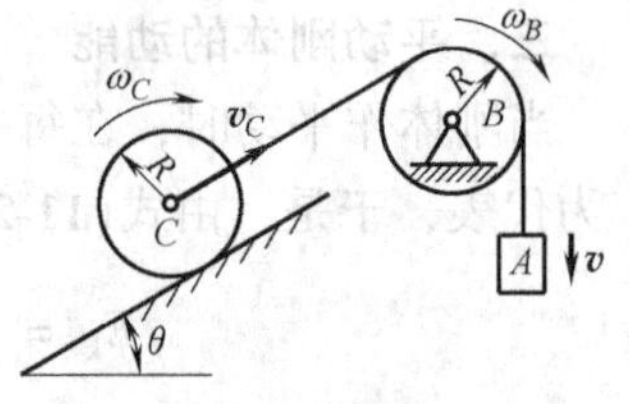

图 11-2

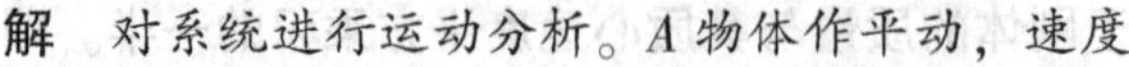

解 对系统进行运动分析。A 物体作平动，速度

为 v；滑轮 B 作定轴转动，角速度 $\omega_B = v/R$；圆柱体 C 作平面运动，质心 C 的速度为 $v_C = v$，角速度 $\omega_C = v_C/R = v/R$，则由式(11-3)、式(11-4)、式(11-6)分别计算刚体 A、B、C 的动能，得

$$E_{kA} = \frac{1}{2}m_2 v^2$$

$$E_{kB} = \frac{1}{2}J_B\omega_B^2 = \frac{1}{2}\left(\frac{1}{2}m_1R^2\right)\left(\frac{v}{R}\right)^2 = \frac{1}{4}m_1v^2$$

$$E_{kC} = \frac{1}{2}m_1v_C^2 + \frac{1}{2}J_C\omega_C^2 = \frac{1}{2}m_1v^2 + \frac{1}{2}\left(\frac{1}{2}m_1R^2\right)\left(\frac{v}{R}\right)^2 = \frac{3}{4}m_1v^2$$

系统的动能为各刚体动能之和，即

$$E_k = E_{kA} + E_{kB} + E_{kC} = \frac{1}{2}m_2v^2 + \frac{1}{4}m_1v^2 + \frac{3}{4}m_1v^2 = \frac{1}{2}(m_2 + 2m_1)v^2$$

第二节　功的概念和计算

力对物体的作用效果可以有各种量度。力的冲量是力在一段时间内对物体作用效果的量度。**力的功**则是力在其作用点所经过的一段路程中对物体的作用效果的量度。

一、常力的功

设有一质点 M 在常力 $\boldsymbol{F}$ 的作用下沿直线运动，如图 11-3 所示。若质点由 M_1 处移至 M_2 的路程为 s，则力 $\boldsymbol{F}$ 在路程 s 中所做的功定义为

$$W = Fs\cos\theta \qquad (11\text{-}7)$$

由上式可知，功是标量，可为正、负或零。功的量纲为

$$\dim W = \mathrm{MLT^{-2} \cdot L = ML^2T^{-2}}$$

在国际单位制中，功的单位为 J(焦耳)。

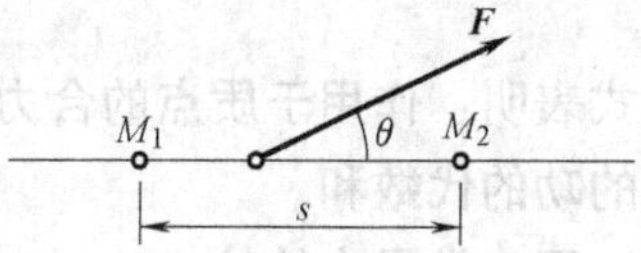

图　11-3

二、变力的功

设有质点 M 在变力 $\boldsymbol{F}$ 的作用下沿曲线运动，如图 11-4 所示。在曲线 $\overset{\frown}{M_1M_2}$ 上取微段 $\mathrm{d}s$，在这微段内，力 $\boldsymbol{F}$ 可视为不变，则由式(11-7)得到力 $\boldsymbol{F}$ 在微段中所做的微小功(或称为**元功**)为

$$\mathrm{d}'W = F\,\mathrm{d}s\cos\langle \boldsymbol{F},\boldsymbol{\tau}\rangle = \boldsymbol{F}\cdot \mathrm{d}\boldsymbol{r} = F_\tau \mathrm{d}s$$

因为力 $\boldsymbol{F}$ 的元功不一定能表示为某一函数 W 的全微分，故采用符号 d'。**变力在曲线 $\overset{\frown}{M_1M_2}$ 上所做的功等于在此段路程中所有元功的总和**，即

$$W = \int_{\overset{\frown}{M_1M_2}} F\cos\langle \boldsymbol{F},\boldsymbol{\tau}\rangle \mathrm{d}s$$

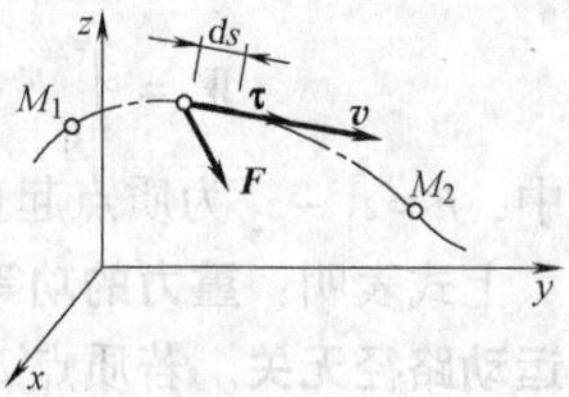

图　11-4

$$= \int_{M_1}^{M_2} \boldsymbol{F} \cdot \mathrm{d}\boldsymbol{r} = \int_{s_1}^{s_2} \boldsymbol{F}_{\tau} \cdot \mathrm{d}s \tag{11-8}$$

式中，s_1 和 s_2 分别表示质点在起止位置时的弧坐标。

上式为沿曲线$\overset{\frown}{M_1M_2}$的线积分，其值一般与路径有关，可化为坐标积分。

将
$$\boldsymbol{F} = F_x\boldsymbol{i} + F_y\boldsymbol{j} + F_z\boldsymbol{k}, \qquad \mathrm{d}\boldsymbol{r} = \mathrm{d}x\boldsymbol{i} + \mathrm{d}y\boldsymbol{j} + \mathrm{d}z\boldsymbol{k}$$

代入元功的表达式，得

$$\mathrm{d}'W = \boldsymbol{F} \cdot \mathrm{d}\boldsymbol{r} = F_x\mathrm{d}x + F_y\mathrm{d}y + F_z\mathrm{d}z$$

于是力 $\boldsymbol{F}$ 在$\overset{\frown}{M_1M_2}$路程上的功为

$$W = \int_{M_1}^{M_2} \boldsymbol{F} \cdot \mathrm{d}\boldsymbol{r} = \int_{M_1}^{M_2} (F_x\mathrm{d}x + F_y\mathrm{d}y + F_z\mathrm{d}z) \tag{11-9}$$

上式称为**功的解析表达式**。

三、合力的功

设质点 M 受力系 $\boldsymbol{F}_1$，$\boldsymbol{F}_2$、…、$\boldsymbol{F}_n$ 的作用，它的合力为

$$\boldsymbol{F}_{\mathrm{R}} = \boldsymbol{F}_1 + \boldsymbol{F}_2 + \cdots + \boldsymbol{F}_n$$

则质点在合力 $\boldsymbol{F}_{\mathrm{R}}$ 的作用下沿有限曲线$\overset{\frown}{M_1M_2}$所做的功为

$$W = \int_{M_1}^{M_2} \boldsymbol{F}_{\mathrm{R}} \cdot \mathrm{d}\boldsymbol{r} = \int_{M_1}^{M_2} (\boldsymbol{F}_1 + \boldsymbol{F}_2 + \cdots + \boldsymbol{F}_n) \cdot \mathrm{d}\boldsymbol{r}$$

$$= \int_{M_1}^{M_2} \boldsymbol{F}_1 \cdot \mathrm{d}\boldsymbol{r} + \int_{M_1}^{M_2} \boldsymbol{F}_2 \cdot \mathrm{d}\boldsymbol{r} + \cdots + \int_{M_1}^{M_2} \boldsymbol{F}_n \cdot \mathrm{d}\boldsymbol{r}$$

即
$$W = W_1 + W_2 + \cdots + W_n \tag{11-10}$$

上式表明：**作用于质点的合力在任一路程中所做的功，等于各分力在同一路程中所做的功的代数和。**

四、常见力的功

1. 重力的功

设质量为 m 的质点 M，由 M_1 沿曲线$\overset{\frown}{M_1M_2}$运动到 M_2，如图 11-5 所示。重力 $\boldsymbol{G}$ 在直角坐标轴上的投影为

$$F_x = 0, \quad F_y = 0, \quad F_z = -G$$

代入式(11-9)，可得重力在曲线$\overset{\frown}{M_1M_2}$上的功为

$$W = \int_{z_1}^{z_2} F_z\mathrm{d}z = \int_{z_1}^{z_2} (-G)\mathrm{d}z = -G(z_2 - z_1) = mgh \tag{11-11}$$

式中，$h = z_1 - z_2$ 为质点起止位置的高度差。

上式表明：**重力的功等于质点的重量与起止位置间的高度差的乘积，而与质点的运动路径无关。**若质点 M 下降，h 为正值，重力所做的功为正；若质点 M 上升，h 为负值，重力所做的功亦为负。

对于质点系，重力做功为

$$W = mg(z_{C1} - z_{C2}) = mgh \tag{11-12}$$

式中，m 为质点系质量；$h = z_{C1} - z_{C2}$ 为质点系质心起止位置间的高度差。

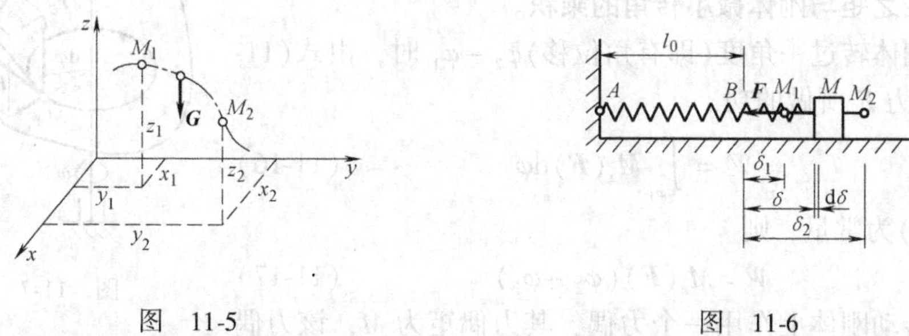

图 11-5　　　　图 11-6

2. 弹性力的功

设质点 M 与弹簧连接，如图 11-6 所示，弹簧的自然长度为 l_0，在弹簧的弹性极限内，弹簧作用于质点的弹性力 $\boldsymbol{F}$ 的大小与弹簧的变形量 δ(伸长或压缩)成正比，即

$$F = k\delta$$

式中，比例系数 k 称为弹簧刚度系数。在国际单位制中，k 的单位为 N/m，因此，当质点 M 由弹簧变形量为 δ_1 沿直线运动至变形量为 δ_2 时，弹性力的功

$$W = \int_{\delta_1}^{\delta_2} (-F)\mathrm{d}\delta = \int_{\delta_1}^{\delta_2} (-k\delta)\mathrm{d}\delta = \frac{k}{2}(\delta_1^2 - \delta_2^2) \tag{11-13}$$

可以证明，当质点的运动轨迹不是直线时，弹性力的功的表达式(11-13)仍然是正确的。上式表明：**弹性力的功等于弹簧的起始变形量与终止变形量的平方差和刚度系数的乘积的一半，而与质点运动的路径无关。**

3. 平动刚体上力的功

当刚体作平动时，刚体内各点的位移都相同，若以质心 C 的位移 $\mathrm{d}\boldsymbol{r}_C$ 代表刚体的位移，则刚体从 M_1 点运动到 M_2 点时作用于刚体上力系的功为

$$W = \int_{M_1}^{M_2} \sum \boldsymbol{F}_i \cdot \mathrm{d}\boldsymbol{r}_C = \int_{M_1}^{M_2} \boldsymbol{F}_\mathrm{R} \cdot \mathrm{d}\boldsymbol{r}_C \tag{11-14}$$

式中，$\boldsymbol{F}_\mathrm{R} = \sum \boldsymbol{F}_i$ 为作用于刚体的力系上的主矢。

4. 定轴转动刚体上力的功　力偶的功

设刚体绕定轴 z 转动，一力 $\boldsymbol{F}$ 作用在刚体上 M 点，如图 11-7 所示。将力 $\boldsymbol{F}$ 分解成三个分力：平行于 z 轴的力 $\boldsymbol{F}_z$，沿 M 点运动轨迹的切向力 $\boldsymbol{F}_\tau$ 和沿径向的力 $\boldsymbol{F}_\mathrm{r}$。若刚体转动一微小转角 $\mathrm{d}\varphi$，则 M 点有一微小位移 $\mathrm{d}s = r\mathrm{d}\varphi$，其中 r 是 M 点的转动半径。由于 $\boldsymbol{F}_z$ 和 $\boldsymbol{F}_\mathrm{r}$ 都不做功，则力 $\boldsymbol{F}$ 所做的功等于切向力 $\boldsymbol{F}_\tau$ 所做的功。故力 $\boldsymbol{F}$ 在位移 $\mathrm{d}s$ 中的元功为

$$\mathrm{d}'W = F_\tau \mathrm{d}s = F_\tau r\mathrm{d}\varphi$$

式中，$F_\tau r = M_z(\boldsymbol{F})$是力$\boldsymbol{F}$对于转动轴$z$之矩，即

$$\mathrm{d}'W = M_z(\boldsymbol{F})\mathrm{d}\varphi \tag{11-15}$$

上式表明：**作用于定轴转动刚体上的力的元功，等于该力对转动轴之矩与刚体微小转角的乘积。**

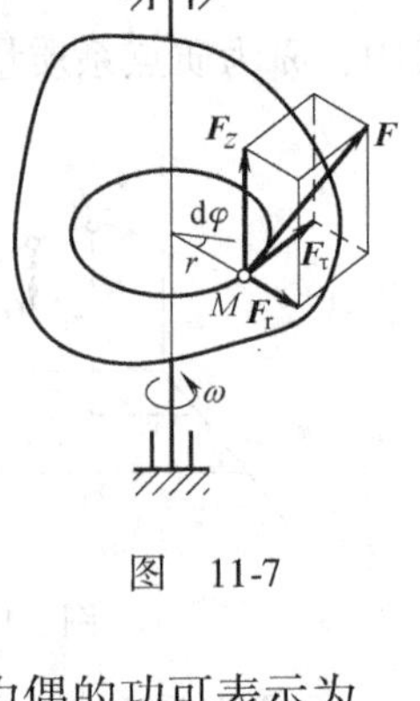

图 11-7

当刚体转过一角度(即有角位移)$\varphi_2-\varphi_1$时，由式(11-15)可得力$\boldsymbol{F}$所做的功

$$W = \int_{\varphi_1}^{\varphi_2} M_z(\boldsymbol{F})\mathrm{d}\varphi \tag{11-16}$$

若$M_z(\boldsymbol{F})$为常量，则

$$W = M_z(\boldsymbol{F})(\varphi_2-\varphi_1) \tag{11-17}$$

如果在转动刚体上作用一个力偶，其力偶矩为M，该力偶作用面与转动轴垂直，则力偶对转动轴z的矩为M。因此，力偶的功可表示为

$$W = \int_{\varphi_1}^{\varphi_2} M\mathrm{d}\varphi \tag{11-18}$$

若力偶矩为常量，则

$$W = M(\varphi_2-\varphi_1) \tag{11-19}$$

5. 平面运动刚体上力系的功

设平面运动刚体上有一个力系作用，取刚体的质心C为基点，当刚体有无限小位移时，任一力$\boldsymbol{F}_i$作用点M_i的位移为

$$\mathrm{d}\boldsymbol{r}_i = \mathrm{d}\boldsymbol{r}_C + \mathrm{d}\boldsymbol{r}_{iC}$$

其中，$\mathrm{d}\boldsymbol{r}_C$为质心的无限小位移，$\mathrm{d}\boldsymbol{r}_{iC}$为质点$M_i$绕质心$C$的微小转动位移，如图11-8所示。

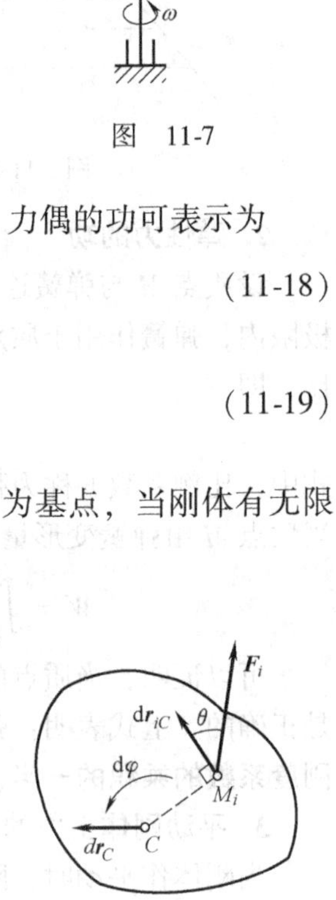

力$\boldsymbol{F}_i$在点M_i位移上做的元功为

$$\mathrm{d}'W_i = \boldsymbol{F}_i\cdot\mathrm{d}\boldsymbol{r}_i = \boldsymbol{F}_i\cdot\mathrm{d}\boldsymbol{r}_C + \boldsymbol{F}_i\cdot\mathrm{d}\boldsymbol{r}_{iC}$$

设刚体无限小转角为$\mathrm{d}\varphi$，则转动位移$\mathrm{d}\boldsymbol{r}_{iC}$垂直于直线$M_iC$，大小为$M_iC\mathrm{d}\varphi$，因此，上式后一项

$$\boldsymbol{F}_i\cdot\mathrm{d}\boldsymbol{r}_{iC} = F_i\cos\theta\cdot M_iC\mathrm{d}\varphi = M_C(\boldsymbol{F}_i)\mathrm{d}\varphi$$

图 11-8

式中，θ为力$\boldsymbol{F}_i$与转动位移$\mathrm{d}\boldsymbol{r}_{iC}$间的夹角；$M_C(\boldsymbol{F}_i)$为力$\boldsymbol{F}_i$对质心$C$的矩。则力系全部力所做的元功之和为

$$\begin{aligned}\mathrm{d}'W &= \sum\mathrm{d}'W_i = \sum\boldsymbol{F}_i\cdot\mathrm{d}\boldsymbol{r}_C + \sum M_C(\boldsymbol{F}_i)\mathrm{d}\varphi\\ &= \boldsymbol{F}_\mathrm{R}\cdot\mathrm{d}\boldsymbol{r}_C + M_C\mathrm{d}\varphi\end{aligned}$$

式中，$\boldsymbol{F}_\mathrm{R}$为力系主矢；$M_C$为力系对质心$C$的主矩。

刚体质心C由C_1移到C_2，同时，刚体又由φ_1转到φ_2时，力系做功为

$$W = \int_{C_1}^{C_2}\boldsymbol{F}_\mathrm{R}\cdot\mathrm{d}\boldsymbol{r}_C + \int_{\varphi_1}^{\varphi_2} M_C\mathrm{d}\varphi \tag{11-20}$$

例 11-2 重9.8N的滑块放在光滑的水平槽内，一端与刚度系数$k=50\mathrm{N/m}$的弹簧连接，另一端被一绕过定滑轮C的绳子拉住，如图11-9a所示。滑块在位置A

时，弹簧具有拉力2.5N。滑块在20N的绳子拉力作用下由位置A运动到位置B，试计算作用于滑块的所有力的功之和。已知$AB=200\text{mm}$，不计滑轮的大小及轴承摩擦。

解 取滑块为研究对象，对其进行受力分析。在任一瞬时，滑块在离A点x距离处其受力图如图11-9b所示。滑块受力有重力$\boldsymbol{G}$、水平槽法向约束力$\boldsymbol{F}_{\text{N}}$、弹性力$\boldsymbol{F}$及绳子拉力$\boldsymbol{F}_{\text{T}}$。由于重力$\boldsymbol{G}$、法向约束力$\boldsymbol{F}_{\text{N}}$均与滑块的运动方向垂直，因此它们做功为零，即

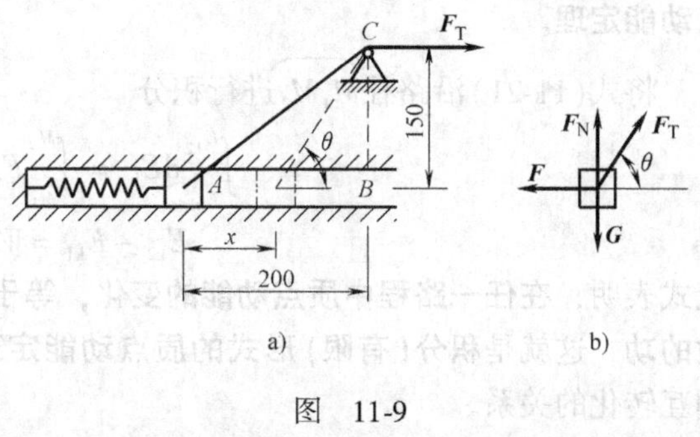

图 11-9

$$W_G=W_{F_{\text{N}}}=0$$

弹性力$\boldsymbol{F}$做的功：设以δ_1、δ_2分别表示滑块在位置A、B处弹簧的变形量，则有

$$\delta_1=\frac{2.5}{50}\text{m}=0.05\text{m},\quad \delta_2=0.05\text{m}+0.2\text{m}=0.25\text{m}$$

得
$$W_F=\frac{k}{2}(\delta_1^2-\delta_2^2)=\left[\frac{1}{2}\times50\times(0.05^2-0.25^2)\right]\text{J}=-1.5\text{J}$$

拉力$\boldsymbol{F}_{\text{T}}$做的功：由图11-9a可知，拉力$\boldsymbol{F}_{\text{T}}$与$x$轴的夹角余弦为

$$\cos\theta=\frac{0.2-x}{\sqrt{(0.2-x)^2+0.15^2}}$$

得
$$W_{F_{\text{T}}}=\int_0^{0.2}F_{\text{T}}\cos\theta\text{d}x=\int_0^{0.2}20\cdot\frac{0.2-x}{\sqrt{(0.2-x)^2+0.15^2}}\text{d}x=2\text{J}$$

所以，滑块从位置A运动到位置B时，作用于滑块上的所有力的功之和为

$$W=\sum W_i=W_G+W_{F_{\text{N}}}+W_F+W_{F_{\text{T}}}=0.5\text{J}$$

第三节 动能定理与理想约束

一、质点的动能定理

设有质量为m的质点M在合力$\boldsymbol{F}$的作用下沿曲线运动，如图11-10所示。将$m\boldsymbol{a}=\boldsymbol{F}$向切线方向投影，得

$$ma_\tau=F_\tau$$

即
$$m\frac{\text{d}v}{\text{d}t}=F_\tau$$

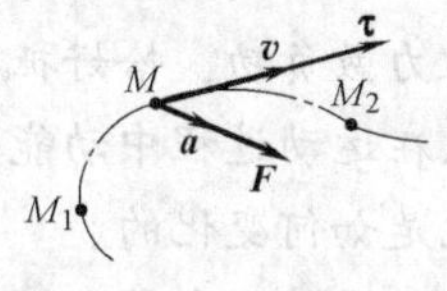

图 11-10

由于$\text{d}s=v\text{d}t$，将上式乘以$\text{d}s$，可得

$$mv\text{d}v=F_\tau\text{d}s$$

即
$$dE_k = d\left(\frac{1}{2}mv^2\right) = d'W \tag{11-21}$$
上式表明：**质点动能的微分，等于作用在质点上的力的元功**，这就是**微分形式的质点动能定理**。

将式(11-21)沿路径$\overset{\frown}{M_1M_2}$进行积分
$$\int_{E_{k1}}^{E_{k2}} dE_k = \int_{M_1}^{M_2} F_\tau ds$$
得
$$E_{k2} - E_{k1} = W \tag{11-22}$$
上式表明，**在任一路程中质点动能的变化，等于作用于质点上的力在同一路程中所做的功**，这就是**积分(有限)形式的质点动能定理**。它说明了机械运动中功和动能相互转化的关系。

从式(11-22)看出，若力做正功，则质点的动能增加，即接收能量；若力做负功，则质点的动能减少，即输出能量，故可用动能 $mv^2/2$ 来量度质点因运动而具有的做功能力。

若作用于质点的力为常力或是质点位置坐标的已知函数，解这类问题宜用有限形式的质点动能定理。

例 11-3 质量为 m 的物体，自高处自由落下，落到下面有弹簧支持的板上，如图 11-11 所示。设板和弹簧的质量都可忽略不计，弹簧的刚度系数为 k。试求弹簧的最大压缩量。

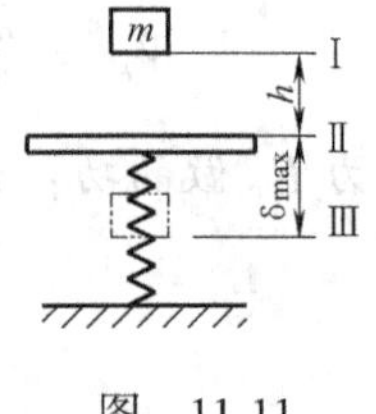

图 11-11

解 以物体为研究对象，分析物体从位置Ⅰ到位置Ⅲ的整个过程，即对物体从开始下落到弹簧压缩到最大值的过程应用动能定理，在这一过程中，始末位置质点的动能都等于零，重力做的功为 $mg(h+\delta_{max})$，弹性力做的功为 $k(0-\delta_{max}^2)/2$，于是有
$$0-0 = mg(h+\delta_{max}) - \frac{k}{2}\delta_{max}^2$$
得
$$\delta_{max} = \frac{mg}{k} \pm \frac{1}{k}\sqrt{m^2g^2 + 2kmgh}$$
由于弹簧的压缩量必定是正值，因此答案取正号，即
$$\delta_{max} = \frac{mg}{k} + \frac{1}{k}\sqrt{m^2g^2 + 2kmgh}$$

从本例的分析可见，在质点从位置Ⅰ到位置Ⅲ的运动过程中，重力做正功，弹性力做负功，恰好抵消，因此质点在运动始、末两位置的动能是相同的。显然，质点在运动过程中动能是变化的，但在应用动能定理时不必考虑在始、末位置之间动能是如何变化的。

另外，本题也可将运动过程分为两个阶段进行分析，即分别对物体从位置Ⅰ到位置Ⅱ、从位置Ⅱ到位置Ⅲ应用动能定理进行求解，请读者自己求解。

二、质点系的动能定理

设质点系由 n 个质点组成，取其中任一质点，质量为 m_i，速度为$\boldsymbol{v}_i$，作用在该质点上的力为 $\boldsymbol{F}_i$。根据质点动能定理的微分形式有

$$\mathrm{d}E_{\mathrm{k}i} = \mathrm{d}'W_i$$

式中，$\mathrm{d}'W_i$ 表示作用于这个质点的力所做的元功。

将质点系所有质点的动能定理方程相加，得

$$\sum_{i=1}^{n} \mathrm{d}E_{\mathrm{k}i} = \sum_{i=1}^{n} \mathrm{d}'W_i$$

或

$$\mathrm{d}\left(\sum E_{\mathrm{k}i}\right) = \sum \mathrm{d}'W_i$$

式中，$\sum E_{\mathrm{k}i}$ 为质点系的动能，以 E_{k} 表示。于是上式可写成为

$$\mathrm{d}E_{\mathrm{k}} = \sum \mathrm{d}'W_i \tag{11-23}$$

上式表明：**质点系动能的微分，等于作用于质点系全部力所做的元功之和**。这就是**质点系动能定理的微分形式**，对式(11-23)积分，得

$$E_{\mathrm{k}2} - E_{\mathrm{k}1} = \sum W_i \tag{11-24}$$

式中，$E_{\mathrm{k}1}$ 和 $E_{\mathrm{k}2}$ 分别为质点系在某一段运动过程中的初始瞬时和终止瞬时的动能。上式表明：**质点系在某一段运动过程中，动能的改变量等于作用于质点系的全部力在这段过程中所做功的和**。这就是**质点系动能定理的积分形式**。

三、理想约束

约束力做功等于零的约束称为理想约束。例如，光滑接触面、光滑铰支座、固定端、一端固定的绳索等约束都是理想约束。光滑铰链、二力杆以及不可伸长的细绳等作为系统内的约束时，也都是理想约束。例如，图 11-12a 所示的铰链，铰链处相互作用的约束力 $\boldsymbol{F}$ 和 $\boldsymbol{F}'$ 是等值反向的，它们在铰链中心的任何位移 $\mathrm{d}\boldsymbol{r}$ 上做功之和都等于零。又如，图 11-12b 中，跨过光滑定滑轮的细绳对系统中两个质点的拉力 $F_1 = F_2$，如果绳索不可伸长，则两端的位移 $\mathrm{d}\boldsymbol{r}_1$ 和 $\mathrm{d}\boldsymbol{r}_2$ 沿绳索的投影必相等，因此两个约束力 $\boldsymbol{F}_1$、$\boldsymbol{F}_2$ 做功之和等于零。至于图 11-12c 所示的二力杆对 A、B 两端的约束力，有 $F_1 = F_2$，两端位移沿 AB 连线的投影又是相等的，显然约束力 $\boldsymbol{F}_1$、$\boldsymbol{F}_2$ 做功之和也等于零。

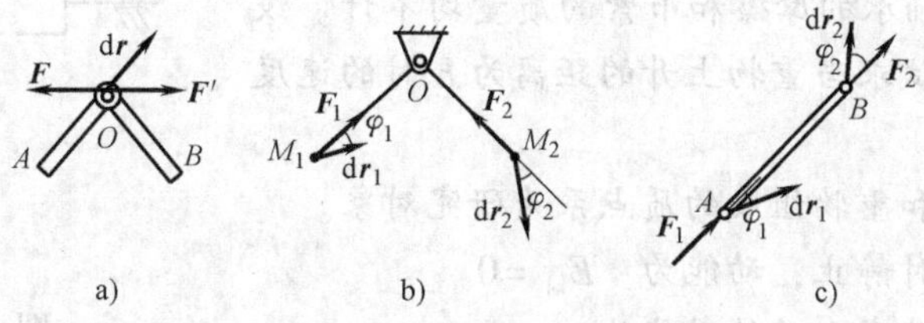

图 11-12

一般情况下，滑动摩擦力与物体的相对位移反向，摩擦力做负功，不是理想约束，应用动能定理时要计入摩擦力所做的功。但当轮子在固定面上作纯滚动时，接

触点为瞬心，滑动摩擦力作用点位移为零，此时的滑动摩擦力不做功。因此，不计滚动摩擦时，纯滚动的接触点是理想约束。

在理想约束条件下，质点系动能的改变只与主动力做功有关，式(11-23)和式(11-24)中只需计算主动力所做的功，这对动能定理的应用是非常方便的。

必须注意，作用于质点系的力既有外力，也有内力，在某些情形下，内力虽然等值反向，但所做功的和并不等于零。以图11-13所示系统中相互吸引的两质点A与B为例，说明如下：

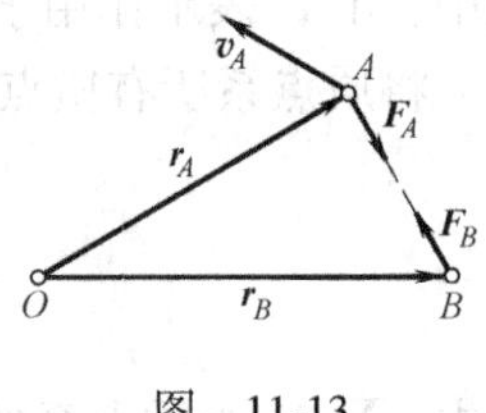

图 11-13

取任意点O为原点，作A、B两点的矢径$\boldsymbol{r}_A$和$\boldsymbol{r}_B$，则作用于此两点上大小相等、方向相反的两力$\boldsymbol{F}_A$和$\boldsymbol{F}_B$的元功各为$\boldsymbol{F}_A \cdot \mathrm{d}\boldsymbol{r}_A$和$\boldsymbol{F}_B \cdot \mathrm{d}\boldsymbol{r}_B$，因此元功之和为

$$\begin{aligned}\mathrm{d}'W &= \boldsymbol{F}_A \cdot \mathrm{d}\boldsymbol{r}_A + \boldsymbol{F}_B \cdot \mathrm{d}\boldsymbol{r}_B = \boldsymbol{F}_A \cdot \mathrm{d}\boldsymbol{r}_A - \boldsymbol{F}_A \cdot \mathrm{d}\boldsymbol{r}_B \\ &= \boldsymbol{F}_A \cdot \mathrm{d}(\boldsymbol{r}_A - \boldsymbol{r}_B)\end{aligned}$$

由图11-13得$\boldsymbol{r}_A - \boldsymbol{r}_B = \overrightarrow{BA}$，考虑到$\boldsymbol{F}_A$和$\overrightarrow{BA}$反向，则有

$$\mathrm{d}'W = -F_A \mathrm{d}(BA)$$

可见，**当质点系内质点间的距离发生变化时，内力功的总和一般不等于零。**因此，当机械系统内部包含发动机或变形元件(如弹簧等)时，内力的功应当考虑。

对于刚体来说，由于任何两点间的距离保持不变，因此，刚体内力功之和恒等于零。

不可伸长的柔绳、钢索等所有内力做功的和也等于零。

在应用质点系的动能定理时，要根据具体情况仔细分析所有的作用力，以确定它是否做功；应注意：理想约束的约束力不做功，而质点系的内力做功之和并不一定等于零。

例11-4 在绞车的主动轴Ⅰ上作用一恒力偶M以提升重物，如图11-14所示。已知重物的质量为m；主动轴Ⅰ和从动轴Ⅱ连同安装在轴上的齿轮等附件的转动惯量分别为J_1和J_2，传动比$i=\omega_1/\omega_2$；鼓轮的半径为R。轴承的摩擦和吊索的质量均不计。绞车初始时静止，试求当重物上升的距离为h时的速度v及加速度$\boldsymbol{a}$。

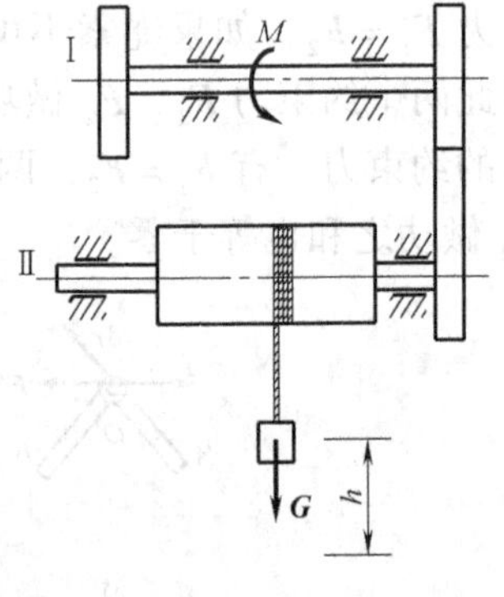

图 11-14

解 取绞车和重物组成的质点系为研究对象。

系统初始瞬时静止，动能为 $E_{k1}=0$

系统在重物升高h时的动能为

$$E_{k2} = \frac{1}{2}J_1\omega_1^2 + \frac{1}{2}J_2\omega_2^2 + \frac{1}{2}mv^2$$

将 $\omega_1 = i\omega_2$，$v = R\omega_2$ 代入上式，得

$$E_{k2} = \frac{1}{2}(J_1 i^2 + J_2 + mR^2)\frac{v^2}{R^2}$$

质点系具有理想约束且内力功之和等于零，则主动力的功为

$$\sum W = M\varphi_1 - mgh$$

因 $\varphi_1 = \varphi_2 i = ih/R$，其中 φ_1 和 φ_2 分别为轮Ⅰ和轮Ⅱ的转角，于是

$$\sum W = (Mi - mgR)\frac{h}{R}$$

根据质点系动能定理可得

$$\frac{1}{2}(J_1 i^2 + J_2 + mR^2)\frac{v^2}{R^2} - 0 = (Mi - mgR)\frac{h}{R} \tag{1}$$

解得
$$v = \sqrt{\frac{2(Mi - mgR)Rh}{J_1 i^2 + J_2 + mR^2}}$$

将式(1)两端对时间求一阶导数，并注意到 $\dot{v} = a$，$\dot{h} = v$，得

$$(J_1 i^2 + J_2 + mR^2)\frac{va}{R^2} = (Mi - mgR)\frac{v}{R}$$

上式两端消去 v，可得重物的加速度

$$a = \frac{(Mi - mgR)R}{J_1 i^2 + J_2 + mR^2}$$

例 11-5 图 11-15 所示的行星轮系位于水平面内，由半径为 R 的固定大齿轮 O，半径为 r、质量为 m_1 的小齿轮 A（可视为均质圆盘）和质量为 m_2、长为 $(R+r)$ 的曲柄 OA（可视为均质杆）组成。曲柄 OA 在力偶矩为 M 的常力偶作用下由静止开始运动。求曲柄的角速度 ω 与转角 φ 之间的关系，并求其角加速度。

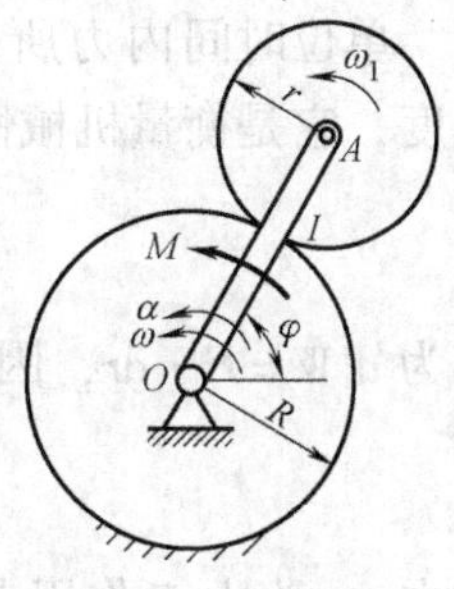

图 11-15

解 取曲柄和小齿轮为研究对象。曲柄 OA 作定轴转动，小齿轮作平面运动。

初始瞬时系统静止，动能为 $E_{k1} = 0$

任意位置系统的动能

$$E_{k2} = \frac{1}{2}J_O\omega^2 + \frac{1}{2}m_1 v_A^2 + \frac{1}{2}J_A\omega_1^2$$

其中，ω 为曲柄转过角度 φ 时的角速度。因小齿轮与大齿轮的接触点 I 为小齿轮的速度瞬心，所以小齿轮的角速度为 $\omega_1 = (R+r)\omega/r$，则

$$E_{k2} = \frac{1}{2}\left[\frac{1}{3}m_2(R+r)^2\right]\omega^2 + \frac{1}{2}m_1(R+r)^2\omega^2 + \frac{1}{2}\left[\frac{1}{2}m_1(R+r)^2\right]\omega^2$$

$$= \frac{2m_2+9m_1}{12}(R+r)^2\omega^2$$

系统具有理想约束且内力功之和等于零，只有常力偶矩做功，且

$$W = M\varphi$$

由质点系动能定理得

$$\frac{9m_1+2m_2}{12}(R+r)^2\omega^2 = M\varphi \tag{1}$$

则

$$\omega = \frac{2}{R+r}\sqrt{\frac{3M\varphi}{9m_1+2m_2}}$$

将式(1)两端对时间求一阶导数，并注意到 $\dot{\varphi}=\omega$，$\dot{\omega}=\alpha$，得

$$\frac{9m_1+2m_2}{6}(R+r)^2\omega\alpha = M\omega$$

曲柄 OA 的角加速度为

$$\alpha = \frac{6M}{(9m_1+2m_2)(R+r)^2}$$

第四节 功率、功率方程和机械效率

一、功率

单位时间内力所做的功，称为**功率**，以 P 表示。功率是力做功快慢程度的量度，它是衡量机械性能的一项重要指标。功率的数学表达式为

$$P = \frac{d'W}{dt}$$

因为 $d'W = \boldsymbol{F}\cdot d\boldsymbol{r}$，因此功率可写成为

$$P = \boldsymbol{F}\cdot\frac{d\boldsymbol{r}}{dt} = \boldsymbol{F}\cdot\boldsymbol{v} = F_\tau v \tag{11-25}$$

式中，$\boldsymbol{v}$ 为力 $\boldsymbol{F}$ 作用点的速度。

上式表明：**功率等于切向力与力作用点速度的乘积**。例如，用机床加工零件时，切削力越大，切削速度越高，则要求机床的功率越大。每台机床、每部机器能够输出的最大功率是一定的，因此用机床加工时，如果切削力较大，必须选择较小的切削速度，使二者的乘积不超过机床能够输出的最大功率。又如，汽车上坡时，由于需要较大的驱动力，这时驾驶员一般选用低速挡，以求在发动机功率一定的条件下，产生最大的驱动力。

作用在转动刚体上的力的功率为

$$P = \frac{\mathrm{d}'W}{\mathrm{d}t} = M_z \frac{\mathrm{d}\varphi}{\mathrm{d}t} = M_z \omega \tag{11-26}$$

式中，M_z 为力对转轴 z 的矩；ω 为角速度。

上式表明：**作用于转动刚体上的力的功率等于该力对转轴的矩与角速度的乘积**。

功率的量纲为

$$\dim P = \mathrm{MLT}^{-2} \cdot \mathrm{LT}^{-1} = \mathrm{ML}^2\mathrm{T}^{-3}$$

在国际单位制中，功率的单位为 W(瓦特)，1W = 1J/s，1000W = 1kW(千瓦)。

二、功率方程

取质点系动能定理的微分形式 $\mathrm{d}E_\mathrm{k} = \sum \mathrm{d}'W_i$，两端除以 $\mathrm{d}t$，得

$$\frac{\mathrm{d}E_\mathrm{k}}{\mathrm{d}t} = \sum \frac{\mathrm{d}'W_i}{\mathrm{d}t} = \sum P_i \tag{11-27}$$

即**质点系动能对时间的一阶导数，等于作用于质点系的所有力的功率的代数和**，式(11-27)称为**功率方程**。

功率方程常用来研究机器在工作时能量的变化和转化的问题。电场对电动机转子作用的力做正功，使转子转动，电场力的功率称为**输入功率**。由于带传动、齿轮传动和轴承与轴之间都有摩擦，摩擦力做负功，使一部分机械能转化为热能；传动系统中的零件也会相互碰撞，也要损失一部分功率。这些功率都取负值，称为**无用功率或损耗功率**。车床切削工件时，切削阻力对夹持在车床主轴上的工件做负功，这是车床加工零件必须付出的功率，称为**有用功率或输出功率**。每部机器的功率都可分为上述三部分。在一般情形下，式(11-27)可写成为

$$\frac{\mathrm{d}E_\mathrm{k}}{\mathrm{d}t} = P_{输入} - P_{有用} - P_{无用} \tag{11-28}$$

或

$$P_{输入} = P_{有用} + P_{无用} + \frac{\mathrm{d}E_\mathrm{k}}{\mathrm{d}t} \tag{11-29}$$

上式表明：**系统的输入功率等于有用功率、无用功率与系统动能的变化率之和**。

三、机械效率

任何一部机器在工作时都需要从外界输入功率，同时由于一些机械能转化为热能、声能等，都将消耗一部分功率。在工程中，把有效功率(包括克服有用阻力的功率和使系统动能改变的功率)与输入功率的比值称为机器的**机械效率**，用 η 表示，即

$$\eta = \frac{有效功率}{输入功率} \tag{11-30}$$

式中，有效功率 $= P_{有用} + \mathrm{d}E_\mathrm{k}/\mathrm{d}t$。由上式可知，机械效率 η 表明机器对输入功率的有效利用程度，它是评价机器质量好坏的指标之一，它与传动方式、制造精度与工作条件有关。一般机械或机械零件传动的效率可在手册或有关说明书中查到。显

然，$\eta<1$。

例 11-6 车床的电动机功率 $P=5.4\text{kW}$。由于传动零件之间的摩擦，损耗功率占输入功率的30%。如果工件的直径 $d=100\text{mm}$，车床主轴的转速分别为 $n=42\text{r/min}$ 和 $n_1=112\text{r/min}$，试分别计算两种转速下允许的最大切削力。

解 由题意知，车床的输入功率为 $P=5.4\text{kW}$，损耗的无用功率 $P_{无用}=P\times 30\%=1.62\text{kW}$。当工件匀速转动时，有用功率为

$$P_{有用}=P-P_{无用}=3.78\text{kW}$$

设切削力为 $\boldsymbol{F}$，切削速度为 $\boldsymbol{v}$，由

$$P_{有用}=Fv=F\cdot\frac{d}{2}\cdot\frac{n\pi}{30}$$

可得

$$F=\frac{60}{\pi dn}P_{有用}$$

当 $n=42\text{r/min}$ 时，允许的最大切削力为

$$F=\left(\frac{60}{\pi\times 0.1\times 42}\times 3.78\right)\text{kN}=17.19\text{kN}$$

当 $n_1=112\text{r/min}$ 时，允许的最大切削力为

$$F=\left(\frac{60}{\pi\times 0.1\times 112}\times 3.78\right)\text{kN}=6.45\text{kN}$$

第五节 势力场、势能和机械能守恒定律

一、势力场

如果质点在某空间中的任一位置，都受到一个大小和方向完全决定于质点位置的力的作用，则这部分空间称为**力场**。例如，地球表面附近的空间是重力场；当质点离地面较远时，质点将受到万有引力的作用，引力的大小和方向也完全决定于质点的位置，所以这部分空间称为**万有引力场**；系在弹簧上的质点受到弹簧的弹性力的作用，弹性力的大小和方向也只与质点的位置有关，因而在弹性力所及的空间称为**弹性力场**。

如果质点在某力场中运动时，作用在质点上的力所做的功仅取决于质点的初始位置和终止位置，而与质点路径无关，则该力场称为**势力场**，势力场中质点所受的力称为**有势力**。例如：重力、万有引力及弹性力都是有势力，重力场、万有引力场及弹性力场都是势力场。

二、势能

在势力场中，质点从点 M 运动到任选的点 M_0，有势力所做的功称为质点在点 M 相对于点 M_0 的**势能**。用 E_p 表示，即

$$E_p=\int_M^{M_0}\boldsymbol{F}\cdot d\boldsymbol{r}=\int_M^{M_0}(F_x dx+F_y dy+F_z dz) \tag{11-31}$$

点 M_0 的势能等于零，我们称它为**零势能点**。在势力场中，势能的大小是相对于零势能点而言的。零势能点 M_0 可以任意选取，对于不同的零势能点，在势力场中同一位置的势能可有不同的数值。下面介绍几种常见的势能。

1. 重力场中的势能

在重力场中，取如图 11-16 所示坐标系。重力 $\boldsymbol{G}$ 在各轴上的投影为

$$F_x = 0,\ F_y = 0,\ F_z = -G$$

取 M_0 为零势能点，则点 M 的势能为

$$E_{\mathrm{p}} = \int_{z}^{z_0} (-G)\mathrm{d}z = mg(z - z_0) \tag{11-32}$$

2. 弹性力场中的势能

设弹簧的一端固定，另一端与质点 M 连接，如图 11-17 所示，弹簧的刚度系数为 k。取点 M_0 为零势能点，则质点 M 的势能为

$$E_{\mathrm{p}} = \frac{k}{2}(\delta^2 - \delta_0^2) \tag{11-33}$$

式中，δ 和 δ_0 分别为弹簧在 M 和 M_0 时的变形量。

如果取弹簧的自然位置为零势能点，则有 $\delta_0 = 0$，于是得

$$E_{\mathrm{p}} = \frac{k}{2}\delta^2 \tag{11-34}$$

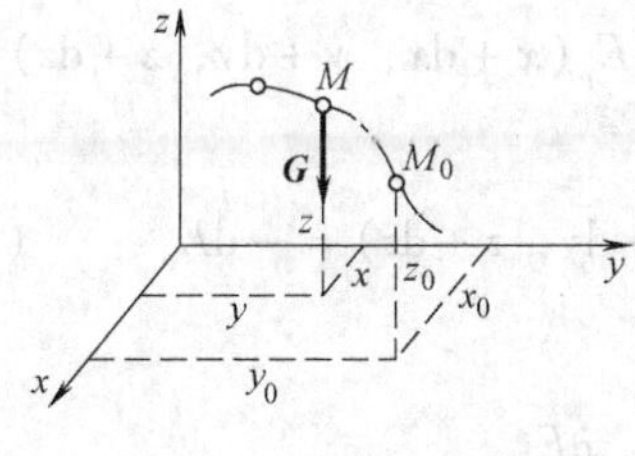

图　11-16

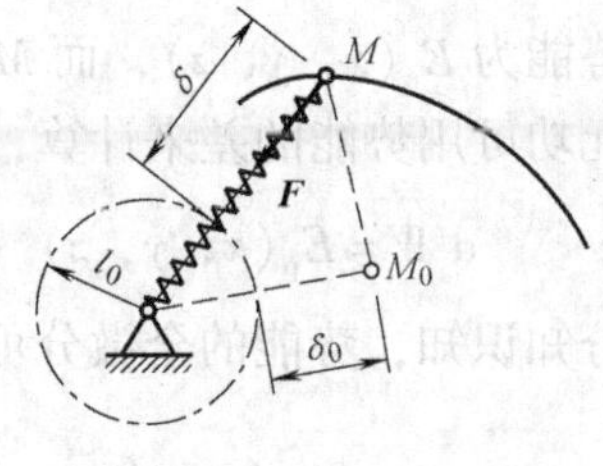

图　11-17

3. 万有引力场中的势能

设质量为 m_1 的质点受质量为 m_2 物体的万有引力 $\boldsymbol{F}$ 作用，如图 11-18 所示。取点 M_0 为零势能点，则质点在点 M 的势能为

$$E_{\mathrm{p}} = \int_{M}^{M_0} \boldsymbol{F} \cdot \mathrm{d}\boldsymbol{r} = \int_{M}^{M_0} \left(-\frac{f m_1 m_2}{r^2}\right)\boldsymbol{r}_0 \cdot \mathrm{d}\boldsymbol{r}$$

式中，f 为引力常量；$\boldsymbol{r}_0$ 是质点的矢径方向的单位矢量；$\boldsymbol{r}_0 \cdot \mathrm{d}\boldsymbol{r}$ 为矢径增量 $\mathrm{d}\boldsymbol{r}$ 在矢径方向的投影，由图 11-18 可见，它应等于矢径长度的增量 $\mathrm{d}r$，即 $\boldsymbol{r}_0 \cdot \mathrm{d}\boldsymbol{r} = \mathrm{d}r$。设 $\boldsymbol{r}_1$ 是零势能点的矢径，于是有

$$E_{\mathrm{p}} = \int_{r}^{r_1} \left(-\frac{f m_1 m_2}{r^2}\right)\mathrm{d}r = f m_1 m_2 \left(\frac{1}{r_1} - \frac{1}{r}\right) \tag{11-35}$$

如果选取的零势能点在无穷远处，即 $r_1 = \infty$，于是得

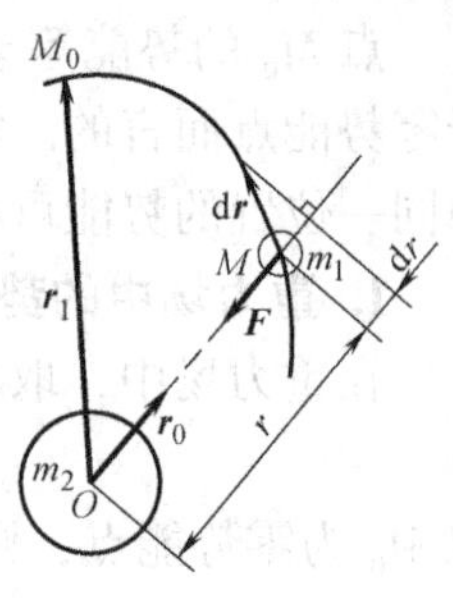

图 11-18

$$E_p = -\frac{fm_1m_2}{r}$$

上式表明：**万有引力做功只取决于质点运动的初始位置 M 和终止位置 M_0，与点的轨迹形状无关，万有引力场为势力场。**

三、机械能守恒定律

质点系在某瞬时的动能与势能的代数和称为**机械能**。设质点系在运动过程中的初始瞬时和终止瞬时的动能分别为 E_{k1} 和 E_{k2}，所受力在这一过程中所做的功为 W，根据动能定理有

$$E_{k2} - E_{k1} = W$$

若系统运动中，只有有势力做功，而有势力的功可用势能计算，即

$$E_{k2} - E_{k1} = W = E_{p1} - E_{p2}$$

则

$$E_{k1} + E_{p1} = E_{k2} + E_{p2} \tag{11-36}$$

上式表明：**质点在势力场内运动时机械能保持不变**，这就是**机械能守恒定律**。

四、有势力在直角坐标轴上的投影与势能的关系

在势力场中，不同位置处的势能值不同，因此，势能是位置坐标的函数。

设有势力 $\boldsymbol{F}$ 的作用点从点 $M(x, y, z)$ 移到点 $M'(x+dx, y+dy, z+dz)$，M 点处的势能为 $E_p(x, y, z)$，而 M' 点处的势能为 $E_p(x+dx, y+dy, z+dz)$，则有势力的元功可用势能的差来计算，即

$$d'W = E_p(x, y, z) - E_p(x+dx, y+dy, z+dz) = -dE_p \tag{11-37}$$

由微积分知识知，势能的全微分可写成为

$$dE_p = \frac{\partial E_p}{\partial x}dx + \frac{\partial E_p}{\partial y}dy + \frac{\partial E_p}{\partial z}dz$$

代入式(11-37)，有

$$d'W = -\frac{\partial E_p}{\partial x}dx - \frac{\partial E_p}{\partial y}dy - \frac{\partial E_p}{\partial z}dz$$

而力 $\boldsymbol{F}$ 的元功的解析表达式为

$$d'W = \boldsymbol{F}\cdot d\boldsymbol{r} = F_x dx + F_y dy + F_z dz$$

比较以上两式，得

$$F_x = -\frac{\partial E_p}{\partial x},\ F_y = -\frac{\partial E_p}{\partial y},\ F_z = -\frac{\partial E_p}{\partial z} \tag{11-38}$$

上式表明：**有势力在直角坐标轴上的投影等于势能对于该坐标的偏导数冠以负号。**

如果系统有多个有势力，总势能为 E_p，则对于作用在点 $M_i(x_i, y_i, z_i)$ 的有势力 $\boldsymbol{F}_i$，其相应的投影为

$$F_{ix} = -\frac{\partial E_p}{\partial x_i}, F_{iy} = -\frac{\partial E_p}{\partial y_i}, F_{iz} = -\frac{\partial E_p}{\partial z_i} \tag{11-39}$$

第六节 动力学普遍定理的综合应用

动力学普遍定理包括动量定理、动量矩定理和动能定理。它们从不同侧面阐明了物体机械运动的规律，用不同的物理量反映了质点或质点系运动的改变与作用力的关系，在求解动力学两类问题时，各有其特点。

动量定理(或质心运动定理)建立了动量的变化(或质心运动的变化)与外力系主矢的关系。它涉及速度、时间和外力三种量。对于用时间表示的运动过程，通常使用动量定理求解。特别是已知运动求约束反力的问题，常用动量定理(或质心运动定理)求解。

动量矩定理建立了质点系动量矩的变化与外力系主矩的关系。当质点系绕轴运动时，可考虑使用动量矩定理求解。如果已知运动，则可使用动量矩定理求解作用线不通过转轴的力。如果已知外力矩，则可使用动量矩定理求解质点系绕轴(或点)的运动。

动能定理建立了质点系动能的变化与力的功的关系。它涉及速度、路程和力三种量。对于用路程表示的运动过程，当已知力求质点系运动的速度(或角速度)、加速度(或角加速度)时，通常使用动能定理求解较为方便。

此外还要注意各定理的守恒条件。通过守恒定律直接列出运动量之间的关系。在领会各定理的特征的同时，还要学会针对具体问题进行受力分析和运动分析，弄清楚问题的性质和条件，再结合各定理所反映的规律，来选择适用的定理。

下面通过具体例子来说明普遍定理的综合应用。

例 11-7 图 11-19a 所示绞车鼓轮的半径为 r，重为 G_1，重心与轴承 O 的中心相重合，在其上作用一力偶矩为 M 的常力偶，使半径为 R、重为 G_2 的滚子(鼓轮和滚子均视为均质圆盘)沿倾角为 θ 的斜面由静止开始向上作纯滚动。设绳索不能伸长且不计质量，求鼓轮由静止开始转过角 φ 时，滚子质心 C 的速度、加速度、绳子的拉力和轴承 O 处的约束力。

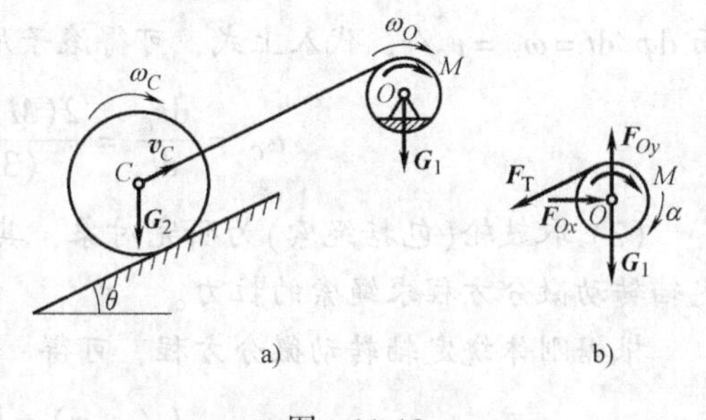

图 11-19

解 (1) 取整个系统为研究对象，应用动能定理求滚子质心 C 的速度、加速度。

系统初始瞬时的动能 $E_{k1} = 0$

系统末瞬时的动能 $E_{k2}=\frac{1}{2}\frac{G_2}{g}v_C^2+\frac{1}{2}J_C\omega_C^2+\frac{1}{2}J_O\omega_O^2$

其中，v_C 为滚子质心 C 的速度，ω_C、ω_O 分别为滚子和鼓轮的角速度。由运动学可知 $\omega_C=v_C/R$，$\omega_O=v_C/r$，则

$$
\begin{aligned}
E_{k2}&=\frac{1}{2}\frac{G_2}{g}v_C^2+\frac{1}{2}J_C\left(\frac{v_C}{R}\right)^2+\frac{1}{2}J_O\left(\frac{v_C}{r}\right)^2\\
&=\frac{1}{2}\frac{G_2}{g}v_C+\frac{1}{2}\cdot\frac{G_2}{2g}R^2\cdot\frac{v_C^2}{R^2}+\frac{1}{2}\cdot\frac{G_1}{2g}r^2\cdot\frac{v_C^2}{r^2}\\
&=\frac{3G_2+G_1}{4g}v_C^2
\end{aligned}
$$

系统具有理想约束且内力功之和恒等于零。主动力的功只有滚子的重力 G_2 和力偶矩为 M 的力偶做功，它们所做的功的总和为

$$\sum W=-G_2r\varphi\sin\theta+M\varphi$$

根据质点系的动能定理，可得

$$\frac{3G_2+G_1}{4g}v_C^2-0=-G_2r\varphi\sin\theta+M\varphi \tag{1}$$

解得
$$v_C=\sqrt{\frac{4(M-G_2r\sin\theta)g\varphi}{3G_2+G_1}}$$

将式(1)两端对 t 求一阶导数，得

$$\frac{3G_2+G_1}{4g}2v_C\frac{\mathrm{d}v_C}{\mathrm{d}t}=(M-G_2r\sin\theta)\frac{\mathrm{d}\varphi}{\mathrm{d}t}$$

而 $\mathrm{d}\varphi/\mathrm{d}t=\omega_O=v_C/r$，代入上式，可得滚子质心 C 的加速度

$$a_C=\frac{\mathrm{d}v_C}{\mathrm{d}t}=\frac{2(M-G_2r\sin\theta)g}{(3G_2+G_1)r} \tag{2}$$

(2) 取鼓轮(包括绳索)为研究对象，其受力图如图 11-19b 所示，应用刚体绕定轴转动微分方程求绳索的拉力。

根据刚体绕定轴转动微分方程，可得

$$J_O(-\alpha)=F_Tr-M$$

而
$$J_O=\frac{1}{2}\frac{G_1}{g}r^2,\ \alpha=\frac{a_C}{r}=\frac{2(M-G_2r\sin\theta)g}{(3G_2+G_1)r^2}$$

故绳索的拉力

$$F_T=\frac{M}{r}-\frac{(M-G_2r\sin\theta)G_1}{(3G_2+G_1)r} \tag{3}$$

(3) 仍以鼓轮(包括绳索)为研究对象，根据质心运动定理求轴承 O 处约束力。因鼓轮质心的加速度为零，故由质心运动定理在 x、y 轴上的投影式可得

$$0 = F_{Ox} - F_{\mathrm{T}}\cos\theta$$

$$0 = F_{Oy} - G_1 - F_{\mathrm{T}}\sin\theta$$

将式(3)代入，解得

$$F_{Ox} = F_{\mathrm{T}}\cos\theta = \left[\frac{M}{r} - \frac{G_1(M - G_2 r\sin\theta)}{(3G_2 + G_1)r}\right]\cos\theta$$

$$F_{Oy} = G_1 + \left[\frac{M}{r} - \frac{G_1(M - G_2 r\sin\theta)}{(3G_2 + G_1)r}\right]\sin\theta$$

例 11-8　如图 11-20 所示，均质杆 AB 重 G，长 l，在光滑水平面上从铅垂位置无初速地倒下，求当杆与铅垂线成 60°角时的角速度、角加速度以及此瞬时 A 点的约束力。

解　显然，杆 AB 的自由度为 2。AB 杆在运动中只受重力和地面法向约束力的作用。所有外力均沿铅垂方向，即水平方向合力等于零，则质心在水平方向的运动守恒。初始瞬时杆静止，即 $v_{Cx}=0$，质心的横坐标 x_C 保持不变。因此在 AB 杆的平面运动中，质心是沿着铅垂线下落的。另一方面 AB 杆在运动中只有重力做功，可以应用动能定理求 AB 杆的运动。当已知 AB 杆的运动后，则可使用质心运动定理求解地面的约束力。

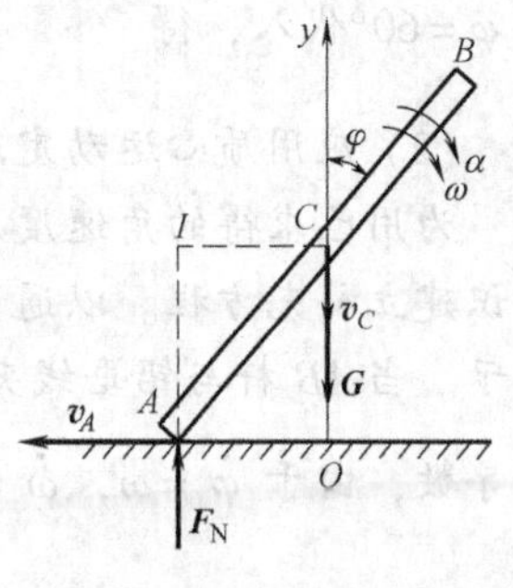

图　11-20

(1) 取 AB 杆为研究对象，应用动能定理求 AB 杆的角速度和角加速度。

AB 杆作平面运动速度，瞬心位于 I 点。

系统初始瞬时的动能　$E_{k1}=0$

系统末瞬时的动能　$E_{k2} = \frac{1}{2}mv_C^2 + \frac{1}{2}J_C\omega^2$

$$= \frac{1}{2}\frac{G}{g}\left(\frac{l}{2}\sin\varphi\omega\right)^2 + \frac{1}{2}\cdot\frac{1}{12}\frac{G}{g}l^2\omega^2$$

由于地面反力做功等于零，所以系统只有重力做功，且

$$\sum W = G\frac{l}{2}(1-\cos\varphi)$$

根据动能定理可得

$$\frac{1}{2}\left(\frac{1}{12}\frac{G}{g}l^2 + \frac{G}{g}\frac{l^2}{4}\sin^2\varphi\right)\omega^2 = \frac{Gl}{2}(1-\cos\varphi)$$

则
$$\omega^2 = \frac{12(1-\cos\varphi)g}{l(1+3\sin^2\varphi)} \tag{1}$$

将 $\varphi=60°$代入，得

$$\omega^2 = \frac{24}{13}\frac{g}{l} \tag{2}$$

$$\omega = 1.359\sqrt{\frac{g}{l}}$$

将式(1)两端对时间 t 求一阶导数，得

$$2\omega\alpha = \frac{12g}{l}\frac{\sin\varphi(1+3\sin^2\varphi)-(1-\cos\varphi)\cdot 3\sin 2\varphi}{(1+3\sin^2\varphi)^2}\frac{\mathrm{d}\varphi}{\mathrm{d}t}$$

得角加速度
$$\alpha = \frac{6g}{l}\frac{(1+3\sin^2\varphi)\sin\varphi-3(1-\cos\varphi)\sin 2\varphi}{(1+3\sin^2\varphi)^2}$$

将 $\varphi=60°$代入，得
$$\alpha = 0.861\frac{g}{l} \tag{3}$$

(2) 应用质心运动定理求地面的约束力 $\boldsymbol{F}_{\mathrm{N}}$。

为用已求得的角速度 ω 和角加速度 α 来表示质心的加速度，需要应用运动学知识建立补充方程。以通过质心的铅垂线为 y 轴，原点 O 取在地面上，如图 11-20 所示。当 AB 杆与铅垂线夹角为 φ 时，质心的坐标为 $y_C=l\cos\varphi/2$，将其对时间求二阶导数，由于 $\dot{\varphi}=\omega$，$\dot{\omega}=\alpha$ 得

$$\dot{y}_C = -\frac{l\omega\sin\varphi}{2}$$

$$\ddot{y}_C = -l\frac{\omega^2\cos\varphi+\alpha\sin\varphi}{2}$$

由质心运动定理
$$m\ddot{y}_C = \sum F_y^{\mathrm{e}}$$

得
$$-\frac{Gl}{2g}(\omega^2\cos\varphi+\alpha\sin\varphi) = F_{\mathrm{N}}-G$$

则
$$F_{\mathrm{N}} = G-\frac{Gl}{2g}(\omega^2\cos\varphi+\alpha\sin\varphi)$$

将式(2)、式(3)代入，得

$$F_{\mathrm{N}} = 0.166G$$

地面的约束力 $\boldsymbol{F}_{\mathrm{N}}$ 也可用刚体平面运动微分方程中的最后一个式子求解。

由
$$J_C\alpha = \sum M_C^{\mathrm{e}}$$

得
$$\frac{1}{12}\frac{G}{g}l^2(-\alpha) = -F_{\mathrm{N}}\frac{l}{2}\sin\varphi$$

$$F_{\mathrm{N}} = \frac{Gl\alpha}{6g\sin\varphi}$$

当 $\varphi=60°$ 时 $$F_{\mathrm{N}} = \frac{Gl}{6g\sin 60°}\cdot 0.861\frac{g}{l} = 0.166G$$

思考题

11-1 弹簧由其自然位置拉长10mm或压缩10mm，弹性力做功是否相等？拉长10mm后再拉长10mm，这两个过程中位移相等，弹性力做功是否相等？

11-2 均质圆轮无初速地沿斜面纯滚动，轮心降落高度 h 而到达水平面，如图11-21所示。忽略滚动摩擦和空气阻力，问到达水平面时，轮心的速度 v 与圆轮半径大小是否有关？当轮半径趋于零时，与质点滑下结果是否一致？当轮半径趋于零时，还能只滚不滑吗？

11-3 均质圆盘绕通过圆盘的质心 C 而垂直于圆盘平面的轴转动，在圆盘平面内作用一力偶矩为 M 的力偶，如图11-22所示，问圆盘的动量、动量矩、动能是否守恒？为什么？

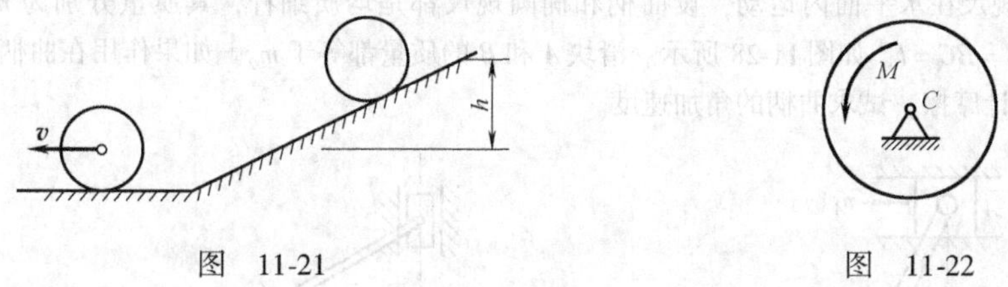

图 11-21　　图 11-22

11-4 试举一例，说明质点系的动量和对固定点的动量矩都等于零，但该质点系的动能却不等于零。

11-5 动力学普遍定理都适用于什么坐标系？当应用于刚体时有哪些特点？

习题

11-1 一刚度系数为 k 的弹簧，放在倾角为 θ 的斜面上。弹簧的上端固定，下端与质量为 m 的物块 A 相连，图11-23所示为其平衡位置。如果使重物 A 从平衡位置沿斜面向下移动距离 s，不计摩擦力，试求作用于重物 A 上所有力的功的总和。

11-2 如图11-24所示，在半径为 r 的卷筒上，作用一力偶矩 $M=a\varphi+b\varphi^2$，其中 φ 为转角，a 和 b 为常数。卷筒上的绳索拉动水平面上的重物 B。设重物 B 的质量为 m，它与水平面之间的滑动摩擦因数为 μ。不计绳索质量。当卷筒转过两圈时，试求作用于系统上所有力的功的总和。

图 11-23　　图 11-24

11-3 均质杆 OA 长 l，质量为 m，绕着球形铰链 O 的铅垂轴以匀角速度 ω 转动，如图11-25所示。如果杆与铅垂轴的夹角为 θ，试求杆的动能。

11-4 质量为 m_1 的滑块 A 沿水平面以速度 $\boldsymbol{v}$ 移动，质量为 m_2 的物块 B 沿滑块 A 以相对速度 $\boldsymbol{u}$ 滑下，如图 11-26 所示。试求系统的动能。

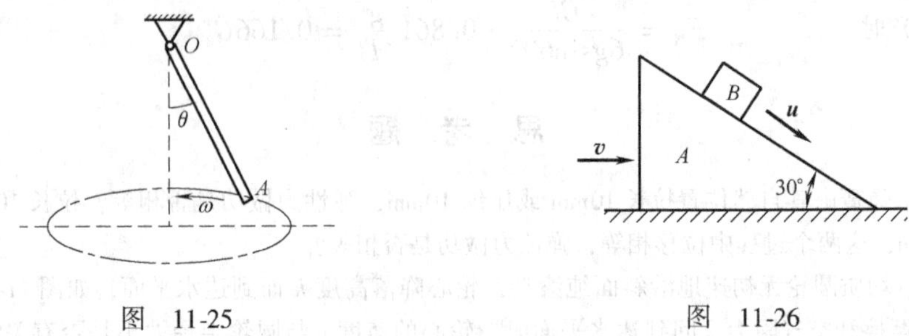

图 11-25　　图 11-26

11-5 如图 11-27 所示，滑块 A 质量为 m_1，在滑道内滑动，其上铰接一均质直杆 AB，杆 AB 长为 l，质量为 m_2。当 AB 杆与铅垂线的夹角为 φ 时，滑块 A 的速度为 $\boldsymbol{v}_A$，杆 AB 的角速度为 ω。试求在该瞬时系统的动能。

11-6 椭圆规尺在水平面内运动，设曲柄和椭圆规尺都是均质细杆，其质量分别为 m_1 和 $2m_1$，且 $OC=AC=BC=l$，如图 11-28 所示。滑块 A 和 B 的质量都等于 m_2。如果作用在曲柄上的力偶矩为 M，不计摩擦，试求曲柄的角加速度。

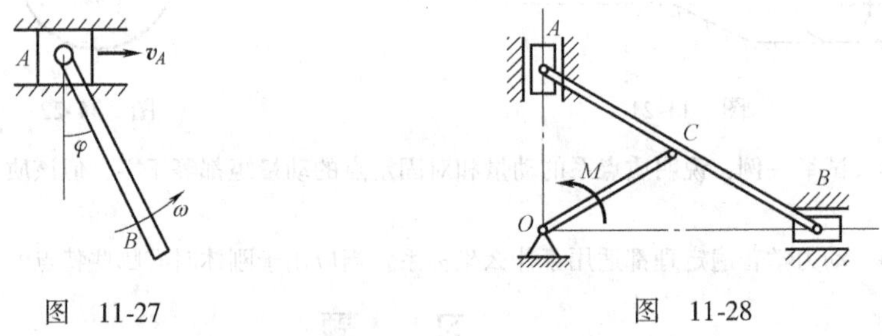

图 11-27　　图 11-28

11-7 曲柄导杆机构在水平面内，曲柄 OA 上作用有一力偶矩为 M 的常力偶，如图 11-29 所示。若初始瞬时系统处于静止，且 $\angle AOB=\pi/2$，试问当曲柄转过一圈后，获得多大的角速度？设曲柄质量为 m_1，长为 r 且为均质细杆；导杆质量为 m_2；导杆与滑道间的摩擦力可认为等于常值 F，不计滑块 A 的质量。

11-8 半径为 R、质量为 m_1 的均质圆盘 A 放在水平面上，如图 11-30 所示。绳子的一端系在圆盘中心 A，另一端绕过均质滑轮 C 后挂有重物 B。已知滑轮 C 的半径为 r，质量为 m_2；重物 B 质量为 m_3。绳子不可伸长，不计质量。圆盘作纯滚动，不计滚动摩擦。系统从静止开始运动，试求重物 B 下落的距离为 h 时，圆盘中心的速度和加速度。

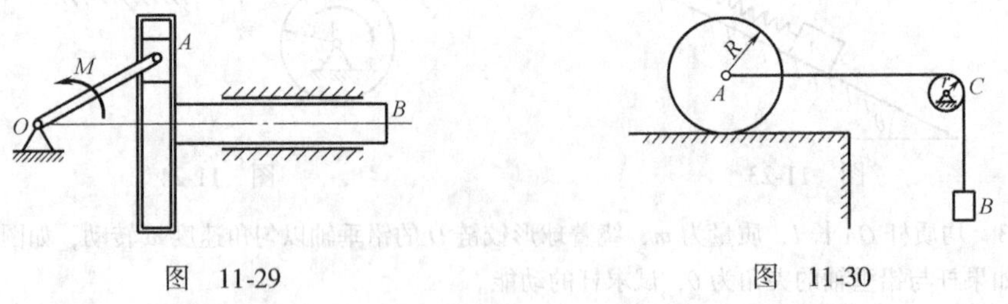

图 11-29　　图 11-30

11-9　图 11-31 所示链条传运机，链条与水平线的夹角为 θ，在链轮 B 上作用一力偶矩为 M 的力偶，传运机从静止开始运动。已知被提升重物 A 的质量为 m_1，链轮 B、C 的半径均为 r，质量均为 m_2，且可看成均质圆柱。试求传运机链条的速度，以其位移 s 表示。不计链条的质量。

11-10　如图 11-32 所示，质量为 m_1 的直杆 AB 可以自由地在固定铅垂滑道中移动，杆的下端搁在质量为 m_2、倾角为 θ 的光滑的楔块 C 上，楔块又放在光滑的水平面上。由于杆的压力，楔块水平向右运动，因而杆下降，试求两物体的加速度。

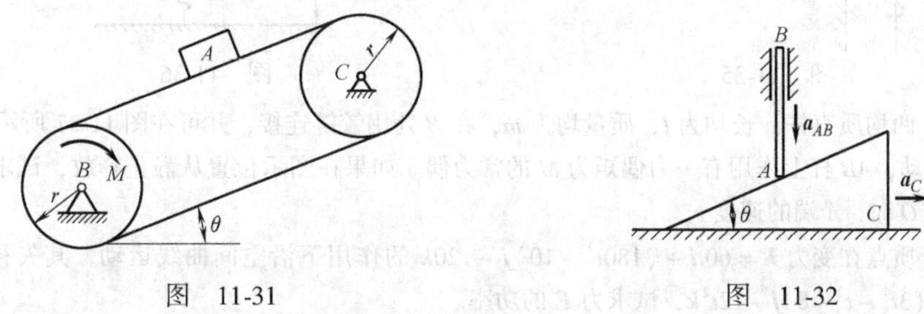

图　11-31　　　　图　11-32

11-11　如图 11-33 所示，均质细杆长为 l，质量为 m_1，上端 B 靠在光滑的墙上，下端 A 用铰链与圆柱的中心相连。圆柱质量为 m_2，半径为 R，放在粗糙的地面上，自图示位置由静止开始滚动而不滑动。如果杆与水平线的夹角 $\theta=45°$，不计滚动摩擦，试求 A 点在初瞬时的加速度。

11-12　如图 11-34 所示，绳索的一端 E 固定，绕过动滑轮 D 与定滑轮 C 后，另一端与重物 B 连接。已知重物 A 和 B 的质量均为 m_1；滑轮 C 和 D 的质量均为 m_2，且均为均质圆盘，重物 B 与水平面间的动摩擦因数为 μ。如果重物 A 开始时向下的速度为 v_0，试问重物 A 下落多大距离时，其速度将增加一倍？

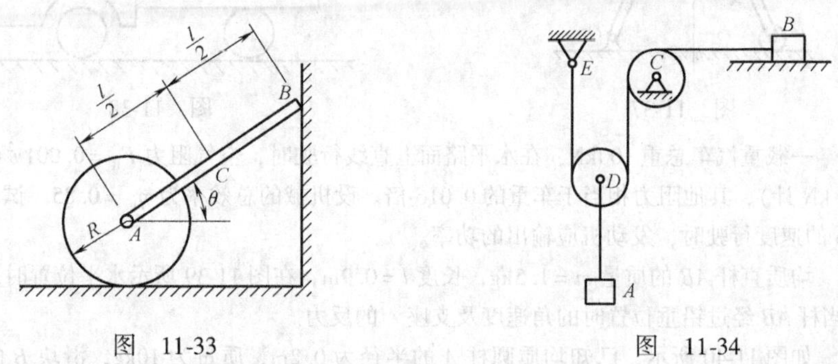

图　11-33　　　　图　11-34

11-13　如图 11-35 所示，均质直杆 AB 重 100N，长 $AB=200$mm，两端分别用铰链与滑块 A、B 连接，滑块 A 与一刚度系数为 $k=2$N/mm 的弹簧相连，杆与水平线的夹角为 β，当 $\beta=0°$ 时弹簧为原长。摩擦与滑块 A、B 的质量均不计。试求：(1) 杆自 $\beta=0°$ 处无初速地释放时，弹簧的最大伸长量。(2) 杆在 $\beta=60°$ 处无初速地释放时，在 $\beta=30°$ 时杆的角速度。

11-14　在图 11-36 所示的系统中，物块 M 和滑轮 A、B 的质量均为 m，且滑轮可视为均质圆盘，弹簧的刚度系数为 k，不计轴承摩擦，绳与轮之间无滑动。当物块 M 离地面的距离为 h 时，系统处于平衡。现在给物块 M 以向下的初速度 $\boldsymbol{v}_0$，使它恰能到达地面，试求物块 M 的初速度 $\boldsymbol{v}_0$。

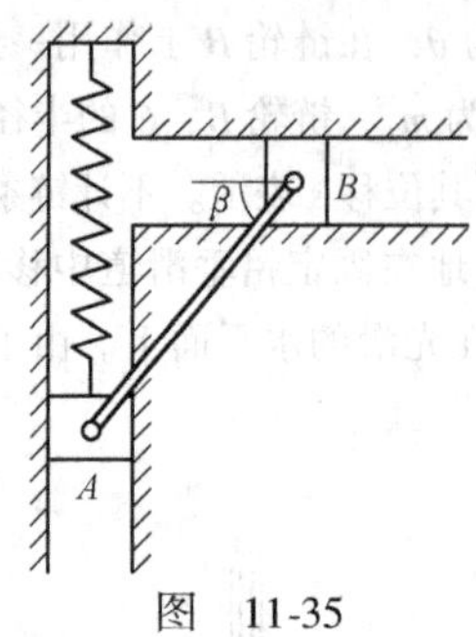

图 11-35

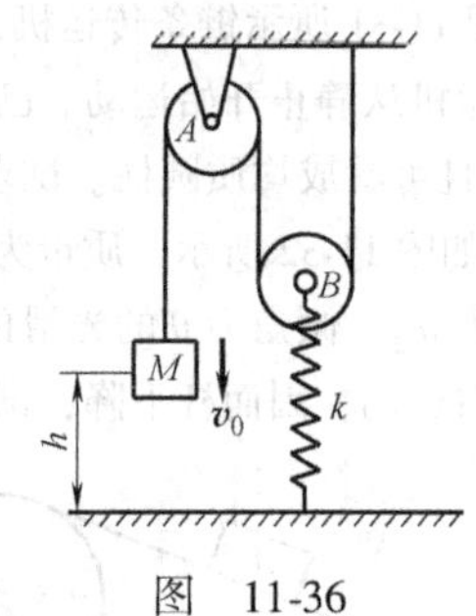

图 11-36

11-15 两均质直杆，长均为 l，质量均为 m，在 B 处用铰链连接，并可在图 11-37 所示的铅垂平面内运动，AB 杆上作用有一力偶矩为 M 的常力偶。如果在图示位置从静止释放，试求当 A 端碰到支座 O 时，A 端的速度 v_A。

11-16 质点在变力 $\boldsymbol{F}=60t\boldsymbol{i}+(180t^2-10)\boldsymbol{j}-120\boldsymbol{k}$ 的作用下沿空间曲线运动，其矢径 $\boldsymbol{r}=(2t^3+t)\boldsymbol{i}+(3t^4-t^2+8)\boldsymbol{j}-12t^2\boldsymbol{k}$，试求力 $\boldsymbol{F}$ 的功率。

11-17 如图 11-38 所示，汽车上装有一可翻转的车箱，内装有 5m^3 的砂石，砂石的密度为 2296kg/m^3。车箱装砂石后重心 C 与翻转轴 A 的水平距离为 1m，铅垂距离为 0.7m。若使车箱绕 A 轴翻转的角速度为 0.06rad/s，试求当砂石倾倒时所需要的最大功率。

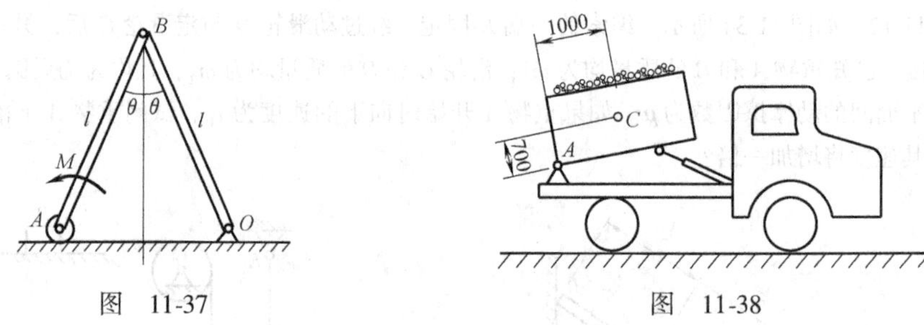

图 11-37

图 11-38

11-18 一载重汽车总重 100kN，在水平路面上直线行驶时，空气阻力 $F_R=0.001v^2$（v 以 m/s 计，F_R 以 kN 计），其他阻力相当于车重的 0.016 倍。设机械的总效率为 $\eta_m=0.85$。试求此汽车以 54km/h 的速度行驶时，发动机应输出的功率。

11-19 均质直杆 AB 的质量 $m=1.5\text{kg}$，长度 $l=0.9\text{m}$，在图 11-39 所示水平位置时从静止释放，试求当杆 AB 经过铅垂位置时的角速度及支座 A 的反力。

11-20 如图 11-40 所示，已知均质圆柱 A 的半径为 0.2m，质量为 10kg，滑块 B 的质量为 5kg，它与斜面间动摩擦因数 $\mu=0.2$，圆柱 A 只作纯滚动，系统由静止开始运动。试求 A、B 沿斜面向下运动 10m 时滑块 B 的速度和加速度，以及 AB 杆所受的力。不计 AB 杆的质量。

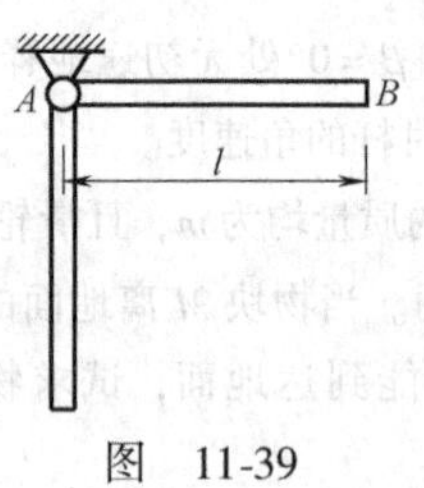

图 11-39

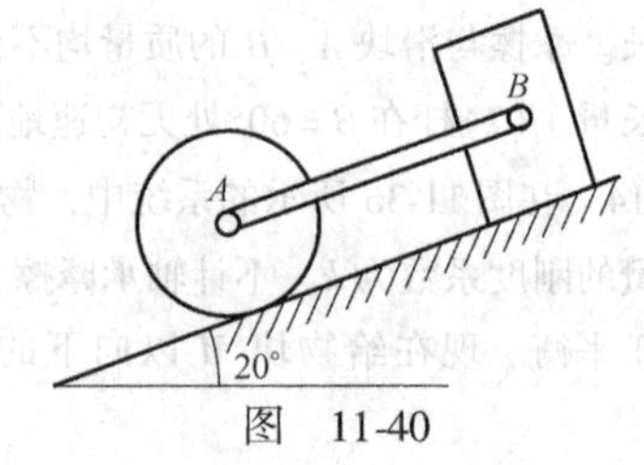

图 11-40

11-21 均质圆柱体 A 的质量为 m，在外圆上绕以细绳，绳的一端 B 固定不动，如图 11-41 所示。圆柱体因解开绳子而下降，其初速度为零。试求当圆柱体的质心降落了高度 h 时质心的速度、加速度和绳子的张力。

11-22 两个相同的滑轮，半径为 R，质量为 m，用绳缠绕连接如图 11-42 所示。两滑轮可视为均质圆盘。如果系统由静止开始运动，试求：(1)动滑轮质心 C 下落距离 h 时的速度、加速度及 AB 段绳子的拉力；(2)若在定滑轮上作用一逆时针转向、力偶矩为 M 的力偶，试问在什么条件下动滑轮质心 C 的加速度将向上？

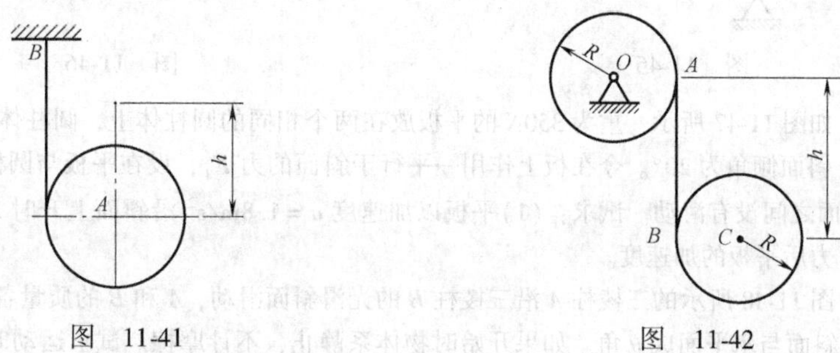

图 11-41　　图 11-42

11-23 如图 11-43 所示的均质细杆 AB，长为 l，质量为 m，放在铅直面内，杆与水平面成角 φ_0，杆的一端 A 靠在光滑的铅直墙上，另一端 B 放在光滑的水平地面上，然后杆由静止状态倒下。试求：(1)杆在任意位置时的角速度 ω 和角加速度 α；(2)杆脱离墙时与水平面所成的夹角 φ_1。

11-24 如图 11-44 所示，均质杆 AB 质量为 m，长 $2l$，一端用长 l 的绳索 OA 拉住，另一端 B 放置在光滑地面上可沿地面滑动。开始时系统处于静止状态，绳索 OA 位于水平位置，O、B 点在同一铅垂线上。试求当绳索 OA 运动到铅垂位置时，B 点的速度 $\boldsymbol{v}_B$ 和绳索的拉力 $\boldsymbol{F}_T$ 以及地面的约束力 $\boldsymbol{F}_N$。

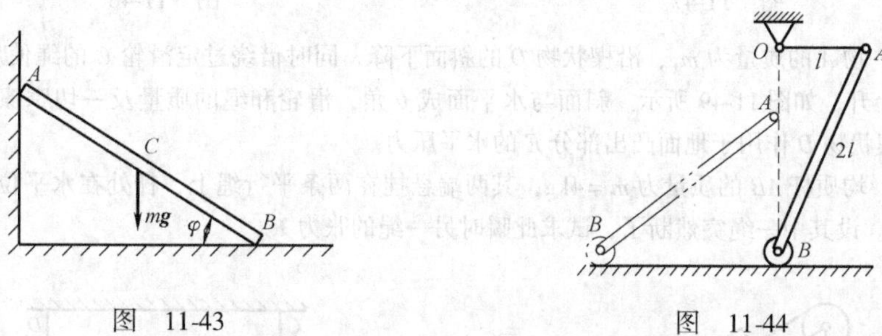

图 11-43　　图 11-44

11-25 如图 11-45 所示，均质杆 OA 重 150N，可绕垂直于图面的光滑水平轴 O 转动。杆的 A 端连有刚度系数为 $k=0.5\text{N/mm}$ 的弹簧。在图示位置时，弹簧的伸长量为 100mm，杆的角速度 $\omega_0=2\text{rad/s}$。试求杆转过 90°时的角速度和角加速度以及轴 O 的约束力。

11-26 图 11-46 所示为放在水平面内的曲柄滑道机构。曲柄 OA 长为 l，质量为 m_1，视为均质直杆。丁字形滑道连杆 BCD 的质量为 m_2，对称于 x 轴。在曲柄上施加有一力偶，其力偶矩为 M。设开始时 $\varphi_0=0°$，$\omega=0$，试求当曲柄与 x 轴夹角为 φ 时，曲柄的角速度、角加速度及滑块 A 对槽面的压力。摩擦和滑块质量均不计。

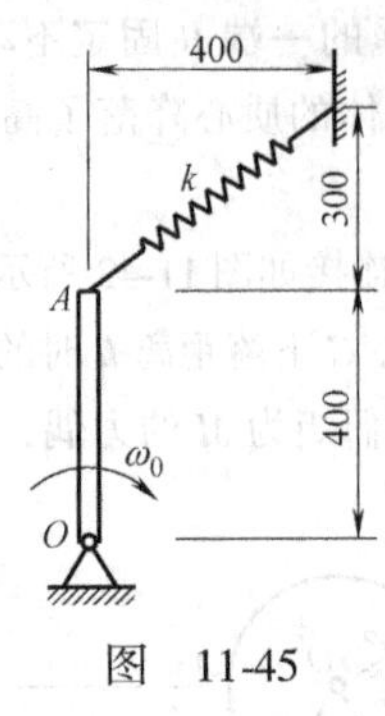

图 11-45

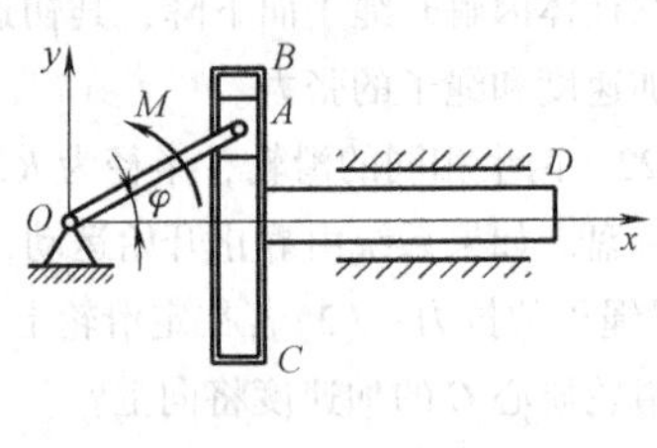

图 11-46

11-27 如图 11-47 所示，重为 350N 的平板放在两个相同的圆柱体上，圆柱体半径为 r，重量为 130N，斜面倾角为 20°。今在板上作用一平行于斜面的力 $\boldsymbol{F}_{\mathrm{T}}$，设在平板与圆柱体之间以及圆柱体与斜面之间没有滑动。试求：(1)平板以加速度 $a=1.8\mathrm{m/s^2}$ 沿斜面上升时 $\boldsymbol{F}_{\mathrm{T}}$ 力的大小；(2)去掉 $\boldsymbol{F}_{\mathrm{T}}$ 力后平板的加速度。

11-28 图 11-48 所示的三棱柱 A 沿三棱柱 B 的光滑斜面滑动，A 和 B 的质量各为 m_1 与 m_2，三棱柱 B 的斜面与水平面成 θ 角。如果开始时物体系静止，不计摩擦。试求运动时三棱柱 B 的加速度。

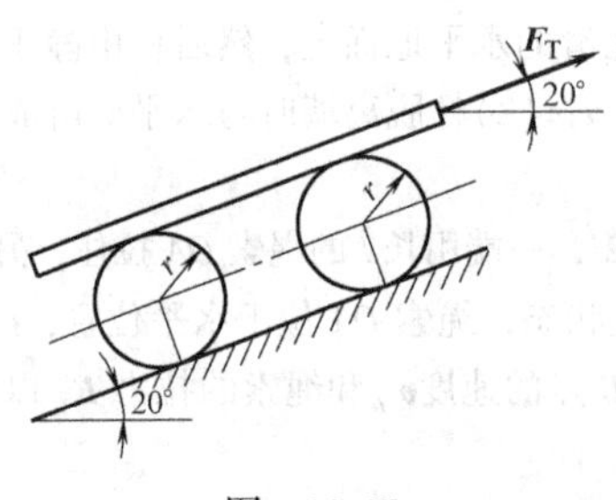

图 11-47

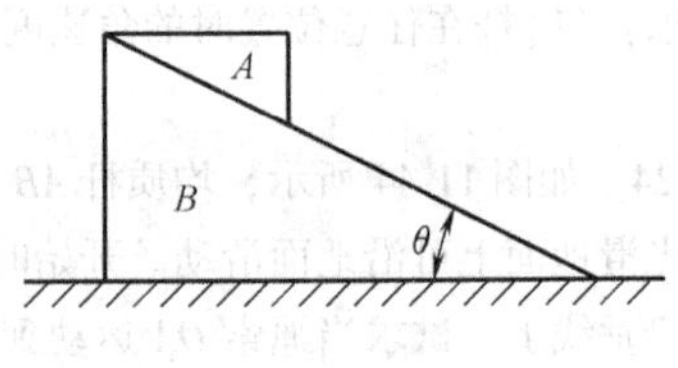

图 11-48

11-29 物 A 的质量为 m_1，沿楔状物 D 的斜面下降，同时借绕过定滑轮 C 的绳使质量为 m_2 的物体 B 上升，如图 11-49 所示。斜面与水平面成 θ 角，滑轮和绳的质量及一切摩擦均略去不计。试求楔状物 D 作用于地面凸出部分 E 的水平压力。

11-30 均质杆 AB 的质量为 $m=4\mathrm{kg}$，其两端悬挂在两条平行绳上，杆处在水平位置，如图 11-50 所示。设其中一绳突然断了，试求此瞬时另一绳的张力 $\boldsymbol{F}$。

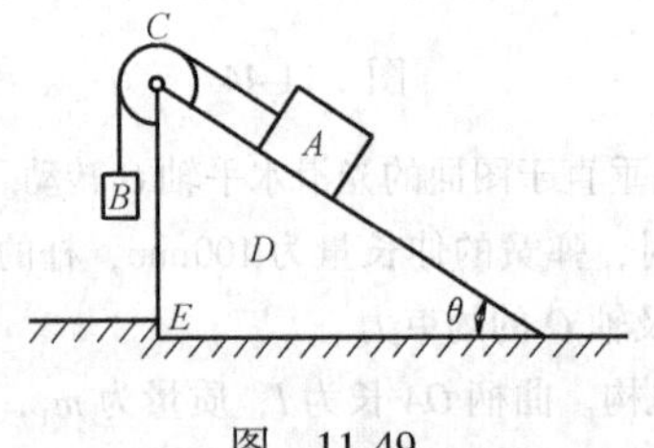

图 11-49

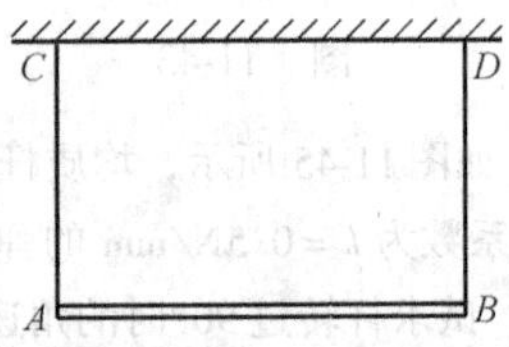

图 11-50

11-31 均质细杆 OA 可绕水平轴 O 转动，另一端有一均质圆盘，圆盘可绕 A 在铅直面内自由旋转，如图 11-51 所示。已知杆 OA 长为 l，质量为 m_1；圆盘半径为 R，质量为 m_2。不计摩擦，

初始瞬时杆 OA 水平，杆和圆盘静止。试求杆与水平线成 θ 角时，杆的角速度和角加速度。

11-32　图 11-52 所示三棱柱体 ABC 的质量为 m_1，放在光滑的水平面上，可以无摩擦地滑动。质量为 m_2 的均质圆柱体 O 由静止沿斜面 AB 向下滚动而不滑动。如果斜面的倾角为 θ，试求三棱柱体的加速度。

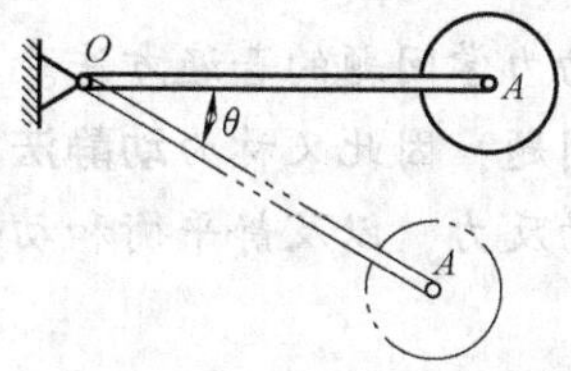

图 11-51

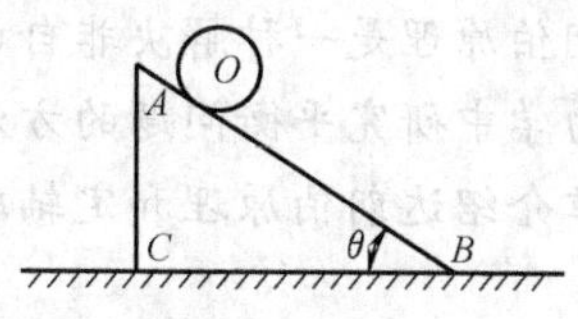

图 11-52

第十二章　达朗伯原理

达朗伯原理是一种解决非自由质点和质点系动力学问题的普遍方法。这种方法是用静力学中研究平衡问题的方法来研究动力学问题，因此又称为**动静法**。

本章介绍达朗伯原理和定轴转动刚体的轴承动反力，以及静平衡和动平衡的概念。

第一节　质点与质点系的达朗伯原理

一、质点惯性力的概念

当质点受到其他物体作用而使运动状态发生变化时，由于质点本身的惯性，对施力物体产生反作用力，这种反作用力称为质点的**惯性力**。惯性力的大小等于质点的质量与其加速度的乘积，方向与加速度的方向相反，但作用于施力物体上。若用 $\boldsymbol{F}_I$ 表示惯性力，则 $\boldsymbol{F}_I = -m\boldsymbol{a}$。

例如，工人沿光滑的水平直线轨道推动质量为 m 的小车，作用力为 $\boldsymbol{F}$，小车在力的方向上产生加速度 $\boldsymbol{a}$，有 $\boldsymbol{F} = m\boldsymbol{a}$。根据作用力与反作用力公理，此时工人手上必受到小车的反作用力 $\boldsymbol{F}_I$，此力是由于小车具有惯性，力图保持其原来的运动状态，对手进行反抗而产生的，即小车的惯性力，有 $\boldsymbol{F}_I = -\boldsymbol{F} = -m\boldsymbol{a}$。

二、质点的达朗伯原理

设质量为 m 的质点 M，受主动力 $\boldsymbol{F}$ 和约束反力 $\boldsymbol{F}_N$ 的作用，沿曲线运动，产生加速度 $\boldsymbol{a}$，如图 12-1 所示。根据牛顿第二定律，有

$$\boldsymbol{F} + \boldsymbol{F}_N = m\boldsymbol{a}$$

此时质点由于运动状态发生改变，它的惯性力为

$$\boldsymbol{F}_I = -m\boldsymbol{a}$$

将以上两式相加，得

$$\boldsymbol{F} + \boldsymbol{F}_N + \boldsymbol{F}_I = \boldsymbol{0} \tag{12-1}$$

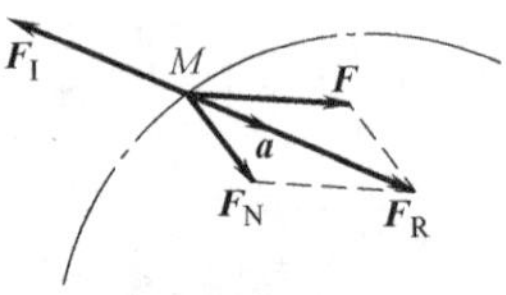

图　12-1

上式表明：**任一瞬时，作用于质点上的主动力、约束反力和虚加在质点上的惯性力在形式上组成平衡力系**。这就是**质点的达朗伯原理**。

必须指出：由于质点的惯性力并不作用于质点本身，而是假想地虚加在质点上的，质点实际上也并不平衡。式(12-1)反映了力与运动的关系，实质上仍然是动力学问题，但它提供了将动力学问题在形式上转化为静力学平衡问题的研究方法。这种方法对求解质点的动力学问题并未带来明显的方便，但在研究方法上显然是个新的突破，而且，它对求解非自由质点系的动力学问题是十分有益的。

例 12-1 质量 $m=10\text{kg}$ 的物块 A 沿与铅垂面夹角 $\theta=60°$ 的悬臂梁下滑，如图 12-2a 所示。不计梁的自重，并忽略物块的尺寸，试求当物块下滑至距固定端 O 的距离 $l=0.6\text{m}$，加速度 $a=2\text{m/s}^2$ 时固定端 O 的约束力。

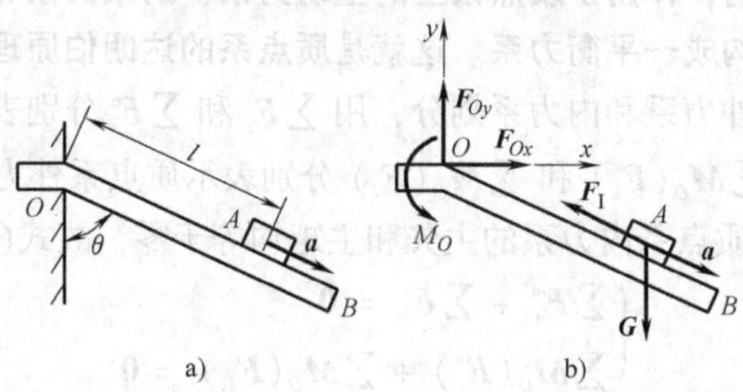

图 12-2

解 (1) 取物块和悬臂梁一起为研究对象，受有主动力 $\boldsymbol{G}$，固定端 O 处的约束力 $\boldsymbol{F}_{Ox}$、$\boldsymbol{F}_{Oy}$、M_O。

(2) 虚加惯性力：物块的惯性力大小 $F_I=ma$，方向与物块的加速度方向相反，加在物块上，如图 12-2b 所示。

(3) 根据达朗伯原理，列平衡方程。

$$\sum F_x=0,\qquad F_{Ox}-F_I\sin\theta=0$$

$$F_{Ox}=F_I\sin\theta=ma\sin60°=(10\times2\times0.866)\text{N}=17.32\text{N}$$

$$\sum F_y=0,\qquad F_{Oy}-G+F_I\cos\theta=0$$

$$F_{Oy}=G-F_I\cos\theta=mg-ma\cos60°$$

$$=(10\times9.8-10\times2\times0.5)\text{N}=88\text{N}$$

$$\sum M_O=0,\qquad M_O-Gl\sin\theta=0$$

$$M_O=mgl\sin\theta=(10\times9.8\times0.6\times0.866)\text{N}\cdot\text{m}=50.92\text{N}\cdot\text{m}$$

从例 12-1 可见，应用质点达朗伯原理求解时，在受力图上惯性力的方向要与加速度方向相反，惯性力的大小为 $F_I=ma$，不带负号。

三、质点系的达朗伯原理

设有 n 个质点组成的非自由质点系，取其中任意一质量为 m_i 的质点 M_i，在该质点上作用有主动力 $\boldsymbol{F}_i$，约束反力 $\boldsymbol{F}_{Ni}$，其加速度为 $\boldsymbol{a}_i$。根据质点的达朗伯原理，如果在质点 M_i 上假想地加上惯性力 $\boldsymbol{F}_{Ii}=-m_i\boldsymbol{a}_i$，则 $\boldsymbol{F}_i$、$\boldsymbol{F}_{Ni}$ 和 $\boldsymbol{F}_{Ii}$ 构成一平衡力系，有

$$\boldsymbol{F}_i+\boldsymbol{F}_{Ni}+\boldsymbol{F}_{Ii}=\boldsymbol{0}$$

对质点系的每个质点都作这样的处理，则作用于整个质点系的主动力系、约束力系和惯性力系组成一空间力系，此时力系的主矢和力系向任一点 O 简化的主矩都等于零，即

$$\begin{cases}\sum \boldsymbol{F}_i + \sum \boldsymbol{F}_{\mathrm{N}i} + \sum \boldsymbol{F}_{\mathrm{I}i} = \mathbf{0} \\ \sum \boldsymbol{M}_O(\boldsymbol{F}_i) + \sum \boldsymbol{M}_O(\boldsymbol{F}_{\mathrm{N}i}) + \sum \boldsymbol{M}_O(\boldsymbol{F}_{\mathrm{I}i}) = \mathbf{0}\end{cases} \tag{12-2}$$

上式表明：**任一瞬时，作用于质点系上的主动力系、约束力系和虚加在质点系上的惯性力系在形式上构成一平衡力系。**这就是**质点系的达朗伯原理**。

如果将力系按外力系和内力系划分，用 $\sum \boldsymbol{F}_i^{\mathrm{e}}$ 和 $\sum \boldsymbol{F}_i^{\mathrm{i}}$ 分别表示质点系外力系主矢和内力系主矢；$\sum \boldsymbol{M}_O(\boldsymbol{F}_i^{\mathrm{e}})$ 和 $\sum \boldsymbol{M}_O(\boldsymbol{F}_i^{\mathrm{i}})$ 分别表示质点系外力系和内力系对任一点 O 的主矩，由于质点系内力系的主矢和主矩均等于零，故式(12-2)可以改写为

$$\begin{cases}\sum \boldsymbol{F}_i^{\mathrm{e}} + \sum \boldsymbol{F}_{\mathrm{I}i} = \mathbf{0} \\ \sum \boldsymbol{M}_O(\boldsymbol{F}_i^{\mathrm{e}}) + \sum \boldsymbol{M}_O(\boldsymbol{F}_{\mathrm{I}i}) = \mathbf{0}\end{cases} \tag{12-3}$$

上式表明：**任一瞬时，作用于质点系上的外力系和虚加在质点系上的惯性力系在形式上构成一平衡力系。**

例 12-2 如图 12-3a 所示，重量 $G_A = G_B = G$ 的两个物块 A 和 B，系在一无重软绳的两端，软绳绕过半径为 R 的无重定滑轮，光滑斜面的倾角为 θ。试求物块 A 下降的加速度及轴承 O 的约束力。

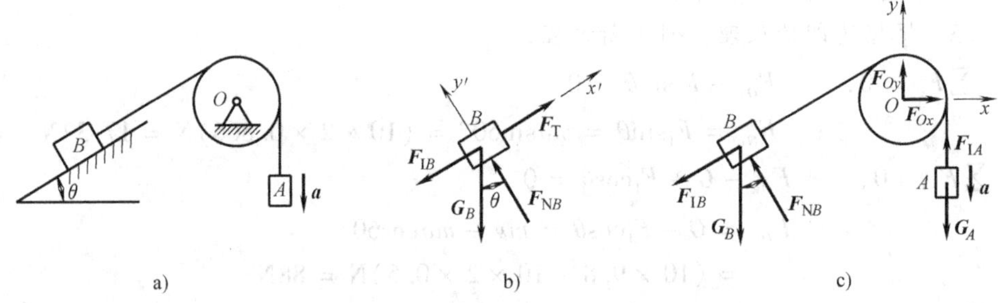

图 12-3

解 先取物块 B 为研究对象，所受的外力为绳索的拉力 $\boldsymbol{F}_{\mathrm{T}}$、重力 $\boldsymbol{G}_B$、光滑斜面的约束力 $\boldsymbol{F}_{\mathrm{N}B}$ 和虚加的惯性力 $\boldsymbol{F}_{\mathrm{I}B}$，如图 12-3b 所示。取图 12-3b 所示坐标系，根据质点达朗伯原理，可列出平衡方程为

$$\sum F_{y'} = 0, \qquad F_{\mathrm{N}B} - G_B\cos\theta = 0$$

可得

$$F_{\mathrm{N}B} = G_B\cos\theta = G\cos\theta$$

再取物块 A、B 及滑轮和绳索所组成的系统为研究对象。质点系的外力有两个物块的重力 $\boldsymbol{G}_A$ 和 $\boldsymbol{G}_B$、轴承 O 的约束力 $\boldsymbol{F}_{Ox}$ 和 $\boldsymbol{F}_{Oy}$ 及光滑斜面的约束力 $\boldsymbol{F}_{\mathrm{N}B}$。虚加上惯性力 $\boldsymbol{F}_{\mathrm{I}A}$ 和 $\boldsymbol{F}_{\mathrm{I}B}$，如图 12-3c 所示。惯性力的大小为 $F_{\mathrm{I}A} = F_{\mathrm{I}B} = Ga/g$。

质点系的外力和惯性力组成一平面力系。选取图 12-3c 所示坐标系，并取 O 点为矩心，根据质点系达朗伯原理，列平衡方程，并注意到 $F_{\mathrm{N}B} = G_B\cos\theta$，有

$$\sum F_x = 0, \qquad F_{Ox} - F_{\mathrm{I}B}\cos\theta - F_{\mathrm{N}B}\sin\theta = 0$$

$$F_{Ox} = \frac{G}{g}a\cos\theta + G\sin\theta\cos\theta \tag{1}$$

$$\sum F_y = 0, \quad F_{Oy} + F_{IA} - G_A - F_{IB}\sin\theta - G_B + F_{NB}\cos\theta = 0$$

$$F_{Oy} = -\frac{G}{g}a(1 - \sin\theta) + G(1 + \sin^2\theta) \tag{2}$$

$$\sum M_O = 0, \quad G_B R\sin\theta - G_A R + F_{IA}R + F_{IB}R = 0$$

$$G(\sin\theta - 1)R + \frac{2G}{g}Ra = 0 \tag{3}$$

由式(3)得
$$a = \frac{g}{2}(1 - \sin\theta) \tag{4}$$

将式(4)代入式(1)、式(2)，得

$$F_{Ox} = \frac{G}{2}(1 + \sin\theta)\cos\theta,\ F_{Oy} = \frac{G}{2}(1 + \sin\theta)^2$$

第二节 刚体惯性力系的简化

应用达朗伯原理解决质点系的动力学问题时，从理论上讲，在每个质点上虚加上惯性力是可行的。但质点系中质点很多时计算非常困难，对于由无穷多质点组成的刚体更是不可能。因此，对于刚体动力学问题，一般先用力系简化理论将刚体上的惯性力系加以简化，然后将惯性力系的简化结果直接虚加在刚体上。

下面仅就刚体作平动、定轴转动和平面运动三种情况，来研究惯性力系的简化。

一、刚体作平动

刚体平动时，刚体上各点的加速度都相同，惯性力系构成一个同向空间平行力系。如图 12-4 所示，将此惯性力系向刚体的质心 C 简化，得惯性力系的主矢为

$$\boldsymbol{F}_{IR} = \sum \boldsymbol{F}_{Ii} = \sum(-m_i\boldsymbol{a}_i) = -(\sum m_i)\boldsymbol{a}_i = -m\boldsymbol{a}_C$$

即
$$\boldsymbol{F}_{IR} = -m\boldsymbol{a}_C \tag{12-4}$$

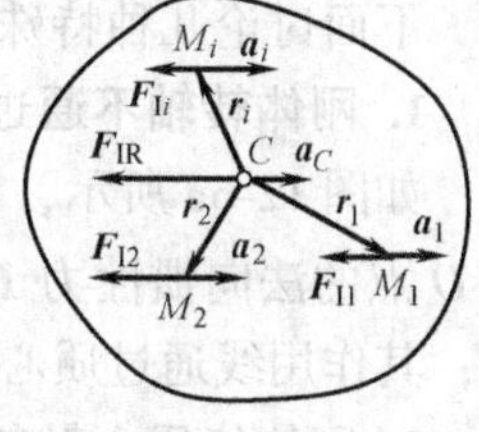

图 12-4

惯性力系对质心 C 的主矩为

$$\boldsymbol{M}_{IC} = \sum \boldsymbol{M}_C(\boldsymbol{F}_{Ii}) = \sum \boldsymbol{r}_i \times (-m_i\boldsymbol{a}_i) = -(\sum m_i\boldsymbol{r}_i)\times\boldsymbol{a}_i$$

式中，$\boldsymbol{r}_i$ 为质点 M_i 相对于质心 C 的矢径，由质心矢径表达式(3-25)知

$$\sum m_i\boldsymbol{r}_i = m\boldsymbol{r}_C$$

式中，$\boldsymbol{r}_C$ 为质心的矢径，由于质心 C 为简化中心，则 $\boldsymbol{r}_C = \boldsymbol{0}$，于是有

$$\boldsymbol{M}_{IC} = -m\boldsymbol{r}_C \times \boldsymbol{a}_C = \boldsymbol{0}$$

上述结果表明：**刚体作平动时，惯性力系简化的结果为一个通过质心的合力 $\boldsymbol{F}_{IR}$，其大小等于刚体的质量与质心加速度的乘积，方向与质心加速度的方向相反。**

二、刚体作定轴转动

仅讨论工程中常见的比较简单的情况。设刚体具有质量对称平面，且转轴垂直

于质量对称平面。先将惯性力系简化为在质量对称平面内的平面力系，再将它向平面与转轴的交点 O 简化，如图 12-5 所示。

先研究惯性力系的主矢。设刚体内任一质点 M_i 的质量为 m_i，加速度为 $\boldsymbol{a}_i$，刚体的总质量为 m，质心的加速度为 $\boldsymbol{a}_C$，则惯性力系的主矢为

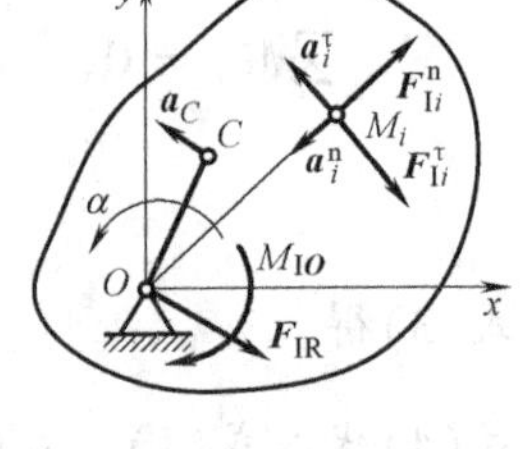

图 12-5

$$\boldsymbol{F}_{IR} = \sum \boldsymbol{F}_{Ii} = \sum(-m_i\boldsymbol{a}_i) = -\sum m_i\boldsymbol{a}_i$$

由质心公式 $\sum m_i\boldsymbol{r}_i = m\boldsymbol{r}_C$

对时间求二阶导数，可得

$$\sum m_i\boldsymbol{a}_i = m\boldsymbol{a}_C$$

故有
$$\boldsymbol{F}_{IR} = -m\boldsymbol{a}_C \tag{12-5}$$

再研究惯性力系对坐标原点 O 的主矩。由于刚体转动时任一质点 M_i 的惯性力 $\boldsymbol{F}_{Ii}$ 可以分解为切向惯性力 $\boldsymbol{F}_{Ii}^\tau$ 和法向惯性力 $\boldsymbol{F}_{Ii}^n$，如图 12-5 所示。故惯性力系对 O 点的主矩为

$$\begin{aligned} M_{IO} &= \sum M_z(\boldsymbol{F}_{Ii}^\tau) + \sum M_z(\boldsymbol{F}_{Ii}^n) = \sum M_z(\boldsymbol{F}_{Ii}^\tau) \\ &= -\sum r_i(m_ir_i\alpha) = -\alpha\sum m_ir_i^2 = -J_z\alpha \end{aligned}$$

即
$$M_{IO} = -J_z\alpha \tag{12-6}$$

式中，J_z 为刚体对通过点 O 的转轴 z 的转动惯量；α 为刚体转动的角加速度；负号表示主矩与 α 转向相反。

上述结果表明：**刚体绕垂直于质量对称平面的转轴转动时，惯性力系向转轴与对称平面的交点 O 简化的结果为一个主矢和主矩。主矢的大小等于刚体的质量与质心加速度的乘积，方向与质心加速度的方向相反；主矩的大小等于刚体对转轴的转动惯量与角加速度的乘积，转向与角加速度的转向相反。**

下面讨论几种特殊情况：

1. 刚体转轴不通过质心，作匀速转动

如图 12-6a 所示，由于角加速度 $\alpha=0$，故 $M_{IO}=0$，因而惯性力系简化为一通过 O 点的法向惯性力 $\boldsymbol{F}_{IR}=\boldsymbol{F}_{IR}^n$，大小等于 $mr_C\omega^2$，方向与质心法向加速度方向相反，其作用线通过质心 C。

2. 刚体绕质心轴转动，角加速度 $\alpha\neq0$

如图 12-6b 所示，由于质心加速度 $a_C=0$，此时，惯性力系仅简化为一个力偶，其力偶矩 $M_{IO}=M_{IC}=-J_C\alpha$。

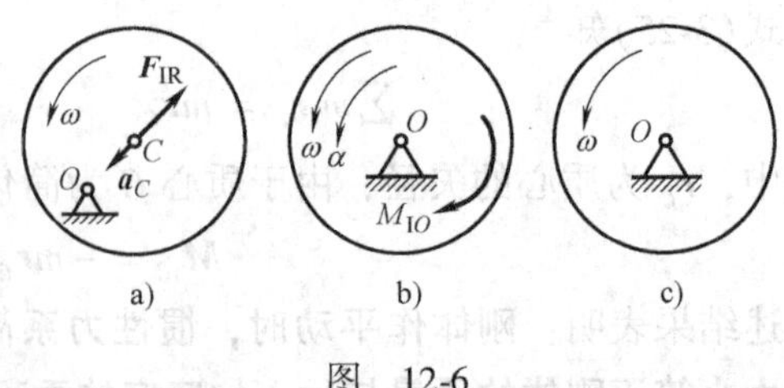

图 12-6

3. 刚体绕质心轴匀速转动

如图 12-6c 所示，由于 $a_C=0$，$\alpha=0$，惯性力系向 O 点简化的主矢和主矩都等

于零。

三、刚体作平面运动

仅讨论刚体具有质量对称平面，且刚体平行于对称平面作平面运动的情况。此时，刚体惯性力系可简化为在对称平面内的平面力系。刚体的平面运动可分解为随质心的平动和绕质心的转动，将惯性力系向质心 C 简化，如图 12-7 所示，可得惯性主矢和主矩分别为

$$\begin{cases} \boldsymbol{F}_{\mathrm{IR}} = -m\boldsymbol{a}_C \\ M_{\mathrm{IC}} = -J_C\alpha \end{cases} \tag{12-7}$$

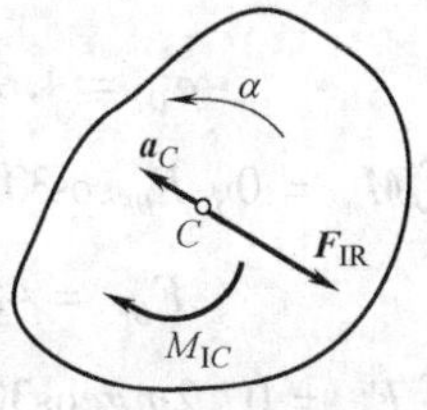

图 12-7

上式表明：**具有质量对称平面且平行于此平面作平面运动的刚体，惯性力系向质心 C 简化的结果为一个主矢和一个主矩。主矢过质心 C，大小等于刚体质量与质心加速度的乘积，方向与质心加速度的方向相反；主矩的大小等于刚体对质心轴的转动惯量与角加速度的乘积，转向与角加速度的转向相反。**

第三节 达朗伯原理的应用

应用达朗伯原理求解刚体动力学问题时，首先应根据题意选取研究对象，分析其所受的外力，画出受力图；然后再根据刚体的运动方式在受力图上虚加惯性力及惯性力偶；最后根据达朗伯原理列平衡方程求解未知量。下面通过举例来说明达朗伯原理的应用。

例 12-3 如图 12-8a 所示，两均质杆 AB 和 BD，质量均为 3kg，$AB=BD=1\text{m}$，焊接成直角形刚体，以绳 AF 和两等长且平行的杆 AE、BF 支持。试求割断绳 AF 的瞬时两杆所受的力。杆的质量忽略不计，刚体质心坐标为 $x_C=0.75\text{m}$，$y_C=0.25\text{m}$。

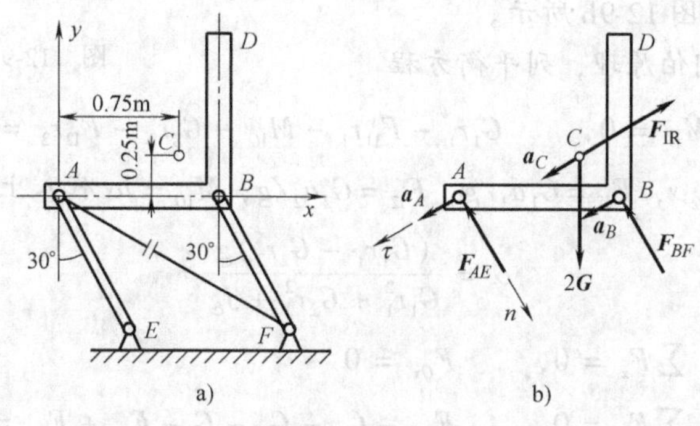

图 12-8

解 (1) 取刚体 ABD 为研究对象，其所受的外力有重力 $\boldsymbol{G}=2m\boldsymbol{g}$、两杆的约束

力 $\boldsymbol{F}_{AE}$和 $\boldsymbol{F}_{BF}$。

(2) 虚加惯性力：因两杆 AE 和 BF 平行且等长，故刚体 ABD 作曲线平动，刚体上各点的加速度都相等。在割断绳的瞬时，两杆的角速度为零，角加速度为 α。平动刚体的惯性力 $F_{IR}=2ma_C$ 加在质心上，如图 12-8b 所示。

(3) 根据达朗伯原理，列平衡方程。

$$\sum F_\tau = 0,\ 2mg\sin30° - F_{IR} = 0$$

$$a_C = 4.9\text{m/s}^2$$

$$\sum M_A = 0,\ F_{BF}\cos30° \times 1\text{m} - 2mg \times 0.75\text{m} - F_{IR}\cos30° \times 0.25\text{m} + F_{IR}\sin30° \times 0.75\text{m} = 0$$

$$F_{BF} = 45.5\text{N}$$

$$\sum F_n = 0,\ 2mg\cos30° - F_{AE} - F_{BF} = 0$$

$$F_{AE} = 5.4\text{N}$$

例 12-4 如图 12-9a 所示，重量分别为 G_1 和 G_2 的物体，分别系在两条绳子上，绳子又分别绕在半径为 r_1 和 r_2 并装在同一轴的两鼓轮上。已知两轮总重为 G，对转轴 O 的转动惯量为 J，且 $G_1r_1>G_2r_2$，鼓轮的质心在转轴上，系统在重力作用下发生运动。试求鼓轮的角加速度及轴承 O 的约束力。

解 (1) 取整个系统为研究对象，系统上作用有主动力 $\boldsymbol{G}_1$、$\boldsymbol{G}_2$、$\boldsymbol{G}$，轴承的约束力 $\boldsymbol{F}_{Ox}$、$\boldsymbol{F}_{Oy}$，如图 12-9b 所示。

(2) 虚加惯性力和惯性力偶：重物 A、B 作平动，因 $G_1r_1>G_2r_2$，故重物 A 的加速度 $\boldsymbol{a}_1$ 方向向下，重物 B 的加速度 $\boldsymbol{a}_2$ 方向向上，分别加上惯性力 $\boldsymbol{F}_{I1}$、$\boldsymbol{F}_{I2}$。鼓轮作定轴转动，且转轴过质心，加上惯性力偶 M_{IO}。如图 12-9b 所示。

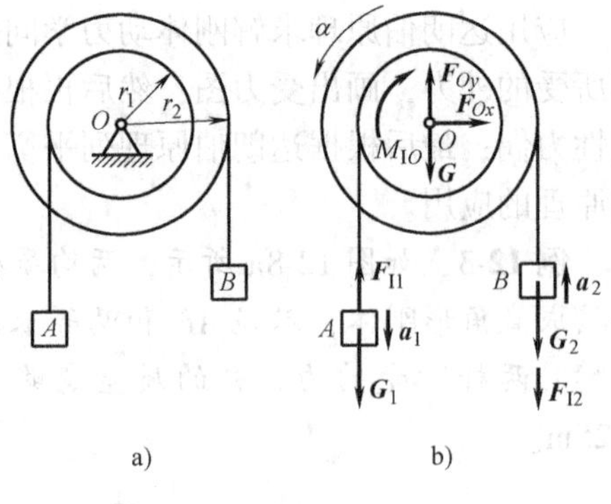

图 12-9

(3) 根据达朗伯原理，列平衡方程

$$\sum M_O = 0,\qquad G_1r_1 - F_{I1}r_1 - M_{IO} - G_2r_2 - F_{I2}r_2 = 0$$

将 $a_1=r_1\alpha$，$a_2=r_2\alpha$，$F_{I1}=G_1a_1/g$，$F_{I2}=G_2a_2/g$，$M_{IO}=J\alpha$ 代入上式，解得

$$\alpha = \frac{(G_1r_1 - G_2r_2)g}{G_1r_1^2 + G_2r_2^2 + Jg}$$

$$\sum F_x = 0,\qquad F_{Ox} = 0$$

$$\sum F_y = 0,\qquad F_{Oy} - G_1 - G_2 - G - F_{I2} + F_{I1} = 0$$

得

$$F_{Oy} = G_1 + G_2 + G - \frac{(G_1r_1 - G_2r_2)^2}{G_1r_1^2 + G_2r_2^2 + Jg}$$

例 12-5 曲柄滑块机构如图 12-10a 所示。已知曲柄 OA 长为 r，连杆 AB 长为 l，质量为 m，连杆质心 C 的加速度为 $\boldsymbol{a}_{Cx}$ 和 $\boldsymbol{a}_{Cy}$，连杆的角加速度为 α。试求曲柄销 A 和光滑导板 B 的约束力(滑块重量不计)。

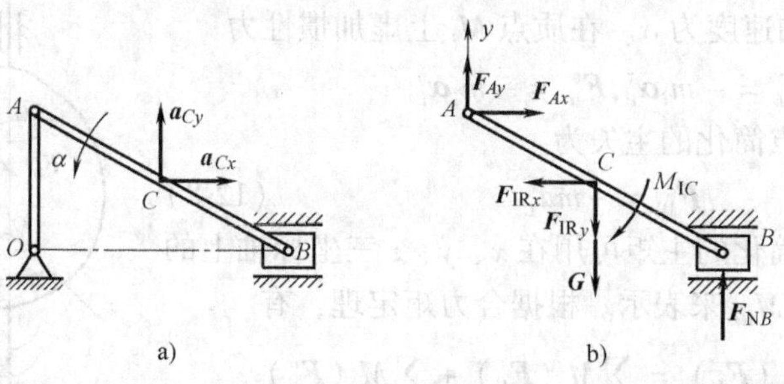

图 12-10

解 (1) 取连杆 AB 和滑块 B 为研究对象。其上作用有主动力 $\boldsymbol{G}$，约束力 $\boldsymbol{F}_{Ax}$、$\boldsymbol{F}_{Ay}$ 和 $\boldsymbol{F}_{NB}$。

(2) 虚加惯性力和惯性力偶：连杆作平面运动，惯性力系向质心简化得到主矢和主矩，它们的方向如图 12-10b 所示，大小分别为

$$F_{IRx}=ma_{Cx},\ F_{IRy}=ma_{Cy},\ M_{IC}=\frac{1}{12}ml^2\alpha$$

(3) 根据达朗伯原理，列平衡方程

$$\sum F_x=0,\ F_{Ax}-F_{IRx}=0$$

$$\sum F_y=0,\ F_{Ay}+F_{NB}-G-F_{IRy}=0$$

$$\sum M_A=0,\ F_{NB}\sqrt{l^2-r^2}-(G+F_{IRy})\frac{\sqrt{l^2-r^2}}{2}-F_{IRx}\frac{r}{2}-M_{IC}=0$$

解得

$$F_{NB}=\frac{m}{2}\left[g+a_{Cy}+\frac{1}{\sqrt{l^2-r^2}}\left(ra_{Cx}+\frac{l^2}{6}\alpha\right)\right]$$

$$F_{Ay}=\frac{m}{2}\left[g+a_{Cy}-\frac{1}{\sqrt{l^2-r^2}}\left(ra_{Cx}+\frac{l^2}{6}\alpha\right)\right]$$

$$F_{Ax}=ma_{Cx}$$

第四节 定轴转动刚体的轴承动约束力

在高速转动的机械中，由于转子质量的不均匀性以及制造或安装时的误差，转子对于转轴常常产生偏心或偏角，转动时就会引起轴的振动和轴承动约束力。这种动约束力的极值有时会达到静约束力的十倍以上。因此，如何消除轴承动约束力的问题就成为高速转动机械的重要问题。下面将着重研究轴承动约束力的计算和如何消除轴承动约束力。

一、一般情况下转动刚体惯性力系的简化

现在研究一般情况下定轴转动刚体的惯性力系的简化问题。

如图 12-11 所示，设刚体绕定轴 z 转动，在某瞬时的角速度为 ω，角加速度为 α。在质点 M_i 上虚加惯性力

$$\boldsymbol{F}_{\mathrm{I}i}^{\tau} = -m_i\boldsymbol{\alpha}_i^{\tau}, \boldsymbol{F}_{\mathrm{I}i}^{\mathrm{n}} = -m_i\boldsymbol{\alpha}_i^{\mathrm{n}}$$

则惯性力系向 O 点简化的主矢为

$$\boldsymbol{F}_{\mathrm{IR}} = -m\boldsymbol{a}_C \tag{12-8}$$

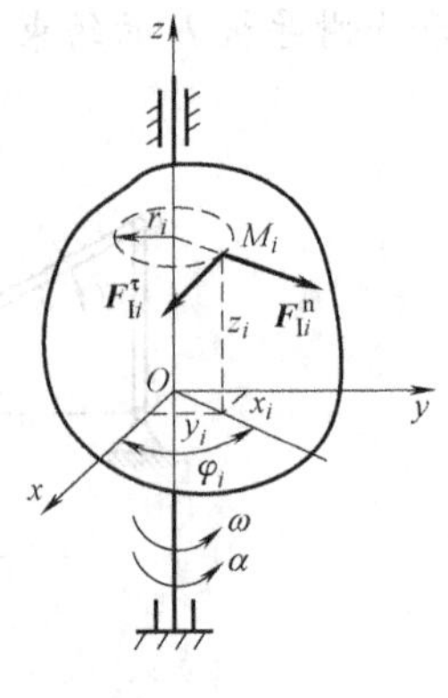

图 12-11

惯性力系向 O 点简化的主矩可用在 x、y、z 三坐标轴上的投影 $M_{\mathrm{IO}x}$、$M_{\mathrm{IO}y}$、$M_{\mathrm{IO}z}$ 来表示。根据合力矩定理，有

$$M_{\mathrm{IO}x} = \sum M_x(\boldsymbol{F}_{\mathrm{I}i}) = \sum M_x(\boldsymbol{F}_{\mathrm{I}i}^{\tau}) + \sum M_x(\boldsymbol{F}_{\mathrm{I}i}^{\mathrm{n}})$$

$$M_{\mathrm{IO}y} = \sum M_y(\boldsymbol{F}_{\mathrm{I}i}) = \sum M_y(\boldsymbol{F}_{\mathrm{I}i}^{\tau}) + \sum M_y(\boldsymbol{F}_{\mathrm{I}i}^{\mathrm{n}})$$

$$M_{\mathrm{IO}z} = \sum M_z(\boldsymbol{F}_{\mathrm{I}i}) = \sum M_z(\boldsymbol{F}_{\mathrm{I}i}^{\tau}) + \sum M_z(\boldsymbol{F}_{\mathrm{I}i}^{\mathrm{n}})$$

质点惯性力 $\boldsymbol{F}_{\mathrm{I}i} = -m_i\boldsymbol{a}_i$ 可以分解为切向惯性力 $\boldsymbol{F}_{\mathrm{I}i}^{\tau}$ 和法向惯性力 $\boldsymbol{F}_{\mathrm{I}i}^{\mathrm{n}}$，它们的方向如图所示，大小分别为

$$F_{\mathrm{I}i}^{\tau} = m_i a_i^{\tau} = m_i r_i \alpha$$

$$F_{\mathrm{I}i}^{\mathrm{n}} = m_i a_i^{\mathrm{n}} = m_i r_i \omega^2$$

则

$$M_x(\boldsymbol{F}_{\mathrm{I}i}^{\tau}) = m_i r_i \alpha z_i \cos\varphi_i$$

$$M_x(\boldsymbol{F}_{\mathrm{I}i}^{\mathrm{n}}) = -m_i r_i \omega^2 z_i \sin\varphi_i$$

由图 12-11 可知
$$\cos\varphi_i = \frac{x_i}{r_i}, \quad \sin\varphi_i = \frac{y_i}{r_i}$$

于是得
$$M_{\mathrm{IO}x} = \alpha\sum m_i x_i z_i - \omega^2\sum m_i y_i z_i = J_{xz}\alpha - J_{yz}\omega^2 \tag{12-9}$$

式中，$J_{xz} = \sum m_i x_i z_i$ 和 $J_{yz} = \sum m_i y_i z_i$ 取决于刚体质量对于坐标轴分布的情况，并具有转动惯量的量纲，分别称为刚体对通过 O 点的轴 x、z 和轴 y、z 的**惯性积**，也称为**离心转动惯量**。惯性积可正、可负，也可为零。

同理可得惯性力系对于 y 轴的矩为

$$M_{\mathrm{IO}y} = J_{yz}\alpha + J_{xz}\omega^2 \tag{12-10}$$

因为各质点的法向惯性力通过轴线，有 $\sum M_z(\boldsymbol{F}_{\mathrm{I}i}^{\mathrm{n}}) = 0$，于是有

$$M_{\mathrm{IO}z} = \sum M_z(\boldsymbol{F}_{\mathrm{I}i}^{\tau}) = -\sum m_i \alpha r_i r_i = -\alpha\sum m_i r_i^2 = -J_z\alpha \tag{12-11}$$

式中，负号表示力矩转向与角加速度转向相反。

二、一般情况下轴承的附加动约束力

设刚体绕 AB 轴转动，如图 12-12 所示，某瞬时的角速度为 ω，角加速度为 α。

作用于刚体的主动力系和虚加于刚体的惯性力系向转轴上任一点 O 简化，分别得力 $\boldsymbol{F}'_{R}$和 $\boldsymbol{F}_{IR}$，力偶矩矢 $\boldsymbol{M}_{O}$ 和 $\boldsymbol{M}_{IO}$。轴承 A、B 的约束力如图所示。

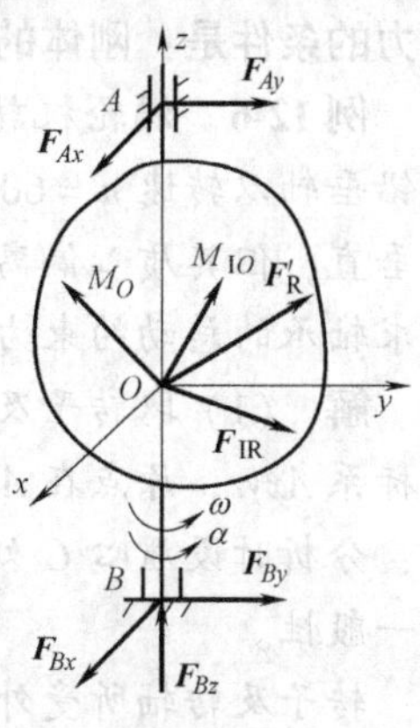

图 12-12

为求轴承约束力，取 O 点为直角坐标系的原点，z 轴为转轴。根据达朗伯原理，可列出下列六个平衡方程

$$\sum F_x = 0, F_{Ax} + F_{Bx} + F'_{Rx} + F_{IRx} = 0$$

$$\sum F_y = 0, F_{Ay} + F_{By} + F'_{Ry} + F_{IRy} = 0$$

$$\sum F_z = 0, F_{Bz} + F'_{Rz} = 0$$

$$\sum M_x = 0, F_{By} \cdot OB - F_{Ay} \cdot OA + M_{Ox} + M_{IOx} = 0$$

$$\sum M_y = 0, - F_{Bx} \cdot OB + F_{Ax} \cdot OA + M_{Oy} + M_{IOy} = 0$$

$$\sum M_z = 0, M_{Oz} + M_{IOz} = 0$$

由前五个方程解得轴承约束力

$$\begin{cases} F_{Ax} = -\dfrac{1}{AB}[(M_{Oy} + F'_{Rx} \cdot OB) + (M_{IOy} + F_{IRx} \cdot OB)] \\ F_{Ay} = \dfrac{1}{AB}[(M_{Ox} - F'_{Ry} \cdot OB) + (M_{IOx} - F_{IRy} \cdot OB)] \\ F_{Bx} = \dfrac{1}{AB}[(M_{Oy} - F'_{Rx} \cdot OA) + (M_{IOy} - F_{IRx} \cdot OA)] \\ F_{By} = -\dfrac{1}{AB}[(M_{Ox} + F'_{Ry} \cdot OA) + (M_{IOx} + F_{IRy} \cdot OA)] \\ F_{Bz} = -F'_{Rz} \end{cases} \tag{12-12}$$

由式(12-12)可知，由于惯性力系分布在垂直于转轴的各平面内，推力轴承沿 z 轴的约束力 $\boldsymbol{F}_{Bz}$与惯性力无关；与 z 轴垂直的轴承约束力 $\boldsymbol{F}_{Ax}$、$\boldsymbol{F}_{Ay}$、$\boldsymbol{F}_{Bx}$、$\boldsymbol{F}_{By}$ 由两部分组成：①由主动力引起的**静约束力**；②由惯性力引起的**附加动约束力**。

要使附加动约束力等于零，必须有

$$F_{IRx} = F_{IRy} = 0, M_{IOx} = M_{IOy} = 0$$

即，**轴承附加动约束力等于零的条件是：惯性力系的主矢等于零，惯性力系对于 x 轴和 y 轴之矩等于零。**

由式(12-8)~式(12-10)知

$$F_{IRx} = ma_{Cx}, \quad F_{IRy} = ma_{Cy}$$

$$M_{IOx} = J_{xz}\alpha - J_{yz}\omega^2, \quad M_{IOy} = J_{xz}\alpha + J_{xz}\omega^2$$

由此可见，要使惯性力系主矢等于零，必须有 $\boldsymbol{a}_C = \boldsymbol{0}$，即转轴必须通过质心；要使惯性力系对于 x 轴和 y 轴之矩等于零，必须有 $J_{xz} = J_{yz} = 0$，即刚体对于转轴的惯性积等于零。

如果刚体对于通过 O 点的 z 轴的惯性积 J_{xz} 和 J_{yz} 等于零，则此 z 轴称为该点的**惯性主轴**，通过质心的惯性主轴称为**中心惯性主轴**。因此，**避免出现轴承附加动约束力的条件是：刚体的转轴应为刚体的中心惯性主轴**。

例 12-6 涡轮机转子总质量 $m=200\text{kg}$，支承在推力轴承 A 和向心轴承 B 上，绕铅垂轴以转速 $n=6000\text{r/min}$ 转动，如图 12-13 所示。已知转轴与转子的对称平面垂直，但其质心偏离转轴的距离 $e=0.5\text{mm}$，轴承间的距离 $AB=2AD=h=1\text{m}$。试求轴承的总动约束力和附加动约束力。

解 (1) 取转子及转轴整体为研究对象。选取静止坐标系 $Axyz$，原点在 A 点，z 轴与 AB 重合。为了简便起见，分析时设质心 C 处在 yAz 平面内，这并不影响解答的一般性。

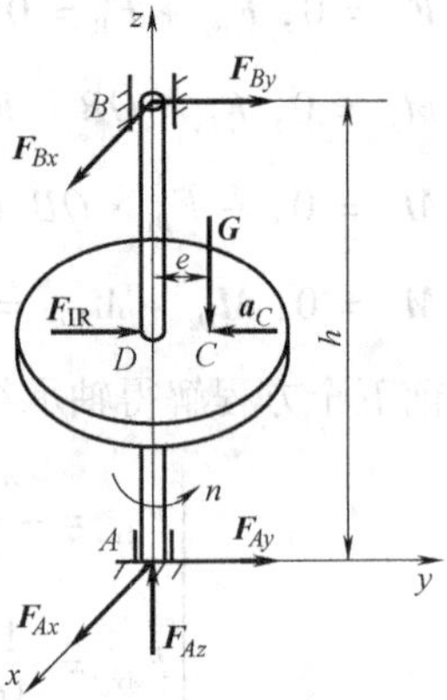

转子及转轴所受外力为：重力 $\boldsymbol{G}$，轴承约束力 $\boldsymbol{F}_{Ax}$、$\boldsymbol{F}_{Ay}$、$\boldsymbol{F}_{Az}$ 和 $\boldsymbol{F}_{Bx}$、$\boldsymbol{F}_{By}$。

图 12-13

(2) 虚加惯性力系：因为转子具有垂直于转轴的对称平面，其惯性力系向 z 轴与对称平面的交点 D 简化可得惯性力 $\boldsymbol{F}_{\text{IR}}=-m\boldsymbol{a}_C$，惯性力偶 $M_{\text{ID}}=-J_z\alpha=0$。

(3) 根据达朗伯原理，列平衡方程

$$\sum F_x=0,\quad F_{Ax}+F_{Bx}=0 \tag{1}$$

$$\sum F_y=0,\quad F_{Ay}+F_{By}+F_{\text{IR}}=0 \tag{2}$$

$$\sum F_z=0,\quad F_{Az}-G=0 \tag{3}$$

$$\sum M_x=0,\quad -F_{By}h-Ge-F_{\text{IR}}\frac{h}{2}=0 \tag{4}$$

$$\sum M_y=0,\quad F_{Bx}h=0 \tag{5}$$

其中，

$$G=mg,\ F_{\text{IR}}=me\omega^2,\ \omega=\frac{2\pi n}{60}$$

解方程得轴承总动约束力为

$$F_{Ax}=F_{Bx}=0$$

$$F_{Ay}=\frac{mge}{h}-\frac{me\omega^2}{2}=(0.98-19739.2)\text{N}=-19738.2\text{N}$$

$$F_{Az}=mg=1960\text{N}$$

$$F_{By}=-\frac{mge}{h}-\frac{me\omega^2}{2}=(-0.98-19739.2)\text{N}=-19740.2\text{N}$$

轴承附加动约束力为

$$F_{Ay}^{\text{d}}=-\frac{me\omega^2}{2}=-19739.2\text{N}$$

由此可见，虽然转子偏心距只有 0.5mm，但附加动约束力的值达到转子本身重量的10倍，它会引起转子振动，加快轴承磨损等不良后果，这是不容忽视的。

上面求得的总动约束力只是转子质心处在 yAz 平面内的瞬时情况。实际上在转子转动一周的时间内，除 $\boldsymbol{F}_{Az}$ 外，各约束力在轴上的投影随质心位置不同，每瞬时都在变化，这可以通过质心在不同位置时的平衡方程计算出来。工程中特别关心其方向和最大值如何，上面求得的 $\boldsymbol{F}_{Ay}$ 和 $\boldsymbol{F}_{By}$ 值就是绝对值最大的径向约束力。

三、定轴转动刚体的静平衡和动平衡的概念

设刚体的转轴通过质心，且刚体除受到重力作用外，没有受到其他主动力的作用，则刚体在任何位置均能保持静止不动，这种现象称为**静平衡**。当刚体绕定轴转动时，不出现轴承附加动约束力的现象称为**动平衡**。

在工程中，为了消除轴承附加动约束力，对转速较高的物体如汽轮机转子、电动机转子等，要求转轴是中心惯性主轴，所以一般将它们设计成具有对称轴或有对称平面，并且转轴是对称轴或通过质心并垂直于对称平面。然而在实际上，由于在制造或安装中难免出现误差，以及材料的不均匀性等，转子的质心和转轴的方位仍然会产生一定的偏离，需要在一定的试验设备上进行静平衡或动平衡试验加以校正。

思 考 题

12-1 设质点在空中运动时，只受到重力作用，试求在下列三种情况下，质点惯性力的大小和方向：(1)质点作自由落体运动；(2)质点被垂直上抛；(3)质点沿抛物线运动。

12-2 一列火车在起动过程中，哪一节车厢的挂钩受力最大，为什么？

12-3 均质薄圆盘半径为 R，质量为 m，以角速度 ω 和角加速度 α 绕 O 轴转动，圆盘的偏心距 $OC=e$，如图12-14所示。试证明按平面运动情况对圆盘惯性力系进行简化的结果与按定轴转动情况对圆盘的惯性力系进行简化的结果是一致的。

12-4 滑轮对 O 轴的转动惯量为 J_O，绳两端物重 $G_1=G_2$，如图12-15所示，问在下述两种情况下滑轮两端绳的拉力是否相等？(1)物块 B 作匀速运动；(2)在物块 B 上加力使物块作匀加速运动。

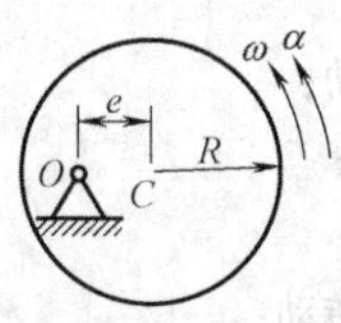

图 12-14

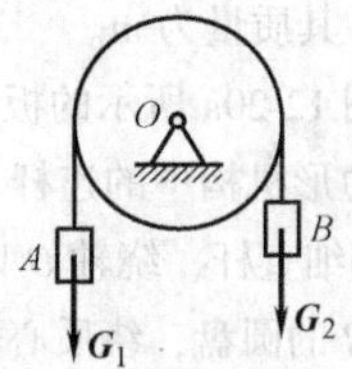

图 12-15

习 题

12-1 如图12-16所示，一飞机以匀加速度 $\boldsymbol{a}$ 沿与水平线成仰角 β 的方向作直线运动。已知装在飞机上的单摆的悬线与铅垂线所成的偏角为 φ，摆锤的质量为 m。试求此时飞机的加速度 $\boldsymbol{a}$

和悬线中的张力 $\boldsymbol{F}_T$。

12-2 一质量为 m 的物块 A 放在匀速转动的水平转台上，如图 12-17 所示。已知物块的重心距转轴的距离为 r，物块与台面之间的静摩擦因数为 μ_s。试求物块不致因转台旋转而滑出时水平转台的最大转速。

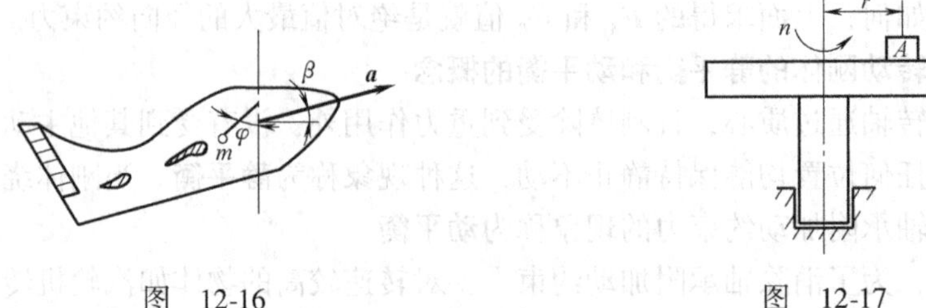

图 12-16　　图 12-17

12-3 离心调速器的主轴以匀角速度 ω 转动，如图 12-18 所示。已知滑块 C 的质量为 m，小球 A、B 的质量均为 m_1，各杆长度均为 l，杆的自重不计。试求杆 OA 和 OB 的张角 θ。

12-4 物块 A 放在倾角为 θ 的斜面上，如图 12-19 所示。物块与斜面间的静摩擦因数为 $\mu_s = \tan\varphi_m$，如果斜面向左作匀加速运动，试问加速度 $\boldsymbol{a}$ 为何值时物块 A 不致沿斜面滑动？

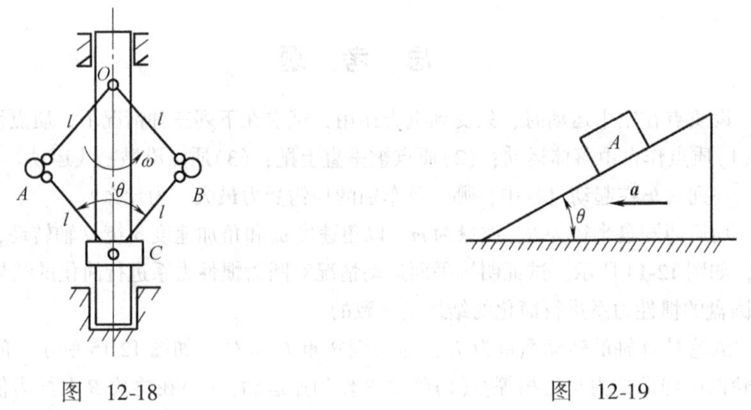

图 12-18　　图 12-19

12-5 如图 12-20 所示，试计算并在图上画出各刚体惯性力系在图示位置的简化结果。刚体可视为均质的，其质量为 m。

a) 尺寸如图 12-20a 所示的板，以加速度 $\boldsymbol{a}$ 沿固定水平面滑动；

b) 平行四边形机构中的连杆 AB，其曲柄以匀角速度 ω 转动；

c) 长为 l 的细直杆，绕轴 O 以角速度 ω、角加速度 α 转动；

d) 半径为 R 的圆盘，绕质心轴 C 以角速度 ω、角加速度 α 转动；

e) 半径为 R 的圆盘，绕偏心轴 O 以角速度 ω、角加速度 α 转动；

f) 半径为 R 的圆柱，沿水平面以角速度 ω、角加速度 α 滚动而不滑动。

12-6 均质滑轮半径为 r，重为 G_2，受力偶矩为 M 的力偶作用并带动重为 G_1 的物块 A 沿光滑斜面上升，如图 12-21 所示。试求滑轮的角加速度及轴承 O 的约束力。

12-7 如图 12-22 所示，沿水平直线轨道运行的矿车总重量为 G，其重心离拉力 $\boldsymbol{F}_T$ 的距离为 e，离轨道面的距离为 h，离两轮中心线的距离分别为 l_1、l_2，轨道面与轮间的摩擦力 $F = \mu G$，

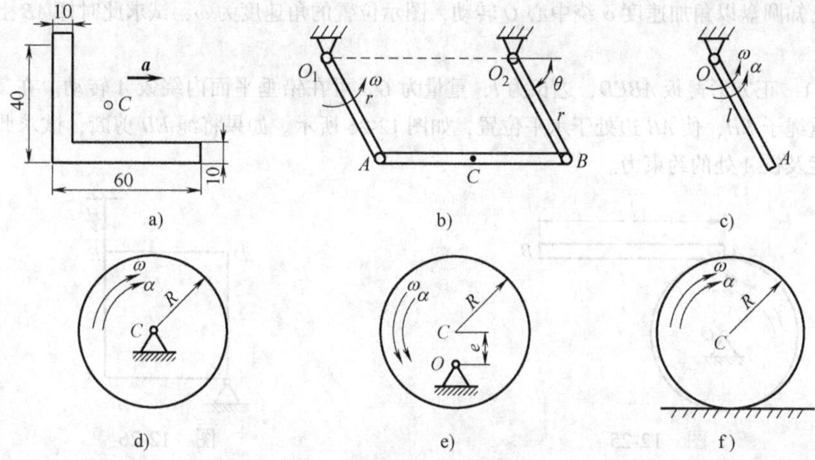

图 12-20

不计滚动阻碍，试求矿车的加速度及轨道面对两轮的约束力。

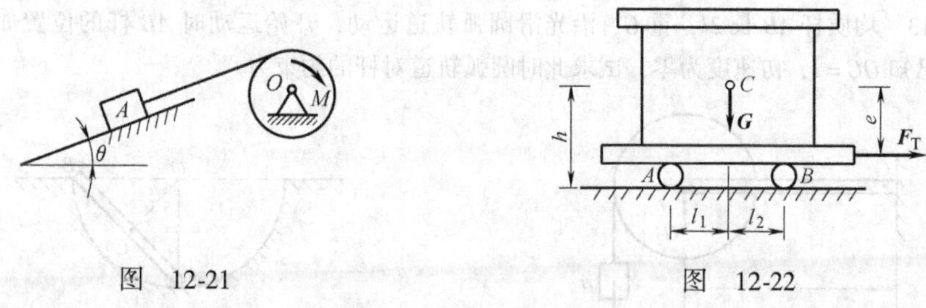

图 12-21　　　　图 12-22

12-8　移动式门重 $G=600\text{N}$，其滑靴 A 和 B 可沿固定水平梁滑动，如图 12-23 所示。若动摩擦因数 $\mu=0.25$，门的加速度 $a=0.49\text{m/s}^2$，试求水平力 $\boldsymbol{F}$ 的大小及梁在 A、B 处的约束力。

12-9　如图 12-24 所示，重 G_1 的电动机，安装在水平基础上，转子的重心偏出转轴 O 的距离为 e，设转子重 G_2，并以角速度 ω 匀速转动。试求电动机对基础的最大和最小压力。

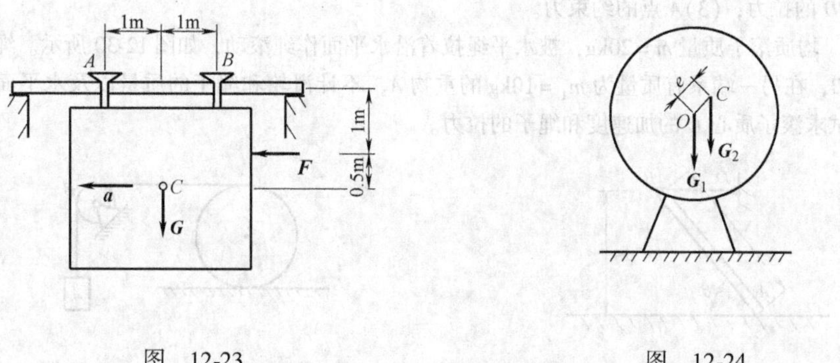

图 12-23　　　　图 12-24

12-10　质量为 m、长为 l 的均质杆 AB 的一端 A 焊接于半径为 r 的圆盘边缘上，如图 12-25

所示。已知圆盘以角加速度 α 绕中心 O 转动，图示位置的角速度为 ω，试求此时杆 AB 上 A 端所受的力。

12-11 正方形薄板 $ABED$，边长为 l，重量为 G，可在铅垂平面内绕铰 A 转动。在其顶点 E 系一无重绳子 EH，使 AB 边处于水平位置，如图 12-26 所示。如果将绳 EH 剪断，试求此时板的角加速度及铰 A 处的约束力。

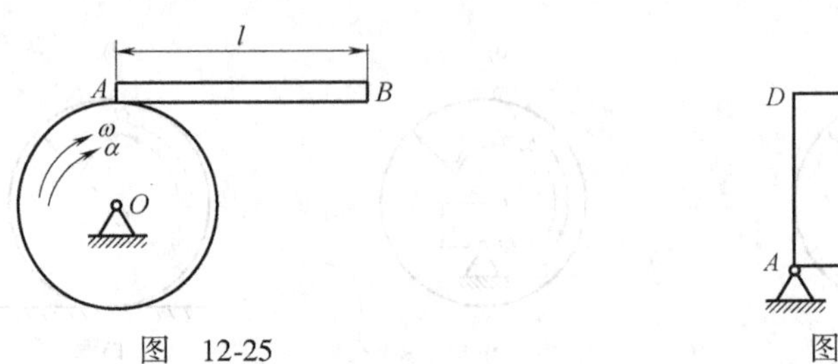

图 12-25　　图 12-26

12-12 悬臂梁 CB 的 B 端用铰链连接一滑轮，其上绕以不可伸长且不计自重的绳子，绳子悬挂重量为 G_1 的重物 A，当物 A 下落时，带动重量为 G_2、半径为 r 的滑轮转动，滑轮可视为均质圆盘，如图 12-27 所示。不计杆的自重，试求固定端 C 的约束力。

12-13 均质杆 AB 长 $2l$，重 G，沿光滑圆弧轨道运动，开始运动时 AB 杆的位置如图 12-28 所示。已知 $OC=l$，初速度为零，试求此时圆弧轨道对杆的约束力。

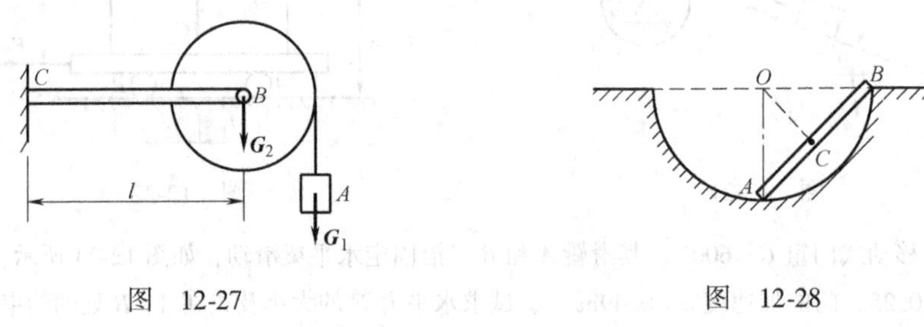

图 12-27　　图 12-28

12-14 如图 12-29 所示，质量为 $m=50\text{kg}$ 的均质细长直杆 AB，一端 A 搁在光滑水平面上，另一端 B 由质量可以不计的绳子系在固定点 D，且 ABD 在同一铅垂平面内，当绳处于水平位置时，杆由静止开始落下。已知：$l=2.5\text{m}$，$BD=1\text{m}$，$h=2\text{m}$。试求此瞬时：(1)杆的角加速度；(2)绳子 BD 的拉力；(3)A 点的约束力。

12-15 均质滚子质量 $m=20\text{kg}$，被水平绳拉着沿水平面作纯滚动，如图 12-30 所示。绳子跨过定滑轮 B，在另一端系有质量为 $m_1=10\text{kg}$ 的重物 A。不计滑轮和绳子的质量以及水平面的滚动摩擦，试求滚子质心 C 的加速度和绳子的拉力。

图 12-29　　图 12-30

12-16 如图 12-31 所示，重量为 G、长度为 l 的均质细长杆 AB，在光滑的水平面上从图示位置无初速地滑倒，试求开始运动时地面对杆的约束力。

12-17 质量为 20kg 的砂轮，因安装误差，使重心偏离转轴 $e=0.1\text{mm}$，转轴以转速 $n=10000\text{r/min}$ 作匀速转动，如图 12-32 所示。试求作用于轴承 A、B 的动约束力。

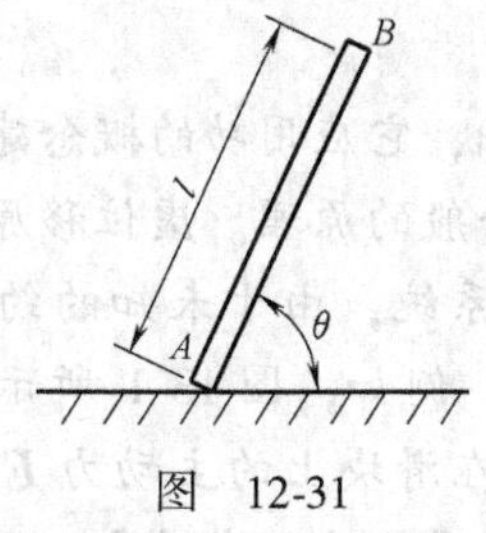

图 12-31

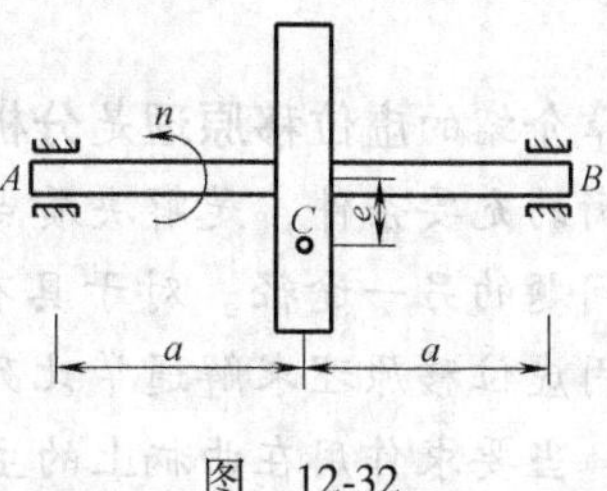

图 12-32

第十三章 虚位移原理

本章介绍的**虚位移原理**是**分析静力学**的理论基础，它应用功的概念建立任意质点系平衡的充要条件，是解决质点系平衡问题的最一般的原理。虚位移原理是研究静力学问题的另一途径。对于具有理想约束的物体系统，由于未知的约束力不做功，应用虚位移原理求解通常比列平衡方程更方便。例如，图 13-1 所示的曲柄滑块机构，当要求作用在曲柄上的主动力矩 M 与作用在滑块上的主动力 $\boldsymbol{F}$ 之间的平衡关系时，用几何静力学求解，需要分别取出曲柄、滑块为研究对象，列出平衡方程，联立求解，得到主动力之间的平衡关系，显然是十分繁琐的。而应用虚位移原理求解系统的平衡问题时，在所列的方程中，将不出现约束力，联立方程的数目也将减少，因而可使运算简化。

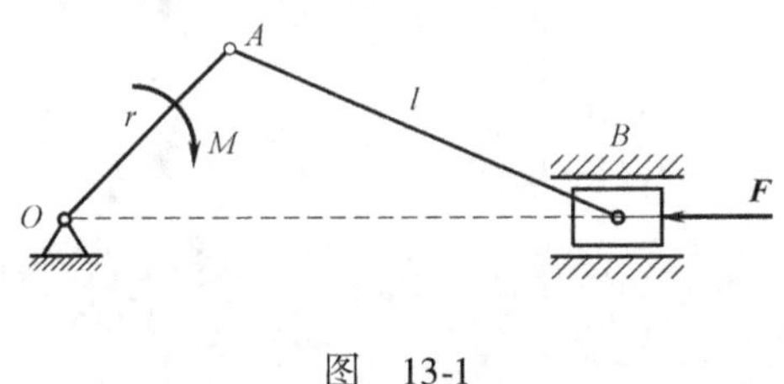

图 13-1

第一节 虚位移与虚功的概念

一、虚位移

质点系内的质点，由于受到约束，它们的运动不可能是完全自由的。例如，图 13-2 所示曲柄滑块机构，质点 A 只能在半径为 r 的圆周上运动，滑块 B 只能沿滑道运动，杆 AB 长度不变，这样的质点系称为非自由质点系，为分析问题方便，这里把限制非自由质点系运动的条件称为**约束**。

质点系静止时，各个质点都不动，我们设想在某质点约束允许的条件下，给其一个任意的、极其微小的位移。在图 13-2 中，可设想曲柄在平衡位置上转过任一微小角度 $\delta\varphi$，这时 A 点沿圆弧切线方向有相应的位移 $\delta \boldsymbol{r}_A$，点 B 沿导轨方向有相应的位移 $\delta \boldsymbol{r}_B$，这些位移都是约束所允许的极微小的位移。**在某瞬时，质点系在约束允许的条件下，可能实现的任何无限小的位移称为虚位移或可能位移**。虚位移可以是

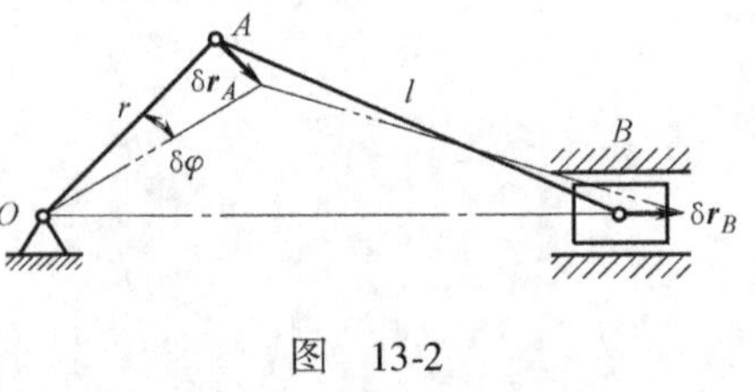

图 13-2

线位移，也可以是角位移，虚位移用符号 δ 表示，以区别于实位移，如 $\delta\boldsymbol{r}$、δs、$\delta\varphi$、δx、δy、δz 等。

必须注意，虚位移和实位移虽然都是约束所容许的位移，但二者是有区别的。实位移是在一定的力的作用和已知的初始条件下，在一定的时间内发生的位移，具有确定的方向。而虚位移则纯粹是一个几何概念，它既不牵涉到系统的实际运动，也不牵涉到力的作用，与时间过程和初始条件无关，在不破坏系统约束的条件下，它具有任意性。例如，一个被约束在固定面上的质点，它的实际位移只有一个，而虚位移在它的约束面上则有无限多个。

系统的虚位移可用对坐标作变分运算，即如果系统中某一点 M 的坐标(x，y，z)可以表示为某些参变数的函数，则对该坐标作变分运算，便可求得该质点的虚位移投影。除此之外，还可以用图解分析法，即直接作图来标出系统的虚位移，然后按约束条件推求各质点虚位移之间的关系，下面举例说明虚位移的求法。

例 13-1　一质点 M 固定在长为 l 的刚性杆的 A 端，此杆可绕定轴 O 转动，如图 13-3 所示，使其处于图示平衡位置，试求该质点的虚位移。

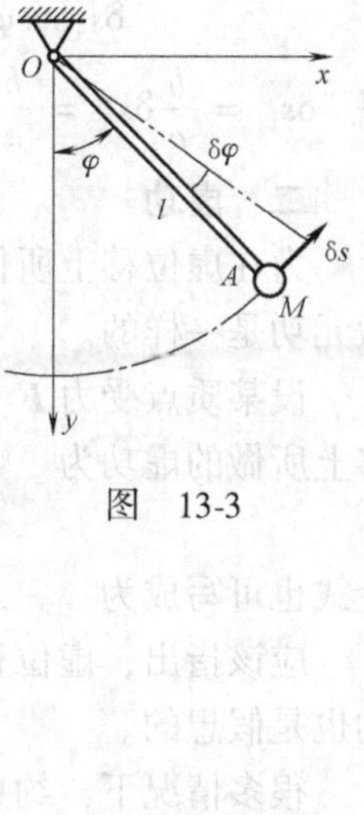

解　只要保持杆长 l 不变这一约束条件，质点 M 的虚位移就可以用该点沿圆周的切线上的微小长度 δs 来表示。现取矢量 $\delta\boldsymbol{s}$，如图 13-3 所示，由几何关系得

$$\delta s = l\delta\varphi$$

在图示位置 $\delta\boldsymbol{s}$ 在 Ox 和 Oy 两坐标轴上的投影分别为

$$\delta x = \delta s\cos\varphi = l\delta\varphi\cos\varphi$$

$$\delta y = -\delta s\sin\varphi = -l\delta\varphi\sin\varphi$$

图　13-3

如果用坐标的变分计算质点 M 的虚位移，则需先写出用参数 φ 表示的质点 M 的坐标

$$x = l\sin\varphi, y = l\cos\varphi$$

然后进行变分运算：

$$\delta x = l\cos\varphi\delta\varphi, \delta y = -l\sin\varphi\delta\varphi$$

得

$$\delta s = \sqrt{(\delta x)^2 + (\delta y)^2} = l\delta\varphi$$

两种求虚位移的方法，在实际问题中可以视方便而采用。

例 13-2　试求图 13-4 所示曲柄滑块机构中 A、B 两点的虚位移之间的关系。

解　给铰 A 以如图 13-4 所示的虚位移 $\delta\boldsymbol{s}_A$，由于连杆 AB 长度保持不变，因此滑块 B 的虚位移 $\delta\boldsymbol{s}_B$ 水平向左，且 $\delta\boldsymbol{s}_A$ 和 $\delta\boldsymbol{s}_B$ 在连杆 AB 的轴线上的投影必定相等，即

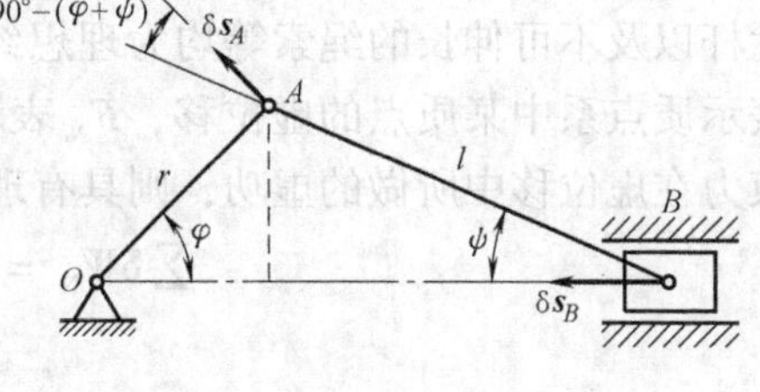

图　13-4

$$\delta s_A\cos[90° - (\varphi + \psi)] = \delta s_B\cos\psi$$

得
$$\delta s_A\sin(\varphi + \psi) = \delta s_B\cos\psi$$

本题也可用对坐标求变分的方法求解，请读者自己分析。

例 13-3 试求图 13-5 所示的压紧机构中点 A 与点 G(或点 H)的虚位移之间的关系。

解 由于结构的对称性，A 点的虚位移只能沿对称线 AA' 方向，设 A 点的虚位移为 δs_A，则两边杠杆就有绕支座的微小转角 $\delta\theta$，因为杠杆为刚性杆，故其两端点的虚位移都与杠杆垂直，如图所示，显然 δs_B 与 δs_G 之间的关系为

$$\frac{\delta s_G}{\delta s_B} = \frac{b}{a}$$

而杆 AB 上 A、B 两点虚位移在 AB 方向的投影相等，即

$$\delta s_A\cos\varphi = \delta s_B\sin\varphi$$

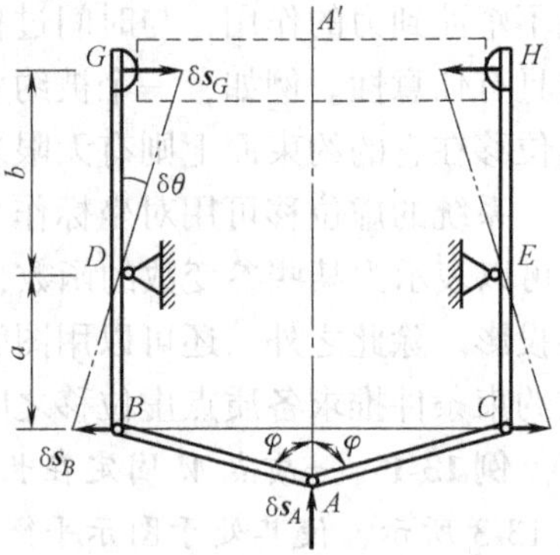

图 13-5

得 $$\delta s_G = \frac{b}{a}\delta s_B = \frac{b}{a}\frac{\cos\varphi}{\sin\varphi}\delta s_A = \frac{b}{a}\delta s_A\cot\varphi$$

二、虚功

力在虚位移上所做的功称为**虚功**，虚功的计算方法与作用力在真实小位移上所做元功是一样的。

设某质点受力 $\boldsymbol{F}$ 作用，现给质点一虚位移 $\delta\boldsymbol{r}$，如图 13-6 所示，则力 $\boldsymbol{F}$ 在虚位移上所做的虚功为

$$\delta W = \boldsymbol{F}\cdot\delta\boldsymbol{r} \tag{13-1}$$

上式也可写成为
$$\delta W = F\delta r\cos\langle\boldsymbol{F},\ \delta\boldsymbol{r}\rangle \tag{13-2}$$

应该指出，虚位移只是假想的，而不是真实发生的，因而虚功也是假想的。

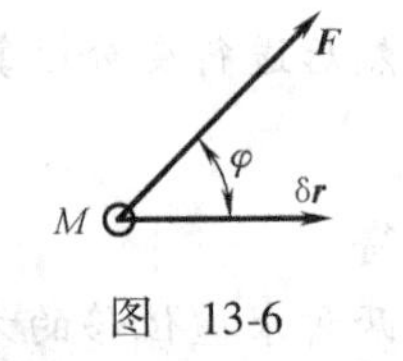

图 13-6

很多情况下，约束反力与约束所允许的虚位移互相垂直，约束力的虚功等于零；很多系统内部的相互约束力所做虚功之和也等于零，这种约束称为**理想约束**，如光滑接触面、光滑铰链、刚性杆以及不可伸长的绳索等均为理想约束，其约束力做虚功之和等于零。若以 $\delta\boldsymbol{r}_i$ 表示质点系中某质点的虚位移，$\boldsymbol{F}_{Ni}$ 表示作用在该质点上的约束力，δW_N 表示该约束力在虚位移中所做的虚功，则具有理想约束的质点系满足

$$\sum\delta W_N = \sum\boldsymbol{F}_{Ni}\cdot\delta\boldsymbol{r}_i = 0$$

第二节　虚位移原理及其应用

一、虚位移原理

设有一质点系处于静止平衡。取质点系中任一质点 M_i，如图13-7所示，作用在该质点上的主动力的合力为 $\boldsymbol{F}_i$，约束力的合力为 $\boldsymbol{F}_{Ni}$。因为质点系平衡，因此有 $\boldsymbol{F}_i+\boldsymbol{F}_{Ni}=\boldsymbol{0}$。若给质点系以某个虚位移，其中质点 M_i 上的力 $\boldsymbol{F}_i$ 和 $\boldsymbol{F}_{Ni}$ 的虚功的和为

$$\boldsymbol{F}_i\cdot\delta\boldsymbol{r}_i+\boldsymbol{F}_{Ni}\cdot\delta\boldsymbol{r}_i=0$$

对于质点系内所有质点，都可以得到与上式同样的等式。我们将这些等式相加，得

$$\sum\boldsymbol{F}_i\cdot\delta\boldsymbol{r}_i+\sum\boldsymbol{F}_{Ni}\cdot\delta\boldsymbol{r}_i=0$$

如果质点系具有理想约束，则约束力在虚位移中所做虚功的和为零，即 $\sum\boldsymbol{F}_{Ni}\cdot\delta\boldsymbol{r}_i=0$，代入上式得

$$\sum\boldsymbol{F}_i\cdot\delta\boldsymbol{r}_i=0 \tag{13-3}$$

因此，**具有理想约束的质点系，其平衡的充要条件是：作用于质点系的主动力在任何虚位移中所做的虚功之和等于零**。这就是**虚位移原理**，又称**虚功原理**，式(13-3)称为**虚功方程**，也可写成解析表达式

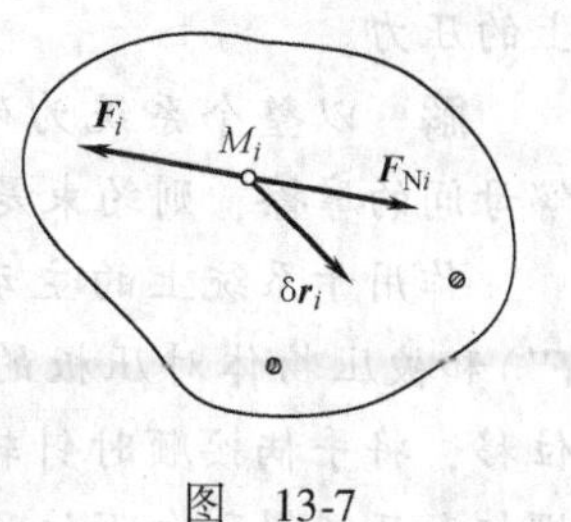

图　13-7

$$\sum(F_{ix}\delta x_i+F_{iy}\delta y_i+F_{iz}\delta z_i)=0 \tag{13-4}$$

式中，F_{ix}、F_{iy}、F_{iz} 为作用于质点 M_i 的主动力 $\boldsymbol{F}_i$ 在直角坐标轴上的投影。

以上证明了虚位移原理的必要性，下面采用反证法证明其充分性，即证明如果质点系受力作用时满足式(13-3)，则质点系必定平衡。

假设质点系受力作用而不平衡，则此质点系在初始静止状态下，经过 dt 时间，必有某些质点由静止而发生运动，而且其微小位移应沿该质点所受合力的方向。设该质点主动力的合力为 $\boldsymbol{F}_i$，约束力的合力为 $\boldsymbol{F}_{Ni}$。当约束条件不随时间而变化时，真实发生的微小位移也应满足该质点的约束条件，是可能实现的虚位移之一，记为 $\delta\boldsymbol{r}_i$，则必有不等式

$$(\boldsymbol{F}_i+\boldsymbol{F}_{Ni})\cdot\delta\boldsymbol{r}_i>0$$

质点系中发生运动的质点上作用力的虚功都大于零，而保持静止的质点上作用力的虚功等于零，因而全部虚功相加仍为不等式，即

$$\sum(\boldsymbol{F}_i+\boldsymbol{F}_{Ni})\cdot\delta\boldsymbol{r}_i>0$$

理想约束下，有

$$\sum\boldsymbol{F}_{Ni}\cdot\delta\boldsymbol{r}_i=0$$

由于得到

$$\sum\boldsymbol{F}_i\cdot\delta\boldsymbol{r}_i>0$$

这与式(13-3)是矛盾的。因此，在满足式(13-3)条件下，质点系必定保持平衡，这就证明了虚位移原理的充分性。

应该指出，虚位移原理是在质点系具有理想约束的条件下建立的，但是也可以推广应用于约束中有摩擦的情形，这时只要把摩擦力也当做主动力，在虚功方程中计入摩擦力所做的虚功即可。

虚位移原理是解决静力学平衡问题的普遍原理，所以虚功方程(13-3)或方程(13-4)又称为**静力学普遍方程**，这个方程可用来导出刚体静力学的全部平衡条件，亦可方便地用来解决一般质点系的平衡问题。在工程实际中，特别是解决一些复杂机构或结构的平衡问题时，不必像几何静力学那样解一系列的联立方程组，而是根据具体的要求建立方程，使那些未知的但不需要求出的约束反力在方程中不出现，从而使繁冗的运算过程得到很大的简化。

二、虚位移原理的应用

下面举例说明虚位移原理的应用。

例 13-4 如图 13-8 所示的螺旋压榨机，在手柄 AB 上施加一个水平面内的力偶($\boldsymbol{F}$，$\boldsymbol{F}'$)，其力偶矩等于 $2Fl$，设螺杆的螺距为 h，试求平衡时作用于被压榨物体上的压力。

解 以整个系统为研究对象。若忽略螺杆和螺母间的摩擦，则约束是理想的。

作用于系统上的主动力有手柄上的力偶($\boldsymbol{F}$，$\boldsymbol{F}'$)和被压物体对压板的约束力 $\boldsymbol{F}_{\mathrm{N}}$。给系统以虚位移，将手柄按顺时针转向转过极小角 $\delta\varphi$，于是螺杆和压板得到向下位移 δs 。计算所有主动力在这虚位移中的虚功之和，列虚功方程

$$\sum \delta W_F = 2Fl\delta\varphi - F_{\mathrm{N}}\delta s = 0 \qquad (1)$$

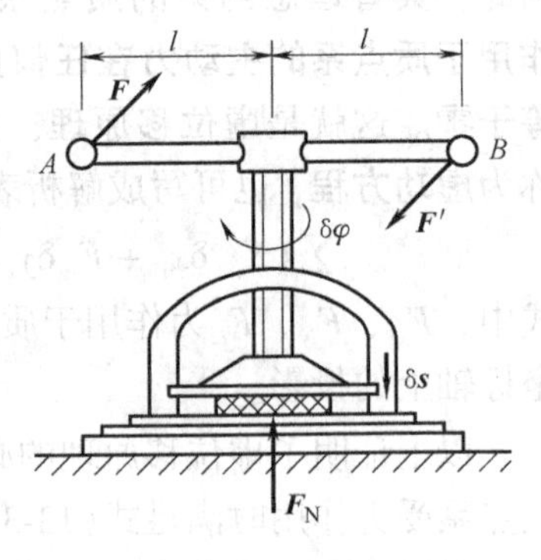

图 13-8

现求 $\delta\varphi$ 和 δs 之间的关系。对于单头螺纹，手柄 AB 转一周，螺杆上升或下降一个螺距，有

$$\frac{\delta\varphi}{2\pi} = \frac{\delta s}{h}$$

即

$$\delta s = \frac{h}{2\pi}\delta\varphi$$

代入式(1)，得

$$\sum \delta W_F = \left(2Fl - \frac{F_{\mathrm{N}}h}{2\pi}\right)\delta\varphi = 0$$

因 $\delta\varphi$ 是任意的，故

$$2Fl - \frac{F_{\mathrm{N}}h}{2\pi} = 0$$

解得

$$F_{\mathrm{N}} = 4\pi\frac{l}{h}F$$

例 13-5　图 13-9 所示为一夹紧装置的简图，设缸体内压强为 p，活塞直径为 D，其余尺寸如图所示，试求作用在工件上的压力 $\boldsymbol{F}_{\mathrm{N}}$。

解　取整个系统为研究对象，不计摩擦及各杆自重，故此系统具有理想约束，作用于活塞上的总压力为 $F = p\pi D^2/4$。如果将工件给予杠杆的约束力 $\boldsymbol{F}_{\mathrm{N}}$也作为主动力，则作用于此系统上的主动力有 $\boldsymbol{F}$ 与 $\boldsymbol{F}_{\mathrm{N}}$。给活塞以向右的虚位移 δs_G，则系统中点 E、A 及 B 的虚位移如图 13-9 所示，计算主动力在虚位移上的元功，得虚功方程

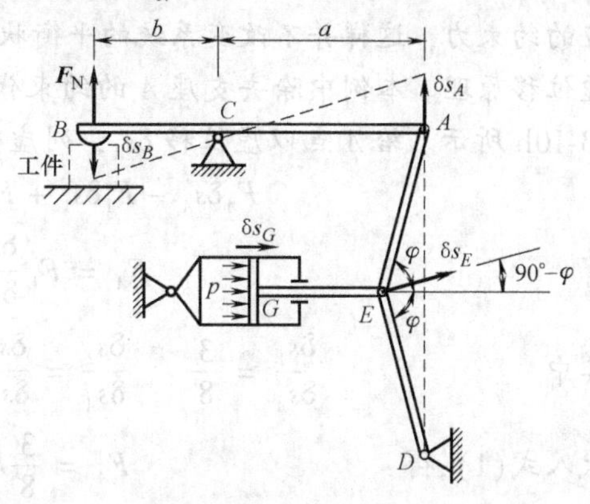

图　13-9

$$\sum \delta W_F = F\delta s_G - F_{\mathrm{N}}\delta s_B = 0$$

得

$$F_{\mathrm{N}} = F\frac{\delta s_G}{\delta s_B} \qquad (1)$$

现求 δs_G与 δs_B之间的关系，由图 13-9 可知，对活塞杆有

$$\delta s_G = \delta s_E \cos(90° - \varphi)$$

对 EA 杆有

$$\delta s_E \cos(2\varphi - 90°) = \delta s_A \sin\varphi$$

对杠杆 AB 有

$$\frac{\delta s_A}{\delta s_B} = \frac{a}{b}$$

故得

$$\frac{\delta s_G}{\delta s_B} = \frac{\delta s_G}{\delta s_E}\frac{\delta s_E}{\delta s_A}\frac{\delta s_A}{\delta s_B} = \cos(90° - \varphi)\frac{\sin\varphi}{\cos(2\varphi - 90°)}\frac{a}{b} = \frac{a}{2b}\tan\varphi$$

代入式(1)，得

$$F_{\mathrm{N}} = F\frac{\delta s_G}{\delta s_B} = \frac{Fa}{2b}\tan\alpha = \frac{pa\pi D^2}{8b}\tan\alpha$$

例 13-6　试求图 13-10a 所示组合梁中支座 A 的约束力。

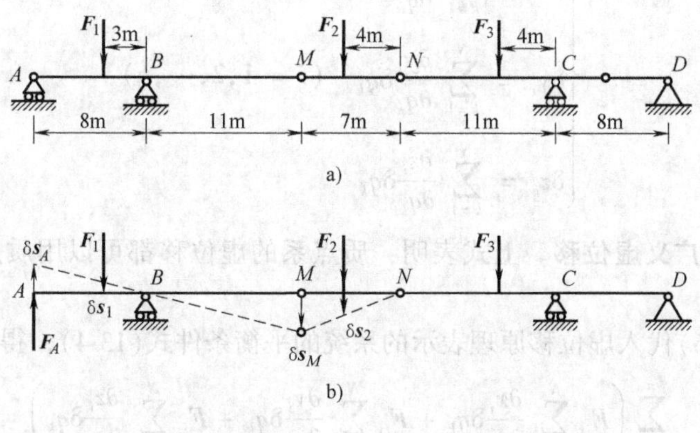

图　13-10

解 在讨论虚位移原理时，在虚功方程中出现的力皆为主动力，但在工程实际问题中会遇到大量求约束力的问题，此时可根据解除约束原理，除去约束而代以相应的约束力，这样并不改变系统的平衡状态，将该约束反力作为主动力，仍可应用虚位移原理。本例中除去支座 A 的约束代以约束力 $\boldsymbol{F}_A$，并把它当做主动力，如图 13-10b 所示。给 A 点以虚位移 δs_A，列虚功方程

$$F_A\delta s_A - F_1\delta s_1 + F_2\delta s_2 + F_3\times 0 = 0$$

得

$$F_A = F_1\frac{\delta s_1}{\delta s_A} - F_2\frac{\delta s_2}{\delta s_A} \tag{1}$$

其中

$$\frac{\delta s_1}{\delta s_A} = \frac{3}{8},\quad \frac{\delta s_2}{\delta s_A} = \frac{\delta s_2}{\delta s_M}\frac{\delta s_M}{\delta s_A} = \frac{4}{7}\times\frac{11}{8} = \frac{11}{14}$$

代入式(1)，得

$$F_A = \frac{3}{8}F_1 - \frac{11}{14}F_2$$

第三节 广 义 力

设 n 个质点组成一非自由质点系，受到 s 个稳定完整约束，有 $N=3n-s$ 个自由度，选 N 个广义坐标 q_1、q_2、…、q_N 可确定质点系的位置。对于选定的直角坐标系，各质点的坐标可以写成如下的广义坐标的函数形式：

$$\begin{cases} x_i = x_i(q_1,q_2,\cdots,q_N) \\ y_i = y_i(q_1,q_2,\cdots,q_N) \quad (i=1,2,\cdots,n) \\ z_i = z_i(q_1,q_2,\cdots,q_N) \end{cases} \tag{13-5}$$

对上式进行变分运算得

$$\begin{cases} \delta x_i = \sum\limits_{k=1}^{N}\dfrac{\partial x_i}{\partial q_k}\delta q_k \\ \delta y_i = \sum\limits_{k=1}^{N}\dfrac{\partial y_i}{\partial q_k}\delta q_k \quad (i=1,2,\cdots,n) \\ \delta z_i = \sum\limits_{k=1}^{N}\dfrac{\partial z_i}{\partial q_k}\delta q_k \end{cases} \tag{13-6}$$

式中，δq_k 称为**广义虚位移**。上式表明，质点系的虚位移都可以用质点系的广义虚位移表示。

将式(13-6)代入虚位移原理表示的系统的平衡条件式(13-4)，得

$$\sum_{i=1}^{n}\left(F_{ix}\sum_{k=1}^{N}\frac{\partial x_i}{\partial q_k}\delta q_k + F_{iy}\sum_{k=1}^{N}\frac{\partial y_i}{\partial q_k}\delta q_k + F_{iz}\sum_{k=1}^{N}\frac{\partial z_i}{\partial q_k}\delta q_k\right)$$

$$= \sum_{k=1}^{N}\left[\sum_{i=1}^{n}\left(F_{ix}\frac{\partial x_i}{\partial q_k} + F_{iy}\frac{\partial y_i}{\partial q_k} + F_{iz}\frac{\partial z_i}{\partial q_k}\right)\right]\delta q_k = 0$$

令
$$F_{Q_k} = \sum_{i=1}^{n}\left(F_{ix}\frac{\partial x_i}{\partial q_k} + F_{iy}\frac{\partial y_i}{\partial q_k} + F_{iz}\frac{\partial z_i}{\partial q_k}\right) \tag{13-7}$$

则
$$\sum_{k=1}^{N} F_{Q_k}\delta q_k = 0 \tag{13-8}$$

式中，各广义坐标前的系数 F_{Q_k} 称为**对应于广义坐标 q_k 的广义力**。由于广义虚位移 δq_k 是任意给定的，故 δq_k 前的系数都分别等于零，即

$$F_{Q_k} = 0 \quad (k = 1,2,\cdots,N) \tag{13-9}$$

故**具有理想约束的系统，平衡的充要条件为：对应于每一广义坐标的广义力都等于零**。这就是以广义坐标表示的系统的平衡条件。

关于广义力的求法，常常并不需要按式(13-7)进行，而只要从虚功概念出发就可直接求出广义力，注意到广义坐标 q_1、q_2、…、q_N 是完全独立的，因此，可取一组特殊的虚位移，只令广义坐标中的 q_1 变更，而保持其余 $(N-1)$ 个广义坐标不变，即令 $\delta q_1 \neq 0$，而 $\delta q_2 = \delta q_3 = \cdots = \delta q_N = 0$，这样就可求出所有主动力相应于虚位移 δq_1 所做的虚功之和，并以 $\sum \delta W_F^{(1)}$ 表示，所以有

$$\sum \delta W_F^{(1)} = F_{Q_1}\delta q_1$$

由此求得
$$F_{Q_1} = \frac{\sum \delta W_F^{(1)}}{\delta q_1}$$

用同样的方法可求出 F_{Q_1}、F_{Q_2}、…、F_{Q_N}。要注意广义力与广义虚位移之积为虚功，当 δq_k 的量纲是长度时，广义力 F_{Q_k} 的量纲就是力的量纲；而当 δq_k 为角度时，F_{Q_k} 的量纲就是力矩的量纲。

例 13-7 在图 13-11 所示曲柄连杆机构中，已知曲柄 OA 上作用一力偶矩 M，曲柄长 $OA = r$，连杆长 $AB = l$，试求机构保持平衡时作用于滑块上的力 $\boldsymbol{F}$ 和曲柄转角 φ 之间的关系，各处摩擦和各构件重量皆忽略不计。

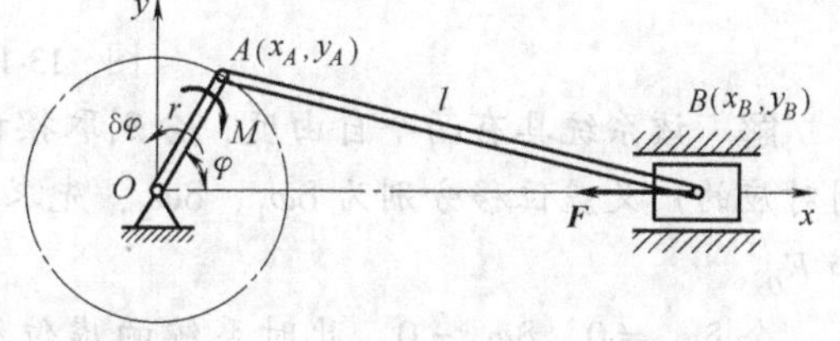

图 13-11

解 该机构只有一个自由度，取曲柄的转角 φ 为广义坐标，则滑块 B 的坐标 x_B 可用广义坐标 φ 表示如下：

$$x_B = r\cos\varphi + \sqrt{l^2 - r^2\sin^2\varphi}$$

而广义虚位移 $\delta\varphi$ 与滑块 B 相应产生的虚位移 δx_B 之间的关系可由上式变分求得，即

$$\delta x_B = -\left(r\sin\varphi + \frac{r^2\sin\varphi\cos\varphi}{\sqrt{l^2 - r^2\sin^2\varphi}}\right)\delta\varphi$$

机构上所有主动力在虚位移中所做的虚功之和为

$$\sum \delta W_F = -M\delta\varphi - F\delta x_B = \left[-M + F\left(r\sin\varphi + \frac{r^2\sin\varphi\cos\varphi}{\sqrt{l^2 - r^2\sin^2\varphi}}\right)\right]\delta\varphi$$

对应于广义坐标 φ 的广义力为

$$F_{Q_\varphi} = \frac{\sum \delta W_F}{\delta\varphi} = -M + F\left(r\sin\varphi + \frac{r^2\sin\varphi\cos\varphi}{\sqrt{l^2 - r^2\sin^2\varphi}}\right)$$

由平衡条件 $F_{Q_\varphi} = 0$ 可解得

$$F = \frac{M\sqrt{l^2 - r^2\sin^2\varphi}}{r\sin\varphi(\sqrt{l^2 - r^2\sin^2\varphi} + r\cos\varphi)}$$

例 13-8 图 13-12 所示双摆 A、B 分别重 G_1、G_2，摆杆长 $OA = l_1$，$AB = l_2$，用铰链相连并悬挂在 O 点，各杆重量不计，今在 B 点沿水平方向作用一已知力 $\boldsymbol{F}$，且 $\boldsymbol{G}_1$、$\boldsymbol{G}_2$、$\boldsymbol{F}$ 三力都在同一平面内，试求系统平衡时两摆杆与铅垂线的夹角 φ_1 和 φ_2 各为多少。

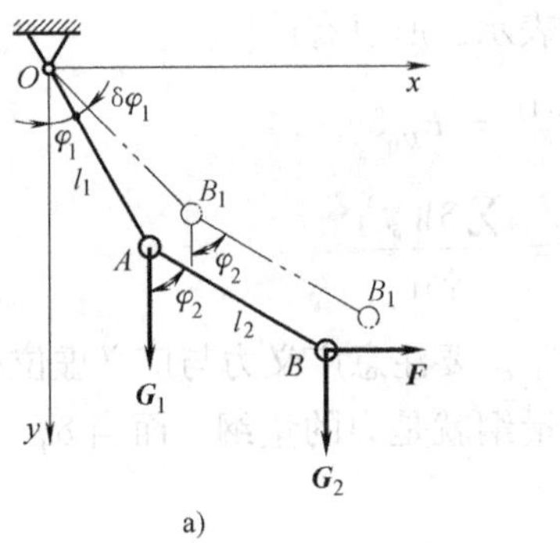

a)

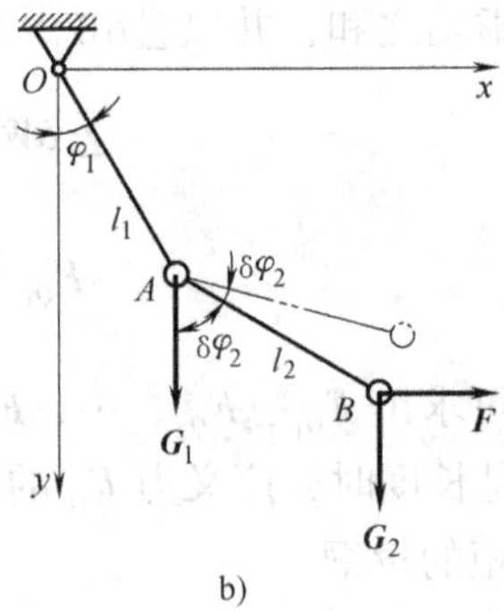

b)

图 13-12

解 该系统具有两个自由度，分别取摆杆与铅垂线的夹角 φ_1、φ_2 为广义坐标，则对应的广义虚位移分别为 $\delta\varphi_1$、$\delta\varphi_2$，先求对应于广义坐标 φ_1 和 φ_2 的广义力 F_{Q_1} 和 F_{Q_2}。

令 $\delta\varphi_1 \neq 0$，$\delta\varphi_2 = 0$，此时系统的虚位移如图 13-12a 中双点画线所示，图中 $A_1B_1 // AB$，$\delta s_A = \delta s_B = l_1\delta\varphi_1$，则系统中所有主动力的虚功之和为

$$\begin{aligned}\sum \delta W_F^{(1)} &= -G_1\delta s_A\sin\varphi_1 - G_2\delta s_A\sin\varphi_1 + F\delta s_A\cos\varphi_1 \\ &= -(G_1 l_1\sin\varphi_1 - G_2 l_1\sin\varphi_1 + F l_1\cos\varphi_1)\delta\varphi_1\end{aligned}$$

故对应于广义坐标 φ_1 的广义力

$$F_{Q_1} = \frac{\sum \delta W_F^{(1)}}{\delta\varphi_1} = -G_1 l_1\sin\varphi_1 - G_2 l_1\sin\varphi_1 + F l_1\cos\varphi_1$$

同样，令 $\delta\varphi_2 \neq 0$，$\delta\varphi_1 = 0$，此时系统的虚位移如图 13-12b 中双点画线所示，且 $\delta s_B = l_2\delta\varphi_2$，则系统中所有主动力的虚功和为

$$\sum \delta W_F^{(2)} = -G_2\delta s_B\sin\varphi_2 + F\delta s_B\cos\varphi_2 = (-G_2 l_2\sin\varphi_2 + F l_2\cos\varphi_2)\delta\varphi_2$$

故对应于广义坐标 φ_2 的广义力为

$$F_{Q_2} = \frac{\sum \delta W_F^{(2)}}{\delta\varphi_2} = -G_2 l_2\sin\varphi_2 + F l_2\cos\varphi_2$$

根据系统的平衡条件 $F_{Q_1} = 0$，$F_{Q_2} = 0$，可解得

$$\tan\varphi_1 = \frac{F}{G_1 + G_2}, \quad \tan\varphi_2 = \frac{F}{G_2}$$

本题亦可用式(13-7)来计算广义力，结果完全相同，建议读者自行计算。

思　考　题

13-1　虚位移与实位移有什么相同之处？又有什么不同之处？

13-2　机构如图 13-13 所示，在图示位置时，A、B、C 三点的虚位移哪一组是正确的。

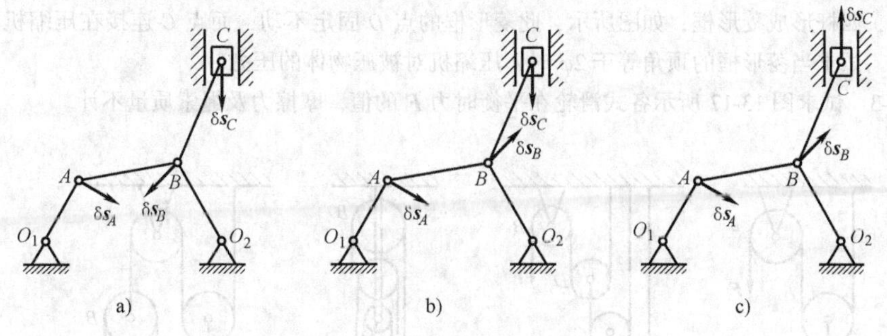

图　13-13

13-3　广义力都具有力的量纲，这种说法正确吗？试举例说明。

13-4　虚位移原理只适用于具有理想约束的系统吗？

13-5　机构如图 13-14 所示，若 $OA = r$，$BD = DC = DE = l$，$\angle OAC = 90°$，试求图示位置时 A 点和 B 点虚位移的关系。

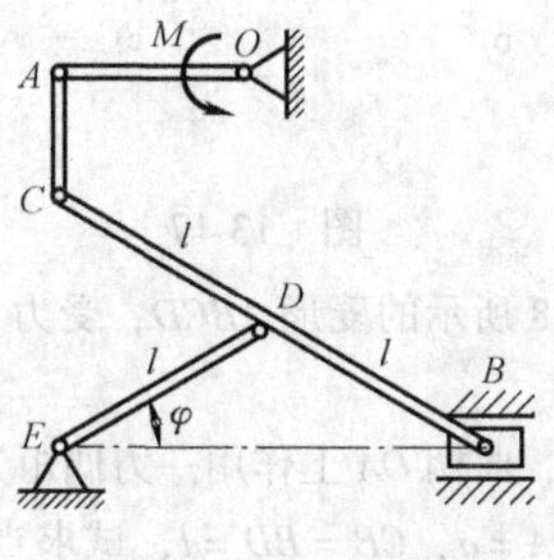

图　13-14

习　题

13-1　如图13-15所示，在曲柄式压榨机的销钉 B 上作用水平力 $\boldsymbol{F}$，此力位于平面 ABC 内，作用线平分 $\angle ABC$。设 $AB = BC$，$\angle ABC = 2\theta$，各处摩擦及杆重不计，试求物体所受的压力。

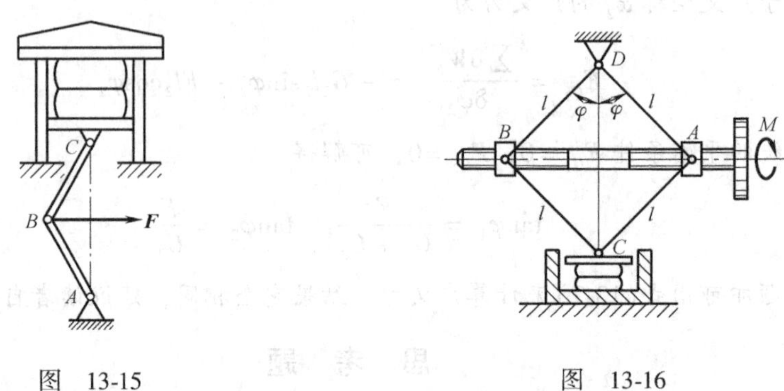

图　13-15　　　　图　13-16

13-2　如图13-16所示，在压缩机的手轮上作用一力偶，其力偶矩为 M。手轮轴的两端各有螺距同为 h，但方向相反的螺纹。螺纹上各套有一个螺母 A 和 B，这两个螺母分别与长为 l 的杆相铰接，四杆形成菱形框，如图所示，此菱形框的点 D 固定不动，而点 C 连接在压缩机的水平压板上。试求当菱形框的顶角等于 2φ 时，压缩机对被压物体的压力。

13-3　试求图13-17所示各式滑轮在平衡时力 $\boldsymbol{F}$ 的值，摩擦力及绳索质量不计。

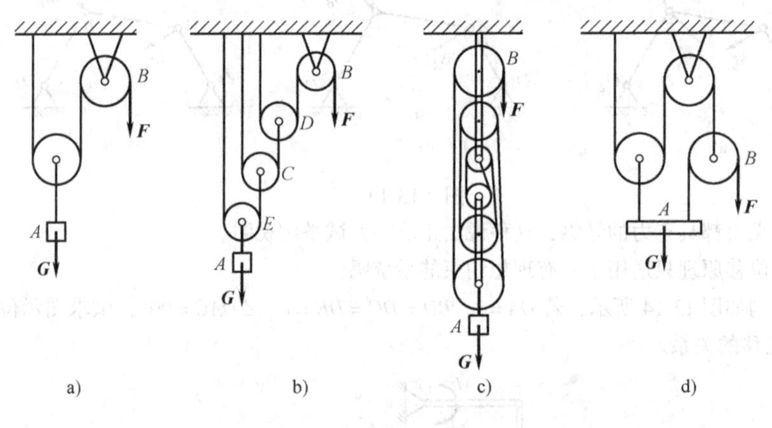

图　13-17

13-4　四铰连杆组成如图13-18所示的菱形 $ABCD$，受力如图所示，试求平衡时 θ 应等于多少。

13-5　在图13-19所示机构中，曲柄 OA 上作用一力偶矩为 M 的力偶，滑块 D 上作用一水平力 $\boldsymbol{F}$，机构尺寸如图所示。已知 $OA = a$，$CB = BD = l$，试求当机构平衡时 $\boldsymbol{F}$ 与力偶矩 M 之间的关系。

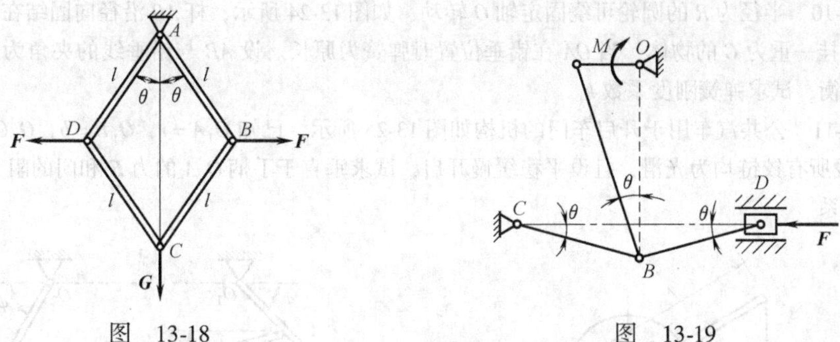

图 13-18 图 13-19

13-6 机构如图13-20所示，当曲柄OC绕O轴摆动时，滑块A沿曲柄滑动，从而带动杆AB在铅直导槽K内移动。已知$OC=a$，$OK=l$，在点C垂直于曲柄作用一力$\boldsymbol{F}_1$，而在点B沿BA作用一力$\boldsymbol{F}_2$。试求机构平衡时$\boldsymbol{F}_1$和$\boldsymbol{F}_2$的关系。

13-7 如图13-21所示，重物A和B的重量分别为G_1和G_2，连接在细绳的两端，分别放在倾斜面上，绳子绕过定滑轮与一动滑轮相连，动滑轮的轴上挂一重量为G的重物C，如果不计摩擦，试求平衡时G_1和G_2的值。

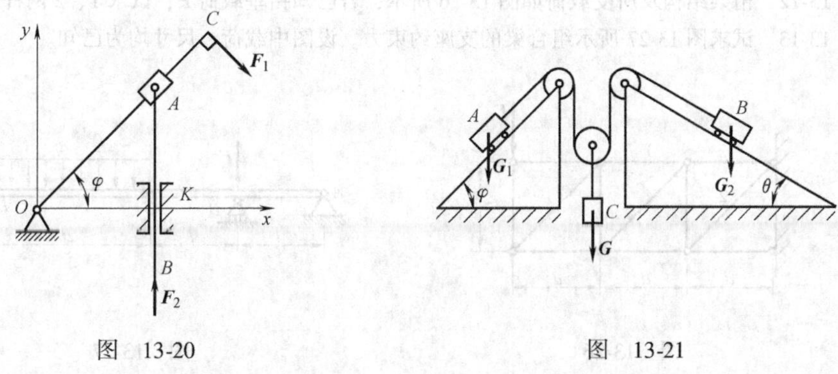

图 13-20 图 13-21

13-8 如图13-22所示，重物A和重物B分别连接在细绳的两端，重物A置放在粗糙的水平面上，重物B绕过定滑轮铅垂悬挂，动滑轮H的轴心上挂一重物C，设重物A重$2G$，重物B重G，试求平衡时，重物C的重量G_1以及重物A和水平面间的静摩擦因数。

13-9 在图13-23所示机构中，$OC=AC=BC=l$，已知在滑块A、B上分别作用有力$\boldsymbol{F}_1$、$\boldsymbol{F}_2$，欲使机构在图示位置平衡。试求作用在曲柄OC上的力偶矩M。

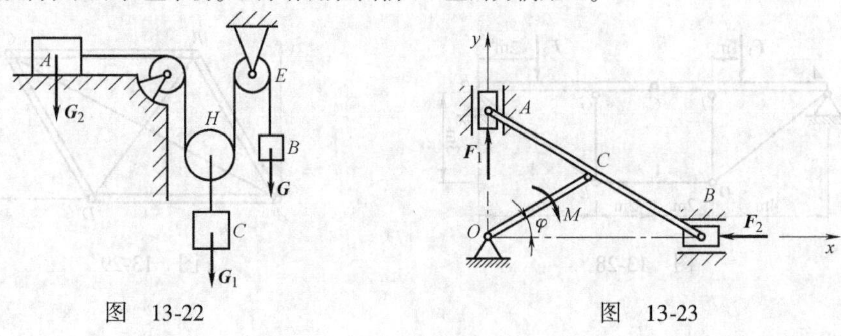

图 13-22 图 13-23

13-10 半径为R的圆轮可绕固定轴O转动，如图13-24所示，杆AB沿径向固结在轮上，杆端A悬挂一重为G的物体，当OA在铅垂位置时弹簧为原长。设AB与铅垂线的夹角为θ时系统处于平衡，试求弹簧刚度系数k。

13-11 公共汽车用于开启车门的机构如图13-25所示，已知$O_1A=r$，$O_1B=b$，$O_2C=d$，$BC=c$，设所有铰链均为光滑，且设平稳缓慢开启，试求垂直于手柄O_1A的力$\boldsymbol{F}$和门的阻力矩M之间的关系。

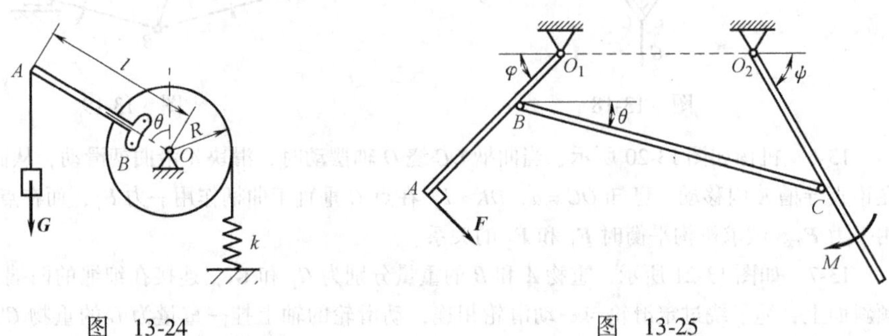

图 13-24　　图 13-25

13-12 桁架结构及所受载荷如图13-26所示，若已知铅垂载荷$\boldsymbol{F}$，试求1、2两杆的内力。

13-13 试求图13-27所示组合梁的支座约束力。设图中载荷、尺寸均为已知。

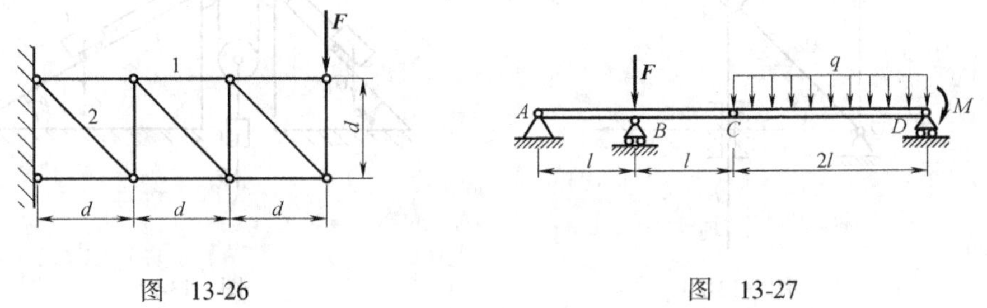

图 13-26　　图 13-27

13-14 一组合结构如图13-28所示，已知$F_1=4\text{kN}$，$F_2=5\text{kN}$，求杆1的内力。

13-15 四根杆用铰连接组成平行四边形$ABCD$，如图13-29所示，其中AC和BD用绳连接，绳中张力为$\boldsymbol{F}_{AC}$和$\boldsymbol{F}_{BD}$，试证：

$$\frac{F_{AC}}{F_{BD}}=\frac{AC}{BD}$$

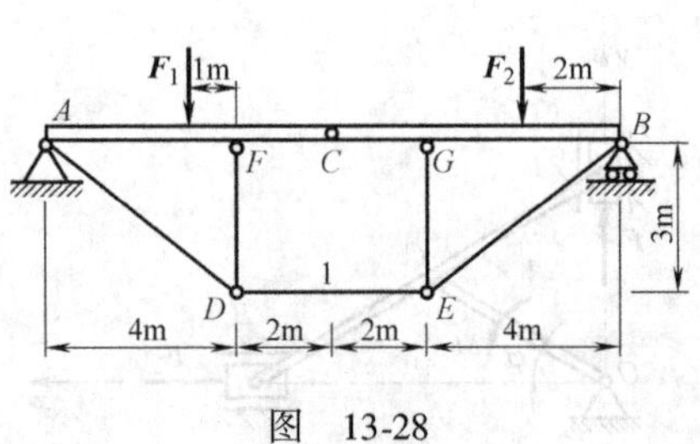

图 13-28

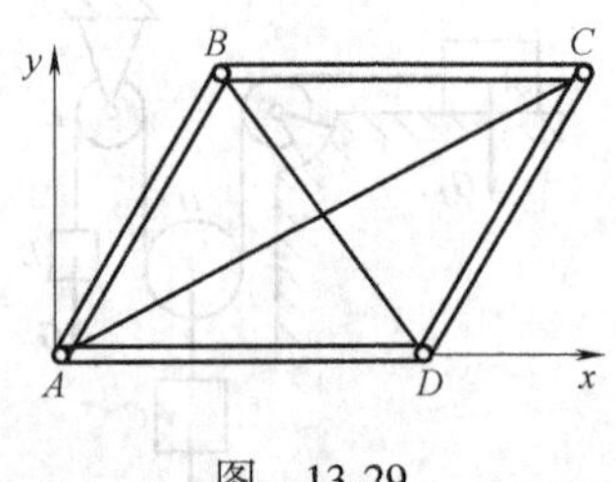

图 13-29

Ⅱ 专题部分

第十四章　拉格朗日方程

在第十二章中曾经指出，根据达朗伯原理可以把动力学问题转化成静力学问题的形式来处理，在第十三章中讨论的虚位移原理是任意质点系平衡的普遍原理。本章首先将这两种原理结合应用得到动力学普遍方程，然后将其用广义坐标的形式表示，推导出更便于求解非自由质点系动力学问题的拉格朗日方程。

第一节　动力学普遍方程

设一运动着的质点系，其中第 i 个质点的加速度为 $\boldsymbol{a}_i$，质量为 m_i，依达朗伯原理在每一瞬时作用在该质点上的主动力 $\boldsymbol{F}_i$、约束力 $\boldsymbol{F}_{Ni}$以及假想地加在质点上的惯性力 $\boldsymbol{F}_{Ii}=-m\boldsymbol{a}_i$ 组成平衡力系，即

$$\boldsymbol{F}_i+\boldsymbol{F}_{Ni}+(-m\boldsymbol{a}_i)=\boldsymbol{0} \qquad (i=1,\ 2,\ \cdots,\ n)$$

应用虚位移原理，给质点系任一组虚位移 $\delta\boldsymbol{r}_i(i=1,\ 2,\ \cdots,\ n)$，则质点系上所有主动力、约束力和惯性力在这组虚位移中做的元功之和应等于零。于是可得

$$\sum_{i=1}^{n}(\boldsymbol{F}_i+\boldsymbol{F}_{Ni}-m_i\boldsymbol{a}_i)\cdot\delta\boldsymbol{r}_i=0$$

假定质点系所受的约束是理想约束，则所有约束力在虚位移中的元功之和恒为零，于是上式可写成为

$$\sum_{i=1}^{n}(\boldsymbol{F}_i-m_i\boldsymbol{a}_i)\cdot\delta\boldsymbol{r}_i=0 \tag{14-1}$$

如果用直角坐标系，式(14-1)可写成为

$$\sum_{i=1}^{n}[(F_{ix}-m_i\ddot{x}_i)\cdot\delta x_i+(F_{iy}-m_i\ddot{y}_i)\cdot\delta y_i+(F_{iz}-m_i\ddot{z}_i)\cdot\delta z_i]=0 \tag{14-2}$$

式中，F_{ix}、F_{iy}、F_{iz}，$\ddot{x}_i$、$\ddot{y}_i$、$\ddot{z}_i$，δx_i、δy_i、δz_i 分别是 $\boldsymbol{F}_i$、$\boldsymbol{a}_i$ 和 $\delta\boldsymbol{r}_i$ 在直角坐标轴上的投影。

式(14-1)和式(14-2)称为**动力学普遍方程**，这一方程表明：**具有理想约束的质点系运动时，在任一瞬时，作用于质点系的所有主动力和惯性力在任一虚位移中所做元功之和等于零。**

下面举例说明这一方程的应用。

例 14-1　调速器以匀角速度 ω 绕铅垂轴转动，如图 14-1 所示。刚度系数为 k 的弹簧被固定在调速器上臂的 A、B 两点，当 $\theta=0$ 时弹簧无伸缩。上臂的悬挂轴与转动轴相距为 e。已知飞球 C、D 质量均为 m_1，套筒 E 质量为 m_2，各臂长均为

l，其自重不计。试求角速度 ω 与张角 θ 之间的关系。

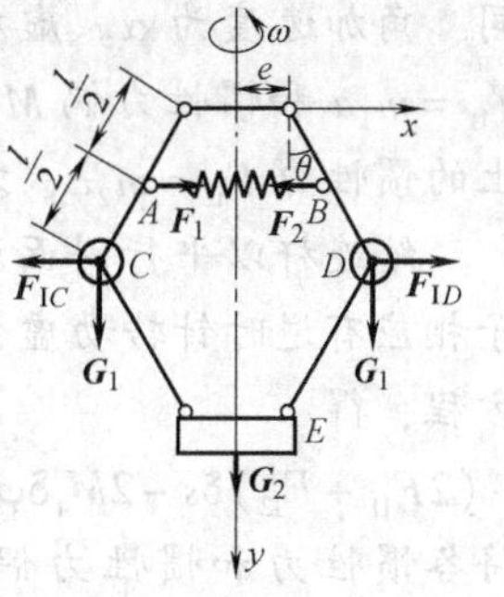

解 以整个调速器为研究对象。作用于调速器的主动力有飞球 C、D 的重力均为 $\boldsymbol{G}_1$，套筒 E 的重力 $\boldsymbol{G}_2$，以及弹簧的弹性力 $\boldsymbol{F}_1$、$\boldsymbol{F}_2$（$F_1=F_2=F$）。当调速器匀速转动时张角 θ 不变，飞球作匀速圆周运动，其法向加速度为 $a_n=(e+l\sin\theta)\omega^2$，套筒 E 在转动轴上，其质心加速度为零。将飞球视为质点，在飞球 C、D 上分别加上惯性力 $\boldsymbol{F}_{IC}$ 和 $\boldsymbol{F}_{ID}$，则

$$F_{IC}=F_{ID}=m_1(e+l\sin\theta)\omega^2 \tag{1}$$

图 14-1

方向如图 14-1 所示。在图示坐标系下由动力学普遍方程 (14-2) 得

$$-F_{IC}\delta x_C+F_{ID}\delta x_D+G_1(\delta y_C+\delta y_D)+F(\delta x_A-\delta x_B)+G_2\delta y_E=0 \tag{2}$$

其中，假定各主动力和惯性力作用点的虚位移在坐标轴上的投影都是正的。由图知

$$x_C=-(e+l\sin\theta),\qquad y_C=l\cos\theta$$

$$x_D=e+l\sin\theta,\qquad y_D=l\cos\theta$$

$$x_A=-\left(e+\frac{l}{2}\sin\theta\right)$$

$$x_B=e+\frac{l}{2}\sin\theta$$

$$y_E=2l\cos\theta$$

上列各式取坐标变分，得

$$\begin{cases}\delta x_C=-\delta x_D=-l\cos\theta\delta\theta,\ \delta y_C=\delta y_D=-l\sin\theta\delta\theta\\ \delta x_A=-\delta x_B=-\dfrac{l}{2}\cos\theta\delta\theta,\ \delta y_E=-2l\sin\theta\delta\theta\end{cases} \tag{3}$$

又当飞球张开并有张角 θ 时弹簧的伸长量为 $\delta=l\sin\theta$，所以弹性力为

$$F=kl\sin\theta \tag{4}$$

将式(1)、式(3)和式(4)代入式(2)，化简后得

$$2m_1(e+l\sin\theta)l\omega^2\cos\theta\delta\theta-2(m_1+m_2)gl\sin\theta\delta\theta-kl^2\sin\theta\cos\theta\delta\theta=0$$

因 $\delta\theta\neq0$，所以求得

$$\omega^2=\frac{2(m_1+m_2)g+kl\cos\theta}{2m_1(e+l\sin\theta)}\tan\theta$$

例 14-2 两个半径均为 r 的均质圆轮，中心用连杆相连，在倾角为 θ 的斜面上作纯滚动，如图 14-2 所示。设轮子质量皆为 m_1，对轮心的转动惯量皆为 J，连杆质量为 m_2，试求连杆运动的加速度。

解 取整个刚体系统分析。系统上作用的主动力有每个轮子的重力 $\boldsymbol{G}_1$ 和杆的重力 $\boldsymbol{G}_2$。连杆作平动，设其加速度为 $\boldsymbol{a}$，圆轮作平面运动，轮心加速度与连杆相

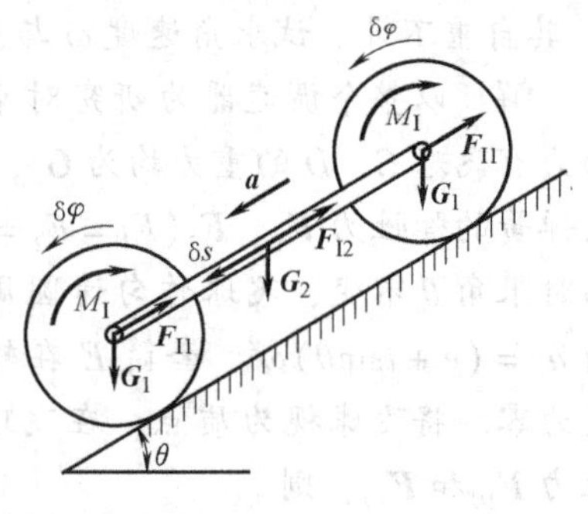

图 14-2

同，角加速度为 α。虚加在每个轮上的惯性力 $F_{I1}=m_1a$ 和惯性力偶 $M_I=J\alpha=Ja/r$，加在连杆上的惯性力 $F_{I2}=m_2a$，方向如图所示。

给连杆以平行斜面向下的虚位移 δs，则轮子相应有逆时针转动虚位移 $\delta\varphi$，由动力学普遍方程，得

$$-(2F_{I1}+F_{I2})\delta s-2M_I\delta\varphi+(2m_1+m_2)g\sin\theta\delta s=0$$

将各惯性力和惯性力偶代入，并注意到 $\delta\varphi=\delta s/r$，所以上式可写成为

$$-(2m_1+m_2)a\delta s-2\frac{Ja}{r^2}\delta s+(2m_1+m_2)g\sin\theta\delta s=0$$

解得

$$a=\frac{(2m_1+m_2)r^2\sin\theta}{(2m_1+m_2)r^2+2J}g$$

例 14-3 三棱柱 A 沿三棱柱 B 的光滑斜面运动，如图 14-3 所示。A 和 B 的质量各为 m_A 与 m_B，斜面的角度为 φ，摩擦略去不计。试求三棱柱 B 的加速度。

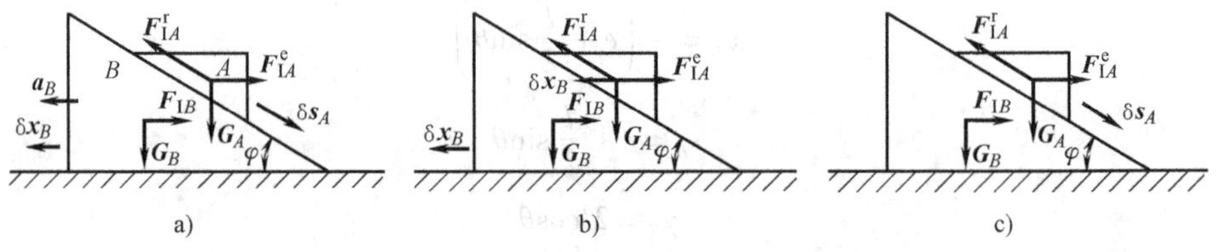

图 14-3

解 取三棱柱 A 和 B 分析。系统受理想约束且有两个自由度，选 B 块水平坐标 x_B 及 A 块相对 B 块沿斜面的坐标 s_A 为广义坐标，系统有两个独立的虚位移 δx_B 和 δs_A。系统的主动力有 $\boldsymbol{G}_A$ 与 $\boldsymbol{G}_B$。A 和 B 均作平动，设 B 的加速度为 $\boldsymbol{a}_B$，方向向左；A 沿斜面下滑的加速度为相对加速度 $\boldsymbol{a}_r$，其牵连加速度为 $\boldsymbol{a}_e$，故 A 的绝对加速度 $\boldsymbol{a}_a=\boldsymbol{a}_e+\boldsymbol{a}_r$。

B 的惯性力 $F_{IB}=m_Ba_B$，A 的惯性力由牵连惯性力和相对惯性力两项组成，即 $F_{IA}^e=m_Aa_e=m_Aa_B$ 和 $F_{IA}^r=m_Aa_r$，方向如图 14-3a 所示。

先令 $\delta s_A=0$，$\delta x_B\neq0$，如图 14-3b 所示，根据式(14-1)有

$$-F_{IB}\delta x_B-F_{IA}^e\delta x_B+F_{IA}^r\cos\varphi\delta x_B=0$$

即

$$-m_Ba_B-m_Aa_B+m_Aa_r\cos\varphi=0 \tag{1}$$

再令 $\delta x_B=0$，$\delta s_A\neq0$，如图 14-3c 所示，根据式(14-1)有

$$-F_{IA}^r\delta s_A+F_{IA}^e\cos\varphi\delta s_A+m_Ag\sin\varphi\delta s_A=0$$

即

$$-m_Aa_r+m_Aa_B\cos\varphi+m_Ag\sin\varphi=0 \tag{2}$$

联立式(1)、式(2)得

$$a_B = \frac{m_A g\sin^2\varphi}{2(m_A\sin^2\varphi + m_B)}$$

第二节 拉格朗日方程及其应用

由上节可知动力学普遍方程是不包含理想约束力的动力学方程组，这是它的优势所在，但是由于在虚位移计算中采用非独立的直角坐标，从而对确定的动力学系统所得到的方程一般不是最少的。本节所介绍的拉格朗日方程是动力学普遍方程的广义坐标形式，所得到的方程组中方程的个数最少。在推导拉格朗日方程之前首先证明两个恒等式：

$$\frac{\partial \dot{\boldsymbol{r}}_i}{\partial \dot{q}_j} = \frac{\partial \boldsymbol{r}_i}{\partial q_j} \quad (i=1,2,\cdots,n;j=1,2,\cdots,N) \tag{14-3}$$

$$\frac{\partial \dot{\boldsymbol{r}}_i}{\partial q_j} = \frac{\mathrm{d}}{\mathrm{d}t}\left(\frac{\partial \boldsymbol{r}_i}{\partial q_j}\right) \quad (i=1,2,\cdots,n;j=1,2,\cdots,N) \tag{14-4}$$

式中，n、N 分别是质点系中质点的个数和质点系的广义坐标数。若质点系受到 s 个理想完整的约束则有 $N=3n-s$；$\boldsymbol{r}_i$ 是第 i 个质点的位矢，它是广义坐标 q_j 和时间 t 的函数，即

$$\boldsymbol{r}_i = \boldsymbol{r}_i(t,q_1,q_2,\cdots,q_N)$$

证明式(14-3)：将 $\boldsymbol{r}_i$ 对时间求导得

$$\dot{\boldsymbol{r}}_i = \frac{\partial \boldsymbol{r}_i}{\partial t} + \sum_{j=1}^{N}\frac{\partial \boldsymbol{r}_i}{\partial q_j}\dot{q}_j \tag{14-5}$$

式中，广义坐标对时间的变化率 $\dot{q}_j$ 称为**广义速度**，注意到 $\frac{\partial \boldsymbol{r}_i}{\partial t}$ 和 $\frac{\partial \boldsymbol{r}_i}{\partial q_j}$ 只是广义坐标和时间的函数，因此式(14-5)对第 j 个广义速度 $\dot{q}_j$ 取偏导数，便可证得式(14-3)。

证明式(14-4)：将式(14-5)对某一广义坐标 q_k 求偏导数，得

$$\frac{\partial \dot{\boldsymbol{r}}_i}{\partial q_k} = \frac{\partial}{\partial q_k}\left(\frac{\partial \boldsymbol{r}_i}{\partial t} + \sum_{j=1}^{N}\frac{\partial \boldsymbol{r}_i}{\partial q_j}\dot{q}_j\right) = \sum_{j=1}^{N}\frac{\partial^2 \boldsymbol{r}_i}{\partial q_j \partial q_k}\dot{q}_j + \frac{\partial^2 \boldsymbol{r}_i}{\partial q_k \partial t}$$

因为 $\frac{\partial \boldsymbol{r}_i}{\partial q_k}$ 是广义坐标和时间的函数，将其对时间求导数，得

$$\frac{\mathrm{d}}{\mathrm{d}t}\left(\frac{\partial \boldsymbol{r}_i}{\partial q_k}\right) = \sum_{j=1}^{N}\frac{\partial}{\partial q_j}\left(\frac{\partial \boldsymbol{r}_i}{\partial q_k}\right)\dot{q}_j + \frac{\partial}{\partial t}\left(\frac{\partial \boldsymbol{r}_i}{\partial q_k}\right) = \sum_{j=1}^{N}\frac{\partial^2 \boldsymbol{r}_i}{\partial q_j \partial q_k}\dot{q}_j + \frac{\partial^2 \boldsymbol{r}_i}{\partial q_k \partial t}$$

比较以上两式，其右端相同，故得

$$\frac{\partial \dot{\boldsymbol{r}}_i}{\partial q_j} = \frac{\mathrm{d}}{\mathrm{d}t}\left(\frac{\partial \boldsymbol{r}_i}{\partial q_j}\right)$$

即式(14-4)得证。

下面推导拉格朗日方程。

将
$$\boldsymbol{r}_i=\boldsymbol{r}_i(t,q_1,q_2,\cdots,q_N) \qquad (i=1,2,\cdots,n)$$
两边取变分,得
$$\delta\boldsymbol{r}_i=\sum_{j=1}^{N}\frac{\partial\boldsymbol{r}_i}{\partial q_j}\delta q_j \qquad (i=1,2,\cdots,n)$$
代入动力学普遍方程(14-1)得
$$\sum_{i=1}^{n}\left(\boldsymbol{F}_i\cdot\sum_{j=1}^{N}\frac{\partial\boldsymbol{r}_i}{\partial q_j}-m_i\boldsymbol{a}_i\cdot\sum_{j=1}^{N}\frac{\partial\boldsymbol{r}_i}{\partial q_j}\right)\delta q_j=0 \qquad (j=1,2,\cdots,N)$$
交换上式的求和顺序,有
$$\sum_{j=1}^{N}\left[\sum_{i=1}^{n}\boldsymbol{F}_i\cdot\frac{\partial\boldsymbol{r}_i}{\partial q_j}+\sum_{i=1}^{n}(-m_i\boldsymbol{a}_i)\cdot\frac{\partial\boldsymbol{r}_i}{\partial q_j}\right]\delta q_j=0 \qquad (j=1,2,\cdots,N) \tag{14-6}$$
式中,方括号内的第一项称为对应于广义坐标 q_j 的**广义主动力**。
$$F_{Q_j}=\sum_{i=1}^{n}\boldsymbol{F}_i\cdot\frac{\partial\boldsymbol{r}_i}{\partial q_j} \tag{14-7}$$
第二项称为对应于广义坐标 q_j 的**广义惯性力** $F_{\mathrm{I}j}$,即
$$F_{\mathrm{I}j}=-\sum_{i=1}^{n}m_i\boldsymbol{a}_i\cdot\frac{\partial\boldsymbol{r}_i}{\partial q_j}=-\sum_{i=1}^{n}m_i\frac{\mathrm{d}\dot{\boldsymbol{r}}_i}{\mathrm{d}t}\cdot\frac{\partial\boldsymbol{r}_i}{\partial q_j}$$
$$=-\frac{\mathrm{d}}{\mathrm{d}t}\left(\sum_{i=1}^{n}m_i\dot{\boldsymbol{r}}_i\cdot\frac{\partial\boldsymbol{r}_i}{\partial q_j}\right)+\sum_{i=1}^{n}m_i\dot{\boldsymbol{r}}_i\cdot\frac{\mathrm{d}}{\mathrm{d}t}\left(\frac{\partial\boldsymbol{r}_i}{\partial q_j}\right)$$
将恒等式(14-3)和式(14-4)代入上式,有
$$F_{\mathrm{I}j}=-\frac{\mathrm{d}}{\mathrm{d}t}\left(\sum_{i=1}^{n}m_i\dot{\boldsymbol{r}}_i\cdot\frac{\partial\dot{\boldsymbol{r}}_i}{\partial\dot{q}_j}\right)+\sum_{i=1}^{n}m_i\dot{\boldsymbol{r}}_i\cdot\frac{\partial\dot{\boldsymbol{r}}_i}{\partial q_j}$$
$$=-\frac{\mathrm{d}}{\mathrm{d}t}\frac{\partial}{\partial\dot{q}_j}\left(\sum_{i=1}^{n}\frac{m_iv_i^2}{2}\right)+\frac{\partial}{\partial q_j}\left(\sum_{i=1}^{n}\frac{m_iv_i^2}{2}\right) \tag{14-8}$$
上式中括号内是质点系的动能 E_{k},所以式(14-8)可写成为
$$F_{\mathrm{I}j}=-\frac{\mathrm{d}}{\mathrm{d}t}\left(\frac{\partial E_{\mathrm{k}}}{\partial\dot{q}_j}\right)+\frac{\partial E_{\mathrm{k}}}{\partial q_j} \tag{14-9}$$
将式(14-7)和式(14-9)代入式(14-6)后,有
$$\sum_{j=1}^{N}\left[F_{Q_j}-\frac{\mathrm{d}}{\mathrm{d}t}\left(\frac{\partial E_{\mathrm{k}}}{\partial\dot{q}_j}\right)+\frac{\partial E_{\mathrm{k}}}{\partial q_j}\right]\delta q_j=0$$
如果系统只受完整约束,由虚位移的独立性,可得
$$\frac{\mathrm{d}}{\mathrm{d}t}\left(\frac{\partial E_{\mathrm{k}}}{\partial\dot{q}_j}\right)-\frac{\partial E_{\mathrm{k}}}{\partial q_j}=F_{Q_j} \qquad (j=1,2,\cdots,N) \tag{14-10}$$
这一组 N 个方程就是广义坐标形式的质点系运动微分方程,即**拉格朗日方程**,简称**拉氏方程**。

在势力场中,则作用于质点系的力是有势力,由式(11-39)知
$$F_{ix}=-\frac{\partial E_{\mathrm{p}}}{\partial x_i},\ F_{iy}=-\frac{\partial E_{\mathrm{p}}}{\partial y_i},\ F_{iz}=-\frac{\partial E_{\mathrm{p}}}{\partial z_i}$$

代入式(14-7),有

$$F_{Q_j} = \sum_{i=1}^{n}\left(F_{ix}\frac{\partial x_i}{\partial q_j} + F_{iy}\frac{\partial y_i}{\partial q_j} + F_{iz}\frac{\partial z_i}{\partial q_j}\right)$$

$$= \sum_{i=1}^{n}\left(-\frac{\partial E_p}{\partial x_i}\frac{\partial x_i}{\partial q_j} - \frac{\partial E_p}{\partial y_i}\frac{\partial y_i}{\partial q_j} - \frac{\partial E_p}{\partial z_i}\frac{\partial z_i}{\partial q_j}\right)$$

即

$$F_{Q_j} = -\frac{\partial E_p}{\partial q_j} \qquad (j = 1,2,\cdots,N) \tag{14-11}$$

将式(14-11)代入式(14-10),则拉氏方程可改写为

$$\frac{d}{dt}\left(\frac{\partial E_k}{\partial \dot{q}_j}\right) - \frac{\partial E_k}{\partial q_j} = -\frac{\partial E_p}{\partial q_j} \qquad (j = 1,2,\cdots,N) \tag{14-12}$$

现将动能 E_k 与势能 E_p 之差用 L 表示,即令

$$L = E_k - E_p \tag{14-13}$$

L 称为**拉格朗日函数**。注意到势能 E_p 只是广义坐标的函数,不含广义速度,即 $\partial E_p/\partial \dot{q}_j = 0$,于是式(14-12)可写为

$$\frac{d}{dt}\left[\frac{\partial(E_k - E_p)}{\partial \dot{q}_j}\right] - \frac{\partial(E_k - E_p)}{\partial q_j} = 0 \qquad (j = 1,2,\cdots,N) \tag{14-14}$$

即

$$\frac{d}{dt}\left(\frac{\partial L}{\partial \dot{q}_j}\right) - \frac{\partial L}{\partial q_j} = 0 \qquad (j=1,2,\cdots,N) \tag{14-15}$$

这就是**势力场中质点系的拉格朗日方程**。

由式(14-10)可以看出,拉氏方程的数目和广义坐标的数目相等即与质点系的自由度相等。具体应用时只需计算系统的动能和广义力;在势力场中,只需计算系统的动能和势能。因此,对于约束多而自由度少的动力学系统,应用拉氏方程求解要比用其他方法求解方便。下面举例说明。

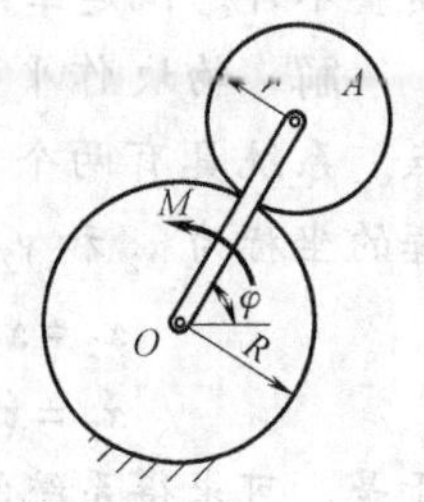

图 14-4

例 14-4 在水平面内运动的行星齿轮机构如图 14-4 所示。均质系杆 OA 的质量为 m_1,它可绕端点 O 转动,另一端装有质量为 m_2、半径为 r 的均质小齿轮,小齿轮沿半径为 R 的固定大齿轮纯滚动。当系杆受力偶 M 作用时,试求系杆的角加速度。

解 机构具有一个自由度,选系杆的转角 φ 为广义坐标。设系杆对 O 轴的转动惯量为 J_O,小齿轮对其质心 A 的转动惯量为 J_A,小齿轮的绝对角速度为 $\dot{\varphi}_A$,则 A 点的速度为

$$v_A = (R+r)\dot{\varphi}$$

小齿轮的角速度

$$\dot{\varphi}_A = \frac{v_A}{r} = \frac{(R+r)}{r}\dot{\varphi}$$

系统的动能等于系杆的动能和小齿轮的动能之和,即

$$E_k = \frac{1}{2}J_O\dot{\varphi}^2 + \left(\frac{1}{2}m_2v_A^2 + \frac{1}{2}J_A\dot{\varphi}_A^2\right)$$

$$= \frac{1}{2} \times \frac{1}{3}m_1(R+r)^2\dot{\varphi}^2 + \left[\frac{1}{2}m_2(R+r)^2\dot{\varphi}^2 + \frac{1}{2} \times \frac{1}{2}m_2r^2\left(\frac{R+r}{r}\right)^2\dot{\varphi}^2\right]$$

$$= \frac{1}{12}(2m_1+9m_2)(R+r)^2\dot{\varphi}^2$$

与广义坐标对应的广义力

$$F_Q = \frac{\sum\delta W_F}{\delta\varphi} = \frac{M\delta\varphi}{\delta\varphi} = M$$

将上述两式代入拉氏方程

$$\frac{\mathrm{d}}{\mathrm{d}t}\left(\frac{\partial E_k}{\partial\dot{\varphi}}\right) - \frac{\partial E_k}{\partial\varphi} = F_Q$$

得 $$\frac{1}{6}(2m_1+9m_2)(R+r)^2\ddot{\varphi} = M$$

由此得 $$\ddot{\varphi} = \frac{6M}{(2m_1+9m_2)(R+r)^2}$$

例 14-5 椭圆摆由物块和摆锤用直杆铰连而成，如图 14-5 所示，物块可沿光滑水平面滑动，摆杆可在铅直面内摆动。设物块和摆锤的质量分别为 m_1、m_2；摆杆长为 l，质量不计。试建立系统的运动微分方程。

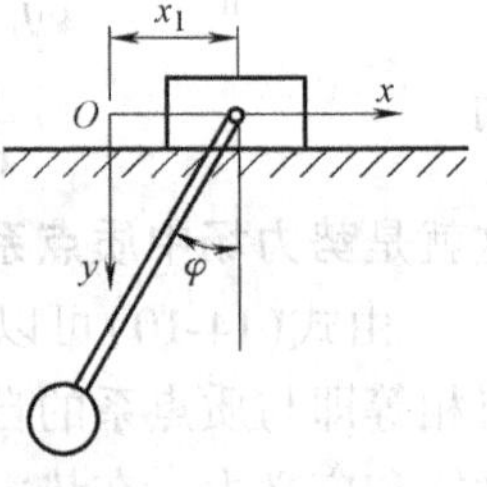

图 14-5

解 物块作平动，摆锤尺寸不计，两者均可看做质点。系统具有两个自由度，以 x_1 和 φ 为广义坐标，设摆锤的坐标为 x_2 和 y_2，则

$$x_2 = x_1 - l\sin\varphi, \qquad y_2 = l\cos\varphi$$

$$\dot{x}_2 = \dot{x}_1 - l\dot{\varphi}\cos\varphi, \qquad \dot{y}_2 = -l\dot{\varphi}\sin\varphi$$

于是，可求得系统的动能

$$E_k = \frac{m_1}{2}\dot{x}_1^2 + \frac{m_2}{2}(\dot{x}_2^2 + \dot{y}_2^2)$$

$$= \frac{m_1}{2}\dot{x}_1^2 + \frac{m_2}{2}[(\dot{x}_1 - l\dot{\varphi}\cos\varphi)^2 + (-l\dot{\varphi}\sin\varphi)^2]$$

$$= \frac{1}{2}(m_1+m_2)\dot{x}_1^2 + \frac{1}{2}m_2l^2\dot{\varphi}^2 - m_2l\dot{x}_1\dot{\varphi}\cos\varphi$$

主动力只有重力，是有势力。以物块质心所在水平面为势能零位置，因而系统的势能为

$$E_p = -m_2gy_2 = -m_2gl\cos\varphi$$

将动能与势能的表达式代入式(14-13)，得拉格朗日函数

$$L = \frac{1}{2}(m_1+m_2)\dot{x}_1^2 + \frac{1}{2}m_2l^2\dot{\varphi}^2 - m_2l\dot{x}_1\dot{\varphi}\cos\varphi + m_2gl\cos\varphi$$

将其代入拉氏方程(14-15)，有

$$\frac{\mathrm{d}}{\mathrm{d}t}\left(\frac{\partial L}{\partial \dot{x}_1}\right)-\frac{\partial L}{\partial x_1}=0$$

$$\frac{\mathrm{d}}{\mathrm{d}t}\left(\frac{\partial L}{\partial \dot{\varphi}}\right)-\frac{\partial L}{\partial \varphi}=0$$

得

$$\frac{\mathrm{d}}{\mathrm{d}t}[\,(m_1+m_2)\dot{x}_1-m_2l\dot{\varphi}\cos\varphi\,]-0=0$$

$$\frac{\mathrm{d}}{\mathrm{d}t}(m_2l^2\dot{\varphi}-m_2l\dot{x}_1\cos\varphi)-m_2l\dot{x}_1\dot{\varphi}\sin\varphi+m_2gl\sin\varphi=0$$

经运算整理后，得

$$(m_1+m_2)\ddot{x}_1-m_2l\ddot{\varphi}\cos\varphi+m_2l\dot{\varphi}^2\sin\varphi=0$$

$$m_2l^2\ddot{\varphi}-m_2l\ddot{x}_1\cos\varphi+m_2gl\sin\varphi=0$$

这就是系统的运动微分方程。

例 14-6 质量为 m、长为 l 的均质杆 AB 可绕铰 A 在平面内摆动。A 端用弹簧悬挂在铅垂的导槽内，如图 14-6 所示。弹簧刚度系数为 k。试写出系统的运动微分方程。

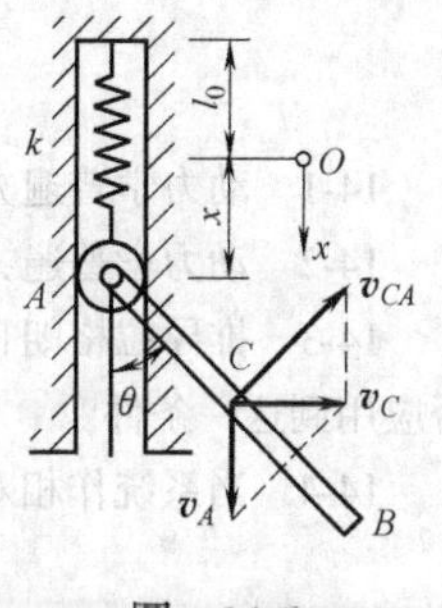

图 14-6

解 系统有两个自由度，以 x 和 θ 为广义坐标，其中 x 的原点为弹簧的原长处，杆 AB 作平面运动，其动能为

$$E_{\mathrm{k}}=\frac{1}{2}mv_C^2+\frac{1}{2}J_C\dot{\theta}^2$$

其中，v_C 为杆质心 C 的速度；J_C 为杆对质心的转动惯量。若以 A 点为基点，则由图可知

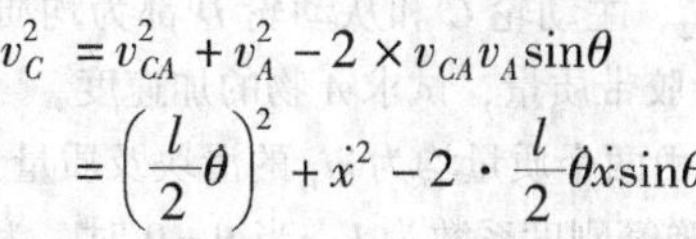

$$v_C^2=v_{CA}^2+v_A^2-2\times v_{CA}v_A\sin\theta$$
$$=\left(\frac{l}{2}\dot{\theta}\right)^2+\dot{x}^2-2\cdot\frac{l}{2}\dot{\theta}\dot{x}\sin\theta$$

所以

$$E_{\mathrm{k}}=\frac{m}{2}\left(\frac{l^2}{4}\dot{\theta}^2+\dot{x}^2-l\dot{\theta}\dot{x}\sin\theta\right)+\frac{1}{2}\cdot\frac{1}{12}ml^2\dot{\theta}^2$$
$$=\frac{1}{2}m\left(\dot{x}^2-l\dot{\theta}\dot{x}\sin\theta+\frac{1}{3}l^2\dot{\theta}^2\right)$$

计算弹簧势能和重力势能时，以 O 点为共同的势能零点，则有

$$E_{\mathrm{p}}=\frac{1}{2}kx^2-mg\left(x+\frac{l}{2}\cos\theta\right)$$

将动能与势能的表达式代入式(14-13)，得拉格朗日函数

$$L=\frac{1}{2}m\left(\dot{x}^2-l\dot{\theta}\dot{x}\sin\theta+\frac{1}{3}l^2\dot{\theta}^2\right)-\frac{1}{2}kx^2+mg\left(x+\frac{l}{2}\cos\theta\right)$$

将其代入拉氏方程(14-15)，有

$$\frac{\mathrm{d}}{\mathrm{d}t}\left(\frac{\partial L}{\partial \dot{x}}\right)-\frac{\partial L}{\partial x}=0$$

$$\frac{\mathrm{d}}{\mathrm{d}t}\left(\frac{\partial L}{\partial \dot{\theta}}\right)-\frac{\partial L}{\partial \theta}=0$$

即

$$\frac{\mathrm{d}}{\mathrm{d}t}\left(m\dot{x}-\frac{ml}{2}\dot{\theta}\sin\theta\right)+kx-mg=0$$

$$\frac{\mathrm{d}}{\mathrm{d}t}\left(\frac{m}{3}l^2\dot{\theta}-\frac{m}{2}l\dot{x}\sin\theta\right)+\frac{ml}{2}\dot{\theta}\dot{x}\cos\theta+\frac{mg}{2}l\sin\theta=0$$

计算整理后，可得系统的运动微分方程如下：

$$m\ddot{x}-\frac{ml}{2}\ddot{\theta}\sin\theta-\frac{ml}{2}\dot{\theta}^2\cos\theta+kx-mg=0$$

$$2l\ddot{\theta}-3\ddot{x}\sin\theta+3g\sin\theta=0$$

思 考 题

14-1 动力学普遍方程的实质是什么?

14-2 动力学普遍方程与拉格朗日方程有何不同?

14-3 推导拉格朗日方程时，哪一步用到了完整约束的条件？对动力学普遍方程在推导时是否应用到这一条件?

14-4 当系统作相对运动时，拉格朗日方程是否适用？为什么?

习 题

14-1 如图 14-7 所示的升降机，在主动轮 C 上作用一驱动力偶 M，使质量为 m_1 的物体 A 上升。已知平衡物 B 的质量为 m_2，主动轮 C 和从动轮 D 都为均质圆轮，半径和质量分别为 r 和 m_3。如果不计胶带质量，试求 A 物的加速度。

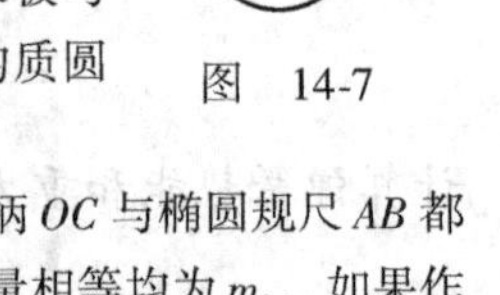

图 14-7

14-2 图 14-8 所示调速器由两个质量均为 m_1 的滑块及质量为 m_2 的平衡重块组成，长 l 的杆不计重量，弹簧刚度系数为 k，当 $\theta=0$ 时，为原长。若调速器绕铅垂轴等角速度旋转，试求 ω 与 θ 的关系。

14-3 如图 14-9 所示，板 DE 的质量为 m_1，放在三个质量均为 m_2 的滚子 A、B 和 C 上，今在板上作用一水平向右的力 $\boldsymbol{F}$，使板与滚子运动。如果板与滚子及滚子与水平面之间均无滑动，试求板 DE 的加速度。滚子可视为均质圆柱，不计滚动摩擦。

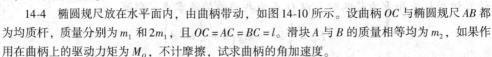

14-4 椭圆规尺放在水平面内，由曲柄带动，如图 14-10 所示。设曲柄 OC 与椭圆规尺 AB 都为均质杆，质量分别为 m_1 和 $2m_1$，且 $OC=AC=BC=l$。滑块 A 与 B 的质量相等均为 m_2，如果作用在曲柄上的驱动力矩为 M_O，不计摩擦，试求曲柄的角加速度。

14-5 如图 14-11 所示，铰接平行四边形机构 O_1O_2BA 位于铅直平面内，杆 O_1A、O_2B 均长 l，质量不计；杆 AB 为均质杆，质量为 m。设在 O_1A 杆上作用一常力矩 M，试求 O_1A 杆转动到任意位置时的角加速度。

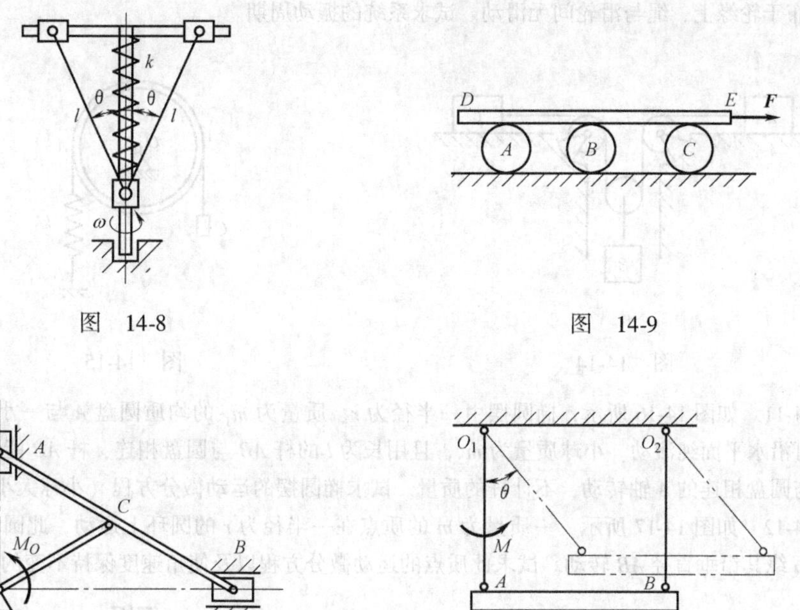

图 14-8　　图 14-9

图 14-10　　图 14-11

14-6　如图 14-12 所示，在质量为 m_1 的均质圆柱 C 上绕着一根细绳，绳的质量可以不计。绳的另一端跨过不计质量的滑轮 O 与质量为 m_2 的物块 A 相连，物块放在粗糙的水平面上，动摩擦因数为 μ。如果圆柱由静止落下作平面运动，试求物块和圆柱质心的加速度。

14-7　如图 14-13 所示，一绳跨过两定滑轮 A 与 B，并吊起一动滑轮 C，绳子不在滑轮上的各端都是铅垂的，滑轮上吊有重 $G=40\text{N}$ 的重物，绳的两端分别挂有重量各为 $G_1=20\text{N}$，$G_2=30\text{N}$ 的两重物。如果滑轮与绳的重量以及轴承的摩擦均可不计，试求这三个重物的加速度。

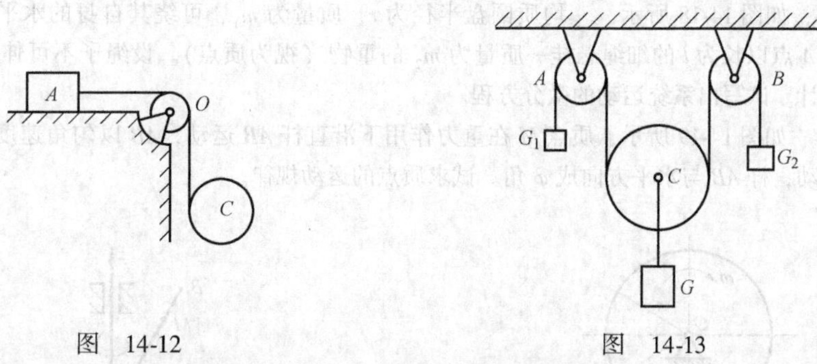

图 14-12　　图 14-13

14-8　图 14-14 所示滑轮组中，三个物块 A、B、C 质量分别为 $m_A=10\text{kg}$，$m_B=20\text{kg}$，$m_C=20\text{kg}$。物块与地面间的动摩擦因数均为 $\mu=0.2$，滑轮质量不计，试求各重物的加速度。

14-9　用动力学普遍方程推导刚体平面运动微分方程。

14-10　如图 14-15 所示，半径为 r 的滑轮可绕水平轴 O 转动，在滑轮上跨过一不可伸长的绳，绳的一端悬挂质量为 m_1 的重物 C，另一端与刚度系数为 k 的铅垂弹簧相连。设滑轮的质量

m_2 均布于轮缘上，绳与滑轮间无滑动。试求系统的振动周期。

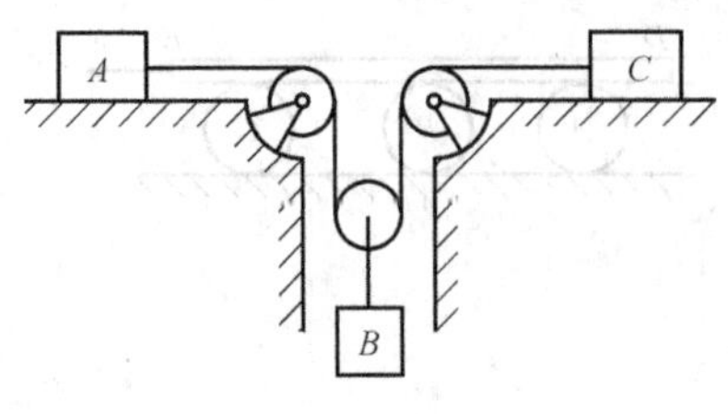

图 14-14

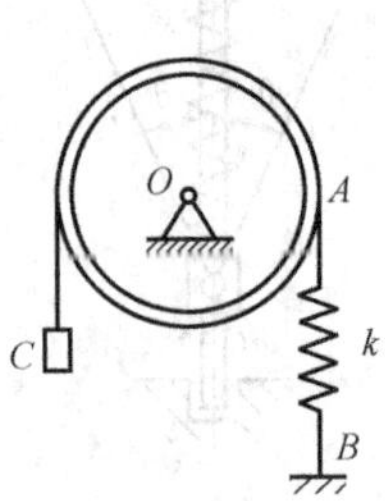

图 14-15

14-11 如图 14-16 所示，椭圆摆由一半径为 r、质量为 m_1 的均质圆盘 A 与一小球 B 构成，圆盘可沿水平面纯滚动。小球质量为 m_2，且用长为 l 的杆 AB 与圆盘相连，杆 AB 能绕与图面垂直且与圆盘相连的 A 轴转动，不计杆的质量。试求椭圆摆的运动微分方程（小球大小不计）。

14-12 如图 14-17 所示，一质量为 m 的质点在一半径为 r 的圆环上运动，此圆环又以匀角速度 ω 绕其铅垂直径 AB 转动。试求此质点的运动微分方程以及使角速度保持不变的力矩 M。

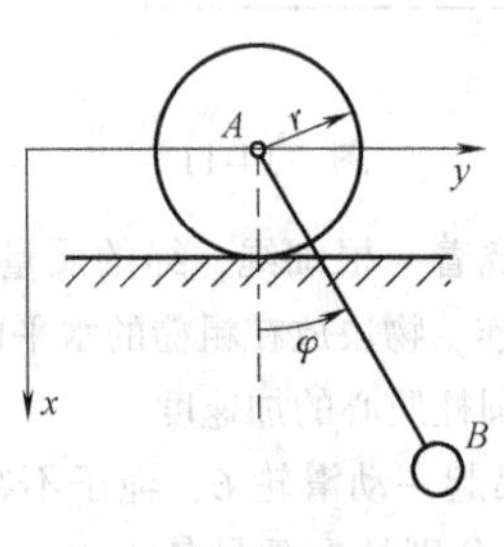

图 14-16

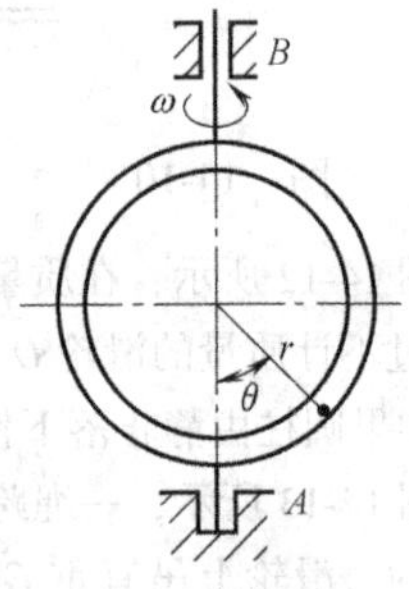

图 14-17

14-13 如图 14-18 所示，一均质圆盘半径为 r，质量为 m_1，可绕其自身的水平轴 O 转动，在圆盘的 A 点以长为 l 的细绳悬挂一质量为 m_2 的重物（视为质点）。设绳子不可伸长，且其质量略去不计。试写出系统运动的微分方程。

14-14 如图 14-19 所示，质点 M 在重力作用下沿直杆 AB 运动，AB 以匀角速度绕铅垂轴 z 作定轴转动，杆 AB 与水平方向成 φ 角。试求质点的运动规律。

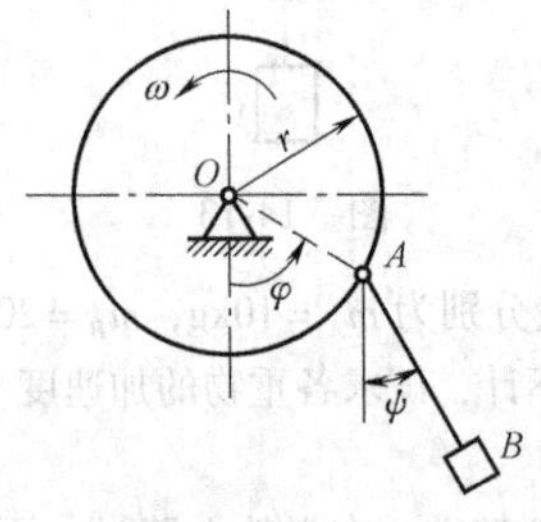

图 14-18

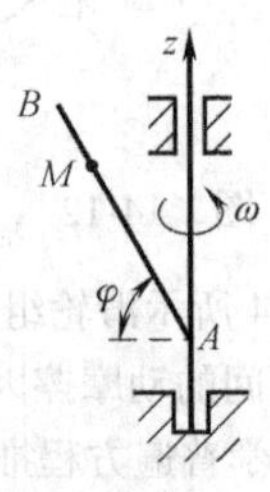

图 14-19

14-15　如图14-20所示，长为$2l$、质量为m的均质杆AB的两端沿框架的水平及铅垂边滑动，框架以匀角速度ω绕铅垂边转动。忽略摩擦，试建立杆的相对运动微分方程。

14-16　如图14-21所示，物块A的质量为m_1，可沿光滑水平面作直线运动；均质轮C的质量为m_2沿直线BD作纯滚动；力$\boldsymbol{F}$按$F=H\sin\omega t$的规律变化（H和ω都是常量）。试建立系统的运动微分方程。

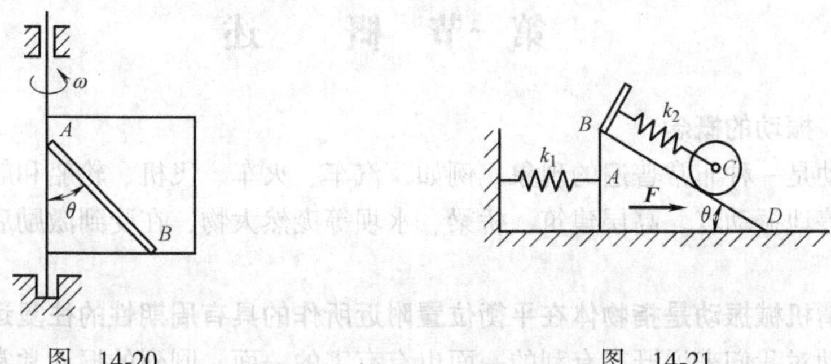

图　14-20　　　　图　14-21

14-17　如图14-22所示，质量为m_1的均质杆OA长为l，可绕水平轴O在铅垂面内转动，其下端有一与支座相连的螺线弹簧，刚度系数为k，当$\theta=0$时，弹簧无变形。OA杆的A端装有可自由转动的均质圆盘，盘的质量为m_2，半径为r，在盘面上作用有力矩为M的常力偶，设广义坐标为φ和θ，如图所示。试求该系统的运动微分方程。

14-18　如图14-23所示，绕在圆柱体A上的细绳，跨过质量为m的均质滑轮O，与一质量为m_B的重物B相连。圆柱体的半径为r，质量为m_A，对于轴心的回转半径为ρ。如果绳与滑轮之间无滑动，开始时系统静止，问回转半径ρ满足什么条件时，物体B向上运动？

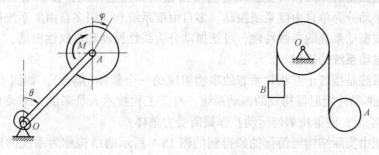

图　14-22　　　　图　14-23

第十五章　机械振动基础

第一节　概　　述

一、振动的概念

振动是一种非常普遍的现象。例如，汽车、火车、飞机、轮船和舰艇等，它们都在不停地振动着。高层建筑、桥梁、水坝等庞然大物，在受到激励后也会发生振动。

所谓**机械振动是指物体在平衡位置附近所作的具有周期性的往复运动**。各类机械的振动对我们来说既有有利的一面也有有害的一面。剧烈的振动常常会危害结构物的强度或妨碍机器的正常功能，振动会使机器的连接件产生松动，从而影响加工精度，振动的噪声还会妨害人体的健康。但另一方面，振动有其可利用的一面，如地震仪、混凝土振捣器、振动打桩机、振动送料机、振动筛、超声电动机等都是利用振动的特性而进行工作的。研究振动的目的：一方面是如何防止或限制剧烈的振动对于工程、生产实践的危害；另一方面是如何很好地利用振动的特性为生产实践服务。振动现已发展成为一门重要的学科——振动工程。

按产生振动的原因，可把振动分为自由振动和强迫振动；按振动系统的自由度，可把振动分为单自由度系统振动、多自由度系统和无限多自由度系统即弹性体的振动；按振动系统的参数特性，可把振动分为线性振动和非线性振动。

二、振动系统的模型

所谓**系统**是指若干互相联系着的事物组成的一个整体(集合)。如图 15-1 所示的弹簧-质量-黏性阻尼器构成的振动系统。对于工程技术人员来说，所关心的是在力 $\boldsymbol{F}(t)$ 激励下，质量块如何运动？弹簧所受力怎样？

我们把由实际结构经简化抽象得到的图 15-1 所示的结构称为系统的模型。把加到系统上的外来影响(扰动)称为**激励**；系统对外界激励的反应(回答)称为**响应**。例如，机械系统受到随时间变化的外干扰力作用时，系统将产生运动。这种外干扰力就是激励，而系统的运动历程就是响应。为了完整地描述系统受激励后的状态，需要用一个或几个随时间而变化的变量，这些变量的总体称为**状态变量**。

激励、系统和响应三者的关系如图 15-2 所示。

图　15-1　　　　图　15-2

第二节 单自由度系统的振动

一、无阻尼自由振动

设有质量为 m 的重物(可视为质点)悬于弹簧的下端，如图 15-3 所示，弹簧的自然长度为 l_0，刚度系数为 k，如果不计弹簧的质量，这就构成典型的单自由度振动系统，称为**质量-弹簧系统**。很多实际振动问题可以简化为这种动力学模型。现在分析重物沿铅垂方向作直线运动的规律。

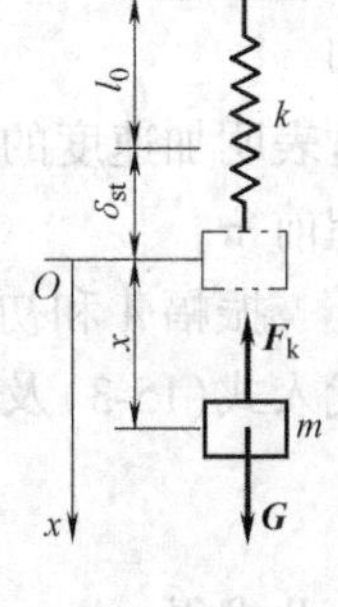

图 15-3

取重物的平衡位置为坐标原点 O，x 轴铅垂向下。重物在平衡位置时弹簧的变形称为静变形，以 δ_{st} 表示，由平衡条件得知重物平衡时重力与弹簧拉力大小相等而方向相反，即

$$G = k\delta_{st}$$

当重物在距平衡位置为 x 时，其所受的力有重力 $\boldsymbol{G}$，方向朝下，弹簧的拉力 $\boldsymbol{F}_k$，其大小为 $k(\delta_{st}+x)$，方向朝上，故作用于重物的合力在 x 轴上的投影为

$$F_x = G - k(\delta_{st}+x) = -kx$$

上式表明合力的大小与重物离开平衡位置的位移 x 成正比，即为线性关系，其方向恒与 x 的方向相反，亦即恒指向重物的平衡位置。这种使重物回复到平衡位置的力称为**回复力**。只在恢复力作用下所引起的振动称为**自由振动**。

由牛顿第二定律得重物的运动微分方程为

$$m\ddot{x} = -kx$$

令

$$\frac{k}{m} = \omega_n^2$$

则得

$$\ddot{x} + \omega_n^2 x = 0 \tag{15-1}$$

式(15-1)为无阻尼自由振动的微分方程的标准形式，其通解为

$$x = C_1\cos\omega_n t + C_2\sin\omega_n t \tag{15-2}$$

式中，C_1、C_2 为积分常数。这两个积分常数可以用另外两个积分常数 A 及 θ 表示如下：

$$C_1 = A\sin\theta,\ C_2 = A\cos\theta$$

将其代入式(15-2)，则得式(15-1)通解的另一种表达形式为

$$x = A\sin(\omega_n t + \theta) \tag{15-3}$$

由此可见，**单自由度系统在线性回复力作用下的自由振动是在平衡位置(振动中心)附近作简谐运动**。式(15-3)中，A 是重物偏离振动中心的最大距离，称为振动的**振幅**，它反映自由振动的范围和强弱；$(\omega_n t+\theta)$ 称为振动的**相位**，单位是 rad (弧度)；而 θ 是 $t=0$ 时的相位，称为振动的**初相位**。相位每增加 2π，重物即振动一次。

将式(15-3)对时间求导，得重物的速度方程为

$$v_x = \dot{x} = A\omega_n \cos(\omega_n t + \theta) = A\omega_n \sin\left(\omega_n t + \theta + \frac{\pi}{2}\right) \tag{15-4}$$

可见重物运动到平衡位置时速度最大，最大值为 $v_{max} = A\omega_n$；速度的相位比位移超前 $\pi/2$。

将式(15-4)对时间求导，则得重物的加速度方程为

$$a_x = \ddot{x} = -A\omega_n^2 \sin(\omega_n t + \theta) = A\omega_n^2 \sin(\omega_n t + \theta + \pi)$$

即

$$a_x = -\omega_n^2 x \tag{15-5}$$

这表明加速度的代数值与重物的位置坐标成正比而符号相反；加速度的相位比位移超前 π。

振幅 A 和初位相 θ 可以由运动的初始条件确定。设 $t=0$ 时，$x = x_0$，$v_x = v_0$，代入式(15-3)及式(15-4)得

$$x_0 = A\sin\theta = C_1, \quad v_0 = A\omega_n \cos\theta = C_2 \omega_n$$

由此求得

$$A = \sqrt{x_0^2 + \frac{v_0^2}{\omega_n^2}}, \quad \theta = \arctan\frac{\omega_n x_0}{v_0} \tag{15-6}$$

或

$$C_1 = x_0, \quad C_2 = \frac{v_0}{\omega_n}$$

简谐运动是周期运动，如图 15-4 所示，每隔一定时间运动就重复一次，我们把运动每重复一次所需的时间 T 称为振动的**周期**，单位是 s(秒)。因为正弦函数的周期为 2π，由式(15-3)可知

$$T = \frac{2\pi}{\omega_n} = 2\pi\sqrt{\frac{m}{k}} \tag{15-7}$$

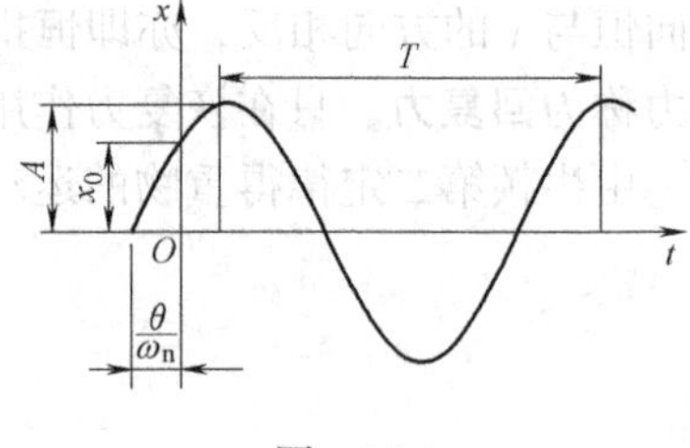

图 15-4

周期的倒数即每秒内振动的次数，称为振动的**频率**，用 f 表示，即

$$f = \frac{1}{T} = \frac{\omega_n}{2\pi} = \frac{1}{2\pi}\sqrt{\frac{k}{m}} \tag{15-8}$$

频率的单位为 Hz(赫兹)，1Hz 表示每秒振动 1 次。

由式(15-8)可得

$$\omega_n = 2\pi f = \sqrt{\frac{k}{m}} \tag{15-9}$$

可见，ω_n 代表 2π 秒内振动的次数，所以 ω_n 称为**圆频率**，其单位为 rad/s(弧度/秒)。

圆频率 ω_n 完全取决于系统本身的参数，即重物的质量 m 和弹簧的刚度系数 k，而与运动的初始条件无关，它反映了振动系统固有的动力学特性，所以称 ω_n 为**固有圆频率**，一般称为**固有频率**，显然，振动系统的固有频率可通过调整系统的参数

m 和 k 来加以改变。

固有频率是振动理论中一个极其重要的概念，计算固有频率 ω_{n} 是振动理论中的一个重要课题。系统在铅垂方向振动时，ω_{n} 除了可直接由式(15-9)求得，还可以根据弹簧的静变形 δ_{st} 来求得。由 $G=k\delta_{\mathrm{st}}$，得

$$k=\frac{G}{\delta_{\mathrm{st}}}=\frac{mg}{\delta_{\mathrm{st}}}$$

代入式(15-9)得

$$\omega_{\mathrm{n}}=\sqrt{\frac{g}{\delta_{\mathrm{st}}}} \tag{15-10}$$

因此只要求出(计算或测量)振动系统在重力作用下的静变形就可得到系统的固有频率。

例 15-1 机器上所有的弹簧往往不只是单个，而是由几个弹簧并联或串联等组成的，试求图 15-5 所示的系统的等效刚度系数及固有频率。

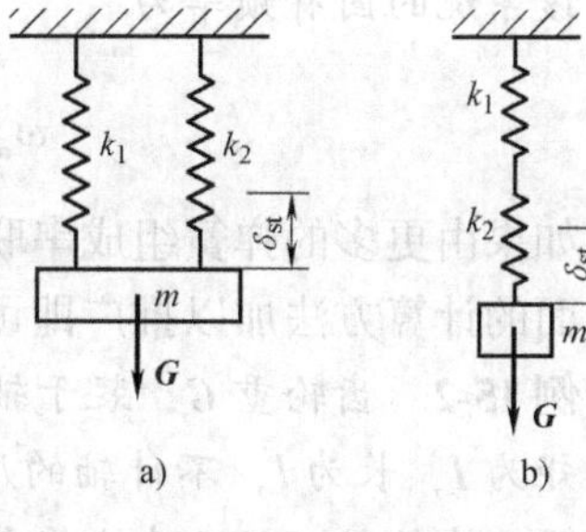

图 15-5

解 (1)弹簧并联时，如图 15-5a 所示。在重力 **G** 作用下两个弹簧产生的静变形相等，由重物的平衡条件可得

$$G=k_1\delta_{\mathrm{st}}+k_2\delta_{\mathrm{st}}$$

将并联弹簧看成一个弹簧，即令

$$k_{并}=\frac{G}{\delta_{\mathrm{st}}}$$

$k_{并}$ 称为并联弹簧的**等效刚度系数**，由上式可得

$$k_{并}=k_1+k_2$$

即 **并联弹簧的等效刚度系数等于各弹簧刚度系数之和**。说明并联后总的刚度系数增大了。

该系统的固有频率为

$$\omega_{\mathrm{n}}=\sqrt{\frac{k_{并}}{m}}=\sqrt{\frac{(k_1+k_2)g}{G}}$$

(2)弹簧串联时，如图 15-5b 所示。在重力 **G** 作用下每个弹簧所受的拉力相同，因而每个弹簧的静变形为

$$\delta_{\mathrm{st1}}=\frac{G}{k_1},\ \delta_{\mathrm{st2}}=\frac{G}{k_2}$$

而串联弹簧的总的静变形等于每个弹簧的静变形之和，即

$$\delta_{\mathrm{st}}=\delta_{\mathrm{st1}}+\delta_{\mathrm{st2}}=G\left(\frac{1}{k_1}+\frac{1}{k_2}\right)$$

将串联弹簧看成一个弹簧，即令

$$k_{串}=\frac{G}{\delta_{st}}$$

$k_{串}$ 称为串联弹簧的等效刚度系数，由上式可得

$$\frac{1}{k_{串}}=\frac{1}{k_1}+\frac{1}{k_2}$$

因此

$$k_{串}=\frac{k_1k_2}{k_1+k_2}$$

可见 $k_{串}$ 比 k_1 和 k_2 都小，所以串联弹簧的等效刚度系数比原来每一个弹簧的刚度系数都小。这说明串联后总的刚度系数降低了。

该系统的固有频率为

$$\omega_n=\sqrt{\frac{k_{串}}{m}}=\sqrt{\frac{k_1k_2g}{G(k_1+k_2)}}$$

如果由更多的弹簧组成串联和并联，其等效刚度系数和系统的固有频率可以按照上面的计算方法加以推广即可。

例 15-2 齿轮重 G，装于轴的中点，如图 15-6a 所示。已知轴的弹性模量为 E，惯性矩为 I，长为 l，不计轴的质量，试求此系统作横向振动的固有频率。

解 齿轮轴可视为中点受集中力 $\boldsymbol{G}$ 的简支弹性梁，如图 15-6b 所示。梁相当于弹簧，集中载荷相当于重物，因此可以简化为质量-弹簧系统，而梁中点的静挠度 δ_{st} 相当于弹簧的静变形，如图 15-6c 所示。

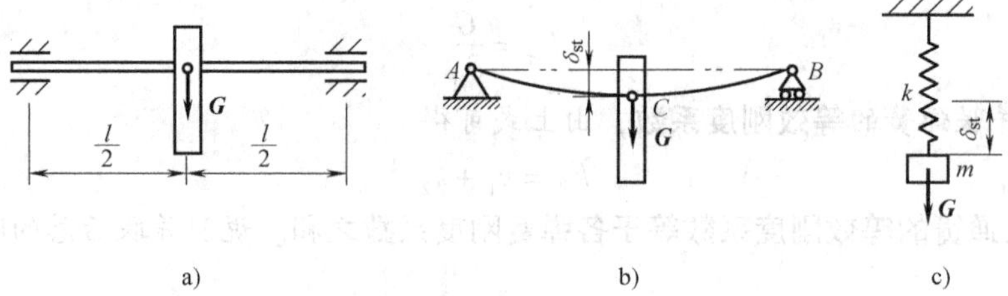

图 15-6

静挠度 δ_{st} 可以直接测定或由材料力学中梁的挠度公式求出，即

$$\delta_{st}=\frac{Gl^3}{48EI}$$

由式(15-10)得知此系统的固有频率为

$$\omega_n=\sqrt{\frac{g}{\delta_{st}}}=\sqrt{\frac{48EIg}{Gl^3}}$$

例 15-3 一摆振系统如图 15-7a 所示，杆重不计，球的质量为 m，摆对轴 O 的转动惯量为 J，弹簧的刚度系数为 k，杆于水平位置平衡，尺寸如图所示。试求此系统微小振动的运动微分方程及固有频率。

解 摆在水平位置平衡时，弹簧已有压缩量 δ_{st}，由平衡方程

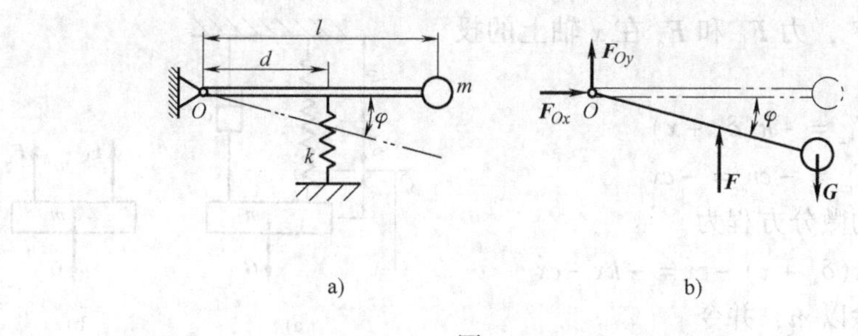

图 15-7

$$\sum M_O = 0, \quad F_{st} d - Gl = 0$$

$$k\delta_{st} d - mgl = 0$$

得
$$\delta_{st} = \frac{mgl}{kd} \tag{1}$$

以平衡位置为原点，摆在任一微小角度 φ 处(图 15-7b)，弹簧的压缩量为 $\delta_{st} + \varphi d$。根据摆绕 O 轴的定轴转动微分方程

$$J\ddot{\varphi} = \sum M_O$$

有
$$J\ddot{\varphi} = mgl - k(\delta_{st} + \varphi d)d \tag{2}$$

将式(1)代入式(2)，得

$$\ddot{\varphi} + \frac{kd^2}{J}\varphi = 0 \tag{3}$$

这就是摆振系统微小振动的运动微分方程。摆振系统的固有频率为

$$\omega_n = d\sqrt{\frac{k}{J}}$$

二、有阻尼衰减振动

无阻尼自由振动为简谐运动，其振幅及周期是恒定的，运动将一直持续下去。但实际上由于存在阻力而不断地消耗系统的能量，使自由振动随时间逐渐衰减直至完全停息。

工程中常见的阻尼有各种不同的形式，如物体在介质(空气、水、油等)中运动时的黏滞阻尼、物体沿接触面滑动时的干摩擦阻尼、物体内部摩擦产生的结构阻尼及高速运动物体所受到的非线性阻尼等。由实验得知，当物体以低速在阻尼介质中运动时，介质给予物体的阻力近似地与物体速度的一次方成正比，而方向与速度方向相反，即

$$\boldsymbol{F}_c = -c\boldsymbol{v}$$

式中，c 称为**黏滞阻尼系数**，它决定于物体的形状、尺寸及介质的性质，单位是 N · s/m；负号表示阻力的方向恒与速度的方向相反。这种阻尼称为**线性阻尼**。我们仅研究这种阻力对于自由振动的影响。

具有阻尼的单自由度系统的振动模型如图 15-8 所示。取平衡位置 O 为坐标原点，x 轴铅垂向下。当重物在离原点 x 处时，重物除受重力 $\boldsymbol{G}$ 及弹性力 $\boldsymbol{F}_k$ 作用外，

还有黏滞阻力 $\boldsymbol{F}_c$，力 $\boldsymbol{F}_k$ 和 $\boldsymbol{F}_c$ 在 x 轴上的投影分别为

$$F_{kx} = -k(\delta_{st} + x)$$
$$F_{cx} = -cv_x = -c\dot{x}$$

于是重物的运动微分方程为

$$m\ddot{x} = G - k(\delta_{st} + x) - c\dot{x} = -kx - c\dot{x}$$

上式各项同时除以 m，并令

$$\frac{k}{m} = \omega_n^2, \qquad \frac{c}{m} = 2n$$

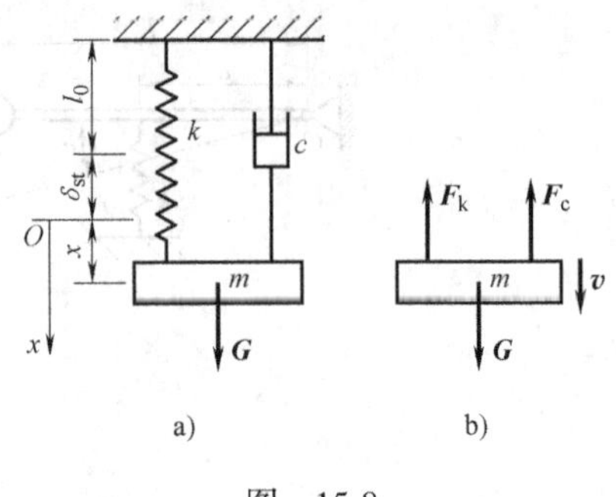

图 15-8

则上式可写为

$$\ddot{x} + 2n\dot{x} + \omega_n^2 x = 0 \tag{15-11}$$

这就是具有阻尼的自由振动微分方程的标准形式，其通解与参数 n、ω_n 值的相对大小有关，下面分三种情形讨论。

1. 小阻尼情形($n < \omega_n$)

在此情形下式(15-11)的通解为

$$x = Ae^{-nt}\sin(\sqrt{\omega_n^2 - n^2}t + \theta) \tag{15-12}$$

式中，A 和 θ 是积分常数，可由初始条件确定。仿照无阻尼自由振动的求法，可得

$$\begin{cases} A = \sqrt{x_0^2 + \dfrac{(v_0 + nx_0)^2}{\omega_n^2 - n^2}} \\ \theta = \arctan \dfrac{x_0\sqrt{\omega_n^2 - n^2}}{v_0 + nx_0} \end{cases} \tag{15-13}$$

由式(15-12)看出，在小阻尼情形，重物已不再是等幅的简谐运动，严格来说也不是周期运动。$\sin(\sqrt{\omega_n^2 - n^2}t + \theta)$ 表示重物周期性地通过平衡位置，运动仍有往复性质；而 Ae^{-nt} 则表示重物离平衡位置的最大值随时间的增加而迅速减小，最后趋于零。与无阻尼自由振动情形相比较，这样的运动称为**衰减振动**，即作“衰减”的“简谐运动”。习惯上将 Ae^{-nt} 称为“瞬时振幅”，将 $\sqrt{\omega_n^2 - n^2}$ 称为衰减振动的“频率”，而衰减振动的“周期”为

$$T_d = \frac{2\pi}{\omega_d} = \frac{2\pi}{\sqrt{\omega_n^2 - n^2}} \tag{15-14}$$

可见
$$T_d > T = \frac{2\pi}{\omega_n}$$

这表明在相同的质量及刚度系数的条件下，衰减振动的周期较长。但当阻尼很小时，对于周期的影响并不显著。例如，当 $n = 0.05\omega_n$ 时，$T_d = 1.00125T$；当 $n = 0.3\omega_n$ 时，$T_d = 1.048T$；因此，可近似地认为与无阻尼自由振动的周期相等。

值得注意的是振幅衰减的情况。设在任意瞬时 t 的振幅为 Ae^{-nt}，经过一个周

期 T_d，振幅将变为 $Ae^{-n(t+T_d)}$，其比值为

$$\eta = \frac{Ae^{-n(t+T_d)}}{Ae^{-nt}} = e^{-nT_d} \tag{15-15}$$

可见，振幅是按几何级数迅速衰减的，其公比 η 称为**减幅因数**，其自然对数的绝对值为

$$\delta = |\ln\eta| = nT_d \tag{15-16}$$

式中，δ 称为**对数减幅因数**。例如，当 $n = 0.05\omega_n$ 时，$\eta = e^{-0.1001\pi} = 0.7301$，这就是说每振动一次振幅衰减 27%，经过 10 次振动后振幅将减少为原来的 $(0.7301)^{10} = 0.043$，即 4.3%。虽然阻尼很小，但是振幅的衰减是很显著的。随着 n 值的增加，振幅衰减得更快。

图 15-9a 表示无阻尼自由振动的情形，图 15-9b 表示衰减振动的情形，从图中可以看到振幅是在曲线 $x = Ae^{-nt}$ 与 $x = -Ae^{-nt}$ 之间逐次递减。

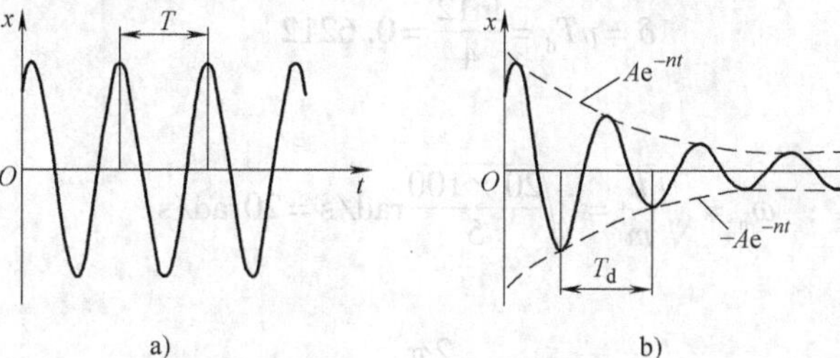

图　15-9

2. 大阻尼情形$(n > \omega_n)$

在此情形下式(15-11)的通解为

$$\begin{aligned} x &= e^{-nt}\left(C_1 e^{\sqrt{n^2-\omega_n^2}t} + C_2 e^{-\sqrt{n^2-\omega_n^2}t}\right) \\ &= Ae^{-nt}\sinh\left(\sqrt{n^2-\omega_n^2}t + \theta\right) \end{aligned} \tag{15-17}$$

式中，C_1、C_2 及 A、θ 是积分常数，由初始条件确定。显然，上式所代表的运动是非周期性的，而且随着时间的增大，x 逐渐趋于零，运动不具有振动的特性。工程上在一些电工仪表中，为了消除指针在游丝上的振动，常使 $n > \omega_n$，使指针能迅速稳定在所指的准确读数上。

3. 临界阻尼情形$(n = \omega_n)$

在此情形下式(15-11)的通解为

$$x = e^{-nt}(C_1 + C_2 t) \tag{15-18}$$

显然，上式所代表的运动也是非周期性的。当 $n = \omega_n$ 时，重物的运动开始失去振动的特性，所以对应的阻尼系数称为**临界阻尼系数**，以 c_{cr} 表示，即

$$c_{cr} = 2m\omega_n = 2\sqrt{mk}$$

令

$$\zeta = \frac{n}{\omega_n} = \frac{c}{c_{cr}} = \frac{c}{2\sqrt{mk}}$$

式中，ζ 称为阻尼比。

综上所述，可知重物在线性小阻尼($n<\omega_n$)情形下作衰减振动，阻力对周期影响不显著，但使振幅按几何级数迅速衰减；而在临界阻尼($n=\omega_n$)和大阻尼($n>\omega_n$)情形下运动已无振动性质，而逐渐趋于平衡位置。

例15-4 质量为 $m=5\text{kg}$ 的重物挂在刚度系数 $k=20\text{N/m}$ 的弹簧上，已知介质阻力与速度的一次方成正比，经4次振动后振幅减到原来的1/12，试求振动的周期和对数减幅系数。

解 重物在瞬时 t 的振幅为 Ae^{-nt}，4次振动即($t+4T_d$)时的振幅为 $Ae^{-n(t+4T_d)}$，而已知两者的比值为

$$\frac{Ae^{-n(t+4T_d)}}{Ae^{-nt}}=e^{-4nT_d}=\frac{1}{12}$$

因此对数减幅系数为

$$\delta=nT_d=\frac{\ln 12}{4}=0.6212 \tag{1}$$

系统的固有频率为

$$\omega_n=\sqrt{\frac{k}{m}}=\sqrt{\frac{20\times 100}{5}}\text{rad/s}=20\text{rad/s} \tag{2}$$

衰减振动的周期为

$$T_d=\frac{2\pi}{\sqrt{\omega_n^2-n^2}} \tag{3}$$

由式(1)、式(3)消去 n，并代入 ω_n 的值，可得

$$T_d=\frac{\sqrt{4\pi^2+\delta^2}}{\omega_n}=\frac{\sqrt{4\pi^2+0.6212^2}}{20}\text{s}=0.316\text{s}$$

与无阻尼自由振动的周期 $T=2\pi/\omega_n=0.312\text{s}$ 比较，可见周期增大甚微。这是由于

$$n=\frac{\delta}{T_d}=1.966\ll\omega_n=20$$

例15-5 图15-10所示是测量液体阻尼系数装置的简图，质量为 m 的重物挂在弹簧上，在空气中测得振动的频率为 f_1，放于液体中测得的频率为 f_2，试求此液体的黏滞阻尼系数。

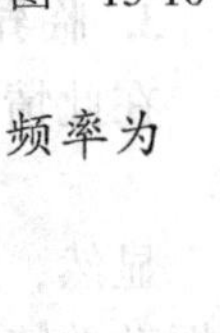

图 15-10

解 将重物在空气中的振动近似地视为无阻尼的自由振动，其振动频率为

$$f_1=\frac{\omega_n}{2\pi}=\frac{1}{2\pi}\sqrt{\frac{k}{m}}$$

在液体中则为衰减振动，其频率为

$$f_2=\frac{1}{2\pi}\omega_d=\frac{\sqrt{\omega_n^2-n^2}}{2\pi}=\sqrt{\left(\frac{\omega_n}{2\pi}\right)^2-\frac{n^2}{4\pi^2}}=\sqrt{f_1^2-\frac{n^2}{4\pi^2}}$$

由此得到

$$n = 2\pi\sqrt{f_1^2 - f_2^2}$$

因 $c/m = 2n$，故此液体的阻尼系数为

$$c = 2nm = 4\pi m\sqrt{f_1^2 - f_2^2}$$

三、有阻尼强迫振动

下面研究系统在外界干扰力（或激振力）作用下引起的振动。**干扰力**是指随时间变化的力，由于干扰力所引起的振动称为**强迫振动**。这种运动在实际问题中具有重要的意义。例如，偏心电动机在基础上的振动、火车车厢行驶时在轨道接缝处所产生的振动都是在干扰力作用下所引起的强迫振动。

干扰力是多种多样的，简谐干扰力是工程上常遇到的最简单的干扰力，其他形式的力可以近似地用各种简谐函数的组合表示。

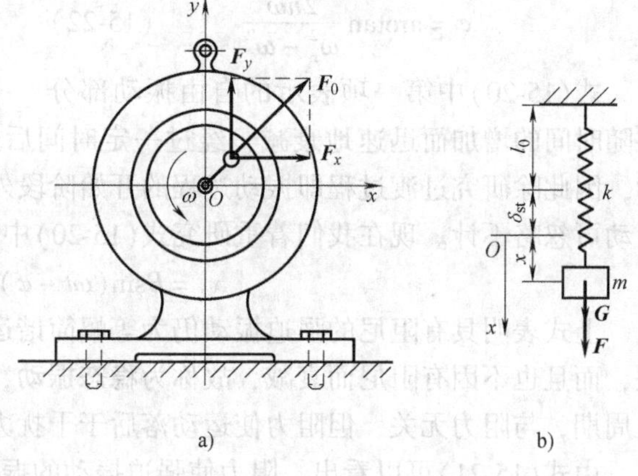

图 15-11

设干扰力按正弦规律变化，其表达式为

$$\boldsymbol{F} = \boldsymbol{F}_0 \sin\omega t$$

式中，$\boldsymbol{F} = \boldsymbol{F}_0$ 是干扰力的最大值，称为干扰力幅；ω 是干扰力的圆频率。如图 15-11a 所示，电动机的偏心转子以角速度 ω 转动时，其离心力 $\boldsymbol{F}_0$ 沿铅垂方向的分量为 $F_y = F_0 \sin\omega t$，它即相当于上述的干扰力，系统可简化成图 15-11b 所示的质量-弹簧系统。

下面研究在这种干扰力作用下所引起的运动，仍讨论质量-弹簧系统，如图 15-12 所示。在任意位置 x 时，重物受重力 $\boldsymbol{G}$、弹性力 $\boldsymbol{F}_k$、干扰力 $\boldsymbol{F}$ 及线性黏滞阻力 $\boldsymbol{F}_c$ 的作用。于是重物沿 x 轴的运动微分方程为

$$m\ddot{x} = G - k(\delta_{st} + x) + F_0 \sin\omega t - c\dot{x}$$

或

$$m\ddot{x} + c\dot{x} + kx = F_0 \sin\omega t$$

上式各项均除以 m，并令

$$\frac{k}{m} = \omega_n^2,\ \frac{c}{m} = 2n,\ \frac{F_0}{m} = h$$

则上式可写为

$$\ddot{x} + 2n\dot{x} + \omega_n^2 x = h\sin\omega t \tag{15-19}$$

这就是强迫振动的运动微分方程。

当 $n < \omega_n$ 时，式(15-19)的通解为

$$x = Ae^{-nt}\sin(\sqrt{\omega_n^2 - n^2}t + \theta) + B\sin(\omega t - \varphi) \tag{15-20}$$

式中，A 和 θ 为积分常数，由初始条件确定；常数 B 和 φ 分别为

$$B = \frac{h}{\sqrt{(\omega_n^2 - \omega^2)^2 + 4n^2\omega^2}} \tag{15-21}$$

$$\varphi = \arctan\frac{2n\omega}{\omega_n^2 - \omega^2} \tag{15-22}$$

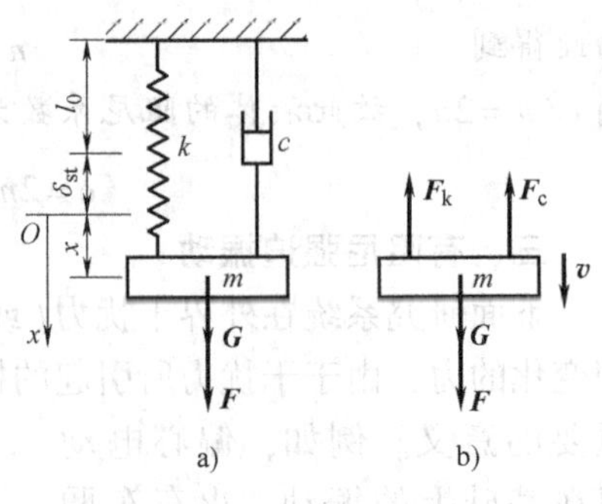

图 15-12

式(15-20)中第一项表示的自由振动部分将随时间的增加而迅速地衰减，经过一定时间后这种运动即行消失，称为**瞬态振动**，因此除研究过渡过程即振动过程的开始阶段外，一般在研究稳态过程时这部分运动可忽略不计。现在我们着重研究式(15-20)中第二项表示的强迫振动部分

$$x_2 = B\sin(\omega t - \varphi) \tag{15-23}$$

上式表明具有阻尼的强迫振动仍为等幅简谐运动，其振幅与运动的初始条件无关，而且也不因有阻尼而衰减，故称为**稳态振动**，其频率及周期等于干扰力的频率及周期，与阻力无关，但阻力使运动落后于干扰力一个相位差 φ。

由式(15-21)可以看出，阻力使强迫振动的振幅减小。将该式改写为

$$B = \frac{B_0}{\sqrt{\left[1 - \left(\frac{\omega}{\omega_n}\right)^2\right]^2 + 4\left(\frac{n}{\omega_n}\right)^2\left(\frac{\omega}{\omega_n}\right)^2}} \tag{15-24}$$

式中，
$$B_0 = \frac{h}{\omega_n^2} = \frac{F_0}{k}$$
B_0 为弹簧的静变形。

令
$$\frac{\omega}{\omega_n} = \lambda,\ \frac{n}{\omega_n} = \zeta,\ \frac{B}{B_0} = \beta$$
式中，λ 称为**频率比**；ζ 称为**阻尼比**；β 称为**动力放大因数**。

则式(15-24)又可改写为

$$\beta = \frac{B}{B_0} = \frac{1}{\sqrt{(1-\lambda^2)^2 + 4\zeta^2\lambda^2}} \tag{15-25}$$

对应于不同的阻尼比 ζ 的值，由上式可得到一系列的振幅-频率曲线，称为**幅频特性曲线**，如图 15-13 所示。

(1) 当 $\lambda \ll 1$，即 $\omega \ll \omega_n$ 时，干扰力处于低频段，各条曲线的动力放大因数 β 都接近于1。

(2) 当 $\lambda \gg 1$，即 $\omega \gg \omega_n$ 时，干扰力处于高频段，各条曲线的动力放大因数 β 都接近于零。

(3) 当 $0 < \lambda < 1$ 时，对于确定的 ζ 值，动力放大因数 β 有相应的最大值。

由
$$\frac{\mathrm{d}\beta}{\mathrm{d}\lambda}=0$$

可求得当 $\lambda=\sqrt{1-2\zeta^2}$ 时的 β 的最大值为

$$\beta_{\max}=\frac{1}{2\zeta\sqrt{1-\zeta^2}} \tag{15-26}$$

也就是说，当 $\omega=\sqrt{\omega_n^2-2n^2}$ 时，振幅 B 达到最大值

$$B_{\max}=\frac{h}{2n\sqrt{\omega_n^2-n^2}} \tag{15-27}$$

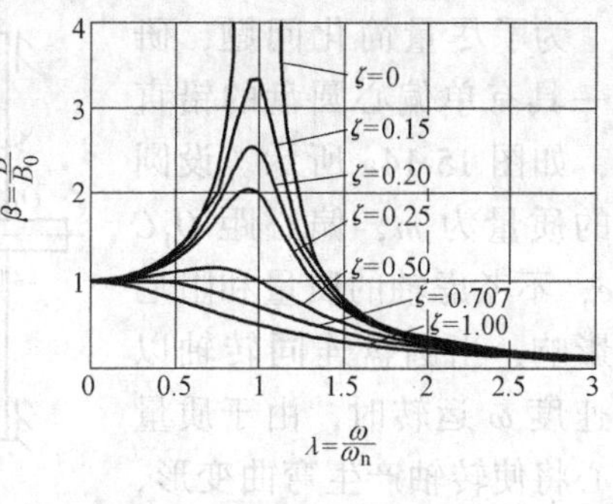

图 15-13

当重物以此最大振幅振动时，就是**共振现象**，与此相当的频率称为**临界频率**。当阻力不大时，可近似地视为当 $\omega=\omega_n$ 时发生共振，其最大振幅由式(15-21)可知为

$$B_{\max}\approx\frac{h}{2n\omega_n}=\frac{B_0}{2\zeta\lambda} \tag{15-28}$$

随着阻尼的增加，共振频率逐渐向低频方向移动，最大振幅将迅速减小，而当 $\zeta>\sqrt{2}/2$ 时，振幅将不再有最大值，共振现象也就不存在了。

(4) 阻力对于振幅的影响在共振区附近是显著的，但是在远离共振区时则不甚显著，可以不考虑阻力的因素。

由于系统在共振时的振动很剧烈，极易造成工程上的危害。但有时也利用共振现象，如共振筛、振动送料机等。工程上将 $\omega=\omega_n$ 附近的区域($0.75\leqslant\lambda\leqslant1.25$)称为**共振区**。

共振特性还可以从相位角 φ 上看出。由式(15-22)得

$$\varphi=\arctan\frac{2\zeta\lambda}{1-\lambda^2} \tag{15-29}$$

式(15-29)为不同的阻尼比 ζ 下相位 φ 随频率比 λ 的变化规律，其对应的曲线称为**相频特性曲线**。由上式可知，当 $\lambda=1$(共振)时，$\varphi=\pm90°$。即当系统出现共振时，系统强迫振动的响应滞后或超前干扰力 90°相位角。在复杂系统中，它常常可作为确定系统特性的重要依据之一。由图 15-13 可看出，阻尼是抑制共振幅值的最有效的手段之一。

第三节　转子的临界转速

转轴在某些转速或其附近运转时，将引起剧烈的横向弯曲振动，甚至会造成转轴和轴承的破坏，而当转速在这些转速的一定范围之外时，运转趋于平稳，这些引起剧烈振动的特定转速称为该轴的**临界转速**。这种现象是由于共振的结果，在轴的设计中对于高速轴应进行这项验算。

为了尽量简化问题，研究一具有单偏心圆盘的铅直轴，如图 15-14a 所示。设圆盘的质量为 m，偏心距 $O_1C=e$，不考虑轴的质量和阻尼的影响，当圆盘连同转轴以角速度 ω 运转时，由于质量偏心将使转轴产生弯曲变形，如图 15-14b 所示。轴心 O_1 与质心 C 的相对位置如图 15-14c 所示。

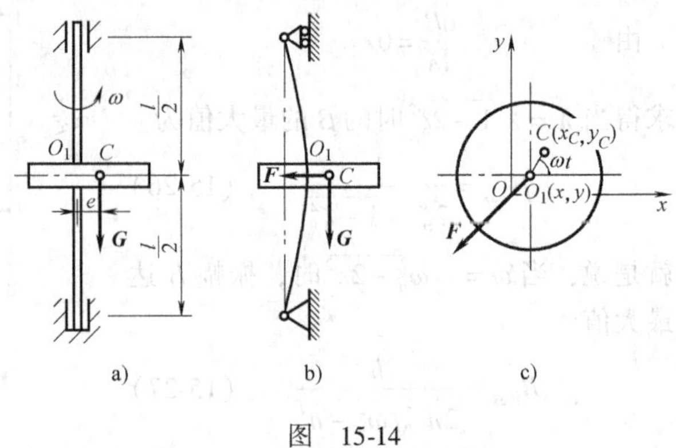

图 15-14

设轴心 O_1 处的弯曲变形为 x、y，则轴的弹性力

$$F_x=-kx,\ F_y=-ky$$

其中，k 为转轴的相当刚度系数，取决于轴的尺寸、载荷位置、材料及两端的支承情况。对于两端简支的等截面轴，如圆盘在中央，则由材料力学得 $k=48EI/l^3$，由质心运动定理得

$$m\ddot{x}_C=-kx,\quad m\ddot{y}_C=-ky$$

因为 $x_C=x+e\cos\omega t$，$y_C=y+e\sin\omega t$，代入上式得

$$m(\ddot{x}-e\omega^2\cos\omega t)=-kx$$

$$m(\ddot{y}-e\omega^2\sin\omega t)=-ky$$

或

$$\begin{cases}\ddot{x}+\omega_n^2x=e\omega^2\cos\omega t\\ \ddot{y}+\omega_n^2y=e\omega^2\sin\omega t\end{cases}\tag{15-30}$$

式中，$\omega_n=\sqrt{k/m}$为系统的横向振动的固有频率。上式与无阻尼强迫振动的微分方程形式相同，由式(15-30)得其特解为

$$\begin{cases}x=\dfrac{e\omega^2}{\omega_n^2-\omega^2}\cos\omega t\\ y=\dfrac{e\omega^2}{\omega_n^2-\omega^2}\sin\omega t\end{cases}\tag{15-31}$$

上式表明轴心 O_1 点的轨迹为一圆，其半径即强迫振动的振幅 B，也就是说轴的挠度为

$$B=\frac{e\omega^2}{|\omega_n^2-\omega^2|}\tag{15-32}$$

或

$$\frac{B}{e}=\frac{\omega^2}{|\omega_n^2-\omega^2|}=\frac{\left(\dfrac{\omega}{\omega_n}\right)^2}{\left|1-\left(\dfrac{\omega}{\omega_n}\right)^2\right|}$$

其关系曲线如图15-15所示。

由此可见：

（1）当 $\omega<\omega_n$ 时，B 随 ω 的增大而增大。当 $\omega=0$ 时，$B=0$。

（2）当 $\omega>\omega_n$ 时，B 随 ω 的增大而减小。当 $\omega\to\infty$ 时，$B\to e$。

（3）当 $\omega\to\omega_n$ 时，B 将迅速增大，即发生共振。当 $\omega=\omega_n$ 时，轴的转速称为**临界转速** ω_{cr}，即轴的临界转速等于系统的横向振动的固有频率

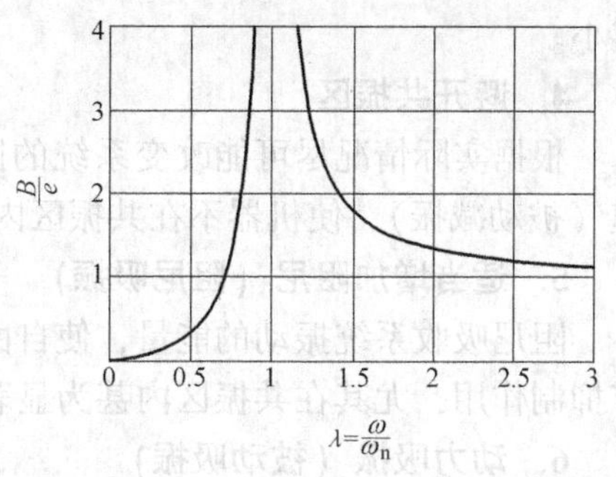

图　15-15

$$\omega_{cr}=\omega_n=\sqrt{\frac{k}{m}}$$

或
$$n_{cr}=\frac{30}{\pi}\omega_{cr}=\frac{30}{\pi}\sqrt{\frac{k}{m}}=\frac{30}{\pi}\sqrt{\frac{g}{\delta_{st}}}=945.3\frac{1}{\sqrt{\delta_{st}}} \tag{15-33}$$

式中，δ_{st}的单位为mm。可见，轴的临界转速决定于轴的横向刚度系数 k 和圆盘的质量 m，而与偏心距 e 无关。更一般的情况，临界转速还与轴所受到的轴向力的大小有关。当轴力为拉力时，临界转速提高，而当轴力为压力时，临界转速则降低。

第四节　减振与隔振

一、减振与隔振的概念

减振是工程上防止振动危害的主要手段。减振可分为主动减振和被动减振。主动减振是在设计时就考虑消除振源或减小振源的能量或频率，在精密仪器、航空航天设备、大型汽轮发电机组及高速旋转机械中应用较多，但费用昂贵，普通工程机械中应用较少。被动减振有隔振和吸振等。隔振又可分为主动隔振和被动隔振。

为了防止或限制振动带来的危害和影响，现代工程中采用了各种措施，归纳起来有以下几条原则：

1．减弱或消除振源（主动减振）

这是一项积极的治本措施。如果振动的原因是由于转动部件的偏心所引起的，可以用提高动平衡精度的办法来减小不平衡的离心惯性力。对往复式机械如空气压缩机等也需要注意惯性力的平衡。

2．远离振源（被动隔振）

这是一种消极的防护措施。例如，精密仪器或设备要尽可能远离具有大型动力机械、压力加工机械及振动机械的工厂或车间，以及运输繁忙的铁路、公路等。

3．提高机器本身的抗振能力（主动减振）

衡量机器结构抗振能力的常用指标是动刚度，动刚度在数值上等于机器结构产

生单位振幅所需的动态力。动刚度越大，则机器结构在动态力作用下的振动量越小。

4．避开共振区

根据实际情况尽可能改变系统的固有频率（主动减振）或改变机器的工作转速（被动减振），使机器不在共振区内工作。

5．适当增加阻尼（阻尼吸振）

阻尼吸收系统振动的能量，使自由振动的振幅迅速衰减，对于强迫振动的振幅有抑制作用，尤其在共振区内甚为显著。

6．动力吸振（被动吸振）

对某些设备上的测量或监控仪表，采用在仪表下安装动力吸振器的方法可稳定仪表的指针，提高测量精度。

7．采取隔振措施

用具有弹性的隔振器，将振动的机器（振源）与地基隔离，以便减少振源通过地基影响周围的设备，这就是**主动隔振**或积极隔振；或将需要保护的精密设备与振动的地基隔离，使不受周围振源的影响，这就是**被动隔振**。

下面介绍隔振的基本理论。

被隔振的机器或设备与隔振器相比，可认为前者只有质量而不计弹性，后者是只有弹性和阻尼而不计质量，这样在只考虑单方向振动的情形下，可简化为单自由度隔振系统，如图15-16所示。图中m为机器或设备及底座的质量，k和c分别为隔振器的刚度系数和黏滞阻尼系数。

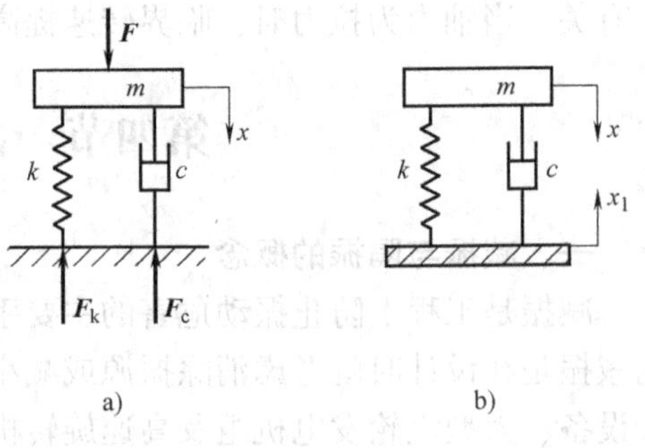

图 15-16

如图15-16a所示，主动隔振的振源是机器本身的干扰力$\boldsymbol{F}=\boldsymbol{F}_0\sin\omega t$。如果机器直接安装在地基上，则传递到地基的动载荷的最大值等于干扰力的最大值$\boldsymbol{F}_0$。如果机器与地基间装有隔振器，机器的强迫振动方程为

$$x = B\sin\ (\omega t-\varphi)$$

其振幅

$$B=\frac{B_0}{\sqrt{(1-\lambda^2)^2+4\zeta^2\lambda^2}}$$

这时机器通过隔振器传递到地基的动载荷为

$$\begin{aligned}F_N &= F_k+F_c+\mu\dot{x}\\ &= kB\sin\ (\omega t-\varphi)\ +cB\omega\cos\ (\omega t-\varphi)\end{aligned}$$

令

$$kB=\sqrt{(kB)^2+\ (cB\omega)^2}\cos\theta$$

$$cB\omega = \sqrt{(kB)^2 + (cB\omega)^2}\sin\theta$$

则动载荷 F_N 可表示为

$$F_N = \sqrt{(kB)^2 + (cB\omega)^2}\sin(\omega t - \varphi + \theta)$$

被动隔振如图 15-16b 所示，此时机器所受的干扰力为

$$F = m\ddot{x}_1 = -mr\omega^2\sin\omega t$$

这里 $x_1 = r\sin\omega t$ 为基础的运动方程。

这两种情况下定义机器传递到地基的动载荷的最大值 F_{Nmax} 与 F_0 的比值 K 表示隔振的效果，称为隔振因数或力传递率。因此

$$K = \frac{F_{Nmax}}{F_0} = \frac{\sqrt{(kB)^2 + (cB\omega)^2}}{F_0} = \frac{kB\sqrt{1 + \left(\frac{c\omega}{k}\right)^2}}{F_0}$$

因 $\dfrac{F_0}{k} = B_0$， $\dfrac{c\omega}{k} = \dfrac{c\omega}{m\omega_n^2} = 2\dfrac{n}{\omega_n}\cdot\dfrac{\omega}{\omega_n} = 2\zeta\lambda$

则上式可写为

$$K = \frac{\sqrt{1 + 4\zeta^2\lambda^2}}{\sqrt{(1-\lambda^2)^2 + 4\zeta^2\lambda^2}} \tag{15-34}$$

当 $\zeta = 0$ 时，K 与频率比 λ 的关系为

$$K = \left|\frac{1}{1-\lambda^2}\right| \tag{15-35}$$

由式 (15-34)，对应于不同的阻尼比 ζ，可得出一系列的 K 随 λ 变化的曲线如图 15-17 所示。

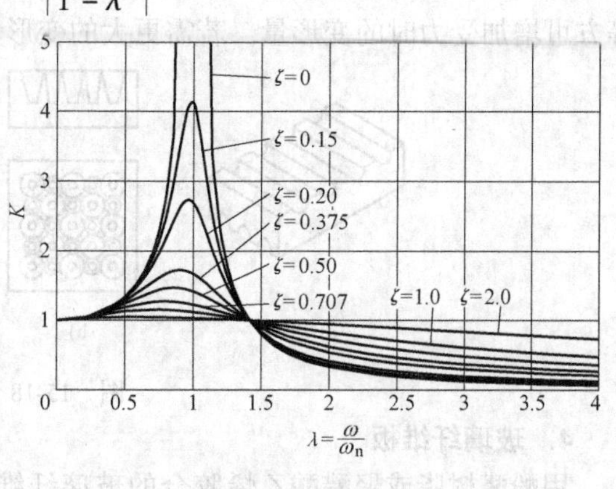

图 15-17

由此可见：

(1) 不论阻尼大小，欲得隔振效果，即 $K<1$，必须

$$\lambda = \frac{\omega}{\omega_n} > \sqrt{2}$$

即 $$\sqrt{\frac{k}{m}} < \frac{\omega}{\sqrt{2}}$$

因此应采用刚度系数较低的隔振器或适当加大机器底座的质量。λ 的值越大，隔振效果越好，在实际应用中常取 $\lambda = 2.5 \sim 5$ 。

(2) 增大阻尼可减小机器经过共振区时的最大振幅，但在 $\lambda > \sqrt{2}$时却使 K 增大，即隔振效果降低。因此阻尼的选择应权衡这两方面的得失。工程中，ζ 值选用范围一般为 0.02 ~ 0.1。

对被动隔振，以机器经隔振后的振幅 B 与振源的振幅 r 的比值表示隔振效果，也称为隔振系数 K，可求得与式（15-34）完全相同的公式。

二、隔振材料与减振器

原则上，凡能支承运转设备动力载荷，又能产生弹性变形，并在卸载后能立即恢复原状的材料或元件均可作为隔振材料或减振器。下面介绍几种工程中最常用的减振元件和材料。

1. 钢弹簧

钢弹簧的应用最为广泛，常见的有螺旋弹簧、锥形弹簧、圈弹簧、板片弹簧等。尤以螺旋弹簧在机器减振中多见。由于钢弹簧的静态压缩量 δ_{st} 可以任意选择，系统共振频率可控制在很低的范围内，其缺点是阻尼特性差，容易传递高频振动，并在运转启动时转速通过共振频率会产生共振。为此，在应用中应附加阻尼措施。

2. 钢丝绳减振器

该类减振器能适应现代化产业对振动冲击和噪声控制技术的严格要求，是一种具有优良的振动和冲击性能的新型产品，可有效地降低结构噪声，具有多向弹性变形、非线性软化型刚度、使用与存储方便、重量轻等优点。

3. 橡胶类减振器和隔振垫

橡胶是一种较理想的弹性材料，以天然橡胶、丁氰或氯丁橡胶等尤好。板状或块条状实心橡胶受压变形量很小，必须经过加工成图 15-18 所示的肋状钻孔或凸台等方可增加受力时的变形量。若需更大的变形量，则可变更橡胶的受力方式。

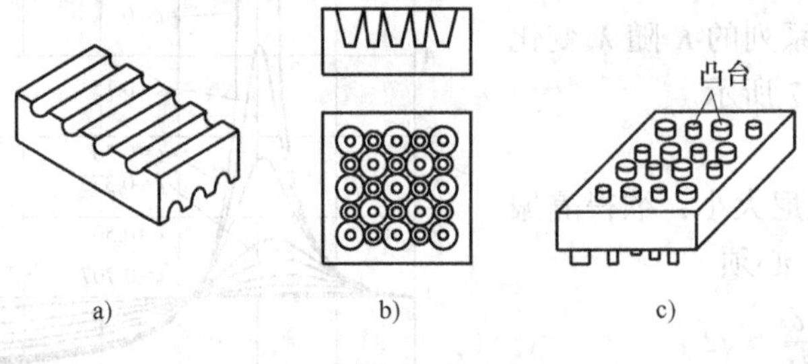

图 15-18

4. 玻璃纤维板

用酚醛树脂或聚醋酸乙烯胶合的玻璃纤维板（俗称冷藏板）也是一种隔振材料，可应用于负载不大的设备减振。其特点是隔振效果良好，有防火、防腐、施工方便、价格低廉的优点，材料来源广泛。另外，当材料受潮后，隔振效果稍受影响。

5. 其他材料

软木、毛毡、泡沫塑料、塑料气垫纸、矿渣棉毡、废橡胶、废金属丝等也可以作为隔振材料使用。但塑料制品易老化，性能随环境变化较大，除了作小型设备、仪器等临时性的隔振措施外，工程中应用不多。

隔振材料和减振器的工程应用是错综复杂的，必须根据实际情况因地制宜地选择各种隔振材料和减振器，并合理地进行结构布置，以便取得良好的隔振效果。

三、振动的阻尼

现代车辆、船舶、飞机等交通工具的壳体，机器的护壁、风机的壳体以及使用金属板料制造的隔声罩、声屏障、通风管道等，为了减轻结构的重量都日趋轻薄，薄板受外力作用时将发生振动而辐射噪声。为了有效地抑制振动噪声，需要在薄板表面紧贴或喷涂一层或几层内摩擦大的材料，如沥青、软橡胶或其他高分子材料，这一措施称为阻尼减振，这类材料称为阻尼材料。

1. 振动阻尼的原理

阻尼材料之所以能减弱振动、降低噪声的辐射，主要原因是它减弱了金属板中传播的弯曲波。即当机器或薄板发生弯曲振动时，振动能量迅速传递给紧贴在薄板上内摩擦耗损大的阻尼材料，于是引起薄板和阻尼层之间相互摩擦和错动，阻尼材料忽而受拉伸、忽而受压缩，将振动能量转化为热能被消耗。因此，在薄板上涂贴阻尼材料，不仅可以减弱共振时产生的强烈振动，还可以减低机器振动或撞击而产生的噪声。

2. 阻尼材料的使用

有的阻尼材料已预制成薄层，可直接用胶结剂贴在金属板上，另外还有将阻尼材料浆喷涂在金属板面上的。

阻尼层与金属板的结合方式大体分两种，一种是将阻尼材料黏合或喷涂在金属板的表面，称为自由阻尼层，自由阻尼层又分为单面和双面自由阻尼层。另一种是将阻尼材料黏合在两层金属板的中间，称为约束阻尼层，如图 15-19 所示。当板面发生弯曲振动时，约束阻尼层受到交变的切应力，使振动能量转化为内摩擦的热能而消耗，从而使振动受到抑制，可减弱噪声的辐射，故又称为剪切型阻尼层。约束阻尼层虽较自由阻尼层稍为复杂，但效果较好。在要求不太高的场合，通常采用自由阻尼层形式。

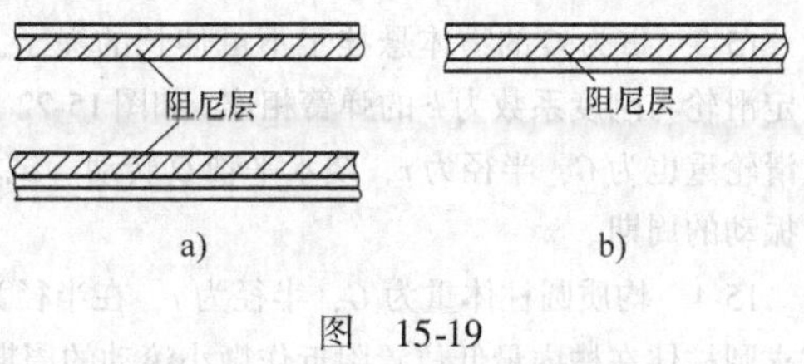

图 15-19

思 考 题

15-1 系统产生振动的原因之一是受回复力的作用，回复力指的是弹性力，这种说法正确吗？

15-2 常力对自由振动有无影响？

15-3 假如地球引力增加一倍，下列几种振动系统的固有频率有无变化？（1）单摆；（2）复摆；（3）质量-弹簧系统；（4）扭摆。

15-4 如图 15-20 所示的三种情况中，系统质量均为 m，弹簧刚度系数均为 k，如果不计摩擦，则各系统的固有频率是否相同？

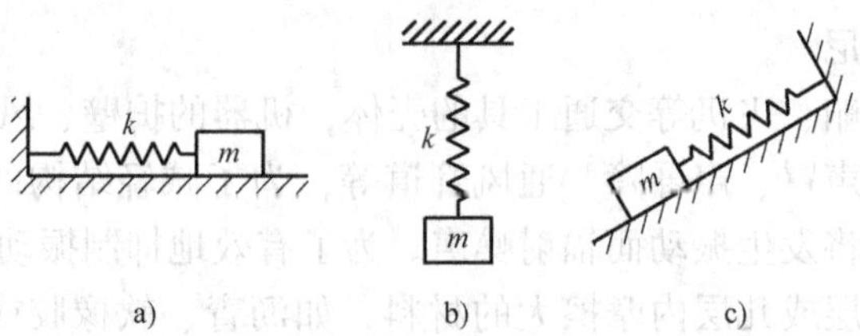

图 15-20

15-5 有人说："增大阻尼可抑制强迫振动振幅，尤其是在共振区抑制作用更明显"，试判断是否正确。

15-6 汽轮发电机主轴转速已大于其临界转速，起动与停车过程中都必然经过其共振区，为什么轴并没有剧烈振动而破坏？

习 题

15-1 机器的基础放在有弹性的地基上，如果机器连同基础的总质量 $M=90\mathrm{t}$，基础的底面积 $A=15\mathrm{m}^2$，地基的刚度系数 $k=\xi A$，其中 $\xi=29.4\times10^{-3}\mathrm{N/mm}^3$。试求机器自由振动的周期。

15-2 均质细长杆重 G、长为 l，O 处铰支，在 A、C 两处均与刚度系数为 k 的弹簧相连，如图 15-21 所示。如果杆在铅垂面内作微小振动，试求此系统的固有频率。

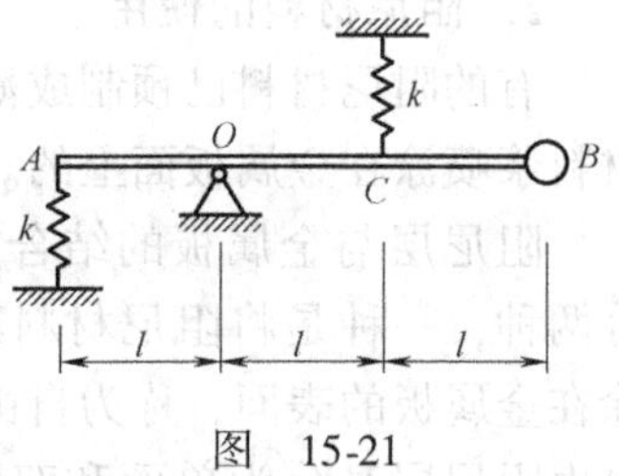

图 15-21

15-3 重为 G 的物体悬挂于不可伸长的绳子上，绳子跨过定滑轮与刚度系数为 k 的弹簧相连，如图 15-22 所示。设均质滑轮重也为 G，半径为 r，绕水平轴 O 转动。试求此系统自由振动的周期。

15-4 均质圆柱体重为 G，半径为 r，在半径为 R 的圆柱形槽内作纯滚动，如图 15-23 所示。试求圆柱体在槽内最低位置附近作微小滚动的周期。

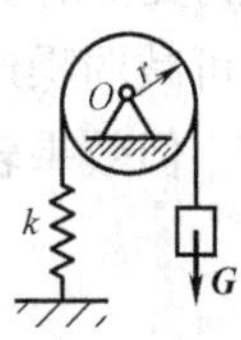

图 15-22

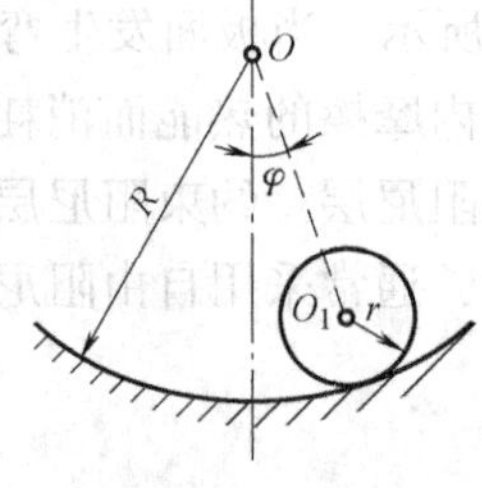

图 15-23

15-5 车辆竖向振动的加速度不宜超过 $1\mathrm{m/s}^2$，否则，乘客感觉不舒服。若车厢弹簧组的静压缩量为 240mm，试求系统自由振动振幅的最大允许值。

15-6 如图 15-24 所示，在载荷 G 的作用下，梁中部的静挠度为 2mm。不计梁的质量，试求在下列两种情形下重物的运动方程以及梁的最大挠度：（1）重物放在未弯曲时的梁上释放，其初速为零（图 15-24a）；（2）重物初速为零，从 100mm 高度落到梁上（图 15-24b）。

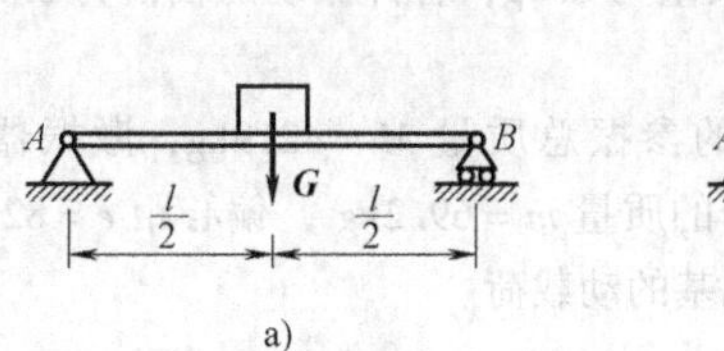

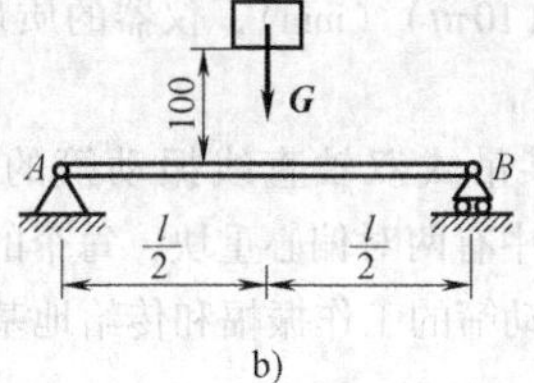

图 15-24

15-7 重 G 的小车在以匀速 $\boldsymbol{v}_0$ 沿斜坡下降时，由于绳索嵌入滑轮夹子内，使绳索上端突然被夹住；不计绳索质量，试求此后小车的振动规律及绳索中的最大拉力。设绳索的刚度系数为 k。

15-8 一振动系统具有线性阻尼，已知 $m=20\text{kg}$，$k=6\text{kN/m}$，$c=50\text{N}\cdot\text{s/m}$；试求衰减振动的周期和对数减幅因数。

15-9 弹簧上悬挂质量 $m=6\text{kg}$ 的物体，物体无阻尼自由振动的周期 $T=0.4\pi\text{s}$，而在线性阻尼时的自由振动的周期 $T_1=0.5\pi\text{s}$。设开始时弹簧从平衡位置拉长 40mm，而物体被自由释放，试求重物的运动规律，并求当速度等于 10mm/s 时的阻力。

15-10 一台重 1.6kN 的电动机用四个刚度系数 $k=0.15\text{kN/mm}$ 的弹簧支持，只能在铅垂方向运动。转子的不平衡重为 0.3N，且距转轴为 150mm。分别就 $n=0$ 和 $n=0.2\omega_n$ 两种情况，试求：(1) 发生共振时的角速度；(2) 转速为 1200r/min 时的振幅。

15-11 蒸汽机的示功计如图 15-25 所示。活塞 B 由弹簧 D 撑住并能在圆筒 A 中活动，活塞与杆 BC 相连，杆上则连接一划针 C。设汽缸内气体通过支管对活塞的压力依下式变化：$p=40+30\sin(2\pi t/T)$，其中 p 以 N/mm^2 计，而 T 则为轴每转一周所需的秒数。设轴每秒转 3 周，示功计活塞的面积 $A=400\text{mm}^2$，示功计活动部分的质量 $m=1\text{kg}$，弹簧的刚度系数 $k=3\text{N/mm}$，试求划针 C 所作的强迫振动的振幅。

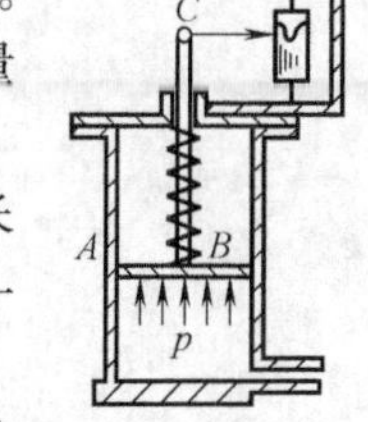

图 15-25

15-12 车厢载有货物，其车架弹簧的静压缩量 $\delta_{st}=50\text{mm}$，每根钢轨长 $l=12\text{m}$，每当车轮行驶到轨道接头处都受到冲击，因而当车厢速度达到某一数值时，将发生激烈颠簸，这一速度称为临界速度。试求此临界速度。

15-13 电动机的质量 $m=100\text{kg}$，转速 $n=1800\text{r/min}$，今将此电动机安装在图 15-26 所示的隔振装置上，欲使传至地基的干扰力达到不安装隔振装置时的 1/10，试求隔振装置弹簧系统的刚度系数。

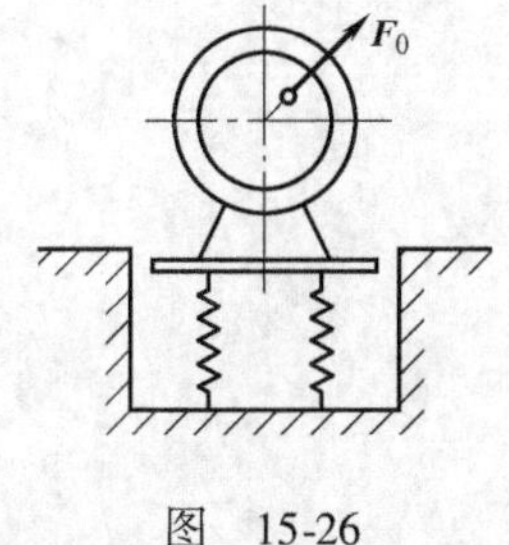

图 15-26

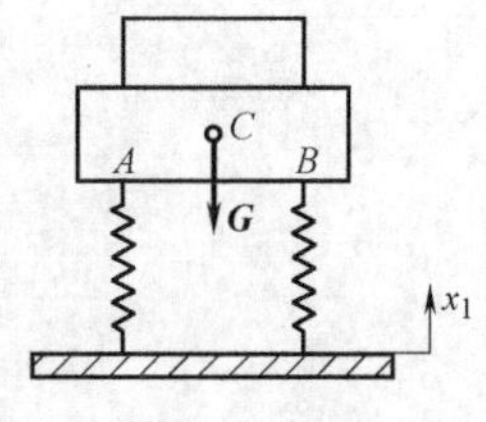

图 15-27

15-14 如图 15-27 所示，有一精密仪器在使用时要避免地板振动的干扰，为此在 A、B 两端下边安装 8 个相同的弹簧（每边 4 个并联而成），A、B 两点至质心 C 的距离相等。已知地板振

动规律为 $x_1 = \sin(10\pi t)$（mm），仪器的质量为 800g，容许振动的幅值为 0.1mm。试求每个弹簧应有的刚度系数。

15-15 已知某吊式双轴直线振动筛的参振总质量 $M = 4219\text{kg}$，激振器的工作转速 $n = 830\text{r/min}$，激振器中有两对偏心重块，每个的质量 $m = 69.2\text{kg}$，偏心距 $e = 82\text{mm}$，频率比 $\lambda = \omega/\omega_n = 8$；试求振动筛的工作振幅和传给地基的动载荷。

习题答案

第二章　平面力系

2-1　a) $M_O(\boldsymbol{F})=0$；b) $M_O(\boldsymbol{F})=Fl$；c) $M_O(\boldsymbol{F})=-Fb$；d) $M_O(\boldsymbol{F})=Fl\sin\alpha$；

e) $M_O(\boldsymbol{F})=F\sqrt{b^2+l^2}\sin\beta$；f) $M_O(\boldsymbol{F})=F(l+r)$

2-2　$M_O=6.25\text{N}\cdot\text{m}$，$M_A=17.075\text{N}\cdot\text{m}$，$M_B=9.485\text{N}\cdot\text{m}$

2-3　(1) $20.2\text{N}\cdot\text{m}$；(2) $\theta=5.12°$；(3) $\theta=95.12°$

2-4　$F_R'=466.5\text{N}$，$M_O=21.44\text{N}\cdot\text{m}$，$F_R=466.5\text{N}$，$d=45.96\text{mm}$

2-5　$M_O=M_{O_1}=420\text{N}\cdot\text{m}$

2-6　$F_A=F_{BC}=5\text{kN}$

2-7　$F_A=6.7\text{kN}(\leftarrow)$，$F_{Bx}=6.7\text{kN}(\leftarrow)$，$F_{By}=13.5\text{kN}(\uparrow)$

2-8　$F_{Ax}=-7\text{kN}$，$F_{Ay}=5\sqrt{3}\text{kN}$，$M_A=37.98\text{kN}\cdot\text{m}$

2-9　$F_{Ax}=-4\text{kN}$，$F_{Ay}=54.62\text{kN}$，$F_B=52.31\text{kN}$

2-10　a) $F_{Ax}=0$，$F_{Ay}=-1\text{kN}$，$F_B=-4\text{kN}$；

b) $F_A=3.75\text{kN}$；$F_{Bx}=0$，$F_{By}=-0.25\text{kN}$

2-11　$G_2=333.3\text{kN}$，$x=6.75\text{m}$

2-12　(1) $F_D=72.5\text{kN}$，$F_E=42.5\text{kN}$；(2) $G_{3\max}=56.25\text{kN}$，$(DE)_{\min}=2.5\text{m}$

2-13　a) $F_A=-63.22\text{kN}$，$F_B=-88.74\text{kN}$，$F_C=30\text{kN}$；

b) $F_B=8.42\text{kN}$，$F_C=3.45\text{kN}$，$F_D=57.41\text{kN}$

2-14　$F_{BC}=848.5\text{N}$，$F_{Ax}=2400\text{N}$，$F_{Ay}=1200\text{N}$

2-15　$F_A=48.33\text{kN}$，$F_B=100\text{kN}$，$F_D=8.33\text{kN}$

2-16　a) $F_A=-qa$，$F_B=4qa$，$F_C=qa$，$F_D=qa$；

b) $F_A=\dfrac{F}{2}+\dfrac{M}{2a}$，$F_B=\dfrac{F}{2}-\dfrac{M}{a}$，$F_C=\dfrac{M}{2a}$，$F_D=\dfrac{M}{2a}$；

c) $F_{Ax}=\dfrac{\sqrt{2}}{2}F$，$F_{Ay}=\dfrac{\sqrt{2}}{4}F$，$M_A=\dfrac{\sqrt{2}}{2}Fa+M$，$F_{Cx}=\dfrac{\sqrt{2}}{2}F$，$F_{Cy}=\dfrac{\sqrt{2}}{4}F$，

$F_D=\dfrac{\sqrt{2}}{4}F$；

d) $F_A=\dfrac{7}{4}qa$，$M_A=3qa^2$，$F_C=\dfrac{3}{4}qa$，$F_D=\dfrac{1}{4}qa$

2-17　$F_1:F_2=\dfrac{\sqrt{6}}{4}$

2-18 $M_2=3\text{N}\cdot\text{m}$(逆时针)，$F_{AB}=5\text{N}$(拉)

2-19 $M=60\text{N}\cdot\text{m}$

2-20 $M=211.1\text{N}\cdot\text{m}$

2-21 a) $F_{Ax}=-F_{Bx}=40\text{kN}$，$F_{Ay}=F_{By}=80\text{kN}$；

b) $F_{Ax}=-F_{Bx}=15\text{kN}$，$F_{Ay}=55\text{kN}$，$F_{By}=45\text{kN}$

2-22 $F_{Ax}=1200\text{N}$，$F_{Ay}=150\text{N}$，$F_B=1050\text{N}$，$F_{BC}=-1500\text{N}$

2-23 $F_{Ax}=-2.25\text{kN}$，$F_{Ay}=-3\text{kN}$，$F_{Dx}=2.25\text{kN}$，$F_{Dy}=4\text{kN}$

2-24 $F_{Ax}=267\text{N}$，$F_{Ay}=-87.5\text{N}$，$F_B=550\text{N}$，$F_{Cx}=209\text{N}$，$F_{Cy}=-187.5\text{N}$

2-25 $F_{Ax}=0.619G$，$F_{Ay}=0.809G$，$F_{Bx}=-0.619G$，$F_{By}=0.192G$

2-26 $F_{Ex}=5\text{kN}$，$F_{Ey}=5\sqrt{3}\text{kN}$

2-27 $F_{Cx}=0.375\text{kN}$，$F_{Cy}=1.5\text{kN}$，$F_{Ex}=-1.375\text{kN}$，$F_{Ey}=-0.5\text{kN}$

2-28 $F_1=25\text{kN}$，$F_2=-35.4\text{kN}$，$F_3=10\text{kN}$，$F_4=25\text{kN}$，$F_5=7.07\text{kN}$，$F_6=40\text{kN}$

2-29 $F_6=-2.67\text{kN}$，$F_7=-4.17\text{kN}$，$F_8=15.63\text{kN}$，$F_9=10\text{kN}$

2-30 $F_4=21.83\text{kN}$，$F_6=F_{10}=-43.66\text{kN}$，$F_7=-20\text{kN}$

2-31 $F_1=45\text{kN}$，$F_2=54.08\text{kN}$，$F_3=30\text{kN}$

2-32 $F=192\text{N}$

2-33 $\alpha\geqslant\operatorname{arccot}(2\mu_s)$

2-34 $a<\dfrac{b}{2\mu_s}$

2-35 $\mu_s=2\tan\dfrac{\theta}{2}$

2-36 $\dfrac{\sin\alpha-\mu_s\cos\alpha}{\cos\alpha+\mu_s\sin\alpha}F_2\leqslant F_1\leqslant\dfrac{\sin\alpha+\mu_s\cos\alpha}{\cos\alpha-\mu_s\sin\alpha}F_2$

2-37 $b\leqslant110\text{mm}$

2-38 $F_1\geqslant1.066\text{kN}$

2-39 $F_{1\min}=31.7\text{N}$

2-40 $M_{\min}=0.212Gr$

第三章 空间力系

3-1 $F_{1x}=0$，$F_{1y}=0$，$F_{1z}=6\text{kN}$；$F_{2x}=-1.414\text{kN}$；$F_{2y}=1.414\text{kN}$，$F_{2z}=0$；$F_{3x}=2.31\text{kN}$，$F_{3y}=-2.31\text{kN}$，$F_{3z}=2.31\text{kN}$

3-2 $\sum M_z=-7.12\text{N}\cdot\text{m}$

3-3 $F_x=354\text{N}$，$F_y=-354\text{N}$，$F_z=-866\text{N}$；

$M_x(\boldsymbol{F})=-258\text{N}\cdot\text{m}$，$M_y(\boldsymbol{F})=966\text{N}\cdot\text{m}$，$M_z(\boldsymbol{F})=-500\text{N}\cdot\text{m}$

3-4 $M_x(\boldsymbol{F}) = -43.3\text{N}\cdot\text{m}$，$M_y(\boldsymbol{F}) = -10\text{N}\cdot\text{m}$，$M_z(\boldsymbol{F}) = -7.5\text{N}\cdot\text{m}$

3-5 $F_R' = 1076.3\text{N}$，与 x、y、z 轴夹角分别为 139.78°、121.4°、67.6°；
$M_O = 994.8\text{N}\cdot\text{m}$，与 x、y、z 轴夹角分别为 55.7°、145.7°、90°

3-6 $M = 0.585Fa$，与 x、y、z 轴夹角分别为 45°、90°、135°

3-7 $F_R' = 2\sqrt{2}F$，与 x、y、z 轴夹角分别为 90°、45°、45°；
$M_O = 2\sqrt{2}Fa$，与 x、y、z 轴夹角分别为 90°、135°、45°

3-8 $F_{Ox} = -5\text{kN}$，$F_{Oy} = -4\text{kN}$，$F_{Oz} = 0$；
$M_{Ox} = 16\text{kN}\cdot\text{m}$，$M_{Oy} = -30\text{kN}\cdot\text{m}$，$M_{Oz} = 20\text{kN}\cdot\text{m}$

3-9 $F_T = 1000\text{N}$，$F_{OA} = 519.6\text{N}$，$F_{OB} = 692.8\text{N}$

3-10 $F_{AB} = F_{AC} = 3\text{kN}$，$F_T = 6\text{kN}$

3-11 $F_{AD} = F_{BD} = -26.4\text{kN}$(压力)，$F_{CD} = 33.5\text{kN}$(拉力)

3-12 $F_1 = F_2 = -5\text{kN}$(受压)，$F_3 = -7.07\text{kN}$(受压)，
$F_4 = F_5 = 5\text{kN}$(受拉)，$F_6 = -10\text{kN}$(受压)

3-13 $F_{NA} = 1237.5\text{N}$，$F_{NB} = 637.5\text{N}$，$F_{ND} = 1125\text{N}$

3-14 $a = 350\text{mm}$

3-15 $F_{NA} = 41.7\text{kN}$，$F_{NB} = 31.6\text{kN}$，$F_{NC} = 36.7\text{kN}$

3-16 $F_{DE} = 667\text{N}$，$F_{Mx} = 133\text{N}$，$F_{Mz} = 500\text{N}$，$F_{Kx} = -667\text{N}$，$F_{Kz} = -100\text{N}$

3-17 $M = 3.857\text{kN}\cdot\text{m}$，$F_{Ax} = F_{Bx} = -2.60\text{kN}$，$F_{Az} = F_{Bz} = 14.77\text{kN}$

3-18 $F_2 = 2.194\text{kN}$，$F_{Ax} = -2.005\text{kN}$，$F_{Az} = 0.376\text{kN}$，
$F_{Bx} = -1.769\text{kN}$，$F_{Bz} = -0.152\text{kN}$

3-19 $F_{T2} = 2F_{T2}' = 4\text{kN}$，$F_{Ax} = -6.375\text{kN}$，$F_{Az} = -1.299\text{kN}$，
$F_{Bx} = -4.125\text{kN}$，$F_{Bz} = -3.897\text{kN}$

3-20 $F = 0.15\text{kN}$，$F_{Ax} = F_{Bx} = 0$，$F_{Ay} = -1.25\text{kN}$，$F_{By} = -3.75\text{kN}$，$F_{Az} = 1\text{kN}$

3-21 $F_1 = F_5 = -F$，$F_3 = F$，$F_2 = F_4 = F_6 = 0$

3-22 $F_1 = F_2 = F_3 = \dfrac{2M}{3a}$，$F_4 = F_5 = F_6 = -\dfrac{4M}{3a}$

3-23 a) $x_C = 0$，$y_C = 60.8\text{mm}$；b) $x_C = 110\text{mm}$，$y_C = 0$；
c) $x_C = 51.2\text{mm}$，$y_C = 101.2\text{mm}$

3-24 a) $x_C = 511.2\text{mm}$，$y_C = 430\text{mm}$；b) $x_C = 90.6\text{mm}$，$y_C = 35.7\text{mm}$

3-25 $x_C = 1.68\text{m}$(距 B 端)，$y_C = 0.659\text{m}$(距底边)

第四章　点的运动学

4-1 $y = e\sin\omega t + \sqrt{R^2 - e^2\cos^2\omega t}$；$v = e\omega\left(\cos\omega t + \dfrac{e\sin 2\omega t}{2\sqrt{R^2 - e^2\cos^2\omega t}}\right)$

4-2 $v_M=\dfrac{v_0}{l+h}\sqrt{l^2\tan^2\theta+h^2}$，$a_M=\dfrac{lv_0^2}{(l+h)^2\cos^3\theta}$

4-3 $v=279\text{mm/s}$，$a=169\ \text{mm/s}^2$

4-4 $v=u\ \sqrt{(\omega t)^2+1}$，$a=u\omega\ \sqrt{(\omega t)^2+4}$

4-5 (1)$s=16\text{m}$；(2)$a=2.83\text{m/s}^2$

4-6 (1)自然法：$s=2R\omega t$；$v=2R\omega$；$a_\tau=0$；$a_n=4R\omega^2$

(2)直角坐标法：$x=R+R\cos(2\omega t)$，$y=R\sin(2\omega t)$；

$v_x=-2R\omega\sin(2\omega t)$，$v_y=2R\omega\cos(2\omega t)$；

$a_x=-4R\omega^2\cos(2\omega t)$，$a_y=-4R\omega^2\sin(2\omega t)$；

4-7 $v_C=2\ \sqrt{gR}$，$a_C=4g$；$v_D=1.848\ \sqrt{gR}$，$a_D=3.487g$

4-8 $a=3.05\text{m/s}^2$。

4-9 $\rho=5\text{m}$，$a_\tau=8.66\text{m/s}^2$

4-10 $s=\dfrac{\omega t}{2\pi}\sqrt{4\pi^2R^2+h^2}$，$v=\dfrac{\omega}{2\pi}\sqrt{4\pi^2R^2+h^2}$，$a=R\omega^2$，$\rho=R+\dfrac{h^2}{4\pi^2R}$

4-11 $y=2x+4(-2<x<2)$；$s=4.472\sin\left(\dfrac{\pi}{3}t\right)$；$v=4.683\cos\left(\dfrac{\pi}{3}t\right)$；

$a_\tau=-4.904\sin\left(\dfrac{\pi}{3}t\right)$

4-12 $y^2-2y-4x=0$，$v=\sqrt{4t^2-4t+5}$，$a=2\text{m/s}^2$，

$a_\tau=0.894\text{m/s}^2$，$a_n=1.79\text{m/s}^2$，$\rho=2.8\text{m}$

第五章 刚体的基本运动

5-1 $v_C=v_D=0.5\text{m/s}$，$a_C^n=a_D^n=2.5\text{m/s}^2$，$a_C^\tau=a_D^\tau=0.2\text{m/s}^2$

5-2 $x_{O1}=0.2\cos(4t)(\text{m})$，$v=0.4\text{m/s}$，$a=2.77\text{m/s}^2$

5-3 $\omega_2=0$，$\alpha_2=-\dfrac{bl\omega^2}{r_2}$

5-4 $t=\dfrac{1}{\sqrt{bc}}\arctan\left(\sqrt{\dfrac{c}{b}}\omega_0\right)$

5-5 $t=0$ 时，$v=2\text{m/s}$，$a=8\text{m/s}^2$；$t=1\text{s}$ 时，$v=2.5\text{m/s}$，$a=15.4\text{m/s}^2$

5-6 $\varphi=1.396t^3$，$\omega=16.76\text{rad/s}$

5-7 $\varphi=2\arccos\left(1-\dfrac{ut}{2l}\right)$

5-8 $\alpha=38.4\text{rad/s}^2$

5-9 $\omega_{OA}=\dfrac{v_0}{\sqrt{l^2-v_0^2t^2}}$，$\alpha_{OA}=\dfrac{v_0^3t}{\sqrt{(l^2-v_0^2t^2)^3}}$，$v_A=\dfrac{lv_0}{\sqrt{l^2-v_0^2t^2}}$

5-10 $\omega = \dfrac{v}{2l}$，$\alpha = -\dfrac{v^2}{2l^2}$

5-11 $\omega = 1\text{rad/s}$，$\alpha = 1.73\text{rad/s}^2$，$a_B = 1300\text{mm/s}^2$

5-12 $a_C = 1.39\text{m/s}^2$，$\omega_A = 4.5\text{rad/s}$，$\alpha_A = 1.69\text{rad/s}^2$

5-13 $v = 1.68\text{m/s}$，$a_{AB} = a_{CD} = 0$，$a_{AD} = 32.9\text{m/s}^2$，$a_{BC} = 13.2\text{m/s}^2$

5-14 $\alpha_2 = \dfrac{5000\pi}{d^2}\text{rad/s}^2$，$a = 592.2\text{m/s}^2$

5-15 $\omega_2 = \dfrac{r_1}{r_2}\omega_1$，$\alpha_2 = \dfrac{\omega_1^2\delta}{2\pi r_2}\left(1 + \dfrac{r_1^2}{r_2^2}\right)$

第六章 点的合成运动

6-1 $y' = A\cos\left(\dfrac{\omega}{v_e}x' + \theta\right)$

6-2 $(x')^2 + \left(y' + \dfrac{b}{2}\right)^2 = \dfrac{b^2}{4}$

6-3 $L = 200\text{m}$，$v_r = 0.33\text{m/s}$，$v = 0.2\text{m/s}$

6-4 $v_M = 993.2\text{mm/s}$

6-5 $v_r = 3.98\text{m/s}$；$v_B = 1.04\text{m/s}$ 时，v_r 与传送带 B 垂直

6-6 $v_a = 3.06\text{m/s}$

6-7 $\omega = 1\text{rad/s}$，$v_r = 1.732\text{m/s}$

6-8 $v_C = l\omega$

6-9 $v_a = \sqrt{3}R\omega$，$v_r = 3R\omega$

6-10 $v_C = \dfrac{R\omega}{2}$

6-11 $v_r = 316.2\text{mm/s}$

6-12 $v_M = 0.53\text{m/s}$

6-13 $v_e = 4.23\text{m/s}$，$v_r = 3.45\text{m/s}$，$a_r = 108.38\text{m/s}^2$

6-14 $v_A = e(3 + 10t)\cos\varphi$，$a_A = 10e\cos\varphi - e(3 + 10t)^2\sin\varphi$

6-15 $v_a = 566.4\text{mm/s}$，$a_a = 981.4\text{mm/s}^2$

6-16 $v = 0.17\text{m/s}$，$a = 0.05\text{m/s}^2$

6-17 $v_r = 0.052\text{m/s}$，$a_r = 0.0053\text{m/s}^2$，$\omega = 0.175\text{rad/s}$，$\alpha = 0.035\text{rad/s}^2$

6-18 $v_a = 1.131\text{m/s}$，$a_a = 2.53\text{m/s}^2$

6-19 $\omega = \dfrac{3u}{4l}$，$\alpha = \dfrac{3\sqrt{3}u^2}{8l^2}$

6-20 $\omega_{DE} = \dfrac{\sqrt{3}}{2}\omega$，$\alpha_{DE} = \dfrac{1}{2}\omega^2(\sqrt{3} - 1)$

6-21 $\omega_2 = 1\text{rad/s}$，$\alpha_2 = 3.4\text{rad/s}^2$，$a_r = 483\text{mm/s}^2$

6-22 $v_{AB} = \dfrac{2\sqrt{3}e\omega}{3}$，$a_{AB} = \dfrac{2e\omega^2}{9}$

6-23 $\omega_1 = \dfrac{\omega}{2}$，$\alpha_1 = \dfrac{\sqrt{3}}{12}\omega^2$

6-24 $a_M = 3816\text{mm/s}^2$

6-25 $a_M = 355.5\text{mm/s}^2$

6-26 $a_M = \sqrt{(b + v_r t)^2\omega^4 + 4\omega^2 v_r^2}\sin\theta$

6-27 $v_{BC} = 1.15 l\omega_O$，$a_{BC} = 0.667 l\omega_O^2$

6-28 $v_{CD} = 325\text{mm/s}$，$a_{CD} = 657\text{mm/s}^2$

第七章　刚体的平面运动

7-1 $x_D = r\cos(\omega_O t)$，$y_D = r\sin(\omega_O t)$，$\varphi = \omega_O t$

7-2 $x_A = \dfrac{1}{3}gt^2$，$y_A = 0$，$\varphi = \dfrac{g}{3R}t^2$

7-3 $\omega = \dfrac{v\sin^2\theta}{R\cos\theta}$

7-4 $\omega = \dfrac{v_1 - v_2}{2r}$，$v_O = \dfrac{v_1 + v_2}{2}$

7-5 $v_E = 0.306\text{m/s}$

7-6 $\omega_{AB} = 1.41\text{rad/s}$，$\omega_{BD} = 3.77\text{rad/s}$

7-7 $v_{BD} = 2.51\text{m/s}$

7-8 $v_A = 1.5\text{m/s}$，$\omega_{AB} = 4.33\text{rad/s}$

7-9 $\omega_{ABD} = 1.07\text{rad/s}$，$v_D = 0.254\text{m/s}$

7-10 $\omega_{OB} = 3.75\text{rad/s}$，$\omega_{\text{I}} = 6\text{rad/s}$

7-11 $\omega_{OD} = 10\sqrt{3}\text{rad/s}$，$\omega_{DE} = \dfrac{10}{3}\sqrt{3}\text{rad/s}$

7-12 $\omega_{EF} = 1.333\text{rad/s}$，$v_F = 0.462\text{m/s}$

7-13 $a_A = \dfrac{Rv_D^2}{(R-r)r}$，$a_B^\tau = 2a_D^\tau$，$a_B^n = \dfrac{R-2r}{(R-r)r}v_D^2$

7-14 $v_O = \dfrac{R}{R-r}v$，$a_O = \dfrac{R}{R-r}a$

7-15 $v_M = 0.0978\text{m/s}$，$a_M = 0.0127\text{m/s}^2$

7-16 $v_D = 1.058\text{m/s}$，a_D 有两个解：$a_D = 2.88\text{m/s}^2$；$a_D = 4\text{m/s}^2$

7-17 $\omega_{AB} = 2\text{rad/s}$，$\alpha_{AB} = 8\text{rad/s}^2$；$\omega_{O_1B} = 4\text{rad/s}$，$\alpha_{O_1B} = 16\text{rad/s}^2$

7-18 $v_D = l\omega_O$，$a_D = 2.08 l\omega_O^2$

7-19 $a_n = 2r\omega_O^2$，$a_\tau = r(\sqrt{3}\omega_O^2 - 2\alpha_O)$

7-20 $\alpha = 3.75\text{rad/s}^2$

7-21 $\omega_B = 40\text{rad/s}$，$\alpha_B = 26.7\text{rad/s}^2$

7-22 $\omega_{O_1A} = 0.2\text{rad/s}$，$\alpha_{O_1A} = 0.046\text{rad/s}^2$

7-23 $v_{rD} = 1.16 l\omega_O$，$a_{rD} = 2.22 l\omega_O^2$

7-24 (1) $\omega_B = \omega$，$\alpha_B = \dfrac{2\sqrt{3}}{9}\omega^2$；(2) $\omega_{O_1D} = \dfrac{\omega}{4}$，$\alpha_{O_1D} = \dfrac{\sqrt{3}}{8}\omega^2$

7-25 $\omega_{O_1E} = 6.186\text{rad/s}$，$\alpha_{O_1E} = 78.17\text{rad/s}^2$

7-26 $v_{DE} = \dfrac{0.2\sqrt{3}}{3}\text{m/s}$，$a_{DE} = \dfrac{2}{3}\text{m/s}^2$

7-27 $a_B = 689\text{mm/s}^2$

7-28 $\omega_{BD} = 0.075\text{rad/s}$，$\alpha_{BD} = 0.1364\text{rad/s}^2$

7-29 $\omega = \dfrac{3v}{4R}$，$\alpha = \dfrac{5\sqrt{3}v^2}{8R^2}$

7-30 $v_B = 180.3\text{mm/s}$，与 AB 连线的夹角为 $\theta = 16.1°$，
$a_B = 313.2\text{mm/s}^2$，与 AB 连线的夹角为 $\theta_1 = 56°$

7-31 $v_{DF} = \dfrac{\sqrt{3}(v_O + l\omega_O)}{6}$

7-32 (1) $v_{r1} = 0.6\text{m/s}$，$a_{r1} = 2.82\text{m/s}^2$，$v_{r2} = 0.9\text{m/s}$，$a_{r2} = 4.59\text{m/s}^2$；
(2) $v_M = 0.456\text{m/s}$，$a_M = 2.5\text{m/s}^2$

第八章 质点动力学

8-1 $F_{T1} = 1676\text{N}$，$F_{T2} = 1956\text{N}$

8-2 $\mu \geqslant \dfrac{a\cos\theta}{a\sin\theta + g}$

8-3 $F_1 = 2363\text{N}$；$F_2 = 0$

8-4 $F_{\text{Nmax}} = 714\text{N}$；$F_{\text{Nmin}} = 462\text{N}$

8-5 $\omega = 14\text{rad/s}$

8-6 $F_{AM} = \dfrac{ml}{2bg}(b\omega^2 + g)$，$F_{BM} = \dfrac{ml}{2bg}(b\omega^2 - g)$

8-7 $h = 136\text{mm}$

8-8 $n = 18\text{r/min}$

8-9 $t = 2.02\text{s}$；$s = 6.94\text{m}$

8-10 $v=\sqrt{\dfrac{gR^2}{R+h}}$； $T=2\pi\sqrt{\dfrac{R}{g}\left(1+\dfrac{h}{R}\right)^3}$

8-11 $h=\dfrac{v_0\sin\theta}{gk}-\dfrac{1}{gk^2}\ln(1+kv_0\sin\theta)$； $s=\dfrac{v_0^2\sin2\theta}{2g(1+kv_0\sin\theta)}$

第九章 动量定理

9-1 a）$\boldsymbol{p}=m\boldsymbol{v}_0$； b）$p=me\omega$（方向与 C 点速度方向相同）； c）$p=0$；

d）$p=\dfrac{ml\omega}{2}$（方向与 C 点速度方向相同）。

9-2 $p=0.5l(5m_1+4m_2)\omega$（方向与曲柄垂直且向上）

9-3 $F=1068\text{N}$

9-4 $v=0.687\text{m/s}$

9-5 $\Delta v=0.246\text{m/s}$

9-6 $a=\dfrac{m_2b-f(m_1+m_2)g}{m_1+m_2}$

9-7 $F_{Ox}=m_3\dfrac{R}{r}a\cos\theta+m_3g\cos\theta\sin\theta$，

$F_{Oy}=(m_1+m_2+m_3)g-m_3g\cos^2\theta+m_3\dfrac{R}{r}a\sin\theta-m_2a$

9-8 $\ddot{x}+\dfrac{k}{m+m_1}x=\dfrac{m_1l\omega^2}{m+m_1}\sin\varphi$

9-9 $F_{Ox}=m(l\omega^2\cos\varphi+l\alpha\sin\varphi)$， $F_{Oy}=mg+m(l\omega^2\sin\varphi-l\alpha\cos\varphi)$

9-10 （1）$x_C=\dfrac{m_3l}{2(m_1+m_2+m_3)}+\dfrac{m_1+2m_2+2m_3}{2(m_1+m_2+m_3)}l\cos\omega t$，

$y_C=\dfrac{m_1+2m_2}{2(m_1+m_2+m_3)}l\sin\omega t$；

（2）$F_{x\max}=\dfrac{1}{2}(m_1+2m_2+2m_3)l\omega^2$

9-11 向左移动0.266m

9-12 椭圆 $4x^2+y^2=l^2$

9-13 向左移动$\dfrac{l_1-l_2}{4}$

9-14 $a=\dfrac{\sin\theta\cos\theta}{\sin^2\theta+3}g$， $F=\dfrac{12m_Bg}{\sin^2\theta+3}$

第十章 动量矩定理

10-1 $L_O = 2mab\omega\cos^3\omega t$

10-2 (1) $L = 2ml^2\omega\sin^2\theta$；(2) $L = \dfrac{8ml^2\omega\sin^2\theta}{3}$

10-3 a) $L_O = \dfrac{1}{3}ml^2\omega$；b) $L_O = -\dfrac{1}{9}ml^2\omega$；c) $L_O = \dfrac{5}{24}ml^2\omega$；d) $L_O = \dfrac{3}{2}mR^2\omega$

10-4 $J_x = \dfrac{mh^2}{6}$

10-5 $J = \dfrac{1}{2}ml^2$

10-6 a) $L_O = \dfrac{7-9\pi}{6\pi}mR^2\omega$；b) $L_O = \dfrac{51\pi - 1024}{96}ma^2\omega$

10-7 (1) $L_B = -[J_A - me^2 + m(R+e)^2]v_A/R$；
(2) $L_B = -[(J_A + mRe)\omega + m(R+e)v_A]$

10-8 $L_O = \dfrac{5ml^2\omega}{3}$

10-9 $t = \dfrac{l}{k}\ln 2$

10-10 $\omega = \dfrac{ml(1-\cos\varphi)v_0}{J + m(l^2 + r^2 + 2lr\cos\varphi)}$

10-11 $\alpha = \dfrac{(m_1r_1 - m_2r_2)g}{m_1r_1^2 + m_2r_2^2 + J_O}$

10-12 $J_O = 1060\text{kg}\cdot\text{m}^2$，$M_\text{f} = 6.024\text{N}\cdot\text{m}$

10-13 $t = \dfrac{J}{k}\ln 2$；$n = \dfrac{J\omega_0}{4\pi k}$

10-14 $F_{Ox} = 0$；$F_{Oy} = 449\text{N}$

10-15 $F = 269.3\text{N}$

10-16 $\alpha_1 = \dfrac{2(MR_2 - M'R_1)}{(m_1 + m_2)R_1^2R_2}$

10-17 $a = \dfrac{(Mi - mgR)R}{mR^2 + J_1i^2 + J_2}$

10-18 (1) $a_C = \dfrac{2}{3}g\sin\theta$；(2) $\mu_{\text{smin}} = \dfrac{1}{3}\tan\theta$

10-19 $a_A = \dfrac{m_1g(R+r)^2}{m_1(R+r)^2 + m_2(\rho^2 + R^2)}$

10-20 $t=\dfrac{v_0-r\omega_0}{3\mu g}$，$v=\dfrac{2v_0+r\omega_0}{3}$

10-21 $F_A=\dfrac{2}{5}mg$

10-22 （1）$F_{\max}=216\text{N}$；（2）$a=2.02\text{m/s}^2$

10-23 $a_A=\dfrac{3lb}{4l^2+b^2}g$

10-24 $a_{Cx}=\dfrac{l^2\sin\theta\cos\theta}{l^2+12d^2}g$，$a_{Cy}=-\dfrac{12d^2+l^2\cos^2\theta}{l^2+12d^2}g$，$F_D=\dfrac{mgl^2\sin\theta}{l^2+12d^2}$

第十一章 动能定理

11-1 $G=-\dfrac{1}{2}ks^2$

11-2 $G=\dfrac{4\pi}{3}(6\pi a+16\pi^2 b-3\mu mgr)$

11-3 $E_k=\dfrac{mgl^2\omega^2\sin^2\theta}{6g}$

11-4 $E_k=\dfrac{1}{2}m_1v^2+\dfrac{1}{2}m_2(v^2+u^2-\sqrt{3}vu)$

11-5 $E_k=\dfrac{1}{2}m_1v_A^2+\dfrac{1}{2}m_2(v_A^2+\dfrac{1}{3}l^2\omega^2+l\omega v_A\cos\varphi)$

11-6 $\alpha=\dfrac{M}{(3m_1+4m_2)l^2}$

11-7 $\omega=\dfrac{2}{r}\sqrt{\dfrac{3(\pi M-2Fr)}{m_1+3m_2}}$

11-8 $v=\sqrt{\dfrac{4m_3gh}{3m_1+m_2+2m_3}}$；$a=\dfrac{2m_3g}{3m_1+m_2+2m_3}$

11-9 $v=\sqrt{\dfrac{2s(M-m_1r\sin\theta)}{r(m_1+m_2)}}$

11-10 $a_{AB}=\dfrac{m_1g\tan^2\theta}{m_1\tan^2\theta+m_2}$，$a_C=\dfrac{m_1g\tan\theta}{m_1\tan^2\theta+m_2}$

11-11 $a_A=\dfrac{3m_1g}{9m_2+4m_1}$

11-12 $h=\dfrac{3v_0^2(7m_2+10m_1)}{4g[m_1(1-2\mu)+m_2]}$

11-13 （1）$\delta_{\max}=50\text{mm}$；（2）$\omega=15.5\text{rad/s}$

11-14 $v_0 = h\sqrt{\frac{2k}{15m}}$

11-15 $v_A = \sqrt{3\left[\frac{M\theta}{m} - gl(1-\cos\theta)\right]}$

11-16 $P = 2160t^5 - 120t^3 + 2960t$

11-17 $P_{\max} = 6.75\text{kW}$

11-18 $P = 32.2\text{kW}$

11-19 $\omega = 5.72\text{rad/s}$； $F_{Ax} = 0$， $F_{Ay} = 36.75\text{N}$

11-20 $v_B = 6.408\text{m/s}$；$a_B = 2.054\text{m/s}^2$；$F_{AB} = 2.72\text{N}$（拉力）

11-21 $v_A = \frac{2}{3}\sqrt{3gh}$，$a_A = \frac{2}{3}g$，$F_{\text{T}} = \frac{1}{3}mg$

11-22 （1）$v_C = 2\sqrt{\frac{2}{5}gh}$，$a_B = \frac{4}{5}g$，$F_{\text{T}} = \frac{1}{5}mg$；（2）$M > 2mgR$

11-23 （1）$\omega = \sqrt{\frac{3g}{l}(\sin\varphi_0 - \sin\varphi)}$；$\alpha = \frac{3g}{2l}\cos\varphi$；（2）$\varphi_1 = \arcsin\left(\frac{2}{3}\sin\varphi_0\right)$

11-24 $v_B = \sqrt{gl}$；$F_{\text{T}} = 0.846mg$，$F_{\text{N}} = 0.6537mg$

11-25 $\omega = 5.34\text{rad/s}$；$\alpha = 36.75\text{rad/s}^2$；$F_{Ox} = 87.23\text{N}$，$F_{Oy} = 112.5\text{N}$

11-26 $\omega = \sqrt{\frac{6M\varphi}{(m_1 + 3m_2\sin^2\varphi)l^2}}$

$$\alpha = 3M\frac{m_1 + 3m_2\sin^2\varphi - 3m_2\varphi\sin2\varphi}{(m_1 + 3m_2\sin^2\varphi)^2 l^2}$$

$$F = \frac{3M - m_1 l^2\alpha}{3l\sin\varphi}$$

11-27 （1）$F_{\text{T}} = 246.36\text{N}$；（2）$a = 3.585\text{m/s}^2$

11-28 $a_B = \frac{m_1 g\sin2\theta}{2(m_2 + m_1\sin^2\theta)}$

11-29 $F_x = \frac{m_1\sin\theta - m_2}{m_1 + m_2}m_1 g\cos\theta$

11-30 $F = 9.8\text{N}$

11-31 $\omega = \sqrt{\frac{(3m_1 + 6m_2)g\sin\theta}{(m_1 + 3m_2)l}}$；$\alpha = \frac{(3m_1 + 6m_2)g\cos\theta}{(m_1 + 3m_2)2l}$

11-32 $a = \frac{m_2\sin2\theta}{3m_1 + m_2 + 2m_2\sin^2\theta}g$

第十二章 达朗伯原理

12-1 $a=\dfrac{g\sin\varphi}{\cos(\varphi+\beta)}$，$F_{\mathrm{T}}=\dfrac{mg\cos\beta}{\cos(\varphi+\beta)}$

12-2 $n_{\max}=\dfrac{30}{\pi}\sqrt{\dfrac{\mu_s g}{r}}$

12-3 $\theta=\arccos\dfrac{(m+m_1)g}{m_1 l\omega^2}$

12-4 $g\tan(\theta-\varphi_{\mathrm{m}})\leqslant a\leqslant g\tan(\theta+\varphi_{\mathrm{m}})$

12-6 $\alpha=\dfrac{2g(M-G_1 r\sin\theta)}{r^2(2G_1+G_2)}$；

$$F_{Ox}=\frac{2G_1(M-G_1 r\sin\theta)\cos\theta}{r(2G_1+G_2)}+G_1\sin\theta\cos\theta,$$

$$F_{Oy}=\frac{2G_1(M-G_1 r\sin\theta)\sin\theta}{r(2G_1+G_2)}+G_1\sin^2\theta+G_2$$

12-7 $\alpha=\left(\dfrac{F_{\mathrm{T}}}{G}-\mu\right)g$，$F_{\mathrm{N}A}=\dfrac{(l_2-\mu h)G+F_{\mathrm{T}}e}{l_1+l_2}$，$F_{\mathrm{N}B}=\dfrac{(l_1+\mu h)G-F_{\mathrm{T}}e}{l_1+l_2}$

12-8 $F=180\mathrm{N}$，$F_{\mathrm{N}A}=232.5\mathrm{N}$，$F_{\mathrm{N}B}=367.5\mathrm{N}$

12-9 $F_{\mathrm{Nmax}}=G_1+G_2+\dfrac{G_2}{g}e\omega^2$，$F_{\mathrm{Nmin}}=G_1+G_2-\dfrac{G_2}{g}e\omega^2$

12-10 $F_{Ax}=mr\alpha-\dfrac{m}{2}L\omega^2(\rightarrow)$，$F_{Ay}=mg-\dfrac{m}{2}l\alpha-mr\omega^2(\uparrow)$；

$$M_A=\frac{m}{2}gl-\frac{m}{2}lr\omega^2-\frac{m}{3}l^2\alpha\text{(逆时针)}$$

12-11 $\alpha=\dfrac{3g}{4l}$，$F_{Ax}=\dfrac{3}{8}G(\rightarrow)$，$F_{Ay}=\dfrac{5}{8}G(\uparrow)$

12-12 $F_{Cx}=0$，$F_{Cy}=\dfrac{G_2(3G_1+G_2)}{2G_1+G_2}$，$M_C=\dfrac{G_2 l(3G_1+G_2)}{2G_1+G_2}$

12-13 $F_{\mathrm{N}A}=\dfrac{5}{8}G$，$F_{\mathrm{N}B}=\dfrac{3}{8}G$

12-14 （1）$\alpha=3.528\mathrm{rad/s^2}$；（2）$F_{\mathrm{T}}=176.4\mathrm{N}$；（3）$F_{\mathrm{N}A}=357.7\mathrm{N}$

12-15 $a_C=2.8\mathrm{m/s^2}$，$F_{\mathrm{T}}=42\mathrm{N}$

12-16 $F_{\mathrm{N}A}=\dfrac{G}{1+3\cos^2\theta}$

12-17 $F_{\mathrm{N}A}^{\mathrm{d}}=F_{\mathrm{N}B}^{\mathrm{d}}=1097\mathrm{N}$

第十三章　虚位移原理

13-1　$F_N = \frac{F}{2}\tan\theta$

13-2　$F_N = \frac{\pi M}{h}\cot\varphi$

13-3　a) $F = \frac{G}{2}$；b) $F = \frac{G}{8}$；c) $F = \frac{G}{6}$；d) $F = \frac{G}{5}$

13-4　$\tan\theta = \frac{F}{G}$

13-5　$M = Fa\tan 2\theta$

13-6　$F_1 = F_2 \frac{l}{a}\sec^2\varphi$

13-7　$G_1 = \frac{G}{2\sin\varphi}$，$G_2 = \frac{G}{2\sin\theta}$

13-8　$G_1 = 2G$，$\mu \geqslant \frac{1}{2}$

13-9　$M = 2l(F_1\cos\varphi + F_2\sin\varphi)$

13-10　$k = \frac{Gl}{R^2\theta}\sin\theta$

13-11　$M = \frac{Frd\sin(\psi - \theta)}{b\sin(\varphi + \theta)}$

13-12　$F_1 = F$，$F_2 = \sqrt{2}F$

13-13　$F_A = \frac{M}{2l} - ql$，$F_B = F + 2ql - \frac{M}{l}$，$F_D = ql + \frac{M}{2l}$

13-14　$F_1 = \frac{11}{3}\text{kN}$

第十四章　拉格朗日方程

14-1　$a = \frac{M + (m_2 - m_1)gr}{(m_1 + m_2 + m_3)r}$

14-2　$\omega^2 = \frac{m_2 g + kl(1 - \cos\theta)}{2m_1 l\cos\theta}$

14-3　$a_{DE} = \frac{8F}{(8m_1 + 9m_2)}$

14-4　$\alpha = \frac{M_O}{l^2(3m_1 + 4m_2)}$

14-5 $\alpha = \dfrac{M - mgl\sin\theta}{ml^2}$

14-6 $a_A = \dfrac{(m_1 - 3\mu m_2)g}{m_1 + 3m_2}$，$a_C = \dfrac{m_1 + (2-\mu)m_2}{m_1 + 3m_2}g$

14-7 $a = \dfrac{1}{11}g$（向上），$a_1 = \dfrac{1}{11}g$（向上），$a_2 = \dfrac{3}{11}g$（向下）

14-8 $a_A = 4.76\text{m/s}^2$，$a_B = 3.08\text{m/s}^2$，$a_C = 1.4\text{m/s}^2$

14-10 $T = 2\pi\sqrt{\dfrac{m_1 + m_2}{k}}$

14-11 $l\ddot{\varphi} + \ddot{y}\cos\varphi + g\sin\varphi = 0$，$\left(\dfrac{3}{2}m_1 + m_2\right)\ddot{y} + m_2 l\ddot{\varphi}\cos\varphi - m_2 l\dot{\varphi}^2\sin\varphi = 0$

14-12 $\ddot{\theta} - \dfrac{\omega^2}{2}\sin2\theta + \dfrac{g}{r}\sin\theta = 0$，$M = mr^2\omega\dot{\theta}\sin2\theta$

14-13 $m_2 rl\cos(\varphi - \psi)\ddot{\varphi} + m_2 l^2\ddot{\psi} - m_2 rl\sin(\varphi - \psi)\dot{\varphi}^2 + m_2 gl\sin\psi = 0$

$\left(m_2 + \dfrac{m_1}{2}\right)r^2\ddot{\varphi} + m_2 rl\cos(\varphi - \psi)\ddot{\psi} + m_2 rl\sin(\varphi - \psi)\dot{\psi}^2 + m_2 gr\sin\varphi = 0$

14-14 $r = C_1 e^{\omega t\cos\varphi} + C_2 e^{-\omega t\cos\varphi} + \dfrac{g}{\omega^2}\cdot\dfrac{\sin\varphi}{\cos^2\varphi}$

14-15 $4l\ddot{\theta} - 4l\omega^2\sin\theta\cos\theta + 3g\sin\theta = 0$

14-16 $(m_1 + m_2)\ddot{x} + m_2\ddot{\xi}\cos\theta + k_1 x = H\sin\omega t$

$m_2\ddot{x}\cos\theta + \dfrac{3}{2}m_2\ddot{\xi} + k_2\xi = 0$

14-17 $\left(\dfrac{1}{3}m_1 + m_2\right)l^2\ddot{\theta} + k\theta - \left(\dfrac{m_1}{2} + m_2\right)gl\sin\theta = 0$，$\dfrac{m_2}{2}r^2\ddot{\varphi} = M$

14-18 $\rho^2 \geqslant r^2\dfrac{m_B}{m_A - m_B}$

第十五章 机械振动基础

15-1 $T = 0.0898\text{s}$

15-2 $\omega_n = \sqrt{\dfrac{3ka^2g}{Gl^2}}$

15-3 $T = 2\pi\sqrt{\dfrac{3G}{2kg}}$

15-4 $T = 2\pi\sqrt{\dfrac{3(R-r)}{2g}}$

15-5　24.99mm

15-6　（1）$x=2\sin\left(70t-\frac{\pi}{2}\right)$（mm），$\delta_{max}=4$mm；

（2）$x=20.1\sin(70t-\arctan 0.1)$（mm），$\delta_{max}=22.1$mm

15-7　$x=v_0\sqrt{\frac{G}{kg}}\sin\sqrt{\frac{kg}{G}}t$；$F=G\sin\theta+kv_0\sqrt{\frac{G}{kg}}$

15-8　$T_1=0.364$s；$\delta=0.455$

15-9　$x=50e^{-3t}\sin\left(4t+\arctan\frac{4}{3}\right)$（mm），$F_c=0.36$N

15-10　（1）当 $n=0$ 时，$\omega=60.62$rad/s；当 $n=0.2\omega_n$ 时，$\omega=58.14$rad/s

（2）当 $n=0$ 时，$B=0.0367$mm；当 $n=0.2\omega_n$ 时，$B=0.0356$mm

15-11　$B=45.37$mm

15-12　$v_{cr}=26.74$m/s

15-13　$k=323$kN/m

15-14　$k=8.97$N/m

15-15　$B=5.465$mm，$F_N=2.722$kN

参 考 文 献

[1] 哈尔滨工业大学理论力学教研组. 理论力学[M]. 北京：高等教育出版社，1997.

[2] 范钦珊. 工程力学教程[M]. 北京：高等教育出版社，1998.

[3] 谢传锋. 动力学(Ⅰ)[M]. 北京：高等教育出版社，1999.

[4] 谢传锋. 动力学(Ⅱ)[M]. 北京：高等教育出版社，1999.

[5] 李绍文. 国外理论力学习题选编[M]. 北京：北京理工大学出版社，1988.

[6] 张秉荣，张定华. 理论力学[M]. 北京：机械工业出版社，1991.

[7] 彭国让. 理论力学[M]. 武汉：武汉工业大学出版社，1995.

[8] 南京工学院，西安交通大学. 理论力学[M]. 北京：高等教育出版社，1986.

[9] 郝桐生. 理论力学[M]. 北京：高等教育出版社，1986.

[10] RW 克拉夫，J 彭津. 结构动力学[M]. 王光远，等译. 北京：科学出版社，1985.

[11] 朱照宣. 中国大百科全书：力学[M]. 北京：中国大百科全书出版社，1985.

[12] 华东水利学院工程力学教研组《理论力学》编写组. 理论力学[M]. 北京：人民教育出版社，1978.